国家科技支撑计划资助项目（2006BAJ05A12）

"十一五"科技支撑计划重大项目《村镇空间规划与土地利用关键技术研究》
课题12：环渤海新兴工业区空心村再生技术应用研究
中国农业大学人文与发展学院子课题：
山东半岛制造业地带空心村人居环境生态化综合整治技术示范

建设农民幸福生活的美好家园

——村庄居民点废弃或闲置场地识别和健康诊断

叶齐茂　刘　林　李兴佐　左　停　著

中国建筑工业出版社

图书在版编目(CIP)数据

建设农民幸福生活的美好家园——村庄居民点废弃或闲置场地识别
和健康诊断/叶齐茂等著. —北京:中国建筑工业出版社,2012.8
ISBN 978-7-112-14440-2

Ⅰ.①建… Ⅱ.①叶… Ⅲ.①乡村居民点－环境规划－研究－中国
Ⅳ.①X321.2

中国版本图书馆CIP数据核字(2012)第139546号

本书是国家"十一五"科技支撑计划重大项目子课题的一个专题报告。全书通过对2000个村的样本识别,建立村庄居民点内闲置空间和土地的卫星影像快速识别,以及分类技术集成和工业化地区空心村健康诊断技术集成,对烟台市域范围内农村居民点内闲置空间和土地情况展开了调查,包括使用卫星影像进行的"远距离或间接"调查、实地调查和访谈,合计调查村庄居民点达到765个。研究实践表明,通过卫星影像快速识别村庄居民点废弃或闲置土地,对村庄居民点地物进行分类,可以诊断村庄居民点土地和空间使用健康与否,以及使用参与式实地调查校正卫星影像识别误差的一套技术方法,在山东其他地区的应用中得到了检验,证明是行之有效的,具有重要的推广价值。

本书可供广大城市规划师、村镇规划建设管理者、工程技术人员以及高等院校师生学习、借鉴和参考。

责任编辑:吴宇江　率　琦
责任设计:叶延春
责任校对:陈晶晶　关　健

国家科技支撑计划资助项目　(2006BAJ05A12)

建设农民幸福生活的美好家园

——村庄居民点废弃或闲置场地识别和健康诊断

叶齐茂　刘　林　李兴佐　左　停　著

*

中国建筑工业出版社出版、发行(北京西郊百万庄)
各地新华书店、建筑书店经销
北京科地亚盟图文设计有限公司设计制版
北京画中画印刷有限公司印刷

*

开本:880×1230毫米　1/16　印张:32½　插页:1　字数:1004千字
2013年3月第一版　2013年3月第一次印刷
定价:**98.00**元
ISBN 978-7-112-14440-2
(22518)

参加本课题研究人员

叶齐茂　刘　林　李兴佐　左　停　张　晖　陈淑静
陈卓群　程　超　胡欣琪　姜绍静　刘相芳　栗　萌
孙　林　田金鑫　吴洁霜　于圣洁　章　瑾　张中华

中国农业大学农村区域发展专业2005级、2006级和2007级部分学生参加了调查村庄卫星影像图识别工作。

中国农业大学（烟台）农村区域发展专业2006级学生参加了调查村庄卫星影像图识别、光谱分析和地面识别工作，同时参加了莱州市虎头崖镇南李村空置宅基地和空闲场地的整治规划工作。

按照推进城乡经济社会发展一体化的要求，搞好社会主义新农村建设规划，加快改善农村生产生活条件。

　　建设农民幸福生活的美好家园。

摘自《中共中央关于制定国民经济和社会发展第十二个五年规划的建议》

目　　录

 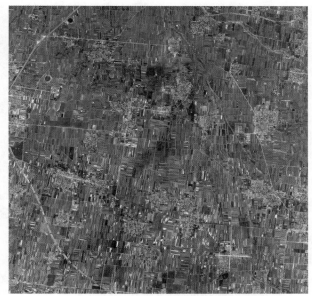

这是本课题研究使用的一个卫星影像样本，是 IKONOS-2 传感器经过标准几何校正后的两张卫星影像，其中全色卫星影像的像元分辨率为 1m，包括 7232×7204 个像素；多光谱波段 1（蓝色）、波段 2（绿色）、波段 3（红色）、波段 4（近红外）的卫星影像的像元分辨率均为 4m，包括 1808×1801 个像素。

这两张卫星影像的 4 个地理坐标分别为：

1. 37.2848790000°N，120.0608450000°E；
2. 37.3478310000°N，120.0608450000°E；
3. 37.3478310000°N，120.1400000000°E；
4. 37.2848790000°N；120.1400000000°E。

这两张卫星影像的 4 个地图单元坐标分别为：

1. X（东）246452.6857703098m，Y（北）4130310.9232972707m；
2. X（东）246664.2651361738m，Y（北）4137297.0924329329m；
3. X（东）239651.1857114228m，Y（北）4137512.5862100916m；
4. X（东）239433.7362695465m，Y（北）4130526.2867981535m。

这张卫星影像覆盖了 52 km² 的面积，包括莱州市朱桥镇的 28 个村庄居民点。

这张卫星影像成像时间为北京时间 2010 年 4 月 27 日 10：55。标准收集方位角：188.3989°，标准收集海拔：81.44624m；太阳角度方位：145.0641°，太阳角度海拔：62.74006m。完全没有云层覆盖。参考高度 53.7768135071m。

我们使用 1m 分辨率的全色卫星影像估算村庄居民点、废弃或闲置场地的面积，因为一个像素等于 1 m²。我们使用 4m 分辨率的多光谱卫星影像，通过地物的几何纹理、色谱等特征对村庄的土地使用作出判读。

引　言

一、课题及其目标

本书是"十一五"科技支撑计划重大项目《村镇空间规划与土地利用关键技术研究》课题12（2006BAJ05A12）"环渤海新兴工业区空心村再生技术应用研究"子课题"山东半岛制造业地带空心村人居环境生态化综合整治技术示范"的一个专题报告——村庄居民点废弃或空闲场地识别和健康诊断。

从2007年起，中国农业大学（烟台）子课题组按照课题任务书的要求，"通过2000个村的样本识别，建立村庄居民点内闲置空间和土地的卫星影像快速识别，以及分类技术集成和工业化地区空心村健康诊断技术集成"，对烟台市域范围内农村居民点内闲置空间和土地情况展开了调查，包括使用卫星影像进行的"远距离或间接"调查、实地调查和访谈，合计调查村庄居民点达到765个。

在这样一个反复和大规模实践的过程中，我们逐步研究出了通过卫星影像快速识别村庄居民点废弃或闲置土地，对村庄居民点地物进行分类，诊断村庄居民点土地和空间使用健康与否，以及使用参与式实地调查校正卫星影像识别误差的一套技术方法，并在山东其他地区的应用中加以检验。

研究这套技术方法的目的，是为农村地区长期开展农村环境综合整治工作提供技术支撑。农村环境综合整治是改善和改造乡村居民点旧设施和旧村貌的修建性工程，以"治大、治散、治乱、治空"等"治旧"和消除各类安全隐患工作为主。从我们的实际经验看，村庄居民点的"大、散、乱、空"都与村庄居民点中存在的废弃或闲置土地有关。所以，识别村庄居民点废弃或闲置土地，诊断村庄居民点土地和空间使用健康与否，是展开改善和改造乡村居民点旧设施和旧村貌的修建性工程的前提。无论我们是编制农村环境综合整治规划还是行动计划，都需要了解村庄居民点建设用地的利用现状。定量地了解村庄居民点建设用地的利用现状，需要找到识别地物属性的定量方法和估算村庄居民点建设用地中废弃或闲置场地的技术方法。实地调查分析、统计调查分析，以及利用航空和航天技术实现的遥感分析（RS）、全球定位系统（GPS）、地理信息系统（GIS）分析，都是准确和实时地科学了解乡村地区建设用地的使用及浪费状况的基本方法，它们相互补充和验证。

研究这套技术方法的社会需求，是由于社会经济发展水平不同，地理环境条件有别，乡村地区的城镇化水平、速度、城市化布局和形态都存在很大差异。从乡村建设用地土地使用情况看，已有城镇正在向周边地区蔓延，有的形成连片的城镇区域，有的呈"蛙跳"状城镇形态，其间出现了程度不同的废弃或闲置建设用地。那些远离已有城镇的乡村地区，因为缺少工业化动力，年轻劳动力流失，乡村建设用地呈现出利用率低下的趋势，同样，存在程度不同的废弃或闲置建设用地。当废弃或闲置建设用地达到一定规模时，便出现了我们形象地称为"空心村"的建设用地使用浪费现象。

进入城镇化新阶段的乡村地区，应当首先充分利用曾经开发过的建设用地资源，或再开发成为建设用地，或退耕还林。这应当是解决城镇化过程中建设用地稀缺和阻止农田面积减少，加强城镇化管理的一种可行战略，也是补充农业用地，保持农业用地红线的一种可能途径。

《中共中央关于制定国民经济和社会发展第十二个五年规划的建议》提出了加快社会主义新农村建设，统筹城乡发展，加强农村基础设施建设和公共服务，拓宽农民增收渠道，"建设农民幸福生活的美好家园"愿景。我们这里研究的方法可以为实现第十二个五年规划的这些目标提供技术支撑。

二、三条基本假定

这套技术方法有三条基本假定。

第一个基本假定，是卫星影像记录了村庄居民点地表物体的电磁波特性，因此，按照地表物体的光谱特征，我们就可以识别村庄居民点地表物体，对村庄居民点地表物体进行分类，确定各类村庄居民点地表物体在村庄居民点中相对空间分布和规模比例，判断村庄居民点土地和空间使用健康与否。但是，我们可以获得的卫星影像本身可能或多或少地存在投影误差、色差误差、校正误差和扫描误差，它们会影响到我们对村庄居民点地表物体的识别，以及对村庄居民点土地和空间使用健康与否的诊断，同时，我们也不可能获得卫星影像不能记录下来的地表物体或被一个地表物体覆盖的另一个地表物体，如昆虫、部分架空地下管线，以及住宅里的人和物。

第二个基本假定，是人的实地勘察和村民的参与式调查可以校正卫星影像本身存在的各类技术误差，克服卫星影像上存在的技术局限性，从而准确而非精确地识别、解释和计算出村庄居民点废弃或闲置的场地。所以，在我们的这套技术方法中，与后一个假定相关的技术方法是用来校正与前一个假定相关的技术方法的误差，而使用前一类技术方法的目的，是实现大范围、高速度识别和成比例估算村庄居民点废弃或闲置场地，而不以绝对值或追求识别精度为目标。

第三个基本假定，是那些消除了传感器本身产生畸变的卫星影像上依然会存在一些误差，有些卫星影像误差会从定位上影响到以测量、编制地图和土地管理为目的的工作，而不一定会从根本上影响到以农村环境综合整治为目的的工作，例如，由于太阳高度角，大气的吸收和散射，遥感平台的速度和姿态变化，以及地形起伏等引起的卫星影像误差，没有使用地面控制点对其作几何配准的空间坐标，成像角度与高差对村庄地物像点产生的位移、变形和阴影。从承担子课题的第一天开始，我们就决定放弃一些对卫星影像分辨率的要求，只要卫星影像图可以满足我们识别村庄居民点废弃或闲置场地，估算这些废弃或闲置场地占村庄居民点用地的比例，编制农村环境综合整治规划或整治行动计划即可，避免花费大量财力去校正卫星影像的投影误差、色差误差和校正误差。

在识别每一个地区的农村居民点用地状况时，都有已经经过地面校正的精确卫星影像是不现实的，因为我们国家有 637011 个行政村，300 多万个自然村（乡村居民点），2.2592 亿个住户，2.1948 亿套住宅，2.803 万 km² 的住宅建筑面积，分布在 960 万 km² 的国土上。同时，社会主义新农村建设正在把我们的乡村地区带入高速城镇化的新阶段，已经精确处理的卫星影像可能很快成为历史记录。

在识别每一个地区的农村居民点用地状况时，都有已经经过地面校正的精确卫星影像是不必要的，因为我们识别村庄居民点废弃或闲置场地，估算这些废弃或闲置场地占村庄居民点用地的比例，都是为了编制农村环境综合整治规划或整治行动计划，而非编制大比例尺测绘图或精确的土地使用现状图。所以，与其说我们在作"遥感影像分析"，还不如说我们在利用"遥感影像图"作编制农村环境综合整治规划的前期"图上作业"，收集农村环境综合整治规划需要的资料。我们子课题研究工作的目标是满足《农村环境综合整治技术规范》要求，从科学技术上支撑"农村环境综合整治"工作，而非发展遥感专业技术或土地管理技术本身。

当然，"不现实"不等于现实中不存在或不可能，"不必要"不等于在提高工作水平时也不需要。如果我们能够分享公共资源，获得高分辨率的卫星影像，或把我们在实际规划工作中积累起来的村庄地物识别经验转换成为智能识别程序，一定可以提高村庄居民点废弃或空闲场地识别和健康诊断的技术水平。

三、三个方法系列

这套技术方法有三个系列。

第一个系列的方法，是关于通过卫星影像识别村庄居民点废弃或闲置土地的判读方法和对村庄居民点地物进行分类的方法，包括：

1）基于村庄居民点中地物电磁波特性的村庄地物识别方法；

2）基于村庄居民点中地物光谱的村庄地物分类方法；

3）定量描述村庄居民点废弃或闲置场地面积的三种方法，即使用波长估算，使用 R，G 和 B 值加权平均估算，使用数字仿真估算。

第二个系列的方法，是利用各类村庄规划法规和技术规范，对已经识别出来的"空心村"相对于这些一般理想规划模式的异常影像部分，作村庄布局结构和土地使用功能分析，进而对村庄居民点健康与否作出判断的诊断方法。包括：

1）村庄布局结构分析方法，即道路体系分析、坡度分析、方位分析和边界分析；

2）土地使用功能分析方法，即影响分析、簇团分析和密度分析。

第三个系列的方法旨在校正对卫星影像识别的判读误差，包括：

1）村庄居民点实地勘察方法；

2）村民参与式实地评估方法。

四、报告的三个部分

这个报告按照三个方法系列展开，共分三个部分。

第一部分题为"村庄居民点废弃或闲置场地的识别和比例估算方法"。这一部分包括四章：第一章讨论卫星影像上农村居民点使用中的建设用地覆盖特征、地物分类和各类地物的一般比例，第二章讨论卫星影像上农村居民点中废弃或空闲场地的特征及其分类，第三章讨论了卫星影像上农村居民点中废弃或空闲场地的分布特征，第四章说明如何估算村庄居民点废弃或闲置场地的一般比例。

第二部分题为"存在成规模废弃或闲置场地的村庄居民点健康诊断方法"，研究了存在成规模废弃或闲置场地的村庄居民点即"空心村"的健康诊断问题。这一部分包括四章：第五章讨论农村居民点结构性废弃或闲置场地，第六章讨论农村居民点功能性废弃或闲置场地，第七章讨论区域土地使用功能变更引起的村庄建设用地结构性问题，第八章讨论区域的自然环境和区域的社会经济环境对村庄居民点建设用地的改变所产生的影响。

第三部分题为"村庄居民点实地勘察和村民参与式调查方法"。这一部分包括两章：第九章讨论一种有空间定位的、有数量指标的和对前期大规模卫星影像识别工作进行评估的调查，以及对卫星影像不能提供的基础资料的补充性调查；第十章讨论参与式评估方法。

我们建立了一个由 48 项指标构成的数据库以支撑整个报告。这个数据库包括 765 个村庄与 48 项指标相关的数据。数据形式有数字表格、卫星影像图、卫星影像分析图、地形图、规划图、文字描述和实地拍摄的照片，整个数据库约达到 15GB。

绪论　研究地区概况和基本结论

　　按照课题要求，我们对烟台地区的 765 个村庄居民点[1]进行了卫星影像识别（表 0-1）。这些村庄涉及烟台市所辖的莱阳、莱州、招远、栖霞、蓬莱、海阳和牟平区 7 个县级市或区、73 个乡镇，约占全市行政村总数的 10%（图 0-1）。

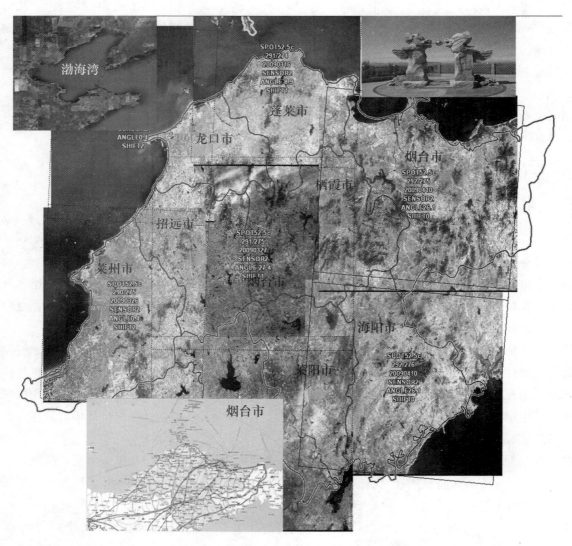

图0-1　案例地区卫星影像

　　在对 765 个村庄居民点卫星影像作出识别的基础上，我们筛选出 100 个村庄，对其废弃或闲置建设用地的规模进行了计算和健康诊断（表 0-2），并对其中 32 个村庄进行了实地查验（表 0-3、表 0-4）。

　　本报告涉及"空心村"卫星影像识别和诊断两个部分：

1　表 0-1 中村庄数为 778 个，其中 13 个村庄数据或图像存在问题。故此处为 765 个村庄。

进行卫星影像识别村庄

表 0-1

编号	市	镇	村	编号	市	镇	村	编号	市	镇	村
1	栖霞市	寺口镇	百家宅夼村	47			南丁家沟村	93			东柳村
2			邴家村	48			黑陡硼村	94			西柳村
3			崔家庄村	49			后张家村	95			二十里铺村
4			大榆庄村	50			黄家庄村	96			埠头村
5			韩家沟村	51			栗林村	97			岔河村
6			缴沟村	52			刘家河村	98			釜甑村
7			灵山村	53			上曲家村	99			花园村
8			刘家村	54			上孙家村	100			口子垢村
9			任家村	55			十甲村	101			刘家沟村
10			任留村	56			石盒子村	102		臧家庄镇	郭家店村
11			哨上村	57			业家埠村	103			韩甲疃村
12			北横沟村	58			衣家村	104			前法卷村
13			北阎家村	59			榆林庄村	105			后法卷村
14			曹家村	60		庙后镇	虎斑石村	106			小潘家村
15			草店村	61			楼底村	107		庄园街道	草庵村
16			花园泊村	62		蛇窝泊镇	北庄村	108			草夼村
17			南横沟村	63			山虎庄村	109			观东村
18			汪家沟村	64			跃进村	110			后夼村
19			西南疃村	65		松山镇	北衣家庄村	111			老树旺村
20			纸房村	66			赤巷口村	112			留家沟
21			遇家村	67			公山后村	113			牟家村
22			院上村	68			后铺村	114			南寨村
23		观里镇	大寨村	69			客落邹家村	115			桑家村
24			东南庄村	70			虎龙口村	116			上宋家村
25			大山口村	71		苏家镇	上庄子	117			主格庄
26			大疃村	72		唐家泊镇	柴西山村	118		亭口镇	东安村
27			郭格庄村	73			后哨村	119			林家庄村
28			孟家村	74			上八田村	120			马家窑村
29			小观村	75		桃村镇	东下夼村	121			苗子夼村
30			小院村	76			孔家村	122			泉水夼村
31			辛庄村	77			铁口村	123			杏家庄村
32			柞岚头村	78		西城镇	范家庄村	小计	栖霞：卫星影像116个，计算32个，勘察7个		
33			巨屋村	79			槐树底村	124	莱州市	城港路街道	朱由二村和海村
34			邹家庄村	80			庙东夼村	125			朱由三村
35		官道镇	艾沟村	81			西陡崖村	126			朱由四村
36			大丁家村	82			西楼底村	127			朱由一村
37			大河崖村	83			小石岭村	128			连郭庄村
38			大花园村	84			徐家沟村	129			三教村
39			大解家村	85			赵家村	130			大原三村
40			喇叭沟村	86			小河南村	131			霍旺村
41			沙岭村	87			小庙前村	132			上官李家村
42			孙疃村	88			周家庄村	133			上官刘家村
43			塔山村	89			左家庄村	134			沈家村
44			万家村	90			遇家村	135			西泗河村
45			甄家庄村	91			小庄村	136			叶家村
46		翠屏街道	大河北村	92		杨础镇	王家庄村	137			小原村

编号	市	镇	村	编号	市	镇	村	编号	市	镇	村
138		文昌路街道	崖上村	184			北王家村	230			郭家庄村
139		程郭镇	曹郭庄村	185			北张村	231			河南周家村
140			东蚕庄村	186			东孙格庄	232			贺家村
141			西蚕庄村	187			东滕村	233			火神庙
142			东风村	188			西滕村	234			燕窝蒋家村
143			二十里堡村	189			东杨村	235			李金村
144			高郭庄村	190			西杨村	236			平村
145			后苏村	191			黄家岔村	237			西光村
146			连格庄村	192			郎村	238			小屋村
147			路格庄村	193			雷沟村	239		驿道镇	唐家村
148			宋家集村	194			南张村	240			车栾庄村
149			孟家村	195			上班家村	241			南侯村
150			穆家庄子村	196			上埠村	242			周官村
151			前苏村	197			上瞳村	243			丘家村
152			前武官村	198			滕哥跋子村	244			集后村
153			邱家村	199			铁民村	245			石格庄
154			五佛蒋家村	200			南葛家村	246			台上村
155			五佛刘家村	201			朱马王家村	247			汤家村
156		郭家店镇	北村	202			南李家村	248			新李家村
157			大栾家村	203			南邵家村	249			张家涧村
158			大庙后村	204		平里店镇	埃头白家村	250			毛家涧村
159			返岭子村	205			艾坡孙单村	251		永安街道	果达埠村
160			高埠村	206			后曹家埠村	252		朱桥镇	埠后李家村
161			古村	207			麻二村	253			沟子杨家村
162			古庄沟村	208			麻后村	254			前李家村
163			滑家村	209			麻前村	255			后李家村
164			老草沟村	210			麻一村	256			小张家村
165			林格庄村	211			前曹家埠村	257			大张家村
166			大河南村	212			东罗台村	258			紫罗刘家村
167			南胡家村	213			西罗台村	259			大琅琊
168			前瞳村	214		三山岛街道	大张村	260			小琅琊
169			小草沟村	215			程家村	261			小沟滕家
170			小栾家村	216			西李家村	262			大战家
171			小瞳村	217			光明村	263			圈子
172			于家河村	218			过西村	264			紫罗姬家
173			院后村	219			河北院上村	265			紫罗綦家
174		金城镇	凤毛寨村	220			吕家村	266			梁郭刘家和史家
175			小官庄村	221			潘家村	267			邓家
176			单山村	222			王贾村	268			苗家
177		虎头崖镇	西葛家村	223		土山镇	娄家村	269			赵官庄
178			西孙格庄村	224			山下村	270			大尹家
179			下班家村	225			泥李村	271			王河庄子
180			下埠村	226		夏邱镇	邢家庄村	272			保旺秦家
181			周家村	227			东官庄村	273			保旺朱家
182			宋家村	228			西官庄村	274			保旺王家
183			朱马村	229			东光村	275			保旺姜家

续表

编号	市	镇	村	编号	市	镇	村	编号	市	镇	村
276			胡（呼）雷于家村	320			姜家庄村	365		沐浴店镇	北小店村
277			黄家村	321			前泉水村	366			北寨头村
278			秦家村	322		河洛镇	后家疃村	367			大明店村
279			黄山郭家村	323			赵家埠村	368			北姜村
280			马回沟村	324		姜疃镇	凤头村	369			中泊子村
281			前杨村	325			塔南泊村	370		山前店镇	东孙家夼村
282			午城	326			北黄村	371			西朱宅村
283			西王家	327			大庄子村	372		谭格庄镇	大韩家村
284			东王家	328			东梁子口村	373			大水岔村
285		祚村镇	西朱旺村	329			东宅村	374			大汪家村
286			迟家村	330			鹤山口村	375			东河北村
287			高山村	331			南姜格庄	376			河南村
288			上马家村	332			西马庄村	377			鹤山泊村
289			葛家村	333			新庄村	378			后解家村
290			临疃河村	334			院上村	379			后施格庄
291			西姜家村	335		龙旺庄镇	北官庄村	380			前施格庄
292			大马驿村	336			鹿格庄村	381			上孙家村
293			西马驿村	337		吕格庄镇	北夼村	382			沈家村
小计	莱州，卫星影像161，计算27个，勘察5个，规划4个村			338			左家夼村	383			石猪河村
294	莱阳市	柏林庄镇	叶家庄	339			南夼村	384			镇区村
295			北侯家夼村	340			柴沟村	385			铁匠庄村
296			白藤口村	341			大野头村	386			西河北村
297			北臧家疃村	342			西野头村	387			西横岚村
298			北汪家疃村和台子村	343			东马格庄	388			东横岚村
299			北阎家庄村	344			西马格庄	389			中横岚村
300			褚家疃村	345			韩格庄村	390			西留村
301			陡山村	346			西韩格庄村	391			西小河村
302			视家楼村	347			横岚埠村	392			西崖后村
303			西枣行村	348			后大埠村	393			小韩家村
304			杨家疃村	349			江汪庄村	394			小后洼村
305			北李家疃村	350			金岗口村	395			小水岔村
306			周家疃村	351			荆山后村	396			小汪家村
307		大夼镇	杜家泊村	352			岚子村	397			小姚格庄
308			史家庄村	353			马家夼村	398			小于家村
309			宋村	354			牛百口村	399			张家泊子村
310		冯格庄街道	青埠屯	355			前大埠村	400			朱省村
311			天桥屯村	356			前泉水村	401		团旺镇	解家泽口村
312			石桥泊村	357			后泉水村	402			宋家泽口村
313			马岚村	358			青杨夼村	403			苏家泽口村
314			贺家疃村	359			西小埠村	404			邢家泽口村
315			东官庄村	360			夏庄村	405			阎家村
316			曹家屯村	361			响水沟	406			吕家村
317		古柳街道	东徐格庄	362			中小埠村	407			宫家村
318			西徐格庄	363			东小埠村	408			李家村
319			后泉水村	364			汪家夼村	409			韩家白庙

续表

编号	市	镇	村	编号	市	镇	村	编号	市	镇	村
410			李家白庙	451			东城阳	491			苇都高家村
411			朱家白庙	452			西城阳	492			苇都梁家村
412			庄家白庙	453			芦儿港	493			苇都解家村
413			杨家白庙	454			南阎家庄	494			苇都洼子村
414			大李格庄	455			前发坊	495			苇都东王家庄村
415			东马家泊村	456			后发坊	496			苇都万家村
416			东张格庄村	457			前照旺	497			卧虎庄村
417			后李牧庄村	458			后照旺	498			西岔河村
418			前李牧庄村	459			十字埠	499			小李家村
419			后留格庄	460			西陶漳	500			侯家村
420			南留格庄	461			祝家疃	501			小秦家村
421			西马家泊村	462			西五龙	502			小杨家村
422			西石格庄村	463			东五龙	503			梧桐夼
423			东石格庄村	464			嵩埠头	504			小转山堡村
424			西张格庄村	465			逍格庄	505			兴旺庄村
425			徐疃庄村	466			叶家泊	506			榛子沟
426			云南村	467			于家疃	507			中五里村
427			西中荆村	468		城厢街道	郝格庄村	508			朱范村
428			东中荆村	469			鱼池头村	509		夏甸镇	白石顶
429		万第镇	后万第村	小计	莱阳，卫星影像195个，计算15个，勘察38个，规划包括25村庄在内的区域规划			510			薄家村
430			黄金沟村	470	招远市	大秦家镇	堡子村	511			曹家洼
431			旺屋庄村	471			北五里村	512			曹孟村
432			西诸麓村	472			埠后村	513			车元口村
433		高格庄镇	邱家鲍村	473			陈家窑村	514			打油王村
434			小泊子村	474			大秦家村	515			大丁家村
435			冢子村	475			大转山堡村	516			大乔村
436		穴坊镇	黄格庄村	476			单家村	517			大龙乔村
437			望埠村	477			东王家村	518			大罗家村
438			朱家乔村	478			东于家村	519			大庄子村
439		羊郡镇	东埠前村	479			杜家沟	520			陡崖曹家村
440			南杨家乔村	480			黑顶于家村	521			范家庄村
441			西朱皋村	481			街柳村	522			官里庄村
442			南羊郡村	482			老秦家村	523			姜家窑村
443		照旺镇	北芦口	483			楼里头村	524			巨岩村
444			南芦口	484			庞家村	525			留仙庄村
445			北山后	485			祁格庄村	526			上庄村
446			北寨口	486			青杨堡村	527			石咀村
447			南寨口	487			沙埠村	528			西曹家村
448			大陶漳	488			山子后村	529			小罗家村
449			东昌山	489			水口村	530			新旺庄村
450			西昌山	490			苏格庄村	531		毕郭镇	吴家村

续表

编号	市	镇	村	编号	市	镇	村	编号	市	镇	村
532			程家洼村	578			西观村	624			上乔村
533			大曲庄村	579			郭家埠村	625			邵家村
534			大霞坞村	580			楼里头村	626			台上村
535			西霞坞村	581			南坞党村	627			西华山村
536			东万福庄村	582			石门大宋家村	628			于家埃村
537			东杨格庄村	583			石门孟家村	629			西梧桐村
538			西杨格庄村	584			石门孙家村	630			谢家沟村
539			东寨里村	585			西吕家村	631			皂户王家村
540			方家村	586			西坞党村	632			赵书策村
541			富裕庄村	587			城南张家庄村	633			中华山村
542			官地洼村	588			谢家庄村	634			钟家村
543			黑都坡村	589		阜山镇	安乐庄村	635			草沟头村
544			姜家村	590			北院庄村	小计	招远，卫星影像173个，计算5个，勘察12个		
545			交界洼村	591			草店村	636	蓬莱市	刘家沟镇	三十里堡村
546			梨儿埠村	592			东高家庄村	637			石门张家村
547			南泊子村	593			百尺堡村	638			潭沟村
548			南崔家村	594			凤凰夼村	639		南王镇	二包村
549			炮手庄村	595			庙后吕家村	640			包家沟村
550			沙沟村	596			西刘家沟村	641			三包村
551			西万福庄	597			张邴堡村	642			泊子宋家村
552			东城子和西城子	598			纸房村	643			泊子王家村
553			西城子	599		蚕庄镇	大韩家村	644			大院村
554			峤山后村	600			冯格庄村	645			贯里村
555			小许家村	601			沟子杨家村	646			井湾高家村
556			许家村	602			圐圙河村	647			南八甲村
557		齐山镇	岔道村	603			荆王家村	648			牛山杨家村
558			大梁家村	604			拉格庄村	649			衣庄村
559			小梁家村	605			老翅张家村	650			头包家村
560			东马村	606			灵山蒋家村	651			位骆村
561			东汪家村	607			陆家村	652			位吴村
562			大尹格庄村	608			路格庄村	653			位张村
563			道后杨家村	609			牟家村	654			姚家村
564			东李格庄村	610			南孙家村	655			枣林店村
565			贺甲庄子村	611			塔山原家村	656		北沟镇	北姜家村
566			后疃村	612			西山王家村	657			大姜家村
567			梁家村	613			小河刘家村	658			高里夼村
568			南李家庄村	614			小河宋家村	659			吕冯村
569			雀头孙家村	615		金岭镇	北冯家村	660			孟家村
570			松岚子村	616			大户陈家村	661			平山纪家村
571			孙家夼村	617			东疃补村	662			上口大李家村
572			西罗家村	618			侯家沟村	663			上寺夼村
573			玉甲村	619			罗山李家村	664			下寺夼村
574			状元头村	620			南冯家村	665			上魏家村
575		罗峰街道	北坞党村	621			山上姜家村	666			孙陶村
576			刁儿崖村	622			山上隋家村	667			徐家集村
577			东观村	623			上华山村	小计	蓬莱，卫星影像33个		

续表

编号	市	镇	村	编号	市	镇	村	编号	市	镇	村
668	海阳市	方园街道	北城阳	706			下于朋村	743			南石门村
669			迟家村	707		发城镇	吉林村	744			八犊夼村
670			东石兰	708			南埠后村	745			董家村
671			肋埠村	709			西宋格庄村	746			杜家村
672			秋林头	710			榆山夼村	747			垛山庄村
673			儒家村	711		郭城镇	当道村	748			峨山夼村
674			邵家村	712		经济开发区	赵家庄村	749			发云夼村
675			它山泊村	713		留格庄镇	方里村	750			韩家村
676			西石兰	714		小纪镇	牛树根村	751			河崖夼村
677			杨家泊	715			桑梓口村	752			后柳林夼村
678		凤城街道	陂子头村	716		辛安镇	茂梓集村	753			集口山村
679			高家庄村	717			修家村	754			柳家村
680			李家庄村	718		徐家店镇	野夼堡村	755			栾家疃村
681			两甲村	719			古堆山村	756			前柳林夼村
682			马明家	720			李新庄村	757			前松椒村
683			荣家庄村	721			上马山村	758			后松椒村
684			新安村	小计	海阳，卫星影像56个，计算4个			759			清泉埠村
685			臧家村	722	牟平区	玉林店镇	西柳庄村	760			上费格庄村
686			寨前村	723			桃园村	761			四甲村
687		盘石店镇	北鲁家村	724			南臧村	762			谭家村
688			东庵村	725			北臧村	763			西道口村
689			仙人盆村	726			大屯圈村	764		水道镇	半埠店村
690			野口村	727			东李格庄村	765			北徐格庄村
691		朱吴镇	大桃口村	728			西李格庄村	766			陈家沟村
692			沟杨家村	729			东庄	767			东蒋家村
693			吴家沟村	730			董格庄	768			东石桥村
694		碧城镇	岱格庄村	731			窑口村	769			分水岭
695		大闫家镇	涝峪埠村	732			金屏夼村	770			后刘家夼村
696			王家店村	733			磨王格庄	771			牟家沟村
697			西沽头村	734			曲河庄	772			南徐格庄村
698		东村镇	后辛治村	735			山后村	773			念头村
699			前辛治村	736			十六里头村	774			前院夼村
700			鞋西沟村	737			石沟村	775			上朱车村
701			薛家庄村	738			瓦窑村	776			通海村
702		二十里店镇	埠峰村	739			小宅村	777			西蒋家村
703			梨园后村	740			义和夼村	778			薛家夼村
704			南野口村	741		王格庄镇	下费格庄村	小计	牟平，卫星影像57个，计算2个，规划4个村		
705			上于朋村	742			合立场村	合计	778		

编号	市	镇	村	经度	纬度	距市中心(km)	距镇中心(km)	村庄类型	海拔范围(m)	地形条件	河流	河流位置	村外河流距村庄(km)	公路	距公路的距离(km)	总人口(人)	常住人口(人)	总户数	常住户数	村集体收入(万元)	村集体主要收入来源	年人均纯收入(元)	
1	莱阳	柏林庄镇	视家楼村	120°39′	36°58′	4	4	城边村	42~46	丘陵(山脚)	有	村周围	—	省道(307); 国道(G209)	1	680	670	188	188	56	外向型工业园, 土地承包	6300	
2	莱阳	城厢街道	鱼池头村	120°40′	36°57′	4	4	路村村	139~150	丘陵	有	村边	—	市级公路	0	1000	950	380	350	15	租赁收入	6500	
3	莱阳	城厢街道	郝格庄村	120°41′	36°57′	2	1.5	城中村	36~38	丘陵	无	—	—	国道	1	2280	2260	700	700	157	土地租赁	7000	
4	莱阳	谭格庄镇	上孙家村	120°38′	37°05′	5	15	市场村	135~165	丘陵	有	村中	—	高速公路(同三高速)	3	1400	1310	457	450	3	土地租赁, 集体果园	2000	种植
5	莱阳	团旺镇	东石格庄	120°37′	36°43′	35	3.5	库区村	20~35	丘陵	有	村外	0.3	国道(G204)	15	1360	1200	414	400	10	土地承包、租赁收入	3000	
6	莱阳	团旺镇	后李牧村	120°37′	36°44′	30	2	其他	—	丘陵(山脚)	无	—	—	省道(S212)	3	720	680	212	205	30	果园、养殖	6800	
7	莱阳	团旺镇	东马家泊村	120°42′	36°42′	35	12	其他	15~22	丘陵(山脚)	有	村外	1.5	省道(S212)	2.5	2300	2300	650	650	0		6000	
8	莱阳	团旺镇	西石格庄	120°36′	36°43′	35	5	其他	24~28	丘陵	有	村外	0.3~0.4	无	—	800	800	235	235	1	土地租赁	6900	
9	莱州	虎头崖镇	南李村	119°52′	37°05′	12	4	工厂包围村	—	平原	有	村中	—	高速公路	0	270	243	100	90	5	承包厂房的租金	4700	
10	莱州	驿道镇	张家涧	120°16′	37°14′	35	14	库区村	126~162	丘陵(山梁)	有	村外	0.3	省道	1.5	850	830	320	315	3.5	土地出租	3000	80%三大
11	莱州	驿道镇	毛家涧村	120°17′	37°14′	35	12.5	其他	134~165	丘陵	有	村中	—	省道	1.5	900	900	250	244	0.5	土地租赁	1300	种
12	莱州	柞村镇	西马驿村	119°54′	37°04′	10	4	其他	74~80	丘陵	无	—	—	无	—	510	510	170	170	0		5600	
13	莱州	朱桥镇	后李村	120°05′	37°19′	25	4	路边村	98~102	丘陵	无	—	—	国道	4	620	600	210	210	0	无	4000	
14	栖霞	翠屏街道	石盒子村	120°53′	37°17′	8	8	库区村	—	丘陵	有	村中	—	无	—	304	290	105	90	0		5785	
15	栖霞	官道镇	孙疃村	120°38′	37°15′	27	3	其他	—	丘陵	有	村中	—	无	—	1276	1137	462	425	0		7160	种村
16	栖霞	官道镇	大丁家村	120°37′	37°13′	30	0.5	镇区村	115	丘陵	有	村外	1	其他	0.5	1126	1056	401	382	0		6970	
17	栖霞	寺口镇	韩家沟村	120°36′	37°18′	25	4	镇区村	186~200	丘陵	无	—	—	国道(文山线)	4	265	240	102	90	0		6386	
18	栖霞	寺口镇	南横沟	120°35′	37°20′	25	5	路边村	160~189	丘陵	有	村中	—	无	—	746	630	257	244	0		6642	种
19	栖霞	寺口镇	刘家	120°37′	37°17′	21	3.5	城边村	160~180	丘陵	有	村中	—	省道	4	471	400	164	144	0		6700	
20	栖霞	西城镇	槐树底村	120°44′	37°17′	10	1.5	镇区村	180	丘陵	有	村中	—	高速公路	0.05	580	550	202	185	12	国家粮库的占地补偿	3000	
21	招远	毕郭镇	炮手庄村	120°34′	37°14′	30	2.5	镇区村	176~196	丘陵	有	村周围	0	无	—	314	234	102	102	0.1~0.2	土地租赁	6000	
22	招远	毕郭镇	东城子村	120°30′	37°13′	30	5	路边村	115~130	丘陵	有	村外	0.5	省道	0	450		160		0		3000	
23	招远	毕郭镇	西城子村	120°30′	37°13′	30	5	城边村	120	丘陵	有	村外	1	其他(黑莱路)	—	882	760	338	320	0		3000	
24	招远	大秦家镇	苏格庄村	120°27′03″	37°20′52″	5	2	路边村	—	丘陵	有	村外	0.1	省道	0	540	520	168	160	5	承包厂房的租金	4000	扩
25	招远	大秦家镇	黑顶于家村	120°29′	37°19′	12	4	其他	106~130	丘陵	有	村中	—	无	—	600	500	220	200	0		6000	
26	招远	阜山镇	草店	120°34′55″	37°18′17″	20	18	路边村	—	丘陵	有	村中	—	省道	0	1078	1020	401	388	0		4000	
27	招远	阜山镇	北院庄村	120°31′	37°19′	11	5	路边村	154~169	丘陵	有	村周围	—	省道	1.5	1900	1800	660	600	0		4600	
28	招远	阜山镇	张炳堡村	120°16′	37°20′	11	4	路边村	160~176	丘陵	有	村外	0.3	省道	0	1100	1000	500	450	0		7800	
29	招远	阜山镇	百尺堡	120°34′	37°19′	22	8	路边村	182~203	丘陵	有	村中	—	省道	2	920	840	320	320	0		8000	种村
30	招远	罗峰街道	西坞党村	120°23′	37°20′	2	2	城边村	76~82	丘陵	有	村外	0.5	—	—	860	1000	400	286	30	出租厂房	7000	果
31	招远	罗峰街道	城南张家庄	120°23′	37°20′	2.5	2.5	城边村	38~45	丘陵	无	—	—	其他	0	300	300	130	130	20	土地租赁	7000	
32	招远	罗峰街道	西吕家村	120°23′	37°20′	1.5	2	城边村	77~95	丘陵	有	村中	—	省道	0.5	698	1700	238	500	300	村办企业、出租房、自来水出售及房地产	7500	企业等

村庄经济状况				村庄住宅及宅基地整体状况											
农户主要收入来源	收入来源的构成比例	村民打工地点	村民打工类型	村域总面积（耕地面积＋非耕地面积）（亩）	村庄居民点建设用地总面积（亩）	户均宅基地面积（m²）	总宅基地个数	户均庭院面积（m²）	倒塌宅基地个数	废弃或闲置宅基地个数（不含倒塌）	单个旧宅基地面积（m²）	集体废弃或闲置的"空置场地"个数	集体废弃或闲置用地面积（m²）	合宅基地（块）	
务工、种植、养殖	—	—	—	1150	150	200	195	100	0	3	90	无	0	0	
经商、务工	—	—	—	300	300	180	380	40	4	5	120	无	0	0	
种地、打工	—	—	—	1230	450	145	670	30	0	0		2	40020	27	
作物80%，打工、果园10%	种植90，打工10%	县城	建筑、果品包装	5500	600	190	700	30	8	200	140	1	266	2	
种植庄稼、务工	种植90%，打工10%		—	3000	300	167	450	40	13	30	130	无	0	0	
种植、打工	—			1984	200	210	260	100	6	40	130	1	266	2	
种植、打工	—			4130	500	168	900	47	6	0	100	1	1000.5	6	村委
种地、打工	—		—	1600	100	150	300	30	40	20	150	无	0	0	
外出打工和种植业	种植35%，打工65%	村里、县城或市里	工厂工人	800	200	151	121	100	12	5	80	2	12666	84	老人人口院，
务农（村中有五群羊，群两小群），10%养羊，10%打工	种植80%，打工10%，养殖10%	市里	建筑	2500	180	200	335	96	5	10	166	1	6667	40	
...、打工、3户开小卖店	种植60%，打工40%	村里	邻村的矿山	1500	450	150	280	90	20	30	80	2	8671	15	
种植业、打工	种植70%，打工30%	县城或市里，外省市		1300	200	180	280	120	25	100	180	无	0	0	
种植业、打工	种植55%，打工45%	村里、镇上、县城或市里	建筑	1290	140	160	350	80	7	80	160	无	0	0	老人人
种苹果和打工	种植90%，打工10%	县城或市里	建筑工人、装修工	3214	126	150	160	66	3	44	120	无	0	0	村民住
（苹果、花生、玉米），出打工，个人企业	种植75%，打工16%，个体户9%	县城	—	11260	1450	230	550	72	20	70	130	2	10005	130	村
种植苹果，养殖	—	县城或市里		6580	720	156	450	225	10	50	140				人口
种植苹果，打工	种植90%，打工10%	县城	企业	1200	80	166	135	54	8	25	135	2	3335	24	盖
业（苹果70%，玉米20%等），打工	种植90%，打工10%	县城或市里	工厂	1637	100	266	400	112	10	130	100	1	1334	8	老人
果园80%、农田20%	种植100%	—	—	1145	200	133	164	80	6	35	120~130	1	2001	10	第一到村老人第三
种植苹果	—	县市或市里	建筑工	3800	100	150	300	80	20	50	150	2	4500	30	人口
果园	种植80%，打工20%	县城或市里	临时工	900	100	150	150	30	20	1	100	无	0	0	
种苹果	种植98%，打工2%	—		1400	200	150	260	90	30	70	120	3	4002		老人
种植苹果和粮食作物	—	县城或市里	工厂	2000	200	155	400	120	5	20	125	1	1700	11	老人
养殖、种苹果和打工	打工1/3，种植1/3，养殖1/3	县城或市里	建筑工人	1000	200	160	220	40	0	30	100	无	0	0	老人
务工、庄稼、苹果				1500	250	150	370	60	3	70~80	120	无	0	0	
种苹果、粮食和打工	种植90%，打工10%	镇上、县城或市里	瓦工、木工和装修工	4800	800	148~150	581	70	0	180	120~130	无	0	0	市区
果树、养殖	—			6000	360	180	1000	80	9	330	110	无	0	0	村民
种养殖、打工	种植90%，打工10%	县城或市里	临时工	2700	300	143	500	30~40	1	14	107	无	0	0	
业（苹果50%，玉米40%等）	种植40%，打工10%	—		2500		166	420	90	10	90	133.4	1	667	4	
树，个体工商业，打工	种植50%，打工20%，个体户30%	镇上		2000	300	140	400	90	6	20	120	1	1000.5	4	老
果树、打工、种植业	种植30%，打工40%，个体30%	县城或市里	建筑	1500	200	143	150	88	5	10	81	2	1	4	
、第三产业和民营个体农业收入所占比重很小	—	县城或市里	技术工	1020	750	270	340	30	3	30	110~120	0	0		20世民多房,后划的平房规划地建

表 0-3

| 村庄住宅及宅基地状况 | | | | | | | | | | | | | |
| 空置场地分布状况 | | | | 空置场地分布相对集中地带基本状况 | | | | | | | | | |
置场地形成原因	空置场地分布情况	空置场地分布位置	分布原因	宅前道路能顺畅通过汽车比例（%）	道路宽度（m）	新宅区道路宽度（m）	道路材料（土、草等）	空置宅基地宅前道路连通率	空置宅基地电源输入率	空置宅基地自来水输入率	空置宅基地有垃圾处理设施	旧宅朝向	新宅朝向
	分散插花	主要在村庄中北部	老人去世	100%	4	4	土	100%	100%	80%~90%	0%	南	南
村民迁入城市	分散插花	村庄各个方位	—	—	2.5	2.5	土	100%	—		0%	—	—
废弃的工厂	分散插花	村中某部		100%	3~4	5	土	100%	0%	0%	0%		
人去世，外出工作	分散插花	村中各处		90%	3	5	土	70%	100%	80%	0%	与公路方向垂直，绝大部分朝东南方向	与公路方向垂直，绝大部分朝东南方向
村民迁入城市	分散插花	村庄各个方位	—	0%	—	—	土				0%	南	南
委集体功能减弱	集中成片		老宅区交通不便，道路狭窄。旧宅基地面积普遍较小，难以适应建新宅的需要	70%	3	0	土	70%	100%	100%	0%	南	南
院，改之前想发展集体经济，后闲置	分散插花	村庄中心区域	建新房，弃旧房，老人去世	90%	3	0	土	80%	90%	100%	0%	南	南
	集中成片	村中某部	迁新居	50%	2	3	土	50%	0%	0%	0%	南	南
世、人口外迁和村内然减少，晒粮食的场00年起使用联合收割机后闲置	集中成片	村西南幕河沟处	老宅集中区	0%	6		水泥	0%	0%	0%	0%	南	南
村小学撤点并校	集中成片	山涧及山坡中下部	村庄在1983年做过同意的规划，建设地址选择在山梁上。次区域位于山涧，南边与水库相邻，有被淹没的威胁。交通不便，坡度的存在对村庄与外界交流构成不便	90%	3	4.5	土	90%	100%	0%	0%	乱，没有固定的方向	南
存的罐头厂、冰库	分散插花	村中某部	迁新居	100%	3	4	土	100%	0%	0%	0%	南	南
人去世，人口外迁	分散插花	村中		90%	5.5	6	土	90%	0%	70%	0%	南	南
世，人口外迁，年轻新房，无人住旧房	分散插花	村中	道路	30%	2	5	土	100%	100%	100%	0%	南	南
市区买房搬到城中居人去世遗留的旧房和寡妇改嫁等	集中成片	村庄中部地势较低洼的河沟处	山谷地带，老房区地势低洼且交通不便，搬迁	50%	1.5	2	土石	100%	100%	100%	0%	南	南
功能减弱，撤点并校	集中成片	南北主干道两侧的村庄中心位置，但紧邻主干道的第一间房子除外		80%	2	6	土	99%	100%		0%	南	南
迁，盖新房抛弃旧房	分散插花	村中部	原北部为沙地，村民建新居选择在村南部	25%	2.5	—	土	—	—	—	0%	南	南
弃旧房，外出工作	分散插花			20%	2	3	土	50%	99%		0%	南	南
世，人口外迁，盖新房弃旧房	集中成片	村中，多在河边		0%	2	5	土	40%	100%		0%	乱	南
将村中老房闲置，搬建新居信；第二，世，原有住房闲置；子女在外，将村中老接到外地生活	分散插花			0%	2~3	6	土	50%	0%		0%		南
迁，盖新房抛弃旧房	集中成片	村中某部	村民在市区买房搬到城中居住、老人去世遗留的旧房	10%	2.5	—	土	0%	0%		0%	南	南
外打工，搬新居	分散插花	村中某部	迁新居	100%	2~3	4	土	0%	0%		0%	南	南
世、人口外迁、盖新房弃旧房	集中成片	道路	新修省道，新房临近公路	0%	6	6	土	100%	60%	60%	0%	南	南
世、人口外迁、盖新房弃旧房	分散插花	黑莱路以南	村庄南部房子大多为20世纪70年代建，村北部为20世纪90年代建。大多村民建新居时放弃旧宅，选择在村北部建	10%	3	—	土				0%	南	南
世遗留的旧房和由于道路，交通不便	集中成片	村北	老宅集中区	0%	2	3	土	0%	0%	100%	0%	南	南
人去世，人口外迁	集中成片	村边		80%	3	3	土	100%	50%	50%	0%	南	南
房后搬到城中居住和去世而遗留的旧房	集中成片	村南	20世纪70年代村庄南边建起水库，由于老房区地势低洼潮湿，因此在老房区居住的村民逐步搬迁至村内主路以北的地方居住	70%	1.5	3~4	土	94%	83%	0%	0%	南	南
入城市，老人搬迁或去世	分散插花	村庄各个方位	—				土	100%	99%		0%	南	南
—	分散插花	村中某部	迁新居	100%	3.5	5	土	100%	0%		0%	南	南
盖新房弃旧房	集中成片	村中		20%	3	6	土	100%	100%		0%	南	南
去世，盖新房弃旧房	分散插花			50%	3	5	土	100%	100%	100%	100%	南	南
去世，人口外迁	集中成片	村中		50%	2	5	土	50%	100%		0%	南	南
0年代村庄规划，村间村庄南部建设新住取原有老村空置；此于招远市城区统一规要，1996年叫停所有及，因此，村庄南部为原计划盖平房的用工程也停止，因此产大量的空置场地	分散插花			0%	2~3m左右，有些地带不足1m		土	—	100%	100%	0%	不统一	南

100 个案例村

表 0-2

村庄	空置率（%）	村庄	空置率（%）	村庄	空置率（%）
曹郭庄村	12	东徐格庄	29	大桃口村	39
后施格庄	12	南李家村	30	韩家沟村	40
埃头孙家村	14	苏家泽口村	30	西南疃村	40
朱马王家村	15	后李牧庄村	30	范家庄村	40
南葛家村	16	张邴堡村	30	花园村	40
南邵家村	16	北鲁家村	30	陡山村	40
南胡家村	20	刘家河村	32	小转山堡村	40
前曹家埠村	20	东蚕庄村	32	东城子和西城子	40
后李家村	20	西蚕庄村	32	后柳林夼村	40
崖上村	22	吴家村	32	南横沟村	41
上疃村	22	孟家村	33	留家沟村	42
草店村	23	喇叭沟村	33	炮手庄村	42
东罗台村	23	黄家庄村	33	甄家庄村	44
西罗太村	23	百家宅夼村	34	儒家村	44
苏格庄村	23	北黄村	34	大山口村	45
汪家夼村	24	中五里村	34	辛庄村	46
北院庄村	24	崔家庄村	36	曹家村	47
宋家泽口村	26	郭格庄村	36	槐树底村	47
祁格庄村	26	大丁家村	36	北侯家夼村	47
西陡崖村	27	东柳村	36	孙家夼村	47
连格庄村	27	大榆庄村	37	后家疃村	48
潘家村	27	小河南村	37	小庙前村	49
毛家涧村	27	西柳村	37	鱼池头村	49
前李家村	27	河南村	37	后哨村	51
西楼底村	28	黑顶于家村	37	石盒子村	52
观东村	28	迟家村	37	前李牧庄村	54
后夼村	28	邴家村	38	郝格庄村	56
张家涧村	28	百尺堡村	38	西马家泊村	57
秦家村	28	孙家疃村	38	塔山村	58
上孙家村	28	釜甑村	38	南留格庄	58
大花园村	29	刘家沟村	38	薛家夼村	60
草庵村	29	二十里铺村	39	视家楼村	65
小张家村	29	院上村	39		
高山村	29	西野头村	39		

表 0-4

市	镇	村	农户编号	宅基地面积（m²）	家庭人口数（人）	家庭常住人口数（人）	基础设施状况（自来水、污水、垃圾处理等）
莱阳	柏林庄镇	视家楼村	f1	162	3	3	自来水，有下水管道，厕所为旱厕
			f2	212	4	4	房子为2008年新建，自来水，有下水管道，厕所为旱厕，有太阳能
			f3	182	4	4	房子建于1999年，自来水，有下水管道，厕所为旱厕
	团旺镇	东马家泊村	f4	171	4	4	自来水，有下水管道、旱厕，垃圾集中处理
			f5	300	4	4	自来水，有下水管道、旱厕，垃圾集中处理
			f6	171	3	3	自来水，有下水管道、旱厕、垃圾集中处理
莱州	虎头崖镇	南李村	f7	210	3	3	道路硬化，水电齐全，垃圾自由堆放，污水由排污管道排出，太阳能
			f8	210	4	2	道路硬化，水电齐全，垃圾自由堆放，污水接通排污管道、太阳能
			f9	210	2	2	宅前道路无硬化，水电齐全，垃圾自由堆放，污水排至排污管道，太阳能
	驿道镇	张家涧	f10	295	3	0	自来水，有下水管道（流向村西河沟），旱厕，宅前道路水泥硬化，家电齐全，七间房
			f11	295	6	4	自来水，有下水管道（流向村西河沟），沼气，水冲厕所，太阳能。七间房
			f12	254	6	6	自来水，有下水管道（流向村西河沟），沼气，水冲厕所，家电齐全（空调除外），太阳能
		毛家涧村	f13	160	4	4	水电齐全，污水外排，垃圾堆放在村外
			f14	150	5	5	水电齐全，污水外排，垃圾堆放在村外
			f15	150	3	3	水电齐全，无污水处理，垃圾堆放在村外
	柞村镇	西马驿村	f16	220	4	2	有自来水，有线电视，有固定电话，有硬化路。无垃圾处理设施
			f17	180	8	4	道路硬化，有自来水，有线电视，有固定电话，无垃圾处理设施
			f18	180	2	2	道路硬化，有自来水，有线电视，有固定电话，无垃圾处理设施
	朱桥镇	后李村	f19	250	4	3	有自来水，有线电视，有固话，有硬化路。无垃圾处理设施
			f20	250	4	2	道路硬化，有自来水，有线电视，有固话，无垃圾处理设施
			f21	250	3	2	道路硬化，有自来水，有线电视，有固话，无垃圾处理设施
栖霞	翠屏街道	石盒子村	f22	150	3	3	水电齐全，垃圾自由堆放，污水直接外排
			f23	150	4	2	水电齐全，垃圾自由堆放，污水直接外排
			f24	170	3	3	水电齐全，垃圾自由堆放，污水直接外排
	官道镇	孙疃村	f25	250	4	2	井水，无下水管道，旱厕，无污水处理，家电齐全（有空调）
			f26	300	4	2	井水，无下水管道，旱厕，无污水处理，家电齐全（没空调）
			f27	160	4	4	井水，无下水管道，旱厕，无污水处理，家电齐全（没空调）
		大丁家村	f28	251	4	4	通水电、电话，有垃圾处理设施
			f29	166	3	3	通水电、电话，有垃圾处理设施
			f30	247	3	3	通水电、电话，有垃圾处理设施
	寺口镇	韩家沟村	f31	166	2	2	无自来水，无污水道
			f32	166	3	2	无自来水，无污水道
			f33	200	3	2	无自来水，无污水道
		南横沟	f34	167	4	4	无自来水，道路没有硬化，无垃圾处理，无污水处理
			f35	167	4	4	无自来水，道路没有硬化，无垃圾处理，无污水处理，有线电视
			f36	167	3	3	无自来水，道路没有硬化，无垃圾处理，无污水处理，有线电视
		刘家	f37	166	3	3	无自来水、无污水、垃圾处理设施，对面为河沟，宅前土路
			f38	166	3	3	无自来水、无污水处理、垃圾处理设施，土路，墙角堆放着遗留的建筑材料
			f39	166	4	4	无自来水、无污水处理、垃圾处理设施，土路
	西城镇	槐树底村	f40	150	3	1	通水电、电话，有垃圾处理设施
			f41	170	3	3	通水电、电话，有垃圾处理设施

市	镇	村	农户编号	宅基地面积（m²）	家庭人口数（人）	家庭常住人口数（人）	基础设施状况（自来水、污水、垃圾处理等）
招远	毕郭镇	炮手庄村	f42	150	3	2	水电齐全，污水外排，垃圾堆放在村外
			f43	150	3	2	水电齐全，污水外排，垃圾堆放在村外
			f44	150	3	2	水电齐全，无污水处理，垃圾堆放在村外
		东城子村	f45	280	2	2	有自来水，无污水处理，垃圾池，有线电视，固话，道路硬化
			f46	150	3	2	自来水，无污水处理，垃圾收集点，有线电视，固话，道路硬化
			f47	150	3	2	自来水，无污水处理，垃圾收集点，有线电视，固话，道路硬化
		西城子村	f48	150	2	2	通水电、电话，有垃圾处理设施
	大秦家镇	苏格庄村	f49	160	3	3	水电齐全，有垃圾投放点，太阳能、门口用水泥硬化，宅前为沙石路面，宅间道路宽度可以停放汽车
			f50	160	4	3	水电齐全，有垃圾投放点，太阳能、宅前为自建水泥道路，有排水沟，道路宽度可停放汽车
			f51	160	2	3	水电齐全，有垃圾投放点，太阳能、宅前为自建水泥道路，有排水沟，道路宽度可停放汽车
		黑顶于家村	f52	150	5	5	有自来水、下水道，垃圾自由堆放
			f53	150	4	3	有自来水、下水道，没有垃圾处理
			f54	150	3	3	有自来水、下水道，没有垃圾处理
	阜山镇	草店	f55	150	4	3	宅基地南侧为水泥路，其他道路为土路；水电齐全，每天放水三次，每次半小时；垃圾自由堆放
			f56	150	2	2	宅前自建水泥路；住宅通电、通自来水，每天放水三次，每次半小时；垃圾自由堆放
			f57	150	3	3	—
		张炳堡村	f58	143	3	3	水电齐全，污水外排，垃圾堆放在村外
			f59	143	4	4	水电齐全，污水外排，垃圾堆放在村外
			f60	143	2	2	水电齐全，无污水处理，垃圾堆放在村外
		百尺堡	f61	167	4	2	无自来水，有线电视，固话，道路未硬化，有垃圾收集点
			f62	167	4	2	无自来水，无污水处理，有固话，道路没有硬化
			f63	167	3	2	无自来水，道路没有硬化，无垃圾处理，有线电视，固话
	罗峰街道	西坞党村	f64	140	4	2	有自来水，有下水道，无污水处理，垃圾池，有线电视，固话，道路硬化
			f65	140	3	3	自来水，无下水道，垃圾收集点，有线电视，固话，道路硬化
			f66	140	3	3	自来水，有下水道，垃圾收集点，有线电视，固话，道路硬化

1）"空心村"卫星影像（图 0-2）识别，是利用村庄居民点地物的电磁波特性，通过遥感图像分析技术（图 0-3~ 图 0-6），对卫星影像上村庄居民点所存在的废弃或闲置建设用地进行快速识别、模糊分类和统计估算，以定量方式描述村庄建设用地废弃或闲置的状况，筛选出可能存在成规模废弃或闲置建设用地的村庄，解决海量调查的困难。

2）"空心村"卫星影像诊断，是利用村庄居民点一般理想规划模式，对已经通过卫星影像识别出来的"空心村"相对于一般理想规划模式的异常影像所作的结构和功能分析（图 0-7、图 0-8），旨在从结构和功能方面解释产生村庄居民点废弃或闲置建设用地的原因，为调整"空心村"村庄建设用地布局和编制村庄整治规划提供依据。

图0-2 案例村卫星影像

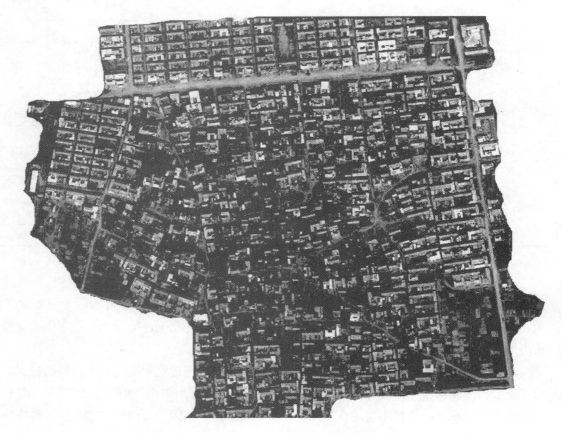

图0-3 处理后的案例村卫星影像

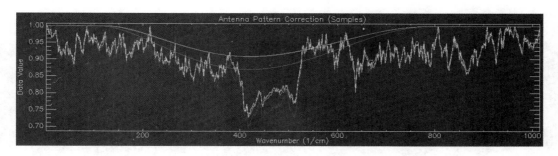

图0-4 案例村地物光波反射率

图0-5 案例村3D效果图

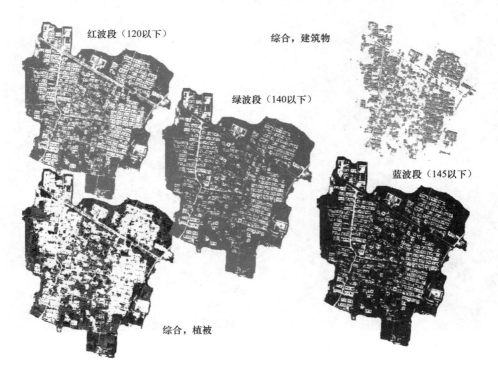

图0-6 卫星影像波长分析

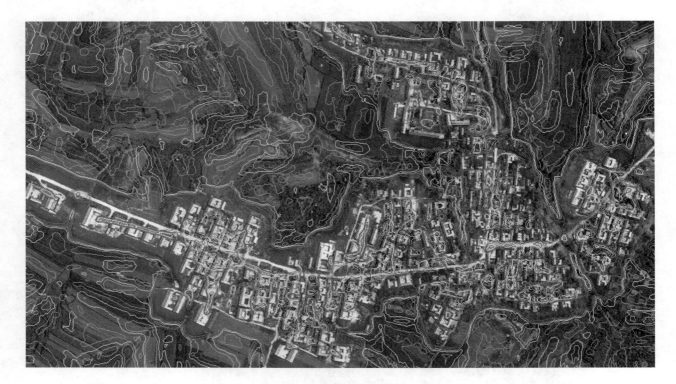

图0-7 案例村坡度分析

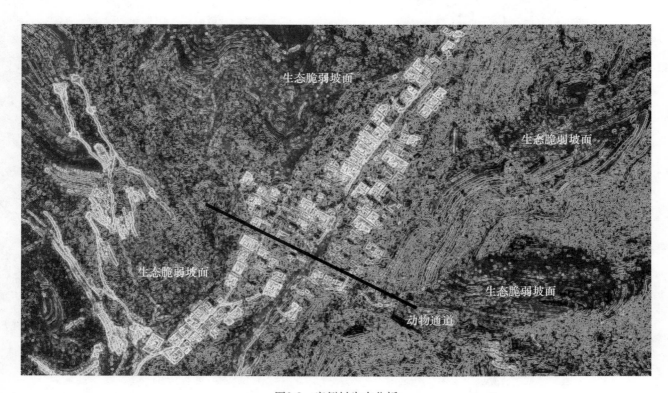

图0-8 案例村生态分析

一、研究地区的概况

1．地理位置

烟台市地处山东半岛中部，位于 119°34′E～121°57′E，36°16′N～38°23′N，濒临渤海和黄海；最大横距 214km，最大纵距 130km。辖区总面积 13746.5 km²，其中农村地区面积约占 80%，城镇建成区面积约占 20%（图 0-9）。

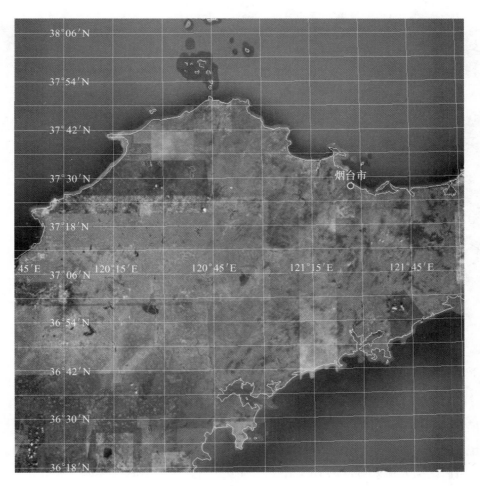

图0-9　案例地区空间位置

2．地形地貌

烟台地形为低山丘陵区，山丘起伏和缓，沟壑纵横交错。山地占总面积的 36.62%，丘陵占 39.7%，平原占 20.78%，洼地占 2.90%。低山区位于市域中部，海拔在 500m 以上，山体多由花岗岩组成。丘陵区分布于低山区周围及其延伸部分，海拔 100～300m，山坡平缓，沟谷浅宽，沟谷内洪积物发育，土层较厚（图 0-10）。

在我们研究的 765 个村庄居民点中，地处海拔 300m 以上的占 1%，海拔 299～200m 的占 6%，海拔 199～150m 的占 22%，海拔 149～100m 的占 29%，海拔 99～50m 的占 18%，海拔 49～0m 的占 24%。

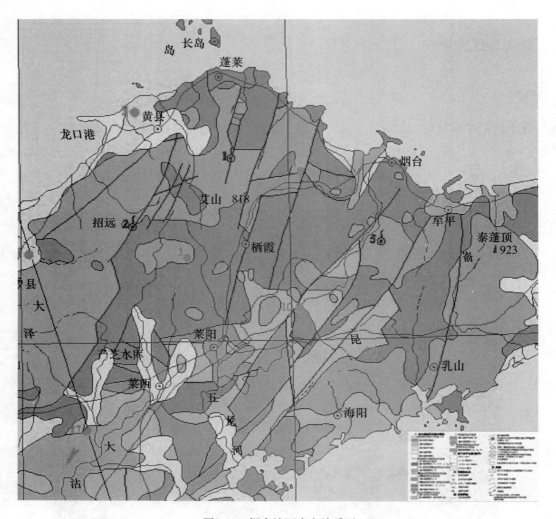

图0-10　烟台地区水文地质图

3．水文地质

烟台市域内，河网较发达，中小河流众多，长度在5km以上河流121条，其中流域面积300 km² 以上的河有五龙河、大沽河、大沽夹河、黄水河、辛安河、界河和王河7条。主要河流以绵亘东西的 昆嵛山、牙山、艾山、罗山、大泽山所形成的"胶东屋脊"为分水岭，南北分流入海。向南流入黄海的 有五龙河、大沽河，向北流入黄海的有大沽夹河和辛安河，流入渤海的有黄水河、界河和王河。其特 点是河床比降大，源短流急，暴涨暴落，属季风雨源型河流。其冲积而形成小平原，沙土层厚而肥沃 （图0-11）。

在本课题研究中涉及的765个村庄分别与五龙河、大沽河、王河、界河、黄水河和辛安河流域有关。

4．行政区划和人口

烟台市辖6区1县，分别为：芝罘区、福山区、牟平区、莱山区、烟台经济技术开发区、烟台高新 技术开发区、长岛县，代管龙口、莱阳、莱州、蓬莱、招远、栖霞、海阳7个县级市，合计91个镇，6 个乡，53个街道办事处，585个居民委员会，6199个村委会，6864个自然村（图0-12）。2009年年末 全市户籍户数为231.63万户，人口为652万人，人口增长0.05%，其中市区人口179.24万人。全市人 口出生率为6.78‰，人口死亡率为7.36‰，人口自然增长率为-0.58‰（表0-5～表0-12）。

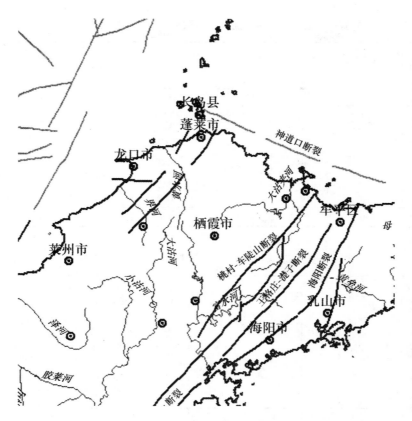

图0-11 烟台地区河流和断裂带

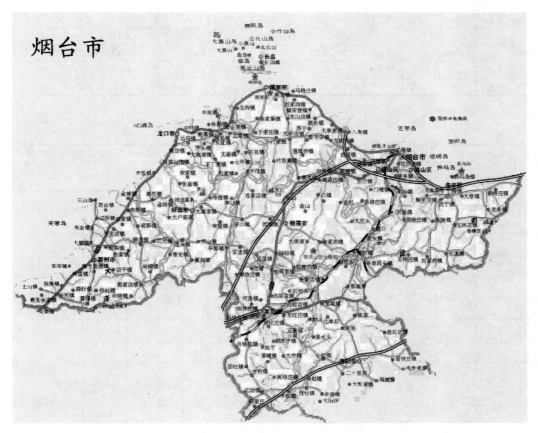

图0-12 烟台地区行政区划

本课题涉及各市、区村庄、人口和基础设施状况（2007 年） 表 0-5

地区	乡（镇）个数（个）	村民委员会个数（个）	乡村户数（万户）	乡村人口数（万人）	农村社会基础设施			
					通电话户数（户）	自来水受益村数（个）	通汽车村数（个）	通电话村数（个）
莱阳市	18	784	24.31	74.69	173753	592	784	784
莱州市	16	1017	24.06	70.26	202362	1017	1017	1017
蓬莱市	12	584	14.86	39.18	112680	408	584	584
招远市	14	724	16.22	44.94	123537	630	724	724
栖霞市	15	953	19.7	54.5	136944	514	953	953
海阳市	14	732	21.69	58.61	154326	710	732	732
牟平区	13	608	14.37	37.72	97271	526	608	608
合计	102	5402	135.21	379.9	1000873	4397	5402	5402

本课题涉及市、区劳动力资源及主要行业分布（2007 年） 表 0-6

地区	劳动年龄内人口数（万人）	劳动年龄内上学的人数（万人）	劳动年龄内丧失劳动能力人数（万人）	不足或超过劳动年龄而实际参加劳动人数（万人）	乡村实有劳动力（万人）	男劳动力（万人）	农、林、牧、渔业（万人）	农业（万人）	工业（万人）	建筑业（万人）	交通运输、仓储和邮电业（万人）	信息传输计算机服务业（万人）	批发和零售业（万人）	住宿和餐饮业（万人）	其他（万人）	外出合同工、临时工（万人）
牟平区	20.05	1.49	0.88	1.9	19.58	10.91	9.79	8.35	3.65	1.08	0.65	0.08	1.6	0.65	2.08	1.2
莱阳市	37.79	1.49	0.96	2.82	38.13	20.16	21.16	17.96	4.89	4.37	1.03	0.16	1.75	1.04	3.73	2.7
莱州市	38.9	1.86	0.76	3.45	39.73	20.75	20.01	17.57	10.6	2.72	1.15	0.11	1.97	0.63	2.54	1.4
蓬莱市	21.36	0.71	0.61	1.19	21.23	11.68	12.74	10.38	3.05	1.2	0.53	0.07	1.2	0.59	1.85	0.82
招远市	21.81	1.06	0.76	1.4	21.11	11.25	11.35	9.46	3.72	1.65	0.62	0.13	1.03	0.72	1.89	1.06
栖霞市	26.78	1.65	0.99	3.32	27.46	15.05	22.41	20.36	1.66	0.97	0.4	0.07	0.63	0.31	1.01	0.61
海阳市	31.26	1.26	0.64	2.93	31.96	17.24	17.54	14.84	5.32	3.42	0.69	0.08	1.17	0.47	3.27	2.35
合计	197.95	9.52	5.6	17.01	199.2	107.04	115	98.92	32.89	15.41	5.07	0.7	9.35	4.41	16.4	10.14

农村常住户拥有住宅面积 表 0-7

地区	拥有住宅面积合计（m²）	其中：出租面积（m²）	按人均拥有住宅面积分的户数（户）							按人均拥有住宅面积分的构成（%）						
			合计	0m²	<10m²	10~25m²	25~50m²	50~100m²	>100m²	合计	0m²	<10m²	10~25m²	25~50m²	50~100m²	>100m²
牟平区	11463586	67580	134892	348	849	45218	58760	25289	4428	100	0.26	0.63	33.52	43.56	18.75	3.28
莱阳市	19581030	108290	228796	278	2153	107328	86712	28508	3817	100	0.12	0.94	46.91	37.9	12.46	1.67
莱州市	25129906	68081	254215	1333	278	67193	126224	51773	7414	100	0.52	0.11	26.43	49.65	20.37	2.92
蓬莱市	9055575	32402	133621	591	372	61464	52943	17278	973	100	0.44	0.28	46	39.62	12.93	0.73
招远市	15591852	35825	159410	587	299	44121	73090	34952	6361	100	0.37	0.19	27.68	45.85	21.93	3.99
栖霞市	15325497	25626	193574	512	621	76396	82560	29889	3596	100	0.26	0.32	39.47	42.65	15.44	1.86

续表

地区	拥有住宅面积合计（m²）	其中：出租面积（m²）	按人均拥有住宅面积分的户数（户）							按人均拥有住宅面积分的构成（%）						
			合计	0m²	<10m²	10~25m²	25~50m²	50~100m²	>100m²	合计	0m²	<10m²	10~25m²	25~50m²	50~100m²	>100m²
海阳市	15696648	49227	208595	422	1383	94876	81820	26651	3443	100	0.2	0.66	45.48	39.22	12.78	1.65
合计	111844094	387031	1313103	4071	5955	496596	562109	214340	30032	100	0.31	0.44	38	43	16	2

按居住住房类型分解的农村常住户构成

表 0-8

地区	户数（户）			构成（%）		
	合计	楼房	平房	合计	楼房	平房
牟平区	134892	10386	124506	100	7.7	92.3
莱阳市	228796	5005	223791	100	2.19	97.81
莱州市	254215	8572	245643	100	3.37	96.63
蓬莱市	133621	6258	127363	100	4.68	95.32
招远市	159410	5501	153909	100	3.45	96.55
栖霞市	193574	2852	190722	100	1.47	98.53
海阳市	208595	2891	205704	100	1.39	98.61
合计	1313103	41465	1271638	100	3	97

按拥有主要住宅建筑时间分解的农村常住户构成

表 0-9

地区	户数（户）					构成（%）			
	合计	1978年以前	1979~1989年	1990~1999年	2000年以后	合计	1978年以前	1979~1989年	1990~1999年	2000年以后
牟平区	134544	59019	55234	16334	3957	100	43.87	41.05	12.14	2.94
莱阳市	228518	61440	100926	53293	12859	100	26.89	44.17	23.32	5.63
莱州市	252882	55473	113818	65532	18059	100	21.94	45.01	25.91	7.14
蓬莱市	133030	48904	54706	22051	7369	100	36.76	41.12	16.58	5.54
招远市	158823	50038	68201	31830	8754	100	31.51	42.94	20.04	5.51
栖霞市	193062	75989	88428	22910	5735	100	39.36	45.8	11.87	2.97
海阳市	208173	89167	76449	33441	9116	100	42.83	36.72	16.06	4.38
合计	1309032	440030	557762	245391	65849	100	35	42	18	4.8

按居住住房结构分解的农村常住户构成

表 0-10

地区	户数（户）						构成（%）					
	合计	钢筋混凝土	砖混	砖（石）木	竹草土坯结构	其他	合计	钢筋混凝土	砖混	砖（石）木	竹草土坯结构	其他
牟平区	134892	5865	8337	120580	73	37	100	4.35	6.18	89.39	0.05	0.03
莱阳市	228796	2558	17305	208624	300	9	100	1.12	7.56	91.18	0.13	0
莱州市	254215	3588	81841	168786	0	0	100	1.41	32.19	66.39	0	0
蓬莱市	133621	4059	22428	107118	9	7	100	3.04	16.78	80.17	0.01	0.01
招远市	159410	2277	15383	141645	95	10	100	1.43	9.65	88.86	0.06	0.01
栖霞市	193574	1660	23862	167913	120	19	100	0.86	12.33	86.74	0.06	0.01
海阳市	208595	703	9229	198348	309	6	100	0.34	4.42	95.09	0.15	0
合计	1313103	20710	178385	1113014	906	88	100	1.8	13	85	0.07	0

按居住住房性质分解的农村常住户构成

表 0-11

地区	户数（户）			构成（%）		
	合计	自有	租住	自有	租住	合计
牟平区	134892	133905	987	99.27	0.73	100
莱阳市	228796	227351	1445	99.37	0.63	100
莱州市	254215	251337	2878	98.87	1.13	100
蓬莱市	133621	132346	1275	99.05	0.95	100
招远市	159410	158294	1116	99.3	0.7	100
栖霞市	193574	192214	1360	99.3	0.7	100
海阳市	208595	207116	1479	99.29	0.71	100
合计	1313103	1302563	10540	99.21	0.79	100

按拥有住宅处数分解的农村常住户构成

表 0-12

地区	户数(户)					构成(%)				
	合计	没有	1处	2处	3处以上	合计	没有	1处	2处	3处
牟平区	134892	348	126386	7665	493	100	0.26	93.69	5.68	0.37
莱阳市	228796	278	206028	21358	1132	100	0.12	90.05	9.33	0.49
莱州市	254215	1333	216184	34688	2010	100	0.52	85.04	13.65	0.79
蓬莱市	133621	591	123591	8909	530	100	0.44	92.49	6.67	0.4
招远市	159410	587	136198	21440	1185	100	0.37	85.44	13.45	0.74
栖霞市	193574	512	175032	17201	829	100	0.26	90.42	8.89	0.43
海阳市	208595	422	186512	20395	1266	100	0.2	89.41	9.78	0.61
合计	1313103	4071	1169931	131656	7445	100	0.31	89.5	9.63	0.54

5．乡村人民生活

根据烟台市统计局《2009 年烟台市国民经济和社会发展统计公报》公布的数据：

1）乡村居民人均全年纯收入 8642 元，增长 8.9%。人均生活消费支出 4521 元，增长 7.5%。乡村居民恩格尔系数为 38.15%。相比较，城市居民人均全年可支配收入 21125 元，增长 9.2%。人均消费性支出为 14537 元，增长 10.5%。城市居民恩格尔系数为 36.0%。城市居民人均全年可支配收入是乡村居民人均全年纯收入的 2.4 倍，城市居民人均消费性支出是乡村居民人均生活消费支出的 3.2 倍。

2）年末每百户乡村家庭拥有生活用汽车 2.83 辆，摩托车 65.52 辆，影碟机 40.94 台，移动电话 127.41 部，彩电 113 台，电冰箱 95.23 台，洗衣机 64.72 台。

3）全市乡村居民人均住房面积为 32.65 m²，如果以每户 2.8 人计算，乡村居民户均住房面积约为 91.42 m²，而城镇居民人均住房建筑面积为 28.89 m²，户均住房面积约为 80.89 m²。

6．乡村住宅及宅基地状况

据 2007 年山东省建设厅村镇建设处有关"全省空心村调研报告"提供的数据，山东省全省乡村居民点人均建设用地面积为 176 m²。假定户均人口 2.8 人的话，乡村居民户均建设用地为 492.8 m²。假定这个数字基本符合烟台地区的情况，那么，烟台地区乡村居民户均宅基地占户均村庄建设用地的 60%，而公共建筑用地、道路广场用地和公共绿地合计约占村庄建设用地的 30% 以上。

从本课题研究涉及的 765 个村庄的实际情况看（图 0-13～图 0-18），结合以上地方政府公布的乡村居民人均住房面积的数据，假定农村宅基地的容积率为 0.3，在包括了住宅、庭院及其房前屋后的入宅道路、屋檐下、山墙边的零星空地的条件下，这个地区乡村居民户均理论宅基地面积在 304 m² 左右。

图0-13 村庄居民点地形图（ACAD）

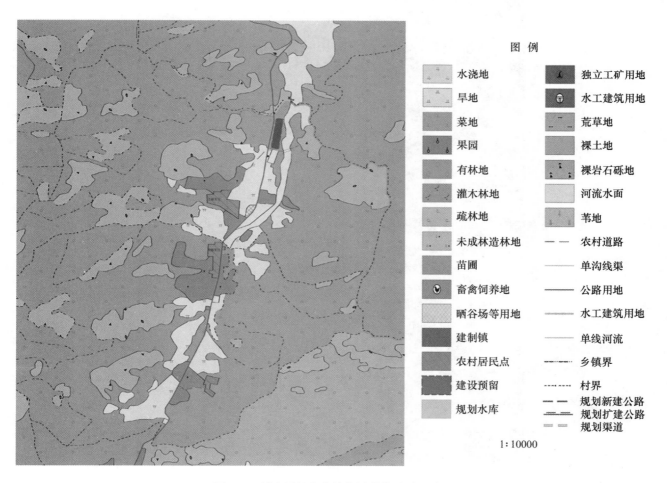

图 例

	水浇地		独立工矿用地
	旱地		水工建筑用地
	菜地		荒草地
	果园		裸土地
	有林地		裸岩石砾地
	灌木林地		河流水面
	疏林地		苇地
	未成林造林地		农村道路
	苗圃		单沟线渠
	畜禽饲养地		公路用地
	晒谷场等用地		水工建筑用地
	建制镇		单线河流
	农村居民点		乡镇界
	建设预留		村界
	规划水库		规划新建公路
			规划扩建公路
			规划渠道

1:10000

图0-14 村庄居民点土地使用现状图（GIS）

图0-15 村庄居民点卫星影像（RS）

图0-16 卫星影像与实景

图0-17 普通的住宅

图0-18 废弃的住宅

7. 居民点建设用地和废弃或闲置的居民点建设用地

在本课题研究涉及的765个村庄中，可以在卫星影像上识别出来的废弃或闲置的宅基地和公共建筑用地，以及房前屋后的边角闲置用地和杂物堆场的合计面积，约占全部村庄居民点建设用地合计面积的37.73%，即76288亩（图0-18）。换句话说，765个案例村庄平均每个村可以整理和节约出100亩村庄居民点建设用地。

通过卫星影像光谱分析估算的765个村庄合计居民点建设用地面积约为202152亩，其中被完好建筑物覆盖的土地面积约为125425亩，包括住宅以及铺装过的道路、广场和宅前场地等，占全部村庄居民点建设用地面积的62%，而未被建筑物完全或不完全覆盖的土地面积约为76288亩，占全部村庄居民点建设用地面积的37.73%。

这里，未被建筑物覆盖或不完全覆盖的土地包括废弃或闲置的宅基地、公共建筑用地，房前屋后的边角闲置用地和杂物堆场，未铺装且有杂草的道路，村庄主要道路两边的退红、水沟及其边坡，大型乔木下的休闲场地等。我们需要从中剔除掉那些不能认定为废弃或闲置的宅基地和公共建筑用地的场地，还要剔除村庄主要道路两边的退红、水沟及其边坡，以及大型乔木下的休闲场地等。

当然，在计算少数村庄时，我们有可能做到这一点。但是，使用人工手段计算大量村庄时，只能根据样本作合理估计。我们认为，在根据光的波长或反射率得到的有关废弃或闲置宅基地的数据中剔除掉10%是比较合理的。这样，在这765个村庄中，未被建筑物完全或不完全覆盖的土地面积约占全部村庄居民点建设用地面积的37%。

实际上，在这765个村庄中，废弃或闲置的宅基地、公共建筑用地，以及房前屋后的边角闲置用地和杂物堆场的面积占村庄居民点建设用地面积的比例从1%到65%不等。当然，其中废弃或闲置的宅基地和公共建筑用地，以及房前屋后的边角闲置用地和杂物堆场的面积占村庄居民点建设用地面积比例在1%～39%之间的占79%，废弃或闲置的宅基地和公共建筑用地，以及房前屋后的边角闲置用地和杂物堆场的面积占村庄居民点建设用地面积比例在40%～65%之间的占21%。

从卫星影像上看，这765个村庄中有45%的村庄废弃或闲置场地面积占村庄居民点已经使用的建设用地面积的30%以上。如果以村庄居民点已经实际使用的建设用地中30%是废弃或闲置的宅基地、公共建筑用地，以及房前屋后的边角闲置用地和杂物堆场作为"空心村"或村庄健康与否的基本衡量指标之一的话，那么，这765个村庄中有344个村庄存在比较严重的土地浪费问题。如果我们把这个指标调整至40%以上，那么，这765个村庄中有21%的村庄废弃或闲置场地面积占村庄居民点建设用地面积的 40% 以上，即 160 个案例村庄存在比较严重的土地浪费问题，或简单称它们为"空心村"。

我们建议，采用村庄居民点内部的废弃或闲置场地面积占村庄居民点建设用地面积的 40% 以上，作为确定一个村庄是否是"空心村"的基本指标。这种选择可能比较适合烟台市目前的经济发展水平，适应其整理村庄废弃或闲置建设用地的能力和烟台市农业土地流失的速度；而对于经济更为发达的，整理村庄废弃或闲置建设用地的能力更强的，农业土地流失的速度更快的地区来讲，可以把划定"空心村"的空置率指标提高到 30% 以上。实际上，每个村庄实际存在的废弃或闲置场地面积是刚性的，是由卫星影像上客观反映出来的地面覆盖属性所决定的，而确定一个村庄是否存在严重的土地浪费的指标则是有弹性的，是一个政策性的选择问题。

二、有关"空心村"的基本结论

在对村庄居民点废弃或闲置场地面积占村庄居民点建设用地面积超出 40% 的 163 个"空心村"卫星影像的分析中，我们可以对"空心村"作出如下结论：

1. "空心村"是村庄居民点内部的废弃或闲置场地面积占其建设用地面积认定比例以上的村庄

如本研究发现的空置率在 40% 以上的那些村庄。

2. 村庄居民点废弃或闲置场地有着不同于正在使用中的住宅及其场地的几何形状、纹理、色调、规模、空间位置和光谱特征

它包括濒临倒塌或已经倒塌的住宅及其废弃或闲置的宅基地，濒临倒塌或已经倒塌的公共建筑及其废弃或闲置的场地，暂时用于种植农林作物或养殖场地的建设用地。

在第一章、第二章、第三章、第四章中，我们将详细介绍"使用中建设用地的覆盖特征及其分类"、"废弃或闲置场地及其分类"废弃或闲置场地分布和"村庄居民点废弃或闲置场地估算"，以说明这个结论。

3. 废弃或闲置场地以插花形式分布的"空心村"多于以成片形式分布的"空心村"

1）70% 的空心村废弃或闲置场地是以插花形式分布在正在使用的住宅之间，而仅有 30% 的空心村废弃或闲置场地是相对独立于主要居民区，以成片形式分布在村庄的核心或边缘地区。

2）以插花形式分布在正在使用的住宅之间的废弃或闲置场地的"空心村"中，41% 基本没有成规模的开发潜力，只能把废弃或闲置场地继续用作当地居民的宅基地、公共建筑用地和村庄里的小块公共绿地，而 59% 具有成规模再开发的潜力，只要对村庄中废弃或闲置场地相对集中的地块作适当用地调整和重新规划，其中

（1）17% 的具有成规模再开发潜力的"空心村"可以把废弃或闲置场地恢复成为农田，用于农业或林业的开发；

（2）83% 的具有成规模再开发潜力的"空心村"可以对废弃或闲置场地进行成规模的商业性开发。

3）以成片形式分布在村庄的核心或边缘地区的那些相对独立于主要居民区的废弃或闲置场地的"空心村"全部具有成规模的开发潜力：

（1）55% 的废弃或闲置场地以成片形式分布的"空心村"，可以把废弃或闲置场地恢复成为农田，用于农业或林业的开发；

（2）45% 的废弃或闲置场地以成片形式分布的"空心村"，可以对废弃或闲置场地进行成规模的商

业性开发，特别是那些城市建成区内的"城中村"，城市建成区边缘的"城边村"和进出城区的主要道路旁的"路边村"。

在第三章中，我们将详细介绍"废弃或闲置场地分布"问题，以说明这个结论。

4．"空心村"在道路体系、坡度和方位上呈现多重结构

1）对于地处地势相对平坦地区的村庄而言，整个村庄居民点至少存在2个以上道路体系不相似的组团；村庄中已经不再具有完整道路体系的部分，即是村庄中相对成规模的废弃或闲置部分，而村庄中具有完整道路体系的部分是村庄中正常使用中的部分；两种不同道路体系组团的地块电磁波属性及其分布规律不同。

2）对于地处丘陵低山前或沟壑中的村庄而言，整个村庄居民点至少存在2个以上坡度不相似的组团；以步行导向的村庄部分，因为坡度大于4%～5%，不能建设现代车行道路，从而出现废弃或闲置的场地，而以车行导向的村庄较新组团，坡度低于1%，已经建设现代车行道路，通常是村庄中正常使用中的部分。

3）无论处于哪种地形地貌状态下，旧居民点组团与新近几十年发展起来的居住组团通常具有不同的方位，当村庄部分建筑调整到新方位上时，采用历史方位的部分就衰落、闲置或废弃。

在第五章中，我们将详细介绍"结构性废弃或闲置场地"问题，以说明这个结论。

5．"空心村"在建设用地功能上呈现混杂布局

1）零星农业生产用地或工业生产用地混杂分布在居住建筑中；

2）无论是哪种非居住功能出现在居住用地之中，无论其规模相对于整个居住区多么小，都会成为一个导致村庄居住功能用地变异的影像源；

3）非居住功能用地的影响强度大于居住功能，其影响范围随相关邻里数和标准偏差值的增加而扩大。

在第六章中，我们将详细介绍"功能性废弃或闲置场地"问题，以说明这个结论。

6．成片废弃或闲置场地的生长方向受到区域土地使用功能变更的影响

1）与村庄居民点相邻的农业用地转变成为大中型工业企业用地，导致村庄居民点整体向背离工业用地的方向迁移，在两者之间形成一个废弃或闲置用地地带；

2）与村庄居民点相邻的农业用地转变成为非高速过境道路，吸引村庄居民点向非高速过境道路方向靠近，沿非高速过境道路两侧发展，原居民点趋于衰退；

3）无论是排斥性的影响源，还是吸引性的影像源，在村庄规划管理失控情况下，都会从负面影响或加速"空心村"的生长。

在第七章中，我们将详细介绍"区域土地使用功能变更引起的村庄建设用地结构性问题"，以说明这个结论。

7．成片废弃或闲置场地出现的位置和规模受到特殊自然环境条件的影响

1）地处特殊自然环境条件下的村庄，如山涧里、山坡上或山梁上的村庄，其卫星影像上的坡度、密度、簇团和边界均呈现不同于平整土地上的村庄的特征：

（1）低山前的村庄在坡度大于9°的条件下，通常沿沟涧带状蔓延，以致成片废弃或闲置用地呈现带状形态；

（2）山涧里的村庄在周边坡度小于9°的条件下，通常逐步离开沟涧地区，向缓坡上蔓延，成为山坡上的村庄，而把山涧里的老村闲置起来；

（3）在坡度为0°～5°的地块足够簇团建设住宅的情况下，坡上的村庄通常离开缓坡地区，成为山梁上的村庄，而把山涧和坡上的老村闲置起来。

2）改变自然坡度的能力及其改变自然坡度的程度，决定了这类特殊自然环境条件下的村庄留下的成片废弃或闲置场地的位置和规模。

8．丘陵地区比平原地区易形成"空心村"

1）67%的"空心村"地处海拔100～300m的丘陵地区，其中约30%的村庄紧靠低山，或在山涧中，或在山脚下，自然地形地貌相对复杂；

2）33%的"空心村"在海拔低于84m的平原地区，其中约30%的村庄与中心城市建成区直接相关，或为"城中村"、"城边村"，或为城市过境道路旁的"路边村"，人工建筑环境相对复杂。

9．复杂的自然生态环境和人工建筑环境易于诱发"空心村"

1）30%的空心村地处自然生态环境和人工建筑环境相对复杂的区域里，在这一部分村庄中，60%的村庄相邻地域坡度大于25%，自然生长的植被覆盖比例大于人工种植的植被覆盖比例，地质灾害隐患明显，而另外40%的村庄已经被城市工业商业和居住建筑所包围，农林用地零星分散不成规模，地表污染严重。

2）在自然生态环境相对复杂的地区，"空心村"是在日积月累地蚕食村庄周边农业、林业用地和存在地质灾害的土地中逐步形成的，而在人工建筑环境相对复杂的城市化地区，"空心村"是在周边用地性质已经变化而没有及时调整城市化地区村庄建设用地功能中突然形成的。

3）无论是自然生态环境相对复杂的乡村地区，如紧靠低山的丘陵地区，还是人工建筑环境相对复杂的城市化地区，如城镇建成区内和边缘地区，土地使用管理呈现困难局面。

我们将在第八章中，对以上三点结论作详细介绍。

三、有关"空心村"识别的基本结论

"空心村"是所有村庄中的一类村庄，即那些村庄居民点废弃或闲置场地面积占村庄居民点建设用地面积40%以上的村庄。若要确定哪些村庄是"空心村"，哪些村庄不是"空心村"，我们需要使用卫星影像分析技术，分析村庄居民点全部地物的电磁波属性、分布规律和覆盖面积，识别村庄居民点废弃或闲置场地，估算村庄居民点废弃或闲置场地的面积。

在分析烟台地区765个村庄的卫星影像之后，我们对"空心村"的识别问题得出如下结论，在第一章至第四章中，我们将详尽地解释这些结论。

1．依据地物表面电磁波特性，可以定性地描述地物属性和定量地估算地物规模

1）照射在村庄居民点任何地物表面的可见光，都会通过特定的波长或反射率反映出地物的表面属性。

2）使用肉眼，可以定性地描述反映在0.6m分辨率以上卫星影像上的地物。

3）扫过一组具有不同表面属性地物的光线，会表现出不同的波幅和频率。

4）使用光谱分析，可以定量描述反映在0.6m分辨率以上的卫星影像上的地物。

（1）一类地物表面具有一定波长或光波反射率范围，根据实地考察和经验，认定一定波长范围的所有波长值都是对一类地物表面电磁波特性的反映；

（2）具有同一波长范围的地物在卫星影像上占据一定的像素数，而卫星影像上的每一个像素都成比例地精确对应一个地面实际面积，所以，我们可以间接地判断和估算出各类地物的规模；

（3）依靠卫星影像上像素数目和每类像素覆盖的实际面积，经过统计分析，得出每类地物所占空间，然后估算它们的面积，包括村庄居民点废弃或闲置建设用地面积，而不再采用一般比例尺，使用通常的测量技术，去丈量和计算卫星影像上的地物。

2．用 255 个波长值[1]或 0 ～ 100% 的反射率，可以完全表达村庄居民点的所有地物

1）分别用 0 ～ 255 个波长值或 0 ～ 100% 的反射率来表达村庄居民点中的全部地物，暂时忽略它们的其他属性，形成一个抽象数值表达的村庄。

2）在这个以抽象数值表达的村庄里，所有地物都由若干个像素组成，每一个像素都被分别归属到 0 ～ 255 个层次里或 0 ～ 100% 的反射率中。

3）因为光波对地物表面不同部位的入射角和反射角存在差别，一个现实地物一般都会同时属于不同的波长层次，我们需要给每一种现实的地物划定一个层次范围，形成一个波长值分类。

4）一旦这个分类确定下来，我们就可以估算每一类地物在村庄居民点中所占的面积。

3．村庄居民点表面地物可以按照其表面反射波长归纳为 2 个大类和 6 个子类

1）非人工建筑物覆盖类和人工建筑物覆盖类构成村庄居民点表面地物的 2 个大类；对于 5 ～ 10 月采集的卫星影像，一般可以红波段波长值 120，绿波段波长值和蓝波段波长值 140，作为分类临界值；2 个大类划分的误判值约在 2% ～ 5% 之间。

2）非人工建筑物覆盖类分为三个子类：水面及阴影类、自然生境下的植被类和人类干预下的植被类，以红波段波长估算的临界值分别采用以下数值：

（1）水面及阴影类：< 10。

（2）自然生境下的植被类：10 ～ 30。

（3）人类干预下的植被类：30 ～ 120。

（4）虽然这些子类的划分存在误差，但是这种误差与识别村庄废弃或闲置场地无关；

（5）在这个大类中，"阴影"子类会影响到识别村庄废弃或闲置场地精确性，但是误差仍然在 2% ～ 5% 之间。

3）人工建筑物覆盖类分为三个子类：软土类，硬土、焙烧和砂石类，以及水泥或沥青混凝土类，红波段波长估算的临界值分别采用以下数值：

（1）软土类：120 ～ 160。

（2）硬土、焙烧和砂石类：160 ～ 230。

（3）水泥或沥青混凝土类：230 ～ 255。

4）在这些子类的划分中，软土类存在误差，因为一些废弃建筑物、风化严重的旧红瓦，以及村庄中人迹不多的土路小径，都具有介于 120 ～ 160 之间的红波段波长值，误差值在 10% 左右，所以，会对村庄废弃或闲置场地面积的估算精度有所影响。

---

1 为研究方便，我们将全部可见光按照波长的大小分成 255 个层次，以便反映卫星影像上的色彩，因此书中所有波长数字，仅为波长分层，无量纲。

5）非人工建筑物覆盖类地物的总面积基本上等于村庄居民点废弃或闲置场地的面积，只要我们在估算前就在图上剔除成规模的水面。

4．村庄居民点支配性地物的卫星影像识别指标

1）**住宅**：农村住宅是包括房屋及其附属建筑物，如厨房、厕所、院墙，庭院，以及宅前屋后在内的建筑和场院的综合体。因为住宅综合体中地物相对复杂，所以，其波长值覆盖范围比较大：

（1）农村住宅在阳光主射面上的红波段波长范围为 160～255，绿波段波长范围为 140～255，蓝波段波长范围为 140～255；

（2）农村住宅的各式房屋屋顶的红波段波长分别为：红瓦的红波段波长值在 200 左右；青瓦的红波段波长值在 180 左右；水泥混凝土屋顶红波段波长值达到 220 以上；

（3）房屋的各式屋顶在阳光主射面上的光波反射率在 80%～90%；

（4）适当减少覆盖的波长值，虽然会增加估算误差，但是，不会影响对住宅的识别。

2）**道路**：村庄内部道路的路面铺装材料分为八种基本类型：水泥混凝土，沥青混凝土，整齐或不整齐的石块或砖块，碎石或砾石等粒料，沙石土混合材料，工业废渣，三合土和一般泥土。路面铺装材料不同，其卫星影像的表现也有所不同。当然，因为道路的线状特征，在卫星影像上还是易于粗略识别的。

（1）水泥混凝土和沥青混凝土路面在阳光主射面上的红波段波长范围为 190～240；

（2）水泥混凝土和沥青混凝土路面在阳光主射面上的光波反射率在 90% 以上。

3）**乔、灌、草**：乔、灌、草也是村庄卫星影像上的支配性地物：

（1）成熟大树的红波段波长在 120 以下，通常在 80～110 之间，光波反射率在 60% 左右，且红波段波长低于绿和蓝两种波段的波长。

（2）灌木丛的红波段波长在 120 以下，光波反射率在 60% 左右；灌木丛有阴影，其光谱的波动频率比较小。

（3）草的波长与树大体相同，红波段波长在 120 以下，但是，草没有阴影，其光谱的波动频率很小，无所谓峰和谷。

4）**水塘和小溪**：在卫星影像上，水塘和小溪等水面地物的红波段波长在 0～20 之间，光波反射率低于 20%，且光谱波动十分均匀。与它们周边的堤岸相比，光谱呈现低谷状。

5．村庄居民点废弃或闲置场地的卫星影像识别指标

1）村庄居民点废弃或闲置场地包括：个人废弃或闲置的宅基地、集体废弃或闲置的建筑或构筑物场地。个人废弃或闲置宅基地包括倒塌的宅基地和空置宅基地。空置宅基地是指虽然没有倒塌却长期没有人居住的房屋（如院里长满了杂草，杂草封闭了大门），或已经改做仓库或养殖。由于户主外出打工不在村子居住的房屋不属于空置宅基地的范围。

2）村庄居民点废弃或闲置场地的红波段波长值在 120 以下，绿波段和蓝波段的波长值在 140 以下。

3）村庄居民点废弃或闲置场地的光波反射率的平均值在 50%～70% 之间。

4）在大于 0.6m 分辨率卫星影像上识别出的插花式分布的废弃或闲置场地可以归纳为 14 类：

（1）闲置的标准宅基地；

（2）暂时用于耕种的标准宅基地；

（3）没有使用完的标准宅基地；

（4）坍塌的住宅及其废弃宅基地；

（5）闲置的住宅；

（6）边角闲置地；

（7）农用地和建设用地结合部的闲置场地；

（8）约束性自然地形与建设用地结合部的闲置场地；

（9）楔进农田中的住宅间的闲置场地；

（10）因建筑布局不当而产生的闲置场地；

（11）因社会原因不易开发的闲置场地；

（12）因混合土地使用方式所致的闲置场地；

（13）因集体经济社会活动减少而产生的空闲公共建筑用地；

（14）因建筑活动和遗留下来的垃圾而不能再作农田的闲置场地。

6．使用三种光（765 个波长值），可以减少识别和估算的误差

（1）卫星影像上的任何一个像素都是由红、绿、蓝三种光表达的，这样，一个现实的村庄地物不仅被红波段的 0～255 波长值表达，而且同时被绿波段和蓝波段的 0～255 个波长值表达。

（2）这样，所有地物都分别归属到三种光下的 0～255 个层次里，共计 765 个层次。同一个地物在不同的光波段下的波长值并非一样，换句话说，一个地物在三种光波段中居于不同的层次。

（3）卫星影像上像素的这一特征可以帮助我们校正识别和估算村庄居民点废弃或闲置场地时所产生的误差，减少我们依靠反射率观测地物时可能出现的误判。

7．可以使用数字仿真估算村庄废弃或闲置场地的面积

（1）一张卫星影像包含着地物对光的反射数值或反映地物属性的波长数值，只要我们确定不同波长数值代表的地物类，识别村庄废弃或闲置土地的工作就可以交由计算机作辅助识别。

（2）我们也可以编制样本，交由计算机依据样板去识别村庄居民点中废弃或闲置的场地，如我们假定，无论一块宅基地多大，如果面积 50% 以上被红波段波长 180 以上地物覆盖，它就是一处有住宅的宅基地，反之，它就是一处由废弃住宅占据的宅基地；如果它面积的 90% 以上被红波段波长 180 以下地物覆盖，它就是一处废弃住宅已经清除的完全闲置的宅基地。

（3）我们还可以在记录村庄居民点卫星影像对应的波长数值表中，任意划定一个空间，无论包含多少数值，只要在全部数值中，红波段波长值低于 180 的比例达到 90%、80%，甚至 70%，就可以认为这块空间达到了闲置状态。于是，我们可以不再直接查看卫星影像，而是把卫星影像转变成为波长数值表，在表中以每 300～500 个数值为一个单元，逐步扩大搜寻范围，直到全部村庄居民点都被覆盖，得出最终判断。

8．对村庄居民点废弃或闲置住宅场地的识别和估算存在误差

尽管我们可以确定一个村庄废弃或闲置场地占它们总面积的比例，但是，我们对村庄建设用地中的所有废弃或闲置宅基地的识别和估算，还存在一定的误差，尤其对于空闲住宅。实际上，单靠提高卫星影像的分辨率也不一定可以解决此类问题。我们还需要利用其他方法，如生态环境识别方法、实地调查方法、尽可能减少基于卫星影像地物属性的村庄居民点废弃或闲置土地识别与估算上的缺陷。

四、有关"空心村"健康诊断的基本结论

"空心村"健康诊断是对已经识别出来的"空心村"与"非空心村"，亦即"健康的"村庄，甚至村

庄居民点理想规划模式，作对比分析，找出"空心村"发生病变的部位及其对整个村庄结构和功能上的影响。

"空心村"健康诊断可以为调整"空心村"村庄建设用地布局和编制村庄整治规划提供依据。

这里，我们对"空心村"健康诊断问题得出如下结论，而在第五、六、七、八章中，我们将详尽地解释这些结论。

1．利用村庄居民点理想规划模式，对"空心村"的异常影像作结构和功能分析

判断"空心村"卫星影像上是否存在结构性和功能性异常部位的基本依据有：

1）存在地质灾害的地段是否已经成为较新居住场地或它们曾经是居住场地；

2）较新的居住场地生态环境；

3）历史遗留下来的居民点用地结构；

4）历史建筑风貌；

5）国家土地使用法规。

2．结构性异常和功能性异常是卫星影像上可以观察到的两类村庄异常影像

1）村庄居民点结构性异常的影像可能有：

（1）多重道路体系；

（2）多种宅基地所在地块坡度；

（3）多个建筑物方位。

2）村庄居民点功能性异常的影像可能有：

（1）村庄内部各类土地使用功能相互干扰；

（2）村庄内部废弃或闲置场地会感染相邻地块；

（3）区域性土地使用功能变更引起村域范围土地使用功能变更。

3．结构性异常诊断分析和临界指标

1）结构性废弃或闲置场地是指那些因村庄居民点整体结构不能满足现代生活需求而产生出来的废弃或闲置场地。

2）地物光谱分析

（1）分区地块的光波长图层分析可以区分出村庄内部有道路体系和无道路体系或道路体系崩溃的部分。

（2）村庄中红波段波长 0～120 的地块占 40% 和绿波段波长、蓝波段波长 0～140 的地块占 60% 的部分，通常不再具有道路体系或道路体系已经崩溃。

（3）村庄中红波段波长 0～120 的地块占 20%，绿波段波长和蓝波段波长 0～140 的地块占 40% 的部分，一般具有道路体系。

（4）以红波段波长来讲，无道路体系组团有 90% 的地物波长集中在 200 以下，有道路体系组团只有 70% 的地物波长在 200 以下，在波长 120 之后，地块按波长分布呈近矩形状态；道路的红波段波长通常在 200 以上。

（5）道路体系崩溃场地中的住宅一般处于废弃或闲置状态，且剩下的使用中的住宅也会逐步闲置起来。

3）坡度分析

（1）村庄范围内每一地块都有自己相对的坡度，所有地块的坡度分类归纳到255个波长层次中，从而估算出一个村庄居民点的所有地块分属不同坡度的比例，得到它的坡度系列图。

（2）坡度大于4%～5%的住宅地块通常存在于山涧坡脚地区的老村区域，那里集中了废弃或闲置宅基地，废弃住宅在这类坡度地块上呈现增长趋势。

（3）坡度小于2%的住宅地块通常集中了相对较新的住宅，新住宅在这类坡度地块上呈现增长趋势。

（4）一个村庄住宅地块的坡度分布相对分散或主要集中在坡度大于4%～5%的山涧坡脚地区，未来有可能成为"空心村"。

（5）村庄中住宅地块坡度4%～5%是判断村庄健康与否的一项临界指标。

4）簇团分析

（1）村庄簇团正值和负值的比例反映村庄的健康状况。当地物与其相邻地物具有相似的属性或波长时，其簇团值为正，相反，当地物与其相邻地物属性不具有相似性或相似波长时，其簇团值为负；地物边界的簇团值为负；簇团负值的多寡表达的是边界的多寡，而边界的多寡直接与住宅数目和废弃或闲置场地的多寡相关。

（2）住宅包括庭院，地物复杂，相邻地物间的波长差别很大，所以边界相对多，整个村庄簇团值为负的也多。

（3）废弃或闲置场地的特征之一是：地物相对简单，相邻地物的波长值差别比正在使用中住宅庭院要少，其边界相对少，整个村庄簇团值为正的居多。

（4）簇团值为正的比例95%或簇团值为负的比例5%，是村庄健康与否的临界值。

（5）簇团值为正的比例大于95%或簇团值为负的比例小于5%的村庄，是不健康的村庄，趋向"空心村"。

5）密度分析

（1）密度分析依据聚集在一起的相似地物波长值的高低判断其密度值的大小。

（2）聚集在一起的相似地物波长值越高，其密度值越高；相反，聚集在一起的相似地物波长值越低，其密度值也相应越低。

（3）人工建筑物具有较高的波长值，所以，它们聚集在一起时，就有较高的密度值，相反，废弃或闲置场地具有相对低的波长值，其密度值相对低。

（4）废弃或闲置场地的密度值一般低于-0.08，人工建筑地物的密度值一般在-0.08以上，包括正值。

（5）大于和小于密度值-0.08的村庄全部密度值比例是判断村庄健康与否的一项指标，-0.08是作此判断的临界值。

4．功能性异常诊断分析和指标

1）功能性废弃或闲置场地，是指那些因村庄居民点内部不适当的土地使用功能变更，让一部分居住用地不再能够承担居住功能而产生出来的废弃或闲置场地。

2）影响分析是对村庄居民点内部土地使用功能变更后果的一种判断方法，它以某类土地使用功能场地为"影像源"，选取一定数目的"邻里"和"标准偏差值"，观察其不同的影像后果：

（1）影像源一般选取与村庄居民点相邻的工业场地、养殖场地、废弃的住宅场地。

（2）邻里一般选择4个或8个。

（3）标准偏差值一般选择小于1。

（4）影响分析是对村庄居民点内部土地使用功能变更后果的一种判断方法，它以某类土地使用功能场地为"影像源"，选取一定数目的"邻里"和"标准偏差值"，观察其不同的影像后果。

3）影响分析可以是面域的、线状的和区域的：

（1）面域的影响分析用于考察插花式分布的废弃或闲置宅基地及废弃工厂的影响。

（2）线状的影响分析用于考察公路建设对村庄居民点的影响。

（3）区域的影响分析是面域影响分析的扩大。

4）使用卫星影像作区域影响分析具有其他影像分析所不具备的功能：

（1）根据我们采用的视点高度不同，卫星影像覆盖的地域面积也不同，适当的卫星影像可以使我们从区域范围内定量地分析导致村庄居民点建设用地比例失调的区域性的影响源。

（2）根据实际存在的现状地物及其相似地物具有相似光波波长的假定，考察具有某种光波波长的地物在一定区域内部的分布现状，并把它们视作一定影响源产生影响的证据。

（3）通过卫星影像所包含的数字信息，定量地掌握整个区域地物的分布状况。

5）影响强度，即与所选样本地块的地物具有相同属性的地块总数与整个影像上的地块总数之比，数值在0~1之间，是判断影像源波及范围的指标：

（1）影响源的影响强度与影像源与影响目标的距离成反比。也就是说，影响强度随影像源对目标的距离的增加而衰减。

（2）影响强度与影响源空间的大小和标准差乘数的大小成正比。也就是说，在标准差乘数一定的情况下，选择的影响源空间越大，包括的地物属性越多，影响强度越大；反之，在选择的影响源空间及其包括的地物属性一定的情况下，标准差乘数越大，影响强度越大。

（3）我们可以从城市发展的经济规律对抽象的影响分析作出实际的解释。

6）使用计算机作影响分析，可以自动识别一个区域内的废弃或闲置场地。

第一部分

村庄居民点废弃或闲置场地的识别和比例估算方法

　　这一部分包括四章。第一章讨论卫星影像上农村居民点使用中的建设用地覆盖特征、地物分类和各类地物的一般比例。第二章讨论卫星影像上农村居民点中废弃或闲置场地的特征及其分类。第三章讨论了卫星影像上农村居民点中废弃或闲置场地的分布特征。第四章说明如何估算村庄居民点废弃或闲置场地的一般比例。

第一章　使用中建设用地的覆盖特征及其分类

第一节　使用中建设用地地物覆盖特征

农村居民点建设用地，国家土地使用分类编号为203，是用来满足农村居民生活的土地和空间。

参考《镇规划标准》GB 50188-2007 的规定，农村居民点建设用地按土地使用的主要性质可以划分为：居住用地 R、公共设施用地 C、生产设施用地 M、仓储用地 W、对外交通用地 T、道路广场用地 S、工程设施用地 U、绿地 G、水域和其他用地 E，共计 9 个大类，30 个小类（表 1-1）。

村镇用地的分类和代号

表 1-1

类别代号		类别名称	范　围
大类	小类		
R		居住建筑用地	各类居住建筑及其间距和内部小路场地、绿化等用地，不包括路面宽度等于和大于3.5m的道路用地
	R1	村民居住宅用地	村民户独家使用的住房和附属设施及其户间间距用地、进户小路用地，不包括自留地及其他生产性用地
	R2	居民住宅用地	居民户的住宅、庭院及其间距用地
	R3	其他居住用地	属于R1、R2以外的居住用地，如单身宿舍、敬老院等用地
C		公共建筑用地	各类公共建筑物及其附属设施、内部道路、场地、绿化等用地
	C1	行政管理用地	政府、团体、经济贸易管理机构等用地
	C2	教育机构用地	幼儿园、托儿所、小学、中学及各类高中级专业学校、成人学校等用地
	C3	文体科技用地	文化图书、科技、展览、娱乐、体育、文物、宗教等用地
	C4	医疗保健用地	医疗、防疫、保健、休养和疗养等机构用地
	C5	商业金融用地	各类商业服务业的店铺、银行、信用保险等机构，及其附属建设用地
	C6	集贸设施用地	集市贸易的专用建筑和场地，不包括临时占用街道、广场等设摊用地
M		生产建筑用地	独立设置的各种所有制的生产性建筑及其设施和内部道路、场地、绿化等用地
	M1	一类工业用地	对居住和公共环境基本无干扰和污染的工业，如缝纫、电子、工艺品等工业用地
	M2	二类工业用地	对居住和公共环境有一定干扰和污染的工业，如纺织、食品、小型机械等工业用地
	M3	三类工业用地	对居住和公共环境有严重干扰和污染的工业，如采矿、冶金、化学、造纸、制革、建材、大中型机械制造等工业用地
	M4	农业生产设施用地	各类农业建筑，如打谷场、饲养场、农机站、育秧房、兽医站等及其附属设施用地；不包括农林种植地、牧草地、养殖水域
W		仓储用地	物资的中转仓库、专业采购和储存建筑及其附属道路、场地、绿化等用地
	W1	普通仓储用地	存放一般物品的仓储用地
	W2	危险品仓储用地	存放易燃、易爆、剧毒等危险品的仓储用地
T		对外交通用地	镇对外交通的各种设施用地
	T1	公路交通用地	公路站场及规划范围内的路段、附属设施等用地
	T2	其他交通用地	铁路、水运及其对外交通的路段和设施等用地

类别代号		类别名称	范围
大类	小类		
S		道路广场用地	规划范围内的道路、广场、停车场等设施用地
	S1	道路用地	规划范围内宽度等于和大于3.5m以上的各种道路及交叉口等用地
	S2	广场用地	公共活动广场、停车场用地,不包括各类用地内部的场地
U		公用工程设施用地	各类公共用地和环卫设施用地,包括其建筑物、构筑物及管理、维修设施等用地
	U1	公用工程用地	给水、排水、供电、邮电、供气、供热、殡葬、防灾和能源等工程设施用地
	U2	环卫设施用地	公厕、垃圾站、粪便和垃圾处理设施等用地
G		绿化用地	各类公共绿地、生产防护绿地,不包括各类用地内部的用地
	G1	公共绿地	面向公众且有一定游憩设施的绿地,如公园、街巷中的绿地,路旁或临水宽度等于和大于5m的绿地
	G2	生产防护绿地	提供苗木、草皮、花卉的园地,以及用于安全、卫生、防风等的防护林带和绿地
E		水域和其他用地	规划范围内的水域、农林种植地、牧草地、闲置地和特殊用地
	E1	水域	江河、湖泊、水库、沟渠、池塘、滩涂等水域,不包括公园绿地中的水面
	E2	农林种植地	以生产为目的的农林种植地,如农田、菜地、园地、林地等
	E3	牧草地	生长各种牧草的土地
	E4	闲置地	尚未使用的土地
	E5	特殊用地	军事、外事、保安等设施用地,不包括部队家属生活区、公安消防机构等用地

注:2007年标准为《镇规划标准》GB 50188-2007,不包括农村居民点,所以,此表综合了2007年版和1993年版。

　　具有不同使用功能的土地,其地面覆盖物存在差异,如住宅建筑用地、其他建筑用地、道路广场用地、公用工程设施用地、人工建造和管理下的公共绿地、废弃或闲置土地的覆盖特征均不同。在农村居民点卫星影像上,我们可以通过不同地物的几何形状、纹理、频谱、光的强弱、规模和空间关系,来对它们作出区别。

　　假定我们站在1000m高空,利用一个具有0.6m分辨率的眼睛,去俯瞰一个村庄居民点,我们可以比较清晰地识别出村庄地物的各类属性,特别是住宅、道路和树木;在500m高空,我们可以识别出宅院里大于0.6m的地物;而在200m高空,我们可以根据经验辨别有人居住和废弃宅院之间的区别(图1-1~图1-5)。

　　这里,我们作出了一个假定,村庄居民点建设用地上的任何地物都具有特定的电磁波特性。对于照射其上的可见光,依据地物属性,存在特有的波长或反射率。进一步讲,对于扫过一组具有不同属性的地物的光线,表现出不同的几何形状、纹理、色调、规模、空间位置和波幅、频率。如果我们掌握了这些地物的电磁波特性,我们就有可能通过计算机去识别它们。当然,卫星影像本身的地面分辨率会影响到我们对村庄居民点地表物体的识别和对村庄居民点土地和空间使用健康与否的诊断,同时,我们也不可能获得卫星影像不能记录下来的地表物体或被一个地表物体覆盖的另一个地表物体,如昆虫、地下管线,以及住宅里的人和物。

　　从我们对卫星影像案例村的分析看,居住建筑用地,包括那些废弃或闲置的居住建筑用地,占农村居民点建设用地的90%以上,道路广场用地占农村居民点建设用地的5%,公共建筑用地占农村居民点建设用地的1%,公共绿地用地占农村居民点建设用地不足1%,四项合计占农村居民点建设用地面积的98%(图1-6)。

　　当然,我们可以用肉眼定性地描述地物,但是,我们难以单靠肉眼来定量地描述整个村庄的面积以及各类地物的分类面积,尤其对于那些百户以上的村庄。这样,对于分散在整个村庄居民点各个角落的

图1-1 50km²覆盖面

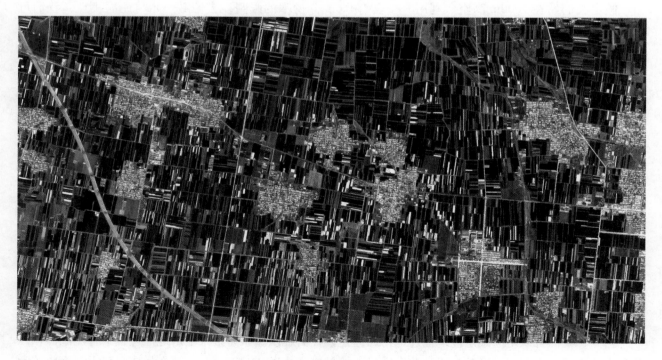

图1-2 25 km²覆盖面

图1-3　1×1像素=1 m²

图1-4　总览（500m）

图1-5　总览（200m莱阳团旺镇西屯村）

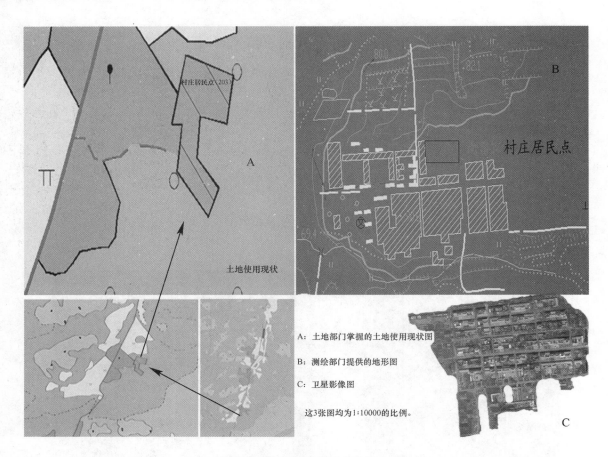

A：土地部门掌握的土地使用现状图

B：测绘部门提供的地形图

C：卫星影像图

这3张图均为1:10000的比例。

图1-6　村庄居民点的三种表达方式

规模较小的废弃或闲置场地，只有通过对它们在卫星影像上的几何形状、纹理、频谱、光的强弱、规模和空间关系等方面的综合分析，对它们作出判读；依据卫星影像上每一类地物的像素数和像素所反映的面积，间接地判断和估算出它们的规模（图1-7）。

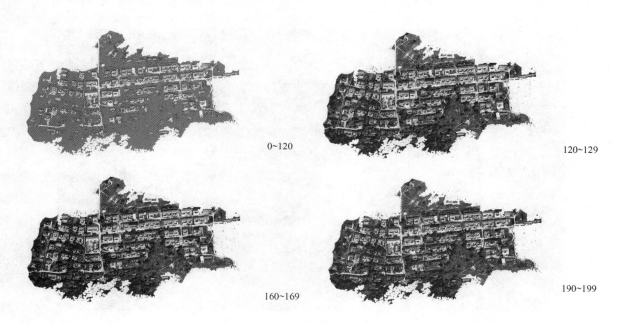

0~120

120~129

160~169

190~199

图1-7　村庄地物波长分层示意

210~219　　　　　　　　　　　　　　　　254

图1-7　村庄地物波长分层示意（续）

住宅

住宅成为农村居民点建设用地卫星影像上的支配性地物（图1-8、图1-9），包括供人居住的房屋及其附属建筑物、庭院、院墙及其墙脚。

农村居民点绝大部分房屋采用的是砖木材料，一部分房屋采用了混凝土材料，少数房屋采用石材，极少老房屋使用生土材料。

1）从一幢使用中的房屋的卫星影像上，我们看到的是房屋的屋顶（图1-10）。

（1）正常使用的住宅有着规则的几何形状，相反，坍塌的住宅没有规则的几何形状（图1-11）；

图1-8　住宅在规划图上的表达

图1-9　住宅在卫星影像上的表达

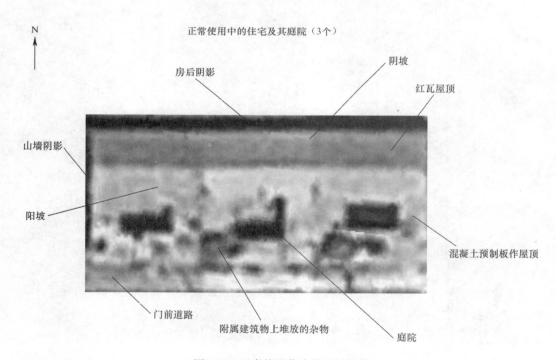

图1-10　正常使用住宅的卫星影像

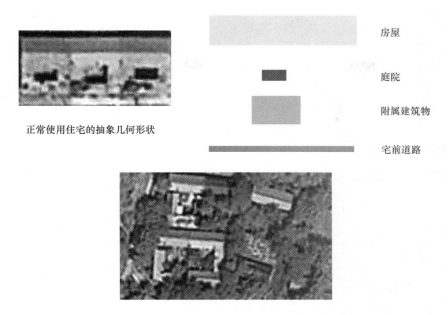

正常使用住宅的抽象几何形状

房屋

庭院

附属建筑物

宅前道路

图1-11　正常使用住宅与坍塌住宅几何形状卫星影像对比

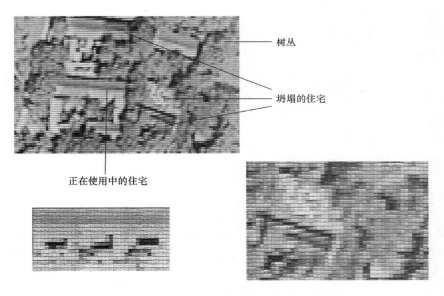

树丛

坍塌的住宅

正在使用中的住宅

图1-12　正常使用住宅与坍塌住宅纹理卫星影像对比

（2）正常使用的住宅有着一致的纹理，相反，坍塌的住宅有着与乔木树冠、灌木和草相似的纹理，因为其间夹杂瓦砾，所以纹理不一致（图1-12）；

（3）正常使用的住宅的各式屋顶的阳光主射面上光波反射率一般在80%～90%以上，其红波段波长在180～190以上，水泥混凝土屋顶和石头的光波波长甚至在220以上（图1-13），坍塌的住宅没有完整的屋顶，住宅四壁之间以及庭院里杂草繁茂，红波段波长在0～120，与一般杂草相似（图1-14）；

（4）正常使用的住宅与相邻住宅，同一村庄或地区的住宅，有着相似规模，而坍塌的住宅已经淹没在草丛中，没有明确的界线，无规模可言；

（5）正常住宅通常与正常的住宅相邻，同样，坍塌的住宅附近常常还有坍塌的住宅。

由于绝大部分瓦屋顶房屋采用的是标准坡屋顶，所以，同一屋顶上的光的入射角和反射角有所不同，以致屋顶材料一样，波长或反射率却可能存在差异。在卫星影像上，屋顶的几何形状规则纹理一致，红

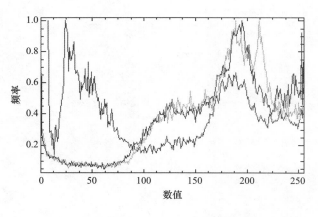

图1-13 正常住宅的光谱图

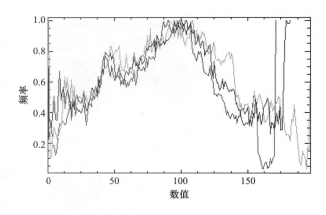

图1-14 废弃宅基地的光谱图

波长高于绿、蓝两种波长。

对于南北向的住宅来讲,屋顶的阴坡和阳坡的波长也会有所不同。阴坡边缘至屋脊的波长逐步递增,阳坡的波长大体一致。随着住宅的老化,屋顶上会积累尘土,甚至长出少许植物,特别是雨漏部分,因此,整个屋顶的波长也并非完全均衡一致,会存在一定程度的差别。当然,这种波长基本不会影响到我们对一张高分辨率卫星影像的目视结果。当然,如果我们只是依靠确定一个波长或反射率来识别屋顶的话,则有可能导致误判。

2) 实际上,农村居民点房屋屋顶材料大致可以分为4种基本类型:黏土瓦,混凝土、片石和草。黏土瓦是现在大部分农村住宅使用材料,在卫星影像上,不同材料制成的屋顶在几何形状和纹理上差异不明显,但在色度和反射率上有些差异:

(1) 红色焙烧瓦的红波段波长值在200左右,反射率90%(图1-15、图1-16)。

(2) 有些老房屋依然保留呈深灰色的青瓦屋顶,青瓦的红波段波长值在180左右,反射率85%(图1-17)。

(3) 少数房屋,大部分新建的附属建筑物,直接使用混凝土预制板作屋顶,在卫星影像上呈白色,其红波段波长值达到220以上,反射率95%以上(图1-18)。

(4) 极少数老房屋的屋顶使用石材或茅草,片石一般出现在50年以上的老建筑上,以山区居多,

(a) 莱阳市照旺镇十字埠村

(b) 莱阳市照旺镇

图1-15 红色瓦屋顶

(a) 实地照片

(b) 卫星影像

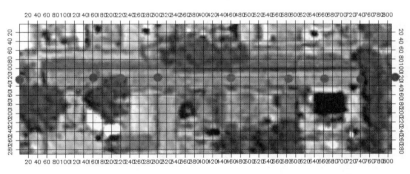

(c) 选择的影像波长分析点

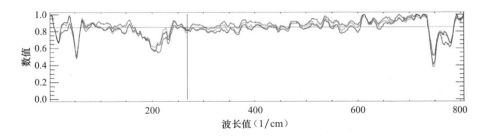

(d) 对应选择点的光谱分析图

图1-16　瓦屋顶

(a) 实地照片

(b) 卫星影像

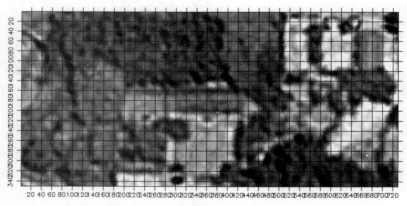

(c) 选择的影像波长分析点

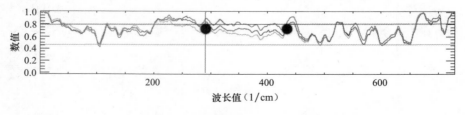

(d) 对应选择点的光谱分析图

图1-17 草屋顶

(a) 实地照片

(b) 卫星影像

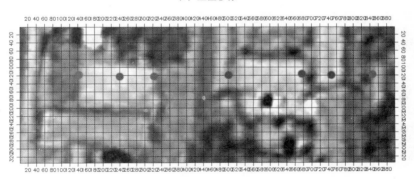

(c) 选择的影像波长分析点

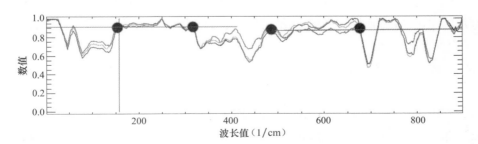

(d) 对应选择点的光谱分析图

图1-18 水泥混凝土预制板屋顶

在卫星影像上呈褐色或白色，其红波段波长值达到 220 以上，反射率 95% 以上；草用作住宅屋顶的比较稀少，在卫星影像上呈黑色状，其红波段波长值 180 以上，反射率 80%（图 1-19）。

（a）实地照片

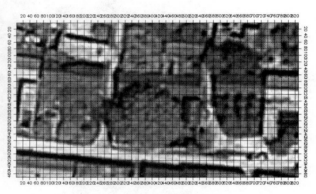

（b）卫星影像

（c）选择的影像波长分析点

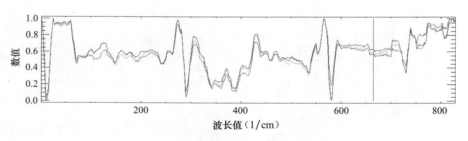

（d）对应选择点的光谱分析图

图1-19　黑瓦屋顶

除房屋外，住宅附属建筑物、庭院和院墙也是卫星影像上的主要建筑物。

（1）住宅附属建筑物包括厨房、厕所、堆房等，它们的屋顶建筑形式和材料变化各异，近些年比较多地采用了混凝土材料。

（2）庭院地面多为生土及其植被，或者砖石、混凝土所覆盖。由于庭院所具有的储藏功能，其间地物种类繁多。

（3）院墙多为砖、石材料，通常与附属建筑物连成一体。

（4）在宅基地一定情况下，宅院附属建筑物规模日趋扩大，庭院面积日趋减小，以致有些庭院基本被建筑阴影和树荫所覆盖，在卫星影像上呈现为黑色斑块，其红波段波长大约低于 40。与一般农田绿地以及长期废弃或空闲的宅院不同，正常使用庭院的红波段波长高于绿波段波长和蓝波段波长。

农村住宅是包括房屋及其附属建筑物，如厨房、厕所、院墙、庭院、宅前屋后在内的建筑和场院的综合体，因此，住宅和房屋是两个不同概念。房屋及其厨房、厕所等，通常占据宅基地的 1/2 或 3/5，剩余部分为庭院。同时，宅前屋后的公共空间也约定俗成地被划归为私人使用。这样，农村住宅占农村居民点建设用地的 90% 以上。

需要注意到，农村居民点居住用地不同于城市小区的居住用地。因为农业生产的个体经营，一部分居住建筑用地被农民用于加工、仓储，甚至用于种植和养殖，所以，农村居民点居住用地在一定程度上混合了农业生产用地的功能（图 1-20）。这样，就导致了农村居民点建设用地使用上的复杂性，覆盖上的多样性，增加了在卫星影像上识别废弃或闲置建设用地特征的困难。

（1）一些建筑物看似是供人居住的住宅，而实际上，它们可能已经成为工业生产场地或养殖场地。

（2）一些场地曾经是住宅宅基地，但是，在相邻地块建起新房之后，老宅基地成为小块菜地、农田甚至树林。

（3）一些超出一般宅基地规模的村中或村边的土地，从来就不是宅基地，而是农民堆放农产品、杂物和燃料，甚至拴牲口的地方，没有这些空间，目前状况下的农民难以维系。

（4）村庄中存在大量历史上形成的道路旁边角土地，尽管零星，累计计算，也占了村庄建设用地总

（a）兼顾工业生产的住宅庭院

（b）兼顾养殖的住宅庭院

（c）住宅间废弃宅基地成为菜地

（d）住宅周边公共空间成为杂物堆场

图1-20　住宅庭院及其周边使用状况

面积的一定比例。

在研究了单一住宅的卫星影像之后，我们进一步研究成片住宅或村庄居民点里的住宅用地。在卫星影像上，农村居民点建设用地中住宅用地在几何形状、尺度和高程上存在自己的特征：

1．几何形状和轮廓线

每一个住宅本身规则的几何形状集合成为一片具有相对规则几何形状和轮廓线的住宅用地。人们的日常生活需要具有规则几何形状的住宅。事实上，几何形状不规则的住宅是不适合于居住的住宅。正在使用的住宅和道路的卫星影像一般呈现出相对规则的几何形状，而村庄居民点卫星影像中的那些几何形状不规则的地块，可能是村民抛弃的建筑物或正在坍塌的建筑。它们所在的场地，就是我们所说的废弃场地。村中那些几何形状不规则的地物影像也可能是长期无人居住的住宅，其庭院内杂草丛生，大树已经遮蔽了整个房屋的窗户，房屋的入口和宅院的大门已经被草、堆积物所封闭。所有这些会使这类成片住宅用地在卫星影像上表现出轮廓模糊或不连续的形态（图 1-21）。

（a）东马泊村卫星影像

（b）处理后的卫星影像

（c）地物纹理分析

（d）废弃用地集中地块与新近开发地块纹理比较

图1-21　地物纹理分析

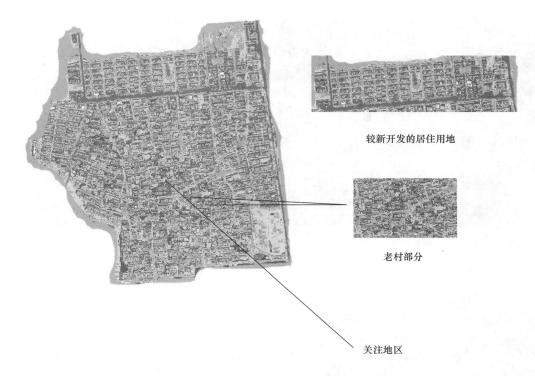

较新开发的居住用地

老村部分

关注地区

(e) 老村与新村分解与比较

图1-21 地物纹理分析（续）

2. 人居尺度和密度分层

　　用于家居的农村居民点建设用地应当具有相对一致的人居尺度，这也是农村居民点建设用地在历史上形成的一个使用特征。一个超出平常人居住尺度的宅院在一个村庄居民点里是不适当的。实际上，在卫星影像上，一个村庄里的那些围合起来的宅院尺度大体相同，而没有围合起来的场地，大大小小，尺度相差较大。正因为如此，我们可以根据正常宅院的尺度，用密度分层去判断那些尺度绝对大于正常宅院的场地属性。因为倒塌的宅院会与外边的公共用地连通起来，所以，如果一个村庄里出现了大量超出正常尺度的场地，我们就可以怀疑，那里可能存在废弃或闲置的宅基地（图1-22）。

(a) 绿色波段状态

(b) 红色波段状态

图1-22 地物波长分析

(c) 蓝色波段状态 　　　　　　　　　　　　　　　　(d) 全色状态

剔除一处疑似闲置的宅基地

图上这块地绿色覆盖面积已经超出了正常宅基地

(e) 东马家泊村废弃宅基地实景

图1-22　地物波长分析（续）

3．三维效果和高程

用于家居的农村居民点建设用地在使用上实际上是三维的，而非二维的，因为任何正常使用的地表人工建筑物都会提高所在地面的相对高程，相反，那些不能正常使用的和坍塌的住宅可能会导致场地部分回归当地地面相对高程，那些废弃的且已经初步清理了的旧宅基地可能回归到当地地面相对高程，那些用作农耕的旧宅基地可能回归到当地地面相对高程。所以，我们可以利用卫星影像的三维效果图，适当夸张水平线，从而发现那些没有正常使用的建设用地（图1-23）。

（a）卫星影像（已经看到大量成片废弃宅基地）　　　　　　　　（b）处理后的卫星影像

（c）3D分析

图1-23　招远市齐山镇孙家夼3D分析

　　农村居民点建设用地在使用上和覆盖上均呈现多样性、复杂性和不确定性，这些情况在卫星影像上得到了部分展示。不仅在卫星影像上依靠目视辨别它们有困难，即使到实地勘察，在确定一些场地究竟是空闲的、废弃的、暂时使用的，还是永久使用的，也需要借助许多参照物，或者说，需要凭借农村居民点建设用地在使用上的多种特征，作出经验性的判断。

　　这里，需要注意到一类特殊的住宅即濒临倒塌或已经倒塌住宅的卫星影像特征。用肉眼观察卫星影像，濒临倒塌或已经倒塌住宅似乎占了一块宅基地的位置，近似一幢处于绿树丛中的住宅。但是，当使用光谱作分析时，就会发现，濒临倒塌或已经倒塌住宅的屋顶光波波长低于正常住宅的光波波长，对一般 10~12m 长的屋顶来讲，均匀的光波频率在图上显示出来的长度过短，而整个光波频率在图上显示出来的变化很大。这是因为濒临倒塌或已经倒塌的住宅存在许多阴影，光线进入后不能完全反射出来。

　　我们还需要注意到住宅庭院的卫星影像特征。在卫星影像上，庭院光波反射率和光波波长值不同于一般住宅建筑物，首先，一般有人居住的庭院存在各种阴影和各种产生高反射率的杂物，因此光谱波动通常很大，从 40~220 不等，其中，住宅和院墙的光谱相对均匀且红波段波长值高达 220，反射率高达 90%。我们注意到，一所住宅是否长期空闲，可以反映在庭院的植被状况上。如果庭院杂草丛生，甚至没有一条路径进入住宅，我们就可以判断它为长期空闲的住宅。因为杂草丛生，又没有太多的杂物，所以，闲置住宅庭院的光谱波动相对较小。

道路

除用于住宅的农村居民点建设用地外，村庄内部道路的使用面积通常占农村居民点建设用地面积的第二位。这样，村庄内部道路必然会在卫星影像上表现出农村居民点建设用地的其他使用特征：

1）由于农村住宅单体一般都按坐北朝南的方位布置，所以，每一幢或一排住宅前均有道路。平原和丘陵地区的村庄一般都采用了棋盘式村庄内部道路布局模式。采用棋盘式村庄内部道路布局模式，可以公平划分宅基地地块，易于划分供宅院建设的矩形地块，也为村庄居民点的任意扩张提供了可能。因此，"棋盘"中间的任何断裂或节点模糊都是可能存在废弃或闲置宅基地的迹象（图1-24a、b）。

2）任何一幢正常使用的住宅都与内部道路网络相通，村庄内部道路构成村庄居民点内部的网络结构。相反，任何不与这个道路网络相通的宅基地一定是废弃的或长期空闲的（图1-24c、d）。当然，与这个道路网络保持相通的住宅不一定就不是废弃或闲置的住宅，这需要进一步考察它与正常使用住宅的门前道路在地物状态上存在何种差异。

(a) 卫星影像

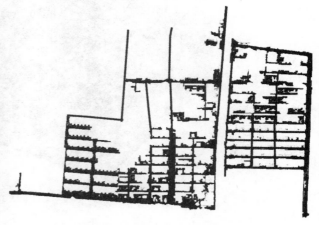

(b) 从卫星影像中分解出来的道路体系

(c) 分解出来的道路体系与卫星影像叠加

(d) 跨过本是宅基地的道路意味着这块宅基地正空闲着

图1-24 莱州市城港街道小原村道路体系分析

3）那些存在较多废弃宅基地的村庄，其道路用地面积比起那些存在较少废弃宅基地的村庄要少。正常使用的村庄内部道路在其宽度上应该是适合于人或车的尺度的。从卫星影像上看，存在较多废弃宅基地的村庄有许多过窄的道路，它们可能是长期无人使用的道路，杂草已经快要覆盖全部道路了（图1-25）。同时，卫星影像上呈现过宽的道路，实际上不全是道路，而是空闲场地与道路的混合体（图1-26）。所以，农村居民点的道路面积常常在计算时被夸大了，而闲置土地的面积常常被忽略了。

4）那些存在较多废弃宅基地的村庄，村庄内部道路不一定出现在住宅的四周，而是横穿住宅的庭院部分，庭院成为另一所住宅与道路网络衔接的通道。这种被横穿宅院的住宅可能是废弃或闲置的住宅（图1-27）。在这种情况下，整个村庄内部道路网络处于混乱状态，没有结构可言，从而导致不同的功能用地混杂在一起（图1-28）。

5）村庄内部道路的路面铺装材料分为8种基本类型，水泥混凝土、沥青混凝土、整齐或不整齐的石块或砖块、碎石或砾石等粒料、沙石土混合材料、工业废渣、三合土和一般泥土。路面铺装材料不同，其卫星影像的表现也有所不同。当然，因为道路的线形特征，在卫星影像上还是易于粗略识别的。我们可以通过路面铺装材料的波长差异和一致性，甄别那些看似宽阔的道路究竟全部是道路、道路的退红、边沟，还是混合了闲置的土地。

(a) 1m 精度下的废弃场地卫星影像

(b) 废弃场地（一）

(c) 废弃场地（二）

(d) 废弃场地（三）

图1-25 莱阳汪家夼道路体系与废弃的宅基地

(a) 原始的卫星影像

(b) 处理后的卫星影像

图1-26 莱州市虎头崖镇南李家村空闲场地与道路的混合体

图1-27 莱州市后李家村道路与疑似闲置的场地

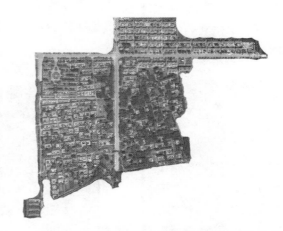

图1-28 莱州市朱桥镇埠后李家村村南无道路结构的部分里存在大量废弃闲置场地

6)在卫星影像上,水泥混凝土和沥青混凝土路面的光波反射率在90%以上,红波段波长在190~240不等。路面不同于一般住宅建筑物的是,它几乎没有阴影,所以,整个道路光谱的波动频率很小。三合土路面的反射率一般低于90%,且道路光谱的波动频率相对大一些(图1-29、图1-30)。

(a) 实地照片

图1-29 水泥混凝土路面道路分析

（b）卫星影像

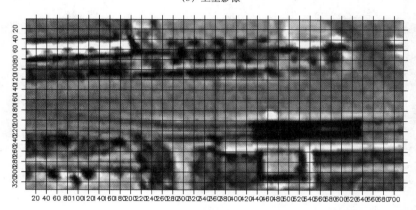

（c）选择的影像波长分析点

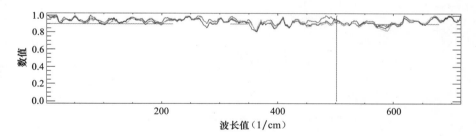

（d）对应选择点的光谱分析图

图1-29 水泥混凝土路面道路分析（续）

（a）实地照片

图1-30 土石混合路面道路分析

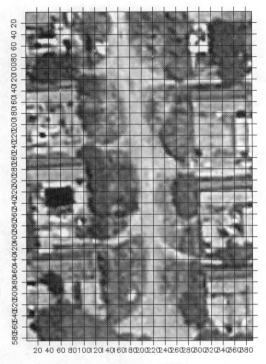

(b) 卫星影像　　　　　　　　　　　　　　　(c) 选择的影像波长分析点

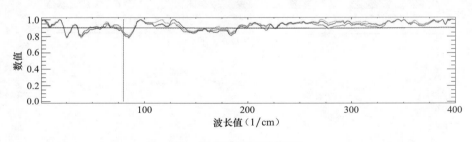

(d) 对应选择点的光谱分析图

图1-30　土石混合路面道路分析（续）

乔、灌、草

除住宅和道路外，乔、灌、草类植物同样是村庄卫星影像上的支配性地物。尽管它们不像住宅和道路那样有分布规律，但是也并非无规律可循，一般来讲，树木和草均与住宅联系在一起：

1）有老住宅的地方，树木繁茂。

2）村庄里越老的部分，树和草就越多，而新开发建设的居住区常常缺乏树木。

3）房屋正在或已经倒塌的地方，树木不倒，杂草茂盛，残垣断壁杂处其中。

4）长期无人居住的宅院里及其四周，呈现灌木类植物封门，藤本类植物封窗，乔木类植物遮蔽房顶的影像（图 1-31～图 1-34）。

这样，树木和草地在一定程度上成为引导我们在卫星影像上搜寻废弃或闲置土地的线索，但是，它们也常常成为识别村庄废弃宅基地的障碍，需要借助其他手段解决以下问题。

1）高大的树木形成了超出住宅规模的阴影，很难直接依靠目视在卫星影像上辨别出树荫下的地物属性。但是，我们可以根据树木生长规律，认定树荫下不会有适合于人居的条件（图 1-35）。

(a) 实地照片

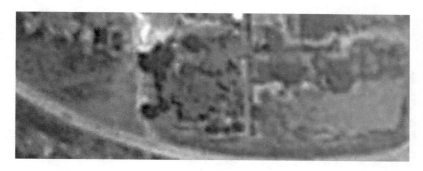

(b) 卫星影像

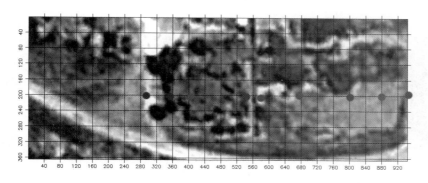

(c) 选择的影像波长分析点

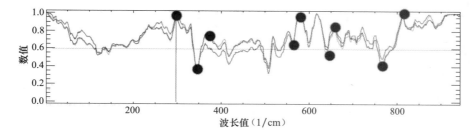

(d) 对应选择点的光谱分析图

图1-31　空闲和长满了杂草的宅院

(a) 实地照片

(b) 卫星影像

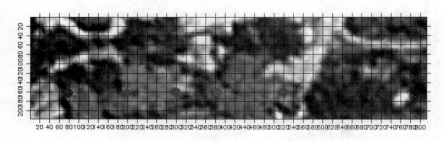

(c) 选择的影像波长分析点

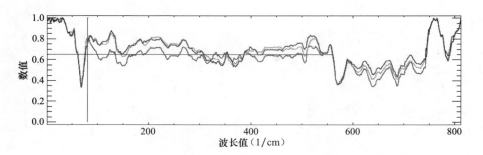

(d) 对应选择点的光谱分析图

图1-32　成熟的大树

(a) 实地照片

(b) 卫星影像

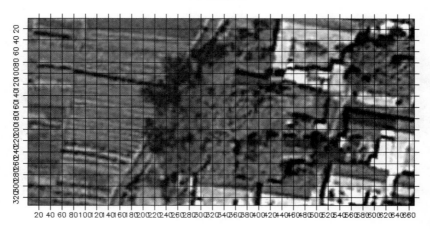

(c) 选择的影像波长分析点

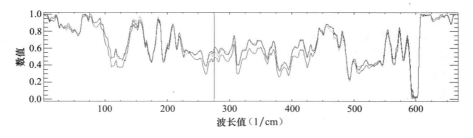

(d) 对应选择点的光谱分析图

图1-33　庭院里遮天蔽日的大树

(a) 实地照片

(b) 卫星影像

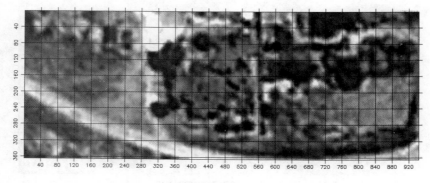

(c) 选择的影像波长分析点

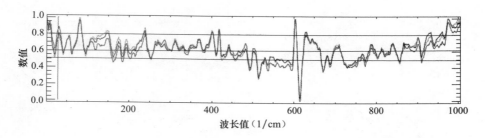

(d) 对应选择点的光谱分析图

图1-34　废弃空闲的场地和使用中的庭院和住宅

（a）树及阴影　　　　　　　　　　　　　　　　（b）大树下的废弃住宅

图1-35　树的卫星影像

2）在卫星影像中，杂草是没有阴影的，我们据此区别树木和草。同样，我们不能直接依靠目视在卫星影像上辨别出一所住宅是空闲还是有人居住，但是，若宅院内均匀分布着杂草，我们便可以推断，该住宅无人居住（图1-36）。

3）在卫星影像上，村庄居民点建设用地范围内可能呈现成规模的绿地，我们难以依靠目视辨别它们究竟是闲置土地上长出来的草，还是人们改变宅基地的用途种上了庄稼。但是，光谱分析可以帮助我们搜寻出每一块绿色面积上残留着的建筑材料，判断哪是农田，哪是闲置的建设用地（图1-37）。

在卫星影像上，成熟的大树表现出来的光波反射率在60%左右，且红波段的波长低于绿和蓝两种波段的波长，在120以下，通常在80～110之间。草的光波波长与树大体相同，但是，草是没有阴影的，所以，其光谱的波动频率很小，无所谓峰和谷。成熟的大树却不一样，在它的边缘总会出现环状的阴影，这里波长跌入谷底，而大树表面位置的反射波则达到峰值。我们还注意到，小块的废弃场地通常有成熟的

（a）草（没有阴影）　　　　　　　　　　　　　（b）长满杂草的空闲宅基地

图1-36　草的卫星影像

(a) 实地照片

(b) 卫星影像

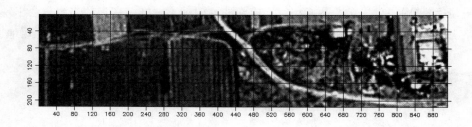

(c) 光谱分析栅格

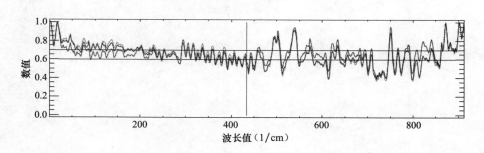

(d) 光谱分析图

图1-37 农田（小麦）、闲置的打谷场和住宅

大树，甚至被大树遮蔽，用肉眼很难发现。实际上，那些不成片的废弃场地恰恰在老村部分，那里常常绿树成荫。在这种情况下，光谱分析可以间接地帮助我们找到它们。我们甚至可以在估算废弃场地时暂时忽略掉大树的存在，把它也计算在废弃场地的面积中，而在最后的估算中再排除掉大树所覆盖的理论面积。

水塘和小溪

在卫星影像上，水塘和小溪等水面地物的光波反射率低于 20%，红波段波长在 0 ~ 20 之间，且光谱波动十分均匀。与它们周边的堤岸相比，光谱呈现低谷状。所以，我们不会把它们视作废弃的建筑场地。

卫星影像上不可能显示农村居民点建设用地的全部使用特征，只能反映农村居民点建设用地的覆盖特征。那些卫星影像不能记录下来的地表物体，如昆虫、部分架空电线和地下管线，以及住宅里的人和物，或被一个地表物体覆盖的另一个地表物体，如大树下面坍塌的住宅，都会在一定程度上影响判读的准确性。

第二节　村庄居民点地物分类和比例

我们已经依据地物在卫星影像上的几何形状和纹理特征，把农村居民点建设用地覆盖地物分为三个大类。但是，相对卫星影像所覆盖的区域而言，我们所要解译的空间规模非常小，且地物混合在一起，难以定量表达地物在整个村庄居民点建设用地中所占面积。所以，我们还需要分析农村居民点建设用地覆盖地物对可见光的波谱特征，使用波长分层的方式判读小规模空间下混合在一起的地物，从而提高识别废弃或空闲建设用地的精度，实现定量估算废弃或闲置建设用地面积的目标。

农村居民点建设用地覆盖地物对可见光的波谱特征是我们可以使用遥感技术的物理基础。各种覆盖地物对入射的电磁波能产生反射、透射和吸收效应。地物反射波谱即是地物反射强度或反射率按波长的分布。地物反射率与覆盖地物的物理和化学特性有关，是地物粗糙度、介电特性以及入射电磁波的波长、入射角和极化的函数。一般来讲，当地物的表面光滑（起伏小于 $\lambda/8$）时，地物产生镜面反射，入射角等于反射角；当地物表面粗糙时，地物产生无方向性的漫反射或散射，反射波的振幅和相位无规则变化。实际上，农村居民点建设用地覆盖地物的表面既不是完全光滑的，也不会是完全粗糙的，镜面反射和漫反射同时存在。我们可以使用菲涅耳公式计算反射率的大小。正是借助这些覆盖地物在其表面粗糙度上存在的差异，我们才可以把它们区别开来。同时，农村居民点建设用地覆盖地物可能是无机的，如瓦、砖，以及各类硅酸盐制品，可能是有机的，如草、树木、蔬菜及其土壤中的腐殖质。所以，村庄居民点地面覆盖物的介电特性不一样。以村庄中的废弃或空闲场地和农田对太阳辐射的反射率为例，前者的土壤裸露出来，植被正在恢复，但是，其土壤质地、腐殖质、矿物质以及含水量与后者存在差别，所以，它们对太阳辐射的反射率是有差别的。我们正是利用地物对可见光的波谱特征，来对农村居民点建设用地的覆盖地物进行比较详细的分类。

我们可以把卫星影像上的地物波长分解为 0 ~ 255，共计 256 层，每一种波长都是对村庄地物的特定状态反映（图 1-38）。不同波长可能来自同一个地物。但是，同一个地物的波长总会有一个波长范围。所以，我们假定，一定范围内的波长都代表着一类地物，或者说，一类地物有相同的波长范围和光谱特征。这样，我们就可以根据波长对地物进行分类。

以炮手庄村为例，我们把卫星影像上的地物波长分解为 0 ~ 254，共计 255 层 . 每一种波长都是对村庄地物特定状态的反映（表 1-2、图 1-39）。

自然环境下的植被
人工干预下的植被
正在使用中的住宅红色屋顶，三合土类道路
软土类，松土：村庄边缘土路
软土类，风化土：村中土路
老宅的黑色瓦屋顶
水泥混凝土路面
硬土、砂石类：砂石路铺装的道路、院前场地和庭院
水泥屋顶建筑物，水泥铺装的庭院和门前场院

120°34′29.28″E
37°14′31.2″N

图1-38 炮手庄村居民点及其地物卫星影像

红波长与对应地物（以招远市毕郭镇炮手庄村为例） 表 1-2

波长	对应地物和分类	像素数	分类及其比例
0~120	成片废弃或闲置地里的植物，边角废弃或闲置地里的植物，阴影下边角闲置地里的植物	48645	植被类，52%
121~160	植被环绕的废弃建筑物，红色瓦屋顶，村中土路	16434	软土类，18%
161~229	砂石铺装的道路、院前场地和庭院	19822	硬土、砂石类，21%
230-254	水泥混凝土路面	8309	水泥类，9%

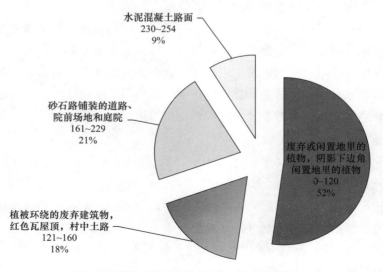

水泥混凝土路面
230~254
9%

砂石路铺装的道路、
院前场地和庭院
161~229
21%

废弃或闲置地里的
植物，阴影下边角
闲置地里的植物
0~120
52%

植被环绕的废弃建筑物，
红色瓦屋顶，村中土路
121~160
18%

图1-39 地物分类比例（案例：炮手庄村）

招远市毕郭镇炮手庄村

访谈对象：杨×　职务：书记　访谈日期：2010 年 7 月 26 日　整理人：胡欣琪

一、村庄概况

炮手村位于招远市毕郭镇，地处 37°14′N，120°34′E，海拔 176～196m，距招远市市中心 30km，距毕郭镇镇中心 2.5km，属于镇区村。该村的地形条件是丘陵，位于山坡上，村庄西边和南边都有河流穿过，紧挨村庄。村庄附近没有省道、国道和高速公路。总人口 314 人，常住人口 234 人，总户数 102 户，常住户 102 户。2009 年村集体收入为 1000～2000 元，村集体主要收入来源为土地租赁和承包。2009 年人均纯收入为 6000 元，主要来源是果园（苹果）。该村村民收入的来源中，种植业收入占 80%，外出打工占 15%，多为青年人，一共有 50～60 人左右，打工多是去招远市区做临时工。

炮手村的村域总面积为 900 亩，其中村庄居民点建设用地面积为 100 亩；该村的宅基地总数 150 多个，户均宅基地面积为 150m² 左右，户均庭院面积为 30m²。

二、村庄废弃或闲置场地基本信息

该村倒塌宅基地 20 个左右，废弃或闲置宅基地（不包括倒塌的）1 个，单个旧宅基地面积为 100m²，这些空置场地呈插花分散状，形成这些空置场地的主要原因是该村农户建设新房，搬出旧房，旧房闲置，没有利用起来。或者是由于孩子外出打工，老人跟孩子搬到城里居住，使老房子闲置下来。该村 100% 的废弃宅基地的宅前道路是土路，宽 2～3m，能够通畅行走，新宅区道路宽 4m，没有硬化。100% 的废弃宅基地没有电源和自来水。房屋都朝向南方。

三、实地核实新建住宅与废弃或闲置场地基本信息（图 1-40、图 1-41）

（一）三户较新住宅

N1：杨××，（37°14′37.11″N，120°34′26.76″E）海拔 183m。宅基地 150m²，家中 3 口人，常住 2 人，基础设施方面：自来水接入，自建下水道，有有线电视、固话，宅前道路硬化，无垃圾处理。

N2：杨××，（37°14′37.04″N，120°34′27.13″E）海拔 184m。宅基地 150m²，家中共 3 口人，常住 2 人，基础设施方面：自来水接入，无污水处理，有有线电视、固话，宅前道路硬化，无垃圾处理。

N3：杨××，（37°14′37.04″N，120°34′27.78″E）海拔 185m。宅基地 150m²，家中 3 口人，常住 2 人，基础设施方面：自来水接入，污水直接排到街上，有有线电视，无固话，宅前道路硬化，无垃圾处理，直接扔到沟里。

（二）五个"空置点"

O1：标准的空置宅基地，37°14′35.54″N，E120°34′27.06″E，海拔 183 米。位于村庄中部偏南，围墙已经部分倒塌，屋顶破损，院内与院外长满杂草和树木，20 世纪 80 年代倒塌。砖瓦结构的房屋，宅前道路泥泞不平，道路宽约 3m。该闲置宅基地面积为 120m²，成型且清晰可见的地基。房主是单身，这套房子是老人建给儿子娶媳妇用的，结果没娶上，现在住在弟弟家，就闲置下来。

O2：标准的空置宅基地，37°14′34.87″N，120°34′27.20″E，海拔 182m。位于 O1 南侧，围墙和房屋已经坍塌 8 年左右了，门窗破损严重，院内与院外长满杂草，门外堆有干柴、沙子和石头，还有垃圾，宅前道路泥泞不平，路边堆有牛粪等垃圾，道路宽约 3m。左右两侧各为另一处闲置宅基地。该闲置宅基地面积为 120m²，成型且清晰可见的地基。O1 和 O2 是兄弟俩的房子，老太太去世后就闲置下来。

O3：标准的宅基地，37°14′34.13″N，120°34′28.05″E，海拔 183m。位于村庄的南侧边界部分，房顶完好，门窗无破损，面积约为 1.5 分地，老头 2009 年去世，老太太自己住。门外堆有干柴、沙子和石头，还有垃圾，院内堆有大量麦草。砖瓦结构的房屋，宅前道路泥泞不平，路边堆有牛粪等垃圾，道路宽约 2～3m。

O4：位于村庄中部偏南，37°14′34.06″N，120°34′27.00″E，海拔 182m。是一块标准的废弃宅基地。面积约为 1.5 分地。已经坍塌 4～5 年。其南边是宽约 3m 的村庄主干道，没有硬化，崎岖不平，北边为另一闲置宅基地，其余方向皆为标准的宅基地，由于屋主建新房搬迁，这里被闲置下来至今。

O5：位于村庄南边，是一块标准的废弃宅基地，37°14′34.01″N，120°34′26.72″E，海拔 182m，面积约为 40～50m²。宅前道宽约 1.5m，院内被用作菜园，种有玉米。由于位于山坡上，没有路，这里被闲置下来至今。已经坍塌 15 年。

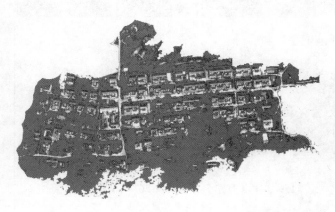

(a) 波长 0~120 层

(b) 波长 121~160 层

(c) 波长 161~229 层

(d) 波长 230~254 层

图1-40 地物波长分类卫星影像

(a) 场地 O1 实景

(b) 场地 O2 实景

图1-41 现场勘查场地实景

(c) 场地 O4 实景

(d) 场地 O5 实景

(e) 现场勘察点

图1-41　现场勘查场地实景（续）

　　毫无疑问，依据光波的波长来对地物进行分类，必然会出现误判，因为同一个地物不同部位的表面粗糙度、光的入射角和反射角总会存在差异，不同光反射率可能来自同一个地物的不同部位。但是，同一个地物主体部分的波长总会有一个波长范围。人类也正是根据这种"模糊"分类的方式，正确地识别出住宅、道路、树木等。实际上，我们已经假定，一定范围内的波长都代表着一类地物，或者说，一类地物有相同的波长范围和光谱特征。这样，我们就可以根据波长对地物进行分类，甚至对每一类地物所占面积作出估算。

　　农村居民点用地兼顾生活和生产两种功能的基本特点，决定了它的地物种类较之于农田和城市居住区要复杂得多。当然，我们识别这些地物的目标主要是识别其中的闲置或废弃的宅基地，从卫星影像上没有可能也没有必要识别出一块石头和一个石头碾子之间的波长差别。实际上，很多地物在功能上存在差别，而在反射波长上却没有差别。所以，波长不是给地物进行分类的唯一指标。我们还要依据它们的其他特性，如几何特征、空间位置，以及与其他地物之间构成的空间关系，再作出进一步的判读。

　　从实地勘察的结果看，我们对废弃或闲置场地卫星影像的识别误差约为10%。从农村环境综合整治的工作目标出发，这种水平的误差是可以接受的（图1-42）。

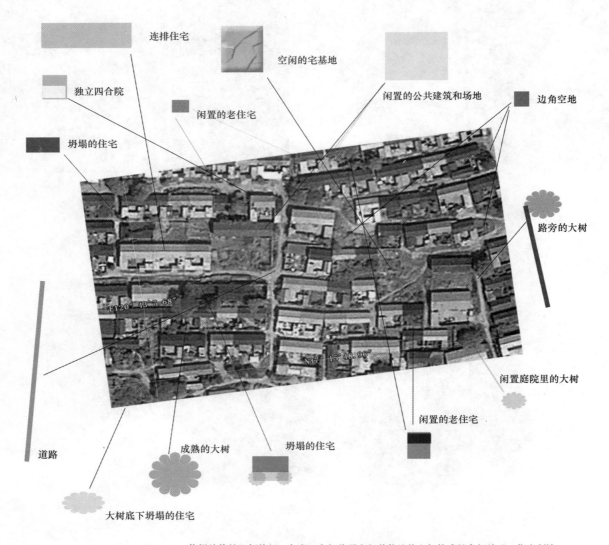

依据地物的几何特征、色彩、空间位置和与其他地物之间构成的空间关系，作出判读

图1-42　卫星影像判读实例

第二章　废弃或闲置场地及其分类

第一节　废弃场地的卫星影像特征

　　农村居民点废弃场地是农村居民点中那些不再具有原先土地使用功能且使用权所有者事实上不再承担维护责任的场地。一般来讲，村庄居民点废弃或闲置场地包括私人废弃或闲置的建筑物所占用的宅基地，住宅倒塌中或坍塌后未做清理的宅基地，以及集体废弃或闲置的建筑或构筑物所占用的场地。

　　没有任何一块村庄居民点废弃场地完全相同，它们总是存在差异，但是，从废弃场地的几何形状、纹理、频谱、规模和与周边地物的空间关系上看，在一定程度上把握住废弃场地在卫星影像上的基本特征还是有可能的（图2-1~图2-3）。

（a）实地照片

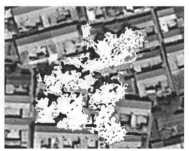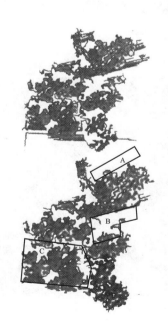

（b）典型废弃场地的卫星影像及其分析

图2-1　典型的废弃场地

图 2-1（b）是对一张分辨率为 0.6 的卫星影像加工而成的一组图像。我们从原始图像中提取了波长低于 120 且具有冠状几何形态的地物，留下图像中的建筑物。

这样做的目的是，试图发现老村里大树底下隐藏着的废弃住宅。在现实中，地物可能处于重叠状态，上部的地物遮蔽了下部的地物，可能会影响到我们对村庄废弃宅基地的识别以及对村庄废弃场地面积的估算。如果我们仅仅使用地物的表面光谱对地物处于重叠状态地区的地物进行分类，可能只计算了树木，而忽视了其间的那些住宅，所以，需要进一步判别这些树丛中若隐若现的建筑物，是正在使用的住宅，还是不可能使用的废弃住宅。

经验判断是，A 是一幢可以使用的建筑物，大树在庭院里。B 和 C 下的建筑物已经不可能有人居住，因为大树完全遮蔽了房间和庭院里的阳光，覆盖了房上的瓦，甚至没有道路的痕迹。整个区域估计有三幢正在倒塌或行将倒塌的住宅及其院落。

最后的实地勘察证明这个判断是正确的，图 2-1（a）就是那里的一处坍塌的住宅。

（a）坍塌的住宅（一）

（b）坍塌的住宅（二）

（c）坍塌的住宅（三）

（d）坍塌的住宅及其废弃的庭院（一）

图2-2　废弃或闲置宅基地卫星影像组图

(e) 坍塌的住宅及其废弃的庭院（二）

(f) 坍塌的住宅及其废弃的庭院（三）

(g) 坍塌的住宅群（一）

(h) 坍塌的住宅群（二）

(i) 废墟（一）

图2-2　废弃或闲置宅基地卫星影像组图（续）

(j) 废墟（二）

(k) 没有拆除的废弃住宅

(l) 闲置的住宅

(m) 闲置的住宅及其庭院

图2-2　废弃或闲置宅基地卫星影像组图（续）

> 　　我们可以根据地物的光谱特征（如波长），提取特定种类的地物；也可以采用适当的渲染，对卫星影像作加工，以突出影像上某类地物的特征，而忽略其他。
>
> 　　在作这些影像处理时，我们使用的软件有，Envi+IDL、ArcView、ArcInfo、ArcView Spatial Analyst、Photoshop 等。

　　1）废弃场地的几何形状不规则，边界模糊。产生这种地物形状的原因是，正在坍塌或部分坍塌的住宅，无人整理的庭院和以院墙篱笆界定的宅基地边界已经被杂草、树木、秸秆之类的杂物甚至邻里种植的庄稼蔬菜所覆盖（图 2-4a、b）。

　　2）废弃场地的纹理：通过地物轮廓线分析，废弃场地的纹理杂乱，而一般使用中的建筑物的纹理是清晰的（图 2-4c）。

　　3）废弃场地的规模：一些场地内，尽管有建筑物存在，但是其规模没有达到一个整体建筑物的规模，且分布没有规律（图 2-4d）。

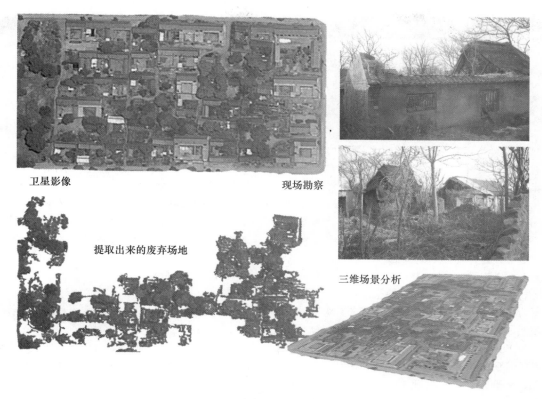

卫星影像　　　　　　　　　　　　现场勘察

提取出来的废弃场地

三维场景分析

图2-3　废弃住宅的卫星影像

（a）招远罗峰街道西吕家村废弃场地卫星影像

（b）废弃场地卫星影像几何形状分析

（c）剔除废弃场地上杂草树木后的影像纹理状态

（d）剔除所有建筑物后的影像纹理状态

图2-4　废弃场地卫星影像几何形状和纹理分析

招远市罗峰街道西吕家村

访谈对象：郭×   职务：村副主任   访谈日期：2010年7月26日   整理人：于圣洁

一、村庄概况

山东省招远市罗峰街道西吕家村位于37°·20′N，120°23′E，海拔范围在80m～100m之间，距离招远市中心1.5km，距离罗峰街道办事处2km，属于城边村。

全村户数238户，人口698人，劳动力326人，有外来人口300户，约1000多人。村庄位于城区西南，东临金城路，泉山路从村中穿过，居民分布在道路两侧，属于中等发达村。

村域总面积1020亩，其中村庄居民点建设用地面积750亩，耕地面积270亩。主要农产品有粮食、花生、苹果，可开发利用资源主要是厂房和房地产。2009年村集体收入300多万元，主要收入来源包括村办企业、出租房、自来水出售及房地产收入。2009年人均纯收入7500元，农民收入主要来源于企业、第三产业和民营个体等，农业收入所占比重很小。

全村共有宅基地340个，户均宅基地面积160多平方米，户均庭院面积30m²。

二、村庄废弃或闲置场地基本信息

全村有倒塌宅基地3个，废弃或闲置宅基地30个。单个旧宅基地面积约为110m²～120m²。村庄不给老人分配住房，因此，老人分家后，住房由村集体统一收回，老人由村集体统一安排住宅进行安置。

村中废弃或闲置场地呈插花分散状态。空置场地产生的主要原因是：20世纪90年代村庄规划，村民多搬到村庄南部建设新住房，导致原有老村空置；此后，由于招远市城区统一规划的需要，1996年叫停所有平房建设，村庄南部规划区内平房的建设工程也停止，因此产生大量的空置场地。村庄内部较新居民点中的空置宅基地多属于这一类型。

在村庄老房区域内，空置场地集中地区，宅前道路100%不能通车，全为土路，宅间道仅2m～3m左右，有些地带不足1m，全部都有电源线、自来水。所有新宅都是坐北朝南，而老宅则整体朝南，而非全部正南，整体布局比较混乱。

三、实地核实新建住宅与废弃或闲置场地基本信息（图2-5）

（一）三户较新住宅

N1：位于37°20′58.83″N，120°23′04.22″E，海拔87m。户主郭××，家庭总人口3人，常住人口3人，宅基地面积约165m²（4间房，12m×13.73m）。

N2：位于37°20′59.34″N，120°23′02.88″E，海拔89m。户主郭×，家庭总人口3人，常住人口3人，宅基地面积约165m²（4间房，12m×13.73m）。

N3：位于37°20′59.34″N，120°23′02.37″E，海拔89m。户主刘××，家庭总人口4人，常住人口4人，宅基地面积约为206m²（5间房，15m×13.73m）。N3与N2相邻，在屋子后面加盖了车库。

（二）五个"空置点"

O1：地处37°20′58.83″N，120°23′04.22″E，海拔81m。原为闲置的宅基地，共有5户10间房屋。原为村庄幼儿园，后来废弃，1995年前后，村集体安排村里老人居住在此。同样的还有O2，地处37°20′00.89″N，120°23′15.95″E，海拔74m，一户老人居住，因为这户住房闲置，村里安排没有住房的老人在此居住。

O3：闲置宅基地。位于37°20′57.86″N，120°23′06.80″E，海拔84m。因为这里位于村庄建设用地与村内道路相交的地带，占地约300m²，不够2个完整的标准宅基地面积，因此闲置。目前相邻住户将这里用作菜地。村庄计划修建的一条南北路将从这里通过，将这里拓宽，进行利用。

O4：成片闲置的村庄居民点建设用地。位于37°20′56.28″N，120°23′03.13″E，海拔88m。这片区域占地约2000m²，原本规划建设住宅，将路北旧居民点搬迁至此，1996年，招远市城区进行统一规划，叫停平房建设，原本计划建设平房的宅基地停止建设，因此废弃。这片闲置土地目前已经被村民种上庄稼、蔬菜。

O5：废弃宅基地。位于37°20′59.72″N，120°23′14.72″E，海拔78m。宅基地拥有者搬进了村庄南部统一规划建起的新住房。原有宅基地平整后，村庄规划另建住宅，但1996年所有平房建设叫停后，这片土地便一直闲置，目前，长满了荒草，旁边堆放着垃圾。

O6：成片闲置的村庄居民点建设用地。位于37°21′01.31″N，120°23′05.76″E，海拔84m。这片区域占地面积约5600m²，成因同O4，村里计划将马路北部的市场统一搬迁过来。

(a) 招远市罗峰街道西吕家村实地勘察点的卫星影像

(b) O3 点照片

(c) O4 点照片

(d) O5 点照片

(e) O6 点照片

图2-5 村庄居民点废弃场地实例

4）废弃场地的频谱：在卫星影像上，废弃场地色彩根据采样时间有所区别。在5～10月期间，地面植物生长出来之后，村庄居民点废弃场基本被绿色调植物覆盖，坍塌的建筑材料因为风吹雨打，也呈现暗绿色调。因此，废弃场地光波反射率平均值在50%～70%之间，其红波段的波长值在120以下，绿波段和蓝波段的波长值在140以下，绿波段和蓝波段的波长值一般大于红波段的波长值。

5）废弃场地与周边地物的空间关系：在一个建筑群中或在本应为住宅的地方，偶然地出现一块或若干块绿色块，则可能是废弃场地。

为了进一步从形体上描述村庄居民点废弃场地，我们提供了两类图像。一类是从卫星影像上捕捉到的村庄居民点废弃场地，一类是实地勘察时拍摄的村庄居民点废弃场地。同时，我们把经过处理的图像附加上，分别说明村庄居民点废弃场地的形状、纹理、频谱、规模和与周边地物空间关系等特征（图2-6）。

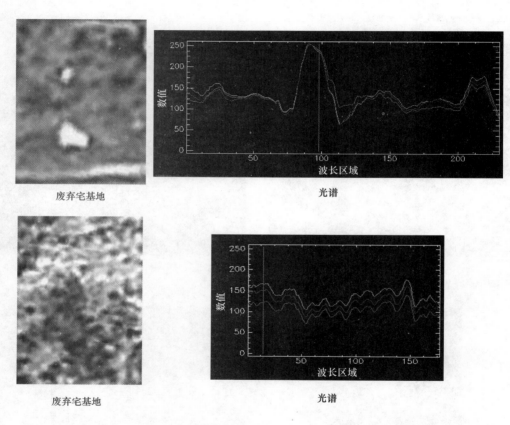

（a）废弃宅基地卫星影像光谱分析

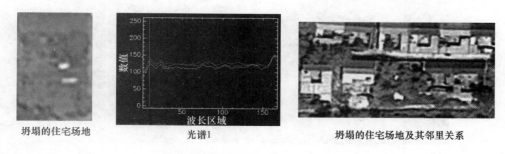

（b）坍塌住宅卫星影像光谱分析（一）

图2-6　废弃宅基地和坍塌住宅的卫星影像光谱分析

坦塌住宅留下的残垣断壁

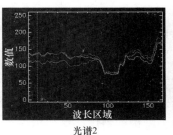

光谱2

坦塌的住宅场地及其邻里关系

	光谱1					光谱2			
统计	最小值	最大值	平均数	标准差	统计	最小值	最大值	平均数	标准差
红波段	0	255	103.658940	44.139143	红波段	0	210	106.871767	36.216495
绿波段	0	255	112.332810	45.746376	绿波段	0	211	112.791654	41.219030
蓝波段	0	255	106.278045	45.439791	蓝波段	0	207	105.191257	38.097747

(*b*) 坦塌住宅卫星影像光谱分析（二）

图2-6　废弃宅基地和坦塌住宅的卫星影像光谱分析（续）

对卫星影像的经验判断：

对卫星影像作判读离不开经验。这些经验很多都是"模糊"判断的原则，卫星影像不是非此即彼的对应地物，不是"0"和"1"的关系判断，因此要依靠贴近度作出的判断。

1）正常居住的住宅一定有道路与之相连接；正常使用的住宅背后会有一条阴影，这是因为卫星遥感器与建筑物的夹角所致；一般宅院会有院墙，道路、阴影和院墙围合着建筑物，形成了一个庭院的边界；坦塌的住宅背后不再可能存在这样一条规则的阴影，道路常常长满了杂草，院墙上爬满了植物，甚至已经倒塌，所以没有明确的边界，也没有矩形的边界。

2）正常的住宅及其庭院的纹理是清晰的，即使庭院或房后可能存在大树，但是，通常不会遮盖整个房顶，不会挡住窗口和门口的阳光；坦塌的住宅及其庭院在卫星影像上呈现杂乱无章的状态，无纹理可言。

3）一个村庄中的正常住宅及其庭院有着相似的规模，那些规模过大的地块可能是因为房屋和院墙倒塌而占用公共空间所致。

4）正常住宅一般与左右的住宅相互毗邻，一条宅前道路把它们串联起来。若本应该看到一幢住宅的地方出现了一片绿地，看不见正常的住宅屋顶和院墙，这块绿地可能就是一块坦塌住宅的场地，或荒芜，或堆放杂物，或种上了农作物。

5）正常居住的住宅应当可以满足避雨、隔热、通风、采光等最基本的建筑要求，如果发现屋顶有洞，则那里一定没有人居住；若屋顶用石棉瓦或塑料布之类的杂物覆盖，那幢正在坦塌的住宅就可能成为了畜圈。

村庄居民点废弃场地与农田的光波反射率的平均值以及三个波段的波长具有相似性，但是，存在如下四个区别：

第一，村庄居民点废弃场地的光波变化频率特别大，而农田光波变化频率很小，近乎平缓波动的直线。造成这种差异的原因是因为废弃场地曾经是建设用地，场地里的地物比较复杂，有砖头、石头、铁钉和其他反射率比较高的杂物。

第二，当光照射在村庄居民点废弃场地上时，在其红、绿、蓝三个波段中，红波段的波长一般大于绿和蓝两个波段的波长，而农田的红波段波长一般小于绿和蓝两个波段的波长。

第三，村庄居民点的废弃场地多多少少被其他建筑物包围，且场地规模比农田相对小许多，其空间位置决定它可能只是废弃的建设用地。

第四，在村庄居民点废弃的场地中，常常堆积着各式各样的杂物，甚至还有倒塌却还没有清理干净的建筑物，而农田不具有此类属性。

在农村居民点卫星影像上，草、灌、乔是完全废弃场地上的基本地物，所以在识别村庄居民点废弃或闲置场地时，通常首先关注农村居民点内那些长有草、灌、乔且红波段波长值在120以下的地段。

一块场地因为其上的建筑物不再使用、失去维护到坍塌，呈现出一个逐步废弃的过程。所以，大体可以把卫星影像上的农村居民点废弃场地划分成为三种类型：建筑物正在坍塌的场地、建筑物已经坍塌的场地和废墟。

在调查中，我们发现，建筑物正在坍塌的场地在废弃场地中最多，建筑物已经坍塌的场地相对要少一些，而废墟更少。如果废墟原先是宅基地，那么废弃后它可能会临时用于种植农作物；但是，如果废墟原先是用于工业，那么它可能依然闲置，因为遗留下来的受到污染的土壤农作物已经不能正常生长。

1. 建筑物正在坍塌的场地

在卫星影像上，正在坍塌的建筑物与有正常使用中的建筑物的场地存在差异（图2-7）。

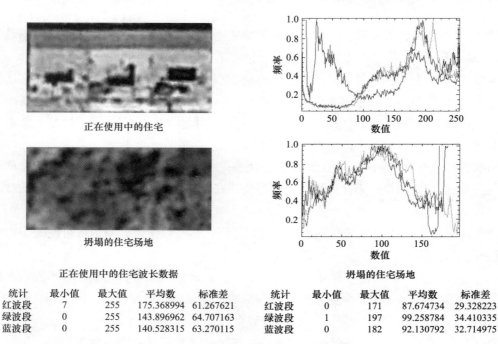

正在使用中的住宅

坍塌的住宅场地

正在使用中的住宅波长数据					坍塌的住宅场地				
统计	最小值	最大值	平均数	标准差	统计	最小值	最大值	平均数	标准差
红波段	7	255	175.368994	61.267621	红波段	0	171	87.674734	29.328223
绿波段	0	255	143.896962	64.707163	绿波段	1	197	99.258784	34.410335
蓝波段	0	255	140.528315	63.270115	蓝波段	0	182	92.130792	32.714975

（a）正常使用和坍塌住宅光谱分析和比较

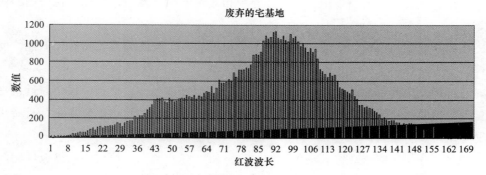

（b）坍塌住宅红波长分布

图2-7 光谱分析对比

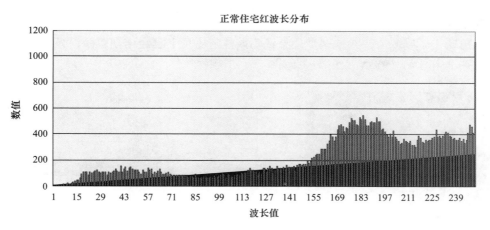

（c）正常住宅红波长分布

图2-7 光谱分析对比（续）

以住宅建筑为例，雨水渗进屋顶后，木料腐蚀，铁钉锈蚀，墙体下陷乃至最终倒塌，庭院里长满杂草，已经没有人迹出没的任何迹象。村庄里的其他公共建筑，如仓库、工厂，情形也一样。

屋顶损坏是一幢住宅开始坍塌的第一阶段（图2-8）。在没有人为强力破坏的情况下，坍塌过程开始于住宅无人问津后的5~8年，雨水渗进屋顶，木料腐蚀，从而出现了一个可供蚂蚁、蟑螂类昆虫生存的环境。老的农村住宅一般使用草、苇席或沥青油毡做防水层，所以，屋顶损毁速度要比使用现代材料制作防水层的住宅房顶快许多。住宅无人问津后的20年内，腐蚀了的木椽条开始断裂，瓦片坠落，给屋顶留下窟窿。这样，就在坍塌的住宅内创造了一个无需光合作用的真菌类生物的生存环境，住宅无人问津后的30~40年内，由于屋内排水系统堵塞，支撑屋顶的承重墙开裂，木檩条和木构架腐朽，这样，整个屋顶开始坍塌，形成了一个植物生存环境，草和灌木类植物开始生长。

图2-8 屋顶已经损坏的建筑

通过对农村居民点卫星影像的光谱分析，我们可以了解到各式各样处于衰败过程中的房屋。在屋顶的光谱图上，出现一个或多个凹谷。这个现象说明该住宅屋顶上已经出现窟窿，光几乎都被吸收而不再像瓦那样反射光（图 2-9）

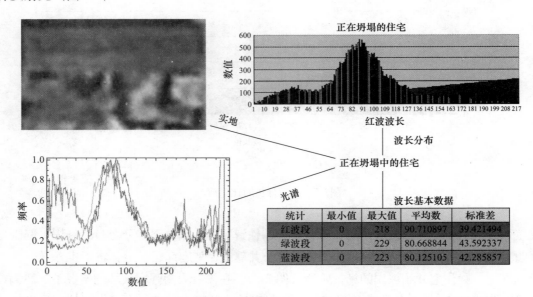

图2-9　正在坍塌中的住宅光谱分析

1）在屋顶的光谱图上，整体反射率的同一性程度降低，此现象说明该住宅屋顶一些部分已经积累了大量尘土，甚至长出了一些草，从而吸收了红波段。

2）在屋顶的全部像素波长分析中，高于红波段波长 180 的总像素数目减少，这个现象说明住宅屋顶正在整体衰败。

相对屋顶的衰败时间，庭院达到废弃状态的时间要短得多。这个自然过程从无人踩踏庭院的第一天就开始了。杂草，主要是旱生类杂草，还包括一些小灌木，在无人干扰的情况下，年复一年地迅速生长和蔓延（图 2-10）。

在卫星影像上，我们可以辨别出有人居住的庭院和无人居住的庭院（图 2-11）。从卫星影像的光谱分析中，我们发现，有人居住的庭院光谱异常复杂且凌乱，因为那里有各式各样高反射率的地物，而无

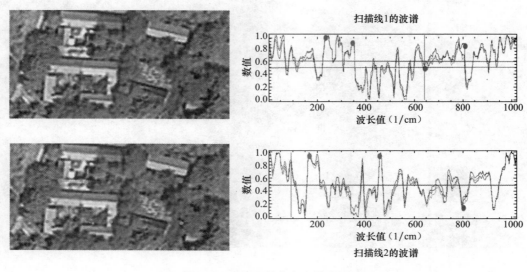

图2-10　坍塌了的住宅光谱分析

人居住的庭院被杂草树木覆盖以后，存在如下明显特征（图 2-12）：

（*a*）案例场地的原始卫星影像　　　　　　　　　　　　（*b*）案例场地经处理后的卫星影像

图2-11　有人居住和无人居住庭院的卫星影像比较

（*a*）庭院里没有进门的路径　　　　　　　　　　　　　（*b*）长满杂草废弃住宅的卫星影像

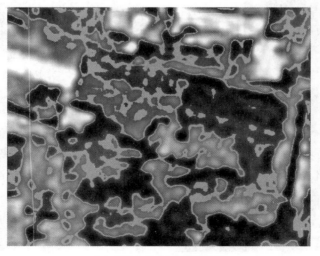

（*c*）废弃住宅的几何形状分析

图2-12　长满杂草的庭院和废弃住宅

- 以红波段波长低于 120 的像素为主，红波段波长低于绿波段和蓝波段波长，光谱振幅平缓。
- 庭院里的经年老树遮挡大部分庭院，甚至一部分屋顶，房顶不再呈现规范的矩形几何形状。
- 当房屋和院墙的一部分坍塌后，出现若干红波段波长低于 40 的阴影。

以上这些光谱分析的指标可以帮助我们进一步确认对建筑物正在坍塌的场地的最初目视判断。归纳起来讲，判断建筑物正在坍塌的场地有三组参考指标：

1）像素比

（1）建筑物正在坍塌场地的红（波长 120 以下）、绿（波长 140 以下）、蓝（波长 140 以下）波段的像素占相应波段像素全部值的百分比分别大于 80%、90% 和 88%；

（2）使用中的正常住宅的红（波长 120 以下）、绿（波长 140 以下）、蓝（波长 140 以下）波段的像素占相应波段像素全部值的百分比分别约等于 10%、40% 和 30%。

2）屋顶光谱

（1）屋顶因为部分坍塌而在光谱图上出现一个以上的凹谷；

（2）使用中的正常住宅屋顶的光谱图上不存在凹谷。

3）庭院光谱

（1）在建筑物正在坍塌场地的庭院光谱中，红波段波长值低于绿和蓝波段波长值，且振幅平缓；

（2）在使用中正常住宅庭院的光谱中，红波段波长值高于绿和蓝波段波长值，且振幅巨大。

2．废墟

废墟即是那些废弃建筑材料已经得到清理而原有宅基地尚未得到平整的场地，在卫星影像上可以清晰地看到原来建筑物的地基留下的轮廓，因此，废墟与建筑物已经坍塌的场地间在卫星影像上还是有差异的（图 2-13）。

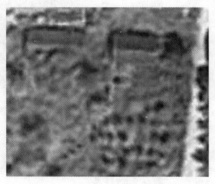

（a）典型的废墟

（b）废弃场地（招远南院庄村）

（c）废墟和依然在使用的老宅，因为有人走过的路

（d）空闲宅基地

图2-13 典型的废墟

（f）典型的空闲住宅，没有院墙，场地里长满了草
（莱阳谭格庄镇上孙家村）

（e）建筑已经坍塌，原来铺装的庭院可见（霍旺村）

（g）根据道路可以判断废弃的宅基地（南侯家村）

（h）废弃的宅基地和空闲的住宅，因为没有院墙，杂草丛生
（前曹家埠村）

（i）在这样的植被情况下，不会有可以住人的建筑（三教村）

120°27'8.64"E

（j）典型倒塌的建筑物和废弃宅基地（苏格庄村）

（k）废弃宅基地（滕哥跛子村）

图2-13　典型的废墟（续）

(l) 明显的废弃宅基地（新李家村）　　　　　　　　　　（m) 坍塌的住宅（张家涧村）

图2-13　典型的废墟（续）

第二节　闲置场地的卫星影像特征

农村居民点闲置场地是农村居民点中那些经过清理平整而没有发挥居住功能的建设用地。

1）农村居民点闲置场地可能属于分给村民但目前仍然没有使用的宅基地，尽管没有使用，却也得到一定程度的维护，甚至用于农业，处于储备状态；

2）农村居民点闲置场地可能属于集体所有的公共建设用地，或等待使用，或曾经使用过，现在处于闲置状态；

3）农村居民点闲置场地也可能是因缺少规划而留下来的狭小地块，地形上无法用于建筑，或者地理位置上不适合于居住，从而成为边角余地，它们被村民用于堆放杂物，修筑农业附属建筑，或完全闲置。

在调查中，我们发现在这三种闲置状态的居民点建设用地中，边角余地面积最大，闲置的公共建设用地其次，村民的闲置宅基地面积最小。

无论哪种场地，只要它处于闲置状态，总会在卫星影像上留下一些痕迹。因此，我们可以通过卫星影像分析，识别它们的状态，估算它们的面积，为村庄规划决策提供翔实的依据（图2-14）。

1．闲置宅基地

在卫星影像上，闲置宅基地最为明显。不同于废弃宅基地的几何形状、规模、纹理、周边关系和光谱特征，分配给村民且处于储备状态的闲置宅基地的几何形状规范，边界清晰，地上有草无树，几乎没有建筑材料类地物堆积其中，也没有建筑阴影和树荫。因此，闲置宅基地的光谱相对简单，一般来讲，它的最小红波段波长40，最大红波段波长180，波长分层约有120层。相比之下，废弃宅基地光谱相对要复杂，红波段波长从0～254，波长分层254层（剔除背景）。

这里，我们在不同村庄里随机选择了10块闲置宅基地，对它们的几何形状、规模特征、纹理特征、周边关系和光谱特征进行分析，以证明我们的假定。

如果地块具备以下特征，就可判定为闲置宅基地（图2-15）：

1）几何形状相当于同一村庄的标准宅基地形状，如矩形。

2）规模相当于同一村庄的标准宅基地面积，通常为200～400 m^2；

3）其上没有住宅建筑或坍塌的建筑遗存，可能长满杂草或种着庄稼，纹理基本一致。

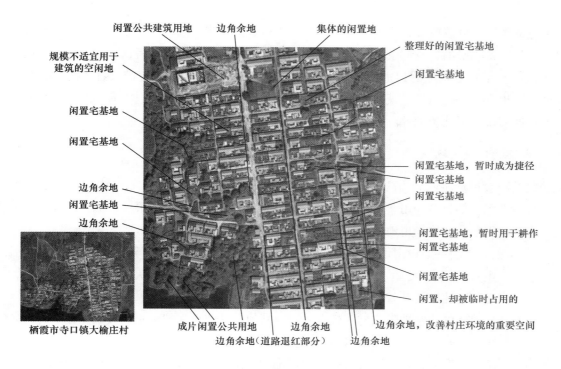

图2-14 村庄闲置场地的卫星影像和分类

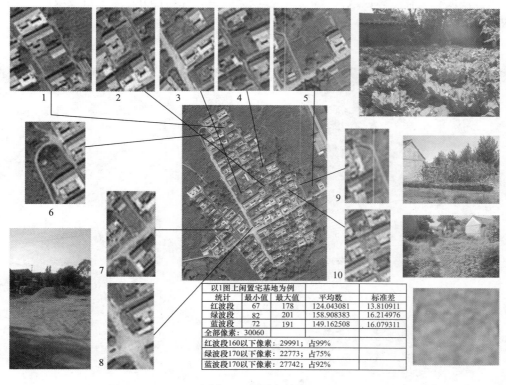

以1图上闲置宅基地为例			
统计	最小值	最大值	平均数	标准差
红波段	67	178	124.043081	13.810911
绿波段	82	201	158.908383	16.214976
蓝波段	72	191	149.162508	16.079311
全部像素：30060			
红波段160以下像素：29991；占99%			
绿波段170以下像素：22773；占75%			
蓝波段170以下像素：27742；占92%			

图2-15 闲置宅基地

4）边缘与一个以上现存住宅相邻。

5）红波段波长160以下的像素，以及绿波段波长和蓝波断波长170以下的像素，分别占它们全部像素的90%、70%、70%以上；植物覆盖部分的像素的红波段波长值低于绿波段波长值和蓝波段波长值，裸露部分的像素的红波段波长值高于绿波段波长值和蓝波段波长值。

如果这个假定是正确的，我们就可以利用闲置宅基地的几何特征、规模特征、纹理特征、周边关系和光谱特征，构造闲置宅基地的识别模块。当然，如果在闲置宅基地上少量堆放着水泥或砖石建筑材料，波长值也会出现例外，但是，其比例小至可以忽略。目视这样的场地一般没有问题，而计算机识别时，就需要帮助它排除掉这类例外。

2．闲置的公共建设用地

闲置的公共建设用地可以分为两类：等待使用的和曾经使用过的（图2-16、图2-17）。在曾经使用过的公共建设用地中，如果曾经用于工业，会在卫星影像上留下明显的污染痕迹。因此，我们需要特别关注那些污染了的闲置公共建设用地（图2-18）。

1）没有污染的闲置公共建设用地的卫星影像特征与闲置宅基地有同也有异：

（1）尽管其上没有建筑或坍塌的建筑遗存，但因其公共属性，通常被私人地物所占据，所以，闲置公共建设用地的光谱呈现比较复杂状态，即波长分层通常达到254个。

（2）一般地处居民点的边缘地带或村庄核心区，与其他公共建筑相邻，不会夹杂在住宅群落之中。

（3）其规模比闲置宅基地大，几何形状不一定规则。

（4）作为闲置地而非废弃地，在闲置公共建设用地的光谱中，红波段波长值160以下的像素，以及绿波段波长和蓝波段波长170以下的像素，分别占它们全部像素的90%、70%、70%以上；植物覆盖部分的像素的红波段波长值低于绿波段波长值和蓝波段波长值，裸露部分像素的红波段波长值高于绿波段波长值和蓝波段波长值。

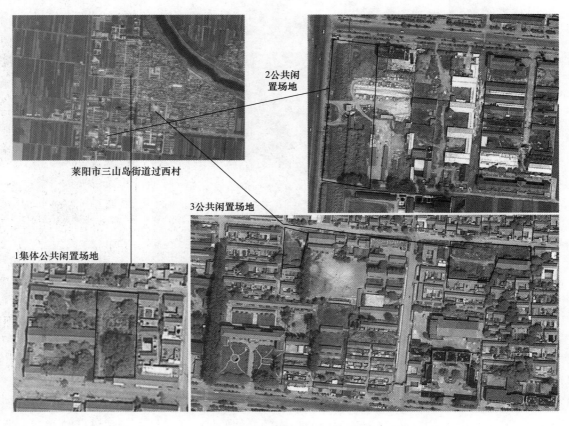

图2-16　闲置公共建设用地

村里的老办公室、集体的晒场、原先的乡镇企业用地、甚至
关闭的小学、集体的仓库等，常常成为集体的闲置场地。

图2-17 各类闲置公共建设用地

污染的闲置公共用地

图2-18 受到污染的闲置公共建设用地

2）污染了的闲置公共建设用地的卫星影像特征明显不同于村庄居民点其他任何闲置建设用地：

（1）一般独立于村庄居民点；

（2）规模比较大；

（3）植被基本消失，土地裸露；

（4）光谱波长分层通常达到 254 个层次；

（5）光谱波长分层分布十分均匀，波长 110～190 之间，通常每个像素层占总像素的 1%，其余波长的像素总数占总像素数不足 20%。

同样，如果这些假定是正确的，我们就可以利用闲置公共建设用地的几何特征、规模特征、纹理特征、周边关系和光谱特征，构造闲置公共建设用地的识别模块。

3．闲置的边角余地

在农村居民点闲置场地中，斑块最多、地形最为复杂和使用权最不明确的是闲置的边角余地。产生这类边角余地的原因有自然的、历史的，也有的是因近年来新建住宅时缺乏科学规划。边角余地的存在除了是一种土地浪费之外，这些地方常常成为村民堆放柴草、圈养牲畜、垃圾倾倒的场地，有的地方还加盖了临时建筑物，严重影响村庄居民点的环境。

因为村民对边角余地的各式各样的使用，使得我们很难通过卫星影像完全确定每一斑块的属性，从而难以精确计算其在村庄居民点中的实际面积。

当然，这类边角余地通常是没有人工铺装的，存在一定的自然植被，特别是在老村部分，以及自然地形不允许使用的地段，一般都有繁茂的树木存在。因此，我们可以在卫星影像上识别出它们中成规模的部分，可以通过它们被植被覆盖的影像特征，估计出其总面积。

第三章　废弃或闲置场地分布

第一节　居民点中插花式分布的废弃或闲置场地

居民点中插花式分布的废弃或闲置场地是农村居民点中最为普遍存在的土地浪费形式。尽管它们的总体数量占全部建设用地的比例可能已经接近40%，但是，因为废弃或闲置场地在村庄里是零散的，在卫星影像上并不能直接目视到一个"中空的"村庄，所以使用"空心"来描绘这类村庄并不恰当。

我们在莱阳市谭格庄镇上孙家村的卫星影像中标注出来40个形态各异的废弃或闲置场地，通过空间关系、几何形状、纹理、规模等判读方法，解析农村居民点普遍存在的废弃或闲置场地的形式及其产生的原因（图3-1、图3-2）。实际上，这个村庄废弃或闲置的宅基地约有200个，但使用光谱分析方式估算出来的村庄居民点空置率约为28%。带着这些判读结果，我们对这个村庄作了实地考察和访谈，以确认我们判读的误差究竟有多大。

莱阳市谭格庄镇上孙家村

访谈对象：谭×　　职务：主任　　访谈日期：2010年7月27日　　整理人：刘相芳、程超

一、村庄概况

上孙家村位于山东省莱阳市谭格庄镇，120°38′E，37°05′N，海拔范围在135～165m之间，低山丘陵地形。距离莱州市中心约5km，距离镇中心约15km，同三高速公路从附近经过，属于路边村、市场村。

上孙家村约有457户，其中450户长住，总人口1400人，长住1310人。2009年村集体收入约30000元，主要来源于土地租赁、村庄集体果园等。2009年村庄人均纯收入2000元，农户主要收入来源为种植业、果园和外出打工，其中种植业收入占总收入的80%，种植业和打工各占10%。上孙家村村民一半去县城打工，主要做建筑个人和果品包装。

上孙家村的村域总面积，即耕地面积及非耕地面积加起来共5500亩，其中村庄居民点建设用地约有600亩。户均宅基地面积190m²，宅基地总共约有700个，户均庭院面积约30m²。

二、村庄废弃或闲置场地基本信息

上孙家村有倒塌宅基地8个，废弃或闲置宅基地200个，单个旧宅基地面积约140m²。这些闲置地中有1处归村集体所有，占地约0.5亩。村庄空置场地分散分布在村中，主要原因是村庄主要道路硬化后新房向主路靠近。

图3-1　村庄居民点卫星影像，空间坐标和3D效果

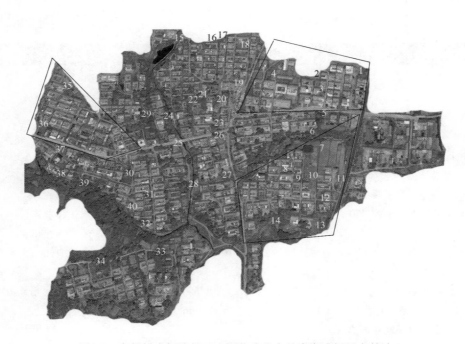

图3-2　案例村中标注的40个插花式分布的废弃或闲置宅基地

图 3-2 中：

1 号地块：因混合土地使用方式所致的闲置场地，地处 37°05′55.79″N，120°38′47.56″E，海拔高度 155m，面积约为 500m²。与它相邻，南边有一排似简易厂房的水泥建筑物，北边是农田，东边是县级公路，西边是相对近期在农田中建设起来的 40 套居住建筑。目前呈荒芜状态，遗留了少许废弃建筑材料。如果没有新的企业使用这块土地，它还会继续闲置很长一段时间。这里是一个新近建设起来的居住组团，但是，它又没有完全用于居住，而是开发了工业和商业。事实上，这几家工业和商业建筑可以

归并到道路对面的工业组团中去。正是这种混乱的土地使用方式导致了这块土地的闲置，因为没有村民愿意利用这块土地建设住宅。

2号地块：闲置的标准宅基地，地处37°05′53.80″N，120°38′44.16″E，海拔高度153m，面积与周边宅基地大小一致，约为190m²。目前呈闲置状态。

3号地块：闲置的标准宅基地，与2号地块对角相邻，面积约为190m²。目前呈闲置状态，堆有秸秆。实际上，这可能是村民对宅基地的一种储备，担心政策变化。一般是给外出子女结婚建立家庭备用的，而这些青年再返回乡间长期居住的可能性相当小，且当前并无紧急需求。于是，这类宅基地长期被闲置。即使他们盖上房子，房子也会处于闲置状态。另一方面，不给这类青年供应宅基地，也是不合理的，因为他们毕竟是这里的登记村民。这种情况是造成村庄闲置宅基地的主要原因。

4号地块：农用地和建设用地结合部的闲置场地，地处37°05′53.03″N，120°38′40.11″E，海拔高度159m，面积约为600m²，已经平整出一块宅基地，另一块堆积秸秆，目前处于闲置状态。与这块场地相邻，东为一幢非居住建筑，北为一农用建筑，它们似乎都是牲畜圈养场地，西为正在用于耕作的宅基地，南为居住建筑。虽然这块闲置场地不大，但是，它周边的场地功能各异。实际上，这是一块正在被蚕食的农田。因为被建筑物所环绕，已经不可能成为规模农田，又无修建住宅的需求，所以，场地闲置起来。在村庄建设用地的边缘，以先建设农用建筑，再建居住建筑的方式，变农田为宅基地，十分普遍。在这个变更过程中，许多农田将长期不能高效使用或根本就不能使用，出现大块边缘闲置场地。

5号地块：边角地块和闲置的标准宅基地，地处37°05′51.90″N，120°38′45.41″E，海拔高度152m，闲置的标准宅基地面积约为190m²；边角地块面积400m²左右，南北呈三角状，且有树木和杂草覆盖。边角地带，即因为土地利用缺乏科学规划而产生的无法正常用于建筑开发的地块。这类地块在村庄居民点中大量存在。它们常常成为相邻住户的堆场。看似闲置的土地，实际上，等于扩大了与此相邻住户的用地面积，但是，又没有确认他们的使用管理权。

6号地块：约束性自然地形与建设用地结合部的闲置带状宅前场地，地处37°05′49.88″N，120°38′44.94″E，海拔高度149m，地形看似很浅的自然排水山涧；整个地块弧长120m，平均宽度为15m，地块以北横跨10幢住宅，地块以南为楔进的农田和住宅。接近住宅的部分堆积秸秆和家居杂物，其他部分为零星农作物用地。不利用这类受到自然地形条件约束的场地兴建住宅以避免灾害，是正确的决策。当然，合理利用这类土地，如有意识地通过植被恢复的方式维护整个区域的生态平衡，十分必要，但这块土地目前仍然荒芜。

7号地块：楔进农田中的住宅间的闲置场地，地处37°05′48.59″N，120°38′46.42″E，海拔高度149m。7~14号地块是一个以蚕食农田而产生的较新居住组团。除东边与道路相邻外，整个地块完全被住宅三面包围，其中有若干小地块已经划分成为宅基地地块形状，堆积着秸秆等杂物。这种情形源于建设住宅时没有进行科学规划，以致打乱了农田的整体性。实际上，这块农田已经没有规模经营的可能，而近期内全部开发成为居住区，村庄人口本身也没有实际需要，因为村庄新增的宅基地四面开花，已经存在大量闲置宅基地了。同时，我们还需要注意到村民的习惯，他们总是希望自己的子女靠近自己的老宅，希望靠近同族亲戚，希望住宅周边有更宽阔的出路。这样，就造成了闲置土地。

8号地块：闲置的标准宅基地，地处37°05′47.12″N，120°38′49.23″E，海拔高度151m，面积约为300m²，目前成为堆场和入户通道。

9号地块：闲置的标准宅基地，与8号地块对角，面积约为200m²，堆积着秸秆等杂物。

10号地块：闲置的标准宅基地，共有8块，面积约为1600m²。

11号地块：闲置场地，住宅楔进的农田，因道路分割农田，种植效率低下，又因距离道路太近成为不宜居住的带状地块。

12 号地块：闲置的标准宅基地，面积约为 400m²，目前成为堆场和入户通道。

13 号地块：暂时用于耕种的宅基地，面积约为 300m²。对于这种暂时用于不成规模耕种的宅基地还是应当认定为"闲置宅基地"。

14 号地块：农田与建设用地结合部的闲置场地，地处 37°05′40.59″N，120°38′46.63″E，海拔高度 140m，整片地约有 27 亩。这里原本为村庄居民点与农田的结合部，但是，5 幢住宅蚕食进入农田后，不仅减少了原有的农田面积，而且也影响了其他农田的成片规模耕种，导致这里成为杂树杂草丛生的闲置场地。实际上，村庄多批准一块宅基地问题不大，但是，如果选择跳跃式的方式，在农田中楔进住宅，用宅基地包围农田，那么农田面积的损失就大了，那些难以用来耕作的农田会长期被闲置起来。

15 号地块：边角闲置地，地处 37°05′52.01″N，120°38′30.72″E，海拔高度 140m。因为地处村庄西北角，土地利用相对松散，出现了相当于 20 块宅基地大小的边角闲置地。有些具有使用规模，有些只是边角，难以用于居住建筑。边角闲置土地的出现也有可能源于地形地貌，但是，主要原因还是规划设计问题。实际上，目前村庄在划分宅基地时，基本沿用了矩形划块的方式，而不会因地制宜地采用其他划分地块的方式。再者，因为居民得到宅基地是免费的，所以，地块大小基本一致，以保证公平。当然，这种做法必然会导致边角闲置地的出现，造成很大的土地浪费。尽管居民使用了一些闲置的边角土地，但是，常常因为地产使用权不明确，不可能充分把这些土地纳入他们的家居范围内，似用非用。

16 号地块：闲置的住宅，37°05′54.14″N，120°38′33.27″E，海拔高度 142m，地处村庄边缘。西边一幢住宅没有院墙，开敞的庭院里长满了杂草，似已经封闭了大门，院内还堆积了其他杂物；东边一幢住宅似有人居住，庭院中有步行路径显现。但是，庭院中也有杂草，可能不常有人居住。

17 号地块：边角闲置地，这样的地方常常成为相邻住户的堆场。

18 号地块：闲置的标准宅基地，共计 2 块。这样经过整理的宅基地一般已经分配给村民，目前没有启用，农民用来种些农作物。

19 号地块：因集体经济社会活动减少而产生的闲置公共建筑用地，37°05′50.38″N，120°38′37.21″E，海拔高度 143m。在村庄公共建筑前的集体用地上正在开着一个集市。集市用地不是闲置的，但是，它周边的边角地里却存在大量闲置场地。产生这种闲置场地的原因是，集体经济社会活动的减少，使用公共建筑和空间的需求减少。

20 号地块：不易开发的闲置地带和坍塌的建筑物，37°05′50.15″N，120°38′36.62″E，海拔高度 143m。在这个地块下，北部为一处坍塌的住宅及其堆积杂物的闲置场地；南部有两块宅基地大小的空闲宅基地，形成一个 64m 长 12m 宽的带状空闲空间。村庄中常有这类不容易被其他住户接受的宅基地，我们使用"不易开发的闲置地"这个术语来表达这类闲置场地。"不易"并非指开发技术手段不够，而是强调村庄闲置土地的存在有其复杂的社会空间原因。村民实际需要要比他们宅基地要大的活动空间，村民居住在哪里存在一个社会选择。就这块空闲宅基地而言，坍塌住宅的所有者不愿放弃拥有这块宅基地的权利，但又不利用；申请新宅基地的村民可能感觉到这里额外活动空间太小，或者他们不愿与某家为邻。遇到此类情况，为了不得罪这块宅基地的老用户，村民宁愿到村庄边缘去占用农田建设住宅，而不愿利用不适合于他们的场地，正因为如此，这样的地方就成为堆场，空闲起来。

21 号块地：坍塌的住宅和废弃的宅基地，37°05′49.71″N，120°38′35.41″E，海拔高度 141m。这个地块相当于 2 个宅基地，还能依稀看到树丛中坍塌的住宅。同样，住宅坍塌了，拥有它的村民，即便是不在村里常住的村民，也不愿放弃他们祖传下来的这块宅基地，所以，只有年复一年地闲置起来。从这个意义上讲，对于所有者而言，这类闲置空间是一种社会空间。换句话说，要解决这类空间问题，首先要解决的是社会问题。

22 号地块：废弃宅基地。与 21 号地块相邻，又是一处废弃的宅基地。

23 号地块：没有使用完的标准宅基地。标准宅基地可能被完全使用，完全没有被使用，或者部分被使用，这里属第三种情况。

24 号地块：约束性自然地形与建设用地结合部的边角闲置地和废弃的宅基地，毗邻穿过村庄的小溪，其中一块开发一个标准宅基地规模不够，另一块地上有坍塌的住宅，原住户已经向前迁移，盖起了新房，留下后院坍塌的住宅。

25 号地块：闲置宅基地，地处新建道路旁，成为堆场。

26 号地块：约束性自然地形与建设用地结合部的边角闲置地，同样是毗邻村庄里的小溪，大约相当于 3 块宅基地，这类建设用地只能被那里的老用户使用，而其他用户不会愿意在这样的空间里建住宅，他们更愿意到村庄边缘去。这就是为什么村里闲置地很多，而居民依然向村庄边缘推进，占用农田新建住宅。

27 号地块：闲置宅基地。

28 号地块：闲置宅基地。这个地方集中了 4 块闲置的标准规模的宅基地。

29 号地块：闲置的宅基地和废弃宅基地。在这个场地的北部，是闲置的宅基地，村民已经把它当成了道路，而它的南部既有坍塌住宅的痕迹，也有 3 幢独立的住宅，其中 2 幢院内长满了杂草，院墙已经爬满了灌木，1 幢有人使用。从这个地方的情形可以看出，闲置的宅基地是指那些已经拆除了坍塌住宅且还没有利用的宅基地，而废弃宅基地是那些仍有坍塌的住宅或正在坍塌住宅的场地。

30 号地块：闲置宅基地。这个地方有这个村庄唯一仍然使用灰瓦的老住宅，住宅前后都是闲置的场地。然而，这个住宅似乎还有人居住，因为杂草还没有封门。

31 号地块：边角闲置地。

32 号地块：闲置住宅，这个住宅似无人居住。

33 号地块：废弃宅基地，37°05′37.87″N，120°38′38.57″E，海拔高度 138m。这里有相当于 5 块标准宅基地的土地规模。

34 号地块：因布局不当而产生的闲置场地，以及因建筑活动和遗留下来的垃圾而不能再作农田的闲置场地。这里出现了两种情况：一是在地块中心建住宅，虽然住宅是按批准的宅基地大小占用的，但是这个修建在地块中央的住宅影响了整个地块的使用，这就是因布局不当而产生的闲置场地。二是因为修建住宅，在附近遗留大量建筑垃圾，使得土地难以再用来耕作，于是成为闲置场地。

35 号地块：农用地和建设用地结合部的闲置场地，地处 37°05′47.25″N，120°38′28.77″E，海拔高度 146m。这里是老村庄核心向外扩张出来的一个组团。从树木状况看，开发大约发生在 10 年以内，还有继续蚕食农田的倾向。因为住户的日常进出，堆积杂物，它已经很难再用于农业。

36 号地块：农用地和建设用地结合部的闲置场地。因为住户堆积杂物甚至垃圾，修建各类临时性建筑，这类村庄边缘的农田很难再用于农业，处于闲置状态，经年日久，它们就逐步成为了宅基地。

37 号地块：边角闲置地

38 号地块：自然河沟与建设用地结合部的闲置场地，这两家人已经在老院落的前部，利用山涧边缘的边角土地建设了新的附属建筑，似用于养殖，而与他们相邻的几家人的院落前部还有少许闲置场地。

39 号地块：自然河沟与建设用地结合部的闲置场地，地处 37°05′40.77″N，120°38′30.10″E，海拔高度 144m。

40 号地块：边角闲置地，地处 37°05′40.56″N，120°38′34.04″E，海拔高度 141m。

通过以上分析中，我们可以把这个居民点中插花式分布的废弃或闲置宅基地归纳为 14 类：

1）闲置的标准宅基地；

2）暂时用于耕种的标准宅基地；

3）没有使用完的标准宅基地；

4）坍塌的住宅及其废弃宅基地；

5）闲置的住宅；

6）边角闲置地；

7）农用地和建设用地结合部的闲置场地；

8）约束性自然地形与建设用地结合部的闲置场地；

9）楔进农田中的住宅间的闲置场地；

10）因建筑布局不当而产生的闲置场地；

11）因社会原因不易开发的闲置场地；

12）因土地混合使用方式所致的闲置场地；

13）因集体经济社会活动减少而产生的空闲公共建筑用地；

14）因建筑活动和遗留下来的垃圾而不能再作农田的闲置场地。

我们对这个居民点中插花式分布的废弃或闲置场地的分类并非只是属于这个村庄，它们同样可以用于对其他居民点中插花式分布的废弃或闲置场地作分类（图3-3）。实际上，只有通过分类，我们才能更为明确地在卫星影像上寻找关注场地，发现居民点中插花式分布的废弃或闲置场地存在的规律。同样，通过分类，我们才有可能找到解决不同问题的不同方案。

与居民点中插花式分布的废弃或闲置场地相比较，农村居民点老村部分遗留下来的废弃或闲置场地，特别是在出现了可以称为"空心"的大规模闲置场地时，容易通过目视的方式在卫星影像上识别出来。

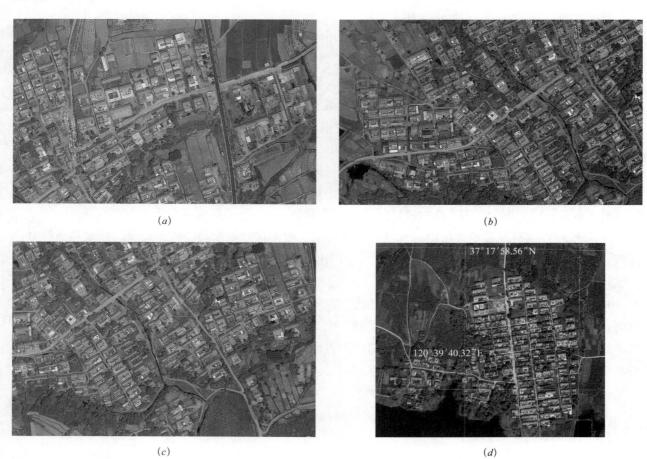

(a)

(b)

(c)

(d)

图3-3　插花式分布的废弃或闲置场地案例

(e)

(f)

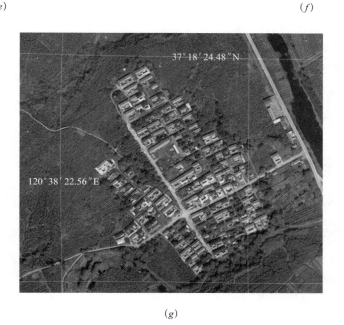

(g)

图3-3　插花式分布的废弃或闲置场地案例（续）

　　农村居民点老村部分出现废弃或闲置场地的人口社会原因是：日常居住人口减少，人口老龄化程度上升，从而导致老村中仍然保留着一定数量的老宅和在原有宅基地上经过翻建的住宅。那些没有翻建的老宅有些成为杂物堆放地，逐年闲置，最终因年久失修而废弃。所以，这类老村地区并非"空"，而只是人类活动强度的降低。人类活动强度降低的直接后果是自然活动强度增加，其卫星影像效果是自然植被对居民点建设用地的覆盖比例增加。

　　这里以栖霞市官道镇孙疃村为例，我们把这个村庄的卫星影像分解为6个部分（图3-4），其中5个部分记为1、2、3、4、5，未标记的部分即为6。1～4号地块为近10年建设起来的新居住组团，5号地块是2010年挂牌出售使用权的一块约4200m² 的仓储用地，6号地块是老村部分。拿1和6相比，它们的红波段波长120以下比121～254的值 W_r 分别等于30%和50%。也就是说，与组团全部面积相比，组团1有30%的红波段波长值在120以下，而老村组团有50%的红波段波长值在120以下。

栖霞市官道镇孙疃村

访谈对象：于×　　职务：书记　　访谈日期：2010年7月23日　　整理人：程超

一、村庄信息

孙疃村位于37°15′N，120°38′E，海拔123～150m之间，属于丘陵地形；距招远市27km，距毕郭镇3km；村内有河穿过。

孙疃村共有1276人，其中常住1137人，有462户，其中常住本村的425户。2009年村庄没有集体收入；2009年农民年人均纯收入约为7160元，农户的主要收入来源是种植、打工和个人企业，所占比例依次为75%、16%、9%。

二、村庄住宅情况

孙疃村村域总面积为11260亩，居民点建设面积为1450亩，村内户均宅基地面积约230m²，共有宅基地550处，户均庭院面积72m²。

村内共有倒塌宅基地20个，废弃或闲置宅基地70处，平均旧宅基地面积为130m²，小于新建住宅面积。集体废弃或闲置的建筑物或构筑物场地有2个，一个是村大队场地，占地10亩；另一个是废弃的小学，占地5亩。合计15亩，大约合130个旧宅基地。村内闲置宅基地和空置房屋的形成主要是由于村民在村内别处另盖新房弃旧房造成。村庄空置场地呈集中成片分布。空置废弃场地多集中于村中心。

村内主干道路已用水泥硬化。村内宅前道路绝大部分没有进行硬化，多为土路。村内新住宅区的宅间道路为6m，老宅区宅间道路为2～3m，老宅区20%的宅间道路不能通行机动车，1%的老宅宅间道路不能与村庄主干道相连。

在空置房屋集中地区，100%没有电源线接入，100%没有自来水。100%没有垃圾处理设施。村内所有房屋均是坐北朝南。空闲或坍塌住宅所在地域的坡度与较新住宅所在地域坡度无明显关系。

村干部认为这些旧宅基地整治起来比较困难，因为村集体经济能力薄弱。

三、具体实际调查点分析

（一）三户较新住宅

N1：37°15′11″N，120°38′25″E。宅基地250m²，户主林××，家中共4口人，常住2人，基础设施方面：使用井水，无下水管道，污水、垃圾没有统一处理，厕所为旱厕，固话，家电齐全（有空调）。

N2：37°15′17″N，120°38′17″E。宅基地300m²，户主林××，家中共4口人，常住2人，基础设施方面：使用井水，无下水管道，厕所为旱厕，污水、垃圾没有统一处理，固话，家电齐全（无空调）。

N3：37°15′09″N，120°38′15″E。宅基地160m²，户主林××，家中4口人，常住4人，基础设施方面：使用井水，无下水管道，厕所为旱厕，污水、垃圾没有统一处理，固话，家电齐全（无空调）。

（二）五个"空置点"

O1：37°15′10″N，120°38′14″E。位于耕地与村庄建设用地结合部的废弃村小学，占地5亩。部分教学建筑已拆除或倒塌，空置场地种植有玉米、花生等农作物，部分校舍建筑被村民购买翻新用作住房，剩下的建筑正在闲置。为方便浇灌农作物，在该场地的西北角新建有一水池。此处还田的可行性比较大。

O2：37°15′01″N，120°38′26″E。原村大队旧址，占地10亩。大队院子里小部分场地上种有玉米，其他部分长满杂草或堆置杂物。大院四周的大片原集体建筑只有两处正在使用，一处是现村委办公室，一处是村卫生室。未被使用的旧宅窗户或破坏严重或被砖头封死。其中部分建筑物屋顶已坍塌。

O3：37°15′03″N，120°38′21″E。位于村中心老宅区的废弃建筑物场地，2个标准宅基地大小。建筑物已坍塌，只剩下部分残垣。场地上长满杂草、乔木，可见此处已荒废多年。

O4：37°15′07″N，120°38′23″E。村主干道路旁边的疑似空心点，一个宅基地大小。此处为一老宅，从建筑构造情况可以看出其建设年代较为久远。现在仍有人居住，由于盖有黑瓦，其在卫星影像图上颜色较暗。

O5：37°15′05″N，120°38′20″E。三个标准宅基地大小的场地，其上有一处闲置旧宅和两处正在坍塌的旧宅。三处旧宅上均贴有对联，这说明原居民仍生活在村中，只是另选新址建造了新宅。闲置住宅为黑瓦，院内长满杂草，但院外门前杂草很少。两处正在坍塌的住宅为新中国成立前建造的地主住宅。

图3-4 案例村1m精度卫星影像

在老村部分的卫星影像上，我们标记了可目视出的道路和每一条道路服务的住宅（图3-5）。可以发现，它有着不同于相对较新的居住组团的一些几何形状、色彩和空间关系特征（图3-6~图3-10）：

1）每一条宅前道路都是私人道路，仅仅服务于一家住户，宅前道路不再具有"穿越或跨过"他人门前的公共道路的性质。

2）整个道路系统之间不再具有网络性，用于独立住户的"断头路"成为道路形式。

3）那些与住宅建筑物相连的宅前道路被自然植被侵蚀，导致没有道路提供服务的住宅成为自然植被环绕的孤岛，没有人出入。

4）宅院周边的自然植被模糊了住宅间存在的人工边界。

5）经年老树和建筑物周边的植被成为老村组团支配性的地面覆盖物，人工建筑材料铺装的道路和院落退居其次。

图3-5 案例村中第3部分不完整的道路结构，宅基地几何形状、色彩和空间关系分析

图3-6 废弃或闲置场地实景（一）

图3-7 废弃或闲置场地实景（二）

图3-8 废弃或闲置场地实景（三）

图3-9 废弃或闲置场地实景（四）

图3-10 废弃或闲置场地实景（五）

实际上，所有这些形体特征都与人类活动强度的减弱和自然活动强度的上升直接相关。一块宅基地的废弃意味着人类活动退出了那块宅基地，而自然活动逐步侵入了那块宅基地。从这个意义上讲，人工的或自然的地面覆盖物所占居民点建设用地面积的比例，可以用来确定一个村庄或一个村庄中的一部分是否达到废弃或闲置的程度。

这里的卫星影像都是老村部分遗留下废弃或闲置场地的一些案例：百尺堡村、曹家村、草店村、南横沟村、郭格庄村、大丁家村、黄家庄村、刘家河村。通过对这些影像的分析和废弃或闲置场地的估算，我们进一步说明若干"空心村"识别方法。

1. 经验识别

凭借我们对农村居民点的深入了解，在0.6m像素条件下的卫星影像上发现废弃或闲置的宅基地，并不十分困难，其误差不会大于10%，当然，这需要时间和耐心（图3-11）。我们曾经使用这样的方法，在作访谈前，预先识别出村庄居民点里的废弃或闲置场地，然后再与村干部进行交谈，有针对性地提出问题。我们使用这种方法完成了300多个村庄的访谈调查，其误差在10%以内。如果知道了废弃或闲置宅基地的总数目，再乘以一般宅基地的大小，便可以估算出整个村庄废弃或闲置宅基地的面积。凭经

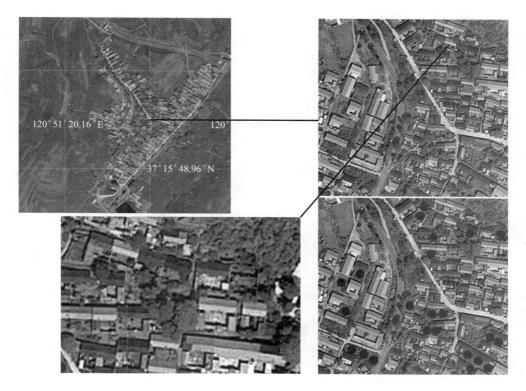

图3-11 经验识别

栖霞市翠屏街道刘家河村影像波长分析：

红波段波长	像素数	占总像素数比例（%）
120	67813	10.246
254	162847	24.6049

对这个村庄居民点废弃或闲置场地的估算结果：空置率为32%。

验识别总会在数量上出现误差，即会对废弃或闲置场地的规模估计不足。

2．几何形状识别

我们使用 Envi+IDL 对原始卫星影像图 3-12（a）加以处理，找出所有在红波段下具有规则矩形的

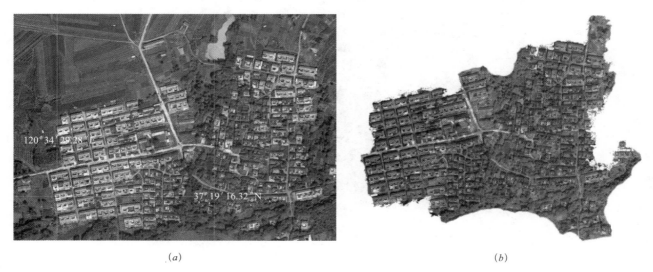

（a）　　　　　　　　　　　　　　（b）

图3-12 几何形状识别

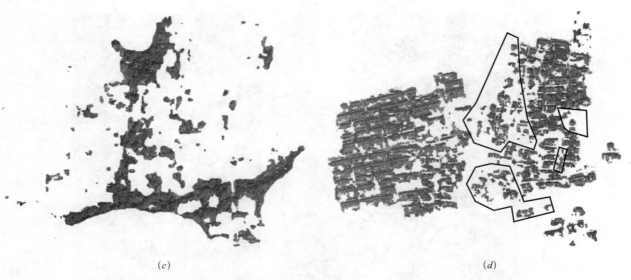

(c) (d)

图3-12　几何形状识别（续）

栖霞市寺口镇百尺堡村影像波长分析：

红波段波长	像素数	占总像素数比例（%）
120	102340	16.4007
254	213554	34.2236

对这个村庄居民点废弃或闲置场地的估算结果：空置率为38%。

地物图 3-12（b），然后分解出图 3-12（c）和图 3-12（d）两张图，包括所有的植物、所有建筑物、矩形的和不规则几何形状的建筑物。根据一般住宅的几何形状和规模，找到那些没有达到此项标准的，散布在村庄中的废弃住宅。同时，在绿树之间出现的白点，均为剔除建筑遗存之后留下的空白，它们是树丛中废弃建筑物的痕迹。这种方法的好处是十分直观，可以简便地找出废弃场地在村庄中的位置（图 3-13）。

图3-13　地形分析

102

3．轮廓线分析

我们使用 Envi+IDL 对原始卫星影像加以处理，选择波长 120 为分界，找到波长 121 ～ 254 之间的全部地物轮廓线图 3-14 （a），而把波长 120 以下的地物提取出来图 3-14 （b），留下全部建筑物图 3-14 （c）。这样，在图 3-14 （d）图中，我们可以发现不规则的光点，它们即是隐藏在树木和草丛中废弃或坍塌的建筑物。图 3-14 （d）中的全部像素比上图 3-14 （a）图上的全部像素，减去 10% 的庭院中和道路旁的树木，即是废弃或闲置场地空置率的估算值。

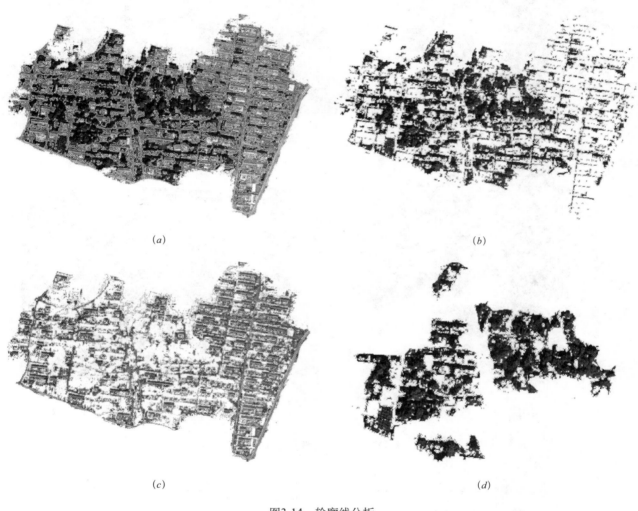

(a)

(b)

(c)

(d)

图3-14　轮廓线分析

栖霞市观里镇郭格庄村影像波长分析：

红波段波长	像素数	占总像素数比例（%）
120	62985	9.5836
254	136295	20.7382

对这个村庄居民点废弃或闲置场地的估算结果：空置率为36%。

4．波长识别

我们使用 Envi+IDL 对原始卫星影像图 3-15 （a）加以处理，选择波长 120 为分界，找到波长低于

120 以下的全部地物图 3-15（b），剔除波长大于 121 以上的全部地物图 3-15（c）。图 3-15（d）示意三处参照点。图 3-15（c）中的全部像素比上图 3-15（a）图上的全部像素，减去 10% 的庭院中和道路旁的树木，即是废弃或闲置场地空置率的估算值。这种估算易于计算，但是误差比较大。如果再利用人工方式剔除掉一部分明显的旧住宅，可以减小误差。

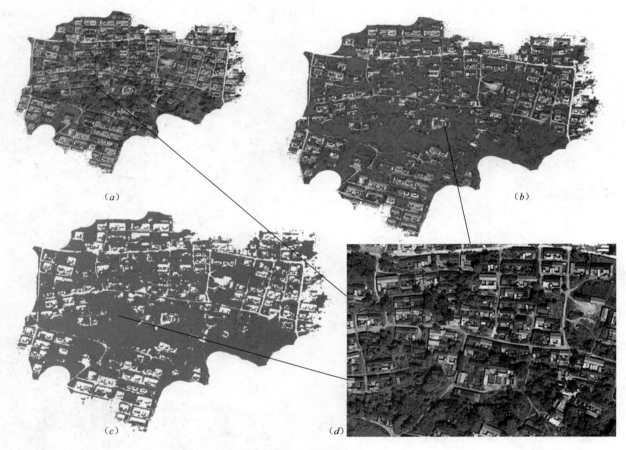

图3-15　波长识别

栖霞市寺口镇曹家村影像波长分析：

红波段波长	像素数	占总像素数比例（%）
120	114365	18.3278
254	201834	32.3454

对这个村庄居民点废弃或闲置场地的估算结果：空置率为47%。

5．色谱差异识别

我们对大丁家村的卫星影像图 3-17（a）作了特殊处理，寻找影像上的色谱差异。我们假定，建筑物与它相邻的非建筑物占用的场地之间，在色谱上存在一个明显的差异。建筑物对光具有较高的反射率，呈现明亮的色调，植物吸收光，所以呈现黯淡的色调。因此，我们可以利用这种差异找到两者的界限。图图 3-17（b）是我们剪裁出来的村庄居民点，对其作色谱分析处理后，得到图图 3-17（c），然后，剔除掉色谱差异比较大的场地，剩下色谱差异不大的场地图 3-17（d），色谱分析中小于 4.9 的像素与总有效像素之比，即是空置率。

栖霞市寺口镇南横沟村

访谈对象：王×× **职务：**书记 **访谈日期：**2010 年 7 月 25 日 **整理人：**栗萌

一、村庄信息

南横沟村村位于 37°20′N，120°35′E，海拔 160～189m 之间，属于丘陵地形；距栖霞市 25km，距寺口镇 5km；属于路边村，村内有河穿村而过。

南横沟村共有 746 人，其中常住 630 人；有 257 户，其中常住本村的 244 户。2009 年村庄没有集体收入；2009 年农民年人均纯收入为 6642 元，农户的主要收入来源是种苹果、粮食作物和打工，其中种植苹果的收入占 70%，种粮食占 20%，剩下的 10% 来自打工。

二、村庄住宅情况

南横沟村村域总面积为 1637 亩，其中居民点建设用地面积为 100 亩。村内户均宅基地面积约 0.4 亩，共有宅基地 400 处，户均庭院面积 110m²。村内共有倒塌宅基地 10 个，废弃或闲置宅基地 130 处，平均旧宅基地面积为 100m²，比新建住宅面积小。集体废弃或闲置的建（构）筑物场地有 1 个，面积 2 亩，大约合 8 个宅基地。村内闲置宅基地和空置房屋的形成主要是由于村民外迁搬到城中居住，老人去世遗留的旧房和村民在村内别处另盖新房弃旧房等原因造成。村庄空置场地集中成片分布。空置废弃场地多集中于河边，由于道路的修建新房大多建在路边。村内宅前道路绝大部分没有进行硬化，多为土路。村内新住宅区的宅间道路为 5m，老宅区宅间道路为 2m，老宅区 100% 的宅间道路不能通行轿车，60% 的老宅宅间道路不能与村庄主干道相连。在空置房屋集中地区，4% 没有电源线接入，100% 没有自来水。全村都没有垃圾处理设施。村内所有房屋均是坐北朝南。目前村内的旧宅处于闲置状态，没有被开发利用，村民认为闲置房屋没有什么开发的潜力。如果要整治，只能统一进行旧村改造。

三、具体实际调查点分析

（一）三户较新住宅

N1：37°20′30″N，120°36′03″E。宅基地 0.25 亩，户主王××，家中共 4 人，常住 4 人，基础设施方面：有线电视接入，固话，无自来水，道路没有硬化，无垃圾处理，无污水处理，直接排到街上。

N2：37°20′31″N，120°36′00″E。宅基地 0.25 亩，户主王××，家中共 4 人，常住 4 人，基础设施方面：有线电视接入，无自来水，道路没有硬化，无垃圾处理，无污水处理。

N3：37°20′30″N，120°36′01″E。宅基地 0.25 亩，户主王××，家中 3 人，常住 3 人，基础设施方面：固话，无自来水，道路没有硬化，无垃圾处理，无污水处理。

（二）"空置点"

O1：37°20′24″N，120°35′56″E。集体废弃场地：原为集体大院，目前场地内长满杂草，堆有砖头等建筑材料，小块地用作耕种，有几间没有盖完搁置下来的房屋。面积约 2 亩，共两排房子，据村书记讲，于 1992 年和 2000 年分别租给个人，每户每年租金 6000 元。由于租给的村民子女都住在烟台，不再回来盖房或居住，导致闲置。

O2：37°20′23″N，120°36′00″E。集体闲置场地：约 1.5 亩。没有开发利用，一直处于闲置状态。几户共用，作为菜园，种有玉米豆角等作物。每家具体的菜地面积由村民自己协调。1998 年有一户在此处建房。

O3：37°20′26″N，120°35′53″E。个人闲置宅基地：20 世纪 70 年代建造。房子以石头、泥、砖为建筑材料，整体结构完好，没有安装窗户，用砖头堵住。没有院墙和大门，院内种满玉米，堆放许多柴草。房屋本是村民给自己儿子盖的，但由于儿子外出，户口迁出，导致房子闲置。

O4：37°20′32″N，120°35′53″E。集中成片的个人废弃宅基地：此处倒塌、空置房屋约有 20 户，房屋多为砖石结构，房顶大多采用黑色小瓦。房龄在 70～80 年左右，已经空置约 20 年。院内都长满杂草和树木，宅前道路也长满杂草，许多已经很难进入。这些房子都是由于老人去世或村民在村子别处建房导致废弃。

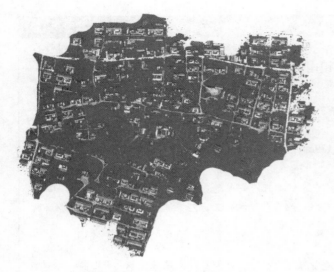

(a) 绿色部分为波长120以下地物覆盖部分

(b) 绿色部分为波长100以下地物覆盖部分；

(c) 绿色部分为波长120以下地物覆盖部分；

(d) 绿色部分为波长120以下地物覆盖部分

图3-16 波长识别

图 3-16 包括两个村庄：南横沟村和草店村。我们采用同样的波长分析方法，结果如右表格所示。在我们的估算中，南横沟被认为是存在严重土地浪费现象的村庄。于是，我们专门对它作了实地勘察。尽管这个村庄存在 130 户废弃或闲置的宅基地，我们的估计还是高于这个数值。问题是我们识别出来的村庄建设用地面积大于村庄统计的 100 亩。实际上，这也是我们在估算村庄居民点废弃或闲置场地时的一大困难。我们只能依据经验划定村庄建设用地的实际范围，而不可能按照村庄在土地部门登记的用地数目去进行计算。这些年来，农村居民点占用农田，扩张建设用地的情况并不少见。同时，当地人在报告废弃或闲置场地时，仅仅报告了宅基地的面积，而忽略了村中大量公共闲置场地，而我们在识别中计入了这类场地。所以，还是要从现状出发，而不要受到土地部门账面上的数据约束，这样才能真正掌握实际情况。

栖霞市寺口镇草店村影像波长分析：

红波段波长	像素数	占总像素数比例（%）
120	78818	12.6312
254	236126	37.8409

对这个村庄居民点废弃或闲置场地的估算结果：空置率为 23%。

栖霞市寺口镇镇南横沟村影像波长分析：

红波段波长	像素数	占总像素数比例（%）
120	168046	25.5694
254	330119	50.2299

对这个村庄居民点废弃或闲置场地的估算结果：空置率为 41%。

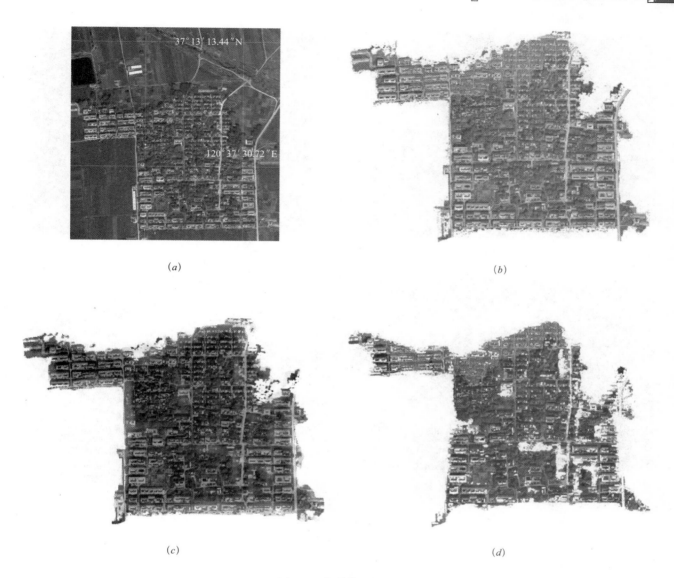

图3-17 色谱差异识别

栖霞市官道镇大丁家村影像色谱分析:

色谱	像素数	占有效像素数比例（%）
>4.9	128019	45
有效像素	286283	

据此对这个村庄居民点废弃或闲置场地的估算结果: 空置率为35%。

6. 三维分析

使用 ArcInfo、ArcView、ArcView Spatial Analyst，都可以对卫星影像作三维处理，帮助我们在 3D 视线下，比较清楚地观察到居民的宅院: 有些宅院长满了草，可判断为空闲住宅; 有些坍塌的住宅被树木覆盖，可判断为废弃住宅。3D 可以帮助我们观察到平面影像上不易发现的细节（图 3-18）。当然，这种方法仍然需要实际经验的支持，同时，它也不能直接给出估算结果。

图3-18 三维分析

栖霞市翠屏街道黄家庄影像波长分析：

红波段波长	像素数	占总像素数比例%
120	102308	16.3956
254	236138	37.8429

对这个村庄居民点废弃或闲置场地的估算结果：空置率为33%。

第二节 居民点整体迁移后遗留下来的废弃或闲置场地

在我们的调查中还发现，一些村庄因为逐年迁移至新的居住场地，或正在迁移至新的居住场地，甚至"上楼"，从而留下了大规模废弃或闲置场地（图3-19）。

我们以西柳庄村为例。西柳庄村人口为412人，164户，分别居住在沁水河两侧的居民点里。绝大部分村民居住在沁水河以北的居民点里，少量居住在沁水河以南的居民点里。沁水河以南居民点荒废或空闲的宅基地20个，房屋72间。整个村庄闲置土地约60亩，大部分在村南部分。村庄耕地山场面积为3844亩。西柳庄村长期在外务工人数为48人，在外居住人数64人。

西柳庄沁水河以北的居民点已经建设40年以上，闲置建设用地不多，有继续向东西方向扩大的趋势。沁水河以南紧靠县级公路，西柳庄村老居民点已经或濒临倒塌的住宅插花式地散落，有60亩的闲

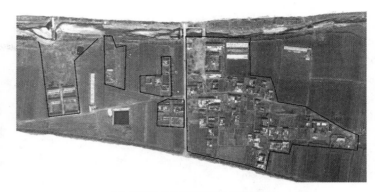

(a) 案例村卫星影像   (b) 废弃的住宅和没有完全还耕的土地

图3-19 居民点整体迁移后遗留下来的废弃或闲置场地

置建设用地，而尚在使用的住宅间存在大量空地或已经转变成为菜地或其他农业生产用地。

　　沁水河以南的居民点之所以存在废弃或闲置场地，可能有多种原因。从卫星影像上看，这些废弃或闲置场地里还或多或少地留下一些没有搬迁的住户，一些正在用于堆放杂物的住宅庭院，一些看似完好的建筑物。村庄自身没有经济能力把它们恢复到可以耕种的水平，因为这些废弃或闲置场地地表污染严重，土壤性质已经发生变化（图3-20）。

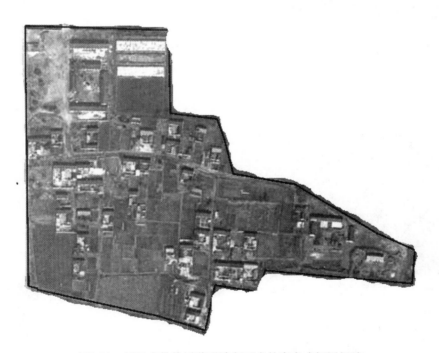

图3-20 居民点整体迁移后遗留下来的废弃或闲置场地

　　通过卫星影像识别居民点整体迁移而留下来的废弃或闲置场地，较之于插花式分布在村庄居民点中的废弃或闲置场地要容易许多，几乎使用肉眼就可以在识别上做到没有误差（图3-21、图3-22）。

　　这里，我们再以召口乡村为例。在召口乡村卫星影像上的多处废弃场地做采样测算表明，这些场地的红波段波长一般在 159～200 之间，有的地方甚至超过 200，一般反射率在 0.9 左右，有些地块的反射率与水泥地面反射率相差无几。

　　从卫星影像上目视发现这类村庄不困难，但是，要比较精确地通过卫星影像计算出废弃或闲置场地

图3-21 卫星影像中闲置场地的对应实景（一）

图3-22 卫星影像中闲置场地的对应实景（二）

的面积还是存在一定难度。主要困难是废弃或闲置场地的反射率与建筑物相近，而使用中的地块和废弃的地块又交织在一起，所以光谱分析误差很大，不能简单地通过划定波长最高最低值的方式来计算。

在这种情况下，我们采取了样本估计的方法，即选定一处明显的废弃场地，测算它的全部地物波长值，以此作为样本，再采用4～8个相邻地块和1～2的标准差，逐步扩大考察范围，直到覆盖全部测算区域。

使用这种计算方法测算的结果是，村庄居民点的面积约为564亩，其中废弃或闲置的土地约为204亩，占村庄居民点面积的36%（图3-23）。

从理论上讲，受到影响的地块与样板地块具有相同的地物波长系列，因此，可判断为它们具有相同的覆盖地物，即同为废弃场地。在此基础上，对选择出来的地块的全部波长进行计算得出测算区域里废弃或闲置场地的面积和比例。尽管这种计算与实际情况之间还会存在一些误差，但是，它对于识别出需要进一步作现场勘查的村庄来讲，已经具有实际意义了。

(*a*) 卫星影像与空间定位

工业污染区

图3-23　案例村卫星影像分析

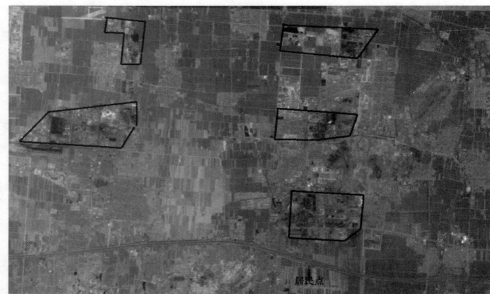

5个村受到工业污染影响

工业影响范围

受到影响的召口乡村

（b）案例地区工业污染影响分析

图3-23　案例村卫星影像分析（续）

召口乡村：典型的空心村

西北角

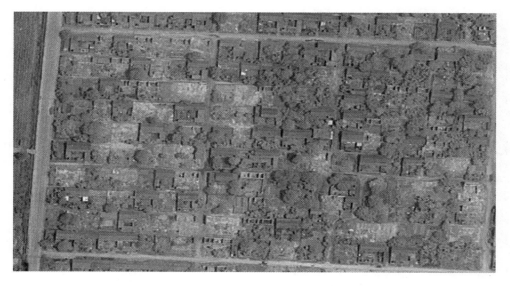

西南角

图3-23　案例村卫星影像分析（续）

东北角

东南角

新住宅区

(c) 案例村闲置场地分析

图3-23　案例村卫星影像分析（续）

空心部分

道路和裸露的土地

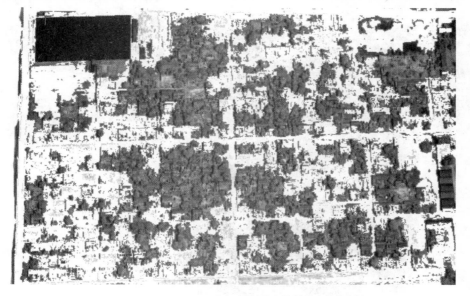

剔除掉废弃的宅基地

(d) 案例村闲置场地样本估计分析

图3-23 案例村卫星影像分析（续）

第四章 村庄居民点废弃或闲置场地估算

为了定量地估算海量的村庄居民点中废弃或闲置场地的实际面积，我们需要找到识别地物属性的定量方法。之所以可以使用肉眼在卫星影像上识别出村庄居民点中废弃或闲置场地，是因为我们凭借了对居住建筑的几何形状、纹理特征、空间关系、最小居住建筑规模等因素的了解。但是很难依靠这些因素估算出村庄居民点中废弃或闲置场地的面积。所以，我们进一步考察地物之间的光谱特性，希望在分类的基础上，找到一种简便的方法，估算村庄居民点中废弃或闲置场地的面积。

卫星遥感影像客观地记录了地物对电磁波的反射或吸收特征，从理论上为我们提供了定量估算的可能。但是，卫星影像的分辨率决定了像元的覆盖范围，从而决定了其中所有电磁波混合的程度。这些像元并非精确地记录了对应地物每 1cm 或 1mm 的电磁波，而是混合了覆盖 0.6 ~ 1m 范围内所有地物电磁波（图 4-1 ~ 图 4-3）。因此，依据每一个像素的波长值作分类和估算不可避免地存在误差。当然，我们的确从卫星影像上看到了村庄，识别出村庄居民点中废弃或闲置场地，而没有被每一个混合像元所干扰。正是基于人类这种"模糊"识别的能力，我们可以根据对混合像元贴近某类地物的程度进行分类，以便使一类地物可以由一定幅度的波长来表达。这种误差对于农村环境综合整治工作来讲是可以接受的。

这里，我们提出三种定量描述村庄居民点废弃或闲置场地面积的方法：①使用波长值的估算；②使用 R、G 和 B 三个波长值加权平均的估算；③使用数字仿真的估算。

图4-1 1m精度村庄居民点卫星影像

图4-2　放大后的1m精度村庄居民点卫星影像　　　　图4-3　1m×1m混合像元

第一节　使用波长估算废弃或闲置场地面积

从卫星影像上识别出村庄居民点废弃或闲置场地的重要工作之一是，定量计算村庄居民点废弃或闲置场地的面积。这里，我们需要进行一个假定，卫星影像上的每一个像素都成比例地精确对应一个地面面积。它们是混合像元，我们以它记录下来的那个波长值作为地物电磁波的属性。卫星影像上的像素虽然不是一个点或一个矩形方块，而是一个抽象的采样，但依然可以假定它们是一个可以用面积表达的点。我们可以采用任何一种比例，使用像素作为地面面积的估算单位；再把每一个具有相同波长和反射率的点集合起来，估算出不同类型地物所占的空间面积。

对于分辨率为 1m 的卫星影像而言，影像上 1 个像素等于 1m^2（图 4-4 ～图 4-6）。这样，我们就可以根据像素的数目估算出这张影像所反映的实际地面面积，也就可以估算出村庄居民点建设用地的面积。因此，在对村庄居民点建设用地的卫星影像分析中，我们依靠卫星影像上的像素数目，以及每类像素覆盖的实际面积，经过统计分析，得出每类地物所占空间，然后估算其面积，而不再采用一般比例尺，使用通常的测量技术去丈量卫星影像上的地物，然后估算村庄居民点废弃或闲置建设用地。

当然，现实中的村庄居民点边界通常是不明确的，尤其是那些地处山区且规模巨大的村庄，这给我们剔除影像上的农田、林地和河流等非建设用地造成了一定困难，影响到总面积的精确性。但我们相信，这种精确性上的误差会随着操作者的认识和工作态度认真程度的提高而减少。

真正限制这种方法精确度的是地物的波长。我们把波长划分为 0 ～ 255，每一个地物的波长都在这个范围内。但是，一个地物的表面属性并不完全一致，例如，正对阳光的表面树叶的红波段波长为 112，然而，在它之下的树叶因为阴影，其红波段波长只有 60。所以，一棵大树会出现 40 ～ 120 之间的不同值。同样，一幢红瓦住宅的屋顶，南坡部分的红波段波长可能是 190，北坡部分的红波段波长可能只有 160，平均红波段波长为 175，如果再考虑不同色彩和材料的屋顶，甚至屋顶的年代，估算几乎不可能。我们的肉眼完全可以无误差地辨别出一幢住宅，不会因为波长的变化而产生争议。因为我们的思维和经验使用了贴近度的分类选择，即把一定波长范围内的像素归结为一类地物。关于初步分类指标，我们已经在前面"识别村庄居民点建设用地上的各类地物"一节中列举过。

基于这样的考虑，对于摄制于 6 ～ 10 月夏季条件下的北方地区卫星影像，我们决定取波长 120 以下的像素为废弃或空闲场地的像素，除去一定比例的庭院和道路边缘的像素，就可以得到废弃或空闲场

图4-4 1m精度卫星影像下的村庄居民点

图 4-4 摄于 2009 年 4 月 6 日中午时分，像素大约在 1m。我们是利用经过 Envi+IDL 处理之后的图 4-5 来计算波长的。

图4-5 1m精度原始卫星影像

图4-6　1m精度处理后的卫星影像

地的面积。而对于在冬季摄制的北方地区卫星影像，我们选择波长 140 以下的像素为废弃或空闲场地的像素。

这里我们以烟台市莱阳市团旺镇东马家泊村为例，说明我们的估算方法（图 4-7）。

在剔除掉居民点周边的农田、林地后（图 4-8），统计计算表明，该影像合计像素为 621621 个，除去光波长 255 的 262235 个像素后，剩下 359386 个像素（表 4-1）。根据每平方米一个像素的估计，这个居民点面积 359386m²，约 539 亩。

（a）

（b）

图4-7　案例村废弃或闲置场地实景

(*c*) (*d*)

图4-7 案例村废弃或闲置场地实景（续）

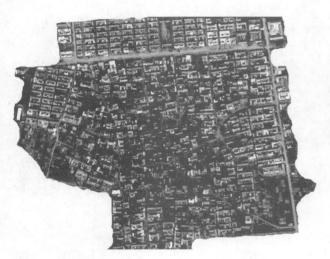

(*a*) 波长分层0～120下的地物 (*b*) 波长分层121～140下的地物

(*c*) 波长分层121～170下的地物 (*d*) 波长分层141～254下的地物

图4-8 剔除居民点周边农田后的卫星影像及其波长分析

莱阳市团旺镇东马家泊村光谱分析

表4-1

	红波段					绿波段					蓝波段			
波长	该波长下像素数	累积总像素数	所占比例(%)	累积所占比例(%)	波长	该波长下像素数	累积总像素数	所占比例(%)	累积所占比例(%)	波长	该波长下像素数	累积总像素数	所占比例(%)	累积所占比例(%)
0	27	27	0.0106	0.0106	0	107	107	0.0421	0.0421	0	120	120	0.0472	0.0472
1	50	77	0.0197	0.0303	1	22	129	0.0087	0.0507	1	20	140	0.0079	0.0551
2	14	91	0.0055	0.0358	2	17	146	0.0067	0.0574	2	18	158	0.0071	0.0621
3	23	114	0.009	0.0448	3	15	161	0.0059	0.0633	3	13	171	0.0051	0.0672
4	22	136	0.0087	0.0535	4	19	180	0.0075	0.0708	4	8	179	0.0031	0.0704
5	16	152	0.0063	0.0598	5	9	189	0.0035	0.0743	5	16	195	0.0063	0.0767
6	17	169	0.0067	0.0665	6	14	203	0.0055	0.0798	6	18	213	0.0071	0.0838
7	12	181	0.0047	0.0712	7	15	218	0.0059	0.0857	7	17	230	0.0067	0.0904
8	18	199	0.0071	0.0783	8	21	239	0.0083	0.094	8	20	250	0.0079	0.0983
9	13	212	0.0051	0.0834	9	27	266	0.0106	0.1046	9	23	273	0.009	0.1074
10	19	231	0.0075	0.0908	10	19	285	0.0075	0.1121	10	23	296	0.009	0.1164
11	23	254	0.009	0.0999	11	21	306	0.0083	0.1203	11	18	314	0.0071	0.1235
12	17	271	0.0067	0.1066	12	23	329	0.009	0.1294	12	21	335	0.0083	0.1317
13	23	294	0.009	0.1156	13	24	353	0.0094	0.1388	13	25	360	0.0098	0.1416
14	22	316	0.0087	0.1243	14	17	370	0.0067	0.1455	14	27	387	0.0106	0.1522
15	16	332	0.0063	0.1306	15	25	395	0.0098	0.1553	15	24	411	0.0094	0.1616
16	18	350	0.0071	0.1376	16	27	422	0.0106	0.166	16	23	434	0.009	0.1707
17	29	379	0.0114	0.149	17	24	446	0.0094	0.1754	17	24	458	0.0094	0.1801
18	13	392	0.0051	0.1542	18	26	472	0.0102	0.1856	18	23	481	0.009	0.1892
19	18	410	0.0071	0.1612	19	29	501	0.0114	0.197	19	35	516	0.0138	0.2029
20	26	436	0.0102	0.1715	20	24	525	0.0094	0.2065	20	28	544	0.011	0.2139
21	27	463	0.0106	0.1821	21	28	553	0.011	0.2175	21	37	581	0.0146	0.2285
22	33	496	0.013	0.1951	22	35	588	0.0138	0.2312	22	31	612	0.0122	0.2407
23	23	519	0.009	0.2041	23	34	622	0.0134	0.2446	23	37	649	0.0146	0.2552
24	30	549	0.0118	0.2159	24	26	648	0.0102	0.2548	24	34	683	0.0134	0.2686
25	29	578	0.0114	0.2273	25	45	693	0.0177	0.2725	25	37	720	0.0146	0.2831
26	31	609	0.0122	0.2395	26	25	718	0.0098	0.2824	26	25	745	0.0098	0.293
27	22	631	0.0087	0.2481	27	33	751	0.013	0.2953	27	31	776	0.0122	0.3052
28	29	660	0.0114	0.2596	28	40	791	0.0157	0.3111	28	42	818	0.0165	0.3217
29	31	691	0.0122	0.2717	29	37	828	0.0146	0.3256	29	35	853	0.0138	0.3354
30	21	712	0.0083	0.28	30	32	860	0.0126	0.3382	30	42	895	0.0165	0.352
31	31	743	0.0122	0.2922	31	39	899	0.0153	0.3535	31	37	932	0.0146	0.3665
32	31	774	0.0122	0.3044	32	46	945	0.0181	0.3716	32	45	977	0.0177	0.3842
33	33	807	0.013	0.3174	33	48	993	0.0189	0.3905	33	45	1022	0.0177	0.4019
34	27	834	0.0106	0.328	34	60	1053	0.0236	0.4141	34	79	1101	0.0311	0.433
35	34	868	0.0134	0.3413	35	57	1110	0.0224	0.4365	35	73	1174	0.0287	0.4617
36	39	907	0.0153	0.3567	36	66	1176	0.026	0.4625	36	102	1276	0.0401	0.5018
37	38	945	0.0149	0.3716	37	70	1246	0.0275	0.49	37	83	1359	0.0326	0.5344
38	42	987	0.0165	0.3881	38	80	1326	0.0315	0.5215	38	93	1452	0.0366	0.571
39	53	1040	0.0208	0.409	39	87	1413	0.0342	0.5557	39	106	1558	0.0417	0.6127
40	52	1092	0.0204	0.4294	40	96	1509	0.0378	0.5934	40	121	1679	0.0476	0.6603
41	68	1160	0.0267	0.4562	41	132	1641	0.0519	0.6453	41	130	1809	0.0511	0.7114
42	63	1223	0.0248	0.481	42	134	1775	0.0527	0.698	42	157	1966	0.0617	0.7731

续表

红波段					绿波段					蓝波段				
波长	该波长下像素数	累积总像素数	所占比例(%)	累积所占比例(%)	波长	该波长下像素数	累积总像素数	所占比例(%)	累积所占比例(%)	波长	该波长下像素数	累积总像素数	所占比例(%)	累积所占比例(%)
43	57	1280	0.0224	0.5034	43	155	1930	0.061	0.759	43	154	2120	0.0606	0.8337
44	62	1342	0.0244	0.5278	44	167	2097	0.0657	0.8247	44	193	2313	0.0759	0.9096
45	98	1440	0.0385	0.5663	45	199	2296	0.0783	0.9029	45	186	2499	0.0731	0.9828
46	85	1525	0.0334	0.5997	46	221	2517	0.0869	0.9898	46	245	2744	0.0963	1.0791
47	95	1620	0.0374	0.6371	47	222	2739	0.0873	1.0771	47	241	2985	0.0948	1.1739
48	63	1683	0.0248	0.6619	48	246	2985	0.0967	1.1739	48	271	3256	0.1066	1.2804
49	102	1785	0.0401	0.702	49	271	3256	0.1066	1.2804	49	286	3542	0.1125	1.3929
50	116	1901	0.0456	0.7476	50	301	3557	0.1184	1.3988	50	331	3873	0.1302	1.5231
51	127	2028	0.0499	0.7975	51	307	3864	0.1207	1.5195	51	340	4213	0.1337	1.6568
52	124	2152	0.0488	0.8463	52	344	4208	0.1353	1.6548	52	381	4594	0.1498	1.8066
53	132	2284	0.0519	0.8982	53	368	4576	0.1447	1.7995	53	384	4978	0.151	1.9576
54	156	2440	0.0613	0.9595	54	394	4970	0.1549	1.9545	54	412	5390	0.162	2.1197
55	171	2611	0.0672	1.0268	55	432	5402	0.1699	2.1244	55	440	5830	0.173	2.2927
56	214	2825	0.0842	1.111	56	440	5842	0.173	2.2974	56	462	6292	0.1817	2.4744
57	202	3027	0.0794	1.1904	57	475	6317	0.1868	2.4842	57	491	6783	0.1931	2.6675
58	189	3216	0.0743	1.2647	58	528	6845	0.2076	2.6919	58	563	7346	0.2214	2.8889
59	219	3435	0.0861	1.3508	59	520	7365	0.2045	2.8963	59	572	7918	0.2249	3.1138
60	252	3687	0.0991	1.4499	60	553	7918	0.2175	3.1138	60	614	8532	0.2415	3.3553
61	294	3981	0.1156	1.5656	61	605	8523	0.2379	3.3517	61	596	9128	0.2344	3.5897
62	296	4277	0.1164	1.682	62	658	9181	0.2588	3.6105	62	643	9771	0.2529	3.8425
63	292	4569	0.1148	1.7968	63	643	9824	0.2529	3.8634	63	698	10469	0.2745	4.117
64	325	4894	0.1278	1.9246	64	702	10526	0.2761	4.1394	64	724	11193	0.2847	4.4017
65	363	5257	0.1428	2.0674	65	754	11280	0.2965	4.436	65	759	11952	0.2985	4.7002
66	377	5634	0.1483	2.2156	66	762	12042	0.2997	4.7356	66	754	12706	0.2965	4.9967
67	419	6053	0.1648	2.3804	67	818	12860	0.3217	5.0573	67	796	13502	0.313	5.3098
68	434	6487	0.1707	2.5511	68	838	13698	0.3296	5.3868	68	906	14408	0.3563	5.6661
69	514	7001	0.2021	2.7532	69	866	14564	0.3406	5.7274	69	901	15309	0.3543	6.0204
70	516	7517	0.2029	2.9561	70	815	15379	0.3205	6.0479	70	927	16236	0.3646	6.3849
71	547	8064	0.2151	3.1712	71	957	16336	0.3763	6.4243	71	968	17204	0.3807	6.7656
72	596	8660	0.2344	3.4056	72	1018	17354	0.4003	6.8246	72	1012	18216	0.398	7.1636
73	696	9356	0.2737	3.6793	73	1049	18403	0.4125	7.2371	73	1055	19271	0.4149	7.5785
74	688	10044	0.2706	3.9499	74	1117	19520	0.4393	7.6764	74	1063	20334	0.418	7.9965
75	661	10705	0.2599	4.2098	75	1119	20639	0.4401	8.1165	75	1153	21487	0.4534	8.4499
76	686	11391	0.2698	4.4796	76	1129	21768	0.444	8.5604	76	1194	22681	0.4696	8.9195
77	764	12155	0.3004	4.7801	77	1139	22907	0.4479	9.0084	77	1252	23933	0.4924	9.4118
78	808	12963	0.3178	5.0978	78	1182	24089	0.4648	9.4732	78	1282	25215	0.5042	9.916
79	864	13827	0.3398	5.4376	79	1291	25380	0.5077	9.9809	79	1270	26485	0.4994	10.4154
80	881	14708	0.3465	5.784	80	1294	26674	0.5089	10.4898	80	1322	27807	0.5199	10.9353
81	879	15587	0.3457	6.1297	81	1311	27985	0.5156	11.0053	81	1414	29221	0.5561	11.4914
82	938	16525	0.3689	6.4986	82	1363	29348	0.536	11.5413	82	1382	30603	0.5435	12.0349
83	980	17505	0.3854	6.884	83	1371	30719	0.5392	12.0805	83	1556	32159	0.6119	12.6468
84	984	18489	0.387	7.2709	84	1392	32111	0.5474	12.6279	84	1552	33711	0.6103	13.2571
85	1047	19536	0.4117	7.6827	85	1555	33666	0.6115	13.2394	85	1545	35256	0.6076	13.8647

续表

红波段					绿波段					蓝波段				
波长	该波长下像素数	累积总像素数	所占比例(%)	累积所占比例(%)	波长	该波长下像素数	累积总像素数	所占比例(%)	累积所占比例(%)	波长	该波长下像素数	累积总像素数	所占比例(%)	累积所占比例(%)
86	1043	20579	0.4102	8.0929	86	1484	35150	0.5836	13.823	86	1641	36897	0.6453	14.51
87	1122	21701	0.4412	8.5341	87	1563	36713	0.6147	14.4377	87	1681	38578	0.6611	15.1711
88	1241	22942	0.488	9.0221	88	1613	38326	0.6343	15.072	88	1673	40251	0.6579	15.829
89	1173	24115	0.4613	9.4834	89	1654	39980	0.6504	15.7225	89	1830	42081	0.7197	16.5487
90	1288	25403	0.5065	9.9899	90	1676	41656	0.6591	16.3816	90	1792	43873	0.7047	17.2534
91	1232	26635	0.4845	10.4744	91	1753	43409	0.6894	17.0709	91	1903	45776	0.7484	18.0018
92	1264	27899	0.4971	10.9715	92	1788	45197	0.7031	17.7741	92	1914	47690	0.7527	18.7545
93	1314	29213	0.5167	11.4882	93	1855	47052	0.7295	18.5036	93	1969	49659	0.7743	19.5288
94	1337	30550	0.5258	12.014	94	1848	48900	0.7267	19.2303	94	2076	51735	0.8164	20.3452
95	1413	31963	0.5557	12.5697	95	1875	50775	0.7374	19.9677	95	2103	53838	0.827	21.1722
96	1432	33395	0.5631	13.1329	96	1961	52736	0.7712	20.7389	96	2129	55967	0.8372	22.0095
97	1466	34861	0.5765	13.7094	97	2030	54766	0.7983	21.5372	97	2246	58213	0.8833	22.8927
98	1525	36386	0.5997	14.3091	98	2158	56924	0.8487	22.3858	98	2284	60497	0.8982	23.7909
99	1508	37894	0.593	14.9021	99	2102	59026	0.8266	23.2124	99	2381	62878	0.9363	24.7273
100	1527	39421	0.6005	15.5026	100	2215	61241	0.8711	24.0835	100	2459	65337	0.967	25.6943
101	1635	41056	0.643	16.1456	101	2238	63479	0.8801	24.9636	101	2591	67928	1.0189	26.7132
102	1634	42690	0.6426	16.7882	102	2374	65853	0.9336	25.8972	102	2662	70590	1.0469	27.7601
103	1659	44349	0.6524	17.4406	103	2398	68251	0.943	26.8403	103	2755	73345	1.0834	28.8435
104	1730	46079	0.6803	18.1209	104	2526	70777	0.9934	27.8336	104	2765	76110	1.0874	29.9309
105	1723	47802	0.6776	18.7985	105	2536	73313	0.9973	28.8309	105	2792	78902	1.098	31.0288
106	1843	49645	0.7248	19.5233	106	2659	75972	1.0457	29.8766	106	2836	81738	1.1153	32.1441
107	1862	51507	0.7322	20.2555	107	2711	78683	1.0661	30.9427	107	2921	84659	1.1487	33.2928
108	1888	53395	0.7425	20.998	108	2737	81420	1.0763	32.0191	108	2985	87644	1.1739	34.4667
109	1959	55354	0.7704	21.7684	109	2877	84297	1.1314	33.1505	109	3062	90706	1.2042	35.6709
110	1953	57307	0.768	22.5364	110	2850	87147	1.1208	34.2713	110	3160	93866	1.2427	36.9136
111	2179	59486	0.8569	23.3933	111	2874	90021	1.1302	35.4015	111	3230	97096	1.2702	38.1838
112	2120	61606	0.8337	24.2271	112	3013	93034	1.1849	36.5864	112	3295	100391	1.2958	39.4796
113	2093	63699	0.8231	25.0501	113	3153	96187	1.2399	37.8263	113	3399	103790	1.3367	40.8162
114	2220	65919	0.873	25.9232	114	3186	99373	1.2529	39.0792	114	3473	107263	1.3658	42.182
115	2226	68145	0.8754	26.7986	115	3216	102589	1.2647	40.3439	115	3494	110757	1.374	43.5561
116	2369	70514	0.9316	27.7302	116	3374	105963	1.3269	41.6708	116	3407	114164	1.3398	44.8959
117	2420	72934	0.9517	28.6819	117	3338	109301	1.3127	42.9835	117	3489	117653	1.3721	46.268
118	2534	75468	0.9965	29.6784	118	3294	112595	1.2954	44.2789	118	3416	121069	1.3434	47.6114
119	2502	77970	0.9839	30.6623	119	3421	116016	1.3453	45.6242	119	3369	124438	1.3249	48.9362
120	2691	80661	1.0583	31.7206	120	3425	119441	1.3469	46.9711	120	3337	127775	1.3123	50.2485
121	2721	83382	1.0701	32.7906	121	3462	122903	1.3615	48.3326	121	3283	131058	1.2911	51.5396
122	2765	86147	1.0874	33.878	122	3374	126277	1.3269	49.6594	122	3283	134341	1.2911	52.8307
123	2835	88982	1.1149	34.9929	123	3277	129554	1.2887	50.9481	123	3146	137487	1.2372	54.0679
124	3045	92027	1.1975	36.1904	124	3223	132777	1.2675	52.2156	124	3174	140661	1.2482	55.3161
125	3000	95027	1.1798	37.3701	125	3190	135967	1.2545	53.4701	125	3093	143754	1.2163	56.5324
126	3228	98255	1.2694	38.6396	126	3140	139107	1.2348	54.7049	126	2948	146702	1.1593	57.6917
127	3203	101458	1.2596	39.8992	127	3209	142316	1.262	55.9669	127	2919	149621	1.1479	58.8397
128	3184	104642	1.2521	41.1513	128	3146	145462	1.2372	57.2041	128	2776	152397	1.0917	59.9313

续表

	红波段					绿波段					蓝波段			
波长	该波长下像素数	累积总像素数	所占比例(%)	累积所占比例(%)	波长	该波长下像素数	累积总像素数	所占比例(%)	累积所占比例(%)	波长	该波长下像素数	累积总像素数	所占比例(%)	累积所占比例(%)
129	3229	107871	1.2698	42.4211	129	3056	148518	1.2018	58.4059	129	2925	155322	1.1503	61.0816
130	3382	111253	1.33	43.7511	130	2997	151515	1.1786	59.5845	130	2805	158127	1.1031	62.1847
131	3231	114484	1.2706	45.0217	131	2869	154384	1.1283	60.7127	131	2721	160848	1.0701	63.2548
132	3094	117578	1.2167	46.2385	132	2806	157190	1.1035	61.8162	132	2746	163594	1.0799	64.3346
133	3190	120768	1.2545	47.493	133	2674	159864	1.0516	62.8678	133	2662	166256	1.0469	65.3815
134	3028	123796	1.1908	48.6838	134	2624	162488	1.0319	63.8997	134	2629	168885	1.0339	66.4154
135	3160	126956	1.2427	49.9265	135	2634	165122	1.0358	64.9355	135	2470	171355	0.9713	67.3867
136	2951	129907	1.1605	51.087	136	2632	167754	1.0351	65.9706	136	2386	173741	0.9383	68.325
137	3178	133085	1.2498	52.3367	137	2601	170355	1.0229	66.9935	137	2338	176079	0.9194	69.2445
138	3094	136179	1.2167	53.5535	138	2537	172892	0.9977	67.9912	138	2362	178441	0.9289	70.1733
139	2993	139172	1.177	54.7305	139	2388	175280	0.9391	68.9303	139	2290	180731	0.9006	71.0739
140	2885	142057	1.1345	55.865	140	2289	177569	0.9002	69.8304	140	2287	183018	0.8994	71.9733
141	2793	144850	1.0984	56.9634	141	2320	179889	0.9124	70.7428	141	2231	185249	0.8774	72.8506
142	2908	147758	1.1436	58.107	142	2292	182181	0.9013	71.6441	142	2248	187497	0.884	73.7347
143	2796	150554	1.0995	59.2066	143	2303	184484	0.9057	72.5498	143	2058	189555	0.8093	74.544
144	2739	153293	1.0771	60.2837	144	2141	186625	0.842	73.3918	144	2174	191729	0.8549	75.399
145	2701	155994	1.0622	61.3459	145	2163	188788	0.8506	74.2424	145	2122	193851	0.8345	76.2335
146	2658	158652	1.0453	62.3912	146	2131	190919	0.838	75.0804	146	1955	195806	0.7688	77.0023
147	2670	161322	1.05	63.4412	147	2047	192966	0.805	75.8854	147	2015	197821	0.7924	77.7947
148	2542	163864	0.9997	64.4408	148	2099	195065	0.8254	76.7109	148	2017	199838	0.7932	78.5879
149	2478	166342	0.9745	65.4153	149	2027	197092	0.7971	77.508	149	2014	201852	0.792	79.3799
150	2489	168831	0.9788	66.3941	150	2048	199140	0.8054	78.3134	150	2016	203868	0.7928	80.1727
151	2383	171214	0.9371	67.3313	151	1947	201087	0.7657	79.0791	151	1946	205814	0.7653	80.938
152	2378	173592	0.9352	68.2664	152	2036	203123	0.8007	79.8797	152	1947	207761	0.7657	81.7037
153	2262	175854	0.8895	69.156	153	1947	205070	0.7657	80.6454	153	1884	209645	0.7409	82.4446
154	2144	177998	0.8431	69.9991	154	1935	207005	0.761	81.4064	154	1910	211555	0.7511	83.1957
155	2190	180188	0.8612	70.8604	155	1918	208923	0.7543	82.1606	155	1872	213427	0.7362	83.9319
156	2224	182412	0.8746	71.735	156	1901	210824	0.7476	82.9082	156	1876	215303	0.7378	84.6696
157	2101	184513	0.8262	72.5612	157	1902	212726	0.748	83.6562	157	1899	217202	0.7468	85.4164
158	2095	186608	0.8239	73.3851	158	1825	214551	0.7177	84.3739	158	1775	218977	0.698	86.1145
159	2060	188668	0.8101	74.1952	159	1812	216363	0.7126	85.0865	159	1756	220733	0.6906	86.805
160	2052	190720	0.807	75.0022	160	1789	218152	0.7035	85.79	160	1709	222442	0.6721	87.4771
161	1936	192656	0.7613	75.7635	161	1764	219916	0.6937	86.4837	161	1621	224063	0.6375	88.1146
162	1900	194556	0.7472	76.5107	162	1675	221591	0.6587	87.1424	162	1576	225639	0.6198	88.7343
163	2016	196572	0.7928	77.3035	163	1675	223266	0.6587	87.8011	163	1528	227167	0.6009	89.3352
164	1876	198448	0.7378	78.0413	164	1739	225005	0.6839	88.485	164	1452	228619	0.571	89.9062
165	1899	200347	0.7468	78.7881	165	1470	226475	0.5781	89.0631	165	1420	230039	0.5584	90.4647
166	1845	202192	0.7256	79.5136	166	1596	228071	0.6276	89.6907	166	1263	231302	0.4967	90.9614
167	1795	203987	0.7059	80.2195	167	1476	229547	0.5804	90.2712	167	1284	232586	0.5049	91.4663
168	1869	205856	0.735	80.9545	168	1440	230987	0.5663	90.8375	168	1131	233717	0.4448	91.9111
169	1702	207558	0.6693	81.6238	169	1410	232397	0.5545	91.392	169	1094	234811	0.4302	92.3413
170	1819	209377	0.7153	82.3392	170	1330	233727	0.523	91.915	170	1044	235855	0.4106	92.7519
171	1678	211055	0.6599	82.9991	171	1183	234910	0.4652	92.3802	171	957	236812	0.3763	93.1282

续表

	红波段					绿波段					蓝波段			
波长	该波长下像素数	累积总像素数	所占比例(%)	累积所占比例(%)	波长	该波长下像素数	累积总像素数	所占比例(%)	累积所占比例(%)	波长	该波长下像素数	累积总像素数	所占比例(%)	累积所占比例(%)
172	1765	212820	0.6941	83.6932	172	1138	236048	0.4475	92.8278	172	952	237764	0.3744	93.5026
173	1692	214512	0.6654	84.3586	173	1040	237088	0.409	93.2367	173	904	238668	0.3555	93.8581
174	1724	216236	0.678	85.0365	174	957	238045	0.3763	93.6131	174	785	239453	0.3087	94.1668
175	1621	217857	0.6375	85.674	175	906	238951	0.3563	93.9694	175	757	240210	0.2977	94.4645
176	1622	219479	0.6379	86.3119	176	863	239814	0.3394	94.3088	176	716	240926	0.2816	94.7461
177	1605	221084	0.6312	86.943	177	844	240658	0.3319	94.6407	177	708	241634	0.2784	95.0245
178	1548	222632	0.6088	87.5518	178	759	241417	0.2985	94.9392	178	665	242299	0.2615	95.286
179	1513	224145	0.595	88.1468	179	691	242108	0.2717	95.2109	179	627	242926	0.2466	95.5326
180	1489	225634	0.5856	88.7324	180	623	242731	0.245	95.4559	180	544	243470	0.2139	95.7465
181	1453	227087	0.5714	89.3038	181	627	243358	0.2466	95.7025	181	559	244029	0.2198	95.9664
182	1408	228495	0.5537	89.8575	182	549	243907	0.2159	95.9184	182	528	244557	0.2076	96.174
183	1401	229896	0.551	90.4084	183	555	244462	0.2183	96.1366	183	517	245074	0.2033	96.3773
184	1369	231265	0.5384	90.9468	184	555	245017	0.2183	96.3549	184	461	245535	0.1813	96.5586
185	1308	232573	0.5144	91.4612	185	478	245495	0.188	96.5429	185	453	245988	0.1781	96.7367
186	1241	233814	0.488	91.9492	186	447	245942	0.1758	96.7187	186	419	246407	0.1648	96.9015
187	1287	235101	0.5061	92.4553	187	402	246344	0.1581	96.8767	187	358	246765	0.1408	97.0423
188	1167	236268	0.4589	92.9143	188	439	246783	0.1726	97.0494	188	364	247129	0.1431	97.1855
189	1075	237343	0.4228	93.337	189	378	247161	0.1487	97.198	189	352	247481	0.1384	97.3239
190	993	238336	0.3905	93.7275	190	308	247469	0.1211	97.3192	190	324	247805	0.1274	97.4513
191	985	239321	0.3874	94.1149	191	359	247828	0.1412	97.4603	191	300	248105	0.118	97.5693
192	972	240293	0.3822	94.4971	192	340	248168	0.1337	97.594	192	333	248438	0.131	97.7002
193	921	241214	0.3622	94.8593	193	317	248485	0.1247	97.7187	193	287	248725	0.1129	97.8131
194	797	242011	0.3134	95.1728	194	269	248754	0.1058	97.8245	194	310	249035	0.1219	97.935
195	756	242767	0.2973	95.4701	195	276	249030	0.1085	97.933	195	234	249269	0.092	98.027
196	650	243417	0.2556	95.7257	196	280	249310	0.1101	98.0431	196	222	249491	0.0873	98.1143
197	649	244066	0.2552	95.9809	197	250	249560	0.0983	98.1415	197	240	249731	0.0944	98.2087
198	659	244725	0.2592	96.2401	198	239	249799	0.094	98.2355	198	229	249960	0.0901	98.2988
199	521	245246	0.2049	96.4449	199	208	250007	0.0818	98.3172	199	228	250188	0.0897	98.3884
200	545	245791	0.2143	96.6593	200	194	250201	0.0763	98.3935	200	173	250361	0.068	98.4565
201	519	246310	0.2041	96.8634	201	234	250435	0.092	98.4856	201	162	250523	0.0637	98.5202
202	531	246841	0.2088	97.0722	202	185	250620	0.0728	98.5583	202	182	250705	0.0716	98.5917
203	447	247288	0.1758	97.248	203	176	250796	0.0692	98.6275	203	171	250876	0.0672	98.659
204	448	247736	0.1762	97.4242	204	171	250967	0.0672	98.6948	204	166	251042	0.0653	98.7243
205	391	248127	0.1538	97.5779	205	164	251131	0.0645	98.7593	205	187	251229	0.0735	98.7978
206	354	248481	0.1392	97.7171	206	176	251307	0.0692	98.8285	206	132	251361	0.0519	98.8497
207	348	248829	0.1369	97.854	207	174	251481	0.0684	98.8969	207	169	251530	0.0665	98.9162
208	328	249157	0.129	97.983	208	124	251605	0.0488	98.9457	208	126	251656	0.0496	98.9657
209	297	249454	0.1168	98.0998	209	134	251739	0.0527	98.9984	209	120	251776	0.0472	99.0129
210	278	249732	0.1093	98.2091	210	116	251855	0.0456	99.044	210	114	251890	0.0448	99.0578
211	256	249988	0.1007	98.3098	211	129	251984	0.0507	99.0947	211	114	252004	0.0448	99.1026
212	234	250222	0.092	98.4018	212	113	252097	0.0444	99.1392	212	113	252117	0.0444	99.147
213	217	250439	0.0853	98.4871	213	105	252202	0.0413	99.1805	213	90	252207	0.0354	99.1824
214	235	250674	0.0924	98.5796	214	98	252300	0.0385	99.219	214	105	252312	0.0413	99.2237

续表

	红波段					绿波段					蓝波段			
波长	该波长下像素数	累积总像素数	所占比例(%)	累积所占比例(%)	波长	该波长下像素数	累积总像素数	所占比例(%)	累积所占比例(%)	波长	该波长下像素数	累积总像素数	所占比例(%)	累积所占比例(%)
215	212	250886	0.0834	98.6629	215	105	252405	0.0413	99.2603	215	83	252395	0.0326	99.2563
216	185	251071	0.0728	98.7357	216	94	252499	0.037	99.2972	216	86	252481	0.0338	99.2902
217	183	251254	0.072	98.8076	217	87	252586	0.0342	99.3315	217	104	252585	0.0409	99.3311
218	177	251431	0.0696	98.8772	218	81	252667	0.0319	99.3633	218	86	252671	0.0338	99.3649
219	153	251584	0.0602	98.9374	219	69	252736	0.0271	99.3905	219	79	252750	0.0311	99.396
220	161	251745	0.0633	99.0007	220	77	252813	0.0303	99.4207	220	70	252820	0.0275	99.4235
221	139	251884	0.0547	99.0554	221	79	252892	0.0311	99.4518	221	71	252891	0.0279	99.4514
222	142	252026	0.0558	99.1112	222	74	252966	0.0291	99.4809	222	59	252950	0.0232	99.4746
223	127	252153	0.0499	99.1612	223	67	253033	0.0263	99.5072	223	58	253008	0.0228	99.4974
224	109	252262	0.0429	99.204	224	56	253089	0.022	99.5293	224	53	253061	0.0208	99.5183
225	132	252394	0.0519	99.256	225	57	253146	0.0224	99.5517	225	59	253120	0.0232	99.5415
226	113	252507	0.0444	99.3004	226	59	253205	0.0232	99.5749	226	53	253173	0.0208	99.5623
227	114	252621	0.0448	99.3452	227	56	253261	0.022	99.5969	227	53	253226	0.0208	99.5831
228	95	252716	0.0374	99.3826	228	65	253326	0.0256	99.6225	228	54	253280	0.0212	99.6044
229	93	252809	0.0366	99.4192	229	45	253371	0.0177	99.6402	229	36	253316	0.0142	99.6185
230	77	252886	0.0303	99.4494	230	47	253418	0.0185	99.6587	230	51	253367	0.0201	99.6386
231	91	252977	0.0358	99.4852	231	51	253469	0.0201	99.6787	231	53	253420	0.0208	99.6594
232	78	253055	0.0307	99.5159	232	42	253511	0.0165	99.6952	232	61	253481	0.024	99.6834
233	79	253134	0.0311	99.547	233	44	253555	0.0173	99.7125	233	45	253526	0.0177	99.7011
234	58	253192	0.0228	99.5698	234	40	253595	0.0157	99.7283	234	39	253565	0.0153	99.7165
235	64	253256	0.0252	99.5949	235	43	253638	0.0169	99.7452	235	36	253601	0.0142	99.7306
236	63	253319	0.0248	99.6197	236	41	253679	0.0161	99.7613	236	36	253637	0.0142	99.7448
237	59	253378	0.0232	99.6429	237	41	253720	0.0161	99.7774	237	35	253672	0.0138	99.7585
238	57	253435	0.0224	99.6653	238	38	253758	0.0149	99.7924	238	41	253713	0.0161	99.7747
239	51	253486	0.0201	99.6854	239	29	253787	0.0114	99.8038	239	43	253756	0.0169	99.7916
240	69	253555	0.0271	99.7125	240	31	253818	0.0122	99.816	240	26	253782	0.0102	99.8018
241	57	253612	0.0224	99.7349	241	39	253857	0.0153	99.8313	241	33	253815	0.013	99.8148
242	37	253649	0.0146	99.7495	242	33	253890	0.013	99.8443	242	38	253853	0.0149	99.8297
243	47	253696	0.0185	99.768	243	41	253931	0.0161	99.8604	243	26	253879	0.0102	99.8399
244	47	253743	0.0185	99.7865	244	29	253960	0.0114	99.8718	244	32	253911	0.0126	99.8525
245	37	253780	0.0146	99.801	245	30	253990	0.0118	99.8836	245	40	253951	0.0157	99.8683
246	45	253825	0.0177	99.8187	246	27	254017	0.0106	99.8942	246	26	253977	0.0102	99.8785
247	39	253864	0.0153	99.834	247	27	254044	0.0106	99.9048	247	31	254008	0.0122	99.8907
248	43	253907	0.0169	99.851	248	35	254079	0.0138	99.9186	248	33	254041	0.013	99.9037
249	29	253936	0.0114	99.8624	249	16	254095	0.0063	99.9249	249	31	254072	0.0122	99.9158
250	28	253964	0.011	99.8734	250	32	254127	0.0126	99.9375	250	33	254105	0.013	99.9288
251	37	254001	0.0146	99.8879	251	26	254153	0.0102	99.9477	251	24	254129	0.0094	99.9383
252	41	254042	0.0161	99.904	252	22	254175	0.0087	99.9563	252	22	254151	0.0087	99.9469
253	27	254069	0.0106	99.9147	253	32	254207	0.0126	99.9689	253	40	254191	0.0157	99.9626
254	35	254104	0.0138	99.9284	254	50	254257	0.0197	99.9886	254	12	254203	0.0047	99.9674
255	182	254286	0.0716	100	255	29	254286	0.0114	100	255	83	254286	0.0326	100

莱阳市团旺镇东马家泊村

访谈对象：万 ×　　**职务：**会计　　**访谈时间：**2010 年 7 月 24 日　　**访谈人：**程超

一、村庄信息

东马家泊村位于 36°42′N，120°42′E，属于丘陵地形；距莱阳市 35km，距团旺镇 12km；属于路边村，村内有河穿村而过；村庄紧靠 215 省道，交通便利。

东马家泊村共有 650 户，常住本村的 650 户；有人口 2300 人，其中常住 2300 人。村庄没有集体收入；2009 年农民年人均收入为 6000 元，农户的主要收入来源是种花生和玉米。

二、村庄住宅情况

东马家泊村村域总面积为 4630 亩，其中耕地面积 4130 亩，村庄居民建设点用地面积 550 亩。村内共有宅基地 900 处，户均宅基地面积 168m²，户均庭院面积 70m²。

村内共有倒塌宅基地 6 个，平均旧宅基地面积为 100m²，比新建住宅面积小。村内的闲置宅基地和空置房屋主要是由于村民在市区买房搬到城中居住，老人去世遗留的旧房等造成。空置场地主要在村内集中分布。

村内新住宅区的宅间道路为 5m，老房区宅间道路为 3m，全村大约有 10% 的宅间道路不能通行轿车，20% 的控制宅基地道路不能与村庄主要道路连接。

空置房屋中，10% 没有电源线接入，目前都没有垃圾处理设施。

村内所有房屋均是坐北朝南。

三、具体实际调查点分析

（一）三户较新住宅

N1：120°42′36″E，36°41′57″N。房屋状况基本良好，黑瓦，窗户破裂部分破损。院内长满杂草、树木。北边紧邻村庄主干道路。此处是良好建房场所，现在处于闲置是因为其处于备用状态。

村卫生所。为近年来新建，装有防盗窗。内有固话、电视。

N2：120°42′47″E，36°42′06″N。户主万 ××，宅基地 300m²。共 4 口人，常住 4 人，基础设施方面：自来水接入，自建下水道，厕所为旱厕，院子场地硬化，垃圾集中处理，有固话。

N3：120°42′42″E，36°42′07″N。户主尹 ×，宅基地 300m²。共 3 口人，常住 4 人，基础设施方面：自来水接入，自建下水道，厕所为旱厕，院子场地、宅前道路硬化，垃圾集中处理，有固话。

（二）五个"空置点"

O1：面积约为 1.5 亩的空闲村委大院。地处 120°41′56.20″E，36°42′47.33″N。院内长满杂草。这类场地的闲置由于集体活动减少造成的。

O2：标准的闲置宅基地。地处 120°41′58.95″E，36°42′45.56″N。房屋状况基本良好，黑瓦，窗户破裂部分破损。院内长满杂草、树木。北边紧邻村庄主干道路。此处是良好建房场所，现在处于闲置是因为其处于备用状态。

O3：一个标准旧宅基地大小的闲置场地。地处 120°41′59.47″E，36°42′45.56″N。四周有灰色石头砌成的矮墙，内部中有玉米。此宅基地属于闲置宅基地，农村宅基地流转不畅是这类宅基地空闲的主要原因。

O4：面积约为 10 亩的场地，原为大队场院。地处 120°42′06.37″E，36°42′47.33″N。现成为村民的菜地，花生、玉米、大蒜等作物混杂在一起，比较混乱。此处具有成片开发为耕地的潜力。

O5：两个标准宅基地大小的废弃宅基地，位于村庄中心的老宅区。地处 120°41′57.48″E，36°42′35.85″N。两所住宅都开始坍塌，门窗或堵死或破损严重，瓦为黑色。住宅后方堆有农作物秸秆，存在火灾隐患。

假定我们以波长 120 为临界波长，低于 120 的像素数为 181287 个，在 121 ~ 254 之间的像素数为 178099 个。这样，整个村庄居民点 50% 的土地，约 267 亩被人工建筑物覆盖，50% 的土地，约 272 亩，被红色光波长低于 120 的地物覆盖（图 4-9）。对比原始的影像，我们会发现，在波长 120 以下的像素中包括了住宅间和道路两旁绿色植物所占的面积，所以，需要排除这一部分面积。按照村庄居民点用地规划指标，在估计出来的低于 120 波长下的土地面积中忽略掉 10%，即这个村庄居民点中有 40% 的废弃或闲置场地。

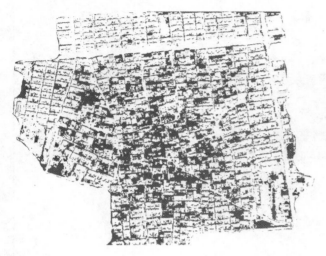 

(*a*) 波长分层小于120的全部地物 　　　　　　　　(*b*) 波长分层大于120的全部地物

图4-9　波长分析

当然，即使我们忽略了 10% 红波段波长值低于 120 的像素，图像上还会存在一些不被村民认为是闲置的土地，如房前屋后边边角角堆放杂物的土地，甚至菜地。如果从农村环境综合整治的角度看，这些地方恰恰是需要整治的公共空间，而非私人宅院。整理这些土地，不仅为美化村庄居住环境，同时，也可以提供更多的宅基地，从而扼制占用村庄边缘农田的现象。所以，从农村环境综合整治的目的出发，我们认为这种估算的误差是可以接受的。

红波段波长 140 ~ 170 的像素（图 4-10*a*）同样包含一部分废弃或闲置的土地，大部分与波长 120 以下的像素相重叠，而波长 170 以上的像素一般不再可能是废弃或闲置的土地。产生这种状况的原因是，这张影像获取的时间是 4 月份，植被还没有完全复苏，地物特别是闲置场地的反射率一般略高于植被覆盖时期的地物反射率。经过对影像上明显废弃场地的测定，我们选择波长 140 为废弃或闲置场地的临界值。

我们提高 20 个临界波长，假定以波长 140 为临界波长，低于 140 的像素数为 225177 个，在 140 ~ 254 之间的像素数为 134209 个。这样，整个村庄居民点 37% 的土地（约 201 亩）被人工建筑物覆盖，63% 的土地（约 337 亩），被红色光波长低于 140 的地物覆盖。同样，按照村庄居民点用地规划指标，在估计出来的波长低于 140 的土地面积中忽略掉 10%，即这个村庄居民点中有 53% 的废弃或闲置场地。

东马家泊村究竟是不是"空心村"？如果按照波长低于 120 的像素数占总像素点数 40% 以上的指标来认定"空心村"的话，东马家泊村不是"空心村"，而是一个存在严重土地浪费现象的村庄。如果按照波长低于 140 的像素点数覆盖面积来计算，东马家泊村是"空心村"，因为它的废弃或闲置土地面

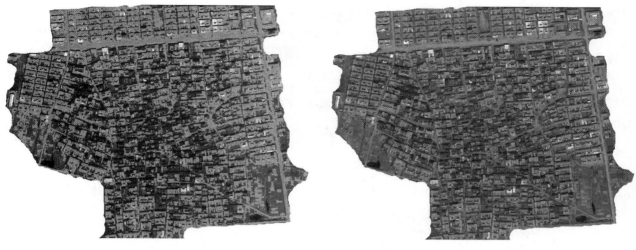

（a）波长分层140~170下的地物　　　　　　　　　　（b）波长分层195~210下的地物

（c）波长分层200~254下的地物

图4-10　波长分析

积达到了53%。无论如何，这个村庄处于"空心村"的边缘，需要开展农村环境综合整治工作。至于究竟采用什么百分比作为确定"空心村"的界线，是一个政策问题，而不是一个计算问题。

　　当地村干部从经验出发的估计与我们通过卫星影像的计算之间存在的差别很小。

　　这个村的村干部告诉访问者，村里的建设用地有550亩，而我们通过卫星影像计算的村庄建设用地面积为539亩，仅仅相差11亩，即误差为2%。

　　按照村干部的计算，该村有900块宅基地，户均168m²，据此合计出来的宅基地面积226亩，而我们通过卫星影像计算出来的建筑物覆盖面积为267亩，相差41亩，考虑到10%的道路和公共建筑面积（约26.7亩），不在宅基地面积之中，所以，我们估算的面积仅仅多出了14.7亩，即误差为2.6%。

　　实际上，我们在第一次看到东马家泊村的卫星影像时，就对该村是否是空心村存在很大疑惑，因为对村中大量深黑色斑块地物的状况不了解。于是，我们专程前往该村，验证我们的判读和估算。

　　在实地调查的基础上，对村庄中黑色斑块集中的场地再进一步作影像统计分析。我们的做法是，在卫星影像上剔除掉居民点周边的农田林地基础上，再剔除掉村庄中一部分住宅，仅保留村中一部分。统计估算表明，该影像合计像素仍然为456688个，除去波长255的386421个像素后，剩下70267个像素。

根据每平方米一个像素的假定，这一部分建筑群占地 70267m² （约 105 亩）。

接下来，我们放大影像，以便看清那些红波段波长低于 120 的地物究竟是什么。统计估算表明，该影像合计像素为 657216 个，除去波长 255 的 376171 个像素后，剩下 281045 个像素中红波段波长低于 120 的像素为 109318 个，占像素总数的 39%，红波段波长高于 120 的像素为 171727 个，占像素总数的 61%。这样，红波段波长低于 120 的像素覆盖大约 27329m²，而红波段波长高于 120 的像素覆盖 42932m²，两项合计大约等于 70261m²。

在实地调查中，我们发现这个村庄里尚存一定数目老房，使用期已经达到 40 年左右，使用的是传统的黑色瓦，在卫星影像上呈现深黑色。

继续在卫星影像上考察色彩类似、形状相对整齐，以及方位符合住宅布局规律的地物后发现，它们的红波段波长值大约在 60 ～ 90 之间。通过像素值统计分析，我们还发现如下事实：

1）红瓦住宅的红波段波长值大约在 195 ～ 210 之间（图 4-10b）。

2）闲置场地的红波段波长值大约在 140 ～ 170 之间，同时，这些值的分布比较均匀，这个光波长均匀分布的规模远远超出一般庭院的规模，所以，我们认定它为闲置场地。

3）庭院在使用水泥或砖石铺装后，红波段波长值大约在 200 以上，且比较均匀（图 4-10c）。

4）那些没有用水泥或砖石铺装的庭院，尽管一些点的红波段波长值类似闲置场地。但是，整个庭院的规模不大，红波段波长值变化却很大。原因是庭院里一般存在多方向的阴影，潮湿的庭院和树木都会吸收掉一定程度的红波段。所以，庭院里会出现大量红波段波长值低于 40 的地方，而闲置场地不会出现此类情况。

如果我们进一步作如下估算，把红波段波长 140 ～ 170 的像素剔除出来作为闲置场地的话，那么，这个居民点地块中 140 ～ 170 的像素为 62815 个，约 15703m²（23 亩）闲置场地。这块场地中的闲置场地约占整个场地面积的 21.9%。

无论如何，仅仅使用红波段值来判断村庄里的废弃或闲置场地还是存在着弱点，因为我们可能忽略了绿波段波和蓝波段波在识别村庄居民点废弃或闲置场地时的作用，所以，下面再提出一种考虑到三种光波波长关系的估算。

第二节　使用 R、G 和 B 值加权平均估算废弃或闲置场地面积

实际上，地物吸收或反射的电磁波可以分解为红、绿、蓝三个光谱。因为不同的地物对红、绿、蓝三种波的吸收和辐射状态不同，所以，同一地物的红、绿、蓝三种波的波长值不会相同。换句话说，在 R、G 和 B 的波长统计表中，0 ～ 254 之间的同一波长并非反映同一地物。我们需要进一步分析三种波的波长如何反映特定地物的属性。识别红、绿、蓝三种波长对特定地物的关系，从而确定具有相同平均反射率，但实际上并不相同的地物。

居民点中长期空闲且植被没有完全恢复的场地与农田同样具有 50% ～ 60% 平均反射率。这就是为什么我们的肉眼容易将卫星影像上的废弃宅基地误判为农田。实际上，农田的红色波长值低于绿色和蓝色波长的值，而居民点中长期空闲且植被没有完全恢复的场地的红色波长值高于绿色和蓝色波长的值。在这种情况下，如果我们以红波段波长 120 为界划分废弃场地的话，会遗漏一些废弃场地。所以，为了进一步减少误判，我们再增加判断条件，即绿波长值 140 以下，蓝波长值 145 以下，为废弃或闲置场地。

这里我们以招远市阜山镇张炳堡村为例（图 4-11）。

招远市阜山镇张炳堡村

访谈对象：王×　　职务：书记　　访谈日期：2010 年 7 月 26 日　　整理人：胡欣琪

一、村庄概况

张炳堡村位于招远市阜山镇，37°20′N，120°31′E，海拔范围 160 ~ 176m。距招远市市中心 11km，距阜山镇镇中心 4km，属于路边村。该村的地形条件是丘陵，位于山坡上，村庄东部有河流穿过，与村庄相距 300m。村庄中部有一条省级公路 S304 穿过。

张炳堡村的总人口数是 1100 人，常住人口数是 1000 人，总户数是 500 户，常住户数为 450 户。该村 2009 年无集体收入。2009 年人均纯收入为 7800 元，主要来源是养殖、种植和打工。该村村民收入的来源中，种植业收入占 90%，外出打工占 10%，养殖的有 6 ~ 7 户。打工多是去招远市区做临时工。

张炳堡村的村域总面积为 2700 亩，其中村庄居民点建设用地面积为 300 亩；该村的宅基地总数是 500 多个，户均宅基地面积为 117m²，户均庭院面积为 30 ~ 40m²。

二、村庄废弃或闲置场地基本信息

该村倒塌宅基地个数为 1 个左右，废弃或闲置宅基地个数（不包括倒塌的）约有 14 个，单个旧宅基地面积为 117m²，这些空置场地集中成片，主要分布在村庄中部。形成这些空置场地的主要原因是该村农户建设新房，搬出旧房，旧房闲置，没有利用起来。有一部分被村民改造成菜园。该村 100% 的废弃宅基地的宅前道路是土路，宽 3.5m，能够通畅行走。100% 的废弃宅基地没有电源和自来水。

三、实地核实新建住宅或废弃与闲置场地基本信息

（一）三户较新住宅

N1：户主郝××，37°20′25.10″N，120°31′31.50″E，海拔 162m。宅基地 143m²，家中 3 人，常住 3 人，基础设施方面：自来水接入，自建下水道，有线电视，有固话，宅前道路硬化，无垃圾处理。

N2：户主郝××，37°20′28.14″N，120°31′31.00″E，海拔 166m。宅基地 143m²，家中共 2 人，常住 2 人，基础设施方面：自来水接入，无污水处理，有线电视，有固话，宅前道路硬化，无垃圾处理。

N3：户主王××，37°20′25.04″N，120°31′32.78″E，海拔 162m。宅基地 143m²，家中 4 人，常住 4 人，基础设施方面：自来水接入，污水直接排到街上，有线电视，无固话，宅前道路硬化，无垃圾处理，直接扔到沟里。

（二）五个"空置点"

O1：标准的空置宅基地，37°20′30.97″N，120°31′34.78″E，海拔 166m。位于村庄中部偏北，围墙已经部分倒塌，屋顶破损，院内与院外长满杂草，院子中部被改造为菜园，种有玉米和豆角。砖瓦结构的房屋，宅前道路泥泞不平，路边堆有牛粪等垃圾，道路宽约 3m。左侧为正常民居，右侧为另一处闲置宅基地。该闲置宅基地面积为 120m²，成型且清晰可见的地基。

O2：标准的空置宅基地，37°20′31.65″N，120°31′36.12″E，海拔 166m。位于村庄中心部分，围墙和房屋完好，门窗紧闭完好，院内与院外长满杂草，门外堆有干柴、沙子和石头，还有垃圾，院子中部被改造为菜园，种有玉米、豆角和南瓜。砖瓦结构的房屋，宅前道路泥泞不平，路边堆有牛粪等垃圾，道路宽约 3m。左右两侧各为另一处闲置宅基地。该闲置宅基地面积为 120m²，成型且清晰可见的地基。

O3：标准废弃的宅基地，37°20′30.85″N，120°31′37.92″E，海拔 165m。位于村庄的偏南部分，房顶完好，门窗无破损，已经闲置多年，院内与院外长满杂草，门外堆有干柴、沙子和石头，还有垃圾，院内堆有大量麦草。砖瓦结构的房屋，宅前道路泥泞不平，路边堆有牛粪等垃圾，道路宽约 3m。左右两侧各为另一处闲置宅基地。该闲置宅基地面积为 120m²，成型且清晰可见的地基。

O4：位于村庄中部偏南，37°20′31.32″N，120°31′40.31″E，海拔 163m。是一块标准的废弃宅基地，面积约为 150m²。其南边是宽约 3m 的村庄主干道，没有硬化，崎岖不平，北边为另一闲置宅基地，其余方向皆为标准的宅基地，由于建新房搬迁，这里被闲置下来至今。与此种类型相似的空置地广泛地存在于村里，具有一定的代表性。

O5：位于村庄中心部分偏南，37°20′28.43″N，120°31′37.91″E，海拔 163m。是一块标准的废弃宅基地，面积约为 150 平方米。宅前道宽约 1.5m，院内被用作菜园，种有玉米。由于建新房搬迁，这里被闲置下来至今。与此种类型相似的空置地广泛地存在于村里，具有一定的代表性。

(a) 原始卫星影像

(b) 处理后的卫星影像

(c) 红波段波长0～120层下的地物

(d) 绿波段波长0～140层下的地物

(e) 蓝波段波长0～145层下的地物

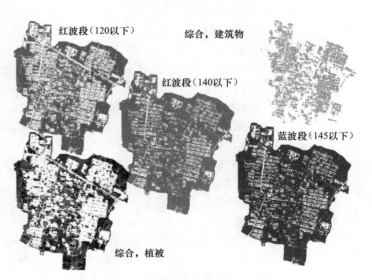

(f) 三个波段分解图

图4-11　分波段和分层村庄建设用地面积估算

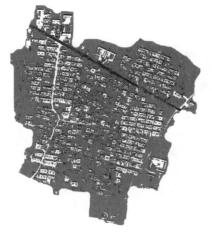

(g) 三个波段合成图

(h) 闲置宅基地一角

(i) 闲置宅基地一角

(j) 闲置宅基地一角

图4-11 分波段和分层村庄建设用地面积估算（续）

按照上述的估算方式，这个村庄的建设用地面积约为405.51亩，如果以绿波段和蓝波段覆盖建设用地面积分别为408.42亩和407.65亩，相差在3亩（约2000m²）之内（表4-2），图4-11（f）是三个波段图分解后按照绿、蓝、红的顺序叠加的合成图，我们可以看到三个波段覆盖面的差异。

以红波段长120估算，它的废弃宅基地面积对居民点面积的比例为W_r=41%；

以绿波段波长140估算，W_g=63%；

以蓝波段波长145估算，W_b=66%。

为了进一步减少在估算时的误差，我们对三个比例值作加权平均计算，得到一个加权平均值W_p。

一般加权平均计算公式：

$$W_p = \sum (W_i \times B_i) / \sum W_i$$

W_i——三种波长条件下各自所反映的废弃宅基地面积占居民点面积的比例；

B_i——三种波对废弃宅基地面积与居民点面积所作反映的对应权数；

W_p——废弃宅基地面积占居民点面积比例的加权算术平均值。

我们假定，R、G、B分别取1、0.5、0.25作为权数，则张炳堡村废弃宅基地面积占居民点面积比例的加权平均值为：

$$W_p = (41\% \times 1) + (63\% \times 0.5) + (66\% \times 0.25) / 1.75 = 50\%$$

招远阜山镇张炳堡村光谱分析

表 4-2

	红波段					绿波段					蓝波段			
波长	该波长下像素数	累积总像素数	所占比例（%）	累积所占比例（%）	波长	该波长下像素数	累积总像素数	所占比例（%）	累积所占比例（%）	波长	该波长下像素数	累积总像素数	所占比例（%）	累积所占比例（%）
0	0	0	0	0	0	4	4	0.0006	0.0006	0	2	2	0.0003	0.0003
1	1	1	0.0002	0.0002	1	1	5	0.0002	0.0008	1	1	3	0.0002	0.0005
2	0	1	0	0.0002	2	1	6	0.0002	0.0009	2	1	4	0.0002	0.0006
3	0	1	0	0.0002	3	3	9	0.0005	0.0014	3	2	6	0.0003	0.0009
4	0	1	0	0.0002	4	2	11	0.0003	0.0017	4	2	8	0.0003	0.0012
5	0	1	0	0.0002	5	1	12	0.0002	0.0018	5	0	8	0	0.0012
6	0	1	0	0.0002	6	1	13	0.0002	0.002	6	0	8	0	0.0012
7	0	1	0	0.0002	7	4	17	0.0006	0.0026	7	3	11	0.0005	0.0017
8	1	2	0.0002	0.0003	8	1	18	0.0002	0.0027	8	5	16	0.0008	0.0024
9	0	2	0	0.0003	9	8	26	0.0012	0.004	9	2	18	0.0003	0.0027
10	0	2	0	0.0003	10	9	35	0.0014	0.0053	10	4	22	0.0006	0.0033
11	1	3	0.0002	0.0005	11	4	39	0.0006	0.0059	11	7	29	0.0011	0.0044
12	0	3	0	0.0005	12	8	47	0.0012	0.0072	12	4	33	0.0006	0.005
13	0	3	0	0.0005	13	10	57	0.0015	0.0087	13	4	37	0.0006	0.0056
14	0	3	0	0.0005	14	8	65	0.0012	0.0099	14	4	41	0.0006	0.0062
15	2	5	0.0003	0.0008	15	7	72	0.0011	0.011	15	13	54	0.002	0.0082
16	1	6	0.0002	0.0009	16	7	79	0.0011	0.012	16	12	66	0.0018	0.01
17	1	7	0.0002	0.0011	17	23	102	0.0035	0.0155	17	10	76	0.0015	0.0116
18	2	9	0.0003	0.0014	18	15	117	0.0023	0.0178	18	14	90	0.0021	0.0137
19	2	11	0.0003	0.0017	19	30	147	0.0046	0.0224	19	11	101	0.0017	0.0154
20	8	19	0.0012	0.0029	20	32	179	0.0049	0.0272	20	17	118	0.0026	0.018
21	5	24	0.0008	0.0037	21	33	212	0.005	0.0323	21	22	140	0.0033	0.0213
22	4	28	0.0006	0.0043	22	25	237	0.0038	0.0361	22	28	168	0.0043	0.0256
23	7	35	0.0011	0.0053	23	33	270	0.005	0.0411	23	29	197	0.0044	0.03
24	8	43	0.0012	0.0065	24	61	331	0.0093	0.0504	24	36	233	0.0055	0.0355
25	15	58	0.0023	0.0088	25	50	381	0.0076	0.058	25	37	270	0.0056	0.0411
26	12	70	0.0018	0.0107	26	56	437	0.0085	0.0665	26	52	322	0.0079	0.049
27	12	82	0.0018	0.0125	27	58	495	0.0088	0.0753	27	51	373	0.0078	0.0568
28	16	98	0.0024	0.0149	28	67	562	0.0102	0.0855	28	54	427	0.0082	0.065
29	26	124	0.004	0.0189	29	73	635	0.0111	0.0966	29	53	480	0.0081	0.073
30	30	154	0.0046	0.0234	30	70	705	0.0107	0.1073	30	53	533	0.0081	0.0811
31	26	180	0.004	0.0274	31	70	775	0.0107	0.1179	31	66	599	0.01	0.0911
32	24	204	0.0037	0.031	32	95	870	0.0145	0.1324	32	70	669	0.0107	0.1018
33	46	250	0.007	0.038	33	96	966	0.0146	0.147	33	91	760	0.0138	0.1156
34	37	287	0.0056	0.0437	34	115	1081	0.0175	0.1645	34	80	840	0.0122	0.1278
35	48	335	0.0073	0.051	35	139	1220	0.0211	0.1856	35	83	923	0.0126	0.1404
36	64	399	0.0097	0.0607	36	130	1350	0.0198	0.2054	36	97	1020	0.0148	0.1552
37	80	479	0.0122	0.0729	37	133	1483	0.0202	0.2256	37	121	1141	0.0184	0.1736
38	72	551	0.011	0.0838	38	173	1656	0.0263	0.252	38	109	1250	0.0166	0.1902
39	84	635	0.0128	0.0966	39	162	1818	0.0246	0.2766	39	107	1357	0.0163	0.2065
40	107	742	0.0163	0.1129	40	166	1984	0.0253	0.3019	40	129	1486	0.0196	0.2261
41	115	857	0.0175	0.1304	41	195	2179	0.0297	0.3316	41	148	1634	0.0225	0.2486
42	140	997	0.0213	0.1517	42	226	2405	0.0344	0.3659	42	170	1804	0.0259	0.2745

	红波段					绿波段					蓝波段			
波长	该波长下像素数	累积总像素数	所占比例（%）	累积所占比例（%）	波长	该波长下像素数	累积总像素数	所占比例（%）	累积所占比例（%）	波长	该波长下像素数	累积总像素数	所占比例（%）	累积所占比例（%）
43	139	1136	0.0211	0.1729	43	222	2627	0.0338	0.3997	43	164	1968	0.025	0.2994
44	169	1305	0.0257	0.1986	44	231	2858	0.0351	0.4349	44	187	2155	0.0285	0.3279
45	186	1491	0.0283	0.2269	45	252	3110	0.0383	0.4732	45	221	2376	0.0336	0.3615
46	202	1693	0.0307	0.2576	46	295	3405	0.0449	0.5181	46	244	2620	0.0371	0.3987
47	241	1934	0.0367	0.2943	47	295	3700	0.0449	0.563	47	232	2852	0.0353	0.434
48	253	2187	0.0385	0.3328	48	311	4011	0.0473	0.6103	48	254	3106	0.0386	0.4726
49	286	2473	0.0435	0.3763	49	367	4378	0.0558	0.6661	49	281	3387	0.0428	0.5154
50	303	2776	0.0461	0.4224	50	351	4729	0.0534	0.7196	50	267	3654	0.0406	0.556
51	311	3087	0.0473	0.4697	51	420	5149	0.0639	0.7835	51	306	3960	0.0466	0.6025
52	341	3428	0.0519	0.5216	52	407	5556	0.0619	0.8454	52	338	4298	0.0514	0.654
53	336	3764	0.0511	0.5727	53	426	5982	0.0648	0.9102	53	343	4641	0.0522	0.7062
54	400	4164	0.0609	0.6336	54	467	6449	0.0711	0.9813	54	358	4999	0.0545	0.7606
55	405	4569	0.0616	0.6952	55	478	6927	0.0727	1.054	55	428	5427	0.0651	0.8258
56	416	4985	0.0633	0.7585	56	526	7453	0.08	1.134	56	448	5875	0.0682	0.8939
57	423	5408	0.0644	0.8229	57	549	8002	0.0835	1.2176	57	459	6334	0.0698	0.9638
58	462	5870	0.0703	0.8932	58	579	8581	0.0881	1.3057	58	466	6800	0.0709	1.0347
59	473	6343	0.072	0.9651	59	634	9215	0.0965	1.4021	59	494	7294	0.0752	1.1098
60	525	6868	0.0799	1.045	60	670	9885	0.1019	1.5041	60	502	7796	0.0764	1.1862
61	580	7448	0.0883	1.1333	61	662	10547	0.1007	1.6048	61	571	8367	0.0869	1.2731
62	637	8085	0.0969	1.2302	62	679	11226	0.1033	1.7081	62	578	8945	0.0879	1.361
63	603	8688	0.0918	1.3219	63	762	11988	0.1159	1.8241	63	613	9558	0.0933	1.4543
64	681	9369	0.1036	1.4256	64	717	12705	0.1091	1.9332	64	690	10248	0.105	1.5593
65	692	10061	0.1053	1.5309	65	786	13491	0.1196	2.0527	65	666	10914	0.1013	1.6606
66	753	10814	0.1146	1.6454	66	805	14296	0.1225	2.1752	66	703	11617	0.107	1.7676
67	783	11597	0.1191	1.7646	67	833	15129	0.1267	2.302	67	767	12384	0.1167	1.8843
68	806	12403	0.1226	1.8872	68	862	15991	0.1312	2.4331	68	759	13143	0.1155	1.9998
69	778	13181	0.1184	2.0056	69	901	16892	0.1371	2.5702	69	760	13903	0.1156	2.1154
70	821	14002	0.1249	2.1305	70	921	17813	0.1401	2.7104	70	833	14736	0.1267	2.2422
71	981	14983	0.1493	2.2798	71	935	18748	0.1423	2.8526	71	840	15576	0.1278	2.37
72	851	15834	0.1295	2.4093	72	1016	19764	0.1546	3.0072	72	870	16446	0.1324	2.5024
73	964	16798	0.1467	2.5559	73	987	20751	0.1502	3.1574	73	936	17382	0.1424	2.6448
74	986	17784	0.15	2.706	74	1022	21773	0.1555	3.3129	74	1026	18408	0.1561	2.8009
75	1055	18839	0.1605	2.8665	75	1071	22844	0.163	3.4759	75	924	19332	0.1406	2.9415
76	1107	19946	0.1684	3.0349	76	1069	23913	0.1627	3.6385	76	1049	20381	0.1596	3.1011
77	1164	21110	0.1771	3.212	77	1150	25063	0.175	3.8135	77	1043	21424	0.1587	3.2598
78	1112	22222	0.1692	3.3812	78	1214	26277	0.1847	3.9982	78	1068	22492	0.1625	3.4223
79	1248	23470	0.1899	3.5711	79	1180	27457	0.1795	4.1778	79	1095	23587	0.1666	3.5889
80	1296	24766	0.1972	3.7683	80	1223	28680	0.1861	4.3639	80	1197	24784	0.1821	3.7711
81	1337	26103	0.2034	3.9718	81	1301	29981	0.198	4.5618	81	1225	26009	0.1864	3.9575
82	1374	27477	0.2091	4.1808	82	1400	31381	0.213	4.7748	82	1247	27256	0.1897	4.1472
83	1508	28985	0.2295	4.4103	83	1399	32780	0.2129	4.9877	83	1323	28579	0.2013	4.3485
84	1587	30572	0.2415	4.6517	84	1452	34232	0.2209	5.2086	84	1300	29879	0.1978	4.5463
85	1535	32107	0.2336	4.8853	85	1545	35777	0.2351	5.4437	85	1348	31227	0.2051	4.7514

续表

红波段					绿波段					蓝波段				
波长	该波长下像素数	累积总像素数	所占比例（%）	累积所占比例（%）	波长	该波长下像素数	累积总像素数	所占比例（%）	累积所占比例（%）	波长	该波长下像素数	累积总像素数	所占比例（%）	累积所占比例（%）
86	1713	33820	0.2606	5.1459	86	1491	37268	0.2269	5.6706	86	1458	32685	0.2218	4.9733
87	1663	35483	0.253	5.399	87	1523	38791	0.2317	5.9023	87	1537	34222	0.2339	5.2071
88	1715	37198	0.2609	5.6599	88	1579	40370	0.2403	6.1426	88	1552	35774	0.2361	5.4433
89	1855	39053	0.2823	5.9422	89	1645	42015	0.2503	6.3929	89	1593	37367	0.2424	5.6856
90	1882	40935	0.2864	6.2285	90	1731	43746	0.2634	6.6563	90	1630	38997	0.248	5.9337
91	1983	42918	0.3017	6.5303	91	1899	45645	0.2889	6.9452	91	1699	40696	0.2585	6.1922
92	2137	45055	0.3252	6.8554	92	1806	47451	0.2748	7.22	92	1768	42464	0.269	6.4612
93	2144	47199	0.3262	7.1817	93	1806	49257	0.2748	7.4948	93	1825	44289	0.2777	6.7389
94	2144	49343	0.3262	7.5079	94	2061	51318	0.3136	7.8084	94	1876	46165	0.2854	7.0243
95	2151	51494	0.3273	7.8352	95	2000	53318	0.3043	8.1127	95	1950	48115	0.2967	7.321
96	2286	53780	0.3478	8.183	96	2045	55363	0.3112	8.4239	96	1933	50048	0.2941	7.6152
97	2300	56080	0.35	8.533	97	2145	57508	0.3264	8.7502	97	2013	52061	0.3063	7.9214
98	2270	58350	0.3454	8.8784	98	2216	59724	0.3372	9.0874	98	2067	54128	0.3145	8.236
99	2303	60653	0.3504	9.2288	99	2201	61925	0.3349	9.4223	99	2122	56250	0.3229	8.5588
100	2363	63016	0.3595	9.5883	100	2241	64166	0.341	9.7633	100	2269	58519	0.3452	8.9041
101	2290	65306	0.3484	9.9368	101	2308	66474	0.3512	10.1145	101	2366	60885	0.36	9.2641
102	2340	67646	0.356	10.2928	102	2364	68838	0.3597	10.4742	102	2465	63350	0.3751	9.6391
103	2455	70101	0.3735	10.6664	103	2461	71299	0.3745	10.8486	103	2366	65716	0.36	9.9991
104	2401	72502	0.3653	11.0317	104	2513	73812	0.3824	11.231	104	2435	68151	0.3705	10.3697
105	2519	75021	0.3833	11.415	105	2519	76331	0.3833	11.6143	105	2519	70670	0.3833	10.7529
106	2388	77409	0.3634	11.7783	106	2607	78938	0.3967	12.011	106	2666	73336	0.4057	11.1586
107	2473	79882	0.3763	12.1546	107	2601	81539	0.3958	12.4067	107	2737	76073	0.4165	11.575
108	2547	82429	0.3875	12.5421	108	2624	84163	0.3993	12.806	108	2710	78783	0.4123	11.9874
109	2424	84853	0.3688	12.911	109	2644	86807	0.4023	13.2083	109	2851	81634	0.4338	12.4212
110	2422	87275	0.3685	13.2795	110	2608	89415	0.3968	13.6051	110	2807	84441	0.4271	12.8483
111	2408	89683	0.3664	13.6459	111	2743	92158	0.4174	14.0225	111	2758	87199	0.4196	13.2679
112	2462	92145	0.3746	14.0205	112	2733	94891	0.4158	14.4383	112	2809	90008	0.4274	13.6953
113	2453	94598	0.3732	14.3937	113	2743	97634	0.4174	14.8557	113	2920	92928	0.4443	14.1396
114	2392	96990	0.364	14.7577	114	2706	100340	0.4117	15.2674	114	2808	95736	0.4273	14.5669
115	2423	99413	0.3687	15.1264	115	2826	103166	0.43	15.6974	115	2901	98637	0.4414	15.0083
116	2398	101811	0.3649	15.4913	116	2784	105950	0.4236	16.121	116	2987	101624	0.4545	15.4628
117	2369	104180	0.3605	15.8517	117	2843	108793	0.4326	16.5536	117	2858	104482	0.4349	15.8977
118	2326	106506	0.3539	16.2056	118	2850	111643	0.4336	16.9873	118	2906	107388	0.4422	16.3398
119	2298	108804	0.3497	16.5553	119	2850	114493	0.4336	17.4209	119	2845	110233	0.4329	16.7727
120	2216	111020	0.3372	16.8925	120	2860	117353	0.4352	17.8561	120	2844	113077	0.4327	17.2055
121	2140	113160	0.3256	17.2181	121	2829	120182	0.4305	18.2865	121	2919	115996	0.4441	17.6496
122	2254	115414	0.343	17.561	122	2869	123051	0.4365	18.7231	122	2897	118893	0.4408	18.0904
123	2161	117575	0.3288	17.8899	123	2922	125973	0.4446	19.1677	123	2766	121659	0.4209	18.5113
124	2189	119764	0.3331	18.2229	124	2830	128803	0.4306	19.5983	124	2862	124521	0.4355	18.9467
125	2085	121849	0.3172	18.5402	125	2826	131629	0.43	20.0283	125	2818	127339	0.4288	19.3755
126	2013	123862	0.3063	18.8465	126	2777	134406	0.4225	20.4508	126	2879	130218	0.4381	19.8136
127	2109	125971	0.3209	19.1674	127	2852	137258	0.434	20.8848	127	2857	133075	0.4347	20.2483
128	2046	128017	0.3113	19.4787	128	2894	140152	0.4403	21.3251	128	2775	135850	0.4222	20.6705

续表

	红波段					绿波段					蓝波段			
波长	该波长下像素数	累积总像素数	所占比例（%）	累积所占比例（%）	波长	该波长下像素数	累积总像素数	所占比例（%）	累积所占比例（%）	波长	该波长下像素数	累积总像素数	所占比例（%）	累积所占比例（%）
129	2010	130027	0.3058	19.7845	129	2962	143114	0.4507	21.7758	129	2681	138531	0.4079	21.0785
130	2006	132033	0.3052	20.0897	130	2754	145868	0.419	22.1948	130	2760	141291	0.42	21.4984
131	1946	133979	0.2961	20.3858	131	2826	148694	0.43	22.6248	131	2744	144035	0.4175	21.9159
132	2003	135982	0.3048	20.6906	132	2896	151590	0.4406	23.0655	132	2636	146671	0.4011	22.317
133	1940	137922	0.2952	20.9858	133	2712	154302	0.4126	23.4781	133	2640	149311	0.4017	22.7187
134	2004	139926	0.3049	21.2907	134	2658	156960	0.4044	23.8826	134	2650	151961	0.4032	23.1219
135	1970	141896	0.2997	21.5905	135	2611	159571	0.3973	24.2798	135	2599	154560	0.3955	23.5174
136	2007	143903	0.3054	21.8958	136	2509	162080	0.3818	24.6616	136	2519	157079	0.3833	23.9007
137	1986	145889	0.3022	22.198	137	2467	164547	0.3754	25.037	137	2540	159619	0.3865	24.2871
138	1891	147780	0.2877	22.4858	138	2500	167047	0.3804	25.4174	138	2521	162140	0.3836	24.6707
139	1962	149742	0.2985	22.7843	139	2427	169474	0.3693	25.7867	139	2375	164515	0.3614	25.0321
140	1863	151605	0.2835	23.0678	140	2334	171808	0.3551	26.1418	140	2445	166960	0.372	25.4041
141	1897	153502	0.2886	23.3564	141	2316	174124	0.3524	26.4942	141	2426	169386	0.3691	25.7733
142	1948	155450	0.2964	23.6528	142	2162	176286	0.329	26.8231	142	2349	171735	0.3574	26.1307
143	1893	157343	0.288	23.9408	143	2167	178453	0.3297	27.1529	143	2215	173950	0.337	26.4677
144	1846	159189	0.2809	24.2217	144	2064	180517	0.3141	27.4669	144	2168	176118	0.3299	26.7976
145	1781	160970	0.271	24.4927	145	1952	182469	0.297	27.7639	145	2165	178283	0.3294	27.127
146	1762	162732	0.2681	24.7608	146	1930	184399	0.2937	28.0576	146	2008	180291	0.3055	27.4325
147	1700	164432	0.2587	25.0195	147	1873	186272	0.285	28.3426	147	1976	182267	0.3007	27.7332
148	1692	166124	0.2574	25.2769	148	1829	188101	0.2783	28.6209	148	1926	184193	0.2931	28.0263
149	1696	167820	0.2581	25.535	149	1775	189876	0.2701	28.891	149	1786	185979	0.2718	28.298
150	1619	169439	0.2463	25.7813	150	1709	191585	0.26	29.151	150	1819	187798	0.2768	28.5748
151	1616	171055	0.2459	26.0272	151	1605	193190	0.2442	29.3952	151	1725	189523	0.2625	28.8372
152	1553	172608	0.2363	26.2635	152	1606	194796	0.2444	29.6396	152	1712	191235	0.2605	29.0977
153	1571	174179	0.239	26.5026	153	1497	196293	0.2278	29.8673	153	1666	192901	0.2535	29.3512
154	1520	175699	0.2313	26.7338	154	1509	197802	0.2296	30.097	154	1596	194497	0.2428	29.5941
155	1494	177193	0.2273	26.9612	155	1477	199279	0.2247	30.3217	155	1541	196038	0.2345	29.8285
156	1495	178688	0.2275	27.1886	156	1445	200724	0.2199	30.5416	156	1455	197493	0.2214	30.0499
157	1520	180208	0.2313	27.4199	157	1384	202108	0.2106	30.7521	157	1512	199005	0.2301	30.28
158	1455	181663	0.2214	27.6413	158	1317	203425	0.2004	30.9525	158	1381	200386	0.2101	30.4901
159	1469	183132	0.2235	27.8648	159	1345	204770	0.2047	31.1572	159	1484	201870	0.2258	30.7159
160	1405	184537	0.2138	28.0786	160	1274	206044	0.1938	31.351	160	1333	203203	0.2028	30.9188
161	1394	185931	0.2121	28.2907	161	1233	207277	0.1876	31.5386	161	1355	204558	0.2062	31.1249
162	1334	187265	0.203	28.4937	162	1274	208551	0.1938	31.7325	162	1350	205908	0.2054	31.3303
163	1335	188600	0.2031	28.6968	163	1280	209831	0.1948	31.9273	163	1336	207244	0.2033	31.5336
164	1393	189993	0.212	28.9088	164	1301	211132	0.198	32.1252	164	1373	208617	0.2089	31.7425
165	1357	191350	0.2065	29.1152	165	1180	212312	0.1795	32.3048	165	1373	209990	0.2089	31.9514
166	1341	192691	0.204	29.3193	166	1198	213510	0.1823	32.487	166	1293	211283	0.1967	32.1482
167	1382	194073	0.2103	29.5296	167	1191	214701	0.1812	32.6683	167	1248	212531	0.1899	32.3381
168	1315	195388	0.2001	29.7296	168	1159	215860	0.1763	32.8446	168	1221	213752	0.1858	32.5239
169	1327	196715	0.2019	29.9316	169	1171	217031	0.1782	33.0228	169	1276	215028	0.1942	32.718
170	1365	198080	0.2077	30.1393	170	1144	218175	0.1741	33.1968	170	1137	216165	0.173	32.891
171	1177	199257	0.1791	30.3183	171	1153	219328	0.1754	33.3723	171	1139	217304	0.1733	33.0643

续表

红波段					绿波段					蓝波段				
波长	该波长下像素数	累积总像素数	所占比例（%）	累积所占比例（%）	波长	该波长下像素数	累积总像素数	所占比例（%）	累积所占比例（%）	波长	该波长下像素数	累积总像素数	所占比例（%）	累积所占比例（%）
172	1318	200575	0.2005	30.5189	172	1127	220455	0.1715	33.5438	172	1151	218455	0.1751	33.2395
173	1300	201875	0.1978	30.7167	173	1133	221588	0.1724	33.7162	173	1157	219612	0.176	33.4155
174	1224	203099	0.1862	30.9029	174	1086	222674	0.1652	33.8814	174	1146	220758	0.1744	33.5899
175	1212	204311	0.1844	31.0873	175	1108	223782	0.1686	34.05	175	1121	221879	0.1706	33.7604
176	1282	205593	0.1951	31.2824	176	1127	224909	0.1715	34.2215	176	1177	223056	0.1791	33.9395
177	1237	206830	0.1882	31.4706	177	1114	226023	0.1695	34.391	177	1155	224211	0.1757	34.1153
178	1223	208053	0.1861	31.6567	178	1137	227160	0.173	34.564	178	1155	225366	0.1757	34.291
179	1191	209244	0.1812	31.8379	179	1079	228239	0.1642	34.7282	179	1103	226469	0.1678	34.4588
180	1176	210420	0.1789	32.0169	180	1044	229283	0.1589	34.887	180	1063	227532	0.1617	34.6206
181	1220	211640	0.1856	32.2025	181	1068	230351	0.1625	35.0495	181	1080	228612	0.1643	34.7849
182	1163	212803	0.177	32.3795	182	1012	231363	0.154	35.2035	182	1073	229685	0.1633	34.9482
183	1170	213973	0.178	32.5575	183	1057	232420	0.1608	35.3643	183	1006	230691	0.1531	35.1012
184	1194	215167	0.1817	32.7392	184	1077	233497	0.1639	35.5282	184	1072	231763	0.1631	35.2644
185	1133	216300	0.1724	32.9116	185	1053	234550	0.1602	35.6884	185	976	232739	0.1485	35.4129
186	1095	217395	0.1666	33.0782	186	1074	235624	0.1634	35.8518	186	1074	233813	0.1634	35.5763
187	1126	218521	0.1713	33.2495	187	1053	236677	0.1602	36.0121	187	1049	234862	0.1596	35.7359
188	1118	219639	0.1701	33.4196	188	973	237650	0.148	36.1601	188	1044	235906	0.1589	35.8947
189	1153	220792	0.1754	33.595	189	1073	238723	0.1633	36.3234	189	1065	236971	0.162	36.0568
190	1069	221861	0.1627	33.7577	190	1015	239738	0.1544	36.4778	190	985	237956	0.1499	36.2067
191	1066	222927	0.1622	33.9199	191	939	240677	0.1429	36.6207	191	956	238912	0.1455	36.3521
192	1064	223991	0.1619	34.0818	192	997	241674	0.1517	36.7724	192	1021	239933	0.1554	36.5075
193	1057	225048	0.1608	34.2426	193	922	242596	0.1403	36.9127	193	1062	240995	0.1616	36.6691
194	1044	226092	0.1589	34.4015	194	961	243557	0.1462	37.0589	194	966	241961	0.147	36.8161
195	1036	227128	0.1576	34.5591	195	926	244483	0.1409	37.1998	195	996	242957	0.1515	36.9676
196	1041	228169	0.1584	34.7175	196	955	245438	0.1453	37.3451	196	960	243917	0.1461	37.1137
197	1021	229190	0.1554	34.8729	197	900	246338	0.1369	37.482	197	895	244812	0.1362	37.2499
198	970	230160	0.1476	35.0204	198	924	247262	0.1406	37.6226	198	927	245739	0.141	37.3909
199	1013	231173	0.1541	35.1746	199	863	248125	0.1313	37.7539	199	891	246630	0.1356	37.5265
200	973	232146	0.148	35.3226	200	842	248967	0.1281	37.8821	200	890	247520	0.1354	37.6619
201	998	233144	0.1519	35.4745	201	862	249829	0.1312	38.0132	201	845	248365	0.1286	37.7905
202	950	234094	0.1445	35.619	202	781	250610	0.1188	38.1321	202	889	249254	0.1353	37.9257
203	1004	235098	0.1528	35.7718	203	770	251380	0.1172	38.2492	203	832	250086	0.1266	38.0523
204	981	236079	0.1493	35.9211	204	810	252190	0.1232	38.3725	204	786	250872	0.1196	38.1719
205	1009	237088	0.1535	36.0746	205	784	252974	0.1193	38.4918	205	822	251694	0.1251	38.297
206	952	238040	0.1449	36.2194	206	731	253705	0.1112	38.603	206	751	252445	0.1143	38.4113
207	930	238970	0.1415	36.361	207	741	254446	0.1127	38.7157	207	743	253188	0.1131	38.5243
208	966	239936	0.147	36.5079	208	724	255170	0.1102	38.8259	208	741	253929	0.1127	38.6371
209	896	240832	0.1363	36.6443	209	685	255855	0.1042	38.9301	209	677	254606	0.103	38.7401
210	937	241769	0.1426	36.7868	210	625	256480	0.0951	39.0252	210	680	255286	0.1035	38.8435
211	899	242668	0.1368	36.9236	211	658	257138	0.1001	39.1253	211	617	255903	0.0939	38.9374
212	892	243560	0.1357	37.0594	212	611	257749	0.093	39.2183	212	627	256530	0.0954	39.0328
213	825	244385	0.1255	37.1849	213	607	258356	0.0924	39.3107	213	628	257158	0.0956	39.1284
214	878	245263	0.1336	37.3185	214	541	258897	0.0823	39.393	214	610	257768	0.0928	39.2212

续表

	红波段					绿波段					蓝波段			
波长	该波长下像素数	累积总像素数	所占比例（%）	累积所占比例（%）	波长	该波长下像素数	累积总像素数	所占比例（%）	累积所占比例（%）	波长	该波长下像素数	累积总像素数	所占比例（%）	累积所占比例（%）
215	872	246135	0.1327	37.4512	215	574	259471	0.0873	39.4803	215	546	258314	0.0831	39.3043
216	853	246988	0.1298	37.5809	216	499	259970	0.0759	39.5562	216	530	258844	0.0806	39.3849
217	884	247872	0.1345	37.7155	217	524	260494	0.0797	39.636	217	497	259341	0.0756	39.4605
218	861	248733	0.131	37.8465	218	491	260985	0.0747	39.7107	218	481	259822	0.0732	39.5337
219	833	249566	0.1267	37.9732	219	424	261409	0.0645	39.7752	219	487	260309	0.0741	39.6078
220	790	250356	0.1202	38.0934	220	462	261871	0.0703	39.8455	220	493	260802	0.075	39.6828
221	804	251160	0.1223	38.2157	221	439	262310	0.0668	39.9123	221	487	261289	0.0741	39.7569
222	836	251996	0.1272	38.3429	222	462	262772	0.0703	39.9826	222	460	261749	0.07	39.8269
223	740	252736	0.1126	38.4555	223	403	263175	0.0613	40.0439	223	441	262190	0.0671	39.894
224	776	253512	0.1181	38.5736	224	406	263581	0.0618	40.1057	224	435	262625	0.0662	39.9602
225	731	254243	0.1112	38.6848	225	383	263964	0.0583	40.164	225	402	263027	0.0612	40.0214
226	697	254940	0.1061	38.7909	226	378	264342	0.0575	40.2215	226	391	263418	0.0595	40.0809
227	741	255681	0.1127	38.9036	227	344	264686	0.0523	40.2738	227	394	263812	0.0599	40.1408
228	715	256396	0.1088	39.0124	228	318	265004	0.0484	40.3222	228	371	264183	0.0565	40.1973
229	710	257106	0.108	39.1205	229	359	265363	0.0546	40.3768	229	350	264533	0.0533	40.2505
230	674	257780	0.1026	39.223	230	348	265711	0.053	40.4298	230	374	264907	0.0569	40.3074
231	661	258441	0.1006	39.3236	231	318	266029	0.0484	40.4782	231	345	265252	0.0525	40.3599
232	620	259061	0.0943	39.4179	232	296	266325	0.045	40.5232	232	329	265581	0.0501	40.41
233	630	259691	0.0959	39.5138	233	278	266603	0.0423	40.5655	233	288	265869	0.0438	40.4538
234	596	260287	0.0907	39.6045	234	277	266880	0.0421	40.6077	234	278	266147	0.0423	40.4961
235	606	260893	0.0922	39.6967	235	286	267166	0.0435	40.6512	235	302	266449	0.046	40.5421
236	666	261559	0.1013	39.798	236	249	267415	0.0379	40.6891	236	294	266743	0.0447	40.5868
237	583	262142	0.0887	39.8867	237	248	267663	0.0377	40.7268	237	289	267032	0.044	40.6308
238	550	262692	0.0837	39.9704	238	257	267920	0.0391	40.7659	238	268	267300	0.0408	40.6716
239	502	263194	0.0764	40.0468	239	225	268145	0.0342	40.8001	239	241	267541	0.0367	40.7082
240	509	263703	0.0774	40.1243	240	217	268362	0.033	40.8332	240	262	267803	0.0399	40.7481
241	507	264210	0.0771	40.2014	241	221	268583	0.0336	40.8668	241	256	268059	0.039	40.787
242	479	264689	0.0729	40.2743	242	202	268785	0.0307	40.8975	242	245	268304	0.0373	40.8243
243	518	265207	0.0788	40.3531	243	217	269002	0.033	40.9305	243	252	268556	0.0383	40.8627
244	437	265644	0.0665	40.4196	244	217	269219	0.033	40.9635	244	245	268801	0.0373	40.8999
245	454	266098	0.0691	40.4887	245	203	269422	0.0309	40.9944	245	231	269032	0.0351	40.9351
246	452	266550	0.0688	40.5574	246	213	269635	0.0324	41.0268	246	234	269266	0.0356	40.9707
247	446	266996	0.0679	40.6253	247	220	269855	0.0335	41.0603	247	242	269508	0.0368	41.0075
248	436	267432	0.0663	40.6916	248	276	270131	0.042	41.1023	248	233	269741	0.0355	41.043
249	443	267875	0.0674	40.7591	249	205	270336	0.0312	41.1335	249	205	269946	0.0312	41.0742
250	399	268274	0.0607	40.8198	250	248	270584	0.0377	41.1712	250	275	270221	0.0418	41.116
251	451	268725	0.0686	40.8884	251	304	270888	0.0463	41.2175	251	354	270575	0.0539	41.1699
252	439	269164	0.0668	40.9552	252	334	271222	0.0508	41.2683	252	246	270821	0.0374	41.2073
253	441	269605	0.0671	41.0223	253	432	271654	0.0657	41.3341	253	471	271292	0.0717	41.279
254	735	270340	0.1118	41.1341	254	625	272279	0.0951	41.4291	254	476	271768	0.0724	41.3514
255*	386876	657216	58.8659	100	255	384937	657216	58.5709	100	255	385448	657216	58.6486	100

注：* 忽略。

按照我们设定的规则，除去 10% 的道路和公共绿地面积，张炳堡村居民点的空置率为 40%，所以，可以认定为"空心村"。

实际上，村干部对该村"空置率"的估计与我们的估计相差甚微。据他们统计，该村建设用地 300 亩；共有宅基地 500 个，平均宅基地面积 117m²，合计住宅面积 87 亩。如果在宅基地总和之外再加入 30% 的道路、公共绿地和公共建筑用地，那么，这个村的建筑物覆盖面积约为 177 亩，占全村建设用地的 59%，而空置率约为 41%。与我们的计算相差仅为 1%，即 3 亩之差。

我们采用这种方式对 765 个村庄进行了估算，同时核对了其中近百个村庄，误差大约都在 1% ~ 3% 之内。所以，用这种方式估计村庄建设用地及其主要地物类是可靠的。

第三节 使用数字仿真估算废弃或闲置场地面积

我们假定，无论什么样规模的村庄废弃或闲置场地都可以由一组光波数值来表达。一张卫星影像的每一个像元上包含着地物对三个波段光的反射数值或反映地物属性的波长数值，每一个像元由一个地物的红波长值、绿波长值和蓝波长值构成，如（R:116　G:106　B:114）、（R:117　G:105　B:115）、（R:118　G:106　B:115）、（R:116　G:104　B:113）、（R:117　G:104　B:118）等，只要把它转换为一张数值表，我们就可以作出一系列规定，然后把这张数值表交由计算机来识别。

我们以张炳堡村的卫星影像为例，作出这样的规定：无论一块建设用地面积的绝对值是多少，如果计算区域 50% 以上的像元被红波段波长 180 以上像元覆盖，它就是一处有住宅的宅基地（图 4-12a）；如果红波段波长 180 以上的像元覆盖面积不到 50%，它就是一处由正在或已经废弃的住宅占据的宅基地（图 4-12b）；如果计算区域 90% 以上的像元被红波段波长 180 以下像元覆盖，它就是一处废弃住宅已经清除的完全闲置的宅基地（图 4-12c）。

张炳堡村
一处新建的住宅

这块地域的影像包括了484514个像元，其中大于红波长180的像元有245212，占全部像元的50%

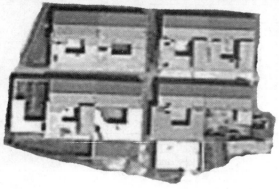

(a)

张炳堡村
一处废弃的住宅

该影像包括了76367个像元，其中，红波长180以下的像元为74737，占全部像元的97.8%。

(b)

张炳堡村
一处包括18个宅基地的区域，正在使用的和废弃的、闲置的住宅混合在一起。

这个影像包括了526260个像元，其中，红波长180以下覆盖的像元比全部像元为87%，而红波长180以上的像元比全部像元为13%。

所以，这是一处废弃住宅和正在使用住宅兼有的区域，倾向于成为废弃场地的可能大于成为一个完好住宅区域。

(c)

图4-12　案例场地卫星影像和实景

现在，可以把这个假定推至一般，在记录村庄居民点卫星影像对应的波长数值表中，任意划定一个空间，无论包含多少数值，只要在全部数值中，红波段值低于180的比例达到90%、80%，甚至70%，我们就可以认为这块空间达到了闲置状态。

这样，我们可以不再直接对卫星影像作判读，而是把卫星影像转变成为一张"像元波长数值表"，在表中以每300～500个数值为一个单元，判断选定区域内的像元归属比例。逐步扩大搜寻范围，直到全部村庄居民点都被覆盖，得出最终判断。这种数字仿真计算方法的关键是数字与图像需要对应，而不再使用波长数值的分类来估算了。

之所以需要数字仿真计算方法的原因是：第一，我们目前能够获得的卫星影像的分辨率还不足以让我们识别出厘米级别的地物，我们得到的不过是混合像元；第二，即使卫星影像达到更高的分辨率，我们的估算能力也不能保证我们达到快速识别的要求；第三，我们必须使用计算机，因为任何一张A3大小的影像上，大约有1740万个像素和5220万个数值，我们没有能力去计算它。所以，我们需要使用计算机，通过卫星影像的数字化，把识别工作交给计算机，我们的工作只是验证。

小　　结

根据我们对村庄居民点的实地考察，对烟台765个村庄卫星影像的判读、分析，以及对100个案例的具体估算，我们提出了基于地物电磁波特性的识别村庄废弃或闲置宅基地的定量方法。在此基础上，我们在这一节中提出了估算村庄居民点废弃或闲置场地面积的三种方法，即使用波长的估算；使用R、G和B值加权平均的估算；使用数字仿真的估算。

尽管这种村庄居民点废弃或闲置场地识别和估算方法的提出尚属首创，还需要继续完善以减少估算误差，但是，这已经让我们略感兴奋。因为我们终于找到了一种方法，在没有大比例尺测绘图的条件下，可以依靠卫星影像及其对地物电磁波特性的表达，比较准确地估算出村庄建设用地的面积，而这正是我们在农村规划时经常遇到的困难。

我们可以确定一个村庄废弃或闲置场地占村庄总面积的比例，其误差仅为1%～2%。当然，我们对村庄建设用地中的个别废弃或闲置宅基地的识别和估算还存在一定程度的误差，尤其对于那些不能被卫星影像采集到的信息。实际上，单靠提高卫星影像的分辨率恐怕还是不可能解决此类问题的。我们还需要利用其他方法，如生态环境识别方法、实地调查方法，尽可能减少基于卫星影像地物属性的村庄居民点废弃或闲置土地识别与估算的缺陷。

第二部分

存在成规模废弃或闲置场地的村庄居民点健康诊断方法

这一部分包括四章。第五章介绍结构性废弃或闲置场地；第六章介绍功能性废弃或闲置场地；第七章介绍区域土地使用功能变更引起的村庄建设用地结构性问题；第八章讨论区域的自然环境和社会经济环境对村庄居民点建设用地的影响，介绍如何通过卫星影像，对村庄居民点自然环境和社会经济环境影响进行分析的基本方法，包括地物光谱分析、坡度分析、簇团分析、密度分析、边界分析、三维模拟、影响分析等。

第五章　结构性废弃或闲置场地

存在成规模废弃或闲置场地的村庄居民点（"空心村"）的健康诊断是利用村庄居民点理想规划模式，即国家及政府职能部门颁布的各类村庄规划法规和技术规范，比较存在废弃或闲置场地的村庄居民点的异常影像，对已经识别出来的存在成规模废弃或闲置场地的村庄居民点进行结构和功能分析。如果一个村庄存在成规模废弃或闲置场地，它就已经处于不健康的状态（图5-1）。对它作健康诊断的目的是寻找产生废弃或闲置建设用地的原因，为调整"空心村"村庄建设用地布局和编制村庄整治规划提供依据。

图5-1　一个处于不健康状态的村庄居民点

村庄居民点建设用地的现状结构和功能是我们进行村庄健康诊断的基本对象，而一般村庄建设规划标准和规范所展示的村庄居民点建设用地使用理想模式是进行健康诊断的依据。一般来讲，村庄建设规划根据一个村庄所在区域的地形地貌、生态环境、农田和农业耕作习惯，以及历史遗留下来的居民点用地结构和地理位置，区域道路的发展，决定村庄居民点的空间发展方向、合理的内在用地比例和布局结构，以实现人居安全、节约土地、便利生活和维护历史的建筑风貌等功能性目标。

当然，现实中的村庄发展总会这样或那样地改变着村庄建设规划的理想模式。有些变异形态没有给村庄居民留下严重的安全隐患，没有大规模改变农业土地性质，没有从根本上破坏村庄居民点地区的生态平衡，也没有造成严重的土地浪费，但是，出现这样或那样情况的村庄也的确存在。只要出现这四种情况中的一种，就可以认定这个村庄是不健康的，需要及时通过农村环境综合整治加以调整。

实际上，许多村庄到目前为止并没有编制一个可以指导和约束它们发展的村庄建设用地规划，但是，国家土地使用法律法规、自然生态环境条件、历史原因和建设资金，对村庄发展的约束总是存在的。正因为如此，对于一个村庄而言，大规模的土地使用变更还是相对很少的，多数村庄是在逐步打破资金、地形地貌、生态环境、农业耕作习惯，以及历史遗留下来的居民点用地结构和法规方面的约束过程中，以蚕食性、渐进性和积累性的方式改变着村庄居民点。所以，通过卫星影像，经常性地对比检查村庄的健康状态，及时发现它们在发展中的不健康问题，提高它们的健康状况，避免出现严重问题，正是我们研究"健康诊断"问题的目的。

在本课题研究中，我们发现，在这些可以称为"空心村"的地方，农村居民的家庭生活条件，特别是他们的住宅，得到了明显的改善和提高，还有些村庄通过改变居住场地而避免了地质灾害，方便了交通，繁荣了经济。当然，一些村庄也因此付出了巨大的代价：

1）可以耕作的土地转变成为宅基地，腾出来的零散老宅地难以合理和有效地用于农林业，从而成为废弃或闲置的土地（图5-2）；

2）一些在自然环境变迁中经受住了考验的居住场地被遗弃，而那些存在地质灾害不适合于人居住的场地却被开发使用（图5-3）；

3）一些过去相对聚集的居民点现在变成蔓延状态，原有的公共工程设施和基础设施被废弃掉，而新建它们还需要长时间的资金积累，这样就出现居住条件提高了、公共工程设施和基础设施的水平却下降的局面（图5-4）；

4）居住场地的改变同时改变着原有生态系统和小气候，有些变化是可以承受的，有些变化则导致生态系统的退化，而村庄小气候的变化增加了家庭的能耗和水耗（图5-5）；

5）这些居住场地的改变还同时改变着原有的乡村尺度、建筑风貌、文化氛围、传统的聚会场所、历史的邻里关系，以致村庄只有住宅，没有社区（图5-6）。

以上都是我们对农村居民点建设用地理想模式变异形态的一般描述。这里，我们利用采集到的特定村庄的卫星影像，进一步说明成规模废弃或闲置居民点建设用地的基本形态和空间位置。实际上，如果了解了农村居民点建设用地正在变异的形态，我们就会更容易判读农村居民点建设用地卫星影像，更准确地发现可以利用的废弃或闲置居民点建设用地，从而改善村庄的健康状况。

结构性废弃或闲置场地是指那些因村庄居民点整体结构不能满足现代生活需求而产生出来的废弃或闲置场地。

图5-2　案例村卫星影像（一）

图5-3 案例村卫星影像（二）

图5-4 案例村卫星影像（三）

图5-5 案例村卫星影像（四）

图5-6　案例村卫星影像（五）

　　构成村庄居民点结构的基本要素有自然地形地貌（图5-7）和道路（图5-8），它们决定了建筑场地的选择。自然的地形地貌，如坡地、河沟、湖塘等，是影响村庄居民点道路体系形成的结构性要素，而对于那些地势相对平坦，自然地物影响有限的地区，人们通常使用改变地形地貌的方式来适应村庄道路的建设（图5-9）。这样，道路就成为引起村庄居民点变化的第一位的结构性要素。

图5-7　案例村卫星影像（六）

图5-8　案例村卫星影像（七）

图5-9 案例村卫星影像（八）

第一节 道路体系崩溃后出现的废弃或闲置场地

道路是线状地物，包括宽的、窄的，可以行车的、专供步行的，现代材料的、土的。如果环绕每一个矩形宅基地或其他建筑用地的线段都可以连接起来，就生成了一个村庄的完整道路体系。相反，如果环绕每一个矩形宅基地或其他建筑用地的线段不能完全连接起来，那么，就只能生成一个村庄的不完整道路体系。那些没有道路的地方，村庄结构不存在了，因此可以判读为村庄居民点中的废弃场地。

村庄居民点的道路体系形成了村庄的结构。在理想状态下，村庄的道路体系基本不变，变的只是每一个矩形方格中的建筑物。历史村庄总是拼贴起来的，建筑物不断更新，结构却没有改变。在我们的调查中，这样的村庄是存在的。它们的特点是：新旧住宅相互毗邻，或者在原址上再生了新的住宅，道路可能被拓宽，铺装材料也可能改变，但是，原有的村庄道路体系基本保持不变（图5-10）。

图5-10 基本保持原有道路体系的村庄

在我们的调查中，也有情况相反的村庄，如招远市苏格庄村。老村中的一些道路还在，但是，它们只是一些随机分布的线段，相互之间没有衔接起来，无道路体系可言。因此，老村的结构已经崩溃，从而可以在卫星影像上看到大量的废弃或闲置场地（图5-11）。在卫星影像上，最近十几年中建设起来的居民点部分，所有线状地物呈现出相互衔接的关系，形成了一个支撑这一部分居民点的道路体系。

从这个意义上讲，苏格庄村出现的是结构性废弃或闲置场地（图5-12）。

图5-11 老村结构崩溃

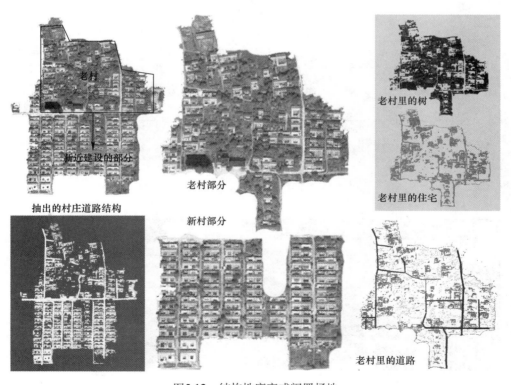

图5-12 结构性废弃或闲置场地

通过对影像的光谱分析和估算，苏格庄村的卫星影像呈现如下特征：

1）苏格庄村庄居民点建设用地面积约为 135 亩，其中老村和新村的面积分别约为 74 亩和 61 亩；

2）村庄整体的空置率为 23%，共计 44 亩；

3）老村部分的空置率约为 42%，共计 31 亩；

4）新村部分的空置率约为 10%，共计 13 亩；

5）老村无道路体系；

6）新村道路体系完备。

存在结构性废弃或闲置场地村庄的卫星影像呈现如下特征：

1）整个村庄居民点至少存在 2 个以上具有不相似道路体系的组团，可以通过分解波长图层得到（图 5-13）。

2）村庄中红波段波长 0 ~ 120 的地块占 40%，以及绿波段波长、蓝波段波长 0 ~ 140 的地块占 60% 的部分，通常不再具有道路体系（图 5-14）。

3）村庄中红波段波长 0 ~ 120 的地块占 20%，以及绿波段波长、蓝波段波长 0 ~ 140 的地块占 40% 的部分，一般具有道路体系（图 5-15）。

4）不同道路体系组团的地块电磁波属性及其分布规律不同。

5）无道路体系组团有 90% 的地物波长集中在 200 以下，地块按波长分布呈正弦波型。

6）有道路体系组团只有 70% 的地物波长在 200 以下，在波长 120 以上，地块按波长分布呈近矩形状态；道路的红波段波长通常在 200 以上（表 5-1）。

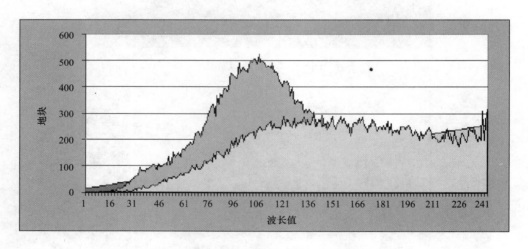

图5-13　老村和新村地块波长分布比较

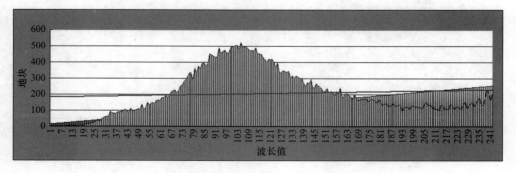

图5-14　老村部分地块波长分层分布

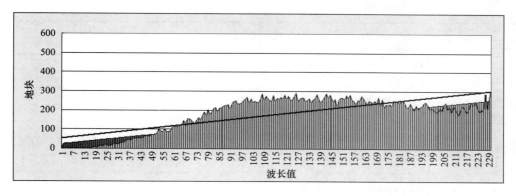

图5-15　新村部分地块红波长分层分布

招远市苏格庄村居民点光谱分析　　　　　　　　　　　　　　　　表 5-1

红波段（老村）					红波段（新村）				
波长	该波长下像素数	累积总像素数	所占比例	累积所占比例	波长	该波长下像素数	累积总像素数	所占比例	累积所占比例
13	1	1	0.0002	0.0002					
14	1	2	0.0002	0.0003					
15	0	2	0	0.0003			0		
16	0	2	0	0.0003					
17	0	2	0	0.0003					
18	0	2	0	0.0003					
19	0	2	0	0.0003					
20	0	2	0	0.0003					
21	1	3	0.0002	0.0005					
22	2	5	0.0003	0.0008					
23	4	9	0.0006	0.0014					
24	1	10	0.0002	0.0015					
25	5	15	0.0008	0.0023	25	1	1	0.0002	0.0002
26	2	17	0.0003	0.0026	26	3	4	0.0005	0.0006
27	2	19	0.0003	0.0029	27	0	4	0	0.0006
28	1	20	0.0002	0.003	28	0	4	0	0.0006
29	6	26	0.0009	0.004	29	2	6	0.0003	0.0009
30	8	34	0.0012	0.0052	30	2	8	0.0003	0.0012
31	5	39	0.0008	0.0059	31	0	8	0	0.0012
32	9	48	0.0014	0.0073	32	1	9	0.0002	0.0014
33	15	63	0.0023	0.0096	33	2	11	0.0003	0.0017
34	10	73	0.0015	0.0111	34	3	14	0.0005	0.0021
35	17	90	0.0026	0.0137	35	1	15	0.0002	0.0023
36	18	108	0.0027	0.0164	36	3	18	0.0005	0.0027
37	23	131	0.0035	0.0199	37	2	20	0.0003	0.003
38	34	165	0.0052	0.0251	38	6	26	0.0009	0.004
39	36	201	0.0055	0.0306	39	3	29	0.0005	0.0044
40	31	232	0.0047	0.0353	40	3	32	0.0005	0.0049
41	45	277	0.0068	0.0421	41	5	37	0.0008	0.0056
42	51	328	0.0078	0.0499	42	9	46	0.0014	0.007
43	59	387	0.009	0.0589	43	11	57	0.0017	0.0087
44	60	447	0.0091	0.068	44	7	64	0.0011	0.0097
45	67	514	0.0102	0.0782	45	16	80	0.0024	0.0122
46	94	608	0.0143	0.0925	46	15	95	0.0023	0.0145
47	81	689	0.0123	0.1048	47	13	108	0.002	0.0164

续表

红波段（老村）					红波段（新村）				
波长	该波长下像素数	累积总像素数	所占比例	累积所占比例	波长	该波长下像素数	累积总像素数	所占比例	累积所占比例
48	82	771	0.0125	0.1173	48	25	133	0.0038	0.0202
49	78	849	0.0119	0.1292	49	15	148	0.0023	0.0225
50	88	937	0.0134	0.1425	50	15	163	0.0023	0.0248
51	89	1026	0.0135	0.1561	51	15	178	0.0023	0.0271
52	93	1119	0.0141	0.1702	52	21	199	0.0032	0.0303
53	95	1214	0.0145	0.1847	53	26	225	0.004	0.0342
54	104	1318	0.0158	0.2005	54	28	253	0.0043	0.0385
55	100	1418	0.0152	0.2157	55	22	275	0.0033	0.0418
56	85	1503	0.0129	0.2286	56	28	303	0.0043	0.0461
57	110	1613	0.0167	0.2454	57	32	335	0.0049	0.051
58	97	1710	0.0148	0.2601	58	33	368	0.005	0.056
59	96	1806	0.0146	0.2747	59	39	407	0.0059	0.0619
60	103	1909	0.0157	0.2904	60	44	451	0.0067	0.0686
61	107	2016	0.0163	0.3067	61	52	503	0.0079	0.0765
62	103	2119	0.0157	0.3224	62	40	543	0.0061	0.0826
63	137	2256	0.0208	0.3432	63	55	598	0.0084	0.091
64	105	2361	0.016	0.3592	64	56	654	0.0085	0.0995
65	113	2474	0.0172	0.3764	65	51	705	0.0078	0.1072
66	150	2624	0.0228	0.3992	66	59	764	0.009	0.1162
67	130	2754	0.0198	0.419	67	54	818	0.0082	0.1244
68	140	2894	0.0213	0.4403	68	56	874	0.0085	0.133
69	150	3044	0.0228	0.4631	69	61	935	0.0093	0.1422
70	136	3180	0.0207	0.4838	70	71	1006	0.0108	0.153
71	160	3340	0.0243	0.5081	71	65	1071	0.0099	0.1629
72	164	3504	0.0249	0.533	72	64	1135	0.0097	0.1727
73	158	3662	0.024	0.5571	73	74	1209	0.0113	0.1839
74	179	3841	0.0272	0.5843	74	73	1282	0.0111	0.195
75	177	4018	0.0269	0.6112	75	73	1355	0.0111	0.2061
76	189	4207	0.0288	0.64	76	82	1437	0.0125	0.2186
77	180	4387	0.0274	0.6674	77	101	1538	0.0154	0.234
78	185	4572	0.0281	0.6955	78	91	1629	0.0138	0.2478
79	216	4788	0.0329	0.7284	79	86	1715	0.0131	0.2609
80	224	5012	0.0341	0.7625	80	105	1820	0.016	0.2769
81	227	5239	0.0345	0.797	81	89	1909	0.0135	0.2904
82	208	5447	0.0316	0.8286	82	90	1999	0.0137	0.3041
83	222	5669	0.0338	0.8624	83	91	2090	0.0138	0.3179
84	253	5922	0.0385	0.9009	84	111	2201	0.0169	0.3348
85	255	6177	0.0388	0.9397	85	119	2320	0.0181	0.3529
86	276	6453	0.042	0.9817	86	110	2430	0.0167	0.3697
87	294	6747	0.0447	1.0264	87	117	2547	0.0178	0.3875
88	312	7059	0.0475	1.0739	88	124	2671	0.0189	0.4063
89	334	7393	0.0508	1.1247	89	116	2787	0.0176	0.424
90	332	7725	0.0505	1.1752	90	147	2934	0.0224	0.4463
91	285	8010	0.0434	1.2185	91	128	3062	0.0195	0.4658
92	363	8373	0.0552	1.2737	92	156	3218	0.0237	0.4895
93	334	8707	0.0508	1.3246	93	155	3373	0.0236	0.5131
94	373	9080	0.0567	1.3813	94	148	3521	0.0225	0.5356
95	360	9440	0.0548	1.4361	95	138	3659	0.021	0.5566
96	391	9831	0.0595	1.4955	96	130	3789	0.0198	0.5764

	红波段（老村）					红波段（新村）			
波长	该波长下像素数	累积总像素数	所占比例	累积所占比例	波长	该波长下像素数	累积总像素数	所占比例	累积所占比例
97	391	10222	0.0595	1.555	97	148	3937	0.0225	0.5989
98	379	10601	0.0577	1.6127	98	162	4099	0.0246	0.6236
99	388	10989	0.059	1.6717	99	147	4246	0.0224	0.6459
100	450	11439	0.0685	1.7402	100	171	4417	0.026	0.6719
101	445	11884	0.0677	1.8079	101	193	4610	0.0294	0.7013
102	437	12321	0.0665	1.8743	102	171	4781	0.026	0.7273
103	431	12752	0.0656	1.9399	103	204	4985	0.031	0.7583
104	429	13181	0.0653	2.0052	104	176	5161	0.0268	0.7851
105	489	13670	0.0744	2.0796	105	190	5351	0.0289	0.814
106	450	14120	0.0685	2.148	106	208	5559	0.0316	0.8457
107	466	14586	0.0709	2.2189	107	215	5774	0.0327	0.8784
108	474	15060	0.0721	2.291	108	188	5962	0.0286	0.907
109	458	15518	0.0697	2.3607	109	213	6175	0.0324	0.9394
110	452	15970	0.0688	2.4294	110	212	6387	0.0323	0.9716
111	481	16451	0.0732	2.5026	111	219	6606	0.0333	1.0049
112	501	16952	0.0762	2.5788	112	224	6830	0.0341	1.039
113	492	17444	0.0748	2.6537	113	224	7054	0.0341	1.0731
114	503	17947	0.0765	2.7302	114	229	7283	0.0348	1.1079
115	502	18449	0.0764	2.8066	115	206	7489	0.0313	1.1393
116	482	18931	0.0733	2.8799	116	233	7722	0.0354	1.1747
117	524	19455	0.0797	2.9596	117	245	7967	0.0373	1.212
118	490	19945	0.0745	3.0341	118	249	8216	0.0379	1.2499
119	499	20444	0.0759	3.1101	119	234	8450	0.0356	1.2855
120	492	20936	0.0748	3.1849	120	235	8685	0.0357	1.3212
121	481	21417	0.0732	3.2581	121	236	8921	0.0359	1.3571
122	472	21889	0.0718	3.3299	122	251	9172	0.0382	1.3953
123	475	22364	0.0723	3.4021	123	259	9431	0.0394	1.4347
124	467	22831	0.071	3.4732	124	267	9698	0.0406	1.4753
125	489	23320	0.0744	3.5476	125	235	9933	0.0357	1.5111
126	453	23773	0.0689	3.6165	126	259	10192	0.0394	1.5505
127	451	24224	0.0686	3.6851	127	244	10436	0.0371	1.5876
128	449	24673	0.0683	3.7534	128	245	10681	0.0373	1.6249
129	428	25101	0.0651	3.8185	129	243	10924	0.037	1.6618
130	414	25515	0.063	3.8815	130	239	11163	0.0364	1.6982
131	400	25915	0.0609	3.9423	131	256	11419	0.0389	1.7371
132	419	26334	0.0637	4.0061	132	288	11707	0.0438	1.7809
133	415	26749	0.0631	4.0692	133	250	11957	0.038	1.819
134	418	27167	0.0636	4.1328	134	274	12231	0.0417	1.8606
135	403	27570	0.0613	4.1941	135	263	12494	0.04	1.9007
136	364	27934	0.0554	4.2495	136	253	12747	0.0385	1.9391
137	397	28331	0.0604	4.3099	137	245	12992	0.0373	1.9764
138	337	28668	0.0513	4.3611	138	277	13269	0.0421	2.0186
139	333	29001	0.0507	4.4118	139	242	13511	0.0368	2.0554
140	350	29351	0.0532	4.465	140	263	13774	0.04	2.0954
141	339	29690	0.0516	4.5166	141	259	14033	0.0394	2.1348
142	336	30026	0.0511	4.5677	142	267	14300	0.0406	2.1754
143	344	30370	0.0523	4.6201	143	260	14560	0.0396	2.2149
144	300	30670	0.0456	4.6657	144	281	14841	0.0427	2.2577
145	313	30983	0.0476	4.7133	145	256	15097	0.0389	2.2966

续表

红波段（老村）					红波段（新村）				
波长	该波长下像素数	累积总像素数	所占比例	累积所占比例	波长	该波长下像素数	累积总像素数	所占比例	累积所占比例
146	300	31283	0.0456	4.7589	146	276	15373	0.042	2.3386
147	315	31598	0.0479	4.8069	147	254	15627	0.0386	2.3773
148	306	31904	0.0466	4.8534	148	254	15881	0.0386	2.4159
149	299	32203	0.0455	4.8989	149	273	16154	0.0415	2.4574
150	300	32503	0.0456	4.9445	150	289	16443	0.044	2.5014
151	272	32775	0.0414	4.9859	151	246	16689	0.0374	2.5388
152	250	33025	0.038	5.0239	152	259	16948	0.0394	2.5782
153	275	33300	0.0418	5.0658	153	266	17214	0.0405	2.6187
154	266	33566	0.0405	5.1062	154	266	17480	0.0405	2.6592
155	291	33857	0.0443	5.1505	155	246	17726	0.0374	2.6966
156	249	34106	0.0379	5.1884	156	253	17979	0.0385	2.7351
157	238	34344	0.0362	5.2246	157	261	18240	0.0397	2.7748
158	267	34611	0.0406	5.2652	158	236	18476	0.0359	2.8107
159	256	34867	0.0389	5.3042	159	257	18733	0.0391	2.8498
160	244	35111	0.0371	5.3413	160	261	18994	0.0397	2.8895
161	236	35347	0.0359	5.3772	161	285	19279	0.0434	2.9328
162	213	35560	0.0324	5.4096	162	259	19538	0.0394	2.9722
163	223	35783	0.0339	5.4435	163	241	19779	0.0367	3.0089
164	238	36021	0.0362	5.4797	164	253	20032	0.0385	3.0474
165	209	36230	0.0318	5.5115	165	269	20301	0.0409	3.0883
166	218	36448	0.0332	5.5447	166	286	20587	0.0435	3.1318
167	215	36663	0.0327	5.5774	167	262	20849	0.0399	3.1717
168	190	36853	0.0289	5.6063	168	280	21129	0.0426	3.2143
169	220	37073	0.0335	5.6397	169	264	21393	0.0402	3.2544
170	201	37274	0.0306	5.6703	170	242	21635	0.0368	3.2912
171	239	37513	0.0364	5.7067	171	258	21893	0.0392	3.3305
172	176	37689	0.0268	5.7335	172	214	22107	0.0326	3.363
173	190	37879	0.0289	5.7624	173	255	22362	0.0388	3.4018
174	203	38082	0.0309	5.7932	174	264	22626	0.0402	3.442
175	203	38285	0.0309	5.8241	175	265	22891	0.0403	3.4823
176	190	38475	0.0289	5.853	176	257	23148	0.0391	3.5214
177	180	38655	0.0274	5.8804	177	279	23427	0.0424	3.5638
178	172	38827	0.0262	5.9066	178	263	23690	0.04	3.6039
179	199	39026	0.0303	5.9368	179	281	23971	0.0427	3.6466
180	172	39198	0.0262	5.963	180	253	24224	0.0385	3.6851
181	161	39359	0.0245	5.9875	181	248	24472	0.0377	3.7228
182	166	39525	0.0253	6.0128	182	228	24700	0.0347	3.7575
183	172	39697	0.0262	6.0389	183	253	24953	0.0385	3.796
184	165	39862	0.0251	6.064	184	249	25202	0.0379	3.8339
185	178	40040	0.0271	6.0911	185	276	25478	0.042	3.8759
186	152	40192	0.0231	6.1142	186	266	25744	0.0405	3.9163
187	162	40354	0.0246	6.1389	187	245	25989	0.0373	3.9536
188	172	40526	0.0262	6.165	188	233	26222	0.0354	3.989
189	165	40691	0.0251	6.1901	189	249	26471	0.0379	4.0269
190	156	40847	0.0237	6.2139	190	246	26717	0.0374	4.0643
191	146	40993	0.0222	6.2361	191	237	26954	0.0361	4.1004
192	172	41165	0.0262	6.2622	192	250	27204	0.038	4.1384
193	153	41318	0.0233	6.2855	193	237	27441	0.0361	4.1745
194	130	41448	0.0198	6.3053	194	268	27709	0.0408	4.2152

红波段（老村）					红波段（新村）				
波长	该波长下像素数	累积总像素数	所占比例	累积所占比例	波长	该波长下像素数	累积总像素数	所占比例	累积所占比例
195	141	41589	0.0214	6.3267	195	223	27932	0.0339	4.2492
196	145	41734	0.0221	6.3488	196	258	28190	0.0392	4.2884
197	125	41859	0.019	6.3678	197	216	28406	0.0329	4.3213
198	125	41984	0.019	6.3868	198	231	28637	0.0351	4.3564
199	132	42116	0.0201	6.4069	199	227	28864	0.0345	4.391
200	144	42260	0.0219	6.4288	200	235	29099	0.0357	4.4267
201	131	42391	0.0199	6.4488	201	221	29320	0.0336	4.4603
202	125	42516	0.019	6.4678	202	246	29566	0.0374	4.4977
203	138	42654	0.021	6.4888	203	247	29813	0.0376	4.5353
204	130	42784	0.0198	6.5085	204	248	30061	0.0377	4.573
205	94	42878	0.0143	6.5228	205	236	30297	0.0359	4.6089
206	123	43001	0.0187	6.5415	206	250	30547	0.038	4.647
207	120	43121	0.0183	6.5598	207	251	30798	0.0382	4.6852
208	121	43242	0.0184	6.5782	208	236	31034	0.0359	4.7211
209	103	43345	0.0157	6.5939	209	212	31246	0.0323	4.7533
210	134	43479	0.0204	6.6143	210	221	31467	0.0336	4.7869
211	127	43606	0.0193	6.6336	211	238	31705	0.0362	4.8231
212	123	43729	0.0187	6.6523	212	215	31920	0.0327	4.8558
213	124	43853	0.0189	6.6712	213	198	32118	0.0301	4.886
214	120	43973	0.0183	6.6894	214	227	32345	0.0345	4.9205
215	115	44088	0.0175	6.7069	215	204	32549	0.031	4.9515
216	110	44198	0.0167	6.7236	216	218	32767	0.0332	4.9847
217	150	44348	0.0228	6.7465	217	221	32988	0.0336	5.0183
218	147	44495	0.0224	6.7688	218	237	33225	0.0361	5.0544
219	128	44623	0.0195	6.7883	219	244	33469	0.0371	5.0915
220	137	44760	0.0208	6.8091	220	230	33699	0.035	5.1265
221	110	44870	0.0167	6.8259	221	205	33904	0.0312	5.1577
222	121	44991	0.0184	6.8443	222	211	34115	0.0321	5.1898
223	102	45093	0.0155	6.8598	223	207	34322	0.0315	5.2213
224	112	45205	0.017	6.8768	224	196	34518	0.0298	5.2511
225	95	45300	0.0145	6.8913	225	189	34707	0.0288	5.2798
226	137	45437	0.0208	6.9121	226	194	34901	0.0295	5.3093
227	127	45564	0.0193	6.9314	227	215	35116	0.0327	5.342
228	105	45669	0.016	6.9474	228	192	35308	0.0292	5.3712
229	113	45782	0.0172	6.9646	229	232	35540	0.0353	5.4065
230	103	45885	0.0157	6.9803	230	239	35779	0.0364	5.4429
231	142	46027	0.0216	7.0019	231	202	35981	0.0307	5.4736
232	130	46157	0.0198	7.0217	232	221	36202	0.0336	5.5072
233	102	46259	0.0155	7.0372	233	187	36389	0.0284	5.5357
234	123	46382	0.0187	7.0559	234	228	36617	0.0347	5.5704
235	124	46506	0.0189	7.0747	235	204	36821	0.031	5.6014
236	110	46616	0.0167	7.0915	236	191	37012	0.0291	5.6305
237	108	46724	0.0164	7.1079	237	175	37187	0.0266	5.6571
238	138	46862	0.021	7.1289	238	215	37402	0.0327	5.6898
239	155	47017	0.0236	7.1525	239	225	37627	0.0342	5.724
240	107	47124	0.0163	7.1688	240	210	37837	0.0319	5.756
241	134	47258	0.0204	7.1891	241	188	38025	0.0286	5.7846
242	139	47397	0.0211	7.2103	242	201	38226	0.0306	5.8151

续表

红波段（老村）					红波段（新村）				
波长	该波长下像素数	累积总像素数	所占比例	累积所占比例	波长	该波长下像素数	累积总像素数	所占比例	累积所占比例
243	151	47548	0.023	7.2333	243	243	38469	0.037	5.8521
244	122	47670	0.0186	7.2518	244	233	38702	0.0354	5.8876
245	139	47809	0.0211	7.273	245	227	38929	0.0345	5.9221
246	162	47971	0.0246	7.2976	246	246	39175	0.0374	5.9595
247	181	48152	0.0275	7.3251	247	209	39384	0.0318	5.9913
248	137	48289	0.0208	7.346	248	192	39576	0.0292	6.0205
249	128	48417	0.0195	7.3655	249	208	39784	0.0316	6.0522
250	177	48594	0.0269	7.3924	250	197	39981	0.03	6.0821
251	238	48832	0.0362	7.4286	251	307	40288	0.0467	6.1288
252	204	49036	0.031	7.4596	252	198	40486	0.0301	6.159
253	159	49195	0.0242	7.4838	253	267	40753	0.0406	6.1996
254	211	49406	0.0321	7.5159	254	312	41065	0.0475	6.247
255	607946	657352	92.4841	100	255	616287	657352	93.753	100

这里，我们假定了一组数值判读规则。按照这套规则，我们无需对卫星影像作目视判读，而只需知道每一个像元的波长数值，就可以作出结构性诊断。

阻止村庄居民点结构性废弃或闲置场地的扩张或重新使用结构性废弃或闲置场地的办法是，规划和整理废弃场地的道路体系，使之与较新建设起来的居住区道路体系衔接起来，形成一个完整的道路体系。对于苏格庄村来讲，也许需要彻底退出老村，以兑现当初迁村的承诺。实际上，这种情况并非偶然，第三章中提到的西柳庄村是另一个典型案例。这类村庄利用上好的农田建设了新村，却也没有完全退出老村，这个过程大约都经历了30年以上。按照实地勘察的情况看，那些没有道路和配套公共工程设施的老村已经不适合居住，亟待整治。

招远市大秦家镇苏格庄村

访谈对象： 张×　　　**访谈时间：** 2010年7月25日　　　**整理人：** 吴洁霜

一、村庄概况

苏格庄村位于37°20′N，120°27′E，属于丘陵地形；距招远市5km，距大秦家镇2km；属于镇区村，在靠近村庄100m处有一条河流经过；村庄紧靠省道文三线。

苏格庄村共有168户；有人口540人，其中常住520人。2009年村庄集体收入50000元，来自承包村内三个厂房的承包费；2009年村民年人均收入为4000元，农户的主要收入来源是搞养殖、种苹果和打工，各占村庄总数的1/3。在收入方面，养殖和种果树的年收入大于打工的收入，打工的村民主要在县城工作，从事建筑业，月收入3000元左右。

二、村庄废弃或闲置场地基本信息

苏格庄村村域总面积为1000亩左右，其中耕地面积800亩，宅基地面积200亩。村内共有宅基地220余处，户均宅基地面积160m²，户均庭院面积40m²。村内共有闲置宅基地约30处，自20世纪80年代起村内为了使房屋规划一致，已经拆除了2/3的老旧房屋，老房拆除后迁至村庄主路以南的地方按照统一规格建新房，平均旧宅基地面积为100m²，比新建住宅面积小。村内现有闲置宅基地和空置房屋主要是由于老人去世遗留的旧房和由于老房道路狭窄交通不便于出行造成的空置。空置场地分布相对集中成片，分布于村内主路以北，如此分布主要是由于该村北部为老房区，道路狭窄车辆不方便进入，交通不便，造成村中心老房区空置严重。

　　村庄道路只有村内18m宽的主路经过硬化，其余均为土路。村北空置住宅集中区100%的宅前道路车辆不能通过，旧宅区道路宽度为2m；新宅区道路宽度为3m；村内住宅通自来水和电，空置房屋不通水电；全村设有6个垃圾投放点，其中老房区设有2个。村内所有住宅朝向一致，均为坐北朝南。

三、实地核实新建住宅与废弃或闲置场地基本信息（图5-16）

（一）三户较新住宅

图5-16　苏格庄村实地勘察点

　　N1：37°20′52″N，120°27′01″E。位于村庄中部，紧靠村内主路，面积160m²，门口用水泥硬化，宅前为沙石路面，宅间道路宽度可以停放汽车。该户主人为战××，家庭人数3人，均为常住人口。

　　N2：37°20′52″N，120°27′02″E。与N1相隔一条村内次要道路，面积160m²，宅前为自建水泥道路，有排水沟，道路宽度可停放汽车。户主张××，家庭人数4人，常住人口3人。

　　N3：37°20′52″N，120°27′02″E。位于N2东侧，面积160m²，宅前为自建水泥道路，户主张××，家庭人数3人，均为常住人口。

（二）五个"空置点"

　　O1（图5-17）：37°20′55″N，120°27′05″E。位于村庄偏东位置，面积100m²，空置20余年，因户主在城里买房迁入城中居住而空闲。房屋地势低于道路，院墙及门窗完好，门前种有一小片玉米，从大路通住宅道路不便。

　　O2（图5-18）：37°20′54″N，120°27′00″E。位于村委大院北边，靠近村庄内小水塘，院墙倒塌，院落内长有杂草，主人开辟一部分院落作为菜园。主屋完整，门窗完好，老人去世后房屋留给子女，子女在村内有其他房屋居住而闲置。

　　O3（图5-19）：37°20′54″N，120°27′01″E。位于O2东侧，面积80m²，宅前道路和门口被杂草覆盖，房屋为砖石结构，院墙和主屋完好，房屋为老人去世后所留遗产，由儿子继承，儿子在村内有其他房屋居住而闲置老房。

　　O4（图5-20）：37°20′55″N，120°27′01″E。两排住宅间的一片空置场地，面积1亩，被杂草所覆盖，堆有柴草，仅有一条小土路通往村北边的住宅。

　　O5：37°20′55″N，120°27′05″E。位于O1西侧，面积160m²，房龄40余年，空置10余年，是老式的黑瓦房屋。门前载有大树，宅前堆有树枝，无杂草，门旁有瓦片。房屋建筑完整，整体看起来比较新。

图5-17　场地O1

图5-18　场地O2

图5-19　场地O3

图5-20　场地O4

第二节　坡地结构崩溃后出现的废弃或闲置场地

自然的地形地貌，如山涧和坡地等，是影响丘陵地区村庄居民点布局结构的基本因素。一般来讲，相对容易构造道路体系的地段通常成为村庄居民点蔓延开来的首选之地，而那些在历史上形成的居民点用地因为坡度大于4%～5%，不易建设现代车行道路，或被闲置，或被废弃，得不到充分利用。这样就出现了因村庄坡地结构崩溃而产生出来的废弃或闲置场地。我们把这类废弃或闲置场地也归纳为结构性废弃或闲置场地。

从历史上讲，丘陵地区的乡村住宅通常是依坡而建的，以抵御洪水的侵袭。由于坡脚山涧地区地形复杂，在没有现代机械的情况下，可以有效利用的宅基地面积相对狭窄，且零星分布，道路仅适合于步行。这就形成了老村庄的坡地结构。随着人口增长，住宅逐步从坡脚向较为平坦的地区扩张，以获得较大地块的宅基地，可以依靠人工方式自行修筑村庄道路。同时，由于坡地逐步被改变成农田，自然植被基本消失，水土流失导致坡脚山涧地区不再适合于居住。这样，原始村庄的坡地结构趋于瓦解，而建立在平地上的棋盘式村庄结构逐步形成。

事实上，在丘陵地区，也包括山区，相对容易构造道路体系的地段通常也是易于农业耕作的良田，同时是排泄自然降水的面域。通过道路建设，村庄居民获得了新的住宅场地，而放弃了原来的住宅场地，也因此丧失了一部分稀缺的良田。

所以，我们在对那些存在成规模废弃或闲置建设用地的丘陵地区村庄实施诊断时，需要从卫星影像、地形图上，甚至在实地考察中，注意村庄居民点的坡度。那些沟壑和近水地块常常有较大的坡度，因此，人们逐步放弃了它，转而寻找坡度较小的地块建造住宅。村民住宅所在地块的坡度是宅基地所处地块的坡度，而不是宅基地本身的坡度。宅基地只有在平整成为坡度接近0°时，才适合建造住宅，而它所在地块的坡度一般不会改变。这就是为什么会出现住宅前后高低错落的状态（图5-21）。

在对地处丘陵地区的村庄实施健康诊断时，我们利用卫星影像中存在的地形及其高程数据，以三维的方式模拟整个村庄地区（图5-22、图5-23），从而发现村庄废弃或闲置场地可能存在的位置和坡度，预测村庄居民点的空间发展趋势（图5-24）。

(a) 坡地地形下的村庄

(b) 留下的废墟（一）

(c) 留下的废墟（二）

(d) 丘陵地区的村落常常出现前后住宅不在一个高程的状况

(e) 成片废弃的老村部分一般紧靠时令河，高程低于新近建设起来的村落部分

图5-21 卫星影像、地形图和实地照片

图5-22 原始卫星影像　　　　　　　　　　　　　图5-23 卫星影像的3D效果

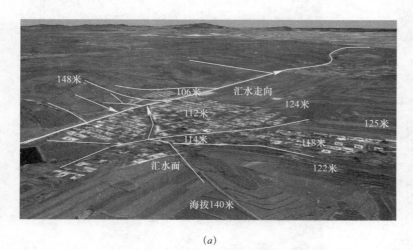

(a)

(b)

图5-24 卫星影像上反映出来的空间高程

　　我们把招远市黑顶于家村整个村庄居民点从周边山丘和农田分开；把村庄居民点的所有地块分为
255层；设定每个地块为10×10m大小，共计3472块，由此得到若干分层表达的地形图（图5-25～
图5-37）和统计表（表5-2、表5-3、图5-38）。这个村庄居民点呈现如下特征：

　　1）在3472个地块中，坡度小于4.89%（约3°）的地块占38%；对比平原地区的村庄，如栖霞市
大丁家村，坡度小于4.9%的地块占45%。

　　2）在3472个地块中，最大坡度27.62%（约15°），约1.7块，最小坡度0.1%，约50块，平均坡
度为5.15%；对比平原地区的村庄，如栖霞市大丁家村，最大坡度24.31%，最小坡度0.1%，平均坡度
为3.1%。

　　3）整个村庄居民点坡度大于5%的地块占60%，主要集中在老村所在的山涧坡脚地区。

图5-25 坡地地形分析　　　　　　　　　　　　　图5-26 坡地坡度1%

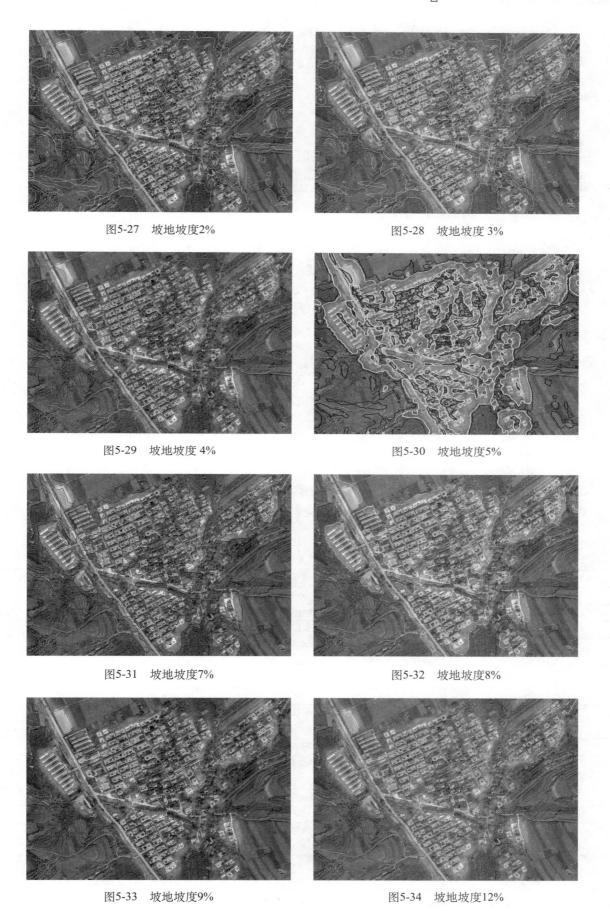

图5-27 坡地坡度2%

图5-28 坡地坡度 3%

图5-29 坡地坡度 4%

图5-30 坡地坡度5%

图5-31 坡地坡度7%

图5-32 坡地坡度8%

图5-33 坡地坡度9%

图5-34 坡地坡度12%

图5-35 坡地坡度14%

图5-36 坡地坡度15%

图5-37 坡地坡度16%

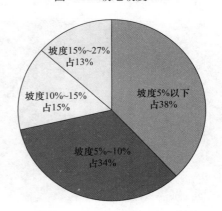

图5-38 案例村坡度分布分析

4）废弃或闲置宅基地集中在坡度大于5%的地区。

5）相对较新的住宅主要集中在坡度小于2%的地区。

招远市黑顶于家村坡度分析 表 5-2

波长	该波长下像素数	累积总像素数	所占比例	累积所占比例
0	179056	179056	34.0204	34.0204
0.108742	5095	184151	0.968	34.9884
0.217484	4044	188195	0.7684	35.7568
0.326226	2413	190608	0.4585	36.2152
0.434968	2075	192683	0.3942	36.6095
0.54371	2104	194787	0.3998	37.0092
0.652452	2065	196852	0.3923	37.4016
0.761194	1995	198847	0.379	37.7806
0.869936	2138	200985	0.4062	38.1868
0.978678	2121	203106	0.403	38.5898
1.08742	2126	205232	0.4039	38.9938
1.196162	2290	207522	0.4351	39.4289
1.304904	2356	209878	0.4476	39.8765
1.413646	2389	212267	0.4539	40.3304
1.522388	2485	214752	0.4721	40.8026
1.63113	2528	217280	0.4803	41.2829
1.739872	2566	219846	0.4875	41.7704
1.848614	2624	222470	0.4986	42.269
1.957356	2721	225191	0.517	42.7859

续表

波长	该波长下像素数	累积总像素数	所占比例	累积所占比例
2.066098	2719	227910	0.5166	43.3026
2.17484	2692	230602	0.5115	43.814
2.283582	2816	233418	0.535	44.3491
2.392323	3005	236423	0.5709	44.92
2.501065	3050	239473	0.5795	45.4995
2.609807	2967	242440	0.5637	46.0632
2.718549	3076	245516	0.5844	46.6477
2.827291	3127	248643	0.5941	47.2418
2.936033	3168	251811	0.6019	47.8437
3.044775	3239	255050	0.6154	48.4591
3.153517	3224	258274	0.6126	49.0717
3.262259	3427	261701	0.6511	49.7228
3.371001	3379	265080	0.642	50.3648
3.479743	3373	268453	0.6409	51.0057
3.588485	3371	271824	0.6405	51.6461
3.697227	3335	275159	0.6336	52.2798
3.805969	3292	278451	0.6255	52.9053
3.914711	3294	281745	0.6259	53.5311
4.023453	3319	285064	0.6306	54.1617
4.132195	3304	288368	0.6278	54.7895
4.240937	3333	291701	0.6333	55.4227
4.349679	3199	294900	0.6078	56.0306
4.458421	3193	298093	0.6067	56.6372
4.567163	3154	301247	0.5993	57.2365
4.675905	3225	304472	0.6127	57.8492
4.784647	3170	307642	0.6023	58.4515
4.893389	3283	310925	0.6238	59.0753
5.002131	3140	314065	0.5966	59.6719
5.110873	3263	317328	0.62	60.2918
5.219615	3294	320622	0.6259	60.9177
5.328357	3235	323857	0.6146	61.5323
5.437099	3434	327291	0.6525	62.1848
5.545841	3314	330605	0.6297	62.8144
5.654583	3301	333906	0.6272	63.4416
5.763325	3206	337112	0.6091	64.0508
5.872067	3211	340323	0.6101	64.6609
5.980809	3045	343368	0.5785	65.2394
6.089551	3097	346465	0.5884	65.8278
6.198293	3183	349648	0.6048	66.4326
6.307035	3082	352730	0.5856	67.0182
6.415777	3043	355773	0.5782	67.5963
6.524519	2892	358665	0.5495	68.1458
6.633261	2864	361529	0.5442	68.69
6.742003	2812	364341	0.5343	69.2242
6.850745	2848	367189	0.5411	69.7654
6.959487	2774	369963	0.5271	70.2924
7.068229	2672	372635	0.5077	70.8001
7.17697	2609	375244	0.4957	71.2958
7.285712	2588	377832	0.4917	71.7875
7.394454	2498	380330	0.4746	72.2621

续表

波长	该波长下像素数	累积总像素数	所占比例	累积所占比例
7.503196	2528	382858	0.4803	72.7424
7.611938	2493	385351	0.4737	73.2161
7.72068	2475	387826	0.4702	73.6864
7.829422	2294	390120	0.4359	74.1222
7.938164	2230	392350	0.4237	74.5459
8.046906	2278	394628	0.4328	74.9787
8.155648	2244	396872	0.4264	75.4051
8.26439	2180	399052	0.4142	75.8193
8.373132	2084	401136	0.396	76.2152
8.481874	2174	403310	0.4131	76.6283
8.590616	2038	405348	0.3872	77.0155
8.699358	2016	407364	0.383	77.3985
8.8081	2016	409380	0.383	77.7816
8.916842	1994	411374	0.3789	78.1604
9.025584	1975	413349	0.3752	78.5357
9.134326	1897	415246	0.3604	78.8961
9.243068	1852	417098	0.3519	79.248
9.35181	1861	418959	0.3536	79.6016
9.460552	1713	420672	0.3255	79.927
9.569294	1770	422442	0.3363	80.2633
9.678036	1684	424126	0.32	80.5833
9.786778	1584	425710	0.301	80.8843
9.89552	1566	427276	0.2975	81.1818
10.00426	1530	428806	0.2907	81.4725
10.113	1405	430211	0.2669	81.7394
10.22175	1426	431637	0.2709	82.0104
10.33049	1426	433063	0.2709	82.2813
10.43923	1394	434457	0.2649	82.5462
10.54797	1346	435803	0.2557	82.8019
10.65671	1379	437182	0.262	83.0639
10.76546	1378	438560	0.2618	83.3257
10.8742	1335	439895	0.2536	83.5794
10.98294	1343	441238	0.2552	83.8345
11.09168	1393	442631	0.2647	84.0992
11.20042	1315	443946	0.2498	84.3491
11.30917	1382	445328	0.2626	84.6116
11.41791	1324	446652	0.2516	84.8632
11.52665	1292	447944	0.2455	85.1087
11.63539	1272	449216	0.2417	85.3504
11.74413	1311	450527	0.2491	85.5994
11.85288	1249	451776	0.2373	85.8368
11.96162	1169	452945	0.2221	86.0589
12.07036	1155	454100	0.2194	86.2783
12.1791	1076	455176	0.2044	86.4827
12.28784	1144	456320	0.2174	86.7001
12.39659	1024	457344	0.1946	86.8947
12.50533	1012	458356	0.1923	87.0869
12.61407	935	459291	0.1776	87.2646
12.72281	997	460288	0.1894	87.454
12.83155	977	461265	0.1856	87.6396

续表

波长	该波长下像素数	累积总像素数	所占比例	累积所占比例
12.9403	950	462215	0.1805	87.8201
13.04904	941	463156	0.1788	87.9989
13.157778	962	464118	0.1828	88.1817
13.26652	956	465074	0.1816	88.3634
13.37526	990	466064	0.1881	88.5515
13.48401	1007	467071	0.1913	88.7428
13.59275	972	468043	0.1847	88.9275
13.7014	973	469016	0.1849	89.1123
13.81023	958	469974	0.182	89.2943
13.91897	1061	471035	0.2016	89.4959
14.02772	972	472007	0.1847	89.6806
14.13646	1045	473052	0.1985	89.8792
14.24512	968	474020	0.1839	90.0631
14.35394	921	474941	0.175	90.2381
14.46268	926	475867	0.1759	90.414
14.57143	1031	476898	0.1959	90.6099
14.68017	884	477782	0.168	90.7779
14.78891	885	478667	0.1681	90.946
14.89765	1018	479685	0.1934	91.1394
15.00639	870	480555	0.1653	91.3047
15.11514	870	481425	0.1653	91.47
15.22388	948	482373	0.1801	91.6501
15.33262	927	483300	0.1761	91.8263
15.44136	941	484241	0.1788	92.0051
15.5501	937	485178	0.178	92.1831
15.65885	944	486122	0.1794	92.3624
15.76759	900	487022	0.171	92.5334
15.87633	926	487948	0.1759	92.7094
15.98507	929	488877	0.1765	92.8859
16.09381	856	489733	0.1626	93.0485
16.20256	828	490561	0.1573	93.2058
16.3113	813	491374	0.1545	93.3603
16.42004	803	492177	0.1526	93.5129
16.52878	790	492967	0.1501	93.663
16.63752	812	493779	0.1543	93.8173
16.74626	770	494549	0.1463	93.9636
16.85501	725	495274	0.1377	94.1013
16.96375	726	496000	0.1379	94.2392
17.07249	786	496786	0.1493	94.3886
17.18123	723	497509	0.1374	94.526
17.28997	717	498226	0.1362	94.6622
17.39872	733	498959	0.1393	94.8015
17.50746	728	499687	0.1383	94.9398
17.6162	703	500390	0.1336	95.0733
17.72494	671	501061	0.1275	95.2008
17.83368	696	501757	0.1322	95.3331
17.94243	681	502438	0.1294	95.4625
18.05117	634	503072	0.1205	95.5829
18.15991	596	503668	0.1132	95.6962
18.26865	608	504276	0.1155	95.8117

续表

波长	该波长下像素数	累积总像素数	所占比例	累积所占比例
18.37739	592	504868	0.1125	95.9242
18.48614	629	505497	0.1195	96.0437
18.59488	598	506095	0.1136	96.1573
18.70362	601	506696	0.1142	96.2715
18.81236	636	507332	0.1208	96.3923
18.9211	588	507920	0.1117	96.504
19.02985	597	508517	0.1134	96.6175
19.13859	555	509072	0.1054	96.7229
19.24733	484	509556	0.092	96.8149
19.35607	529	510085	0.1005	96.9154
19.46481	484	510569	0.092	97.0073
19.57356	423	510992	0.0804	97.0877
19.6823	434	511426	0.0825	97.1702
19.79104	430	511856	0.0817	97.2519
19.89978	432	512288	0.0821	97.3339
20.00852	430	512718	0.0817	97.4156
20.11727	456	513174	0.0866	97.5023
20.22601	420	513594	0.0798	97.5821
20.33475	412	514006	0.0783	97.6604
20.44349	444	514450	0.0844	97.7447
20.55223	381	514831	0.0724	97.8171
20.66098	352	515183	0.0669	97.884
20.76972	404	515587	0.0768	97.9607
20.87846	361	515948	0.0686	98.0293
20.9872	395	516343	0.075	98.1044
21.09594	379	516722	0.072	98.1764
21.20469	373	517095	0.0709	98.2473
21.31343	355	517450	0.0674	98.3147
21.42217	368	517818	0.0699	98.3846
21.53091	366	518184	0.0695	98.4542
21.63965	322	518506	0.0612	98.5154
21.7484	279	518785	0.053	98.5684
21.85714	262	519047	0.0498	98.6181
21.96588	302	519349	0.0574	98.6755
22.07462	279	519628	0.053	98.7285
22.18336	260	519888	0.0494	98.7779
22.29211	277	520165	0.0526	98.8306
22.40085	279	520444	0.053	98.8836
22.50959	247	520691	0.0469	98.9305
22.61833	227	520918	0.0431	98.9736
22.72707	228	521146	0.0433	99.0169
22.83582	231	521377	0.0439	99.0608
22.94456	204	521581	0.0388	99.0996
23.0533	170	521751	0.0323	99.1319
23.16204	189	521940	0.0359	99.1678
23.27078	178	522118	0.0338	99.2016
23.37953	198	522316	0.0376	99.2392
23.48827	170	522486	0.0323	99.2715
23.59701	177	522663	0.0336	99.3052
23.70575	173	522836	0.0329	99.338

波长	该波长下像素数	累积总像素数	所占比例	累积所占比例
23.81449	164	523000	0.0312	99.3692
23.92324	140	523140	0.0266	99.3958
24.03198	132	523272	0.0251	99.4209
24.14072	135	523407	0.0256	99.4465
24.24946	155	523562	0.0294	99.476
24.3582	128	523690	0.0243	99.5003
24.46695	147	523837	0.0279	99.5282
24.57569	146	523983	0.0277	99.556
24.68443	143	524126	0.0272	99.5831
24.79317	121	524247	0.023	99.6061
24.90191	123	524370	0.0234	99.6295
25.01066	129	524499	0.0245	99.654
25.1194	120	524619	0.0228	99.6768
25.22814	111	524730	0.0211	99.6979
25.33688	140	524870	0.0266	99.7245
25.44562	134	525004	0.0255	99.75
25.55437	125	525129	0.0237	99.7737
25.66311	129	525258	0.0245	99.7982
25.77185	132	525390	0.0251	99.8233
25.88059	87	525477	0.0165	99.8398
25.98933	84	525561	0.016	99.8558
26.09808	64	525625	0.0122	99.868
26.20682	78	525703	0.0148	99.8828
26.31556	63	525766	0.012	99.8947
26.4243	76	525842	0.0144	99.9092
26.53304	55	525897	0.0104	99.9196
26.64178	52	525949	0.0099	99.9295
26.75053	62	526011	0.0118	99.9413
26.85927	46	526057	0.0087	99.95
26.96801	46	526103	0.0087	99.9588
27.07675	41	526144	0.0078	99.9666
27.18549	43	526187	0.0082	99.9747
27.29424	42	526229	0.008	99.9827
27.40298	44	526273	0.0084	99.9911
27.51172	29	526302	0.0055	99.9966
27.62046	17	526319	0.0032	99.9998
27.7292	1	526320	0.0002	100

招远市黑顶于家村坡度分布　　　　表 5-3

坡度<5%	5%~10%	10%~15%	15%~27%	坡度<5%	5%~10%	10%~15%	15%~27%
5095	3140	1530	870	2126	3045	1343	929
4044	3263	1405	870	2290	3097	1393	856
2413	3294	1426	948	2356	3183	1315	828
2075	3235	1426	927	2389	3082	1382	813
2104	3434	1394	941	2485	3043	1324	803
2065	3314	1346	937	2528	2892	1292	790
1995	3301	1379	944	2566	2864	1272	812
2138	3206	1378	900	2624	2812	1311	770
2121	3211	1335	926	2721	2848	1249	725

续表

坡度<5%	5%~10%	10%~15%	15%~27%	坡度<5%	5%~10%	10%~15%	15%~27%
2719	2774	1169	726				247
2692	2672	1155	786				227
2816	2609	1076	723				228
3005	2588	1144	717				231
3050	2498	1024	733				204
2967	2528	1012	728				170
3076	2493	935	703				189
3127	2475	997	671				178
3168	2294	977	696				198
3239	2230	950	681				170
3224	2278	941	634				177
3427	2244	962	596				173
3379	2180	956	608				164
3373	2084	990	592				140
3371	2174	1007	629				132
3335	2038	972	598				135
3292	2016	973	601				155
3294	2016	958	636				128
3319	1994	1061	588				147
3304	1975	972	597				146
3333	1897	1045	555				143
3199	1852	968	484				121
3193	1861	921	529				123
3154	1713	926	484				129
3225	1770	1031	423				120
3170	1684	884	434				111
3283	1584	885	430				140
131869	1566	1018	432				134
	116351	52409	430				125
			456				129
			420				132
			412				87
			444				84
			381				64
			352				78
			404				63
			361				76
			395				55
			379				52
			373				62
			355				46
			368				46
			366				41
			322				43
			279				42
			262				44
			302				29
			279				17
			260				1
			277				46635
			279				

招远市大秦家镇黑顶于家村

访谈对象：于×　　职务：支书　　访谈日期：2010 年 7 月 26 日　　整理人：陈卓群

一、村庄概况

黑顶于家村位于山东省烟台市招远市大秦家镇，120°29′E，37°19′N，海拔范围在 106~130m 之间，地处丘陵地区，村中有河流穿过，河流常年有水。距离招远市市中心 12km，距离镇中心约 4km。

黑顶于家村约有 220 户，600 人，其中常住 200 户，常住人口 500 人。2009 年村集体没有收入。村庄人均纯收入 6000 元，农户主要收入来源为粮食种植、苹果种植和外出打工。

黑顶于家村面积共 1500 亩，其中村庄居民点建设用地约有 250 亩。户均宅基地面积 150m²，宅基地总共约有 370 个，户均庭院面积约 60m²。

二、村庄废弃或闲置场地基本信息（图 5-39）

黑顶于家村有倒塌宅基地 3 个，废弃或闲置宅基地 70~80 个，单个旧宅基地面积约 120m²。该村没有集体废弃或闲置的（构筑物）场地。主要空置原因是老人去世、人口外迁。村庄空置场地集中成片，多分布在村边。在集中成片的空置场地内部，宅前道路宽约 3m，大多为土路，全部都没有电源线、自来水。

图5-39　黑顶于家村实地勘察点

三、实地核实新建住宅与废弃或闲置场地基本信息

（一）三户较新住宅

N1：于××，37°19′42.70″N，120°29′00.35″E，海拔 114m。宅基地面积为 150m²，家中共 5 口人，常住 5 人。基础设施方面：宅内接入自来水，但由于全村的自来水管道都已年久生锈，已停用一年，村庄即将进行全村的自来水改造。宅内有下水道，污水从下水道排出，流到宅前道路上。宅前道路没有硬化，无垃圾处理。家中有有线电视，有固定电话。

N2：于××，37°19′42.44″N，120°29′01.14″E，海拔 113m。宅基地面积为 150m²，家中共 4 口人，常住 3 人。基础设施方面：宅内接入自来水，但由于全村的自来水管道都已年久生锈，已停用一年，村庄即将进行全村的自来水改造。宅内有下水道，污水从下水道排出，流到宅前道路上。宅前道路没有硬化，无垃圾处理。家中有有线电视，有固定电话。

N3：于××，37°19′43.14″N，120°29′01.40″E，海拔 113m。宅基地面积为 150m²，家中共 3 口人，常住 3 人。基础设施方面：宅内接入自来水，但由于全村的自来水管道都已年久生锈，已停用一年，村庄即将进行全村的自来水改造。宅内有下水道，污水从下水道排出，流到宅前道路上。宅前道路没有硬化，无垃圾处理。家中有有线电视，有固定电话。

（二）五个"空置点"

O1：河流边的闲置场地，地处 120°28′56.03″E，37°19′47.24″N，海拔为 112m。该地块是一大片空置场地，面积总共约在 4 亩左右。这块空置场地的产权归村集体所有，但由于没有被规划利用，因此被村民自由使用。有村民在这块地上种植蔬菜和玉米，还有村民将柴草随意堆放在此。

O2：闲置的宅基地（图 5-40），地处 120°28′53.98″E，37°19′49.09″N，海拔为 110m。该处宅基地面积约为 500m²，是个用围墙围起来的院子，里面长了几棵树和满地草。这块宅基地的北边紧挨着村委大院，原产权为村集体所有，现被卖给私人所有。

O3：闲置场地（图 5-41），地处 120°29′01.30″E，37°19′41.71″N，海拔为 113m。该处为一大片待建的宅基地，面积大约合 2.5 亩。目前此块土地作为菜园被村民自由使用，其产权归村集体所有。

O4：废弃的宅基地（图 5-42、图 5-43），地处 120°28′57.58″E，37°19′48.71″N，海拔为 111m。该处废弃宅基

地由两座旧房组成,总面积约为 400m²。具体来说,此处有两处相邻的废弃旧房,旧房仍完整,没有破损,现闲置。闲置的原因是原来居住在此处的老人去世。

O5:废弃的宅基地(图 5-44、图 5-45),地处 120°29′03.45″E,37°19′47.68″N,海拔 113m,面积约为 150m²。该宅基地上坐落的是一栋正在坍塌的旧房,旧房的屋顶已完全损坏,墙正在剥落。该旧房的原居住者是年迈的老人,老人的孩子将其接到村中的新房居住,旧房因此闲置。

图5-40 场地O2

图5-41 场地O3

图5-42 场地O4(一)

图5-43 场地O4(二)

图5-44 场地O5(一)

图5-45 场地O5(二)

一般来讲，丘陵地区的村庄废弃或闲置场地集中在坡度大于 5% 的地区，那里多是山涧坡脚（图 5-46 ～图 5-53）。由于多年无人问津，这些地区可能变得郁郁葱葱，但实际上，那里通常隐藏着成规模的废弃或闲置场地。

图5-46　山涧里和坡脚下的废弃或闲
置场地案例卫星影像（南孙家村）

图5-47　山涧里和坡脚下的废弃或闲
置场地案例卫星影像（孙家夼村）

图5-48　山涧里和坡脚下的废弃或闲
置场地案例卫星影像（西罗家村）

图5-49　山涧里和坡脚下的废弃或闲
置场地案例卫星影像（曹家村）

图5-50　山涧里和坡脚下的废弃或闲
置场地案例卫星影像（南横沟村）

图5-51　山涧里和坡脚下的废弃或闲
置场地案例卫星影像（汪家沟村）

图5-52 山涧里和坡脚下的废弃或闲 　　　　图5-53 山涧里和坡脚下的废弃或闲

置场地案例卫星影像（大山口村）　　　　置场地案例卫星影像（留家沟村）

那些场地曾经是接近水源的地方，人们居住在那里，便于获得饮用水和其他生活用水。随着科技进步、社会发展，伴随着生活方式的转变，人们不再依靠这些水源，同时，按照道路设计规范，新建道路的纵向坡度一般不超过3%，横向坡度在1% ~ 3%之间。所以，村民们离开那些坡度较大的老村部分，向地势比较平坦的地方迁徙，那里有水井取水，有可以行驶机动车的道路，宅基地和房前屋后的场地都要宽敞许多。

当然，在农业用地越来越稀缺的现实条件下，还是需要对那些老村里的废弃住宅进行清理，充分利用那些场地，如建设亲水的公共绿地，或者重新整理出宅基地，或者返回农业耕作。

从这个角度讲，一个村庄在整体上逐步离开沟壑地区是合理的用地安排，不能认为一定不健康，关键是如何重新利用那些成规模的废弃或闲置的宅基地。

第三节　居民点几何重心位移后出现的废弃或闲置场地

历史的居民点组团通常是村庄发展的核心，逐年新建的住宅围绕它全方位向外展开。但是，当这种发展基本改变原有居民点方位时（图5-54），或者仅仅沿着某一个或某几个方向（图5-55），或者重新形成聚集中心、走廊时，村庄的几何重心就会逐步转移到新的位置上，而村庄中一些部分可能衰落、闲置，或逐步被废弃掉。

图5-54 基本改变原有居民点方位　　　　　图5-55 沿着某一个或某几个方向变化

在卫星影像上，我们可以基于建筑材料变化、植被成熟程度等地物纹理特征，识别出村庄居民点住宅及其组团的建设时期、发展倾向和一般方位。要做到这一点，我们需要利用雷达处理功能，对原始的卫星影像进行一些加工，以便依靠村庄地物电磁波属性，判断居民点可能的发展方向，从而发现成规模的废弃或闲置场地。

对村庄居民点历史方位的改变，可能导致老居住组团不能与新居住组团在道路体系上相协调，从而使村民离开老住宅区去盖新住宅。以莱阳市团旺镇东石格庄村为例，从经过雷达处理的卫星影像上（图5-56、图5-57），我们可以看出这个村庄的若干特征：

图5-56 雷达处理后的卫星影像色彩分析

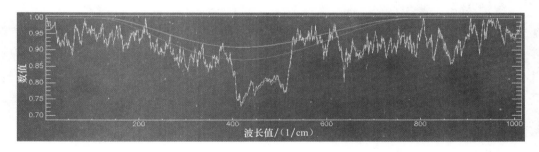

图5-57 雷达处理后的卫星影像光谱分析

1）老村住宅（村中暗色部分）与围绕它而建设起来的较新住宅具有不同的方位。

2）当新建住宅的方位改变成为东南方向后，新住宅组团地区的道路方位也随之而变，围绕老村建设起来的较新住宅有棋盘式道路体系。

3）原来居民点组团的道路（红色）难以与新的道路垂直交叉，也难以与新住宅组团协调形成棋盘式格局。

4）在老区建设新住宅的情况相对少，因为历史遗留的道路走向，新建住宅的方位难以调整。

5）村庄形成两个方位不同的结构体系（东南方向和西南方向），新的部分继续蔓延，老的部分正在废弃。

莱阳市团旺镇东石格庄

访谈对象：×××　　职务：村干部　　访谈日期：2010 年 7 月 25 日　　整理人：胡欣琪

一、村庄概况

东石格庄位于烟台市莱阳市团旺镇中部，邻近嵯阳河。地处 36°43′51.64″N ~ 36°44′05.75″N，120°37′08.43″E ~ -120°37′30.05″E，距莱阳市市中心 35km，距团旺镇镇中心的距离是 3.5km，村西北边有一个石青顶水库，属于库区村。该村位于山坡上，属丘陵地形海拔 20 ~ 35m，村庄南边有一条嵯阳河，距离村庄约 300m。一条南北走向的村级公路横穿村庄西部，距离 204 国道的距离约是 15km。总人口数是 1360，常住人口数约为 1200 人，总户数是 414 户，常住户数约为 400 户。2009 年村集体收入为 10 万元，主要来源是土地承包和租赁收入。2009 年人均纯收入为 3000 元，主要来源是种植玉米、花生和小麦及务工等。

二、村庄住宅及宅基地状况（图 5-58 ~ 图 5-67）

东石格庄的村域总面积约为 3000 亩，其中耕地面积为 2700 亩，居民点建设用地面积约为 300 亩。该村的宅基地总数是 450 个左右，户均宅基地面积是 167m²，户均庭院面积约为 40m²。该村倒塌宅基地个数为 13 个，废弃或闲置宅基地个数（不包括倒塌的）约有 30 个，单个旧宅基地面积 130m²，这些空置场地插花分散在村庄的各个方位。形成这些空置场地的主要原因是该村农户迁出村庄，到城里居住。该村的村内道路全部没有经过硬化，没有路灯，没有修建排水的沟渠，没有垃圾点，村民都是随处随手乱扔垃圾。20 年前装的自来水管现已生锈，村民已经出现用水困难的情况。该村修建好的房屋基本上都是坐北朝南。

图5-58　东石格庄村卫星影像

图5-59　东石格庄村实地勘察点

图5-60　场地O1

图5-61　场地O2

图5-62 场地O3

图5-63 场地O4

图5-64 场地O5（一）

图5-65 场地O5（二）

图5-66 场地O6

图5-67 场地O7

莱阳市团旺镇西石格庄

访谈对象：李×　　　**职务**：会计　　　**访谈日期**：2010 年 7 月 25 日　　　**整理人**：胡欣琪

一、村庄概况

西石格庄村位于莱阳市团旺镇，36°43′N，120°36′E，海拔 24～28m。距莱阳市市中心 35km，距团旺镇镇中心 5km。该村的地形条件是丘陵，位于山丘上。村庄东部有河流穿过，与村庄相距约 300m。村庄中部和附近没有省级公路穿过。该村的总人口数是 800 人，常住人口数是 800 人，总户数是 235 户，常住户数为 235 户。该村 2009 年村集体收入为 10000 元，收入来源主要是土地租赁费。2009 年人均纯收入为 6900 元，主要来源为种地和打工。

西石格庄村的村域总面积为 1600 亩，其中村庄居民点建设用地面积为 100 亩；该村的宅基地总数是 300 多个，户均宅基地面积为 150m²，户均庭院面积为 30m²。

二、村庄废弃或闲置场地基本信息（图 5-68）

该村倒塌住宅约 40 个左右，废弃或闲置宅基地约 20 个。单个旧宅基地面积为 150m²，这些空置场地集中成片，主要分布在村庄中部。形成这些空置场地的主要原因是该村农户建设新房，搬出旧房，旧房闲置，没有利用起来。该村 100% 的废弃宅基地的宅前道路是土路，宽 3m。100% 的废弃宅基地没有电源和自来水。

图5-68　西石格庄村卫星影像和实地勘察点

三、实地核实新建住宅与废弃或闲置场地基本信息

O1：标准的空置宅基地，36°43′53.66″N，120°36′59.86″E，海拔 25m。位于村庄中部，围墙已经部分倒塌，屋顶破损，院内与院外长满杂草。砖瓦结构的房屋，宅前道路泥泞不平，路边堆有牛粪等垃圾，道路宽约 3m。右侧为另一处闲置宅基地。该闲置宅基地面积为 120m²。周围都是闲置的宅基地。

O2（图 5-69、图 5-70）：标准的空置宅基地，36°43′52.21″N，120°36′58.78″E，海拔 24m。位于村庄中心部分，围墙和房屋完好，门窗紧闭完好，院内与院外长满杂草，门外堆有干柴、沙子和石头，还有垃圾，宅前道路泥泞不平，宽约 3m。路边堆有牛粪等垃圾。该闲置宅基地面积为 110m² 左右。

O3（图 5-71、图 5-72）：标准废弃的宅基地，36°43′52.10″N，120°37′01.25″E，海拔 24m。位于村庄的偏东部分，房顶完好，门窗无破损，已经闲置多年，院内与院外长满杂草，门外堆有干柴。宅前道路宽约 3m，未硬化。左右两侧各为另一处闲置宅基地。该闲置宅基地面积为 120m²。

图5-69　场地O2（一）

图5-70　场地O2（二）

图5-71　场地O3（一）　　　　　　　　　　　　　图5-72　场地O3（二）

这里，我们以莱阳市团旺镇后李牧村（图 5-73）为例。从经过雷达处理的卫星影像（图 5-74～图 5-78）和光谱分析图（图 5-79）上，可以看出这个村庄地物的若干特征：

1）绝大部分使用水泥材料建设附属建筑物的住宅在村庄居民点的北部和东部地区，即图 5-78 中标记为 C 的地区，其建设时期可能是在最近的 10～20 年；

2）绝大部分没有使用水泥材料建设附属建筑物的住宅在村庄居民点的中部和南部地区，即图 5-78 中标记为 A 的地区，大部分住宅的建设时期至少在 30 年以上，在最近时期改造过的住宅约占 50%；

3）村庄新近建设的水泥路面向北延伸进入农田，在村庄 A 地区北部仅仅延伸了一部分；

4）以中间主要道路划分，整个居民点地面反射率呈现西南低于东北；

5）西南方向倾斜率为负，而东北方向倾斜率为正；

6）近年实际建设倾向显示村庄发展的几何重心偏移至东北方向。

图5-73　后李牧庄村卫星影像　　　　　　　　　　图5-74　红波段波长分析

图5-75 绿波段波长分析

图5-76 蓝波段波长分析

图5-77 三个波段影像合并

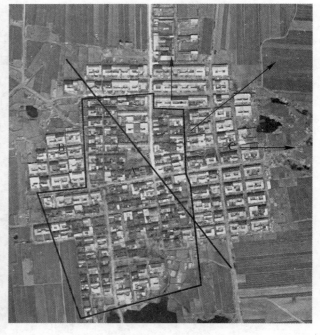

图5-78 村庄发展倾向

对李牧村作光谱分析的结论是，这个村庄的建设用地面积约 225 亩，与实地调查的结果基本一致；村庄建设用地的空置率约在 56%（表 5-4）。

在卫星影像上，我们还可以根据区域性地物，如县级以上公路、水库、小城镇等，发现村庄追随它们的发展而出现的居民点结构性变化。实际上，只有卫星可以覆盖最大的地面区域的影像，了解到区域性地物对村庄居民点结构的影响。

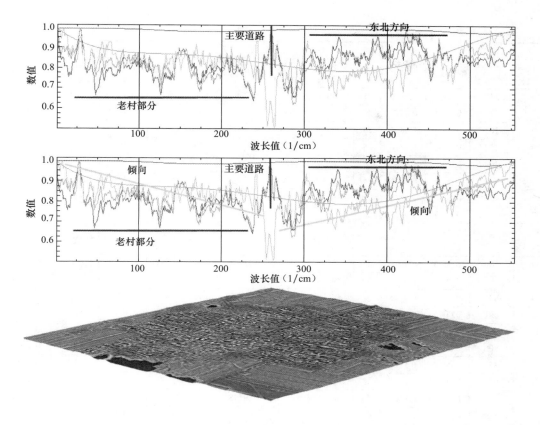

图5-79 光谱分析

莱阳市团旺镇后李牧村光谱分析 表5-4

红波段					绿波段					蓝波段				
波长	该波长下像素数	累积总像素数	所占比例	累积所占比例	波长	该波长下像素数	累积总像素数	所占比例	累积所占比例	波长	该波长下像素数	累积总像素数	所占比例	累积所占比例
0	1	1	0.0002	0.0002	0	1	1	0.0002	0.0002	0	7	7	0.0011	0.0011
1	1	2	0.0002	0.0003	1	0	1	0	0.0002	1	2	9	0.0003	0.0014
2	0	2	0	0.0003	2	3	4	0.0005	0.0006	2	4	13	0.0006	0.002
3	1	3	0.0002	0.0005	3	1	5	0.0002	0.0008	3	6	19	0.0009	0.0029
4	1	4	0.0002	0.0006	4	0	5	0	0.0008	4	7	26	0.0011	0.004
5	0	4	0	0.0006	5	1	6	0.0002	0.0009	5	5	31	0.0008	0.0047
6	4	8	0.0006	0.0012	6	1	7	0.0002	0.0011	6	12	43	0.0018	0.0065
7	3	11	0.0005	0.0017	7	4	11	0.0006	0.0017	7	8	51	0.0012	0.0078
8	6	17	0.0009	0.0026	8	6	17	0.0009	0.0026	8	18	69	0.0027	0.0105
9	3	20	0.0005	0.003	9	8	25	0.0012	0.0038	9	11	80	0.0017	0.0122
10	8	28	0.0012	0.0043	10	3	28	0.0005	0.0043	10	18	98	0.0027	0.0149
11	11	39	0.0017	0.0059	11	18	46	0.0027	0.007	11	20	118	0.003	0.018
12	13	52	0.002	0.0079	12	7	53	0.0011	0.0081	12	22	140	0.0033	0.0213
13	14	66	0.0021	0.01	13	16	69	0.0024	0.0105	13	38	178	0.0058	0.0271
14	20	86	0.003	0.0131	14	17	86	0.0026	0.0131	14	27	205	0.0041	0.0312
15	16	102	0.0024	0.0155	15	19	105	0.0029	0.016	15	18	223	0.0027	0.0339
16	19	121	0.0029	0.0184	16	33	138	0.005	0.021	16	30	253	0.0046	0.0385
17	26	147	0.004	0.0224	17	28	166	0.0043	0.0253	17	25	278	0.0038	0.0423
18	16	163	0.0024	0.0248	18	36	202	0.0055	0.0307	18	34	312	0.0052	0.0475
19	22	185	0.0033	0.0281	19	40	242	0.0061	0.0368	19	30	342	0.0046	0.052
20	28	213	0.0043	0.0324	20	35	277	0.0053	0.0421	20	40	382	0.0061	0.0581

续表

红波段					绿波段					蓝波段				
波长	该波长下像素数	累积总像素数	所占比例	累积所占比例	波长	该波长下像素数	累积总像素数	所占比例	累积所占比例	波长	该波长下像素数	累积总像素数	所占比例	累积所占比例
21	34	247	0.0052	0.0376	21	40	317	0.0061	0.0482	21	33	415	0.005	0.0631
22	27	274	0.0041	0.0417	22	48	365	0.0073	0.0555	22	30	445	0.0046	0.0677
23	29	303	0.0044	0.0461	23	30	395	0.0046	0.0601	23	42	487	0.0064	0.0741
24	36	339	0.0055	0.0516	24	29	424	0.0044	0.0645	24	38	525	0.0058	0.0799
25	30	369	0.0046	0.0561	25	38	462	0.0058	0.0703	25	36	561	0.0055	0.0854
26	22	391	0.0033	0.0595	26	41	503	0.0062	0.0765	26	42	603	0.0064	0.0918
27	35	426	0.0053	0.0648	27	28	531	0.0043	0.0808	27	53	656	0.0081	0.0998
28	27	453	0.0041	0.0689	28	33	564	0.005	0.0858	28	61	717	0.0093	0.1091
29	31	484	0.0047	0.0736	29	43	607	0.0065	0.0924	29	57	774	0.0087	0.1178
30	23	507	0.0035	0.0771	30	44	651	0.0067	0.0991	30	54	828	0.0082	0.126
31	32	539	0.0049	0.082	31	33	684	0.005	0.1041	31	76	904	0.0116	0.1375
32	48	587	0.0073	0.0893	32	40	724	0.0061	0.1102	32	79	983	0.012	0.1496
33	54	641	0.0082	0.0975	33	46	770	0.007	0.1172	33	92	1075	0.014	0.1636
34	50	691	0.0076	0.1051	34	63	833	0.0096	0.1267	34	99	1174	0.0151	0.1786
35	56	747	0.0085	0.1137	35	68	901	0.0103	0.1371	35	117	1291	0.0178	0.1964
36	61	808	0.0093	0.1229	36	70	971	0.0107	0.1477	36	123	1414	0.0187	0.2151
37	47	855	0.0072	0.1301	37	65	1036	0.0099	0.1576	37	119	1533	0.0181	0.2333
38	57	912	0.0087	0.1388	38	88	1124	0.0134	0.171	38	168	1701	0.0256	0.2588
39	75	987	0.0114	0.1502	39	117	1241	0.0178	0.1888	39	165	1866	0.0251	0.2839
40	68	1055	0.0103	0.1605	40	112	1353	0.017	0.2059	40	193	2059	0.0294	0.3133
41	61	1116	0.0093	0.1698	41	144	1497	0.0219	0.2278	41	185	2244	0.0281	0.3414
42	48	1164	0.0073	0.1771	42	146	1643	0.0222	0.25	42	225	2469	0.0342	0.3757
43	56	1220	0.0085	0.1856	43	167	1810	0.0254	0.2754	43	216	2685	0.0329	0.4085
44	85	1305	0.0129	0.1986	44	217	2027	0.033	0.3084	44	218	2903	0.0332	0.4417
45	87	1392	0.0132	0.2118	45	193	2220	0.0294	0.3378	45	254	3157	0.0386	0.4804
46	87	1479	0.0132	0.225	46	211	2431	0.0321	0.3699	46	259	3416	0.0394	0.5198
47	99	1578	0.0151	0.2401	47	211	2642	0.0321	0.402	47	270	3686	0.0411	0.5609
48	107	1685	0.0163	0.2564	48	225	2867	0.0342	0.4362	48	244	3930	0.0371	0.598
49	109	1794	0.0166	0.273	49	273	3140	0.0415	0.4778	49	283	4213	0.0431	0.641
50	104	1898	0.0158	0.2888	50	242	3382	0.0368	0.5146	50	269	4482	0.0409	0.682
51	140	2038	0.0213	0.3101	51	228	3610	0.0347	0.5493	51	279	4761	0.0425	0.7244
52	133	2171	0.0202	0.3303	52	294	3904	0.0447	0.594	52	343	5104	0.0522	0.7766
53	138	2309	0.021	0.3513	53	288	4192	0.0438	0.6378	53	319	5423	0.0485	0.8251
54	152	2461	0.0231	0.3745	54	302	4494	0.046	0.6838	54	307	5730	0.0467	0.8719
55	149	2610	0.0227	0.3971	55	321	4815	0.0488	0.7326	55	348	6078	0.053	0.9248
56	148	2758	0.0225	0.4196	56	321	5136	0.0488	0.7815	56	374	6452	0.0569	0.9817
57	187	2945	0.0285	0.4481	57	331	5467	0.0504	0.8318	57	362	6814	0.0551	1.0368
58	219	3164	0.0333	0.4814	58	348	5815	0.053	0.8848	58	386	7200	0.0587	1.0955
59	197	3361	0.03	0.5114	59	355	6170	0.054	0.9388	59	432	7632	0.0657	1.1613
60	206	3567	0.0313	0.5427	60	372	6542	0.0566	0.9954	60	421	8053	0.0641	1.2253
61	236	3803	0.0359	0.5787	61	397	6939	0.0604	1.0558	61	458	8511	0.0697	1.295
62	246	4049	0.0374	0.6161	62	414	7353	0.063	1.1188	62	461	8972	0.0701	1.3652
63	266	4315	0.0405	0.6566	63	418	7771	0.0636	1.1824	63	527	9499	0.0802	1.4453
64	255	4570	0.0388	0.6954	64	400	8171	0.0609	1.2433	64	515	10014	0.0784	1.5237
65	236	4806	0.0359	0.7313	65	438	8609	0.0666	1.3099	65	522	10536	0.0794	1.6031
66	320	5126	0.0487	0.78	66	484	9093	0.0736	1.3836	66	545	11081	0.0829	1.6861
67	325	5451	0.0495	0.8294	67	485	9578	0.0738	1.4574	67	570	11651	0.0867	1.7728
68	339	5790	0.0516	0.881	68	519	10097	0.079	1.5363	68	577	12228	0.0878	1.8606

续表

	红波段					绿波段					蓝波段			
波长	该波长下像素数	累积总像素数	所占比例	累积所占比例	波长	该波长下像素数	累积总像素数	所占比例	累积所占比例	波长	该波长下像素数	累积总像素数	所占比例	累积所占比例
69	344	6134	0.0523	0.9333	69	509	10606	0.0774	1.6138	69	589	12817	0.0896	1.9502
70	365	6499	0.0555	0.9889	70	550	11156	0.0837	1.6975	70	646	13463	0.0983	2.0485
71	392	6891	0.0596	1.0485	71	566	11722	0.0861	1.7836	71	661	14124	0.1006	2.1491
72	431	7322	0.0656	1.1141	72	600	12322	0.0913	1.8749	72	689	14813	0.1048	2.2539
73	421	7743	0.0641	1.1782	73	581	12903	0.0884	1.9633	73	664	15477	0.101	2.3549
74	451	8194	0.0686	1.2468	74	608	13511	0.0925	2.0558	74	743	16220	0.1131	2.468
75	439	8633	0.0668	1.3136	75	651	14162	0.0991	2.1548	75	744	16964	0.1132	2.5812
76	455	9088	0.0692	1.3828	76	688	14850	0.1047	2.2595	76	763	17727	0.1161	2.6973
77	452	9540	0.0688	1.4516	77	677	15527	0.103	2.3625	77	807	18534	0.1228	2.8201
78	521	10061	0.0793	1.5309	78	707	16234	0.1076	2.4701	78	900	19434	0.1369	2.957
79	516	10577	0.0785	1.6094	79	736	16970	0.112	2.5821	79	949	20383	0.1444	3.1014
80	545	11122	0.0829	1.6923	80	740	17710	0.1126	2.6947	80	939	21322	0.1429	3.2443
81	569	11691	0.0866	1.7789	81	811	18521	0.1234	2.8181	81	988	22310	0.1503	3.3946
82	586	12277	0.0892	1.868	82	871	19392	0.1325	2.9506	82	1011	23321	0.1538	3.5485
83	648	12925	0.0986	1.9666	83	872	20264	0.1327	3.0833	83	1055	24376	0.1605	3.709
84	663	13588	0.1009	2.0675	84	878	21142	0.1336	3.2169	84	1064	25440	0.1619	3.8709
85	651	14239	0.0991	2.1666	85	879	22021	0.1337	3.3506	85	1165	26605	0.1773	4.0481
86	696	14935	0.1059	2.2725	86	955	22976	0.1453	3.496	86	1144	27749	0.1741	4.2222
87	697	15632	0.1061	2.3785	87	958	23934	0.1458	3.6417	87	1211	28960	0.1843	4.4065
88	787	16419	0.1197	2.4983	88	1018	24952	0.1549	3.7966	88	1353	30313	0.2059	4.6123
89	787	17206	0.1197	2.618	89	1089	26041	0.1657	3.9623	89	1334	31647	0.203	4.8153
90	801	18007	0.1219	2.7399	90	1103	27144	0.1678	4.1301	90	1411	33058	0.2147	5.03
91	813	18820	0.1237	2.8636	91	1139	28283	0.1733	4.3035	91	1434	34492	0.2182	5.2482
92	868	19688	0.1321	2.9957	92	1107	29390	0.1684	4.4719	92	1570	36062	0.2389	5.4871
93	904	20592	0.1375	3.1332	93	1209	30599	0.184	4.6559	93	1553	37615	0.2363	5.7234
94	923	21515	0.1404	3.2737	94	1291	31890	0.1964	4.8523	94	1649	39264	0.2509	5.9743
95	917	22432	0.1395	3.4132	95	1332	33222	0.2027	5.055	95	1698	40962	0.2584	6.2327
96	1002	23434	0.1525	3.5656	96	1299	34521	0.1977	5.2526	96	1765	42727	0.2686	6.5012
97	1011	24445	0.1538	3.7195	97	1459	35980	0.222	5.4746	97	1984	44711	0.3019	6.8031
98	1049	25494	0.1596	3.8791	98	1509	37489	0.2296	5.7042	98	2004	46715	0.3049	7.108
99	1117	26611	0.17	4.049	99	1602	39091	0.2438	5.948	99	2082	48797	0.3168	7.4248
100	1081	27692	0.1645	4.2135	100	1648	40739	0.2508	6.1987	100	2112	50909	0.3214	7.7462
101	1080	28772	0.1643	4.3779	101	1779	42518	0.2707	6.4694	101	2134	53043	0.3247	8.0709
102	1161	29933	0.1767	4.5545	102	1847	44365	0.281	6.7504	102	2362	55405	0.3594	8.4303
103	1237	31170	0.1882	4.7427	103	1934	46299	0.2943	7.0447	103	2364	57769	0.3597	8.79
104	1235	32405	0.1879	4.9306	104	2008	48307	0.3055	7.3502	104	2391	60160	0.3638	9.1538
105	1283	33688	0.1952	5.1259	105	2140	50447	0.3256	7.6759	105	2448	62608	0.3725	9.5262
106	1355	35043	0.2062	5.332	106	2191	52638	0.3334	8.0092	106	2575	65183	0.3918	9.918
107	1402	36445	0.2133	5.5454	107	2284	54922	0.3475	8.3568	107	2561	67744	0.3897	10.3077
108	1480	37925	0.2252	5.7706	108	2380	57302	0.3621	8.7189	108	2587	70331	0.3936	10.7014
109	1578	39503	0.2401	6.0107	109	2375	59677	0.3614	9.0803	109	2557	72888	0.3891	11.0904
110	1602	41105	0.2438	6.2544	110	2478	62155	0.377	9.4573	110	2469	75357	0.3757	11.4661
111	1664	42769	0.2532	6.5076	111	2412	64567	0.367	9.8243	111	2396	77753	0.3646	11.8307
112	1661	44430	0.2527	6.7603	112	2344	66911	0.3567	10.181	112	2356	80109	0.3585	12.1891
113	1780	46210	0.2708	7.0312	113	2409	69320	0.3665	10.5475	113	2205	82314	0.3355	12.5246
114	1796	48006	0.2733	7.3044	114	2327	71647	0.3541	10.9016	114	2105	84419	0.3203	12.8449
115	1830	49836	0.2784	7.5829	115	2288	73935	0.3481	11.2497	115	2131	86550	0.3242	13.1692
116	1943	51779	0.2956	7.8785	116	2281	76216	0.3471	11.5968	116	2012	88562	0.3061	13.4753

续表

续表

红波段 波长	该波长下像素数	累积总像素数	所占比例	累积所占比例	绿波段 波长	该波长下像素数	累积总像素数	所占比例	累积所占比例	蓝波段 波长	该波长下像素数	累积总像素数	所占比例	累积所占比例
117	2049	53828	0.3118	8.1903	117	2150	78366	0.3271	11.9239	117	1956	90518	0.2976	13.7729
118	2089	55917	0.3179	8.5082	118	2291	80657	0.3486	12.2725	118	1949	92467	0.2966	14.0695
119	2147	58064	0.3267	8.8348	119	2240	82897	0.3408	12.6134	119	1873	94340	0.285	14.3545
120	2211	60275	0.3364	9.1713	120	2126	85023	0.3235	12.9368	120	1801	96141	0.274	14.6285
121	2122	62397	0.3229	9.4941	121	2060	87083	0.3134	13.2503	121	1709	97850	0.26	14.8886
122	2222	64619	0.3381	9.8322	122	2064	89147	0.3141	13.5643	122	1709	99559	0.26	15.1486
123	2203	66822	0.3352	10.1674	123	2056	91203	0.3128	13.8772	123	1702	101261	0.259	15.4076
124	2130	68952	0.3241	10.4915	124	1928	93131	0.2934	14.1705	124	1492	102753	0.227	15.6346
125	2096	71048	0.3189	10.8104	125	1857	94988	0.2826	14.4531	125	1475	104228	0.2244	15.859
126	2059	73107	0.3133	11.1237	126	1827	96815	0.278	14.7311	126	1434	105662	0.2182	16.0772
127	2129	75236	0.3239	11.4477	127	1784	98599	0.2714	15.0025	127	1482	107144	0.2255	16.3027
128	2026	77262	0.3083	11.756	128	1744	100343	0.2654	15.2679	128	1267	108411	0.1928	16.4955
129	2025	79287	0.3081	12.0641	129	1627	101970	0.2476	15.5154	129	1309	109720	0.1992	16.6947
130	1982	81269	0.3016	12.3656	130	1578	103548	0.2401	15.7556	130	1284	111004	0.1954	16.89
131	1991	83260	0.3029	12.6686	131	1559	105107	0.2372	15.9928	131	1269	112273	0.1931	17.0831
132	1941	85201	0.2953	12.9639	132	1486	106593	0.2261	16.2189	132	1142	113415	0.1738	17.2569
133	2008	87209	0.3055	13.2695	133	1424	108017	0.2167	16.4355	133	1155	114570	0.1757	17.4326
134	1867	89076	0.2841	13.5535	134	1345	109362	0.2047	16.6402	134	1118	115688	0.1701	17.6027
135	1910	90986	0.2906	13.8442	135	1376	110738	0.2094	16.8496	135	1072	116760	0.1631	17.7658
136	1889	92875	0.2874	14.1316	136	1233	111971	0.1876	17.0372	136	1039	117799	0.1581	17.9239
137	1810	94685	0.2754	14.407	137	1266	113237	0.1926	17.2298	137	989	118788	0.1505	18.0744
138	1768	96453	0.269	14.676	138	1206	114443	0.1835	17.4133	138	939	119727	0.1429	18.2173
139	1688	98141	0.2568	14.9328	139	1206	115649	0.1835	17.5968	139	882	120609	0.1342	18.3515
140	1696	99837	0.2581	15.1909	140	1136	116785	0.1729	17.7697	140	937	121546	0.1426	18.4941
141	1649	101486	0.2509	15.4418	141	1059	117844	0.1611	17.9308	141	867	122413	0.1319	18.626
142	1588	103074	0.2416	15.6834	142	1028	118872	0.1564	18.0872	142	789	123202	0.1201	18.746
143	1490	104564	0.2267	15.9101	143	976	119848	0.1485	18.2357	143	823	124025	0.1252	18.8713
144	1483	106047	0.2256	16.1358	144	989	120837	0.1505	18.3862	144	813	124838	0.1237	18.995
145	1447	107494	0.2202	16.356	145	882	121719	0.1342	18.5204	145	783	125621	0.1191	19.1141
146	1381	108875	0.2101	16.5661	146	831	122550	0.1264	18.6468	146	752	126373	0.1144	19.2285
147	1326	110201	0.2018	16.7679	147	846	123396	0.1287	18.7756	147	758	127131	0.1153	19.3439
148	1236	111437	0.1881	16.9559	148	846	124242	0.1287	18.9043	148	722	127853	0.1099	19.4537
149	1275	112712	0.194	17.1499	149	823	125065	0.1252	19.0295	149	719	128572	0.1094	19.5631
150	1215	113927	0.1849	17.3348	150	841	125906	0.128	19.1575	150	717	129289	0.1091	19.6722
151	1143	115070	0.1739	17.5087	151	770	126676	0.1172	19.2746	151	679	129968	0.1033	19.7755
152	1159	116229	0.1763	17.6851	152	748	127424	0.1138	19.3885	152	638	130606	0.0971	19.8726
153	1058	117287	0.161	17.846	153	742	128166	0.1129	19.5014	153	587	131193	0.0893	19.9619
154	1028	118315	0.1564	18.0025	154	752	128918	0.1144	19.6158	154	636	131829	0.0968	20.0587
155	951	119266	0.1447	18.1472	155	651	129569	0.0991	19.7148	155	614	132443	0.0934	20.1521
156	973	120239	0.148	18.2952	156	696	130265	0.1059	19.8207	156	576	133019	0.0876	20.2398
157	925	121164	0.1407	18.4359	157	691	130956	0.1051	19.9259	157	603	133622	0.0918	20.3315
158	941	122105	0.1432	18.5791	158	672	131628	0.1022	20.0281	158	559	134181	0.0851	20.4166
159	848	122953	0.129	18.7082	159	633	132261	0.0963	20.1244	159	568	134749	0.0864	20.503
160	827	123780	0.1258	18.834	160	583	132844	0.0887	20.2131	160	573	135322	0.0872	20.5902
161	803	124583	0.1222	18.9562	161	625	133469	0.0951	20.3082	161	525	135847	0.0799	20.6701
162	795	125378	0.121	19.0771	162	550	134019	0.0837	20.3919	162	509	136356	0.0774	20.7475
163	789	126167	0.1201	19.1972	163	578	134597	0.0879	20.4799	163	525	136881	0.0799	20.8274
164	746	126913	0.1135	19.3107	164	559	135156	0.0851	20.5649	164	515	137396	0.0784	20.9058

续表

	红波段					绿波段					蓝波段			
波长	该波长下像素数	累积总像素数	所占比例	累积所占比例	波长	该波长下像素数	累积总像素数	所占比例	累积所占比例	波长	该波长下像素数	累积总像素数	所占比例	累积所占比例
165	749	127662	0.114	19.4247	165	565	135721	0.086	20.6509	165	437	137833	0.0665	20.9723
166	714	128376	0.1086	19.5333	166	540	136261	0.0822	20.7331	166	426	138259	0.0648	21.0371
167	707	129083	0.1076	19.6409	167	529	136790	0.0805	20.8136	167	406	138665	0.0618	21.0988
168	688	129771	0.1047	19.7456	168	495	137285	0.0753	20.8889	168	429	139094	0.0653	21.1641
169	654	130425	0.0995	19.8451	169	485	137770	0.0738	20.9627	169	392	139486	0.0596	21.2238
170	682	131107	0.1038	19.9488	170	466	138236	0.0709	21.0336	170	395	139881	0.0601	21.2839
171	621	131728	0.0945	20.0433	171	433	138669	0.0659	21.0995	171	373	140254	0.0568	21.3406
172	605	132333	0.0921	20.1354	172	458	139127	0.0697	21.1691	172	370	140624	0.0563	21.3969
173	596	132929	0.0907	20.2261	173	412	139539	0.0627	21.2318	173	341	140965	0.0519	21.4488
174	576	133505	0.0876	20.3137	174	394	139933	0.0599	21.2918	174	358	141323	0.0545	21.5033
175	572	134077	0.087	20.4008	175	417	140350	0.0634	21.3552	175	340	141663	0.0517	21.555
176	613	134690	0.0933	20.494	176	401	140751	0.061	21.4162	176	302	141965	0.046	21.601
177	569	135259	0.0866	20.5806	177	389	141140	0.0592	21.4754	177	316	142281	0.0481	21.649
178	520	135779	0.0791	20.6597	178	358	141498	0.0545	21.5299	178	284	142565	0.0432	21.6923
179	508	136287	0.0773	20.737	179	324	141822	0.0493	21.5792	179	281	142846	0.0428	21.735
180	539	136826	0.082	20.819	180	351	142173	0.0534	21.6326	180	267	143113	0.0406	21.7756
181	511	137337	0.0778	20.8968	181	285	142458	0.0434	21.676	181	264	143377	0.0402	21.8158
182	488	137825	0.0743	20.971	182	285	142743	0.0434	21.7193	182	230	143607	0.035	21.8508
183	459	138284	0.0698	21.0409	183	269	143012	0.0409	21.7603	183	227	143834	0.0345	21.8853
184	461	138745	0.0701	21.111	184	299	143311	0.0455	21.8058	184	201	144035	0.0306	21.9159
185	444	139189	0.0676	21.1786	185	256	143567	0.039	21.8447	185	205	144240	0.0312	21.9471
186	424	139613	0.0645	21.2431	186	223	143790	0.0339	21.8787	186	177	144417	0.0269	21.9741
187	425	140038	0.0647	21.3078	187	204	143994	0.031	21.9097	187	189	144606	0.0288	22.0028
188	414	140452	0.063	21.3708	188	197	144191	0.03	21.9397	188	179	144785	0.0272	22.03
189	339	140791	0.0516	21.4223	189	204	144395	0.031	21.9707	189	146	144931	0.0222	22.0523
190	331	141122	0.0504	21.4727	190	223	144618	0.0339	22.0046	190	157	145088	0.0239	22.0762
191	368	141490	0.056	21.5287	191	166	144784	0.0253	22.0299	191	147	145235	0.0224	22.0985
192	365	141855	0.0555	21.5842	192	154	144938	0.0234	22.0533	192	121	145356	0.0184	22.1169
193	344	142199	0.0523	21.6366	193	165	145103	0.0251	22.0784	193	137	145493	0.0208	22.1378
194	347	142546	0.0528	21.6894	194	156	145259	0.0237	22.1022	194	137	145630	0.0208	22.1586
195	285	142831	0.0434	21.7327	195	131	145390	0.0199	22.1221	195	127	145757	0.0193	22.1779
196	282	143113	0.0429	21.7756	196	137	145527	0.0208	22.1429	196	108	145865	0.0164	22.1944
197	295	143408	0.0449	21.8205	197	135	145662	0.0205	22.1635	197	89	145954	0.0135	22.2079
198	269	143677	0.0409	21.8615	198	111	145773	0.0169	22.1804	198	112	146066	0.017	22.225
199	233	143910	0.0355	21.8969	199	118	145891	0.018	22.1983	199	112	146178	0.017	22.242
200	231	144141	0.0351	21.9321	200	94	145985	0.0143	22.2126	200	94	146272	0.0143	22.2563
201	227	144368	0.0345	21.9666	201	114	146099	0.0173	22.23	201	109	146381	0.0166	22.2729
202	224	144592	0.0341	22.0007	202	105	146204	0.016	22.246	202	88	146469	0.0134	22.2863
203	224	144816	0.0341	22.0348	203	112	146316	0.017	22.263	203	81	146550	0.0123	22.2986
204	197	145013	0.03	22.0647	204	84	146400	0.0128	22.2758	204	88	146638	0.0134	22.312
205	210	145223	0.032	22.0967	205	84	146484	0.0128	22.2886	205	77	146715	0.0117	22.3237
206	178	145401	0.0271	22.1238	206	86	146570	0.0131	22.3016	206	70	146785	0.0107	22.3344
207	162	145563	0.0246	22.1484	207	79	146649	0.012	22.3137	207	67	146852	0.0102	22.3446
208	172	145735	0.0262	22.1746	208	95	146744	0.0145	22.3281	208	69	146921	0.0105	22.3551
209	117	145852	0.0178	22.1924	209	76	146820	0.0116	22.3397	209	81	147002	0.0123	22.3674
210	156	146008	0.0237	22.2161	210	61	146881	0.0093	22.349	210	56	147058	0.0085	22.3759
211	144	146152	0.0219	22.238	211	62	146943	0.0094	22.3584	211	56	147114	0.0085	22.3844
212	106	146258	0.0161	22.2542	212	64	147007	0.0097	22.3681	212	73	147187	0.0111	22.3955

续表

	红波段					绿波段					蓝波段			
波长	该波长下像素数	累积总像素数	所占比例	累积所占比例	波长	该波长下像素数	累积总像素数	所占比例	累积所占比例	波长	该波长下像素数	累积总像素数	所占比例	累积所占比例
213	127	146385	0.0193	22.2735	213	64	147071	0.0097	22.3779	213	50	147237	0.0076	22.4031
214	110	146495	0.0167	22.2902	214	62	147133	0.0094	22.3873	214	63	147300	0.0096	22.4127
215	105	146600	0.016	22.3062	215	77	147210	0.0117	22.399	215	67	147367	0.0102	22.4229
216	106	146706	0.0161	22.3223	216	77	147287	0.0117	22.4107	216	55	147422	0.0084	22.4313
217	108	146814	0.0164	22.3388	217	65	147352	0.0099	22.4206	217	56	147478	0.0085	22.4398
218	109	146923	0.0166	22.3554	218	51	147403	0.0078	22.4284	218	71	147549	0.0108	22.4506
219	89	147012	0.0135	22.3689	219	67	147470	0.0102	22.4386	219	57	147606	0.0087	22.4593
220	97	147109	0.0148	22.3837	220	67	147537	0.0102	22.4488	220	65	147671	0.0099	22.4692
221	102	147211	0.0155	22.3992	221	75	147612	0.0114	22.4602	221	46	147717	0.007	22.4762
222	89	147300	0.0135	22.4127	222	70	147682	0.0107	22.4708	222	51	147768	0.0078	22.4839
223	68	147368	0.0103	22.4231	223	49	147731	0.0075	22.4783	223	53	147821	0.0081	22.492
224	79	147447	0.012	22.4351	224	56	147787	0.0085	22.4868	224	51	147872	0.0078	22.4998
225	84	147531	0.0128	22.4479	225	56	147843	0.0085	22.4953	225	69	147941	0.0105	22.5103
226	71	147602	0.0108	22.4587	226	55	147898	0.0084	22.5037	226	53	147994	0.0081	22.5183
227	77	147679	0.0117	22.4704	227	65	147963	0.0099	22.5136	227	59	148053	0.009	22.5273
228	85	147764	0.0129	22.4833	228	64	148027	0.0097	22.5233	228	51	148104	0.0078	22.5351
229	58	147822	0.0088	22.4921	229	58	148085	0.0088	22.5322	229	70	148174	0.0107	22.5457
230	84	147906	0.0128	22.5049	230	61	148146	0.0093	22.5414	230	59	148233	0.009	22.5547
231	62	147968	0.0094	22.5144	231	48	148194	0.0073	22.5488	231	52	148285	0.0079	22.5626
232	74	148042	0.0113	22.5256	232	53	148247	0.0081	22.5568	232	48	148333	0.0073	22.5699
233	69	148111	0.0105	22.5361	233	57	148304	0.0087	22.5655	233	60	148393	0.0091	22.579
234	76	148187	0.0116	22.5477	234	63	148367	0.0096	22.5751	234	58	148451	0.0088	22.5879
235	64	148251	0.0097	22.5574	235	58	148425	0.0088	22.5839	235	57	148508	0.0087	22.5965
236	49	148300	0.0075	22.5649	236	58	148483	0.0088	22.5927	236	52	148560	0.0079	22.6044
237	72	148372	0.011	22.5758	237	66	148549	0.01	22.6028	237	61	148621	0.0093	22.6137
238	69	148441	0.0105	22.5863	238	51	148600	0.0078	22.6105	238	58	148679	0.0088	22.6225
239	64	148505	0.0097	22.5961	239	65	148665	0.0099	22.6204	239	65	148744	0.0099	22.6324
240	71	148576	0.0108	22.6069	240	69	148734	0.0105	22.6309	240	58	148802	0.0088	22.6413
241	71	148647	0.0108	22.6177	241	57	148791	0.0087	22.6396	241	53	148855	0.0081	22.6493
242	69	148716	0.0105	22.6282	242	58	148849	0.0088	22.6484	242	52	148907	0.0079	22.6572
243	57	148773	0.0087	22.6368	243	68	148917	0.0103	22.6588	243	57	148964	0.0087	22.6659
244	68	148841	0.0103	22.6472	244	64	148981	0.0097	22.6685	244	57	149021	0.0087	22.6746
245	73	148914	0.0111	22.6583	245	60	149041	0.0091	22.6776	245	47	149068	0.0072	22.6817
246	62	148976	0.0094	22.6677	246	59	149100	0.009	22.6866	246	59	149127	0.009	22.6907
247	78	149054	0.0119	22.6796	247	65	149165	0.0099	22.6965	247	81	149208	0.0123	22.703
248	106	149160	0.0161	22.6957	248	96	149261	0.0146	22.7111	248	94	149302	0.0143	22.7173
249	110	149270	0.0167	22.7125	249	110	149371	0.0167	22.7278	249	103	149405	0.0157	22.733
250	119	149389	0.0181	22.7306	250	95	149466	0.0145	22.7423	250	86	149491	0.0131	22.7461
251	120	149509	0.0183	22.7488	251	115	149581	0.0175	22.7598	251	127	149618	0.0193	22.7654
252	137	149646	0.0208	22.7697	252	115	149696	0.0175	22.7773	252	110	149728	0.0167	22.7822
253	161	149807	0.0245	22.7942	253	167	149863	0.0254	22.8027	253	146	149874	0.0222	22.8044
254	386	150193	0.0587	22.8529	254	404	150267	0.0615	22.8642	254	408	150282	0.0621	22.8665
255	507023	657216	77.1471	100	255	506949	657216	77.1358	100	255	506934	657216	77.1335	100

莱阳市团旺镇后李牧村

访谈对象：王× 职务：会计 访谈日期：2010年7月22日 整理人：程超

一、村庄信息

后李牧村位于36°44′N，120°37′E，海拔75～80m之间，属于丘陵地形；距莱阳市30km，距团旺镇2km；村庄距省道S212有3km。村庄及周边无河流。

后李牧村共有720人，其中常住680人，有212户，其中常住本村的205户。2009年村庄集体收入30000元，主要收入来源是集体果园、房屋出租；2009年农民年人均纯收入约为6800元，农户的主要收入来源是种植苹果、养殖和打工。

二、村庄住宅情况

后李牧村村域总面积为1984亩，居民点建设用地面积为200亩，村内户均宅基地面积约210m²，共有宅基地260处，户均庭院面积100m²。

村内共有倒塌宅基地6个，废弃或闲置宅基地40处，平均旧宅基地面积为130m²，小于新建住宅面积。

集体废弃或闲置的建筑物或构筑物场地有1个，面积0.4亩，大约合2个宅基地。

村内闲置宅基地和空置房屋的形成主要是由于村民在村内别处另盖新房弃旧房造成。

村庄空置场地呈集中成片分布。空置废弃场地多集中于村中心南部。

村内主干道路没有进行硬化，但上铺有小石子。拆迁道路多为土路。村内新住宅区的宅间道路为6m，老宅区宅间道路为3m，老宅区30%的宅间道路不能顺畅通过，30%的老宅宅间道路不能与村庄主干道相连。

在空置房屋集中地区，100%没有电源线接入，100%没有自来水。100%没有垃圾处理设施。

村内所有房屋均是坐北朝南。空闲或坍塌住宅所在地域的坡度稍大于较新住宅所在地域坡度。

目前村内的旧宅处于闲置状态，没有被开发利用，村民认为闲置房屋对其没有太大影响，村干部认为由于村子距离城镇较远，这些空置场地没有开发的潜力，要想整治国家就必须有所投入。

三、具体实际调查点分析（图5-80）

五个"空置点"

O1（图5-81）：36°44′39″N，120°37′47″E，一个标准的废弃宅基地。屋顶部分坍塌，门前长满杂草。墙体由灰色石头和红砖，瓦为红色。东侧有一住宅，北边为一菜地。

O2（图5-82）：36°44′38″N，120°37′45″E，村大队废弃场地，2个标准宅基地大小。房屋已完全坍塌，院墙部分拆除。门前长满杂草并堆放有秸秆。南边建筑为现村委办公室，北边为民宅。

O3（图5-83）：36°44′38″N，120°37′47″E，一个标准的闲置宅基地。房屋有翻新的痕迹（院墙由水泥砖构造，较新），但门前堆满杂物，长满杂草。此处宅基地由于住户外出暂时不用的可能性较大。

O4（图5-84、图5-85）：36°44′33″N，120°37′48″E，一个标准的闲置宅基地。房屋较小，院子狭长，墙体由黑色石头构成，瓦为黑色。院子内部开发利用为菜地。

O5：36°44′33″N，120°37′47″E，一个较大面积的宅基地，面积约为标准旧宅的两倍。地面上能看见旧宅的残留建筑材料，说明这是一处老宅基地。现在已经用石头打好地基，旁边堆有砖头等建筑材料，从周围村民处了解到，此处正在准备盖新房。场地内部种植有少许农作物。

图5-80 后李牧村卫星影像及其实地勘察点

图5-81 场地O1

图5-82 场地O2

图5-83 场地O3

图5-84 场地O4（一）

图5-85 场地O4（二）

这里，我们以招远市毕郭镇东城子村和西城子村为例（表5-5）。从卫星影像（图5-86～图5-91）上看，两个村庄均以区域道路作为发展轴，近些年来，在沿路地区，建起了住宅，而路南的东城子村和西城子村均在远离公路的地区出现成规模的废弃或闲置场地。从废弃或闲置场地的植被状态看，这种发展倾向已经存在多年了。

图5-86 东城子村和西城子村卫星影像

图5-87 红波段波长分析

图5-88 绿波段波长分析

图5-89 蓝波段波长分析

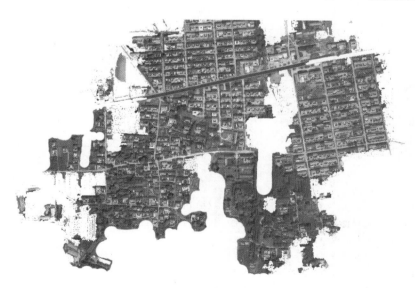

图5-90 剔除村庄周边农田

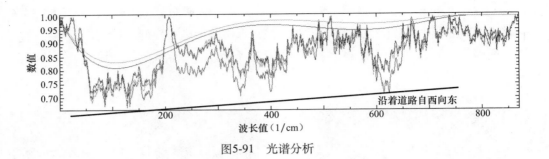

图5-91 光谱分析

招远市毕郭镇东城子和西城子村光谱分析 表5-5

红波段					绿波段					蓝波段				
波长	该波长下像素数	累积总像素数	所占比例	累积所占比例	波长	该波长下像素数	累积总像素数	所占比例	累积所占比例	波长	该波长下像素数	累积总像素数	所占比例	累积所占比例
0	1	1	0.0002	0.0002	0	4	4	0.0006	0.0006	0	2	2	0.0003	0.0003
1	1	2	0.0002	0.0003	1	1	5	0.0002	0.0008	1	1	3	0.0002	0.0005
2	0	2	0	0.0003	2	2	7	0.0003	0.0011	2	1	4	0.0002	0.0006
3	3	5	0.0005	0.0008	3	1	8	0.0002	0.0012	3	0	4	0	0.0006
4	0	5	0	0.0008	4	1	9	0.0002	0.0014	4	0	4	0	0.0006
5	0	5	0	0.0008	5	1	10	0.0002	0.0015	5	3	7	0.0005	0.0011
6	0	5	0	0.0008	6	0	10	0	0.0015	6	3	10	0.0005	0.0015
7	1	6	0.0002	0.0009	7	2	12	0.0003	0.0018	7	1	11	0.0002	0.0017
8	0	6	0	0.0009	8	3	15	0.0005	0.0023	8	2	13	0.0003	0.002
9	2	8	0.0003	0.0012	9	2	17	0.0003	0.0026	9	2	15	0.0003	0.0023
10	4	12	0.0006	0.0018	10	4	21	0.0006	0.0032	10	3	18	0.0005	0.0027
11	4	16	0.0006	0.0024	11	6	27	0.0009	0.0041	11	4	22	0.0006	0.0033
12	5	21	0.0008	0.0032	12	4	31	0.0006	0.0047	12	4	26	0.0006	0.004
13	5	26	0.0008	0.004	13	6	37	0.0009	0.0056	13	10	36	0.0015	0.0055
14	8	34	0.0012	0.0052	14	8	45	0.0012	0.0068	14	8	44	0.0012	0.0067
15	4	38	0.0006	0.0058	15	16	61	0.0024	0.0093	15	15	59	0.0023	0.009
16	10	48	0.0015	0.0073	16	14	75	0.0021	0.0114	16	6	65	0.0009	0.0099
17	13	61	0.002	0.0093	17	13	88	0.002	0.0134	17	10	75	0.0015	0.0114
18	12	73	0.0018	0.0111	18	13	101	0.002	0.0154	18	19	94	0.0029	0.0143
19	16	89	0.0024	0.0135	19	18	119	0.0027	0.0181	19	19	113	0.0029	0.0172
20	27	116	0.0041	0.0177	20	35	154	0.0053	0.0234	20	22	135	0.0033	0.0205
21	22	138	0.0033	0.021	21	28	182	0.0043	0.0277	21	19	154	0.0029	0.0234
22	40	178	0.0061	0.0271	22	38	220	0.0058	0.0335	22	23	177	0.0035	0.0269
23	32	210	0.0049	0.032	23	35	255	0.0053	0.0388	23	30	207	0.0046	0.0315
24	38	248	0.0058	0.0377	24	54	309	0.0082	0.047	24	29	236	0.0044	0.0359
25	42	290	0.0064	0.0441	25	53	362	0.0081	0.0551	25	31	267	0.0047	0.0406
26	43	333	0.0065	0.0507	26	51	413	0.0078	0.0628	26	47	314	0.0072	0.0478
27	77	410	0.0117	0.0624	27	58	471	0.0088	0.0717	27	44	358	0.0067	0.0545
28	78	488	0.0119	0.0743	28	70	541	0.0107	0.0823	28	67	425	0.0102	0.0647
29	83	571	0.0126	0.0869	29	75	616	0.0114	0.0937	29	63	488	0.0096	0.0743
30	104	675	0.0158	0.1027	30	85	701	0.0129	0.1067	30	75	563	0.0114	0.0857
31	124	799	0.0189	0.1216	31	104	805	0.0158	0.1225	31	84	647	0.0128	0.0984
32	149	948	0.0227	0.1442	32	128	933	0.0195	0.142	32	96	743	0.0146	0.1131
33	175	1123	0.0266	0.1709	33	125	1058	0.019	0.161	33	101	844	0.0154	0.1284
34	196	1319	0.0298	0.2007	34	154	1212	0.0234	0.1844	34	131	975	0.0199	0.1484
35	202	1521	0.0307	0.2314	35	140	1352	0.0213	0.2057	35	142	1117	0.0216	0.17
36	241	1762	0.0367	0.2681	36	182	1534	0.0277	0.2334	36	156	1273	0.0237	0.1937

续表

红波段					绿波段					蓝波段				
波长	该波长下像素数	累积总像素数	所占比例	累积所占比例	波长	该波长下像素数	累积总像素数	所占比例	累积所占比例	波长	该波长下像素数	累积总像素数	所占比例	累积所占比例
37	247	2009	0.0376	0.3057	37	207	1741	0.0315	0.2649	37	166	1439	0.0253	0.219
38	307	2316	0.0467	0.3524	38	235	1976	0.0358	0.3007	38	198	1637	0.0301	0.2491
39	312	2628	0.0475	0.3999	39	261	2237	0.0397	0.3404	39	201	1838	0.0306	0.2797
40	357	2985	0.0543	0.4542	40	277	2514	0.0421	0.3825	40	211	2049	0.0321	0.3118
41	371	3356	0.0565	0.5106	41	320	2834	0.0487	0.4312	41	240	2289	0.0365	0.3483
42	437	3793	0.0665	0.5771	42	344	3178	0.0523	0.4836	42	304	2593	0.0463	0.3945
43	458	4251	0.0697	0.6468	43	372	3550	0.0566	0.5402	43	289	2882	0.044	0.4385
44	527	4778	0.0802	0.727	44	404	3954	0.0615	0.6016	44	344	3226	0.0523	0.4909
45	483	5261	0.0735	0.8005	45	421	4375	0.0641	0.6657	45	339	3565	0.0516	0.5424
46	620	5881	0.0943	0.8948	46	490	4865	0.0746	0.7402	46	373	3938	0.0568	0.5992
47	662	6543	0.1007	0.9956	47	540	5405	0.0822	0.8224	47	409	4347	0.0622	0.6614
48	638	7181	0.0971	1.0926	48	559	5964	0.0851	0.9075	48	482	4829	0.0733	0.7348
49	690	7871	0.105	1.1976	49	556	6520	0.0846	0.9921	49	505	5334	0.0768	0.8116
50	729	8600	0.1109	1.3086	50	667	7187	0.1015	1.0936	50	566	5900	0.0861	0.8977
51	763	9363	0.1161	1.4246	51	686	7873	0.1044	1.1979	51	599	6499	0.0911	0.9889
52	810	10173	0.1232	1.5479	52	675	8548	0.1027	1.3006	52	587	7086	0.0893	1.0782
53	858	11031	0.1306	1.6784	53	766	9314	0.1166	1.4172	53	656	7742	0.0998	1.178
54	889	11920	0.1353	1.8137	54	750	10064	0.1141	1.5313	54	683	8425	0.1039	1.2819
55	931	12851	0.1417	1.9554	55	767	10831	0.1167	1.648	55	725	9150	0.1103	1.3922
56	952	13803	0.1449	2.1002	56	886	11717	0.1348	1.7828	56	802	9952	0.122	1.5143
57	1050	14853	0.1598	2.26	57	895	12612	0.1362	1.919	57	891	10843	0.1356	1.6498
58	1059	15912	0.1611	2.4211	58	987	13599	0.1502	2.0692	58	896	11739	0.1363	1.7862
59	1089	17001	0.1657	2.5868	59	986	14585	0.15	2.2192	59	879	12618	0.1337	1.9199
60	1188	18189	0.1808	2.7676	60	1150	15735	0.175	2.3942	60	939	13557	0.1429	2.0628
61	1217	19406	0.1852	2.9528	61	1196	16931	0.182	2.5762	61	1011	14568	0.1538	2.2166
62	1281	20687	0.1949	3.1477	62	1214	18145	0.1847	2.7609	62	1056	15624	0.1607	2.3773
63	1326	22013	0.2018	3.3494	63	1192	19337	0.1814	2.9423	63	1127	16751	0.1715	2.5488
64	1415	23428	0.2153	3.5647	64	1252	20589	0.1905	3.1328	64	1136	17887	0.1729	2.7216
65	1358	24786	0.2066	3.7714	65	1365	21954	0.2077	3.3405	65	1273	19160	0.1937	2.9153
66	1519	26305	0.2311	4.0025	66	1386	23340	0.2109	3.5513	66	1231	20391	0.1873	3.1026
67	1505	27810	0.229	4.2315	67	1432	24772	0.2179	3.7692	67	1325	21716	0.2016	3.3042
68	1490	29300	0.2267	4.4582	68	1551	26323	0.236	4.0052	68	1386	23102	0.2109	3.5151
69	1609	30909	0.2448	4.703	69	1499	27822	0.2281	4.2333	69	1417	24519	0.2156	3.7307
70	1699	32608	0.2585	4.9615	70	1680	29502	0.2556	4.4889	70	1491	26010	0.2269	3.9576
71	1736	34344	0.2641	5.2257	71	1651	31153	0.2512	4.7401	71	1559	27569	0.2372	4.1948
72	1767	36111	0.2689	5.4945	72	1782	32935	0.2711	5.0113	72	1614	29183	0.2456	4.4404
73	1955	38066	0.2975	5.792	73	1893	34828	0.288	5.2993	73	1689	30872	0.257	4.6974
74	1992	40058	0.3031	6.0951	74	1937	36765	0.2947	5.5941	74	1779	32651	0.2707	4.9681
75	2064	42122	0.3141	6.4092	75	1939	38704	0.295	5.8891	75	1823	34474	0.2774	5.2455
76	2049	44171	0.3118	6.7209	76	2078	40782	0.3162	6.2053	76	1850	36324	0.2815	5.527
77	2164	46335	0.3293	7.0502	77	2091	42873	0.3182	6.5234	77	1910	38234	0.2906	5.8176
78	2246	48581	0.3417	7.3919	78	2237	45110	0.3404	6.8638	78	2004	40238	0.3049	6.1225
79	2320	50901	0.353	7.7449	79	2195	47305	0.334	7.1978	79	2123	42361	0.323	6.4455
80	2459	53360	0.3742	8.1191	80	2289	49594	0.3483	7.5461	80	2133	44494	0.3246	6.7701
81	2542	55902	0.3868	8.5059	81	2273	51867	0.3459	7.8919	81	2255	46749	0.3431	7.1132
82	2606	58508	0.3965	8.9024	82	2286	54153	0.3478	8.2398	82	2337	49086	0.3556	7.4688
83	2639	61147	0.4015	9.3039	83	2414	56567	0.3673	8.6071	83	2289	51375	0.3483	7.8171
84	2633	63780	0.4006	9.7046	84	2443	59010	0.3717	8.9788	84	2453	53828	0.3732	8.1903

续表

红波段					绿波段					蓝波段				
波长	该波长下像素数	累积总像素数	所占比例	累积所占比例	波长	该波长下像素数	累积总像素数	所占比例	累积所占比例	波长	该波长下像素数	累积总像素数	所占比例	累积所占比例
85	2644	66424	0.4023	10.1069	85	2435	61445	0.3705	9.3493	85	2474	56302	0.3764	8.5667
86	2651	69075	0.4034	10.5102	86	2433	63878	0.3702	9.7195	86	2641	58943	0.4018	8.9686
87	2816	71891	0.4285	10.9387	87	2610	66488	0.3971	10.1166	87	2525	61468	0.3842	9.3528
88	2815	74706	0.4283	11.367	88	2513	69001	0.3824	10.499	88	2714	64182	0.413	9.7657
89	2789	77495	0.4244	11.7914	89	2595	71596	0.3948	10.8938	89	2716	66898	0.4133	10.179
90	2839	80334	0.432	12.2234	90	2711	74307	0.4125	11.3063	90	2877	69775	0.4378	10.6168
91	2843	83177	0.4326	12.656	91	2739	77046	0.4168	11.7231	91	2899	72674	0.4411	11.0579
92	2900	86077	0.4413	13.0972	92	2768	79814	0.4212	12.1443	92	2970	75644	0.4519	11.5098
93	2740	88817	0.4169	13.5141	93	2737	82551	0.4165	12.5607	93	2933	78577	0.4463	11.956
94	2757	91574	0.4195	13.9336	94	2846	85397	0.433	12.9937	94	2954	81531	0.4495	12.4055
95	2766	94340	0.4209	14.3545	95	2910	88307	0.4428	13.4365	95	2996	84527	0.4559	12.8614
96	2754	97094	0.419	14.7735	96	2813	91120	0.428	13.8645	96	3044	87571	0.4632	13.3245
97	2709	99803	0.4122	15.1857	97	2882	94002	0.4385	14.3031	97	3033	90604	0.4615	13.786
98	2774	102577	0.4221	15.6078	98	2906	96908	0.4422	14.7452	98	3055	93659	0.4648	14.2509
99	2736	105313	0.4163	16.0241	99	2917	99825	0.4438	15.1891	99	3188	96847	0.4851	14.7359
100	2786	108099	0.4239	16.448	100	2942	102767	0.4476	15.6367	100	3197	100044	0.4864	15.2224
101	2787	110886	0.4241	16.8721	101	2951	105718	0.449	16.0857	101	3170	103214	0.4823	15.7047
102	2668	113554	0.406	17.278	102	2929	108647	0.4457	16.5314	102	3142	106356	0.4781	16.1828
103	2575	116129	0.3918	17.6698	103	2927	111574	0.4454	16.9768	103	3115	109471	0.474	16.6568
104	2557	118686	0.3891	18.0589	104	2924	114498	0.4449	17.4217	104	3202	112673	0.4872	17.144
105	2658	121344	0.4044	18.4633	105	2949	117447	0.4487	17.8704	105	3178	115851	0.4836	17.6275
106	2538	123882	0.3862	18.8495	106	3006	120453	0.4574	18.3278	106	3011	118862	0.4581	18.0857
107	2503	126385	0.3808	19.2304	107	2895	123348	0.4405	18.7683	107	3142	122004	0.4781	18.5638
108	2493	128878	0.3793	19.6097	108	2858	126206	0.4349	19.2031	108	3016	125020	0.4589	19.0227
109	2489	131367	0.3787	19.9884	109	2807	129013	0.4271	19.6302	109	3039	128059	0.4624	19.4851
110	2562	133929	0.3898	20.3782	110	2907	131920	0.4423	20.0725	110	3164	131223	0.4814	19.9665
111	2481	136410	0.3775	20.7557	111	2858	134778	0.4349	20.5074	111	2985	134208	0.4542	20.4207
112	2485	138895	0.3781	21.1338	112	2757	137535	0.4195	20.9269	112	3049	137257	0.4639	20.8846
113	2485	141380	0.3781	21.512	113	2745	140280	0.4177	21.3446	113	3124	140381	0.4753	21.3599
114	2366	143746	0.36	21.872	114	2878	143158	0.4379	21.7825	114	3067	143448	0.4667	21.8266
115	2312	146058	0.3518	22.2237	115	2922	146080	0.4446	22.2271	115	2920	146368	0.4443	22.2709
116	2354	148412	0.3582	22.5819	116	2700	148780	0.4108	22.6379	116	2934	149302	0.4464	22.7173
117	2332	150744	0.3548	22.9368	117	2665	151445	0.4055	23.0434	117	2972	152274	0.4522	23.1696
118	2371	153115	0.3608	23.2975	118	2662	154107	0.405	23.4485	118	2821	155095	0.4292	23.5988
119	2194	155309	0.3338	23.6313	119	2689	156796	0.4092	23.8576	119	2870	157965	0.4367	24.0355
120	2344	157653	0.3567	23.988	120	2672	159468	0.4066	24.2642	120	2774	160739	0.4221	24.4576
121	2249	159902	0.3422	24.3302	121	2650	162118	0.4032	24.6674	121	2675	163414	0.407	24.8646
122	2168	162070	0.3299	24.6601	122	2710	164828	0.4123	25.0797	122	2656	166070	0.4041	25.2687
123	2133	164203	0.3246	24.9846	123	2599	167427	0.3955	25.4752	123	2656	168726	0.4041	25.6728
124	2043	166246	0.3109	25.2955	124	2523	169950	0.3839	25.8591	124	2615	171341	0.3979	26.0707
125	2107	168353	0.3206	25.6161	125	2476	172426	0.3767	26.2358	125	2548	173889	0.3877	26.4584
126	2034	170387	0.3095	25.9256	126	2441	174867	0.3714	26.6072	126	2470	176359	0.3758	26.8343
127	1957	172344	0.2978	26.2233	127	2453	177320	0.3732	26.9805	127	2491	178850	0.379	27.2133
128	1916	174260	0.2915	26.5149	128	2402	179722	0.3655	27.346	128	2483	181333	0.3778	27.5911
129	1963	176223	0.2987	26.8136	129	2344	182066	0.3567	27.7026	129	2422	183755	0.3685	27.9596
130	1873	178096	0.285	27.0985	130	2294	184360	0.349	28.0517	130	2315	186070	0.3522	28.3118
131	1782	179878	0.2711	27.3697	131	2237	186597	0.3404	28.392	131	2212	188282	0.3366	28.6484
132	1873	181751	0.285	27.6547	132	2228	188825	0.339	28.731	132	2184	190466	0.3323	28.9807

续表

波长	该波长下像素数	累积总像素数	所占比例	累积所占比例	波长	该波长下像素数	累积总像素数	所占比例	累积所占比例	波长	该波长下像素数	累积总像素数	所占比例	累积所占比例
	红波段					绿波段					蓝波段			
133	1799	183550	0.2737	27.9284	133	2226	191051	0.3387	29.0697	133	2185	192651	0.3325	29.3132
134	1761	185311	0.2679	28.1964	134	2078	193129	0.3162	29.3859	134	2180	194831	0.3317	29.6449
135	1718	187029	0.2614	28.4578	135	2048	195177	0.3116	29.6975	135	2098	196929	0.3192	29.9641
136	1732	188761	0.2635	28.7213	136	2057	197234	0.313	30.0105	136	1987	198916	0.3023	30.2665
137	1693	190454	0.2576	28.9789	137	1983	199217	0.3017	30.3123	137	1983	200899	0.3017	30.5682
138	1566	192020	0.2383	29.2172	138	1969	201186	0.2996	30.6119	138	1843	202742	0.2804	30.8486
139	1684	193704	0.2562	29.4734	139	1881	203067	0.2862	30.8981	139	1918	204660	0.2918	31.1404
140	1608	195312	0.2447	29.7181	140	1919	204986	0.292	31.1901	140	1842	206502	0.2803	31.4207
141	1547	196859	0.2354	29.9535	141	1812	206798	0.2757	31.4658	141	1728	208230	0.2629	31.6836
142	1565	198424	0.2381	30.1916	142	1766	208564	0.2687	31.7345	142	1687	209917	0.2567	31.9403
143	1531	199955	0.233	30.4245	143	1715	210279	0.2609	31.9954	143	1565	211482	0.2381	32.1785
144	1464	201419	0.2228	30.6473	144	1679	211958	0.2555	32.2509	144	1664	213146	0.2532	32.4317
145	1444	202863	0.2197	30.867	145	1554	213512	0.2365	32.4873	145	1615	214761	0.2457	32.6774
146	1568	204431	0.2386	31.1056	146	1619	215131	0.2463	32.7337	146	1602	216363	0.2438	32.9211
147	1396	205827	0.2124	31.318	147	1644	216775	0.2501	32.9838	147	1524	217887	0.2319	33.153
148	1446	207273	0.22	31.538	148	1577	218352	0.24	33.2238	148	1597	219484	0.243	33.396
149	1383	208656	0.2104	31.7485	149	1562	219914	0.2377	33.4614	149	1518	221002	0.231	33.627
150	1387	210043	0.211	31.9595	150	1527	221441	0.2323	33.6938	150	1494	222496	0.2273	33.8543
151	1378	211421	0.2097	32.1692	151	1465	222906	0.2229	33.9167	151	1494	223990	0.2273	34.0816
152	1386	212807	0.2109	32.3801	152	1451	224357	0.2208	34.1375	152	1482	225472	0.2255	34.3071
153	1422	214229	0.2164	32.5964	153	1435	225792	0.2183	34.3558	153	1398	226870	0.2127	34.5199
154	1292	215521	0.1966	32.793	154	1409	227201	0.2144	34.5702	154	1400	228270	0.213	34.7329
155	1289	216810	0.1961	32.9892	155	1368	228569	0.2082	34.7784	155	1408	229678	0.2142	34.9471
156	1313	218123	0.1998	33.1889	156	1372	229941	0.2088	34.9871	156	1444	231122	0.2197	35.1668
157	1271	219394	0.1934	33.3823	157	1427	231368	0.2171	35.2043	157	1349	232471	0.2053	35.3721
158	1317	220711	0.2004	33.5827	158	1349	232717	0.2053	35.4095	158	1352	233823	0.2057	35.5778
159	1346	222057	0.2048	33.7875	159	1379	234096	0.2098	35.6193	159	1374	235197	0.2091	35.7869
160	1248	223305	0.1899	33.9774	160	1428	235524	0.2173	35.8366	160	1444	236641	0.2197	36.0066
161	1263	224568	0.1922	34.1696	161	1381	236905	0.2101	36.0467	161	1398	238039	0.2127	36.2193
162	1330	225898	0.2024	34.372	162	1315	238220	0.2001	36.2468	162	1384	239423	0.2106	36.4299
163	1218	227116	0.1853	34.5573	163	1260	239480	0.1917	36.4386	163	1329	240752	0.2022	36.6321
164	1337	228453	0.2034	34.7607	164	1374	240854	0.2091	36.6476	164	1306	242058	0.1987	36.8308
165	1198	229651	0.1823	34.943	165	1239	242093	0.1885	36.8361	165	1257	243315	0.1913	37.0221
166	1220	230871	0.1856	35.1286	166	1254	243347	0.1908	37.0269	166	1323	244638	0.2013	37.2234
167	1237	232108	0.1882	35.3169	167	1274	244621	0.1938	37.2208	167	1309	245947	0.1992	37.4226
168	1247	233355	0.1897	35.5066	168	1278	245899	0.1945	37.4152	168	1243	247190	0.1891	37.6117
169	1228	234583	0.1868	35.6934	169	1259	247158	0.1916	37.6068	169	1291	248481	0.1964	37.8081
170	1167	235750	0.1776	35.871	170	1240	248398	0.1887	37.7955	170	1265	249746	0.1925	38.0006
171	1286	237036	0.1957	36.0667	171	1269	249667	0.1931	37.9886	171	1298	251044	0.1975	38.1981
172	1232	238268	0.1875	36.2541	172	1246	250913	0.1896	38.1782	172	1301	252345	0.198	38.3961
173	1276	239544	0.1942	36.4483	173	1274	252187	0.1938	38.372	173	1274	253619	0.1938	38.5899
174	1226	240770	0.1865	36.6348	174	1296	253483	0.1972	38.5692	174	1282	254901	0.1951	38.785
175	1220	241990	0.1856	36.8205	175	1288	254771	0.196	38.7652	175	1383	256284	0.2104	38.9954
176	1193	243183	0.1815	37.002	176	1229	256000	0.187	38.9522	176	1240	257524	0.1887	39.1841
177	1200	244383	0.1826	37.1846	177	1255	257255	0.191	39.1431	177	1273	258797	0.1937	39.3778
178	1203	245586	0.183	37.3676	178	1204	258459	0.1832	39.3263	178	1245	260042	0.1894	39.5672
179	1249	246835	0.19	37.5577	179	1241	259700	0.1888	39.5152	179	1174	261216	0.1786	39.7458
180	1127	247962	0.1715	37.7291	180	1203	260903	0.183	39.6982	180	1165	262381	0.1773	39.9231

续表

	红波段					绿波段					蓝波段			
波长	该波长下像素数	累积总像素数	所占比例	累积所占比例	波长	该波长下像素数	累积总像素数	所占比例	累积所占比例	波长	该波长下像素数	累积总像素数	所占比例	累积所占比例
181	1227	249189	0.1867	37.9158	181	1233	262136	0.1876	39.8858	181	1255	263636	0.191	40.1141
182	1189	250378	0.1809	38.0968	182	1218	263354	0.1853	40.0711	182	1179	264815	0.1794	40.2934
183	1157	251535	0.176	38.2728	183	1130	264484	0.1719	40.2431	183	1176	265991	0.1789	40.4724
184	1187	252722	0.1806	38.4534	184	1201	265685	0.1827	40.4258	184	1130	267121	0.1719	40.6443
185	1241	253963	0.1888	38.6422	185	1259	266944	0.1916	40.6174	185	1242	268363	0.189	40.8333
186	1231	255194	0.1873	38.8295	186	1169	268113	0.1779	40.7953	186	1171	269534	0.1782	41.0115
187	1182	256376	0.1798	39.0094	187	1204	269317	0.1832	40.9785	187	1157	270691	0.176	41.1875
188	1142	257518	0.1738	39.1832	188	1116	270433	0.1698	41.1483	188	1127	271818	0.1715	41.359
189	1152	258670	0.1753	39.3584	189	1154	271587	0.1756	41.3239	189	1059	272877	0.1611	41.5201
190	1141	259811	0.1736	39.5321	190	1035	272622	0.1575	41.4813	190	1066	273943	0.1622	41.6823
191	1254	261065	0.1908	39.7229	191	1066	273688	0.1622	41.6435	191	1042	274985	0.1585	41.8409
192	1148	262213	0.1747	39.8975	192	1078	274766	0.164	41.8076	192	1016	276001	0.1546	41.9955
193	1239	263452	0.1885	40.0861	193	1002	275768	0.1525	41.96	193	1058	277059	0.161	42.1565
194	1176	264628	0.1789	40.265	194	1065	276833	0.162	42.1221	194	1056	278115	0.1607	42.3171
195	1223	265851	0.1861	40.4511	195	995	277828	0.1514	42.2735	195	987	279102	0.1502	42.4673
196	1117	266968	0.17	40.621	196	979	278807	0.149	42.4224	196	945	280047	0.1438	42.6111
197	1142	268110	0.1738	40.7948	197	951	279758	0.1447	42.5671	197	893	280940	0.1359	42.747
198	1112	269222	0.1692	40.964	198	1079	280837	0.1642	42.7313	198	987	281927	0.1502	42.8972
199	1108	270330	0.1686	41.1326	199	925	281762	0.1407	42.8721	199	916	282843	0.1394	43.0365
200	1078	271408	0.164	41.2966	200	912	282674	0.1388	43.0108	200	928	283771	0.1412	43.1777
201	1161	272569	0.1767	41.4733	201	911	283585	0.1386	43.1494	201	850	284621	0.1293	43.3071
202	984	273553	0.1497	41.623	202	787	284372	0.1197	43.2692	202	791	285412	0.1204	43.4274
203	1083	274636	0.1648	41.7878	203	880	285252	0.1339	43.4031	203	826	286238	0.1257	43.5531
204	1031	275667	0.1569	41.9447	204	781	286033	0.1188	43.5219	204	752	286990	0.1144	43.6675
205	1050	276717	0.1598	42.1044	205	731	286764	0.1112	43.6331	205	736	287726	0.112	43.7795
206	1063	277780	0.1617	42.2662	206	711	287475	0.1082	43.7413	206	665	288391	0.1012	43.8807
207	988	278768	0.1503	42.4165	207	638	288113	0.0971	43.8384	207	662	289053	0.1007	43.9814
208	1043	279811	0.1587	42.5752	208	769	288882	0.117	43.9554	208	645	289698	0.0981	44.0796
209	997	280808	0.1517	42.7269	209	666	289548	0.1013	44.0567	209	684	290382	0.1041	44.1836
210	937	281745	0.1426	42.8695	210	800	290348	0.1217	44.1785	210	695	291077	0.1057	44.2894
211	1046	282791	0.1592	43.0286	211	725	291073	0.1103	44.2888	211	605	291682	0.0921	44.3815
212	935	283726	0.1423	43.1709	212	639	291712	0.0972	44.386	212	652	292334	0.0992	44.4807
213	858	284584	0.1306	43.3014	213	593	292305	0.0902	44.4762	213	633	292967	0.0963	44.577
214	869	285453	0.1322	43.4337	214	708	293013	0.1077	44.584	214	612	293579	0.0931	44.6701
215	869	286322	0.1322	43.5659	215	627	293640	0.0954	44.6794	215	632	294211	0.0962	44.7663
216	786	287108	0.1196	43.6855	216	674	294314	0.1026	44.7819	216	524	294735	0.0797	44.846
217	819	287927	0.1246	43.8101	217	503	294817	0.0765	44.8585	217	454	295189	0.0691	44.9151
218	909	288836	0.1383	43.9484	218	452	295269	0.0688	44.9272	218	463	295652	0.0704	44.9855
219	940	289776	0.143	44.0914	219	542	295811	0.0825	45.0097	219	431	296083	0.0656	45.0511
220	759	290535	0.1155	44.2069	220	442	296253	0.0673	45.077	220	480	296563	0.073	45.1241
221	797	291332	0.1213	44.3282	221	520	296773	0.0791	45.1561	221	539	297102	0.082	45.2061
222	711	292043	0.1082	44.4364	222	611	297384	0.093	45.2491	222	545	297647	0.0829	45.2891
223	744	292787	0.1132	44.5496	223	446	297830	0.0679	45.3169	223	498	298145	0.0758	45.3648
224	700	293487	0.1065	44.6561	224	523	298353	0.0796	45.3965	224	435	298580	0.0662	45.431
225	784	294271	0.1193	44.7754	225	420	298773	0.0639	45.4604	225	427	299007	0.065	45.496
226	727	294998	0.1106	44.886	226	529	299302	0.0805	45.5409	226	453	299460	0.0689	45.5649
227	871	295869	0.1325	45.0185	227	383	299685	0.0583	45.5992	227	371	299831	0.0565	45.6214
228	763	296632	0.1161	45.1346	228	475	300160	0.0723	45.6714	228	525	300356	0.0799	45.7013

续表

红波段					绿波段					蓝波段				
波长	该波长下像素数	累积总像素数	所占比例	累积所占比例	波长	该波长下像素数	累积总像素数	所占比例	累积所占比例	波长	该波长下像素数	累积总像素数	所占比例	累积所占比例
229	552	297184	0.084	45.2186	229	602	300762	0.0916	45.763	229	518	300874	0.0788	45.7801
230	655	297839	0.0997	45.3183	230	442	301204	0.0673	45.8303	230	465	301339	0.0708	45.8508
231	704	298543	0.1071	45.4254	231	411	301615	0.0625	45.8928	231	326	301665	0.0496	45.9004
232	688	299231	0.1047	45.5301	232	323	301938	0.0491	45.942	232	360	302025	0.0548	45.9552
233	534	299765	0.0813	45.6113	233	716	302654	0.1089	46.0509	233	643	302668	0.0978	46.053
234	579	300344	0.0881	45.6994	234	403	303057	0.0613	46.1122	234	419	303087	0.0638	46.1168
235	543	300887	0.0826	45.7821	235	354	303411	0.0539	46.1661	235	351	303438	0.0534	46.1702
236	797	301684	0.1213	45.9033	236	393	303804	0.0598	46.2259	236	428	303866	0.0651	46.2353
237	623	302307	0.0948	45.9981	237	495	304299	0.0753	46.3012	237	430	304296	0.0654	46.3008
238	466	302773	0.0709	46.069	238	415	304714	0.0631	46.3644	238	465	304761	0.0708	46.3715
239	470	303243	0.0715	46.1405	239	402	305116	0.0612	46.4255	239	394	305155	0.0599	46.4315
240	674	303917	0.1026	46.2431	240	359	305475	0.0546	46.4802	240	342	305497	0.052	46.4835
241	672	304589	0.1022	46.3453	241	421	305896	0.0641	46.5442	241	423	305920	0.0644	46.5479
242	640	305229	0.0974	46.4427	242	815	306711	0.124	46.6682	242	724	306644	0.1102	46.658
243	974	306203	0.1482	46.5909	243	324	307035	0.0493	46.7175	243	418	307062	0.0636	46.7216
244	676	306879	0.1029	46.6938	244	1094	308129	0.1665	46.884	244	1012	308074	0.154	46.8756
245	854	307733	0.1299	46.8237	245	537	308666	0.0817	46.9657	245	596	308670	0.0907	46.9663
246	786	308519	0.1196	46.9433	246	784	309450	0.1193	47.085	246	797	309467	0.1213	47.0876
247	658	309177	0.1001	47.0434	247	633	310083	0.0963	47.1813	247	617	310084	0.0939	47.1814
248	589	309766	0.0896	47.1331	248	553	310636	0.0841	47.2654	248	618	310702	0.094	47.2755
249	500	310266	0.0761	47.2091	249	605	311241	0.0921	47.3575	249	508	311210	0.0773	47.3528
250	636	310902	0.0968	47.3059	250	420	311661	0.0639	47.4214	250	408	311618	0.0621	47.4149
251	905	311807	0.1377	47.4436	251	1048	312709	0.1595	47.5809	251	1072	312690	0.1631	47.578
252	833	312640	0.1267	47.5704	252	817	313526	0.1243	47.7052	252	756	313446	0.115	47.693
253	808	313448	0.1229	47.6933	253	705	314231	0.1073	47.8124	253	759	314205	0.1155	47.8085
254	1412	314860	0.2148	47.9081	254	1472	315703	0.224	48.0364	254	1338	315543	0.2036	48.0121
255	342356	657216	52.0919	100	255	341513	657216	51.9636	100	255	341673	657216	51.9879	100

招远市毕郭镇西城子村

访谈对象：杨×　　**职务：**书记　　**访谈时间：**2010年7月26日　　**整理人：**田金鑫

一、村庄概况

西城子村位于37°13′N，120°30′E，属于丘陵地形；距离招远市30km，距离镇中心5km；属于边远村，村外有河流通过，河流距村庄1000m；村庄紧邻省道黑莱路，交通便利。

西城子村共有338户，其中常住本村共320户；有人口882人，常住人口760人。村庄没有集体收入；2009年村民人均年收入3000元，其主要收入来源为种植苹果、粮食以及打工，全村100%的村民从事种植业，农闲时，部分村民（约5%）到招远市或烟台市的工厂打工。

二、村庄废弃或闲置场地基本信息

村域总面积为2000亩，其中村庄居民建设用地面积200亩；村内共有宅基地400处，户均宅基地面积150～160m²，户均庭院面积70m²。村内共有闲置宅基地100余处，约5%倒塌；平均旧宅基地面积为120～130m²，比新建住宅面积小。村内的闲置宅基地和空置房屋主要是由于村民在市区买房搬到城中居住，老人去世遗留的旧房等造成。空置场地主要在村内插花分散。

村内所有房屋均是坐北朝南。村内有7条主要道路进行硬化，其他道路为土路。村内新住宅区的宅间道路为3～4m，老房区宅间道路为3m。

空置房屋中，100%有电源线接入及自来水。目前村内的旧宅处于闲置状态，没有被开发利用，村干部认为闲置房屋分布太分散，不易规划，而且没有什么开发的潜力，如果利用的话，大片的闲置地可以用于复耕。

三、实地核实新建住宅与废弃或闲置场地基本信息（图5-92）

（一）新建住宅

N1：37°13′10.41″N，120°30′10.42″E。宅基地面积约160m²，家庭人口2人，其中常住人口2人。宅前道路为土路。

（二）空置点

O1（图5-93）：37°13′10.32″N，120°30′10.35″E。原为一河流，后来河水干涸后，村民向河边填土，使得河宽大幅减少，然后将自家庭院扩大，宅前道路也拓宽，并且在河边种植苹果树等作物。

O2（图5-94）：37°13′06.12″N，120°30′15.93″E。村集体闲置建设用地。以前为村小学，后来学校被撤，房屋被用于村委会办公。面积约10个宅基地大小。

O3（图5-95）：37°13′10.81″N，120°30′08.90″E。边角闲置地，地处村庄主路南侧部分的左上角，面积约合一个宅基地大小。目前该地块被附近村民用于种植农作物，应该已闲置多年。

O4（图5-96）：37°13′09.22″N，120°30′05.60″E。集体闲置建设用地，地处村庄南侧，约合5个标准宅基地大小。本来规划用于企业建厂房，目前被村民种植玉米。

O5（图5-97）：37°13′09.58″N，120°30′05.85″E。完全倒塌的标准闲置宅基地，宅基地上长满杂草，四周堆砌有残留建筑物，应已废弃多年。

图5-92 西城子村实地勘察点

图5-93 场地O1

图5-94 场地O2

图5-95 场地O3

图5-96　场地O4

图5-97　场地O5

招远市毕郭镇东城子村

访谈对象：纪×　　**职务：**书记　　**访谈日期：**2010年7月26日　　**整理人：**栗萌

一、村庄信息

东城子村位于37°13′N，120°30′E，海拔115～130m之间，属于丘陵地形；距招远市30km，距毕郭镇5km；村庄临近省道海莱路，属于路边村，村外有一条河流。

东城子村共有450人，160户。2009年村庄没有集体收入；2009年农民年人均纯收入约为3000元，农户的主要收入来源是种植苹果，外出打工的很少。

二、村庄住宅情况

东城子村村域总面积为1400亩，居民点建设用地面积为200亩，村内户均宅基地面积约150m²，共有宅基地260处，户均庭院面积80m²。

村内共有倒塌宅基地30个，废弃或闲置宅基地70处，平均旧宅基地面积为120m²，小于新建住宅面积。

集体废弃或闲置的建（构）筑物场地有3个，面积6亩。

村内闲置宅基地和空置房屋的形成主要是由于村民在村内别处另盖新房弃旧房，老人去世旧房无人居住和村民外迁到村外等原因造成。

村庄空置场地呈集中成片分布。空置废弃场地多集中于路边，原因为新修的省道附近地理位置优越，出行方便，因此新房多分布在路边。

村内新老住宅区的宅间道路都为6m，老宅区的宅间道路为土路，没有硬化，都能通行机动车，所有的老宅宅间道路不能与村庄主干道相连。

在空置房屋集中地区，40%没有电源线接入，40%没有自来水。100%没有垃圾处理设施。

村内所有房屋均是坐北朝南。空闲或坍塌住宅所在地域的坡度与较新住宅所在地域的坡度无明显关系。

三、具体实际调查点分析（**图5-98**）

（一）三户较新住宅

N1：37°13′15″N，120°30′26″E。宅基地300m²，户主纪×，家中共2口人，常住2人，基础设施方面：有线电视接入，固话，自来水，道路硬化，有垃圾池，无污水处理。

N2：37°13′15″N，120°30′27″E。宅基地150m²，户主纪×，家中共3口人，常住2人，基础设施方面：有线电视接入，自来水，道路硬化，无下水道。

N3：37°13′12″N，120°30′22″E。宅基地150m²，户主：仲×，家中共3口人，常住2人，基础设施方面：固话，自来水，道路硬化，无垃圾处理，无污水处理。

（二）"空置点"

O1（图5-99）：37°13′11″N，120°30′23″E。集体空置场地：划为村民宅基地，但一直没有人在此处建房，因此一直闲置。面积约2亩。场地内长满杂草，堆放着附近村民的柴草和砖头沙石等建筑材料。村委正准备开发用作健身场地。

O2（图5-100）：37°13′15″N，120°30′24″E。集体废弃场地：原为村庄供销社。现在旧的房子被拆掉成为空地，之后就一直闲置。长有杂草，堆放着一些砖头。现在承包给私人，准备建厂房，现在已经盖起一座房屋。

O3（图5-101）：37°13′13″N，120°30′25″E。个人闲置宅基地：完好但闲置。房屋整体结构完好，有院墙、大门，门窗紧闭，门前已经长有杂草，院内长满树木。空置原因：老人去世。

O4（图5-102）：37°13′12″N，120°30′28″E。个人闲置宅基地：完好但闲置。此处房屋为老式建筑结构。房龄在50年以上。结构基本完好，院墙外堆放着砖头瓦块。由于子女迁到招远市里，为老人在村中别处盖了新房，导致旧房闲置。院内栽满树木。

O5（图5-103）：37°13′11″N，120°30′29″E。集体闲置场地：面积为不到一个宅基地大小。此处坡度太陡，地面不平整，且面积过小，宽度不够，不适合盖房子，因此一直闲置。属于边角地，现被附近村民用作菜地。

图5-98　东城子村实地勘察点

图5-99　场地O1

图5-100　场地O2

图5-101　场地O3

图5-102　场地O4

图5-103　场地O5

第六章 功能性废弃或闲置场地

功能性废弃或闲置场地是指那些因村庄居民点内部不适当的土地使用功能变更，使一部分居住用地不再能够承担居住功能而产生出来的废弃或闲置场地。

农村居民点建设用地（203）的基本功能是居住。除私人住宅用地外，农村居民点建设用地还包括道路广场用地、公共工程设施用地、公共建筑用地、人工建造和管理下的公共绿地。工业生产用地和农业生产用地均不在农村居民点建设用地使用范围内。从我们调查的700多个村庄看，村庄里出现的一些废弃或闲置场地与没有合理使用的农村居民点建设用地有关，常见的情况有：

1）变临近农村居民点的农业用地为工业生产用地，影响到村庄居民点的居住环境（图6-1）。

2）变农村居民点建设用地为工业生产用地，发展小规模手工或机械加工工业；或变农村居民点建设用地为农业生产用地，发展养殖业、农产品加工业。因为这些不合理的使用，影响了周边地区整体的居住功能，使相邻住户不愿就地翻建新的住宅，而是寻找远离那些场地的新宅基地，从而导致那里出现功能性的废弃或闲置场地（图6-2）。

3）在原地建设新住宅的同时，继续保留老住宅和拥有老宅基地的使用权，但是没有很好地维护老住宅及其场地，使之废弃，从而影响周边地区整体的居住功能，传染性地扩散成为具有一定规模的废弃或闲置场地（图6-3）。

4）一处或若干处相邻废弃住宅的出现，可能阻碍道路和供水等村庄公用设施的更新，导致整个邻里乃至整条街道的公共服务水平较新区下降，间接地鼓励村民离开老区部分，从而加速整个老区居住功能的衰退（图6-4）。

事实上，对产生农村居民点废弃或闲置场地的原因进行诊断时，不是单纯识别现存废弃或闲置场地，而是要关注村庄居住用地的功能性病变，以便阻止村庄废弃或闲置场地的继续扩散。

图6-1 变临近农村居民点的农业用地为
工业生产用地

图6-2 变农村居民点建设用地为
工业生产用地

图6-3　建新宅，留旧宅

图6-4　废弃住宅对基础设施建设的影响

第一节　因不合理地使用居民点建设用地而产生的废弃或闲置场地

一、变更农村居民点建设用地为农业生产用地

这种情况通常出现在老村组团部分。因为用地性质发生变化的规模有限，一般是把自家原先的老宅基地改变成为农业生产用地，所以只具有闲地利用及补充家庭日常食用的非营利性质。但是，当老宅基地及其建筑物被用来养猪、养鸡或养羊，从事营利性质的农业生产活动时，无论规模大小，总会对周边居民产生或大或小的影响，迫使居民迁移到村庄的其他部分去。这种迁移的速度依赖于当地村民的收入状况，迁徙过程或长或短。

影响分析：

这里以栖霞市韩家沟村为例说明影响分析方法。从卫星影像（图6-5）中，我们在村中发现了一处约4亩的建设用地，其中东西朝向的建筑物不是居住建筑。在它的北边显示出废弃的住宅、坍塌的住宅、空闲土地等。为了定量地了解这个影响源的影响范围，我们选择这个生产性建筑为影响源，取1000个像素，约1.5亩，分别选择4个邻里或8个邻里，0.4和0.6的标准偏差，计算结果如表6-1、图6-6、图6-7所示，影响区面积分别约为5.4亩和6亩。

影响分析方法通过对地物相同或相似属性的判读，生成一张"影响范围图"，从而帮助我们直观地观察到一块不合理使用的居住用地已经感染的范围，同时用光谱分析方法，我们可以得到影响范围的具体数字。

图6-5　韩家沟村卫星影像

如果继续增加标准偏差值，便可以预测到这块不合理使用的居住用地将会影响的更大范围。

影响分析方法计算 表 6-1

(a) 栖霞市韩家沟村，影响3655个像素					(b) 栖霞市韩家沟村，影响4024个像素				
红波段					红波段				
波长	该波长下像素数	累积总像素数	所占比例	累积所占比例	波长	该波长下像素数	累积总像素数	所占比例	累积所占比例
106	123	123	3.3653	3.3653	103	88	88	2.1869	2.1869
107	124	247	3.3926	6.7579	104	91	179	2.2614	4.4483
108	107	354	2.9275	9.6854	105	77	256	1.9135	6.3618
109	101	455	2.7633	12.4487	106	112	368	2.7833	9.1451
110	105	560	2.8728	15.3215	107	109	477	2.7087	11.8539
111	110	670	3.0096	18.3311	108	104	581	2.5845	14.4384
112	116	786	3.1737	21.5048	109	89	670	2.2117	16.6501
113	107	893	2.9275	24.4323	110	97	767	2.4105	19.0606
114	119	1012	3.2558	27.6881	111	97	864	2.4105	21.4712
115	106	1118	2.9001	30.5882	112	110	974	2.7336	24.2048
116	119	1237	3.2558	33.844	113	101	1075	2.5099	26.7147
117	121	1358	3.3105	37.1546	114	113	1188	2.8082	29.5229
118	124	1482	3.3926	40.5472	115	89	1277	2.2117	31.7346
119	116	1598	3.1737	43.7209	116	105	1382	2.6093	34.3439
120	122	1720	3.3379	47.0588	117	107	1489	2.659	37.003
121	111	1831	3.0369	50.0958	118	101	1590	2.5099	39.5129
122	122	1953	3.3379	53.4337	119	106	1696	2.6342	42.1471
123	101	2054	2.7633	56.197	120	113	1809	2.8082	44.9553
124	105	2159	2.8728	59.0698	121	95	1904	2.3608	47.3161
125	104	2263	2.8454	61.9152	122	106	2010	2.6342	49.9503
126	113	2376	3.0917	65.0068	123	97	2107	2.4105	52.3608
127	96	2472	2.6265	67.6334	124	97	2204	2.4105	54.7714
128	85	2557	2.3256	69.959	125	99	2303	2.4602	57.2316
129	92	2649	2.5171	72.4761	126	104	2407	2.5845	59.8161
130	106	2755	2.9001	75.3762	127	93	2500	2.3111	62.1272
131	71	2826	1.9425	77.3187	128	74	2574	1.839	63.9662
132	80	2906	2.1888	79.5075	129	83	2657	2.0626	66.0288
133	93	2999	2.5445	82.052	130	100	2757	2.4851	68.5139
134	79	3078	2.1614	84.2134	131	66	2823	1.6402	70.1541
135	65	3143	1.7784	85.9918	132	78	2901	1.9384	72.0924
136	64	3207	1.751	87.7428	133	85	2986	2.1123	74.2048
137	56	3263	1.5321	89.275	134	73	3059	1.8141	76.0189
138	59	3322	1.6142	90.8892	135	67	3126	1.665	77.6839
139	54	3376	1.4774	92.3666	136	59	3185	1.4662	79.1501
140	55	3431	1.5048	93.8714	137	51	3236	1.2674	80.4175
141	53	3484	1.4501	95.3215	138	52	3288	1.2922	81.7097
142	46	3530	1.2585	96.58	139	54	3342	1.3419	83.0517
143	43	3573	1.1765	97.7565	140	50	3392	1.2425	84.2942
144	42	3615	1.1491	98.9056	141	54	3446	1.3419	85.6362
145	40	3655	1.0944	100	142	49	3495	1.2177	86.8539
					143	41	3536	1.0189	87.8728
					144	42	3578	1.0437	88.9165
					145	49	3627	1.2177	90.1342
					146	50	3677	1.2425	91.3767

续表

| (a) 栖霞市韩家沟村，影响3655个像素 | | | | | (b) 栖霞市韩家沟村，影响4024个像素 | | | | |
| 红波段 | | | | | 红波段 | | | | |
波长	该波长下像素数	累积总像素数	所占比例	累积所占比例	波长	该波长下像素数	累积总像素数	所占比例	累积所占比例
					147	35	3712	0.8698	92.2465
					148	21	3733	0.5219	92.7684
					149	24	3757	0.5964	93.3648
					150	42	3799	1.0437	94.4085
					151	37	3836	0.9195	95.328
					152	33	3869	0.8201	96.1481
					153	27	3896	0.671	96.8191
					154	32	3928	0.7952	97.6143
					155	33	3961	0.8201	98.4344
					156	20	3981	0.497	98.9314
					157	21	4002	0.5219	99.4533
					158	22	4024	0.5467	100

（a）影响源及其影响范围　　　　（b）影响范围光谱分析

图6-6　废弃宅基地影响分析（标准偏差0.4）

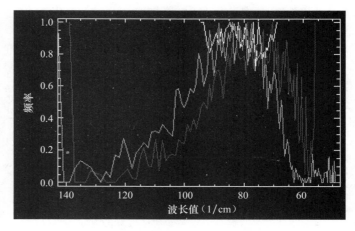

（a）影响源及其影响范围　　　　（b）影响范围光谱分析

图6-7　废弃宅基地影响分析（标准偏差0.6）

栖霞市寺口镇韩家沟村

访谈对象：韩×　　职务：书记　　访谈日期：2010 年 7 月 23 日　　整理人：程超

一、村庄信息

韩家沟村位于 37°18′N，120°36′E，海拔 186～200m 之间，属于丘陵地形；距栖霞市 25km，距寺口镇 4km。

韩家沟村共有 265 人，其中常住 240 人，有 102 户，其中常住本村的 90 户。2009 年村庄没有集体收入；2009 年农民年人均纯收入为 6386 元，农户的主要收入来源是种植苹果，占全部收入的 90%。

二、村庄住宅情况

韩家沟村村域总面积为 1200 亩，居民点建设面积为 80 亩，村内户均宅基地面积约 166m²，共有宅基地 135 处，户均庭院面积 54m²。

村内共有倒塌宅基地 8 个，废弃或闲置宅基地 25 处，平均旧宅基地面积为 132m²，小于新建住宅面积。集体废弃或闲置的建筑物或构筑物场地有 2 个，均是村大队场地，合计 5 亩，大约合 24 个旧宅基地。村内闲置宅基地和空置房屋的形成主要是由于村民在村内别处另盖新房弃旧房造成。村庄空置场地呈插花分散分布。

村内宅前道路绝大部分没有进行硬化，多为土路。村内新住宅区的宅间道路为 3m，老宅区宅间道路为 2m，老宅区 80% 的宅间道路不能通行机动车，50% 的老宅宅间道路不能与村庄主干道相连。在空置房屋集中地区，1% 没有电源线接入，100% 没有自来水，100% 没有垃圾处理设施。

村内所有房屋均是坐北朝南。空闲或坍塌住宅所在地域的坡度与较新住宅所在地域坡度无明显关系。

村民认为这些旧宅基地不集中成片，整治起来比较困难，没有开发的潜力。

三、具体实际调查点分析（图 6-8）

五个"空置点"

O1：占地 1.5 亩的大沟。地处 120°36′41.60″E，37°18′00.31″N。沟里只有一条很细的水流，随时有干涸的可能。此沟成为附近村民倾倒垃圾的场所，并长满杂草、树木，其中少许地方种植了玉米。沟里有大沟沟岸用石头砌成，两侧有狭窄的通行道路。

O2（图 6-9）：此处为两个宅基地。地处 120°36′39.87″E，37°18′00.57″N。位于东边的宅基上有一处正在坍塌的建筑物，屋顶已部分坍塌。瓦为红色，从房屋外面能看见院中长出墙来的小梧桐。西边一宅基地在卫星影像上颜色显示暗淡，倒塌、闲置的可能性比较大。但现实中此宅子在最近已经过翻新，并盖上了白色的瓦片。

O3（图 6-10）：一标准的废弃宅基地。地处 120°36′40.09″E，37°18′00.95″N。房屋坍塌严重，只剩下一堵由青砖、石头构筑成的墙。此宅基地上种有玉米，但由于未倒坍墙体位于整个场地的东侧从而遮住阳光，其种植价值并不高。此处位于建筑物间的边间地带，很难被利用于建新房。北面有一闲置老宅，约占两个标准旧宅基地面积大小，房屋状况基本完好，黑瓦。

O4：标准的废弃宅基地。地处 120°36′29.30″E，37°18′01.27″N。此宅倒塌部分瓦为黑色，未倒塌部分瓦为红色。院墙正在坍塌，没有院门，宅前有石阶。院内有一个大树。东西边均是空置宅基地，因此其具有成有开发的潜力。

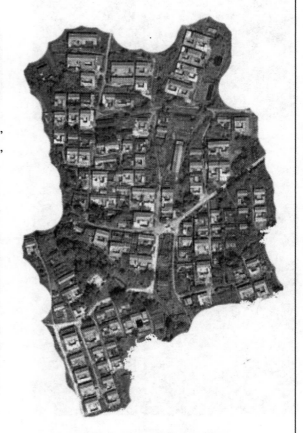

图6-8　韩家沟村卫星影像

O5（图6-11）：三个标准旧宅基地面积大小的废弃宅基地。地处120°36′42.43″E，37°18′04.86″N。房屋瓦为黑色，屋顶开始下陷，南门的门窗破损严重，北边的窗户被砖头堵死。据了解，此处原为大队的旧房子。周边有大片的空置场地，约合2亩，长满树木、杂草。由于地势不平，此处要想成片开发利用，需要进行土地平整。

图6-9 场地O2

图6-10 场地O3

图6-11 场地O5

影响分析：

以莱州市柞村镇西马驿村为例。从卫星影像中（图6-12），我们发现一处约2亩的农田，周边显示出有农田和非居住建筑、废弃或闲置的建筑物。我们选择这块农田为影响源，取2000个像素。4个邻里，0.6的标准偏差。结果如图6-13和表6-2所示，影像区域大约在12亩左右。如果我们改变参数，取8个邻里，1以上的标准偏差，影响范围还会扩大。图6-14是影响区的光谱图。这张光谱图展示了3个波段在影响区里的分布状态。图6-14中红线以右部分，红波段波长值低于绿波段波长值，表明那块土地的性质已经发生变化，成为了农田菜地，而红线以左部分，红波段波长值大于绿波段波长值，说明那里依然以建筑物为主体，但是，这些住宅已经受到周边的农业生产的影响，有可能改变土地的居住使用性质。表6-2补充说明了这种倾向。

图6-12 西马驿村卫星影像

图6-13 影响分析

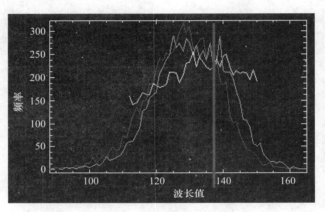

图6-14 影响区光谱分析

莱州市柞村镇西马驿村，影响 7948 个像素   表 6-2

	红波段					绿波段					蓝波段			
波长	该波长下像素数	累积总像素数	所占比例	累积所占比例	波长	该波长下像素数	累积总像素数	所占比例	累积所占比例	波长	该波长下像素数	累积总像素数	所占比例	累积所占比例
112	159	159	2.0005	2.0005	88	1	1	0.0126	0.0126					
113	141	300	1.774	3.7745	89	2	3	0.0252	0.0377					
114	145	445	1.8244	5.5989	90	3	6	0.0377	0.0755					
115	157	602	1.9753	7.5742	91	2	8	0.0252	0.1007	91	1	1	0.0126	0.0126
116	167	769	2.1012	9.6754	92	4	12	0.0503	0.151	92	1	2	0.0126	0.0252
117	163	932	2.0508	11.7262	93	3	15	0.0377	0.1887	93	4	6	0.0503	0.0755
118	162	1094	2.0382	13.7645	94	3	18	0.0377	0.2265	94	2	8	0.0252	0.1007
119	187	1281	2.3528	16.1173	95	4	22	0.0503	0.2768	95	3	11	0.0377	0.1384
120	183	1464	2.3025	18.4197	96	8	30	0.1007	0.3775	96	2	13	0.0252	0.1636
121	179	1643	2.2521	20.6719	97	7	37	0.0881	0.4655	97	3	16	0.0377	0.2013
122	181	1824	2.2773	22.9492	98	6	43	0.0755	0.541	98	6	22	0.0755	0.2768
123	186	2010	2.3402	25.2894	99	13	56	0.1636	0.7046	99	7	29	0.0881	0.3649
124	212	2222	2.6673	27.9567	100	14	70	0.1761	0.8807	100	4	33	0.0503	0.4152
125	211	2433	2.6548	30.6115	101	26	96	0.3271	1.2079	101	7	40	0.0881	0.5033
126	210	2643	2.6422	33.2536	102	13	109	0.1636	1.3714	102	12	52	0.151	0.6543

续表

红波段					绿波段					蓝波段				
波长	该波长下像素数	累积总像素数	所占比例	累积所占比例	波长	该波长下像素数	累积总像素数	所占比例	累积所占比例	波长	该波长下像素数	累积总像素数	所占比例	累积所占比例
127	189	2832	2.378	35.6316	103	22	131	0.2768	1.6482	103	8	60	0.1007	0.7549
128	206	3038	2.5918	38.2235	104	29	160	0.3649	2.0131	104	15	75	0.1887	0.9436
129	231	3269	2.9064	41.1298	105	27	187	0.3397	2.3528	105	28	103	0.3523	1.2959
130	232	3501	2.919	44.0488	106	41	228	0.5159	2.8686	106	20	123	0.2516	1.5476
131	255	3756	3.2084	47.2572	107	49	277	0.6165	3.4852	107	21	144	0.2642	1.8118
132	223	3979	2.8057	50.0629	108	41	318	0.5159	4.001	108	26	170	0.3271	2.1389
133	244	4223	3.07	53.1329	109	44	362	0.5536	4.5546	109	30	200	0.3775	2.5164
134	232	4455	2.919	56.0518	110	73	435	0.9185	5.4731	110	38	238	0.4781	2.9945
135	222	4677	2.7932	58.845	111	71	506	0.8933	6.3664	111	57	295	0.7172	3.7116
136	216	4893	2.7177	61.5627	112	93	599	1.1701	7.5365	112	60	355	0.7549	4.4665
137	222	5115	2.7932	64.3558	113	115	714	1.4469	8.9834	113	62	417	0.7801	5.2466
138	239	5354	3.007	67.3629	114	135	849	1.6985	10.6819	114	79	496	0.994	6.2406
139	223	5577	2.8057	70.1686	115	122	971	1.535	12.2169	115	90	586	1.1324	7.3729
140	246	5823	3.0951	73.2637	116	149	1120	1.8747	14.0916	116	127	713	1.5979	8.9708
141	251	6074	3.158	76.4217	117	151	1271	1.8998	15.9914	117	134	847	1.686	10.6568
142	222	6296	2.7932	79.2149	118	187	1458	2.3528	18.3442	118	155	1002	1.9502	12.6069
143	205	6501	2.5793	81.7942	119	189	1647	2.378	20.7222	119	162	1164	2.0382	14.6452
144	215	6716	2.7051	84.4992	120	220	1867	2.768	23.4902	120	167	1331	2.1012	16.7464
145	208	6924	2.617	87.1163	121	241	2108	3.0322	26.5224	121	208	1539	2.617	19.3634
146	211	7135	2.6548	89.771	122	237	2345	2.9819	29.5043	122	222	1761	2.7932	22.1565
147	210	7345	2.6422	92.4132	123	254	2599	3.1958	32.7001	123	239	2000	3.007	25.1636
148	195	7540	2.4534	94.8666	124	251	2850	3.158	35.8581	124	247	2247	3.1077	28.2713
149	216	7756	2.7177	97.5843	125	255	3105	3.2084	39.0664	125	291	2538	3.6613	31.9326
150	192	7948	2.4157	100	126	277	3382	3.4852	42.5516	126	265	2803	3.3342	35.2667
					127	298	3680	3.7494	46.301	127	274	3077	3.4474	38.7141
					128	316	3996	3.9758	50.2768	128	256	3333	3.2209	41.9351
					129	295	4291	3.7116	53.9884	129	284	3617	3.5732	45.5083
					130	310	4601	3.9004	57.8888	130	277	3894	3.4852	48.9935
					131	261	4862	3.2838	61.1726	131	249	4143	3.1329	52.1263
					132	267	5129	3.3593	64.532	132	270	4413	3.3971	55.5234
					133	281	5410	3.5355	68.0674	133	244	4657	3.07	58.5934
					134	288	5698	3.6236	71.691	134	259	4916	3.2587	61.852
					135	243	5941	3.0574	74.7484	135	238	5154	2.9945	64.8465
					136	256	6197	3.2209	77.9693	136	274	5428	3.4474	68.2939
					137	253	6450	3.1832	81.1525	137	228	5656	2.8686	71.1626
					138	245	6695	3.0825	84.235	138	230	5886	2.8938	74.0564
					139	193	6888	2.4283	86.6633	139	290	6176	3.6487	77.7051
					140	184	7072	2.315	88.9784	140	214	6390	2.6925	80.3976
					141	191	7263	2.4031	91.3815	141	211	6601	2.6548	83.0523
					142	117	7380	1.4721	92.8535	142	211	6812	2.6548	85.7071
					143	101	7481	1.2708	94.1243	143	196	7008	2.466	88.1731
					144	104	7585	1.3085	95.4328	144	171	7179	2.1515	90.3246
					145	76	7661	0.9562	96.389	145	146	7325	1.8369	92.1616
					146	61	7722	0.7675	97.1565	146	109	7434	1.3714	93.533
					147	44	7766	0.5536	97.7101	147	107	7541	1.3463	94.8792
					148	41	7807	0.5159	98.226	148	91	7632	1.1449	96.0242
					149	36	7843	0.4529	98.6789	149	58	7690	0.7297	96.7539

续表

红波段					绿波段					蓝波段				
波长	该波长下像素数	累积总像素数	所占比例	累积所占比例	波长	该波长下像素数	累积总像素数	所占比例	累积所占比例	波长	该波长下像素数	累积总像素数	所占比例	累积所占比例
					150	28	7871	0.3523	99.0312	150	51	7741	0.6417	97.3956
					151	16	7887	0.2013	99.2325	151	57	7798	0.7172	98.1127
					152	9	7896	0.1132	99.3457	152	35	7833	0.4404	98.5531
					153	10	7906	0.1258	99.4716	153	24	7857	0.302	98.8551
					154	15	7921	0.1887	99.6603	154	16	7873	0.2013	99.0564
					155	6	7927	0.0755	99.7358	155	17	7890	0.2139	99.2703
					156	6	7933	0.0755	99.8113	156	14	7904	0.1761	99.4464
					157	4	7937	0.0503	99.8616	157	16	7920	0.2013	99.6477
					158	3	7940	0.0377	99.8993	158	13	7933	0.1636	99.8113
					159	2	7942	0.0252	99.9245	159	6	7939	0.0755	99.8868
					160	1	7943	0.0126	99.9371	160	1	7940	0.0126	99.8993
					161	2	7945	0.0252	99.9623	161	5	7945	0.0629	99.9623
					162	2	7947	0.0252	99.9874	162	2	7947	0.0252	99.9874
					163	0	7947	0	99.9874	163	0	7947	0	99.9874
					164	0	7947	0	99.9874	164	0	7947	0	99.9874
					165	1	7948	0.0126	100	165	1	7948	0.0126	100

莱州市柞村镇西马驿村

访谈对象：李×　　职务：会计　　访谈日期：2010年7月25日　　整理人：刘相芳

一、村庄概况

西马驿村位于山东省莱州市柞村镇，119°54′E，37°04′N，海拔范围在98～102m。距离莱州市中心约10km，距离镇中心约4km。

西马驿村规模中等，约有170户，500人。2009年村集体基本没有收入。2009年村庄人均纯收入5600元，农户主要收入来源为种植业和外出打工，各部分收入的构成比例分别是种植业70%，打工30%。

西马驿村域总面积1300亩，其中村庄居民点建设用地约有200亩。户均宅基地面积2.7分，宅基地总共约有280个，户均庭院面积约1.8分。

二、村庄废弃或闲置场地基本信息（图6-15）

西马驿村有倒塌住宅25幢，废弃或闲置宅基地100个，旧宅基地面积约2.7分。造成空置的原因是老人去世，人口外迁，盖新房抛弃旧房等。村庄空置场地分散分布在村中。在集中成片的空置场地内部，宅前道路宽约5.5m，大多为土路，基本所有的老宅都没有自来水输入，约10%的老宅间道路车辆不能通过，所有的老宅基本上都没有电源输入。

三、实地核实新建住宅与废弃或闲置场地基本信息

（一）三户较新住宅

N1：地处119°54′40.12″E，37°04′58.30″N，海拔为102m。户主李×，宅基地3分，家里共有4口人，常住2人，基础设施方面：自来水接入，自建下水道，有线电视，有固话，无硬化道路，无垃圾处理设施。

N2：地处119°54′40.33″E，37°04′58.81″N，海拔为102m。户主刘×，宅基地2.7分，家中共8口人，常住2人，基础设施方面：自来水接入，无污水处理，有线电视，有固话，无硬化道路，无垃圾处理设施。

N3：地处119°54′34.21″E，37°05′01.31″N，海拔为102m。户主葛×，宅基地2.7分，家中2口人，常住2人，基础设施方面：自来水接入，无污水处理，有线电视，有固话，无硬化道路，无垃圾处理设施。

（二）五个"空置点"

O1：闲置的标准宅基地。地处 119°54′40.23″E，37°04′57.55″N，海拔 101m。此处是一栋完好但闲置的房屋，院内、门口长满杂草，门口道路畅通，并与村庄主要通道相通，交通便利。经访谈发现，该房屋的现任主人姓曹，2009 年买下这栋闲置的房屋当作仓库，专门放拖拉机等农业机械。附近村民认为该闲置房屋对自己的生活没有影响，问及闲置房屋的用途时，他们认为这样的房屋只能当作仓库或者养殖场，并没有太大的开发潜力。

O2（图6-16）：闲置的宅基地。地处 119°54′45.62″E，37°04′57.42″N，海拔 100m。该处约有 180m²，该房屋高大崭新，门口的菜园和整洁的地面显示此房屋受到精心的照料，但经访谈得知，房屋的主人一家搬去莱州市里居住，房屋交给邻居照料，只有过年过节才偶尔回老家一次，精心装修的房子长时间闲置。因经济条件较好，房屋主人并不打算出租闲置的房屋，也不对其用途作其他规划。

O3：闲置的旧房。地处 119°54′45.06″E，37°04′55.93″N，海拔 99m。该处为完好但闲置的旧房，约合两个宅基地大小，闲置原因是老人去世，儿女们都有自己的住房，就造成了老房的空置。虽然是旧房子，但是该处房屋依然很坚固，不需要修缮就能住人，并且道路宽阔，与村庄主要道路相连，有较大的开发潜力。

O4（图6-17）：闲置地。地处 119°54′43.75″E，37°04′57.91″N，海拔 101m。面积 500m²，约合三个宅基地大小。此处闲置地归个人所有，户主买下这块地之后也一直没有开发利用，邻居们纷纷在此堆放柴草，干燥的冬季，火灾隐患严重。

O5（图6-18）：已经坍塌的房屋。地处 119°54′39.49″E，37°04′58.30″N，海拔 101m。面积约为 200m²。该房屋的屋顶已经倒塌，院内长满杂草，道路完全堵塞。据村干部讲，主人全家搬去沈阳定居，这座房屋已经有几十年没有人居住了，几十年内来一直处于闲置、浪费的状态。

图6-15　西马驿村实地勘察点

图6-16　场地O2

图6-17　场地O4

图6-18　场地O5

　　我们可以从不同角度，对卫星影像上的西马驿村进行观察。图6-19以三维方式模拟了这个村庄居民点，从而直观地观察到，这个村庄跳出村庄本来的道路界线，把住宅向农田中延伸，而在村庄中留下了一片空闲的场地。实际上，这片空闲场地完全可以用于新建住房。

　　图6-20给村中的这片闲置地作了一个特写。由此可以看到，有些闲置的土地可能是集体的建设用地。这种闲置的集体建设用地相当普遍。

　　图6-21展示了这个村庄中一部分废弃场地的状况，特别是那些大树下，常常有成片的废弃场地。

　　影响分析：

　　再以莱州市朱桥镇后李村为例。我们从卫星影像（图6-22）上找到三处相对集中的废弃场地（图6-23）。

图6-19　3D模拟

图6-20　场地3D模拟（一）

图6-21　场地3D模拟（二）

图6-22　后李村卫星影像

图6-23　影响分析

场地 1，是一幢非居住建筑，其影响范围约为 24 亩（图 6-24）；

场地 2，是一幢农业生产建筑，其影响范围约为 4 亩（图 6-25）；

场地 3，同样是一幢农业生产建筑，其影响范围约为 6 亩（图 6-26）。

在作这些计算时，我们均采用了 4 个邻里，0.4 的标准偏差（表 6-3）。一般来讲，0.4 的标准偏差比较恰当地覆盖了影响源的影响范围。

（a）影像分析

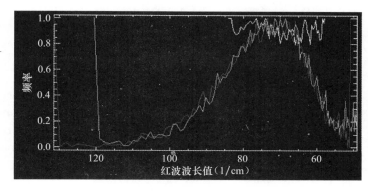

（b）光谱分析

图6-24 场地1

（a）影像分析

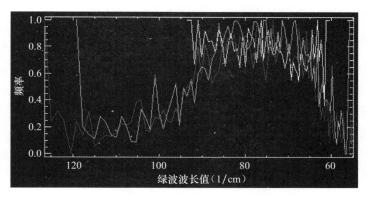

（b）光谱分析

图6-25 场地2

（a）影像分析

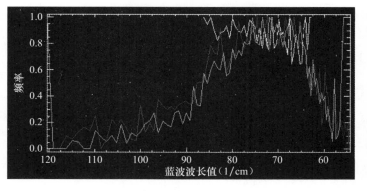

（b）光谱分析

图6-26 场地3

莱州市后李村，三块闲置场地影响分析　　　　　表 6-3

| 场地1　影响范围：24亩 | | | | | 场地2　影响范围：4亩 | | | | | 场地3　影响范围：6亩 | | | | |
| 红波段 | | | | | 红波段 | | | | | 红波段 | | | | |
波长	该波长下像素数	累积总像素数	所占比例	累积所占比例	波长	该波长下像素数	累积总像素数	所占比例	累积所占比例	波长	该波长下像素数	累积总像素数	所占比例	累积所占比例
119	389	389	2.3532	2.3532	107	47	47	1.8673	1.8673	116	107	107	2.7886	2.7886
120	403	792	2.4378	4.791	108	57	104	2.2646	4.1319	117	113	220	2.945	5.7336
121	367	1159	2.2201	7.0111	109	42	146	1.6687	5.8006	118	132	352	3.4402	9.1738
122	351	1510	2.1233	9.1344	110	68	214	2.7016	8.5022	119	118	470	3.0753	12.2492
123	355	1865	2.1475	11.2818	111	49	263	1.9468	10.4489	120	107	577	2.7886	15.0378
124	374	2239	2.2624	13.5443	112	62	325	2.4632	12.9122	121	113	690	2.945	17.9828
125	365	2604	2.208	15.7522	113	56	381	2.2249	15.1371	122	113	803	2.945	20.9278
126	377	2981	2.2806	18.0328	114	56	437	2.2249	17.3619	123	117	920	3.0493	23.9771
127	385	3366	2.329	20.3617	115	50	487	1.9865	19.3484	124	104	1024	2.7105	26.6875
128	390	3756	2.3592	22.7209	116	61	548	2.4235	21.772	125	121	1145	3.1535	29.841
129	381	4137	2.3048	25.0257	117	56	604	2.2249	23.9968	126	112	1257	2.9189	32.76
130	387	4524	2.3411	27.3668	118	43	647	1.7084	25.7052	127	107	1364	2.7886	35.5486
131	396	4920	2.3955	29.7623	119	52	699	2.066	27.7712	128	105	1469	2.7365	38.2851
132	361	5281	2.1838	31.946	120	58	757	2.3043	30.0755	129	110	1579	2.8668	41.1519
133	377	5658	2.2806	34.2266	121	49	806	1.9468	32.0222	130	98	1677	2.5541	43.706
134	369	6027	2.2322	36.4588	122	50	856	1.9865	34.0087	131	112	1789	2.9189	46.625
135	386	6413	2.335	38.7938	123	41	897	1.6289	35.6377	132	108	1897	2.8147	49.4397
136	371	6784	2.2443	41.038	124	55	952	2.1851	37.8228	133	104	2001	2.7105	52.1501
137	316	7100	1.9116	42.9496	125	41	993	1.6289	39.4517	134	90	2091	2.3456	54.4957
138	354	7454	2.1414	45.091	126	59	1052	2.3441	41.7958	135	101	2192	2.6323	57.128
139	346	7800	2.093	47.1841	127	55	1107	2.1851	43.9809	136	83	2275	2.1631	59.2911
140	310	8110	1.8753	49.0593	128	53	1160	2.1057	46.0866	137	99	2374	2.5801	61.8713
141	330	8440	1.9962	51.0556	129	42	1202	1.6687	47.7553	138	85	2459	2.2153	64.0865
142	324	8764	1.96	53.0155	130	52	1254	2.066	49.8212	139	78	2537	2.0328	66.1194
143	278	9042	1.6817	54.6972	131	61	1315	2.4235	52.2447	140	104	2641	2.7105	68.8298
144	295	9337	1.7845	56.4818	132	42	1357	1.6687	53.9134	141	78	2719	2.0328	70.8627
145	303	9640	1.8329	58.3147	133	51	1408	2.0262	55.9396	142	80	2799	2.085	72.9476
146	279	9919	1.6877	60.0024	134	54	1462	2.1454	58.085	143	96	2895	2.502	75.4496
147	273	10192	1.6514	61.6539	135	46	1508	1.8276	59.9126	144	83	2978	2.1631	77.6127
148	295	10487	1.7845	63.4384	136	42	1550	1.6687	61.5812	145	83	3061	2.1631	79.7759
149	285	10772	1.724	65.1624	137	42	1592	1.6687	63.2499	146	71	3132	1.8504	81.6263
150	289	11061	1.7482	66.9107	138	50	1642	1.9865	65.2364	147	64	3196	1.668	83.2942
151	277	11338	1.6756	68.5863	139	42	1684	1.6687	66.905	148	87	3283	2.2674	85.5616
152	243	11581	1.47	70.0563	140	40	1724	1.5892	68.4942	149	54	3337	1.4073	86.969
153	263	11844	1.591	71.6472	141	34	1758	1.3508	69.8451	150	59	3396	1.5377	88.5066
154	239	12083	1.4458	73.093	142	37	1795	1.47	71.3151	151	66	3462	1.7201	90.2267
155	250	12333	1.5123	74.6053	143	42	1837	1.6687	72.9837	152	56	3518	1.4595	91.6862
156	235	12568	1.4216	76.0269	144	28	1865	1.1124	74.0961	153	44	3562	1.1467	92.8329
157	272	12840	1.6454	77.6723	145	34	1899	1.3508	75.447	154	42	3604	1.0946	93.9275
158	278	13118	1.6817	79.3539	146	31	1930	1.2316	76.6786	155	55	3659	1.4334	95.361
159	268	13386	1.6212	80.9751	147	29	1959	1.1522	77.8308	156	57	3716	1.4855	96.8465
160	243	13629	1.47	82.4451	148	26	1985	1.033	78.8637	157	40	3756	1.0425	97.889
161	238	13867	1.4397	83.8848	149	37	2022	1.47	80.3337	158	49	3805	1.277	99.166
162	212	14079	1.2824	85.1673	150	32	2054	1.2714	81.6051	159	32	3837	0.834	100
163	248	14327	1.5002	86.6675	151	29	2083	1.1522	82.7573					
164	237	14564	1.4337	88.1011	152	28	2111	1.1124	83.8697					

续表

场地1 影响范围：24亩					场地2 影响范围：4亩					场地3 影响范围：6亩				
红波段					红波段					红波段				
波长	该波长下像素数	累积总像素数	所占比例	累积所占比例	波长	该波长下像素数	累积总像素数	所占比例	累积所占比例	波长	该波长下像素数	累积总像素数	所占比例	累积所占比例
165	236	14800	1.4276	89.5288	153	31	2142	1.2316	85.1013					
166	247	15047	1.4942	91.0229	154	31	2173	1.2316	86.3329					
167	220	15267	1.3308	92.3538	155	40	2213	1.5892	87.9221					
168	221	15488	1.3369	93.6906	156	30	2243	1.1919	89.114					
169	200	15688	1.2098	94.9005	157	32	2275	1.2714	90.3854					
170	199	15887	1.2038	96.1043	158	41	2316	1.6289	92.0143					
171	233	16120	1.4095	97.5138	159	28	2344	1.1124	93.1267					
172	210	16330	1.2703	98.7841	160	34	2378	1.3508	94.4776					
173	201	16531	1.2159	100	161	28	2406	1.1124	95.59					
					162	14	2420	0.5562	96.1462					
					163	38	2458	1.5097	97.6559					
					164	36	2494	1.4303	99.0862					
					165	23	2517	0.9138	100					

莱州市朱桥镇后李村

访谈对象：李×　　职务：会计　　访谈日期：2010年7月25日　　整理人：刘相芳

一、村庄概况

后李村位于山东省莱州市朱桥镇，120°05′E，37°19′N，海拔范围在38～45m，丘陵地形。距莱州市中心约25km，距镇中心约4km，206国道从附近经过，属于路边村。

后李村规模中等，约有210户，620人。2009年村集体几乎没有收入。村庄人均纯收入4000元，农户主要收入来源为种植业和外出打工，其中种植业收入占总收入的55%。后李村村民在本村或者镇上打工，也有去县城和外省市的，打工的主要类型是建筑工。

后李村的村域总面积1290亩，其中村庄居民点建设用地约有150亩。户均宅基地面积160m²，宅基地总共约350个，户均庭院面积约80m²。

二、村庄废弃或闲置场地基本信息

后李村有倒塌住宅7个，废弃或闲置宅基地80个，单个旧宅基地面积约160m²。造成空置的主要原因是老人去世、人口外迁，以及年轻人盖新房。村庄空置场地分散分布在村中，主要原因是村庄主要道路硬化后新房向着主路靠近。在空置场地内部，宅前道路宽约2m，大多为土路，都有电源线、自来水，但是都没有垃圾处理设施。

三、实地核实新建住宅与废弃或闲置场地基本信息（图6-27～图6-32）

（一）三户较新住宅

N1：地处120°05′31.31″E，37°19′27.80″N，海拔40m。户主李×，宅基地250m²，家里共有4口人，常住3人，基础设施方面：自来水接入，自建下水道，有线电视，有固话，宅前道路硬化，无垃圾处理。

N2：地处120°05′31.20″E，37°19′27.06″N，海拔40m。户主李××，宅基地250m²，家中共4口人，常住2人，基础设施方面：自来水接入，无污水处理，有线电视，有固话，宅前道路硬化，无垃圾处理。

N3：地处120°05′31.18″E，37°19′26.35″N，海拔40m。户主李××，宅基地250m²，家中3口人，常住2人，基础设施方面：自来水接入，无污水处理，有线电视，有固话，宅前道路硬化，无垃圾处理。

（二）五个"空置点"

O1：地处120°05′42.90″E，37°19′37.33″N，海拔39m。从卫星图上判断，该点疑似空心，但经过访谈和实地考查发现，该地是正在使用的肉食鸡场。

O2（图6-33）：闲置的宅基地。地处120°05′36.79″E，37°19′37.06″N，海拔43m。该处有3所完好但是闲置的房子，房前还有一片闲置地，总面积约2亩。在考查中我们发现，该处的房子基本完好，虽然门口和院子长满杂草，但是房屋经简单修葺后能够住人。门口的空地上长满树木杂草，空闲处还堆积着柴草。O2点在该村应该是比较大的一块空置地，但是该村村委对这块地应如何利用没有规划，也不认为这块地有开发价值。

O3（图6-34）：空置场地。地处120°05′35.89″E，37°19′35.50″N，海拔42m。该处是由于规划设计不当留下的边角闲置地，位于两条小路的交会处，雨水的不断冲刷使得此处道路高低不平。路边长满矮树和杂草，蚊虫较多，村干部觉得这样的边角地影响村容村貌，但是没有治理的能力，也没有治理的打算。

O4：标准宅基地。地处120°05′32.56″E，37°19′29.01″N，海拔41m。该处是一处标准的宅基地，归村民李善堂所有，原来是旧房子，2010年翻盖成新房，这是村民自发地对闲置宅基地的一种合理利用方式。由于新房还没建成，房屋的外墙是砖的暗红色，因此在卫星图上呈现较暗的颜色。

O5：闲置房屋。地处120°05′33.17″E，37°19′26.84″N，海拔40m。面积约为160m²。据了解，此处为一李姓人家，全家搬去了莱州市，造成老家房屋闲置。该房屋的房龄在20年左右，房屋的状况完好，有包括自来水、硬化路、电等完善的基础设施，院子里栽种着各种果树，有着浓厚的田园风格，完全可以再利用，只是房屋的主人没有做再利用的打算。

图6-27 后李村实地勘察点

图6-28 实景1（图6-27方框地区）

图6-29 实景2（图6-27方框地区）

图6-30 实景3（图6-27方框地区）

图6-31 实景4（图6-27方框地区）

图6-32 实景5（图6-27方框地区）

图6-33 场地O2

图6-34 场地O3

二、变农村居民点建设用地为工业生产用地

工业经济比较发达的工业区、城市边缘和小城镇所在的村庄可能出现变农村居民点建设用地为工业生产用地的情况。实际上，那里变更的土地可能不仅仅是居民点用地，还包括居民点周边的农业用地。

在我们调查的这些村庄中，能够对村庄居民点产生长期负面影响的工业一般都是建筑材料加工工业、采掘原料加工工业，而那些在村庄里或村庄边缘的轻工制造业对村庄居民点的负面影响相对要小许多。这里以招远市西坞党村和城南张家庄村为例（图6-35～图6-38）。

影响分析：

从卫星影像上，我们已经可以看到招远城南工业地区及夹杂其间的这两个村庄。工业不可避免地会给周边村庄带来各类环境污染，这是负面影响。同时，它也有正面的影响，如给一部分村民提供了就业机会，使一部分村民增加了收入。这样，收入比较高的家庭可能搬迁到城里居住，而把村里的老住宅闲置起来，也有可能在村里的新区里建设新住宅。他们之所以离开老宅的原因是希望离开工业厂区远一些。于是，村庄里靠近厂区的地方常常出现一些废弃或闲置的场地。所以，在识别村庄废弃或闲置场地时，关注厂区周边的土地十分重要。当然，更重要的是，我们需要精确判断这些靠近村庄的工业事实上已经在多大范围内影响了村庄建设用地的有效使用，甚至需要预测可能会出现多少废弃或闲置的居民点建设用地。

在作这些计算时，我们选择了村北一个 40 亩的工业场地为影响源，采用 4 个邻里，0.8 的标准偏差。其影响范围大约为 200 亩，其中一部分为村庄，一部分为农田（表 6-4）。

图6-35 工业区内的村庄居民点卫星影像

图6-36 工业污染源

图6-37 工业污染源与村庄的空间关系

图6-38 影响分析

招远市城南工业地区场地影响分析　　　　　　　　　　　　　　　　表 6-4

波长	红波段				波长	红波段			
	该波长下像素数	累积总像素数	所占比例	累积所占比例		该波长下像素数	累积总像素数	所占比例	累积所占比例
109	2255	4462	1.747	3.4568	121	3000	38932	2.3241	30.1611
110	2436	6898	1.8872	5.344	122	2911	41843	2.2552	32.4163
111	2525	9423	1.9562	7.3001	123	2795	44638	2.1653	34.5817
112	2561	11984	1.984	9.2842	124	2741	47379	2.1235	36.7051
113	2754	14738	2.1336	11.4177	125	2791	50170	2.1622	38.8674
114	2797	17535	2.1669	13.5846	126	2726	52896	2.1119	40.9792
115	2966	20501	2.2978	15.8824	127	2745	55641	2.1266	43.1058
116	3038	23539	2.3536	18.236	128	2524	58165	1.9554	45.0612
117	3098	26637	2.4001	20.636	129	2470	60635	1.9135	46.9747
118	3204	29841	2.4822	23.1182	130	2428	63063	1.881	48.8557
119	3091	32932	2.3946	25.5129	131	2420	65483	1.8748	50.7306
120	3000	35932	2.3241	27.837	132	2533	68016	1.9623	52.6929

续表

	红波段					红波段		
波长	该波长下像素数	累积总像素数	所占比例	累积所占比例	波长	该波长下像素数	累积总像素数	所占比例	累积所占比例
133	2281	70297	1.7671	54.46	150	1801	105415	1.3953	81.6664
134	2314	72611	1.7927	56.2527	151	1762	107177	1.365	83.0315
135	2270	74881	1.7586	58.0113	152	1686	108863	1.3062	84.3376
136	2311	77192	1.7904	59.8017	153	1666	110529	1.2907	85.6283
137	2209	79401	1.7113	61.513	154	1755	112284	1.3596	86.9879
138	2241	81642	1.7361	63.2491	155	1698	113982	1.3155	88.3034
139	2221	83863	1.7206	64.9698	156	1532	115514	1.1869	89.4902
140	2128	85991	1.6486	66.6184	157	1565	117079	1.2124	90.7027
141	2090	88081	1.6192	68.2375	158	1630	118709	1.2628	91.9654
142	2097	90178	1.6246	69.8621	159	1546	120255	1.1977	93.1632
143	2018	92196	1.5634	71.4255	160	1554	121809	1.2039	94.3671
144	1953	94149	1.513	72.9385	161	1522	123331	1.1791	95.5462
145	1944	96093	1.506	74.4445	162	1511	124842	1.1706	96.7168
146	1875	97968	1.4526	75.8971	163	1414	126256	1.0954	97.8122
147	1869	99837	1.4479	77.3451	164	1435	127691	1.1117	98.9239
148	1884	101721	1.4596	78.8046	165	1389	129080	1.0761	100
149	1893	103614	1.4665	80.2711					

招远市毕郭镇西坞党村

访谈对象：迟×　　**职务：**书记　　**访谈日期：**2010 年 7 月 26 日　　**整理人：**栗萌

一、村庄信息

西坞党村位于 37°20′N，120°23′E，海拔 76~82m，属于丘陵地形；距招远市 2km，距毕郭镇 2km；属于城边村，村外有一条河，离村庄约 0.5km。

西坞党村共有 860 人，常住 1000 人，有 400 户，常住本村的 286 户。2009 年村庄集体收入为 30 万元，主要来自出租厂房；2009 年农民年人均纯收入约为 7000 元，农户的主要收入来源是种植苹果、个体工商业和打工。其中，约 50% 的村民种植苹果，30% 的从事个体工商业，剩下的 20% 外出打工。

二、村庄住宅情况

西坞党村村域总面积为 2000 亩，居民点建设用地面积约为 300 亩，村内户均宅基地面积约 140m²，共有宅基地 400 处，户均庭院面积 90m²。

村内共有倒塌宅基地 6 个，废弃或闲置宅基地 20 处，平均旧宅基地面积为 120m²，小于新建住宅面积。

集体废弃或闲置的建（构）筑物场地有 1 个，面积 1.5 亩，大约合 4 个宅基地。

村内闲置宅基地和空置房屋的形成主要是由于村民在村内别处另盖新房、弃旧房或老人去世造成。

村庄空置场地呈插花分散分布。

村内新住宅区的宅间道路为 5m，老宅区宅间道路为 3m，老宅区的宅间道路为土路，50% 不能通行机动车，所有的老宅宅间道路不能与村庄主干道相连。

在空置房屋集中地区，都有电源线，自来水接入。都有垃圾处理设施，设有垃圾池。

村内所有房屋均是坐北朝南。空闲或坍塌住宅所在地域的坡度与较新住宅所在地域坡度无明显关系。

目前村内的旧宅处于闲置状态，没有被开发利用，村民认为闲置房屋对其没有太大影响，村干部认为这些空置场地有开发的潜力。如果把这些空置房屋和场地利用起来，可以为旧村改造提供场地。

三、具体实际调查点分析（图6-39~图6-44）

（一）三户较新住宅

N1：37°20′12″N，120°23′35″E。宅基地140m²，户主迟××，家中共3人，常住2人，基础设施方面：自来水，有线电视接入，固话，有垃圾处理设施，有下水道。

N2：37°20′11″N，120°23′35″E。宅基地0.25亩，户主王××，家中共4人，常住2人，基础设施方面：有线电视接入，自来水，有专人清理的垃圾收集点，无下水道。

N3：37°20′11″N，120°23′35″E。宅基地0.25亩，户主王××，家中3人，常住2人，基础设施方面：固话，自来水，道路硬化，有垃圾池，有下水道。

（二）"空置点"

O1：37°20′12″N，120°23′33″E，个人闲置宅基地。面积约三个宅基地大小，之前有老房子，拆掉后准备重盖新房，其中有一块宅基地刚刚建好地基，上面码放着砖头，等待进一步修建。剩余地方都长满杂草。

O2：37°20′10″N，120°23′34″E，成片的个人废弃宅基地。此处约有三个废弃宅基地。房子已经几乎完全倒塌，只是依稀可见地基，地上堆满碎石，长满杂草和树木，村民在此处种有玉米。之前住在这里的村民都在村中其他地方盖了新房，导致这块场地废弃。

O3：37°20′09″N，120°23′37″E，集体场地。大约有四个宅基地大小，之前为集体的养狗场。现在出租作为废品回收站，院内长满大树。

O4：37°20′06″N，120°23′35″E，集体闲置场地。此处面积约有1.5亩，原为养猪场，废弃之后被划作宅基地，但是近些年村中很少人盖新房，因此闲置。已经看不到之前建筑的痕迹，只有一幢旧房子还未倒塌。现在场地内堆满建筑材料：沙石、砖头、水泥等。有一户正在建造新房。

图6-39 西坞党村实地勘察点

图6-40 西坞党村废弃或闲置场地实景（一）

图6-41 西坞党村废弃或闲置场地实景（二）

图6-42 西坞党村废弃或闲置场地实景（三）

图6-43 西坞党村废弃或闲置场地实景（四）　　　　图6-44 西坞党村废弃或闲置场地实景（五）

招远市罗峰街道城南张家庄村

访谈对象：迟×　　职务：村支书　　访谈日期：2010年7月26日　　整理人：刘相芳

一、村庄概况

城南张家庄村位于山东省招远市罗峰街道，120°23′E，37°20′N，海拔范围在74～80m。距离招远市中心约2.5km，距离镇中心约2.5km，金城路穿村而过，属于典型的城边村、路边村。

张家庄村规模较小，约有130户，300口人。2009年村集体收入200000元，村集体的收入来源于土地租赁费。2009年村庄人均纯收入7000元，农户主要收入来源为果树、外出打工和个体工厂，各部分收入的构成比例分别是果树30%，打工40%，个体工厂30%。

城南张家庄村域总面积1500亩，其中村庄居民点建设用地约有200亩。户均宅基地面积143m²，宅基地总共约有150个，户均庭院面积约80m²。

二、村庄废弃或闲置场地基本信息（图6-45、图6-46）

城南张家庄村有倒塌宅基地5个，废弃或闲置宅基地10个，单个旧宅基地面积约80m²。集体废弃或闲置的建（构）筑场地有2个，约占地1亩，约合4个宅基地。主要空置原因是老人去世，人口外迁，盖新房抛弃旧房等。村庄空置场地集中分布在村中。在集中成片的空置场地内部，宅前道路宽约2m，大多为土路，基本所有的老宅都有电源输入和自来水输入，约一半的老宅间道路车辆不能通过。

三、废弃或闲置场地基本信息

O1（图6-47～图6-49）：闲置的标准宅基地。地处120°23′34.04″E，37°19′56.17″N，海拔78m。该地位于村庄的南部，是闲置的标准宅基地，约合2块宅基地大小。目前处于完全空置状态，实地勘查时，该地有被挖掘机平整过的痕迹，杂草很少，地皮裸露，因此在卫星图上看起来反光强烈。

O2：废弃的宅基地。地处120°23′34.47″E，37°19′59.42″N，海拔77m。该处宅基地面积约为140m²左右，部分屋顶已经坍塌，从院墙外能看见院内杂乱无章地堆积着一些建筑材料，房屋的后面满地垃圾、杂草和秸秆。因为靠近村庄的主要道路，从此处经过的村民较多，这样正在坍塌中的房屋无疑会威胁到行人的安全。

O3：坍塌的住宅。地处120°23′35.31″E，37°19′57.40″N，海拔71m。该处为一块建筑废墟，大小为一块宅基地大小。在废墟中我们可以依稀地看出原先建筑物的地基。目前此块土地上种有蔬菜和果树，也堆积着一些秸秆。经过访谈得知，该处的老房子坍塌以后，房屋的主人在废墟上种上蔬菜。

O4：废弃的宅基地。地处120°23′34.61″E，37°19′59.31″N，海拔76m。约合一块宅基地大小，没有正式的大门，只用一道破烂的栅栏挡住行人和牲畜。院子里长满了杂草和灌木丛，门口的一侧是垃圾和杂草，另一侧是邻居种植的蔬菜。这种废弃或闲置的场地，直接给邻居带来影响，一方面夏季蚊虫较多，危房也会对邻居的安全造成最多的威胁；另一方面，相近的邻居有小片的闲置地可以利用。

O5：闲置房屋。地处 120°23′31.92″E，37°20′00.01″N，海拔77m，面积约为200m²。标准的空置房屋，房龄较老，院落较小，空置的原因是房屋的主人在村庄外围盖了新房，原来的老房子就闲置下来。房屋的主人对老房子的再利用没有规划。

图6-45 城南张家庄村卫星影像（一）

图6-46 城南张家庄村卫星影像（二）

图6-47 场地O1实景(一)

图6-48 场地O1实景(二)

图6-49 场地O1实景(三)

第二节　因邻里间存在废弃或闲置场地而产生的废弃或闲置场地簇团

我们在调查中发现，村庄中的废弃或闲置场地不连片的远远多于连片的。有些地区一个废弃或闲置场地接着一个废弃或闲置场地，而在多数地区中，废弃或闲置场地呈散布状态，其中总有几家人居住，他们或住在老宅中，或住在新近翻新的住宅中。这些不成片的废弃或闲置场地一般出现在老宅集中的老村地区（图 6-50～图 6-54）。

除住宅翻建改造比建设新住宅要多一道拆除工序外，老村的宅基地相对狭小，道路相对狭窄，供水系统老化甚至从来就没有，邻居坍塌的住宅和荒芜的宅院，都是让一些家庭选择离开的原因。很难想象一对年轻人或经济收入足够承担盖新房的家庭会选择居住在被废弃或闲置场地包围的住宅里。实际上，村庄集体经济一般难以承受为寥寥几户人家改造已经老化或破损了的基础设施，如供水系统、道路、路灯、排水沟等。

从改造工程施工角度讲，老村部分并非绝对废弃场地，其中还插花式地夹杂着一些已经翻新的使用中的住宅，使得老村地区道路和施工场地都过于狭窄，对现代机械建筑施工不利。更新改造老村要比建设新村耗费更多的资金，且没有多少工程队伍愿意承担此类复杂的工程，他们更愿意新开发一片平整的农田，以农田作为代价，去克服本可以解决的现实施工困难。这就是在近年开展的新农村建设中，频频出现"新村建设"的重要原因之一。

因此，我们需要通过卫星影像分析，发现已经事实上存在的废弃或闲置场地的影响区域范围，尽管其中存在正在使用中的住宅，但从功能影响角度，把它们视作判断废弃或闲置场地簇团的样本。依据这样的样本，我们有可能推论出其他废弃场地的大体状况，以便按规划去创造成片改造旧村的基本条件，逐步盘活废弃或闲置的农村居民点建设用地。

我们需要解决的问题是如何科学地确定村庄中的"废弃或闲置场地簇团"。无须讳言，可以寻找到的产生废弃或闲置场地簇团的社会原因远远多于建筑形体上的原因，但是，在寻找社会原因的同时，先从形体上确定废弃或闲置场地簇团还是很有必要的。我们需要确定的指标是相关邻里数和标准偏差值。

这里，我们以招远市北院庄村为例。

影响分析：

我们在卫星影像上任选了一处废弃宅基地为样本，以此为影响源（图 6-55），设定距离为 100m，高度 2m，在这个位置上，观察其可能影响到的周边场地和邻里关系（图 6-56），确定影响的区域范围（图 6-57）、（图 6-58）：

1）影响源为一废弃且坍塌的住宅及其宅院，包括 41 个像素，实际面积约 200m²；

2）影响源第一影响区：我们选择 8 个邻里，标准偏差为 0.7，用红色表示（图 6-59 (a)）；计算出的影响区为 27268 个像素，约 7500 m²，影响到 30 户人。

3）影响源第二影响区：我们选择 8 个邻里，标准偏差为 3，用绿色表示（图 6-59 (b)）；计算出的影响区为 91645 个像素，约 16864 m²，影响到 70 户人。

4）影响源第三影响区：我们选择 4 个邻里，标准偏差为 1，用蓝色表示（图 6-59 (c)）；计算出的影响区为 41737 个像素，约 4000 m²，影响到 16 户人。

5）把三个影响区叠加起来（图 6-59 (d)），剔除掉不相关部分（图 6-59 (e)），经过修正的叠加部分约为 6300 m²，包括 42 户人。

图6-50 招远市毕郭镇吴家村卫星影像

图6-51 莱州三山岛大张村卫星影像

图6-52 莱州潘家村和小张村卫星影像

图6-53 蓬莱南王镇姚家村卫星影像

图6-54 北院庄村卫星影像

图6-55 设定影响区

图6-56 邻里空间关系

图6-57 影响源

图6-58 影响区域

（a）红波长

（b）绿波长

图6-59 分波长影响分析

(c) 蓝波长

(d) 三个波长覆盖区域叠加

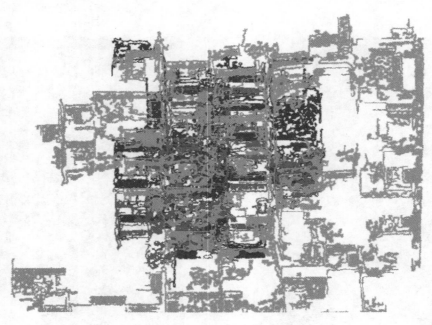

(e) 剔除不相关部分

图6-59 分波长影响分析（续）

　　我们进一步对北院庄村卫星影像上的其他 12 个看似存在废弃或闲置场地的地方作了影响分析。在分析中，全部选择同样的参数：4 个邻里，标准偏差为 1，距离 100（图上单位），高度 3m。每一个影响源的原始大小在 50 ～ 70 m^2 不等，由于周边情况不同，所以最终分析出来的影响面积不同（表 6-5）：

　　① ［红色］481m^2；② ［绿色］543m^2；③ ［蓝色］3486m^2；④ ［黄色］684m^2；⑤ ［青色］360m^2；⑥ ［洋红色］1642m^2；⑦ ［暗海蓝色］1459m^2；⑧ ［紫色］482m^2；⑨ ［栗色］1230m^2；⑩ ［珊瑚色］369m^2；⑪ ［蓝绿色］1237m^2；⑫ ［兰花紫色］1873m^2。

　　根据这个影响分析估算，这 12 个废弃或闲置场地的影响面积为 13846m^2，约 20 亩（图 6-60、图 6-61）。当然，影响面积的绝对值并不一定能够完全反映一处废弃或闲置场地的实际影响深度，如一处楔入居民区里的养殖场（图 6-62、图 6-63）。同时，影响面积的大小也不能完全反映影响到的家庭数目。实际上，从标注出来的影像上看，无论影响源的影响面积多大，任何一个影响源至少都影响到了 4 户以上。所以，我们在设定分析参数时，采用的是 4 个邻里。如果我们采用 8 个邻里的参数，影响波及范围会更大一些。

招远市北院庄村影响分析（红波段） 表6-5

① 红色：影响区481m²

波长	该波长下像素数	累积总像素数	所占比例	累积所占比例
97	11	11	2.2869	2.2869
98	14	25	2.9106	5.1975
99	12	37	2.4948	7.6923
100	16	53	3.3264	11.0187
101	8	61	1.6632	12.6819
102	12.	73	2.4948	15.1767
103	12	85	2.4948	17.6715
104	8	93	1.6632	19.3347
105	9	102	1.8711	21.2058
106	11	113	2.2869	23.4927
107	9	122	1.8711	25.3638
108	15	137	3.1185	28.4823
109	15	152	3.1185	31.6008
110	12	164	2.4948	34.0956
111	12	176	2.4948	36.5904
112	16	192	3.3264	39.9168
113	17	209	3.5343	43.4511
114	16	225	3.3264	46.7775
115	12	237	2.4948	49.2723
116	9	246	1.8711	51.1435
117	18	264	3.7422	54.8857
118	17	281	3.5343	58.42
119	15	296	3.1185	61.5385
120	12	308	2.4948	64.0333
121	12	320	2.4948	66.5281
122	13	333	2.7027	69.2308
123	11	344	2.2869	71.5177
124	16	360	3.3264	74.8441
125	11	371	2.2869	77.131
126	12	383	2.4948	79.6258
127	13	396	2.7027	82.3285
128	10	406	2.079	84.4075
129	16	422	3.3264	87.7339
130	9	431	1.8711	89.605
131	14	445	2.9106	92.5156
132	11	456	2.2869	94.8025
133	5	461	1.0395	95.842
134	8	469	1.6632	97.5052
135	12	481	2.4948	100

② 绿色：影响区543m²

波长	该波长下像素数	累积总像素数	所占比例	累积所占比例
91	23	23	4.2357	4.2357
92	19	42	3.4991	7.7348
93	14	56	2.5783	10.3131
94	15	71	2.7624	13.0755
95	21	92	3.8674	16.9429
96	18	110	3.3149	20.2578
97	12	122	2.2099	22.4678
98	18	140	3.3149	25.7827
99	17	157	3.1308	28.9134
100	14	171	2.5783	31.4917
101	15	186	2.7624	34.2541
102	26	212	4.7882	39.0424
103	19	231	3.4991	42.5414
104	22	253	4.0516	46.593
105	18	271	3.3149	49.9079
106	20	291	3.6832	53.5912
107	19	310	3.4991	57.0902
108	16	326	2.9466	60.0368
109	19	345	3.4991	63.5359
110	22	367	4.0516	67.5875
111	18	385	3.3149	70.9024
112	15	400	2.7624	73.6648
113	21	421	3.8674	77.5322
114	28	449	5.1565	82.6888
115	21	470	3.8674	86.5562
116	35	505	6.4457	93.0018
117	16	521	2.9466	95.9484
118	22	543	4.0516	100

③ 蓝色：影响区3486m²

波长	该波长下像素数	累积总像素数	所占比例	累积所占比例
49	22	22	0.6311	0.6311
50	18	40	0.5164	1.1474
51	17	57	0.4877	1.6351
52	18	75	0.5164	2.1515
53	21	96	0.6024	2.7539
54	18	114	0.5164	3.2702
55	25	139	0.7172	3.9874
56	20	159	0.5737	4.5611
57	28	187	0.8032	5.3643
58	18	205	0.5164	5.8807
59	26	231	0.7458	6.6265
60	25	256	0.7172	7.3437
61	25	281	0.7172	8.0608
62	27	308	0.7745	8.8353
63	25	333	0.7172	9.5525
64	30	363	0.8606	10.4131
65	43	406	1.2335	11.6466
66	27	433	0.7745	12.4211
67	31	464	0.8893	13.3104
68	38	502	1.0901	14.4005
69	33	535	0.9466	15.3471
70	38	573	1.0901	16.4372
71	44	617	1.2622	17.6994
72	45	662	1.2909	18.9902
73	34	696	0.9753	19.9656

③ 蓝色：影响区3486m²

波长	该波长下像素数	累积总像素数	所占比例	累积所占比例
74	40	736	1.1474	21.113
75	39	775	1.1188	22.2318
76	38	813	1.0901	23.3219
77	43	856	1.2335	24.5554
78	41	897	1.1761	25.7315
79	66	963	1.8933	27.6248
80	51	1014	1.463	29.0878
81	50	1064	1.4343	30.5221
82	59	1123	1.6925	32.2146
83	56	1179	1.6064	33.821
84	58	1237	1.6638	35.4848
85	66	1303	1.8933	37.3781
86	80	1383	2.2949	39.673
87	79	1462	2.2662	41.9392
88	62	1524	1.7785	43.7177
89	59	1583	1.6925	45.4102
90	52	1635	1.4917	46.9019
91	73	1708	2.0941	48.996
92	99	1807	2.8399	51.8359
93	68	1875	1.9507	53.7866
94	87	1962	2.4957	56.2823
95	77	2039	2.2088	58.4911
96	80	2119	2.2949	60.786
97	78	2197	2.2375	63.0235
98	85	2282	2.4383	65.4618
99	71	2353	2.0367	67.4986
100	99	2452	2.8399	70.3385
101	84	2536	2.4096	72.7481
102	71	2607	2.0367	74.7849
103	86	2693	2.467	77.2519
104	87	2780	2.4957	79.7476
105	81	2861	2.3236	82.0711
106	75	2936	2.1515	84.2226
107	89	3025	2.5531	86.7757
108	78	3103	2.2375	89.0132
109	88	3191	2.5244	91.5376
110	79	3270	2.2662	93.8038
111	79	3349	2.2662	96.07
112	65	3414	1.8646	97.9346
113	72	3486	2.0654	100

④ 黄色：影响区684m²

波长	该波长下像素数	累积总像素数	所占比例	累积所占比例
69	8	8	1.1696	1.1696
70	15	23	2.193	3.3626
71	12	35	1.7544	5.117
72	8	43	1.1696	6.2865
73	9	52	1.3158	7.6023
74	14	66	2.0468	9.6491
75	9	75	1.3158	10.9649
76	12	87	1.7544	12.7193
77	14	101	2.0468	14.7661
78	16	117	2.3392	17.1053
79	10	127	1.462	18.5673
80	16	143	2.3392	20.9064
81	16	159	2.3392	23.2456
82	13	172	1.9006	25.1462
83	15	187	2.193	27.3392
84	19	206	2.7778	30.117
85	15	221	2.193	32.3099
86	27	248	3.9474	36.2573
87	22	270	3.2164	39.4737
88	24	294	3.5088	42.9825
89	23	317	3.3626	46.345
90	13	330	1.9006	48.2456
91	16	346	2.3392	50.5848
92	31	377	4.5322	55.117
93	16	393	2.3392	57.4561
94	27	420	3.9474	61.4035
95	23	443	3.3626	64.7661
96	17	460	2.4854	67.2515
97	25	485	3.655	70.9064
98	25	510	3.655	74.5614
99	32	542	4.6784	79.2398
100	17	559	2.4854	81.7251
101	22	581	3.2164	84.9415
102	19	600	2.7778	87.7193
103	19	619	2.7778	90.4971
104	20	639	2.924	93.4211
105	24	663	3.5088	96.9298
106	21	684	3.0702	100

⑤ 青色：影响区360m²

波长	该波长下像素数	累积总像素数	所占比例	累积所占比例
82	6	6	1.6667	1.6667
83	11	17	3.0556	4.7222
84	14	31	3.8889	8.6111
85	14	45	3.8889	12.5
86	9	54	2.5	15
87	8	62	2.2222	17.2222
88	11	73	3.0556	20.2778
89	17	90	4.7222	25
90	13	103	3.6111	28.6111
91	12	115	3.3333	31.9444
92	15	130	4.1667	36.1111
93	6	136	1.6667	37.7778
94	11	147	3.0556	40.8333
95	15	162	4.1667	45

⑤青色：影响区360m²

波长	该波长下像素数	累积总像素数	所占比例	累积所占比例
96	10	172	2.7778	47.7778
97	14	186	3.8889	51.6667
98	11	197	3.0556	54.7222
99	20	217	5.5556	60.2778
100	13	230	3.6111	63.8889
101	16	246	4.4444	68.3333
102	17	263	4.7222	73.0556
103	18	281	5	78.0556
104	18	299	5	83.0556
105	10	309	2.7778	85.8333
106	5	314	1.3889	87.2222
107	12	326	3.3333	90.5556
108	13	339	3.6111	94.1667
109	8	347	2.2222	96.3889
110	13	360	3.6111	100

⑥洋红色：影响区1642m²

波长	该波长下像素数	累积总像素数	所占比例	累积所占比例
80	16	16	0.9744	0.9744
81	21	37	1.2789	2.2533
82	10	47	0.609	2.8624
83	22	69	1.3398	4.2022
84	17	86	1.0353	5.2375
85	15	101	0.9135	6.151
86	20	121	1.218	7.3691
87	20	141	1.218	8.5871
88	20	161	1.218	9.8051
89	13	174	0.7917	10.5968
90	25	199	1.5225	12.1194
91	20	219	1.218	13.3374
92	16	235	0.9744	14.3118
93	21	256	1.2789	15.5907
94	32	288	1.9488	17.5396
95	46	334	2.8015	20.341
96	36	370	2.1924	22.5335
97	33	403	2.0097	24.5432
98	33	436	2.0097	26.553
99	33	469	2.0097	28.5627
100	36	505	2.1924	30.7552
101	36	541	2.1924	32.9476
102	34	575	2.0706	35.0183
103	40	615	2.4361	37.4543
104	43	658	2.6188	40.0731
105	29	687	1.7661	41.8392
106	42	729	2.5579	44.3971
107	29	758	1.7661	46.1632
108	28	786	1.7052	47.8685
109	34	820	2.0706	49.9391
110	35	855	2.1315	52.0706
111	28	883	1.7052	53.7759
112	39	922	2.3752	56.151
113	33	955	2.0097	58.1608
114	33	988	2.0097	60.1705
115	37	1025	2.2533	62.4239
116	33	1058	2.0097	64.4336
117	42	1100	2.5579	66.9915
118	42	1142	2.5579	69.5493
119	46	1188	2.8015	72.3508
120	38	1226	2.3143	74.665
121	45	1271	2.7406	77.4056
122	38	1309	2.3143	79.7199
123	43	1352	2.6188	82.3386
124	31	1383	1.8879	84.2266
125	41	1424	2.497	86.7235
126	41	1465	2.497	89.2205
127	29	1494	1.7661	90.9866
128	31	1525	1.8879	92.8745
129	32	1557	1.9488	94.8234
130	31	1588	1.8879	96.7113
131	27	1615	1.6443	98.3557
132	27	1642	1.6443	100

⑦暗海蓝色：影响区1459m²

波长	该波长下像素数	累积总像素数	所占比例	累积所占比例
102	27	27	1.8506	1.8506
103	33	60	2.2618	4.1124
104	19	79	1.3023	5.4147
105	28	107	1.9191	7.3338
106	23	130	1.5764	8.9102
107	24	154	1.645	10.5552
108	25	179	1.7135	12.2687
109	20	199	1.3708	13.6395
110	29	228	1.9877	15.6271
111	34	262	2.3304	17.9575
112	24	286	1.645	19.6025
113	32	318	2.1933	21.7958
114	24	342	1.645	23.4407
115	24	366	1.645	25.0857
116	28	394	1.9191	27.0048
117	21	415	1.4393	28.4441
118	30	445	2.0562	30.5003
119	31	476	2.1247	32.6251
120	25	501	1.7135	34.3386
121	23	524	1.5764	35.915
122	33	557	2.2618	38.1768
123	31	588	2.1247	40.3016
124	27	615	1.8506	42.1522
125	28	643	1.9191	44.0713

续表

⑦ 暗海蓝色：影响区1459m²

波长	该波长下像素数	累积总像素数	所占比例	累积所占比例
126	40	683	2.7416	46.8129
127	26	709	1.782	48.5949
128	27	736	1.8506	50.4455
129	28	764	1.9191	52.3646
130	33	797	2.2618	54.6265
131	17	814	1.1652	55.7916
132	27	841	1.8506	57.6422
133	31	872	2.1247	59.767
134	33	905	2.2618	62.0288
135	20	925	1.3708	63.3996
136	26	951	1.782	65.1816
137	24	975	1.645	66.8266
138	24	999	1.645	68.4716
139	35	1034	2.3989	70.8705
140	23	1057	1.5764	72.4469
141	22	1079	1.5079	73.9548
142	29	1108	1.9877	75.9424
143	16	1124	1.0966	77.0391
144	32	1156	2.1933	79.2324
145	18	1174	1.2337	80.4661
146	17	1191	1.1652	81.6313
147	27	1218	1.8506	83.4818
148	20	1238	1.3708	84.8526
149	21	1259	1.4393	86.292
150	24	1283	1.645	87.9369
151	23	1306	1.5764	89.5134
152	24	1330	1.645	91.1583
153	19	1349	1.3023	92.4606
154	15	1364	1.0281	93.4887
155	20	1384	1.3708	94.8595
156	11	1395	0.7539	95.6134
157	13	1408	0.891	96.5045
158	14	1422	0.9596	97.464
159	19	1441	1.3023	98.7663
160	18	1459	1.2337	100

⑧ 紫色：影响区482m²

波长	该波长下像素数	累积总像素数	所占比例	累积所占比例
61	4	4	0.8299	0.8299
62	5	9	1.0373	1.8672
63	4	13	0.8299	2.6971
64	4	17	0.8299	3.527
65	6	23	1.2448	4.7718
66	5	28	1.0373	5.8091
67	2	30	0.4149	6.2241
68	4	34	0.8299	7.0539
69	9	43	1.8672	8.9212
70	5	48	1.0373	9.9585
71	3	51	0.6224	10.5809
72	7	58	1.4523	12.0332
73	7	65	1.4523	13.4855
74	6	71	1.2448	14.7303
75	10	81	2.0747	16.805
76	10	91	2.0747	18.8797
77	8	99	1.6598	20.5394
78	7	106	1.4523	21.9917
79	7	113	1.4523	23.444
80	7	120	1.4523	24.8963
81	5	125	1.0373	25.9336
82	7	132	1.4523	27.3859
83	8	140	1.6598	29.0456
84	13	153	2.6971	31.7427
85	10	163	2.0747	33.8174
86	5	168	1.0373	34.8548
87	4	172	0.8299	35.6846
88	6	178	1.2448	36.9295
89	9	187	1.8672	38.7967
90	9	196	1.8672	40.6639
91	5	201	1.0373	41.7012
92	9	210	1.8672	43.5685
93	20	230	4.1494	47.7178
94	17	247	3.527	51.2448
95	9	256	1.8672	53.112
96	14	270	2.9046	56.0166
97	12	282	2.4896	58.5062
98	5	287	1.0373	59.5436
99	13	300	2.6971	62.2407
100	9	309	1.8672	64.1079
101	10	319	2.0747	66.1826
102	14	333	2.9046	69.0871
103	8	341	1.6598	70.7469
104	10	351	2.0747	72.8216
105	14	365	2.9046	75.7261
106	9	374	1.8672	77.5934
107	20	394	4.1494	81.7427
108	17	411	3.527	85.2697
109	11	422	2.2822	87.5519
110	9	431	1.8672	89.4191
111	10	441	2.0747	91.4938
112	15	456	3.112	94.6058
113	8	464	1.6598	96.2656
114	11	475	2.2822	98.5477
115	7	482	1.4523	100

⑨ 栗色：影响区1230m²

波长	该波长下像素数	累积总像素数	所占比例	累积所占比例
93	19	19	1.5447	1.5447
94	16	35	1.3008	2.8455

续表

| ⑨ 栗色：影响区1230m² | | | | ⑩ 珊瑚色：影响区369m² | | | |
波长	该波长下像素数	累积总像素数	所占比例	累积所占比例	波长	该波长下像素数	累积总像素数	所占比例	累积所占比例
95	20	55	1.626	4.4715	59	6	6	1.626	1.626
96	26	81	2.1138	6.5854	60	11	17	2.981	4.607
97	25	106	2.0325	8.6179	61	6	23	1.626	6.2331
98	18	124	1.4634	10.0813	62	3	26	0.813	7.0461
99	22	146	1.7886	11.8699	63	6	32	1.626	8.6721
100	21	167	1.7073	13.5772	64	5	37	1.355	10.0271
101	24	191	1.9512	15.5285	65	10	47	2.71	12.7371
102	19	210	1.5447	17.0732	66	11	58	2.981	15.7182
103	21	231	1.7073	18.7805	67	3	61	0.813	16.5312
104	29	260	2.3577	21.1382	68	20	81	5.4201	21.9512
105	25	285	2.0325	23.1707	69	9	90	2.439	24.3902
106	23	308	1.8699	25.0407	70	7	97	1.897	26.2873
107	28	336	2.2764	27.3171	71	13	110	3.523	29.8103
108	25	361	2.0325	29.3496	72	6	116	1.626	31.4363
109	22	383	1.7886	31.1382	73	10	126	2.71	34.1463
110	29	412	2.3577	33.4959	74	13	139	3.523	37.6694
111	25	437	2.0325	35.5285	75	13	152	3.523	41.1924
112	22	459	1.7886	37.3171	76	16	168	4.336	45.5285
113	25	484	2.0325	39.3496	77	11	179	2.981	48.5095
114	31	515	2.5203	41.8699	78	10	189	2.71	51.2195
115	22	537	1.7886	43.6585	79	12	201	3.252	54.4715
116	35	572	2.8455	46.5041	80	6	207	1.626	56.0976
117	27	599	2.1951	48.6992	81	12	219	3.252	59.3496
118	35	634	2.8455	51.5447	82	11	230	2.981	62.3306
119	29	663	2.3577	53.9024	83	9	239	2.439	64.7696
120	34	697	2.7642	56.6667	84	25	264	6.7751	71.5447
121	32	729	2.6016	59.2683	85	17	281	4.607	76.1518
122	28	757	2.2764	61.5447	86	7	288	1.897	78.0488
123	28	785	2.2764	63.8211	87	12	300	3.252	81.3008
124	29	814	2.3577	66.1789	88	11	311	2.981	84.2818
125	23	837	1.8699	68.0488	89	14	325	3.794	88.0759
126	27	864	2.1951	70.2439	90	16	341	4.336	92.4119
127	28	892	2.2764	72.5203	91	7	348	1.897	94.3089
128	24	916	1.9512	74.4715	92	11	359	2.981	97.29
129	24	940	1.9512	76.4228	93	10	369	2.71	100

| ⑪ 蓝绿色：影响区1237m² | | | | |
波长	该波长下像素数	累积总像素数	所占比例	累积所占比例
83	17	17	1.3743	1.3743
84	10	27	0.8084	2.1827
85	17	44	1.3743	3.557
86	19	63	1.536	5.093
87	22	85	1.7785	6.8715
88	22	107	1.7785	8.65
89	13	120	1.0509	9.7009
90	16	136	1.2935	10.9943
91	26	162	2.1019	13.0962
92	26	188	2.1019	15.1981
93	27	215	2.1827	17.3808

栗色表续行：

波长	该波长下像素数	累积总像素数	所占比例	累积所占比例
130	26	966	2.1138	78.5366
131	29	995	2.3577	80.8943
132	30	1025	2.439	83.3333
133	22	1047	1.7886	85.122
134	19	1066	1.5447	86.6667
135	21	1087	1.7073	88.374
136	24	1111	1.9512	90.3252
137	17	1128	1.3821	91.7073
138	24	1152	1.9512	93.6585
139	22	1174	1.7886	95.4472
140	22	1196	1.7886	97.2358
141	13	1209	1.0569	98.2927
142	21	1230	1.7073	100

续表

⑪蓝绿色：影响区1237m²				
波长	该波长下像素数	累积总像素数	所占比例	累积所占比例
94	24	239	1.9402	19.3209
95	20	259	1.6168	20.9378
96	25	284	2.021	22.9588
97	32	316	2.5869	25.5457
98	27	343	2.1827	27.7284
99	23	366	1.8593	29.5877
100	22	388	1.7785	31.3662
101	32	420	2.5869	33.9531
102	44	464	3.557	37.5101
103	32	496	2.5869	40.097
104	32	528	2.5869	42.6839
105	35	563	2.8294	45.5133
106	31	594	2.5061	48.0194
107	29	623	2.3444	50.3638
108	39	662	3.1528	53.5166
109	34	696	2.7486	56.2652
110	38	734	3.0719	59.3371
111	31	765	2.5061	61.8432
112	24	789	1.9402	63.7833
113	30	819	2.4252	66.2086
114	31	850	2.5061	68.7146
115	25	875	2.021	70.7357
116	27	902	2.1827	72.9184
117	25	927	2.021	74.9394
118	26	953	2.1019	77.0412
119	22	975	1.7785	78.8197
120	20	995	1.6168	80.4365
121	33	1028	2.6677	83.1043
122	28	1056	2.2635	85.3678
123	20	1076	1.6168	86.9846
124	30	1106	2.4252	89.4099
125	26	1132	2.1019	91.5117
126	16	1148	1.2935	92.8052
127	32	1180	2.5869	95.3921
128	29	1209	2.3444	97.7365
129	28	1237	2.2635	100

⑫兰花紫色：影响区1873m²				
波长	该波长下像素数	累积总像素数	所占比例	累积所占比例
77	24	223	1.2814	11.906
78	16	239	0.8542	12.7603
79	28	267	1.4949	14.2552
80	17	284	0.9076	15.1628
81	18	302	0.961	16.1239
82	21	323	1.1212	17.2451
83	25	348	1.3348	18.5798
84	29	377	1.5483	20.1281
85	21	398	1.1212	21.2493
86	22	420	1.1746	22.4239
87	34	454	1.8153	24.2392
88	42	496	2.2424	26.4816
89	24	520	1.2814	27.7629
90	28	548	1.4949	29.2579
91	28	576	1.4949	30.7528
92	32	608	1.7085	32.4613
93	30	638	1.6017	34.063
94	38	676	2.0288	36.0918
95	40	716	2.1356	38.2274
96	40	756	2.1356	40.3631
97	39	795	2.0822	42.4453
98	41	836	2.189	44.6343
99	43	879	2.2958	46.9301
100	41	920	2.189	49.1191
101	38	958	2.0288	51.1479
102	43	1001	2.2958	53.4437
103	49	1050	2.6161	56.0598
104	34	1084	1.8153	57.8751
105	51	1135	2.7229	60.598
106	34	1169	1.8153	62.4132
107	31	1200	1.6551	64.0683
108	43	1243	2.2958	66.3641
109	40	1283	2.1356	68.4997
110	33	1316	1.7619	70.2616
111	36	1352	1.9221	72.1837
112	36	1388	1.9221	74.1057
113	45	1433	2.4026	76.5083
114	39	1472	2.0822	78.5905
115	39	1511	2.0822	80.6727
116	41	1552	2.189	82.8617
117	48	1600	2.5627	85.4245
118	45	1645	2.4026	87.827
119	38	1683	2.0288	89.8558
120	35	1718	1.8687	91.7245
121	36	1754	1.9221	93.6466
122	49	1803	2.6161	96.2627
123	38	1841	2.0288	98.2915
124	32	1873	1.7085	100

⑫兰花紫色：影响区1873m²				
波长	该波长下像素数	累积总像素数	所占比例	累积所占比例
66	18	18	0.961	0.961
67	19	37	1.0144	1.9754
68	11	48	0.5873	2.5627
69	19	67	1.0144	3.5771
70	13	80	0.6941	4.2712
71	20	100	1.0678	5.339
72	16	116	0.8542	6.1933
73	19	135	1.0144	7.2077
74	18	153	0.961	8.1687
75	23	176	1.228	9.3967
76	23	199	1.228	10.6247

图6-60　多影响源分析

图6-61　12个影响源

图6-62　场地实景（一）

图6-63　场地实景（二）

招远市阜山镇北院庄村

访谈对象：刘×　　职务：书记　　访谈日期：2010年7月26日　　整理人：陈卓群

一、村庄概况

北院庄村位于山东省招远市阜山镇，120°31′E，37°19′N，海拔范围在154～169m，地处丘陵地区，距离村北约70m有河流流经该村。距离招远市中心约11km，距离镇中心约5km，距离村北1500m处是304省道，南北走向的村级公路穿越村庄中部而过。

北院庄村约有660户，1900人，其中常住600户，常住人口1800人。2009年村集体几乎没有收入。村庄人均纯收入4600元，农户主要收入来源为种植苹果和养殖业。

北院庄村居民点建设用地约有420亩。户均宅基地面积2.7分，宅基地总共约有1000个，户均庭院面积约80m²。

二、村庄废弃或闲置场地基本信息（图6-64）

北院庄村有倒塌宅基地8个，废弃或闲置宅基地330个，单个旧宅基地面积约110m²。该村没有集体废弃或闲置的建（构）筑场地。主要空置原因是老人去世或搬迁、人口外迁。村庄空置场地插花分散在各个方位。全部的空置宅基地的宅前道路都无法通过车辆，旧宅区道路宽度为2m左右，且无法与村庄主干道路连接，新宅区宅前道路为 5m。闲置宅基地虽然都有电源线，但全部没有自来水设施。该村新旧住房的朝向都是坐北朝南。

三、实地核实新建住宅与废弃或闲置场地基本信息：

O1（图 6-65～图 6-67）：废弃的宅基地。地处 120°31′05.10″E，37°19′53.93″N，海拔 155m。该地块共有两个废弃的宅基地，面积总共约在 350m² 左右。两处的房屋都较为完好，已经闲置了 20 年左右，现被用来堆放一些破旧的杂物。原主人搬迁至村边的新房居住。

O2（图 6-68）：废弃的房屋和宅基地。地处 120°31′08.93″E，37°19′44.35″N，海拔 156m。该处宅基地面积约为 300m²，由一栋废弃的房屋和路边空置的场地组成。房屋的门窗均是木制的，都很破旧，窗户的纸已经完全损坏。宅前道路是土的，长满了杂草，难以行走。从破旧的大门缝里望进去，可见其中堆放着一些棉花秆与玉米秆之类的柴草，周围杂草和乱树丛生，破败不堪。房屋前闲置的场地搭上了一个牛棚，被用来圈养牛。从村民处了解得知，该处废弃的房子已经闲置了 15 年左右，原来有一位老人在此居住，后老人被接到了新房居住，因而闲置。

O3（图 6-69、图 6-70）：闲置的宅基地。地处 120°31′09.02″E，37°19′42.78″N，海拔 156m。该处是三个被围墙围起来的宅基地，总面积约为 1000m²。现有村民在上面种植蔬菜和堆放柴草。

O4（图 6-71～图 6-73）：坍塌的住宅和废弃的宅基地。地处 120°31′07.61″E，37°19′48.72″N，海拔 156m。具体来说，此处是一片老房子，有十几个房子，现都无人居住。闲置的房子较为完整，没有坍塌的现象。周围的房子是老人在居住。

O5（图 6-74、图 6-75）：废弃的宅基地。地处 120°31′14.19″E，37°19′47.16″N，海拔 161m，面积约 11 亩。据了解，此处原是村里的小学和幼儿园的所在地，2002 年时幼儿园和小学都新建了，因此被闲置。原小学的房屋还是完好的，幼儿园的房屋已经逐渐坍塌。小学的操场被村民自由使用，有村民在上面种玉米和蔬菜，栽树，放置柴草，还有村民在上面建车库。该片土地的产权现归村集体所有。

图6-64　北院庄村实地勘察点

图6-65　场地O1实景（一）

图6-66　场地O1实景（二）

图6-67 场地O1实景（三）

图6-68 场地O2实景

图6-69 场地O3实景（一）

图6-70 场地O3实景（二）

图6-71 场地O4实景（一）

图6-72 场地O4实景（二）

图6-73　场地O4实景（三）

图6-74　场地O5实景（一）

图6-75　场地O5实景（二）

　　影响分析是对村庄中独立的废弃或闲置场地周边状况的一种诊断。它不能提供整个村庄居住用地的状况。所以，我们仍然需要对全村状况作光谱分析，估算它的空置率。通过对该村建设用地现状的光谱分析，该村的建设用地面积约为490亩（图6-76），在剔除掉村庄道路和公共绿地后，估算出的空置率约为27%（表6-6）。

　　影响分析对于农村环境综合整治工作具有特别重要的意义。农村环境综合整治工作是一个长期的工作，所以，我们可以根据影响分析的结果，从影响最大的废弃或闲置场地入手，逐步展开。同时，这种分析可以帮助我们阻止村庄中可能进一步衰退的部分。

图6-76　剔除周边农田的居民点建设用地

招远市阜山镇北院庄村光谱分析　　　　　　　　　　表 6-6

红波段					绿波段					蓝波段				
波长	该波长下像素数	累积总像素数	所占比例	累积所占比例	波长	该波长下像素数	累积总像素数	所占比例	累积所占比例	波长	该波长下像素数	累积总像素数	所占比例	累积所占比例
0	0	0	0	0	0	6	6	0.0009	0.0009	0	10	10	0.0015	0.0015
1	1	1	0.0002	0.0002	1	2	8	0.0003	0.0012	1	4	14	0.0006	0.0021
2	0	1	0	0.0002	2	3	11	0.0005	0.0017	2	1	15	0.0002	0.0023
3	0	1	0	0.0002	3	4	15	0.0006	0.0023	3	7	22	0.0011	0.0033
4	0	1	0	0.0002	4	2	17	0.0003	0.0026	4	8	30	0.0012	0.0046
5	0	1	0	0.0002	5	5	22	0.0008	0.0033	5	8	38	0.0012	0.0058
6	0	1	0	0.0002	6	7	29	0.0011	0.0044	6	8	46	0.0012	0.007
7	0	1	0	0.0002	7	14	43	0.0021	0.0065	7	12	58	0.0018	0.0088
8	1	2	0.0002	0.0003	8	17	60	0.0026	0.0091	8	21	79	0.0032	0.012
9	1	3	0.0002	0.0005	9	14	74	0.0021	0.0113	9	19	98	0.0029	0.0149
10	2	5	0.0003	0.0008	10	17	91	0.0026	0.0138	10	18	116	0.0027	0.0177
11	1	6	0.0002	0.0009	11	16	107	0.0024	0.0163	11	27	143	0.0041	0.0218
12	4	10	0.0006	0.0015	12	24	131	0.0037	0.0199	12	25	168	0.0038	0.0256
13	2	12	0.0003	0.0018	13	27	158	0.0041	0.024	13	34	202	0.0052	0.0307
14	3	15	0.0005	0.0023	14	32	190	0.0049	0.0289	14	34	236	0.0052	0.0359
15	4	19	0.0006	0.0029	15	34	224	0.0052	0.0341	15	45	281	0.0068	0.0428
16	4	23	0.0006	0.0035	16	46	270	0.007	0.0411	16	48	329	0.0073	0.0501
17	11	34	0.0017	0.0052	17	45	315	0.0068	0.0479	17	55	384	0.0084	0.0584
18	10	44	0.0015	0.0067	18	54	369	0.0082	0.0561	18	61	445	0.0093	0.0677
19	10	54	0.0015	0.0082	19	70	439	0.0107	0.0668	19	58	503	0.0088	0.0765
20	4	58	0.0006	0.0088	20	80	519	0.0122	0.079	20	84	587	0.0128	0.0893
21	13	71	0.002	0.0108	21	77	596	0.0117	0.0907	21	77	664	0.0117	0.101
22	16	87	0.0024	0.0132	22	79	675	0.012	0.1027	22	71	735	0.0108	0.1118
23	16	103	0.0024	0.0157	23	88	763	0.0134	0.1161	23	102	837	0.0155	0.1274
24	30	133	0.0046	0.0202	24	104	867	0.0158	0.1319	24	116	953	0.0177	0.145
25	35	168	0.0053	0.0256	25	82	949	0.0125	0.1444	25	113	1066	0.0172	0.1622
26	33	201	0.005	0.0306	26	124	1073	0.0189	0.1633	26	118	1184	0.018	0.1802
27	36	237	0.0055	0.0361	27	134	1207	0.0204	0.1837	27	126	1310	0.0192	0.1993
28	43	280	0.0065	0.0426	28	138	1345	0.021	0.2047	28	147	1457	0.0224	0.2217
29	50	330	0.0076	0.0502	29	160	1505	0.0243	0.229	29	151	1608	0.023	0.2447
30	57	387	0.0087	0.0589	30	174	1679	0.0265	0.2555	30	171	1779	0.026	0.2707
31	63	450	0.0096	0.0685	31	183	1862	0.0278	0.2833	31	190	1969	0.0289	0.2996
32	85	535	0.0129	0.0814	32	213	2075	0.0324	0.3157	32	182	2151	0.0277	0.3273
33	76	611	0.0116	0.093	33	226	2301	0.0344	0.3501	33	207	2358	0.0315	0.3588
34	92	703	0.014	0.107	34	250	2551	0.038	0.3882	34	220	2578	0.0335	0.3923
35	109	812	0.0166	0.1236	35	241	2792	0.0367	0.4248	35	239	2817	0.0364	0.4286
36	107	919	0.0163	0.1398	36	257	3049	0.0391	0.4639	36	264	3081	0.0402	0.4688
37	115	1034	0.0175	0.1573	37	281	3330	0.0428	0.5067	37	257	3338	0.0391	0.5079
38	133	1167	0.0202	0.1776	38	294	3624	0.0447	0.5514	38	303	3641	0.0461	0.554
39	168	1335	0.0256	0.2031	39	297	3921	0.0452	0.5966	39	322	3963	0.049	0.603
40	190	1525	0.0289	0.232	40	378	4299	0.0575	0.6541	40	329	4292	0.0501	0.6531
41	191	1716	0.0291	0.2611	41	330	4629	0.0502	0.7043	41	348	4640	0.053	0.706
42	200	1916	0.0304	0.2915	42	357	4986	0.0543	0.7587	42	358	4998	0.0545	0.7605
43	188	2104	0.0286	0.3201	43	394	5380	0.0599	0.8186	43	403	5401	0.0613	0.8218
44	236	2340	0.0359	0.356	44	407	5787	0.0619	0.8805	44	409	5810	0.0622	0.884
45	228	2568	0.0347	0.3907	45	443	6230	0.0674	0.9479	45	447	6257	0.068	0.952
46	288	2856	0.0438	0.4346	46	456	6686	0.0694	1.0173	46	444	6701	0.0676	1.0196

续表

红波段					绿波段					蓝波段				
波长	该波长下像素数	累积总像素数	所占比例	累积所占比例	波长	该波长下像素数	累积总像素数	所占比例	累积所占比例	波长	该波长下像素数	累积总像素数	所占比例	累积所占比例
47	302	3158	0.046	0.4805	47	493	7179	0.075	1.0923	47	468	7169	0.0712	1.0908
48	312	3470	0.0475	0.528	48	473	7652	0.072	1.1643	48	484	7653	0.0736	1.1645
49	303	3773	0.0461	0.5741	49	543	8195	0.0826	1.2469	49	522	8175	0.0794	1.2439
50	360	4133	0.0548	0.6289	50	543	8738	0.0826	1.3295	50	523	8698	0.0796	1.3235
51	376	4509	0.0572	0.6861	51	601	9339	0.0914	1.421	51	530	9228	0.0806	1.4041
52	436	4945	0.0663	0.7524	52	607	9946	0.0924	1.5134	52	580	9808	0.0883	1.4924
53	433	5378	0.0659	0.8183	53	599	10545	0.0911	1.6045	53	624	10432	0.0949	1.5873
54	488	5866	0.0743	0.8926	54	645	11190	0.0981	1.7026	54	619	11051	0.0942	1.6815
55	468	6334	0.0712	0.9638	55	615	11805	0.0936	1.7962	55	626	11677	0.0953	1.7767
56	502	6836	0.0764	1.0401	56	658	12463	0.1001	1.8963	56	639	12316	0.0972	1.874
57	527	7363	0.0802	1.1203	57	679	13142	0.1033	1.9996	57	673	12989	0.1024	1.9764
58	518	7881	0.0788	1.1991	58	709	13851	0.1079	2.1075	58	728	13717	0.1108	2.0871
59	610	8491	0.0928	1.292	59	716	14567	0.1089	2.2165	59	724	14441	0.1102	2.1973
60	584	9075	0.0889	1.3808	60	770	15337	0.1172	2.3336	60	757	15198	0.1152	2.3125
61	644	9719	0.098	1.4788	61	763	16100	0.1161	2.4497	61	727	15925	0.1106	2.4231
62	664	10383	0.101	1.5798	62	770	16870	0.1172	2.5669	62	825	16750	0.1255	2.5486
63	722	11105	0.1099	1.6897	63	825	17695	0.1255	2.6924	63	868	17618	0.1321	2.6807
64	751	11856	0.1143	1.804	64	884	18579	0.1345	2.8269	64	873	18491	0.1328	2.8135
65	788	12644	0.1199	1.9239	65	912	19491	0.1388	2.9657	65	889	19380	0.1353	2.9488
66	811	13455	0.1234	2.0473	66	952	20443	0.1449	3.1105	66	936	20316	0.1424	3.0912
67	841	14296	0.128	2.1752	67	955	21398	0.1453	3.2559	67	949	21265	0.1444	3.2356
68	853	15149	0.1298	2.305	68	998	22396	0.1519	3.4077	68	978	22243	0.1488	3.3844
69	865	16014	0.1316	2.4366	69	1049	23445	0.1596	3.5673	69	1069	23312	0.1627	3.5471
70	921	16935	0.1401	2.5768	70	1066	24511	0.1622	3.7295	70	1092	24404	0.1662	3.7132
71	936	17871	0.1424	2.7192	71	1107	25618	0.1684	3.898	71	1052	25456	0.1601	3.8733
72	982	18853	0.1494	2.8686	72	1084	26702	0.1649	4.0629	72	1174	26630	0.1786	4.0519
73	1010	19863	0.1537	3.0223	73	1196	27898	0.182	4.2449	73	1158	27788	0.1762	4.2281
74	1098	20961	0.1671	3.1894	74	1169	29067	0.1779	4.4227	74	1114	28902	0.1695	4.3976
75	1067	22028	0.1624	3.3517	75	1206	30273	0.1835	4.6062	75	1204	30106	0.1832	4.5808
76	1140	23168	0.1735	3.5252	76	1290	31563	0.1963	4.8025	76	1234	31340	0.1878	4.7686
77	1248	24416	0.1899	3.7151	77	1325	32888	0.2016	5.0041	77	1295	32635	0.197	4.9656
78	1253	25669	0.1907	3.9057	78	1317	34205	0.2004	5.2045	78	1362	33997	0.2072	5.1729
79	1266	26935	0.1926	4.0983	79	1378	35583	0.2097	5.4142	79	1390	35387	0.2115	5.3844
80	1294	28229	0.1969	4.2952	80	1386	36969	0.2109	5.6251	80	1444	36831	0.2197	5.6041
81	1374	29603	0.2091	4.5043	81	1360	38329	0.2069	5.832	81	1430	38261	0.2176	5.8217
82	1422	31025	0.2164	4.7207	82	1508	39837	0.2295	6.0615	82	1473	39734	0.2241	6.0458
83	1485	32510	0.226	4.9466	83	1509	41346	0.2296	6.2911	83	1520	41254	0.2313	6.2771
84	1587	34097	0.2415	5.1881	84	1552	42898	0.2361	6.5272	84	1582	42836	0.2407	6.5178
85	1558	35655	0.2371	5.4252	85	1564	44462	0.238	6.7652	85	1619	44455	0.2463	6.7641
86	1609	37264	0.2448	5.67	86	1708	46170	0.2599	7.0251	86	1587	46042	0.2415	7.0056
87	1672	38936	0.2544	5.9244	87	1675	47845	0.2549	7.28	87	1818	47860	0.2766	7.2822
88	1625	40561	0.2473	6.1716	88	1751	49596	0.2664	7.5464	88	1781	49641	0.271	7.5532
89	1695	42256	0.2579	6.4295	89	1740	51336	0.2648	7.8111	89	1826	51467	0.2778	7.8311
90	1845	44101	0.2807	6.7103	90	1859	53195	0.2829	8.094	90	1872	53339	0.2848	8.1159
91	1877	45978	0.2856	6.9959	91	1907	55102	0.2902	8.3842	91	1941	55280	0.2953	8.4112
92	1896	47874	0.2885	7.2844	92	1960	57062	0.2982	8.6824	92	2041	57321	0.3106	8.7218
93	1952	49826	0.297	7.5814	93	1974	59036	0.3004	8.9827	93	2109	59430	0.3209	9.0427

	红波段					绿波段					蓝波段			
波长	该波长下像素数	累积总像素数	所占比例	累积所占比例	波长	该波长下像素数	累积总像素数	所占比例	累积所占比例	波长	该波长下像素数	累积总像素数	所占比例	累积所占比例
94	1941	51767	0.2953	7.8767	94	1988	61024	0.3025	9.2852	94	2127	61557	0.3236	9.3663
95	2085	53852	0.3172	8.194	95	2047	63071	0.3115	9.5967	95	2069	63626	0.3148	9.6811
96	2021	55873	0.3075	8.5015	96	2094	65165	0.3186	9.9153	96	2153	65779	0.3276	10.0087
97	2170	58043	0.3302	8.8316	97	2049	67214	0.3118	10.2271	97	2226	68005	0.3387	10.3474
98	2110	60153	0.3211	9.1527	98	2157	69371	0.3282	10.5553	98	2290	70295	0.3484	10.6959
99	2102	62255	0.3198	9.4725	99	2139	71510	0.3255	10.8807	99	2390	72685	0.3637	11.0595
100	2158	64413	0.3284	9.8009	100	2149	73659	0.327	11.2077	100	2458	75143	0.374	11.4335
101	2120	66533	0.3226	10.1235	101	2243	75902	0.3413	11.549	101	2559	77702	0.3894	11.8229
102	2189	68722	0.3331	10.4565	102	2326	78228	0.3539	11.9029	102	2490	80192	0.3789	12.2018
103	2231	70953	0.3395	10.796	103	2438	80666	0.371	12.2739	103	2489	82681	0.3787	12.5805
104	2190	73143	0.3332	11.1292	104	2436	83102	0.3707	12.6445	104	2515	85196	0.3827	12.9632
105	2259	75402	0.3437	11.4729	105	2467	85569	0.3754	13.0199	105	2618	87814	0.3983	13.3615
106	2255	77657	0.3431	11.8161	106	2514	88083	0.3825	13.4024	106	2603	90417	0.3961	13.7576
107	2360	80017	0.3591	12.1751	107	2525	90608	0.3842	13.7866	107	2619	93036	0.3985	14.1561
108	2411	82428	0.3669	12.542	108	2601	93209	0.3958	14.1824	108	2645	95681	0.4025	14.5585
109	2374	84802	0.3612	12.9032	109	2580	95789	0.3926	14.575	109	2695	98376	0.4101	14.9686
110	2351	87153	0.3577	13.2609	110	2535	98324	0.3857	14.9607	110	2732	101108	0.4157	15.3843
111	2356	89509	0.3585	13.6194	111	2665	100989	0.4055	15.3662	111	2664	103772	0.4053	15.7896
112	2364	91873	0.3597	13.9791	112	2658	103647	0.4044	15.7706	112	2825	106597	0.4298	16.2195
113	2406	94279	0.3661	14.3452	113	2718	106365	0.4136	16.1842	113	2795	109392	0.4253	16.6448
114	2272	96551	0.3457	14.6909	114	2687	109052	0.4088	16.593	114	2846	112238	0.433	17.0778
115	2290	98841	0.3484	15.0393	115	2764	111816	0.4206	17.0136	115	2866	115104	0.4361	17.5139
116	2245	101086	0.3416	15.3809	116	2818	114634	0.4288	17.4424	116	2864	117968	0.4358	17.9497
117	2308	103394	0.3512	15.7321	117	2753	117387	0.4189	17.8613	117	2807	120775	0.4271	18.3768
118	2263	105657	0.3443	16.0764	118	2785	120172	0.4238	18.285	118	2872	123647	0.437	18.8138
119	2335	107992	0.3553	16.4317	119	2806	122978	0.427	18.712	119	2762	126409	0.4203	19.234
120	2281	110273	0.3471	16.7788	120	2836	125814	0.4315	19.1435	120	2802	129211	0.4263	19.6604
121	2322	112595	0.3533	17.1321	121	2805	128619	0.4268	19.5703	121	2781	131992	0.4231	20.0835
122	2250	114845	0.3424	17.4745	122	2946	131565	0.4483	20.0185	122	2933	134925	0.4463	20.5298
123	2261	117106	0.344	17.8185	123	2809	134374	0.4274	20.4459	123	2747	137672	0.418	20.9478
124	2263	119369	0.3443	18.1628	124	2820	137194	0.4291	20.875	124	2870	140542	0.4367	21.3844
125	2208	121577	0.336	18.4988	125	2825	140019	0.4298	21.3049	125	2798	143340	0.4257	21.8102
126	2196	123773	0.3341	18.8329	126	2713	142732	0.4128	21.7177	126	2811	146151	0.4277	22.2379
127	2127	125900	0.3236	19.1566	127	2732	145464	0.4157	22.1334	127	2766	148917	0.4209	22.6588
128	2150	128050	0.3271	19.4837	128	2900	148364	0.4413	22.5746	128	2658	151575	0.4044	23.0632
129	2206	130256	0.3357	19.8194	129	2758	151122	0.4196	22.9943	129	2794	154369	0.4251	23.4883
130	2183	132439	0.3322	20.1515	130	2765	153887	0.4207	23.415	130	2802	157171	0.4263	23.9147
131	2188	134627	0.3329	20.4844	131	2746	156633	0.4178	23.8328	131	2677	159848	0.4073	24.322
132	2067	136694	0.3145	20.7989	132	2684	159317	0.4084	24.2412	132	2643	162491	0.4022	24.7241
133	2136	138830	0.325	21.124	133	2614	161931	0.3977	24.6389	133	2542	165033	0.3868	25.1109
134	2063	140893	0.3139	21.4379	134	2501	164432	0.3805	25.0195	134	2556	167589	0.3889	25.4998
135	1977	142870	0.3008	21.7387	135	2632	167064	0.4005	25.42	135	2524	170113	0.384	25.8839
136	2044	144914	0.311	22.0497	136	2569	169633	0.3909	25.8108	136	2457	172570	0.3738	26.2577
137	2103	147017	0.32	22.3697	137	2550	172183	0.388	26.1988	137	2482	175052	0.3777	26.6354
138	2061	149078	0.3136	22.6833	138	2501	174684	0.3805	26.5794	138	2350	177402	0.3576	26.993
139	2000	151078	0.3043	22.9876	139	2454	177138	0.3734	26.9528	139	2379	179781	0.362	27.3549
140	2011	153089	0.306	23.2936	140	2434	179572	0.3704	27.3231	140	2302	182083	0.3503	27.7052

续表

	红波段					绿波段					蓝波段			
波长	该波长下像素数	累积总像素数	所占比例	累积所占比例	波长	该波长下像素数	累积总像素数	所占比例	累积所占比例	波长	该波长下像素数	累积总像素数	所占比例	累积所占比例
141	2026	155115	0.3083	23.6018	141	2367	181939	0.3602	27.6833	141	2274	184357	0.346	28.0512
142	1972	157087	0.3001	23.9019	142	2427	184366	0.3693	28.0526	142	2324	186681	0.3536	28.4048
143	2004	159091	0.3049	24.2068	143	2346	186712	0.357	28.4095	143	2197	188878	0.3343	28.7391
144	1930	161021	0.2937	24.5005	144	2248	188960	0.342	28.7516	144	2193	191071	0.3337	29.0728
145	1977	162998	0.3008	24.8013	145	2195	191155	0.334	29.0856	145	2056	193127	0.3128	29.3856
146	1919	164917	0.292	25.0933	146	2158	193313	0.3284	29.4139	146	2124	195251	0.3232	29.7088
147	1889	166806	0.2874	25.3807	147	2059	195372	0.3133	29.7272	147	2039	197290	0.3102	30.0191
148	1879	168685	0.2859	25.6666	148	2069	197441	0.3148	30.042	148	2040	199330	0.3104	30.3295
149	1958	170643	0.2979	25.9645	149	1996	199437	0.3037	30.3457	149	1958	201288	0.2979	30.6274
150	1862	172505	0.2833	26.2478	150	2030	201467	0.3089	30.6546	150	1921	203209	0.2923	30.9197
151	1897	174402	0.2886	26.5365	151	1941	203408	0.2953	30.9499	151	1992	205201	0.3031	31.2228
152	1911	176313	0.2908	26.8273	152	2003	205411	0.3048	31.2547	152	1873	207074	0.285	31.5078
153	1913	178226	0.2911	27.1183	153	1937	207348	0.2947	31.5494	153	1851	208925	0.2816	31.7894
154	1845	180071	0.2807	27.3991	154	1939	209287	0.295	31.8445	154	1861	210786	0.2832	32.0726
155	1916	181987	0.2915	27.6906	155	1807	211094	0.2749	32.1194	155	1716	212502	0.2611	32.3337
156	1840	183827	0.28	27.9706	156	1714	212808	0.2608	32.3802	156	1801	214303	0.274	32.6077
157	1891	185718	0.2877	28.2583	157	1812	214620	0.2757	32.6559	157	1765	216068	0.2686	32.8763
158	1917	187635	0.2917	28.55	158	1782	216402	0.2711	32.9271	158	1752	217820	0.2666	33.1428
159	1987	189622	0.3023	28.8523	159	1799	218201	0.2737	33.2008	159	1656	219476	0.252	33.3948
160	1933	191555	0.2941	29.1464	160	1701	219902	0.2588	33.4596	160	1641	221117	0.2497	33.6445
161	1889	193444	0.2874	29.4339	161	1708	221610	0.2599	33.7195	161	1604	222721	0.2441	33.8886
162	1816	195260	0.2763	29.7102	162	1652	223262	0.2514	33.9709	162	1707	224428	0.2597	34.1483
163	1764	197024	0.2684	29.9786	163	1669	224931	0.2539	34.2248	163	1713	226141	0.2606	34.4089
164	1900	198924	0.2891	30.2677	164	1630	226561	0.248	34.4728	164	1712	227853	0.2605	34.6694
165	1832	200756	0.2788	30.5464	165	1671	228232	0.2543	34.7271	165	1599	229452	0.2433	34.9127
166	1903	202659	0.2896	30.836	166	1636	229868	0.2489	34.976	166	1625	231077	0.2473	35.16
167	1805	204464	0.2746	31.1106	167	1585	231453	0.2412	35.2172	167	1536	232613	0.2337	35.3937
168	1851	206315	0.2816	31.3923	168	1588	233041	0.2416	35.4588	168	1581	234194	0.2406	35.6343
169	1858	208173	0.2827	31.675	169	1476	234517	0.2246	35.6834	169	1497	235691	0.2278	35.862
170	1766	209939	0.2687	31.9437	170	1607	236124	0.2445	35.9279	170	1599	237290	0.2433	36.1053
171	1710	211649	0.2602	32.2039	171	1541	237665	0.2345	36.1624	171	1515	238805	0.2305	36.3358
172	1784	213433	0.2714	32.4753	172	1590	239255	0.2419	36.4043	172	1550	240355	0.2358	36.5717
173	1780	215213	0.2708	32.7462	173	1516	240771	0.2307	36.635	173	1569	241924	0.2387	36.8104
174	1837	217050	0.2795	33.0257	174	1566	242337	0.2383	36.8733	174	1618	243542	0.2462	37.0566
175	1794	218844	0.273	33.2986	175	1580	243917	0.2404	37.1137	175	1538	245080	0.234	37.2906
176	1833	220677	0.2789	33.5775	176	1566	245483	0.2383	37.352	176	1549	246629	0.2357	37.5263
177	1655	222332	0.2518	33.8294	177	1546	247029	0.2352	37.5872	177	1618	248247	0.2462	37.7725
178	1734	224066	0.2638	34.0932	178	1587	248616	0.2415	37.8287	178	1598	249845	0.2431	38.0157
179	1734	225800	0.2638	34.357	179	1621	250237	0.2466	38.0753	179	1577	251422	0.24	38.2556
180	1701	227501	0.2588	34.6159	180	1649	251886	0.2509	38.3262	180	1597	253019	0.243	38.4986
181	1835	229336	0.2792	34.8951	181	1567	253453	0.2384	38.5646	181	1584	254603	0.241	38.7396
182	1751	231087	0.2664	35.1615	182	1539	254992	0.2342	38.7988	182	1586	256189	0.2413	38.9809
183	1649	232736	0.2509	35.4124	183	1620	256612	0.2465	39.0453	183	1626	257815	0.2474	39.2284
184	1720	234456	0.2617	35.6741	184	1549	258161	0.2357	39.281	184	1592	259407	0.2422	39.4706
185	1747	236203	0.2658	35.9399	185	1595	259756	0.2427	39.5237	185	1606	261013	0.2444	39.7149
186	1677	237880	0.2552	36.1951	186	1585	261341	0.2412	39.7649	186	1546	262559	0.2352	39.9502
187	1725	239605	0.2625	36.4576	187	1594	262935	0.2425	40.0074	187	1599	264158	0.2433	40.1935

续表

红波段					绿波段					蓝波段				
波长	该波长下像素数	累积总像素数	所占比例	累积所占比例	波长	该波长下像素数	累积总像素数	所占比例	累积所占比例	波长	该波长下像素数	累积总像素数	所占比例	累积所占比例
188	1692	241297	0.2574	36.715	188	1589	264524	0.2418	40.2492	188	1543	265701	0.2348	40.4283
189	1655	242952	0.2518	36.9668	189	1558	266082	0.2371	40.4862	189	1461	267162	0.2223	40.6506
190	1698	244650	0.2584	37.2252	190	1532	267614	0.2331	40.7193	190	1519	268681	0.2311	40.8817
191	1659	246309	0.2524	37.4776	191	1559	269173	0.2372	40.9566	191	1500	270181	0.2282	41.1099
192	1635	247944	0.2488	37.7264	192	1607	270780	0.2445	41.2011	192	1566	271747	0.2383	41.3482
193	1731	249675	0.2634	37.9898	193	1602	272382	0.2438	41.4448	193	1451	273198	0.2208	41.569
194	1655	251330	0.2518	38.2416	194	1424	273806	0.2167	41.6615	194	1562	274760	0.2377	41.8067
195	1643	252973	0.25	38.4916	195	1498	275304	0.2279	41.8894	195	1541	276301	0.2345	42.0411
196	1638	254611	0.2492	38.7408	196	1435	276739	0.2183	42.1078	196	1476	277777	0.2246	42.2657
197	1579	256190	0.2403	38.9811	197	1527	278266	0.2323	42.3401	197	1397	279174	0.2126	42.4783
198	1565	257755	0.2381	39.2192	198	1424	279690	0.2167	42.5568	198	1436	280610	0.2185	42.6968
199	1597	259352	0.243	39.4622	199	1341	281031	0.204	42.7608	199	1376	281986	0.2094	42.9061
200	1701	261053	0.2588	39.721	200	1447	282478	0.2202	42.981	200	1371	283357	0.2086	43.1147
201	1668	262721	0.2538	39.9748	201	1393	283871	0.212	43.193	201	1380	284737	0.21	43.3247
202	1568	264289	0.2386	40.2134	202	1290	285161	0.1963	43.3892	202	1370	286107	0.2085	43.5332
203	1568	265857	0.2386	40.452	203	1360	286521	0.2069	43.5962	203	1255	287362	0.191	43.7241
204	1517	267374	0.2308	40.6828	204	1238	287759	0.1884	43.7845	204	1295	288657	0.197	43.9212
205	1472	268846	0.224	40.9068	205	1327	289086	0.2019	43.9865	205	1367	290024	0.208	44.1292
206	1450	270296	0.2206	41.1274	206	1446	290532	0.22	44.2065	206	1325	291349	0.2016	44.3308
207	1533	271829	0.2333	41.3607	207	1246	291778	0.1896	44.3961	207	1226	292575	0.1865	44.5173
208	1443	273272	0.2196	41.5802	208	1285	293063	0.1955	44.5916	208	1284	293859	0.1954	44.7127
209	1447	274719	0.2202	41.8004	209	1219	294282	0.1855	44.7771	209	1250	295109	0.1902	44.9029
210	1518	276237	0.231	42.0314	210	1267	295549	0.1928	44.9698	210	1194	296303	0.1817	45.0846
211	1412	277649	0.2148	42.2462	211	1211	296760	0.1843	45.1541	211	1237	297540	0.1882	45.2728
212	1414	279063	0.2151	42.4614	212	1243	298003	0.1891	45.3432	212	1140	298680	0.1735	45.4462
213	1381	280444	0.2101	42.6715	213	1132	299135	0.1722	45.5155	213	1141	299821	0.1736	45.6199
214	1367	281811	0.208	42.8795	214	1074	300209	0.1634	45.6789	214	1100	300921	0.1674	45.7872
215	1312	283123	0.1996	43.0791	215	1098	301307	0.1671	45.846	215	1106	302027	0.1683	45.9555
216	1416	284539	0.2155	43.2946	216	1066	302373	0.1622	46.0082	216	1071	303098	0.163	46.1185
217	1366	285905	0.2078	43.5024	217	1071	303444	0.163	46.1711	217	1034	304132	0.1573	46.2758
218	1242	287147	0.189	43.6914	218	1114	304558	0.1695	46.3406	218	1058	305190	0.161	46.4368
219	1239	288386	0.1885	43.8799	219	1031	305589	0.1569	46.4975	219	929	306119	0.1414	46.5781
220	1279	289665	0.1946	44.0746	220	940	306529	0.143	46.6405	220	968	307087	0.1473	46.7254
221	1368	291033	0.2082	44.2827	221	934	307463	0.1421	46.7826	221	901	307988	0.1371	46.8625
222	1274	292307	0.1938	44.4765	222	908	308371	0.1382	46.9208	222	852	308840	0.1296	46.9922
223	1160	293467	0.1765	44.6531	223	917	309288	0.1395	47.0603	223	902	309742	0.1372	47.1294
224	1166	294633	0.1774	44.8305	224	859	310147	0.1307	47.191	224	868	310610	0.1321	47.2615
225	1252	295885	0.1905	45.021	225	874	311021	0.133	47.324	225	851	311461	0.1295	47.391
226	1059	296944	0.1611	45.1821	226	856	311877	0.1302	47.4543	226	814	312275	0.1239	47.5148
227	1113	298057	0.1694	45.3515	227	827	312704	0.1258	47.5801	227	759	313034	0.1155	47.6303
228	1150	299207	0.175	45.5264	228	740	313444	0.1126	47.6927	228	724	313758	0.1102	47.7405
229	1164	300371	0.1771	45.7035	229	696	314140	0.1059	47.7986	229	665	314423	0.1012	47.8417
230	1376	301747	0.2094	45.9129	230	720	314860	0.1096	47.9081	230	757	315180	0.1152	47.9568
231	1076	302823	0.1637	46.0766	231	863	315723	0.1313	48.0395	231	730	315910	0.1111	48.0679
232	1099	303922	0.1672	46.2439	232	717	316440	0.1091	48.1486	232	804	316714	0.1223	48.1902
233	1017	304939	0.1547	46.3986	233	715	317155	0.1088	48.2573	233	652	317366	0.0992	48.2895
234	1203	306142	0.183	46.5816	234	672	317827	0.1022	48.3596	234	699	318065	0.1064	48.3958

续表

	红波段					绿波段					蓝波段			
波长	该波长下像素数	累积总像素数	所占比例	累积所占比例	波长	该波长下像素数	累积总像素数	所占比例	累积所占比例	波长	该波长下像素数	累积总像素数	所占比例	累积所占比例
235	924	307066	0.1406	46.7222	235	673	318500	0.1024	48.462	235	632	318697	0.0962	48.492
236	1023	308089	0.1557	46.8779	236	613	319113	0.0933	48.5553	236	574	319271	0.0873	48.5793
237	1000	309089	0.1522	47.03	237	537	319650	0.0817	48.637	237	596	319867	0.0907	48.67
238	1125	310214	0.1712	47.2012	238	593	320243	0.0902	48.7272	238	571	320438	0.0869	48.7569
239	1101	311315	0.1675	47.3687	239	633	320876	0.0963	48.8235	239	588	321026	0.0895	48.8463
240	1058	312373	0.161	47.5297	240	599	321475	0.0911	48.9147	240	614	321640	0.0934	48.9398
241	1118	313491	0.1701	47.6998	241	641	322116	0.0975	49.0122	241	741	322381	0.1127	49.0525
242	1056	314547	0.1607	47.8605	242	627	322743	0.0954	49.1076	242	494	322875	0.0752	49.1277
243	1110	315657	0.1689	48.0294	243	689	323432	0.1048	49.2124	243	606	323481	0.0922	49.2199
244	1072	316729	0.1631	48.1925	244	635	324067	0.0966	49.3091	244	759	324240	0.1155	49.3354
245	1131	317860	0.1721	48.3646	245	774	324841	0.1178	49.4268	245	721	324961	0.1097	49.4451
246	1148	319008	0.1747	48.5393	246	791	325632	0.1204	49.5472	246	835	325796	0.1271	49.5721
247	825	319833	0.1255	48.6648	247	582	326214	0.0886	49.6357	247	576	326372	0.0876	49.6598
248	1029	320862	0.1566	48.8214	248	657	326871	0.1	49.7357	248	757	327129	0.1152	49.775
249	928	321790	0.1412	48.9626	249	590	327461	0.0898	49.8255	249	502	327631	0.0764	49.8513
250	1278	323068	0.1945	49.1571	250	705	328166	0.1073	49.9327	250	976	328607	0.1485	49.9998
251	832	323900	0.1266	49.2836	251	804	328970	0.1223	50.0551	251	693	329300	0.1054	50.1053
252	952	324852	0.1449	49.4285	252	654	329624	0.0995	50.1546	252	400	329700	0.0609	50.1662
253	934	325786	0.1421	49.5706	253	753	330377	0.1146	50.2692	253	929	330629	0.1414	50.3075
254	1131	326917	0.1721	49.7427	254	855	331232	0.1301	50.3993	254	376	331005	0.0572	50.3647
255	330299	657216	50.2573	100	255	325984	657216	49.6007	100	255	326211	657216	49.6353	100

第七章 区域土地使用功能变更引起的村庄建设用地结构性问题

随着乡村地区工业化和城镇化的发展，区域范围内的一些农业用地被转变成为工业用地、道路用地和城镇建设用地。我们在研究中发现，这类区域性的土地使用功能变更已经影响到与此相关的村庄居民点建设用地。

毗邻工业污染源的村庄，可能开发新的宅基地，让建新房的村民尽量远离污染的侵扰，从而改变了原有的村庄建设用地结构（图7-1）；因公路建设，邻近道路的单纯居住用地变成以工业和商业为主兼有居住的混合用地，有些村民则放弃原来的宅基地，另辟新地建住宅，这也同样改变了村庄原来的建设用地结构（图7-2）；区域内城镇用地扩张、小城镇建设用地增加、城镇商品房的供应，都使得进城务工和经商的农民闲置了他们在乡间的住宅，从而导致村庄出现零星或成规模的长期闲置或得不到正常维护的住宅（图7-3）。

实际上，村庄原有建设用地的变更不只是数量上的面积，还包括原有建设用地使用结构在一定程度上的改变，亦即村庄居民点各类建设用地比例的失调。按照村庄规划标准的规定，村庄居民点四类建设用地占建设用地的72%～92%，其比例为：

1）居住建筑用地占建设用地的55%～70%；
2）公共建筑用地占建设用地的6%～12%；
3）道路广场用地占建设用地的9%～16%；
4）公共绿地占建设用地的2%～4%。

尽管这个规定具有规划的性质，即使一个不存在规模废弃或闲置场地的村庄，可能也不一定完全符合这个规定，但是，它无论如何还是大体符合处于常态的村庄实际用地比例。如果一个村庄的实际情况与此大相径庭的话，可以认为这个村庄的建设用地结构存在一定问题。村庄建设用地结构出现问题，特别是居住建筑用地远远超出70%的上限，而道路不足9%的下限时，或者与道路直接相通的废弃或闲置场地自动成为步行道路和路旁闲置空间后，计算道路和闲置空间的面积大于16%的上限，都有可能意味着它已经出现了成规模的废弃或闲置场地。

图7-1 工业发展对村庄居民点结构的影响

图7-2　道路建设对村庄居民点结构的影响　　　　图7-3　小城镇发展对所在地村庄居民点结构的影响

第一节　工业或工业区对相邻村庄居民点的影响

无论是冶炼锻造、化工工业企业，还是其他类型的制造业、仓储运输业，都会对与之相邻的村庄居民点产生各类环境影响，从而改变这类村庄居民点的健康状况。一旦有可能，村庄居民都会选择回避的方式，把新住宅建在距离影响源尽可能远些的地方。这样，就导致了村庄原先的布局结构改变，而把那些处于恶劣环境影响下的住宅和场地变成废弃或闲置的场地。

实际上，这类环境影响是不言而喻的。例如莱阳市道口村就是一个典型的案例（图7-4）。从卫星影像上，我们可以清晰地看到，这个村庄毗邻着一个几倍于它的冶炼类型的工厂（图7-5），工厂排放的工业污染物已经使这个村庄绝大部分地物表面与工厂内部地物表面具有相似的属性。我们正是通过这一特征，得到分析结果。

在图7-6（a）上设定一个影响源，以它的地物属性作为参照，取1为标准差乘数，4个邻里，结果如图7-6（b）所示。在此基础上，取1.5为标准差乘数，4个邻里，结果如图7-6（c）所示。这种区域影响分析方式可以让我们十分清楚地了解到影响源的影响区域。

一般来讲，在卫星影像上，我们可以以目视的方式找到独立的工矿，再以它们为圆心，查看周围村庄的土地使用情况。然后，再采用影响区域分析方法，对这些厂矿逐一进行区域影响分析。最后再逐一分析相关村庄建设用地的使用情况。

对于道口村而言，老村庄居民点是在工厂建成之前形成的。由于周边农业用地改变成为工业用地，所以，居民点用地开始向农田里转移（图7-7a），形成了村庄近30年以来发展起来的部分（图7-7b）。

这种情况十分普遍。图7-8中的一组村庄之所以都在放弃原来的老居民点，整村逐步迁徙，同样是因为相邻土地已经用于发展具有一定规模的地方钢铁企业，而不再用于农业。从经济上讲，工业发展给这个村庄带来了收益；从环境上讲，原居民点已经不再适合于居住，以致部分村民放弃原住地，开发新的住宅区，同时，他们也没有完全放弃原来的建设用地，结果导致这个村庄建设用地的整体比例失调。

图7-4　道口村卫星影像

图7-5　毗邻的工厂

（a）原始卫星影像

图7-6　受到污染的村庄居民点

(b) 污染源

(c) 污染区域分析

图7-6 受到污染的村庄居民点（续）

(a) 向农田中迁徙的居民点

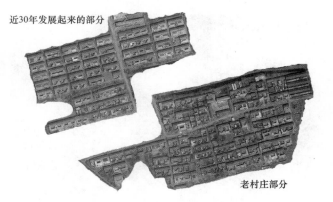

近30年发展起来的部分

老村庄部分

(b) 老村和新村

图7-7 迁徙中的居民点

(a) 整村迁移留下的废弃场地（一）

(b) 整村迁移留下的废弃场地（一）分析结果

(c) 整村迁移留下的废弃场地（二）

(d) 整村迁移留下的废弃场地（二）分析结果

(e) 莱州北部工业区内外的村庄

(f) 招远市工业区内外的村庄

(g) 海阳市工业区内外的村庄

(h) 蓬莱市工业区内外的村庄

图7-8 因工业发展而迁徙的居民点

(i) 莱阳市工业区内外的村庄

图7-8　因工业发展而迁徙的居民点（续）

使用卫星影像作区域影响分析具有其他影像分析所不具备的功能：

1）卫星影像的不同覆盖面积可以帮助我们从区域范围内定量地分析导致村庄居民点建设用地比例失调的区域性的影响源。

2）我们可以根据实际存在的现状地物及其相似地物具有相似光波波长的假定，考察具有某种光波波长的地物在一定区域内部的分布现状，并把它们视作一定影响源产生影响的证据。只要我们采样和选择的分析指标，如标准差乘数和相邻地块数目是适当的，那么，这种区域影响分析就可以帮助我们迅速把握大范围的宏观状况，弄清区域发展的现状。可以说，卫星影像是对区域发展现实情况最准确的记录。

3）我们可以通过卫星影像所包含的数字信息，定量地掌握整个区域地物的分布状况。

除独立工业企业外，成规模工业区对农村居民点的影响不但规模大也甚为复杂。烟台市所属的各市建成区周围都在建设成规模工业区，共同形成了山东半岛制造业地带。这些新兴工业区的建设正在彻底改变原有的农村居民点。

这些农村居民点的共同特征是，不再被农田包围，而是被工厂、仓库及批发场地、宽阔的道路和商品楼所包围；不再具有规模的农田，只有零星且插花式散布在村庄周围的农田；尽管它们在整体上依然存在，但其实已经被肢解，一些农村居民点已经出现衰败的迹象。它们正在从农村居民点蜕变为城市社区。

我们应当使用城镇居民点的建设标准和规范来衡量它们的健康状况。

第二节　区域道路发展对沿路村庄居民点的影响

过境道路，包括国道、省道和县道，不仅改变了原来的土地使用功能，同时也对村庄本身的土地使用结构产生影响。当然，从卫星影像上看，经过乡村地区的国道、省道和县道对村庄建设用地的影响有所不同。

国道采用全封闭方式建设，所以，几乎没有村庄靠近国道两侧发展，除噪声和对耕作的影响外，对村庄建设用地的变更影响甚微。

沿着不封闭的省道和县道发展的村庄不乏其例：

1）有些村庄的建设用地原本在道路的一侧，有些村庄本不靠近道路，近年来逐步向道路靠近，而在老村中留下了大量废弃或闲置的土地（图 7-9）。

2) 随着道路建设，道路另一侧原来的农田也逐步成为建设用地（图 7-10）。

3) 有些村庄沿着道路一字排开，形成带状的村庄布局，以过境道路作为村庄道路（图 7-11）。

4) 沿着道路建设商业和居住一体的住宅，在村里依然保留老宅，或任其荒芜（图 7-12）。

(a) 百家宅夼村

(b) 杨础镇岔河村

(c) 孔家庄村

图7-9 道路建设对村庄居民点结构的影响

图7-10 逐步建设起来的道路另一侧（寺口镇北横沟村）

（a）黄家庄　　　　　　　　　　　　　（b）杨础镇二十里铺村

图7-11　沿路发展的带状居民点

图7-12　小城镇沿路发展工商业和居住（镇区小河南村）

　　这些案例的共同特征是，区域性道路的建设改变了村庄原来的布局结构，从而出现废弃或闲置的土地。所以，在对村庄进行健康诊断时，从布局结构上关注过境道路与村庄的空间关系，既可以发现村庄出现废弃或闲置建设用地的原因，也可以为划定村庄的发展边界提供参考。

　　在对大量村庄实施诊断时，我们可以通过设定道路影响区的办法，迅速排查可能存在废弃或闲置场地的村庄。排查后，再集中研究可能受到影响的村庄。

　　这里，我们以莱州城南的两条道路为例（图7-13）。一条道路是全封闭的高速公路（乌威高速），另一条是国道G206。在对两条道路分别建立100m影响区之后，可以看到全封闭高速公路两旁没有村庄向接近道路的方向发展，而国道G206两侧几乎都与村庄居民点直接相连。

　　建立"道路影响区"使我们可以估计出哪些土地是道路退红部分，哪些是对农业用地的蚕食。例如其中姚家庄、东孙格庄和西孙格庄之间的3.5km路段两旁，几乎全部布置了建筑物（图7-14）。路旁多为企业用建筑，而在它的背后，有些土地兼顾居住使用。这些土地少部分为道路退红用地，而绝大部分为被蚕食的农业用地（图7-15）。

（a）卫星影像   （b）影响分析

图7-13　道路对村庄居民点影响分析

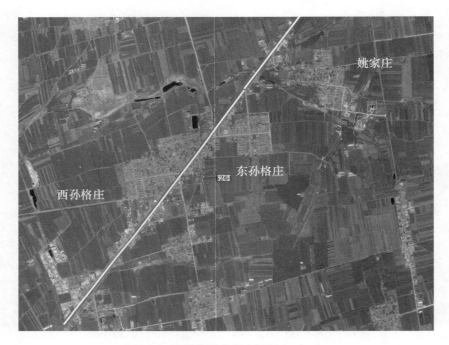

图7-14　沿路发展的村庄居民点（一）

图7-15　沿路发展的村庄居民点（二）

　　这种土地使用变更不一定能够即刻根本改变原来的村庄结构，但是的确使一部分村民得到了额外的住宅用地，从总体上增加了村庄居住用地面积，使一部分老村庄居住用地闲置起来。长此以往，道路两侧纵深部分的农业用地最终会变成居住用地，与老村庄衔接起来，而老村中一部分居住用地则被闲置起来，使得村庄居民点的空间结构发生改变（图7-16）。

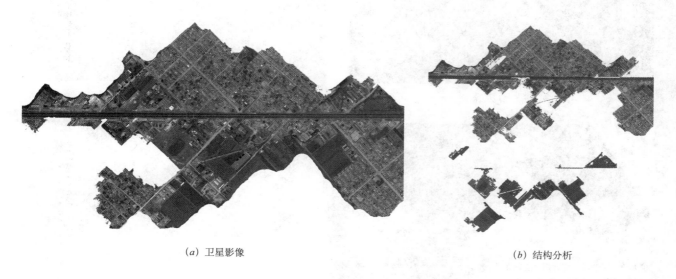

(a) 卫星影像　　　　　　　　　　　　　　　　　(b) 结构分析

图7-16　沿路发展的村庄居民点结构

第三节　小城镇发展对村庄居民点的影响

　　除中心城市外，每个地区都还有许多正在发展起来的小城镇。这些小城镇沿用了中心城市的发展模式，围绕工业企业、仓储、批发和镇行政中心的建设，改变着镇区内外的农村居民点建设用地的功能，如将农村居民点的一部分建设用地变更为租赁性质的工业园区、批发市场、商品化的居住小区等，其中把一部分与村庄建设用地毗邻的农业用地以租赁的方式转变成为工业用地和商业用地的情况并不少见。

　　从用地功能上讲，这类小城镇的发展影响着村庄居民点原有的建设用地结构。

　　我们可以通过对村庄建筑物年代的分层，发现新旧建筑在村庄中的分布及其村庄的扩张和结构变化。以栖霞市观里镇区的村庄为例。根据建筑物的色彩和纹理，把所有建筑物分解为新旧两层。分解后可以看到，旧建筑集中在西南角部分，新建筑集中在东北角部分。村庄向道路方向发展（图7-17）。

　　我们可以通过建立道路缓冲区，发现这类村庄的发展方向。以莱州市程郭镇为例。沿镇里的主要道路生成一个缓冲带，设定10m纵深。我们可以发现，沿道路的建筑不再用于单纯居住，基本上用于工业或商业，所以，原来的住户或新增住宅都向道路两侧的纵深方向迁徙，主要集中在东北和西北两个方向上。从影像上树木的生长状况，可以判读出两个较新的居住区，同时，可以预见，保护它们周边的农田一定是相当困难的任务（图7-18）。

　　当然，也有被小城镇发展起来的工业场地肢解的村庄，如莱州市柏林庄镇工业园区范围内的村庄（图7-19）。对于这样的地区，我们唯有逐一分析每一个村庄的废弃或闲置场地，才可以找到导致它们不健康的原因，寻找解决办法。

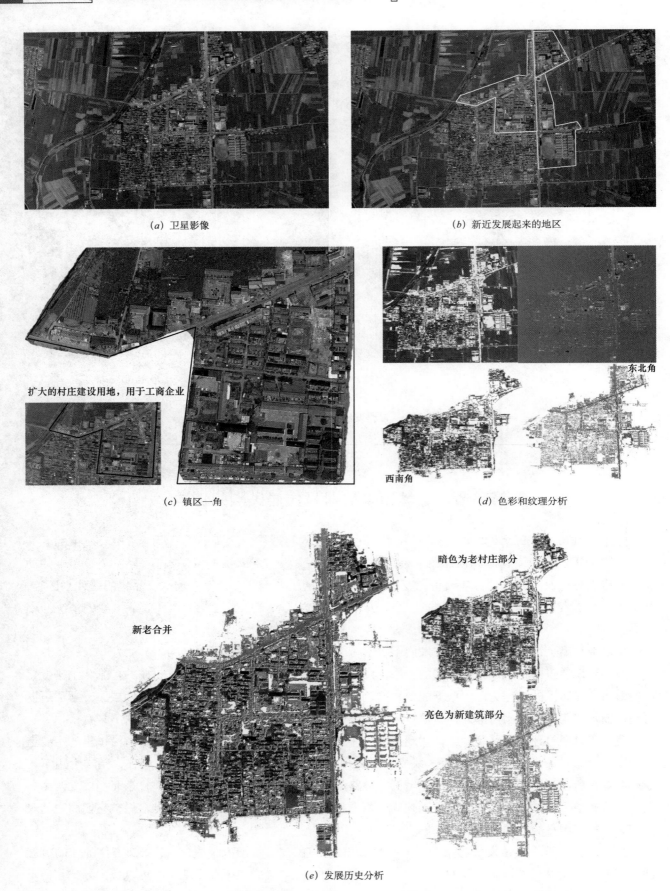

(a) 卫星影像

(b) 新近发展起来的地区

扩大的村庄建设用地，用于工商企业

(c) 镇区一角

东北角

西南角

(d) 色彩和纹理分析

新老合并

暗色为老村庄部分

亮色为新建筑部分

(e) 发展历史分析

图7-17 小城镇发展对所在地村庄居民点结构的影响（栖霞市观里镇区）

（*a*）卫星影像

（*b*）发展

（*c*）缓冲带与居住转移

图7-18　道路建设和居民点发展倾向分析（莱州程郭镇区）

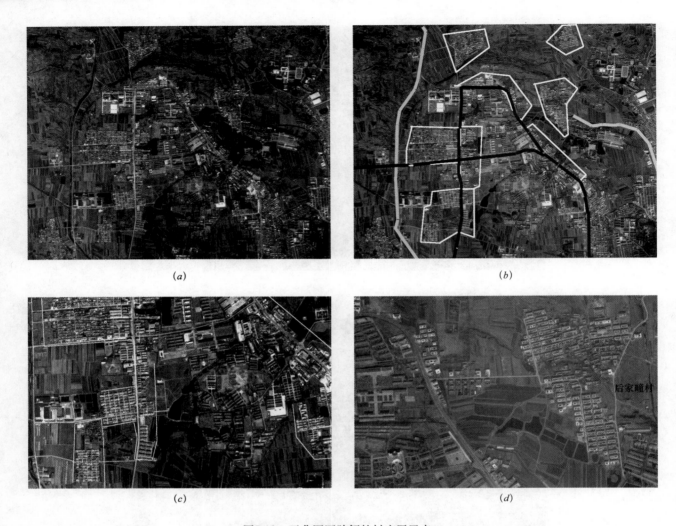

(a)

(b)

(c)

(d)

后家疃村

图7-19 工业园区肢解的村庄居民点

第八章　环境影响

任何一个村庄居民点都不是孤立存在的，区域的自然环境和社会经济环境都会对村庄居民点建设用地的改变产生影响。所以，我们在对存在成规模废弃或闲置场地的村庄居民点进行健康诊断时，都需要综合考虑产生这种状况的自然环境和社会经济环境。

在这一章中，我们将要提出，如何通过卫星影像，对村庄居民点自然环境和社会经济环境影响进行分析的基本方法，包括边界分析（图8-1）、地物光谱分析、坡度分析（图8-2）、密度分析（图8-3）、簇团分析（图8-4）、三维模拟、影响分析（图8-5）等。实际上，有些方法我们在前边的章节中已经介绍过，这里主要强调这些方法在环境影响分析中的作用。

图8-1　边界分析

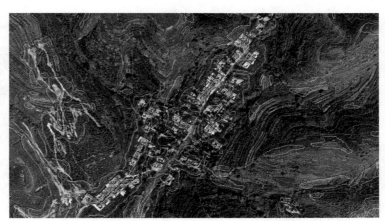

图8-2　坡度分析

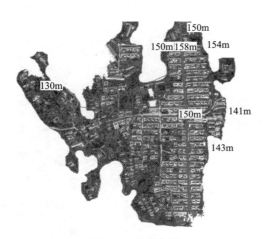

图8-3　密度分析

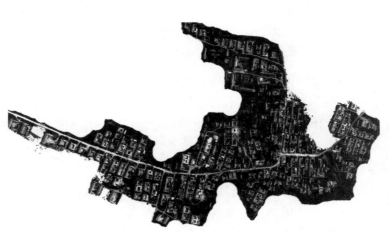

图8-4　簇团分析

图8-5　影响分析

第一节　自然地理环境：涧、坡和梁

在我们的调查中，有一些村庄居民点地处山涧（图 8-6）、坡面（图 8-7）或山脊（图 8-8）地貌环境之中。

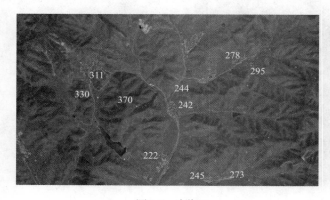

图8-6　山涧

图8-7　坡面（栖霞市翠屏街道十甲村）

1）坡面与坡面交叉呈凹形的线状地区为"涧"；

2）有坡线与坡线的凸形交叉点和隆起纵向曲面的为"梁"，相反，有坡线与坡线的凹形交叉点和凹形纵向曲面的为"坑"；

3）有一个凸形坡面和凹形坡面的为"关"。

对于这些处于特殊环境条件下的村庄居民点而言，废弃或闲置场地存在的位置和规模在很大程度上受到了村庄所在区域的特殊环境条件影响。从 0.6 ～ 1m 像素的卫星影像上看，处于山涧、坡面或山脊上的村庄居民点有不同于平原地区村庄居民点的土地使用方式，废弃或闲置场地存在的位置和规模也有其自身的规律。

地处山涧中的村庄居民点可能利用从坡面上冲刷下来的泥土而形成的山涧作为建设用地，但是这类可以用来建造房屋的天然地块相当有限，早已使用完毕。于是他们开始往山坡上迁徙，成为"坡面村"，甚至最终到达梁上，成为"梁上村"。

图8-8　山脊（西刘沟村）

无论在何种情况下，住宅本身没有坡度差异，都是水平的，但是，新旧住宅所在区域存在坡度差异。随着梯形建筑方式的发展，地处坡面上的村庄居民点可以用来建造房屋的土地面积越来越多。当然，坡度越大，建造住宅越困难，同时，改变地形地貌可能导致地质灾害，对生态环境产生不可再生的影响。真正可以依靠人工手段大规模改变地形进行开发建设只是近100年的事，对于村落而言，这只是近30年以来的事。地处复杂环境条件下的村庄，基本上还是在利用自然形成的地形修筑房屋，最大限度地利用雨水冲刷出来的山涧里的平地，逐步开发坡地和山梁。

所以，我们利用卫星影像对这类存在废弃或闲置场地村庄进行诊断时，可以从坡度、曲度、密度、簇团、边界和最易于修筑人工建筑物的地形等方面加以考虑。

1. 山涧里的居民点废弃或闲置场地

以栖霞市石盒子村为例（图8-9）。我们对栖霞市石盒子村的卫星影像作了6种分析，即地物光谱分析、坡度分析，簇团分析、密度分析、边界分析、3D分析。

(a) 卫星影像

(b) 剔除周边环境

(c) 三维空间定位

图8-9 石盒子村

栖霞市翠屏街道石盒子村

访谈对象：赵×　　　职务：书记　　　访谈时间：2010年7月23日　　　整理人：吴洁霜

一、村庄概况

石盒子村位于37°17′N，120°53′E，属于丘陵地形；距海阳市8km，距翠屏街道8km；属于库区村，村内有时令河穿村而过，雨季时有水，河道其他时节干涸作为村内道路。

石盒子村共有105户，其中常住本村的90余户；有人口304人，其中常住290人。村庄没有集体收入；2009年村民年人均收入为5785元，农户的主要收入来源是种苹果和打工，全村100%的村民种植苹果，由于本村的丘陵地势和靠近水库水源较好，因此本村的苹果产量高质量好，平均每斤苹果收购价格比附近村庄高出0.2元；村内有7%~8%的村民在农闲时去县城打工，主要从事建筑业，一般是一年出去打工1~2个月，每月收入根据工种从2000~3000元不等；村内很少有常年在外打工的人。

二、村庄废弃或闲置场地基本信息

石盒子村村域总面积为3214亩，其中耕地面积3088亩，宅基地面积126亩。村内共有宅基地160处，户均宅基地面积150m²，户均庭院面积66m²。村内共有闲置宅基地47处，其中倒塌3处，平均旧宅基地面积为120m²，比新建住宅面积小。村内的闲置宅基地和空置房屋主要是由于村民在市区买房搬到城中居住，老人去世遗留的旧房和寡妇改嫁等造成。空置场地分布相对集中成片，分布于村庄中部地势较低洼的河沟处，如此分布主要是由于该村位于山谷地带，老房区地势低洼且道路交通不便，新建房屋向村庄两头延伸，造成村中心老房区空置严重。

村庄道路只有从村南入村的150m有水泥和粗石铺设，其他道路均没有硬化，为土路和沙石路。村庄贯穿南北的一条主路是土路和河道合二为一，雨季时河道开始有水，非常影响人车出行。村内50%的宅前道路车辆不能通过，旧宅区道路宽度为1.5m，新宅区道路宽度为2m；村内所有住宅全部通自来水和电，但是没有垃圾处理设施，村民将垃圾倾倒入河中。村内所有住宅均为坐北朝南。

目前村内的旧宅主要用于作仓库和车库，居民认为旧宅具有开发的潜力，由于村庄地形的限制，新宅基地发展方向和空间十分有限，所以可以将旧宅拆除作为备用宅基地。

三、实地核实新建住宅与废弃或闲置场地基本信息

（一）三户较新住宅

N1：37°17′31″N，120°53′33″E。位于村庄东北角，房龄5~6年，面积150m²，门前道路无硬化，道路与河流合为一体，雨季时必须趟水过河，道路狭窄，宽度约2m，车辆不易通行。房屋门前用水泥硬化，宅子东边就是苹果园。户主赵××，家庭人口3人，均为常住人口。

N2：37°17′24″N，120°53′23″E。位于村庄南边，房龄6~7年，面积150m²，西侧有自家建的车库，门前道路无硬化，东边为马路，隔着马路的地势低洼，为旧房区。户主赵××，家庭人口4人，常住2人。

N3：37°17′22″N，120°53′19″E。位于村庄的西南角，进村后的第一栋房屋。房屋面积170m²，整个房屋和宅院面积之和为350m²，房前和庭院为2008年新建，住宅地势高，自家门前铺设水泥道路，宅前道路为砂石路面。户主周××，家庭人口3人，均为常住人口。

（二）五个"空置点"

O1：37°17′27″N，120°53′25″E。位于村庄中部偏西边缘地带，地势在村内较高，面积150m²，房龄90年，空置40年。户主仍然在村里住，该宅子为祖上老宅，虽然一直空置没有人住，但门前的右侧有小块菜田。宅子西边为另一处旧房，房龄100年左右。

O2：37°17′24″N，120°53′24″E。位于村庄低洼地带，房顶高度和西边的道路高度相同，宅子旁边堆有柴草，老旧电线掉落在房顶旁边。房龄40余年，空置30年，户主住在城里，旧房无人住而闲置。房屋前道路为土路，北面有另一处空房。

O3：37°17′24″N，120°53′24″E。村内废弃学校，面积300m²，窗框玻璃不全，学校前面有时令河，雨季时交通不便。

O4：37°17′28″N，120°53′24″E。位于村庄最西侧，也是全村地势最高的宅基地，门前道路为土路，高坡很陡难行，面积180m²，房龄50年，目前仍有人居住，由于四周房子地势相对较低，此宅和周围产生距离感。

O5：37°17′28″N，120°53′24″E。位于村庄中部，靠近时令河，为一块闲置场地，面积约100m²，有一定坡度，其中一半当作菜田，另一半堆放柴草。空置场地旁边为从村庄主路通向宅子的道路。

1）地物光谱分析的结果是，这个村庄居民点空置率约为52%；废弃或闲置场地大约在43个以上（表8-1）。

2）坡度分析是对村庄范围内每一个像素即地块相对坡度的分析。我们假定，整个村庄区域每一地块都有自己相对的坡度，如果把所有坡度分解为255层，以 $X=100m$ 和 $Y=100m$ 计算。这个村庄的坡度分析结果是（图8-10、表8-2）：

栖霞市翠屏街道石盒子村光谱分析　　　　　　表8-1

红波段					绿波段					蓝波段				
波长	该波长下像素数	累积总像素数	所占比例	累积所占比例	波长	该波长下像素数	累积总像素数	所占比例	累积所占比例	波长	该波长下像素数	累积总像素数	所占比例	累积所占比例
0	25	25	0.0044	0.0044	0	213	213	0.0378	0.0378	0	428	428	0.0759	0.0759
1	20	45	0.0035	0.008	1	62	275	0.011	0.0488	1	75	503	0.0133	0.0892
2	19	64	0.0034	0.0114	2	62	337	0.011	0.0598	2	112	615	0.0199	0.1091
3	29	93	0.0051	0.0165	3	71	408	0.0126	0.0724	3	84	699	0.0149	0.124
4	33	126	0.0059	0.0224	4	61	469	0.0108	0.0832	4	123	822	0.0218	0.1458
5	33	159	0.0059	0.0282	5	96	565	0.017	0.1002	5	117	939	0.0208	0.1666
6	42	201	0.0075	0.0357	6	80	645	0.0142	0.1144	6	127	1066	0.0225	0.1891
7	56	257	0.0099	0.0456	7	93	738	0.0165	0.1309	7	141	1207	0.025	0.2141
8	48	305	0.0085	0.0541	8	112	850	0.0199	0.1508	8	147	1354	0.0261	0.2402
9	55	360	0.0098	0.0639	9	115	965	0.0204	0.1712	9	152	1506	0.027	0.2671
10	69	429	0.0122	0.0761	10	128	1093	0.0227	0.1939	10	167	1673	0.0296	0.2968
11	83	512	0.0147	0.0908	11	136	1229	0.0241	0.218	11	186	1859	0.033	0.3298
12	92	604	0.0163	0.1071	12	120	1349	0.0213	0.2393	12	170	2029	0.0302	0.3599
13	91	695	0.0161	0.1233	13	137	1486	0.0243	0.2636	13	232	2261	0.0412	0.4011
14	106	801	0.0188	0.1421	14	166	1652	0.0294	0.293	14	222	2483	0.0394	0.4405
15	118	919	0.0209	0.163	15	187	1839	0.0332	0.3262	15	204	2687	0.0362	0.4766
16	122	1041	0.0216	0.1847	16	174	2013	0.0309	0.3571	16	238	2925	0.0422	0.5188
17	122	1163	0.0216	0.2063	17	174	2187	0.0309	0.388	17	219	3144	0.0388	0.5577
18	159	1322	0.0282	0.2345	18	212	2399	0.0376	0.4256	18	242	3386	0.0429	0.6006
19	164	1486	0.0291	0.2636	19	192	2591	0.0341	0.4596	19	269	3655	0.0477	0.6484
20	183	1669	0.0325	0.2961	20	215	2806	0.0381	0.4978	20	260	3915	0.0461	0.6945
21	174	1843	0.0309	0.3269	21	218	3024	0.0387	0.5364	21	305	4220	0.0541	0.7486
22	191	2034	0.0339	0.3608	22	260	3284	0.0461	0.5825	22	282	4502	0.05	0.7986
23	209	2243	0.0371	0.3979	23	254	3538	0.0451	0.6276	23	266	4768	0.0472	0.8458
24	219	2462	0.0388	0.4367	24	290	3828	0.0514	0.679	24	353	5121	0.0626	0.9084
25	216	2678	0.0383	0.4751	25	272	4100	0.0483	0.7273	25	339	5460	0.0601	0.9685
26	220	2898	0.039	0.5141	26	267	4367	0.0474	0.7747	26	355	5815	0.063	1.0315
27	241	3139	0.0428	0.5568	27	301	4668	0.0534	0.8281	27	362	6177	0.0642	1.0957
28	262	3401	0.0465	0.6033	28	295	4963	0.0523	0.8804	28	326	6503	0.0578	1.1536
29	252	3653	0.0447	0.648	29	304	5267	0.0539	0.9343	29	399	6902	0.0708	1.2243

续表

	红波段					绿波段					蓝波段			
波长	该波长下像素数	累积总像素数	所占比例	累积所占比例	波长	该波长下像素数	累积总像素数	所占比例	累积所占比例	波长	该波长下像素数	累积总像素数	所占比例	累积所占比例
30	259	3912	0.0459	0.6939	30	329	5596	0.0584	0.9927	30	369	7271	0.0655	1.2898
31	288	4200	0.0511	0.745	31	356	5952	0.0632	1.0558	31	396	7667	0.0702	1.36
32	308	4508	0.0546	0.7997	32	350	6302	0.0621	1.1179	32	408	8075	0.0724	1.4324
33	317	4825	0.0562	0.8559	33	333	6635	0.0591	1.177	33	381	8456	0.0676	1.5
34	307	5132	0.0545	0.9104	34	373	7008	0.0662	1.2431	34	439	8895	0.0779	1.5779
35	340	5472	0.0603	0.9707	35	355	7363	0.063	1.3061	35	398	9293	0.0706	1.6485
36	346	5818	0.0614	1.0321	36	367	7730	0.0651	1.3712	36	383	9676	0.0679	1.7164
37	335	6153	0.0594	1.0915	37	379	8109	0.0672	1.4385	37	425	10101	0.0754	1.7918
38	332	6485	0.0589	1.1504	38	427	8536	0.0757	1.5142	38	444	10545	0.0788	1.8706
39	360	6845	0.0639	1.2142	39	422	8958	0.0749	1.5891	39	434	10979	0.077	1.9476
40	347	7192	0.0616	1.2758	40	413	9371	0.0733	1.6623	40	433	11412	0.0768	2.0244
41	338	7530	0.06	1.3357	41	389	9760	0.069	1.7313	41	451	11863	0.08	2.1044
42	372	7902	0.066	1.4017	42	414	10174	0.0734	1.8048	42	457	12320	0.0811	2.1854
43	378	8280	0.0671	1.4688	43	433	10607	0.0768	1.8816	43	475	12795	0.0843	2.2697
44	432	8712	0.0766	1.5454	44	420	11027	0.0745	1.9561	44	501	13296	0.0889	2.3586
45	411	9123	0.0729	1.6183	45	462	11489	0.082	2.038	45	493	13789	0.0875	2.446
46	438	9561	0.0777	1.696	46	456	11945	0.0809	2.1189	46	519	14308	0.0921	2.5381
47	407	9968	0.0722	1.7682	47	496	12441	0.088	2.2069	47	513	14821	0.091	2.6291
48	456	10424	0.0809	1.8491	48	482	12923	0.0855	2.2924	48	562	15383	0.0997	2.7288
49	463	10887	0.0821	1.9312	49	485	13408	0.086	2.3784	49	563	15946	0.0999	2.8287
50	470	11357	0.0834	2.0146	50	484	13892	0.0859	2.4643	50	574	16520	0.1018	2.9305
51	451	11808	0.08	2.0946	51	490	14382	0.0869	2.5512	51	601	17121	0.1066	3.0371
52	483	12291	0.0857	2.1803	52	522	14904	0.0926	2.6438	52	597	17718	0.1059	3.143
53	505	12796	0.0896	2.2699	53	504	15408	0.0894	2.7332	53	620	18338	0.11	3.253
54	506	13302	0.0898	2.3596	54	565	15973	0.1002	2.8334	54	623	18961	0.1105	3.3635
55	512	13814	0.0908	2.4505	55	580	16553	0.1029	2.9363	55	658	19619	0.1167	3.4802
56	550	14364	0.0976	2.548	56	536	17089	0.0951	3.0314	56	657	20276	0.1165	3.5968
57	568	14932	0.1008	2.6488	57	587	17676	0.1041	3.1355	57	690	20966	0.1224	3.7192
58	597	15529	0.1059	2.7547	58	662	18338	0.1174	3.253	58	689	21655	0.1222	3.8414
59	571	16100	0.1013	2.856	59	597	18935	0.1059	3.3589	59	719	22374	0.1275	3.9689
60	555	16655	0.0985	2.9544	60	613	19548	0.1087	3.4676	60	711	23085	0.1261	4.095
61	636	17291	0.1128	3.0672	61	657	20205	0.1165	3.5842	61	678	23763	0.1203	4.2153
62	589	17880	0.1045	3.1717	62	609	20814	0.108	3.6922	62	669	24432	0.1187	4.334
63	607	18487	0.1077	3.2794	63	684	21498	0.1213	3.8135	63	717	25149	0.1272	4.4612
64	643	19130	0.1141	3.3935	64	651	22149	0.1155	3.929	64	732	25881	0.1298	4.591
65	680	19810	0.1206	3.5141	65	661	22810	0.1173	4.0463	65	781	26662	0.1385	4.7296
66	696	20506	0.1235	3.6376	66	694	23504	0.1231	4.1694	66	781	27443	0.1385	4.8681
67	739	21245	0.1311	3.7686	67	697	24201	0.1236	4.293	67	763	28206	0.1353	5.0035
68	688	21933	0.122	3.8907	68	679	24880	0.1204	4.4135	68	739	28945	0.1311	5.1346
69	809	22742	0.1435	4.0342	69	712	25592	0.1263	4.5398	69	737	29682	0.1307	5.2653
70	728	23470	0.1291	4.1633	70	733	26325	0.13	4.6698	70	777	30459	0.1378	5.4031
71	745	24215	0.1322	4.2955	71	699	27024	0.124	4.7938	71	760	31219	0.1348	5.5379
72	754	24969	0.1338	4.4292	72	720	27744	0.1277	4.9215	72	777	31996	0.1378	5.6758
73	772	25741	0.1369	4.5662	73	717	28461	0.1272	5.0487	73	759	32755	0.1346	5.8104
74	783	26524	0.1389	4.7051	74	692	29153	0.1228	5.1714	74	794	33549	0.1408	5.9513
75	815	27339	0.1446	4.8497	75	724	29877	0.1284	5.2999	75	727	34276	0.129	6.0802
76	830	28169	0.1472	4.9969	76	726	30603	0.1288	5.4287	76	832	35108	0.1476	6.2278

续表

波长	红波段 该波长下像素数	累积总像素数	所占比例	累积所占比例	波长	绿波段 该波长下像素数	累积总像素数	所占比例	累积所占比例	波长	蓝波段 该波长下像素数	累积总像素数	所占比例	累积所占比例
77	861	29030	0.1527	5.1496	77	775	31378	0.1375	5.5661	77	807	35915	0.1432	6.371
78	804	29834	0.1426	5.2922	78	716	32094	0.127	5.6932	78	837	36752	0.1485	6.5194
79	839	30673	0.1488	5.4411	79	699	32793	0.124	5.8171	79	854	37606	0.1515	6.6709
80	864	31537	0.1533	5.5943	80	757	33550	0.1343	5.9514	80	854	38460	0.1515	6.8224
81	864	32401	0.1533	5.7476	81	748	34298	0.1327	6.0841	81	834	39294	0.1479	6.9704
82	865	33266	0.1534	5.9011	82	720	35018	0.1277	6.2118	82	872	40166	0.1547	7.125
83	826	34092	0.1465	6.0476	83	740	35758	0.1313	6.3431	83	857	41023	0.152	7.2771
84	884	34976	0.1568	6.2044	84	751	36509	0.1332	6.4763	84	857	41880	0.152	7.4291
85	947	35923	0.168	6.3724	85	770	37279	0.1366	6.6129	85	856	42736	0.1518	7.5809
86	849	36772	0.1506	6.523	86	839	38118	0.1488	6.7617	86	868	43604	0.154	7.7349
87	880	37652	0.1561	6.6791	87	810	38928	0.1437	6.9054	87	905	44509	0.1605	7.8954
88	848	38500	0.1504	6.8295	88	804	39732	0.1426	7.0481	88	843	45352	0.1495	8.045
89	864	39364	0.1533	6.9828	89	885	40617	0.157	7.205	89	887	46239	0.1573	8.2023
90	849	40213	0.1506	7.1334	90	775	41392	0.1375	7.3425	90	766	47005	0.1359	8.3382
91	817	41030	0.1449	7.2783	91	843	42235	0.1495	7.4921	91	868	47873	0.154	8.4922
92	817	41847	0.1449	7.4232	92	813	43048	0.1442	7.6363	92	816	48689	0.1448	8.6369
93	850	42697	0.1508	7.574	93	826	43874	0.1465	7.7828	93	835	49524	0.1481	8.7851
94	776	43473	0.1377	7.7117	94	797	44671	0.1414	7.9242	94	822	50346	0.1458	8.9309
95	780	44253	0.1384	7.85	95	853	45524	0.1513	8.0755	95	839	51185	0.1488	9.0797
96	751	45004	0.1332	7.9833	96	799	46323	0.1417	8.2172	96	814	51999	0.1444	9.2241
97	834	45838	0.1479	8.1312	97	734	47057	0.1302	8.3474	97	783	52782	0.1389	9.363
98	728	46566	0.1291	8.2603	98	817	47874	0.1449	8.4924	98	790	53572	0.1401	9.5031
99	778	47344	0.138	8.3983	99	737	48611	0.1307	8.6231	99	778	54350	0.138	9.6411
100	742	48086	0.1316	8.53	100	821	49432	0.1456	8.7687	100	776	55126	0.1377	9.7788
101	706	48792	0.1252	8.6552	101	815	50247	0.1446	8.9133	101	717	55843	0.1272	9.906
102	685	49477	0.1215	8.7767	102	840	51087	0.149	9.0623	102	699	56542	0.124	10.03
103	704	50181	0.1249	8.9016	103	727	51814	0.129	9.1913	103	711	57253	0.1261	10.1561
104	671	50852	0.119	9.0206	104	776	52590	0.1377	9.3289	104	683	57936	0.1212	10.2773
105	684	51536	0.1213	9.142	105	719	53309	0.1275	9.4565	105	680	58616	0.1206	10.3979
106	657	52193	0.1165	9.2585	106	720	54029	0.1277	9.5842	106	637	59253	0.113	10.5109
107	631	52824	0.1119	9.3704	107	687	54716	0.1219	9.7061	107	680	59933	0.1206	10.6315
108	667	53491	0.1183	9.4888	108	687	55403	0.1219	9.8279	108	644	60577	0.1142	10.7457
109	643	54134	0.1141	9.6028	109	722	56125	0.1281	9.956	109	602	61179	0.1068	10.8525
110	640	54774	0.1135	9.7164	110	676	56801	0.1199	10.0759	110	586	61765	0.104	10.9565
111	589	55363	0.1045	9.8208	111	663	57464	0.1176	10.1935	111	619	62384	0.1098	11.0663
112	591	55954	0.1048	9.9257	112	644	58108	0.1142	10.3078	112	614	62998	0.1089	11.1752
113	567	56521	0.1006	10.0263	113	653	58761	0.1158	10.4236	113	614	63612	0.1089	11.2841
114	562	57083	0.0997	10.1259	114	637	59398	0.113	10.5366	114	615	64227	0.1091	11.3932
115	559	57642	0.0992	10.2251	115	610	60008	0.1082	10.6448	115	564	64791	0.1	11.4933
116	508	58150	0.0901	10.3152	116	632	60640	0.1121	10.7569	116	532	65323	0.0944	11.5876
117	497	58647	0.0882	10.4034	117	628	61268	0.1114	10.8683	117	534	65857	0.0947	11.6824
118	543	59190	0.0963	10.4997	118	658	61926	0.1167	10.985	118	550	66407	0.0976	11.7799
119	526	59716	0.0933	10.593	119	573	62499	0.1016	11.0867	119	539	66946	0.0956	11.8755
120	509	60225	0.0903	10.6833	120	568	63067	0.1008	11.1874	120	564	67510	0.1	11.9756
121	477	60702	0.0846	10.7679	121	633	63700	0.1123	11.2997	121	530	68040	0.094	12.0696
122	506	61208	0.0898	10.8577	122	578	64278	0.1025	11.4023	122	497	68537	0.0882	12.1578
123	446	61654	0.0791	10.9368	123	606	64884	0.1075	11.5098	123	491	69028	0.0871	12.2449

续表

	红波段					绿波段					蓝波段			
波长	该波长下像素数	累积总像素数	所占比例	累积所占比例	波长	该波长下像素数	累积总像素数	所占比例	累积所占比例	波长	该波长下像素数	累积总像素数	所占比例	累积所占比例
124	446	62100	0.0791	11.0159	124	542	65426	0.0961	11.6059	124	499	69527	0.0885	12.3334
125	440	62540	0.0781	11.094	125	532	65958	0.0944	11.7003	125	486	70013	0.0862	12.4196
126	462	63002	0.082	11.1759	126	574	66532	0.1018	11.8021	126	468	70481	0.083	12.5026
127	432	63434	0.0766	11.2525	127	577	67109	0.1024	11.9045	127	455	70936	0.0807	12.5833
128	414	63848	0.0734	11.326	128	510	67619	0.0905	11.9949	128	451	71387	0.08	12.6633
129	418	64266	0.0741	11.4001	129	487	68106	0.0864	12.0813	129	430	71817	0.0763	12.7396
130	417	64683	0.074	11.4741	130	540	68646	0.0958	12.1771	130	429	72246	0.0761	12.8157
131	413	65096	0.0733	11.5474	131	497	69143	0.0882	12.2653	131	404	72650	0.0717	12.8874
132	422	65518	0.0749	11.6222	132	542	69685	0.0961	12.3614	132	416	73066	0.0738	12.9612
133	406	65924	0.072	11.6943	133	499	70184	0.0885	12.4499	133	402	73468	0.0713	13.0325
134	422	66346	0.0749	11.7691	134	479	70663	0.085	12.5349	134	400	73868	0.071	13.1034
135	380	66726	0.0674	11.8365	135	451	71114	0.08	12.6149	135	391	74259	0.0694	13.1728
136	358	67084	0.0635	11.9	136	506	71620	0.0898	12.7047	136	385	74644	0.0683	13.2411
137	377	67461	0.0669	11.9669	137	455	72075	0.0807	12.7854	137	395	75039	0.0701	13.3112
138	404	67865	0.0717	12.0386	138	456	72531	0.0809	12.8663	138	398	75437	0.0706	13.3818
139	321	68186	0.0569	12.0955	139	436	72967	0.0773	12.9436	139	398	75835	0.0706	13.4524
140	378	68564	0.0671	12.1626	140	421	73388	0.0747	13.0183	140	387	76222	0.0686	13.521
141	349	68913	0.0619	12.2245	141	433	73821	0.0768	13.0951	141	392	76614	0.0695	13.5905
142	333	69246	0.0591	12.2835	142	451	74272	0.08	13.1751	142	393	77007	0.0697	13.6603
143	332	69578	0.0589	12.3424	143	450	74722	0.0798	13.2549	143	363	77370	0.0644	13.7247
144	316	69894	0.0561	12.3985	144	425	75147	0.0754	13.3303	144	358	77728	0.0635	13.7882
145	319	70213	0.0566	12.4551	145	406	75553	0.072	13.4023	145	368	78096	0.0653	13.8534
146	340	70553	0.0603	12.5154	146	371	75924	0.0658	13.4681	146	337	78433	0.0598	13.9132
147	309	70862	0.0548	12.5702	147	429	76353	0.0761	13.5442	147	362	78795	0.0642	13.9774
148	332	71194	0.0589	12.6291	148	417	76770	0.074	13.6182	148	330	79125	0.0585	14.036
149	341	71535	0.0605	12.6896	149	354	77124	0.0628	13.681	149	375	79500	0.0665	14.1025
150	345	71880	0.0612	12.7508	150	368	77492	0.0653	13.7463	150	331	79831	0.0587	14.1612
151	334	72214	0.0592	12.81	151	398	77890	0.0706	13.8169	151	343	80174	0.0608	14.2221
152	315	72529	0.0559	12.8659	152	395	78285	0.0701	13.887	152	356	80530	0.0632	14.2852
153	321	72850	0.0569	12.9229	153	385	78670	0.0683	13.9553	153	345	80875	0.0612	14.3464
154	338	73188	0.06	12.9828	154	390	79060	0.0692	14.0244	154	327	81202	0.058	14.4044
155	331	73519	0.0587	13.0415	155	367	79427	0.0651	14.0895	155	367	81569	0.0651	14.4695
156	302	73821	0.0536	13.0951	156	351	79778	0.0623	14.1518	156	321	81890	0.0569	14.5265
157	322	74143	0.0571	13.1522	157	318	80096	0.0564	14.2082	157	333	82223	0.0591	14.5855
158	302	74445	0.0536	13.2058	158	365	80461	0.0647	14.273	158	304	82527	0.0539	14.6395
159	307	74752	0.0545	13.2602	159	334	80795	0.0592	14.3322	159	327	82854	0.058	14.6975
160	265	75017	0.047	13.3073	160	339	81134	0.0601	14.3924	160	322	83176	0.0571	14.7546
161	333	75350	0.0591	13.3663	161	325	81459	0.0577	14.45	161	307	83483	0.0545	14.809
162	331	75681	0.0587	13.425	162	360	81819	0.0639	14.5139	162	298	83781	0.0529	14.8619
163	310	75991	0.055	13.48	163	329	82148	0.0584	14.5722	163	297	84078	0.0527	14.9146
164	327	76318	0.058	13.538	164	327	82475	0.058	14.6302	164	288	84366	0.0511	14.9657
165	341	76659	0.0605	13.5985	165	328	82803	0.0582	14.6884	165	317	84683	0.0562	15.0219
166	314	76973	0.0557	13.6542	166	293	83096	0.052	14.7404	166	263	84946	0.0467	15.0686
167	344	77317	0.061	13.7153	167	300	83396	0.0532	14.7936	167	274	85220	0.0486	15.1172
168	335	77652	0.0594	13.7747	168	298	83694	0.0529	14.8465	168	251	85471	0.0445	15.1617
169	305	77957	0.0541	13.8288	169	327	84021	0.058	14.9045	169	269	85740	0.0477	15.2094
170	356	78313	0.0632	13.8919	170	291	84312	0.0516	14.9561	170	228	85968	0.0404	15.2499

续表

红波段					绿波段					蓝波段				
波长	该波长下像素数	累积总像素数	所占比例	累积所占比例	波长	该波长下像素数	累积总像素数	所占比例	累积所占比例	波长	该波长下像素数	累积总像素数	所占比例	累积所占比例
171	309	78622	0.0548	13.9467	171	306	84618	0.0543	15.0104	171	285	86253	0.0506	15.3004
172	264	78886	0.0468	13.9936	172	275	84893	0.0488	15.0592	172	254	86507	0.0451	15.3455
173	328	79214	0.0582	14.0518	173	275	85168	0.0488	15.1079	173	240	86747	0.0426	15.388
174	316	79530	0.0561	14.1078	174	270	85438	0.0479	15.1558	174	243	86990	0.0431	15.4311
175	312	79842	0.0553	14.1632	175	314	85752	0.0557	15.2115	175	228	87218	0.0404	15.4716
176	320	80162	0.0568	14.2199	176	282	86034	0.05	15.2616	176	210	87428	0.0373	15.5088
177	355	80517	0.063	14.2829	177	264	86298	0.0468	15.3084	177	239	87667	0.0424	15.5512
178	310	80827	0.055	14.3379	178	242	86540	0.0429	15.3513	178	201	87868	0.0357	15.5869
179	356	81183	0.0632	14.401	179	236	86776	0.0419	15.3932	179	224	88092	0.0397	15.6266
180	277	81460	0.0491	14.4502	180	239	87015	0.0424	15.4356	180	208	88300	0.0369	15.6635
181	330	81790	0.0585	14.5087	181	210	87225	0.0373	15.4728	181	209	88509	0.0371	15.7006
182	301	82091	0.0534	14.5621	182	250	87475	0.0443	15.5172	182	224	88733	0.0397	15.7403
183	298	82389	0.0529	14.615	183	239	87714	0.0424	15.5596	183	199	88932	0.0353	15.7756
184	286	82675	0.0507	14.6657	184	223	87937	0.0396	15.5991	184	176	89108	0.0312	15.8069
185	308	82983	0.0546	14.7203	185	232	88169	0.0412	15.6403	185	213	89321	0.0378	15.8446
186	326	83309	0.0578	14.7782	186	215	88384	0.0381	15.6784	186	220	89541	0.039	15.8837
187	312	83621	0.0553	14.8335	187	222	88606	0.0394	15.7178	187	206	89747	0.0365	15.9202
188	274	83895	0.0486	14.8821	188	198	88804	0.0351	15.7529	188	165	89912	0.0293	15.9495
189	323	84218	0.0573	14.9394	189	197	89001	0.0349	15.7879	189	159	90071	0.0282	15.9777
190	294	84512	0.0522	14.9916	190	262	89263	0.0465	15.8344	190	182	90253	0.0323	16.01
191	291	84803	0.0516	15.0432	191	191	89454	0.0339	15.8682	191	143	90396	0.0254	16.0353
192	319	85122	0.0566	15.0998	192	192	89646	0.0341	15.9023	192	160	90556	0.0284	16.0637
193	294	85416	0.0522	15.1519	193	174	89820	0.0309	15.9332	193	148	90704	0.0263	16.09
194	284	85700	0.0504	15.2023	194	173	89993	0.0307	15.9638	194	148	90852	0.0263	16.1162
195	284	85984	0.0504	15.2527	195	157	90150	0.0279	15.9917	195	127	90979	0.0225	16.1388
196	250	86234	0.0443	15.297	196	181	90331	0.0321	16.0238	196	128	91107	0.0227	16.1615
197	266	86500	0.0472	15.3442	197	160	90491	0.0284	16.0522	197	131	91238	0.0232	16.1847
198	259	86759	0.0459	15.3902	198	165	90656	0.0293	16.0815	198	133	91371	0.0236	16.2083
199	256	87015	0.0454	15.4356	199	138	90794	0.0245	16.1059	199	151	91522	0.0268	16.2351
200	265	87280	0.047	15.4826	200	141	90935	0.025	16.1309	200	150	91672	0.0266	16.2617
201	262	87542	0.0465	15.5291	201	147	91082	0.0261	16.157	201	159	91831	0.0282	16.2899
202	267	87809	0.0474	15.5764	202	155	91237	0.0275	16.1845	202	158	91989	0.028	16.3179
203	246	88055	0.0436	15.6201	203	144	91381	0.0255	16.2101	203	116	92105	0.0206	16.3385
204	240	88295	0.0426	15.6626	204	222	91603	0.0394	16.2494	204	99	92204	0.0176	16.3561
205	268	88563	0.0475	15.7102	205	140	91743	0.0248	16.2743	205	111	92315	0.0197	16.3757
206	241	88804	0.0428	15.7529	206	146	91889	0.0259	16.3002	206	102	92417	0.0181	16.3938
207	218	89022	0.0387	15.7916	207	138	92027	0.0245	16.3247	207	123	92540	0.0218	16.4157
208	238	89260	0.0422	15.8338	208	114	92141	0.0202	16.3449	208	108	92648	0.0192	16.4348
209	205	89465	0.0364	15.8702	209	115	92256	0.0204	16.3653	209	109	92757	0.0193	16.4542
210	200	89665	0.0355	15.9057	210	103	92359	0.0183	16.3836	210	112	92869	0.0199	16.474
211	218	89883	0.0387	15.9443	211	105	92464	0.0186	16.4022	211	112	92981	0.0199	16.4939
212	224	90107	0.0397	15.9841	212	120	92584	0.0213	16.4235	212	102	93083	0.0181	16.512
213	258	90365	0.0458	16.0298	213	109	92693	0.0193	16.4428	213	127	93210	0.0225	16.5345
214	230	90595	0.0408	16.0706	214	119	92812	0.0211	16.4639	214	127	93337	0.0225	16.557
215	230	90825	0.0408	16.1114	215	110	92922	0.0195	16.4834	215	146	93483	0.0259	16.5829
216	222	91047	0.0394	16.1508	216	98	93020	0.0174	16.5008	216	118	93601	0.0209	16.6039
217	194	91241	0.0344	16.1852	217	240	93260	0.0426	16.5434	217	97	93698	0.0172	16.6211

续表

	红波段					绿波段					蓝波段			
波长	该波长下像素数	累积总像素数	所占比例	累积所占比例	波长	该波长下像素数	累积总像素数	所占比例	累积所占比例	波长	该波长下像素数	累积总像素数	所占比例	累积所占比例
218	197	91438	0.0349	16.2202	218	99	93359	0.0176	16.5609	218	107	93805	0.019	16.6401
219	194	91632	0.0344	16.2546	219	111	93470	0.0197	16.5806	219	85	93890	0.0151	16.6551
220	173	91805	0.0307	16.2853	220	107	93577	0.019	16.5996	220	87	93977	0.0154	16.6706
221	201	92006	0.0357	16.3209	221	84	93661	0.0149	16.6145	221	95	94072	0.0169	16.6874
222	155	92161	0.0275	16.3484	222	102	93763	0.0181	16.6326	222	78	94150	0.0138	16.7013
223	153	92314	0.0271	16.3756	223	104	93867	0.0184	16.6511	223	72	94222	0.0128	16.714
224	155	92469	0.0275	16.4031	224	102	93969	0.0181	16.6692	224	86	94308	0.0153	16.7293
225	166	92635	0.0294	16.4325	225	84	94053	0.0149	16.6841	225	69	94377	0.0122	16.7415
226	140	92775	0.0248	16.4573	226	80	94133	0.0142	16.6982	226	79	94456	0.014	16.7555
227	171	92946	0.0303	16.4877	227	108	94241	0.0192	16.7174	227	92	94548	0.0163	16.7719
228	172	93118	0.0305	16.5182	228	94	94335	0.0167	16.7341	228	129	94677	0.0229	16.7947
229	185	93303	0.0328	16.551	229	92	94427	0.0163	16.7504	229	128	94805	0.0227	16.8174
230	163	93466	0.0289	16.5799	230	186	94613	0.033	16.7834	230	91	94896	0.0161	16.8336
231	137	93603	0.0243	16.6042	231	80	94693	0.0142	16.7976	231	73	94969	0.0129	16.8465
232	135	93738	0.0239	16.6282	232	84	94777	0.0149	16.8125	232	99	95068	0.0176	16.8641
233	130	93868	0.0231	16.6512	233	99	94876	0.0176	16.83	233	96	95164	0.017	16.8811
234	125	93993	0.0222	16.6734	234	95	94971	0.0169	16.8469	234	89	95253	0.0158	16.8969
235	138	94131	0.0245	16.6979	235	95	95066	0.0169	16.8637	235	85	95338	0.0151	16.912
236	135	94266	0.0239	16.7218	236	81	95147	0.0144	16.8781	236	101	95439	0.0179	16.9299
237	179	94445	0.0318	16.7536	237	102	95249	0.0181	16.8962	237	77	95516	0.0137	16.9436
238	127	94572	0.0225	16.7761	238	102	95351	0.0181	16.9143	238	84	95600	0.0149	16.9585
239	124	94696	0.022	16.7981	239	99	95450	0.0176	16.9319	239	60	95660	0.0106	16.9691
240	117	94813	0.0208	16.8189	240	84	95534	0.0149	16.9468	240	86	95746	0.0153	16.9844
241	177	94990	0.0314	16.8503	241	100	95634	0.0177	16.9645	241	132	95878	0.0234	17.0078
242	178	95168	0.0316	16.8818	242	209	95843	0.0371	17.0016	242	158	96036	0.028	17.0358
243	139	95307	0.0247	16.9065	243	121	95964	0.0215	17.023	243	99	96135	0.0176	17.0534
244	155	95462	0.0275	16.934	244	97	96061	0.0172	17.0402	244	83	96218	0.0147	17.0681
245	122	95584	0.0216	16.9556	245	98	96159	0.0174	17.0576	245	100	96318	0.0177	17.0858
246	137	95721	0.0243	16.9799	246	111	96270	0.0197	17.0773	246	119	96437	0.0211	17.1069
247	111	95832	0.0197	16.9996	247	95	96365	0.0169	17.0942	247	74	96511	0.0131	17.1201
248	106	95938	0.0188	17.0184	248	81	96446	0.0144	17.1085	248	102	96613	0.0181	17.1382
249	141	96079	0.025	17.0434	249	107	96553	0.019	17.1275	249	91	96704	0.0161	17.1543
250	132	96211	0.0234	17.0669	250	122	96675	0.0216	17.1492	250	132	96836	0.0234	17.1777
251	133	96344	0.0236	17.0905	251	133	96808	0.0236	17.1728	251	127	96963	0.0225	17.2003
252	151	96495	0.0268	17.1172	252	145	96953	0.0257	17.1985	252	80	97043	0.0142	17.2144
253	147	96642	0.0261	17.1433	253	150	97103	0.0266	17.2251	253	137	97180	0.0243	17.2387
254	332	96974	0.0589	17.2022	254	309	97412	0.0548	17.2799	254	251	97431	0.0445	17.2833
255	466756	563730	82.7978	100	255	466318	563730	82.7201	100	255	466299	563730	82.7167	100

（1）整个村庄区域最大坡度为 16°，最小坡度为 0.000015°；

（2）整个村庄区域坡度为 0.000015°~5°的地块约占 80%，5.1°~16°占 20%；

（3）村庄居民点建设用地基本处于 3°~9°的地块范围内，居民点建设用地的边缘地区达到 9°以上；

（4）这个村庄大部分住宅是建设在缓坡 2°~5°，但是，新近建设起来的住宅一般紧靠 5°~16°斜坡而建；

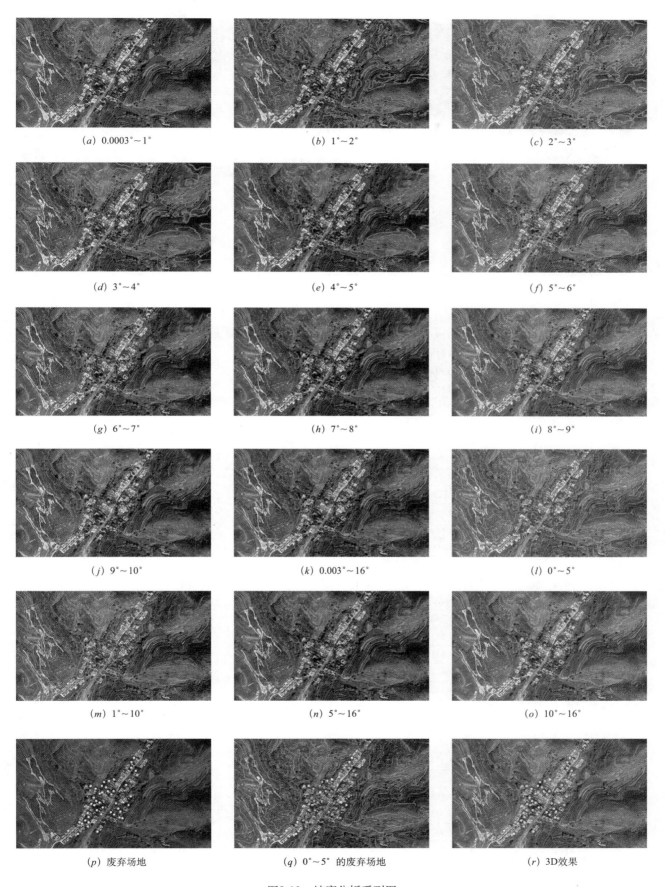

(a) 0.0003°~1°

(b) 1°~2°

(c) 2°~3°

(d) 3°~4°

(e) 4°~5°

(f) 5°~6°

(g) 6°~7°

(h) 7°~8°

(i) 8°~9°

(j) 9°~10°

(k) 0.003°~16°

(l) 0°~5°

(m) 1°~10°

(n) 5°~16°

(o) 10°~16°

(p) 废弃场地

(q) 0°~5°的废弃场地

(r) 3D效果

图8-10 坡度分析系列图

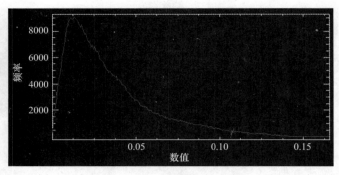

(s) 波长分层分布

(t) 分层分布图

图8-10 坡度分析系列图（续）

石盒子村居住场地坡度分析（红波段）   表 8-2

坡度	像素数	累积像素数	比例（%）	累积比例（%）	坡度	像素数	累积像素数	比例（%）	累积比例（%）
0.000015	355	355	0.063	0.063	0.022061	7239	238740	1.2841	42.3501
0.000663	930	1285	0.165	0.2279	0.022709	7020	245760	1.2453	43.5953
0.001311	1633	2918	0.2897	0.5176	0.023358	6764	252524	1.1999	44.7952
0.00196	2350	5268	0.4169	0.9345	0.024006	6986	259510	1.2392	46.0344
0.002608	2958	8226	0.5247	1.4592	0.024654	6648	266158	1.1793	47.2137
0.003257	3763	11989	0.6675	2.1267	0.025303	6871	273029	1.2188	48.4326
0.003905	4305	16294	0.7637	2.8904	0.025951	6606	279635	1.1718	49.6044
0.004553	4837	21131	0.858	3.7484	0.0266	6442	286077	1.1427	50.7472
0.005202	5327	26458	0.945	4.6934	0.027248	6425	292502	1.1397	51.8869
0.00585	6025	32483	1.0688	5.7622	0.027897	6092	298594	1.0807	52.9676
0.006499	6438	38921	1.142	6.9042	0.028545	5906	304500	1.0477	54.0152
0.007147	6990	45911	1.24	8.1441	0.029193	5791	310291	1.0273	55.0425
0.007796	7687	53598	1.3636	9.5077	0.029842	5709	316000	1.0127	56.0552
0.008444	8178	61776	1.4507	10.9584	0.03049	5591	321591	0.9918	57.047
0.009092	8404	70180	1.4908	12.4492	0.031139	5374	326965	0.9533	58.0003
0.009741	8799	78979	1.5609	14.0101	0.031787	5282	332247	0.937	58.9373
0.010389	8901	87880	1.5789	15.589	0.032436	5058	337305	0.8972	59.8345
0.011038	9032	96912	1.6022	17.1912	0.033084	5016	342321	0.8898	60.7243
0.011686	8976	105888	1.5923	18.7835	0.033732	4843	347164	0.8591	61.5834
0.012335	8938	114826	1.5855	20.369	0.034381	4979	352143	0.8832	62.4666
0.012983	9082	123908	1.6111	21.98	0.035029	4803	356946	0.852	63.3186
0.013631	9062	132970	1.6075	23.5875	0.035678	4726	361672	0.8383	64.157
0.01428	8912	141882	1.5809	25.1684	0.036326	4581	366253	0.8126	64.9696
0.014928	8826	150708	1.5656	26.7341	0.036974	4636	370889	0.8224	65.792
0.015577	8636	159344	1.5319	28.266	0.037623	4488	375377	0.7961	66.5881
0.016225	8513	167857	1.5101	29.7761	0.038271	4574	379951	0.8114	67.3995
0.016873	8306	176163	1.4734	31.2495	0.03892	4280	384231	0.7592	68.1587
0.017522	8491	184654	1.5062	32.7558	0.039568	4355	388586	0.7725	68.9312
0.01817	8277	192931	1.4683	34.224	0.040217	4251	392837	0.7541	69.6853
0.018819	8018	200949	1.4223	35.6463	0.040865	4073	396910	0.7225	70.4078
0.019467	7820	208769	1.3872	37.0335	0.041513	3993	400903	0.7083	71.1161
0.020116	7821	216590	1.3874	38.4209	0.042162	3911	404814	0.6938	71.8099
0.020764	7619	224209	1.3515	39.7724	0.04281	3905	408719	0.6927	72.5026
0.021412	7292	231501	1.2935	41.0659	0.043459	3774	412493	0.6695	73.1721

坡度	像素数	累积像素数	比例（%）	累积比例（%）	坡度	像素数	累积像素数	比例（%）	累积比例（%）
0.044107	3578	416071	0.6347	73.8068	0.074583	1193	511765	0.2116	90.7819
0.044755	3410	419481	0.6049	74.4117	0.075231	1167	512932	0.207	90.9889
0.045404	3394	422875	0.6021	75.0137	0.07588	1193	514125	0.2116	91.2006
0.046052	3164	426039	0.5613	75.575	0.076528	1212	515337	0.215	91.4156
0.046701	3123	429162	0.554	76.129	0.077176	1189	516526	0.2109	91.6265
0.047349	3000	432162	0.5322	76.6612	0.077825	1162	517688	0.2061	91.8326
0.047998	2939	435101	0.5213	77.1825	0.078473	1144	518832	0.2029	92.0355
0.048646	2865	437966	0.5082	77.6907	0.079122	1129	519961	0.2003	92.2358
0.049294	2715	440681	0.4816	78.1724	0.07977	1110	521071	0.1969	92.4327
0.049943	2784	443465	0.4939	78.6662	0.080419	1075	522146	0.1907	92.6234
0.050591	2761	446226	0.4898	79.156	0.081067	983	523129	0.1744	92.7978
0.05124	2603	448829	0.4617	79.6177	0.081715	1064	524193	0.1887	92.9865
0.051888	2535	451364	0.4497	80.0674	0.082364	964	525157	0.171	93.1575
0.052536	2352	453716	0.4172	80.4846	0.083012	1037	526194	0.184	93.3415
0.053185	2346	456062	0.4162	80.9008	0.083661	984	527178	0.1746	93.516
0.053833	2281	458343	0.4046	81.3054	0.084309	952	528130	0.1689	93.6849
0.054482	2293	460636	0.4068	81.7122	0.084957	906	529036	0.1607	93.8456
0.05513	2258	462894	0.4005	82.1127	0.085606	893	529929	0.1584	94.004
0.055779	2251	465145	0.3993	82.512	0.086254	895	530824	0.1588	94.1628
0.056427	2188	467333	0.3881	82.9001	0.086903	910	531734	0.1614	94.3242
0.057075	2087	469420	0.3702	83.2704	0.087551	885	532619	0.157	94.4812
0.057724	2018	471438	0.358	83.6283	0.0882	884	533503	0.1568	94.638
0.058372	1969	473407	0.3493	83.9776	0.088848	891	534394	0.1581	94.7961
0.059021	2039	475446	0.3617	84.3393	0.089496	872	535266	0.1547	94.9508
0.059669	1883	477329	0.334	84.6733	0.090145	849	536115	0.1506	95.1014
0.060318	1817	479146	0.3223	84.9957	0.090793	849	536964	0.1506	95.252
0.060966	1777	480923	0.3152	85.3109	0.091442	813	537777	0.1442	95.3962
0.061614	1778	482701	0.3154	85.6263	0.09209	802	538579	0.1423	95.5385
0.062263	1758	484459	0.3119	85.9381	0.092738	768	539347	0.1362	95.6747
0.062911	1751	486210	0.3106	86.2487	0.093387	714	540061	0.1267	95.8014
0.06356	1727	487937	0.3064	86.5551	0.094035	745	540806	0.1322	95.9335
0.064208	1605	489542	0.2847	86.8398	0.094684	745	541551	0.1322	96.0657
0.064856	1550	491092	0.275	87.1148	0.095332	693	542244	0.1229	96.1886
0.065505	1586	492678	0.2813	87.3961	0.095981	684	542928	0.1213	96.3099
0.066153	1544	494222	0.2739	87.67	0.096629	642	543570	0.1139	96.4238
0.066802	1486	495708	0.2636	87.9336	0.097277	674	544244	0.1196	96.5434
0.06745	1477	497185	0.262	88.1956	0.097926	650	544894	0.1153	96.6587
0.068099	1413	498598	0.2507	88.4462	0.098574	630	545524	0.1118	96.7704
0.068747	1426	500024	0.253	88.6992	0.099223	605	546129	0.1073	96.8778
0.069395	1366	501390	0.2423	88.9415	0.099871	615	546744	0.1091	96.9869
0.070044	1305	502695	0.2315	89.173	0.100519	554	547298	0.0983	97.0851
0.070692	1339	504034	0.2375	89.4105	0.101168	521	547819	0.0924	97.1775
0.071341	1375	505409	0.2439	89.6544	0.101816	503	548322	0.0892	97.2668
0.071989	1306	506715	0.2317	89.8861	0.102465	544	548866	0.0965	97.3633
0.072637	1332	508047	0.2363	90.1224	0.103113	485	549351	0.086	97.4493
0.073286	1261	509308	0.2237	90.3461	0.103762	498	549849	0.0883	97.5377
0.073934	1264	510572	0.2242	90.5703	0.10441	477	550326	0.0846	97.6223

续表

坡度	像素数	累积像素数	比例（%）	累积比例（%）	坡度	像素数	累积像素数	比例（%）	累积比例（%）
0.105058	443	550769	0.0786	97.7008	0.135534	102	562535	0.0181	99.788
0.105707	433	551202	0.0768	97.7777	0.136183	77	562612	0.0137	99.8017
0.106355	357	551559	0.0633	97.841	0.136831	58	562670	0.0103	99.812
0.107004	416	551975	0.0738	97.9148	0.137479	86	562756	0.0153	99.8272
0.107652	365	552340	0.0647	97.9795	0.138128	78	562834	0.0138	99.8411
0.108301	351	552691	0.0623	98.0418	0.138776	53	562887	0.0094	99.8505
0.108949	373	553064	0.0662	98.108	0.139425	65	562952	0.0115	99.862
0.109597	376	553440	0.0667	98.1747	0.140073	56	563008	0.0099	99.8719
0.110246	344	553784	0.061	98.2357	0.140721	47	563055	0.0083	99.8803
0.110894	369	554153	0.0655	98.3011	0.14137	32	563087	0.0057	99.8859
0.111543	341	554494	0.0605	98.3616	0.142018	37	563124	0.0066	99.8925
0.112191	368	554862	0.0653	98.4269	0.142667	37	563161	0.0066	99.8991
0.112839	340	555202	0.0603	98.4872	0.143315	30	563191	0.0053	99.9044
0.113488	311	555513	0.0552	98.5424	0.143964	38	563229	0.0067	99.9111
0.114136	309	555822	0.0548	98.5972	0.144612	29	563258	0.0051	99.9163
0.114785	313	556135	0.0555	98.6527	0.14526	23	563281	0.0041	99.9204
0.115433	312	556447	0.0553	98.7081	0.145909	24	563305	0.0043	99.9246
0.116082	289	556736	0.0513	98.7593	0.146557	17	563322	0.003	99.9276
0.11673	289	557025	0.0513	98.8106	0.147206	27	563349	0.0048	99.9324
0.117378	295	557320	0.0523	98.8629	0.147854	19	563368	0.0034	99.9358
0.118027	237	557557	0.042	98.905	0.148502	24	563392	0.0043	99.94
0.118675	231	557788	0.041	98.9459	0.149151	20	563412	0.0035	99.9436
0.119324	257	558045	0.0456	98.9915	0.149799	25	563437	0.0044	99.948
0.119972	212	558257	0.0376	99.0291	0.150448	14	563451	0.0025	99.9505
0.12062	245	558502	0.0435	99.0726	0.151096	20	563471	0.0035	99.9541
0.121269	224	558726	0.0397	99.1123	0.151745	16	563487	0.0028	99.9569
0.121917	226	558952	0.0401	99.1524	0.152393	16	563503	0.0028	99.9597
0.122566	248	559200	0.044	99.1964	0.153041	17	563520	0.003	99.9627
0.123214	204	559404	0.0362	99.2326	0.15369	17	563537	0.003	99.9658
0.123863	245	559649	0.0435	99.2761	0.154338	13	563550	0.0023	99.9681
0.124511	208	559857	0.0369	99.313	0.154987	16	563566	0.0028	99.9709
0.125159	238	560095	0.0422	99.3552	0.155635	12	563578	0.0021	99.973
0.125808	228	560323	0.0404	99.3956	0.156284	20	563598	0.0035	99.9766
0.126456	208	560531	0.0369	99.4325	0.156932	18	563616	0.0032	99.9798
0.127105	204	560735	0.0362	99.4687	0.15758	12	563628	0.0021	99.9819
0.127753	214	560949	0.038	99.5067	0.158229	11	563639	0.002	99.9839
0.128402	202	561151	0.0358	99.5425	0.158877	7	563646	0.0012	99.9851
0.12905	150	561301	0.0266	99.5691	0.159526	15	563661	0.0027	99.9878
0.129698	157	561458	0.0279	99.597	0.160174	14	563675	0.0025	99.9902
0.130347	163	561621	0.0289	99.6259	0.160822	10	563685	0.0018	99.992
0.130995	129	561750	0.0229	99.6488	0.161471	9	563694	0.0016	99.9936
0.131644	130	561880	0.0231	99.6718	0.162119	11	563705	0.002	99.9956
0.132292	116	561996	0.0206	99.6924	0.162768	10	563715	0.0018	99.9973
0.13294	135	562131	0.0239	99.7164	0.163416	6	563721	0.0011	99.9984
0.133589	94	562225	0.0167	99.733	0.164065	5	563726	0.0009	99.9993
0.134237	101	562326	0.0179	99.7509	0.164713	3	563729	0.0005	99.9998
0.134886	107	562433	0.019	99.7699	0.165361	1	563730	0.0002	100

（5）废弃或闲置场地均在缓坡（2°～5°）地区，而新近建设起来的住宅继续向斜坡（5°～16°）地区蔓延。

3）簇团分析是对具有相似波长地物空间位置的一种判别。当地物与其相邻地物具有相似的属性或波长时，其簇团值为正，相反，当地物与其相邻地物属性不具有相似性或相似波长时，其簇团值为负。所以，地物边界的簇团值为负。

我们使用簇团分析，可以了解到村庄内部的聚集或离散程度。簇团负值的多寡表达的是边界的多寡，而边界的多寡直接与住宅数目及废弃或闲置场地的多寡相关。

住宅包括庭院，地物复杂，相邻地物间的波长差别很大，所以边界相对多，整个村庄的簇团值为负的值也多。

废弃或闲置场地的特征之一是地物相对简单，相邻地物的波长值差别比正在使用中的住宅庭院要少，其边界相对少，整个村庄簇团值的正值居多。

在簇团分析中：

（1）找到"无效值"（即白纸部分）作为一个临界值，在这个案例中，无效值为波长0.000363，总像素459581；

（2）计算出全部"有效值"，即小于无效值的负值（建筑物）和大于无效值的正值（废弃或闲置场地），在这个案例中，全部有效值为104149个像素；

（3）找到最大负值，即边界总数，在这个案例中为3482个像素。

（4）估算这个村庄的废弃或闲置场地占全部建设用地的比例（表8-3）。

这个村庄的簇团分析结果如下：

（1）这个村庄有97%的地物与其相邻地物具有相似的属性，其簇团值为正，3%的地物与其相邻地物具有不相似的属性，其簇团值为负（图8-11）；与空闲场地相对少的村庄（下例：莱州市毛家涧村）相比，这个村庄的空闲地较多。

（2）废弃或闲置场地的簇团值一般大于0.01。

（3）人工建筑地物的簇团值一般小于0.01。

（4）房前屋后的场地约占全部簇团值10%。

（5）这个村庄的废弃或闲置场地约占居民点用地的33%。

石盒子村簇团分析（蓝波段）　　　　　表8-3

波长	像素数	累积像素数	比例（%）	累积比例（%）	波长	像素数	累积像素数	比例（%）	累积比例（%）
-0.001555	4	4	0.0007	0.0007	0.000025	1408	4890	0.2498	0.8674
-0.001442	4	8	0.0007	0.0014	0.000137	4495	9385	0.7974	1.6648
-0.001329	8	16	0.0014	0.0028	0.00025	2630	12015	0.4665	2.1313
-0.001216	22	38	0.0039	0.0067	0.000363	459581	471596	81.525	83.6564
-0.001103	27	65	0.0048	0.0115	0.000476	427	472023	0.0757	83.7321
-0.000991	26	91	0.0046	0.0161	0.000589	411	472434	0.0729	83.805
-0.000878	34	125	0.006	0.0222	0.000701	369	472803	0.0655	83.8705
-0.000765	63	188	0.0112	0.0333	0.000814	440	473243	0.0781	83.9485
-0.000652	64	252	0.0114	0.0447	0.000927	409	473652	0.0726	84.0211
-0.000539	106	358	0.0188	0.0635	0.00104	428	474080	0.0759	84.097
-0.000427	197	555	0.0349	0.0985	0.001153	429	474509	0.0761	84.1731
-0.000314	323	878	0.0573	0.1557	0.001265	411	474920	0.0729	84.246
-0.000201	752	1630	0.1334	0.2891	0.001378	452	475372	0.0802	84.3262
-0.000088	1852	3482	0.3285	0.6177	0.001491	446	475818	0.0791	84.4053

波长	像素数	累积像素数	比例（%）	累积比例（%）	波长	像素数	累积像素数	比例（%）	累积比例（%）
0.001604	457	476275	0.0811	84.4864	0.007131	594	501286	0.1054	88.9231
0.001717	468	476743	0.083	84.5694	0.007244	581	501867	0.1031	89.0261
0.00183	503	477246	0.0892	84.6586	0.007357	591	502458	0.1048	89.131
0.001942	457	477703	0.0811	84.7397	0.00747	573	503031	0.1016	89.2326
0.002055	447	478150	0.0793	84.819	0.007583	619	503650	0.1098	89.3424
0.002168	470	478620	0.0834	84.9023	0.007695	576	504226	0.1022	89.4446
0.002281	500	479120	0.0887	84.991	0.007808	641	504867	0.1137	89.5583
0.002394	516	479636	0.0915	85.0826	0.007921	629	505496	0.1116	89.6699
0.002506	505	480141	0.0896	85.1722	0.008034	661	506157	0.1173	89.7871
0.002619	530	480671	0.094	85.2662	0.008147	641	506798	0.1137	89.9008
0.002732	490	481161	0.0869	85.3531	0.008259	619	507417	0.1098	90.0106
0.002845	533	481694	0.0945	85.4476	0.008372	664	508081	0.1178	90.1284
0.002958	500	482194	0.0887	85.5363	0.008485	701	508782	0.1244	90.2528
0.00307	500	482694	0.0887	85.625	0.008598	675	509457	0.1197	90.3725
0.003183	490	483184	0.0869	85.712	0.008711	650	510107	0.1153	90.4878
0.003296	530	483714	0.094	85.806	0.008824	678	510785	0.1203	90.6081
0.003409	520	484234	0.0922	85.8982	0.008936	692	511477	0.1228	90.7308
0.003522	511	484745	0.0906	85.9889	0.009049	698	512175	0.1238	90.8547
0.003634	487	485232	0.0864	86.0752	0.009162	691	512866	0.1226	90.9772
0.003747	497	485729	0.0882	86.1634	0.009275	670	513536	0.1189	91.0961
0.00386	504	486233	0.0894	86.2528	0.009388	726	514262	0.1288	91.2249
0.003973	468	486701	0.083	86.3358	0.0095	704	514966	0.1249	91.3498
0.004086	484	487185	0.0859	86.4217	0.009613	716	515682	0.127	91.4768
0.004198	504	487689	0.0894	86.5111	0.009726	719	516401	0.1275	91.6043
0.004311	453	488142	0.0804	86.5915	0.009839	800	517201	0.1419	91.7462
0.004424	496	488638	0.088	86.6794	0.009952	777	517978	0.1378	91.8841
0.004537	484	489122	0.0859	86.7653	0.010064	734	518712	0.1302	92.0143
0.00465	510	489632	0.0905	86.8558	0.010177	753	519465	0.1336	92.1478
0.004762	502	490134	0.089	86.9448	0.01029	706	520171	0.1252	92.2731
0.004875	510	490644	0.0905	87.0353	0.010403	706	520877	0.1252	92.3983
0.004988	505	491149	0.0896	87.1249	0.010516	727	521604	0.129	92.5273
0.005101	493	491642	0.0875	87.2123	0.010628	702	522306	0.1245	92.6518
0.005214	489	492131	0.0867	87.2991	0.010741	675	522981	0.1197	92.7715
0.005327	516	492647	0.0915	87.3906	0.010854	715	523696	0.1268	92.8984
0.005439	515	493162	0.0914	87.482	0.010967	681	524377	0.1208	93.0192
0.005552	488	493650	0.0866	87.5685	0.01108	712	525089	0.1263	93.1455
0.005665	515	494165	0.0914	87.6599	0.011192	743	525832	0.1318	93.2773
0.005778	513	494678	0.091	87.7509	0.011305	677	526509	0.1201	93.3974
0.005891	536	495214	0.0951	87.846	0.011418	695	527204	0.1233	93.5207
0.006003	510	495724	0.0905	87.9364	0.011531	703	527907	0.1247	93.6454
0.006116	539	496263	0.0956	88.032	0.011644	694	528601	0.1231	93.7685
0.006229	489	496752	0.0867	88.1188	0.011756	656	529257	0.1164	93.8848
0.006342	548	497300	0.0972	88.216	0.011869	658	529915	0.1167	94.0016
0.006455	537	497837	0.0953	88.3112	0.011982	659	530574	0.1169	94.1185
0.006567	588	498425	0.1043	88.4156	0.012095	649	531223	0.1151	94.2336
0.00668	503	498928	0.0892	88.5048	0.012208	639	531862	0.1134	94.3469
0.006793	598	499526	0.1061	88.6109	0.012321	609	532471	0.108	94.455
0.006906	564	500090	0.1	88.7109	0.012433	624	533095	0.1107	94.5657
0.007019	602	500692	0.1068	88.8177	0.012546	587	533682	0.1041	94.6698

波长	像素数	累积像素数	比例（%）	累积比例（%）	波长	像素数	累积像素数	比例（%）	累积比例（%）
0.012659	609	534291	0.108	94.7778	0.018186	212	555253	0.0376	98.4963
0.012772	610	534901	0.1082	94.886	0.018299	246	555499	0.0436	98.5399
0.012885	575	535476	0.102	94.988	0.018412	263	555762	0.0467	98.5866
0.012997	602	536078	0.1068	95.0948	0.018525	244	556006	0.0433	98.6298
0.01311	566	536644	0.1004	95.1952	0.018638	227	556233	0.0403	98.6701
0.013223	571	537215	0.1013	95.2965	0.01875	248	556481	0.044	98.7141
0.013336	537	537752	0.0953	95.3918	0.018863	256	556737	0.0454	98.7595
0.013449	581	538333	0.1031	95.4948	0.018976	222	556959	0.0394	98.7989
0.013561	559	538892	0.0992	95.594	0.019089	225	557184	0.0399	98.8388
0.013674	567	539459	0.1006	95.6946	0.019202	218	557402	0.0387	98.8775
0.013787	566	540025	0.1004	95.795	0.019315	246	557648	0.0436	98.9211
0.0139	509	540534	0.0903	95.8853	0.019427	202	557850	0.0358	98.9569
0.014013	494	541028	0.0876	95.9729	0.01954	226	558076	0.0401	98.997
0.014125	522	541550	0.0926	96.0655	0.019653	181	558257	0.0321	99.0291
0.014238	510	542060	0.0905	96.156	0.019766	177	558434	0.0314	99.0605
0.014351	509	542569	0.0903	96.2463	0.019879	189	558623	0.0335	99.0941
0.014464	469	543038	0.0832	96.3294	0.019991	217	558840	0.0385	99.1326
0.014577	489	543527	0.0867	96.4162	0.020104	169	559009	0.03	99.1625
0.014689	509	544036	0.0903	96.5065	0.020217	185	559194	0.0328	99.1954
0.014802	463	544499	0.0821	96.5886	0.02033	163	559357	0.0289	99.2243
0.014915	494	544993	0.0876	96.6762	0.020443	184	559541	0.0326	99.2569
0.015028	465	545458	0.0825	96.7587	0.020555	189	559730	0.0335	99.2904
0.015141	478	545936	0.0848	96.8435	0.020668	160	559890	0.0284	99.3188
0.015253	424	546360	0.0752	96.9187	0.020781	137	560027	0.0243	99.3431
0.015366	407	546767	0.0722	96.9909	0.020894	137	560164	0.0243	99.3674
0.015479	433	547200	0.0768	97.0677	0.021007	142	560306	0.0252	99.3926
0.015592	419	547619	0.0743	97.1421	0.021119	149	560455	0.0264	99.419
0.015705	418	548037	0.0741	97.2162	0.021232	156	560611	0.0277	99.4467
0.015818	409	548446	0.0726	97.2888	0.021345	126	560737	0.0224	99.4691
0.01593	412	548858	0.0731	97.3619	0.021458	136	560873	0.0241	99.4932
0.016043	407	549265	0.0722	97.4341	0.021571	118	560991	0.0209	99.5141
0.016156	396	549661	0.0702	97.5043	0.021683	131	561122	0.0232	99.5374
0.016269	383	550044	0.0679	97.5722	0.021796	123	561245	0.0218	99.5592
0.016382	389	550433	0.069	97.6412	0.021909	109	561354	0.0193	99.5785
0.016494	346	550779	0.0614	97.7026	0.022022	112	561466	0.0199	99.5984
0.016607	328	551107	0.0582	97.7608	0.022135	118	561584	0.0209	99.6193
0.01672	348	551455	0.0617	97.8225	0.022247	112	561696	0.0199	99.6392
0.016833	360	551815	0.0639	97.8864	0.02236	92	561788	0.0163	99.6555
0.016946	316	552131	0.0561	97.9425	0.022473	122	561910	0.0216	99.6772
0.017058	311	552442	0.0552	97.9976	0.022586	116	562026	0.0206	99.6977
0.017171	345	552787	0.0612	98.0588	0.022699	96	562122	0.017	99.7148
0.017284	273	553060	0.0484	98.1072	0.022812	123	562245	0.0218	99.7366
0.017397	340	553400	0.0603	98.1676	0.022924	90	562335	0.016	99.7525
0.01751	293	553693	0.052	98.2195	0.023037	83	562418	0.0147	99.7673
0.017622	276	553969	0.049	98.2685	0.02315	91	562509	0.0161	99.7834
0.017735	278	554247	0.0493	98.3178	0.023263	76	562585	0.0135	99.7969
0.017848	267	554514	0.0474	98.3652	0.023376	70	562655	0.0124	99.8093
0.017961	306	554820	0.0543	98.4195	0.023488	86	562741	0.0153	99.8246
0.018074	221	555041	0.0392	98.4587	0.023601	58	562799	0.0103	99.8349

波长	像素数	累积像素数	比例（%）	累积比例（%）	波长	像素数	累积像素数	比例（%）	累积比例（%）
0.023714	76	562875	0.0135	99.8483	0.025519	20	563580	0.0035	99.9734
0.023827	51	562926	0.009	99.8574	0.025632	24	563604	0.0043	99.9776
0.02394	60	562986	0.0106	99.868	0.025744	21	563625	0.0037	99.9814
0.024052	60	563046	0.0106	99.8787	0.025857	20	563645	0.0035	99.9849
0.024165	70	563116	0.0124	99.8911	0.02597	16	563661	0.0028	99.9878
0.024278	46	563162	0.0082	99.8992	0.026083	19	563680	0.0034	99.9911
0.024391	54	563216	0.0096	99.9088	0.026196	13	563693	0.0023	99.9934
0.024504	56	563272	0.0099	99.9188	0.026309	12	563705	0.0021	99.9956
0.024616	39	563311	0.0069	99.9257	0.026421	7	563712	0.0012	99.9968
0.024729	43	563354	0.0076	99.9333	0.026534	5	563717	0.0009	99.9977
0.024842	40	563394	0.0071	99.9404	0.026647	1	563718	0.0002	99.9979
0.024955	41	563435	0.0073	99.9477	0.02676	6	563724	0.0011	99.9989
0.025068	38	563473	0.0067	99.9544	0.026873	1	563725	0.0002	99.9991
0.02518	32	563505	0.0057	99.9601	0.026985	1	563726	0.0002	99.9993
0.025293	26	563531	0.0046	99.9647	0.027098	3	563729	0.0005	99.9998
0.025406	29	563560	0.0051	99.9698	0.027211	1	563730	0.0002	100

（a）簇团分析

（b）负值

（c）负值区

图8-11　簇团分析系列图

4）密度分析也是对具有相似波长地物空间位置的一种判别。不同于簇团分析的是，密度分析依据聚集在一起的相似地物波长值的高低决定其密度值的大小，聚集在一起的相似地物波长值越高，其密度值越高，相反，聚集在一起的相似地物波长值越低，其密度值也相应低。人工建筑物具有较高的波长值，所以，它们聚集在一起时，就有较高的密度值，相反，废弃或闲置场地具有相对低的波长值，其密度值相对低。

这个村庄的密度分析结果如下（图8-12）：

（1）64%的地物簇团的密度值低于 -0.08，36%的地物簇团的密度值在 -0.08 ~ 0.19 之间。

（2）废弃或闲置场地的密度值一般低于 -0.08（表8-4），人工建筑地物的密度值一般在 -0.08 以上，包括正值；

（3）以这个临界值来计算，这个村庄的废弃或闲置场地约占居民点用地的54%。

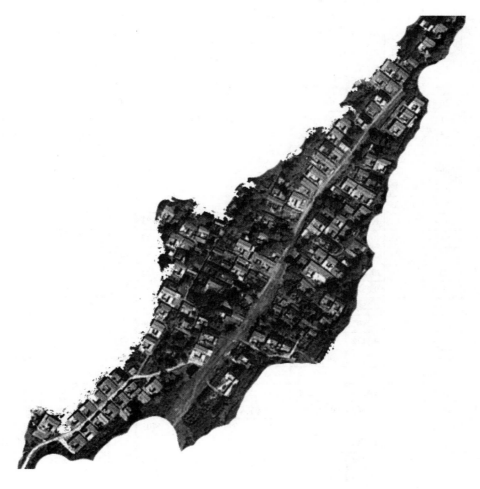

图8-12　密度分析

5）边界分析是对一个空间内地物波长变化程度的判别，其目的是突显村庄的边界以及废弃或闲置场地的边界。因为一个完好建筑物所在场地的边界数目大于一个废弃或长期闲置建筑物所在场地的边界数目，所以，通过估算边界数目的方式，我们可以判断一块建设用地或整个村庄建设用地的状况。在表8-5 中，红波段有效的边界像素数为 14019，绿波段有效的边界像素数 12883，蓝波段有效的边界像素数 88636；制作这些分析图可以帮助我们更有效地判读村中的废弃或闲置用地（图8-13 ~ 图8-15）。

栖霞市翠屏街道石盒子村密度分析　　　　　　　　　表 8-4

红波段					绿波段					蓝波段				
密度	该密度下像素数	累积总像素数	所占比例	累积所占比例	密度	该波长下像素数	累积总像素数	所占比例	累积所占比例	密度	该波长下像素数	累积总像素数	所占比例	累积所占比例
-0.186459	2	2	0.0004	0.0004	-0.176094	2	2	0.0004	0.0004	-0.167005	4	4	0.0007	0.0007
-0.185649	2	4	0.0004	0.0007	-0.175325	3	5	0.0005	0.0009	-0.166274	4	8	0.0007	0.0014
-0.184839	0	4	0	0.0007	-0.174557	4	9	0.0007	0.0016	-0.165542	4	12	0.0007	0.0021
-0.184028	8	12	0.0014	0.0021	-0.173788	4	13	0.0007	0.0023	-0.16481	9	21	0.0016	0.0037
-0.183218	4	16	0.0007	0.0028	-0.17302	6	19	0.0011	0.0034	-0.164078	13	34	0.0023	0.006
-0.182408	7	23	0.0012	0.0041	-0.172251	13	32	0.0023	0.0057	-0.163346	13	47	0.0023	0.0083
-0.181598	6	29	0.0011	0.0051	-0.171483	14	46	0.0025	0.0082	-0.162614	25	72	0.0044	0.0128
-0.180787	20	49	0.0035	0.0087	-0.170714	9	55	0.0016	0.0098	-0.161883	32	104	0.0057	0.0184
-0.179977	16	65	0.0028	0.0115	-0.169946	22	77	0.0039	0.0137	-0.161151	35	139	0.0062	0.0247
-0.179167	25	90	0.0044	0.016	-0.169178	31	108	0.0055	0.0192	-0.160419	36	175	0.0064	0.031
-0.178356	21	111	0.0037	0.0197	-0.168409	30	138	0.0053	0.0245	-0.159687	55	230	0.0098	0.0408
-0.177546	23	134	0.0041	0.0238	-0.167641	31	169	0.0055	0.03	-0.158955	62	292	0.011	0.0518
-0.176736	41	175	0.0073	0.031	-0.166872	46	215	0.0082	0.0381	-0.158223	67	359	0.0119	0.0637
-0.175926	29	204	0.0051	0.0362	-0.166104	52	267	0.0092	0.0474	-0.157492	75	434	0.0133	0.077
-0.175115	57	261	0.0101	0.0463	-0.165335	71	338	0.0126	0.06	-0.15676	83	517	0.0147	0.0917
-0.174305	52	313	0.0092	0.0555	-0.164567	63	401	0.0112	0.0711	-0.156028	98	615	0.0174	0.1091
-0.173495	58	371	0.0103	0.0658	-0.163798	73	474	0.0129	0.0841	-0.155296	95	710	0.0169	0.1259
-0.172685	58	429	0.0103	0.0761	-0.16303	79	553	0.014	0.0981	-0.154564	125	835	0.0222	0.1481
-0.171874	68	497	0.0121	0.0882	-0.162261	96	649	0.017	0.1151	-0.153832	138	973	0.0245	0.1726
-0.171064	77	574	0.0137	0.1018	-0.161493	97	746	0.0172	0.1323	-0.153101	146	1119	0.0259	0.1985
-0.170254	103	677	0.0183	0.1201	-0.160724	128	874	0.0227	0.155	-0.152369	144	1263	0.0255	0.224
-0.169443	102	779	0.0181	0.1382	-0.159956	131	1005	0.0232	0.1783	-0.151637	148	1411	0.0263	0.2503
-0.168633	138	917	0.0245	0.1627	-0.159187	149	1154	0.0264	0.2047	-0.150905	179	1590	0.0318	0.282
-0.167823	115	1032	0.0204	0.1831	-0.158419	136	1290	0.0241	0.2288	-0.150173	213	1803	0.0378	0.3198
-0.167013	146	1178	0.0259	0.209	-0.15765	138	1428	0.0245	0.2533	-0.149441	186	1989	0.033	0.3528
-0.166202	132	1310	0.0234	0.2324	-0.156882	132	1560	0.0234	0.2767	-0.14871	198	2187	0.0351	0.388
-0.165392	154	1464	0.0273	0.2597	-0.156113	160	1720	0.0284	0.3051	-0.147978	193	2380	0.0342	0.4222
-0.164582	175	1639	0.031	0.2907	-0.155345	201	1921	0.0357	0.3408	-0.147246	205	2585	0.0364	0.4586
-0.163772	149	1788	0.0264	0.3172	-0.154576	168	2089	0.0298	0.3706	-0.146514	213	2798	0.0378	0.4963
-0.162961	198	1986	0.0351	0.3523	-0.153808	199	2288	0.0353	0.4059	-0.145782	216	3014	0.0383	0.5347
-0.162151	189	2175	0.0335	0.3858	-0.153039	224	2512	0.0397	0.4456	-0.145051	259	3273	0.0459	0.5806
-0.161341	189	2364	0.0335	0.4193	-0.152271	243	2755	0.0431	0.4887	-0.144319	260	3533	0.0461	0.6267
-0.16053	223	2587	0.0396	0.4589	-0.151502	229	2984	0.0406	0.5293	-0.143587	286	3819	0.0507	0.6775
-0.15972	214	2801	0.038	0.4969	-0.150734	230	3214	0.0408	0.5701	-0.142855	298	4117	0.0529	0.7303
-0.15891	217	3018	0.0385	0.5354	-0.149965	264	3478	0.0468	0.617	-0.142123	317	4434	0.0562	0.7865
-0.1581	237	3255	0.042	0.5774	-0.149197	259	3737	0.0459	0.6629	-0.141391	337	4771	0.0598	0.8463
-0.157289	254	3509	0.0451	0.6225	-0.148428	285	4022	0.0506	0.7135	-0.14066	349	5120	0.0619	0.9082
-0.156479	284	3793	0.0504	0.6728	-0.14766	288	4310	0.0511	0.7646	-0.139928	322	5442	0.0571	0.9654
-0.155669	310	4103	0.055	0.7278	-0.146891	267	4577	0.0474	0.8119	-0.139196	353	5795	0.0626	1.028
-0.154859	280	4383	0.0497	0.7775	-0.146123	327	4904	0.058	0.8699	-0.138464	376	6171	0.0667	1.0947
-0.154048	279	4662	0.0495	0.827	-0.145354	326	5230	0.0578	0.9277	-0.137732	391	6562	0.0694	1.164
-0.153238	318	4980	0.0564	0.8834	-0.144586	356	5586	0.0632	0.9909	-0.137	396	6958	0.0702	1.2343
-0.152428	326	5306	0.0578	0.9412	-0.143818	380	5966	0.0674	1.0583	-0.136269	387	7345	0.0686	1.3029
-0.151617	372	5678	0.066	1.0072	-0.143049	347	6313	0.0616	1.1199	-0.135537	469	7814	0.0832	1.3861
-0.150807	384	6062	0.0681	1.0753	-0.142281	377	6690	0.0669	1.1867	-0.134805	467	8281	0.0828	1.469
-0.149997	383	6445	0.0679	1.1433	-0.141512	395	7085	0.0701	1.2568	-0.134073	502	8783	0.089	1.558

续表

红波段					绿波段					蓝波段				
密度	该密度下像素数	累积总像素数	所占比例	累积所占比例	密度	该波长下像素数	累积总像素数	所占比例	累积所占比例	密度	该波长下像素数	累积总像素数	所占比例	累积所占比例
-0.149187	335	6780	0.0594	1.2027	-0.140744	438	7523	0.0777	1.3345	-0.133341	522	9305	0.0926	1.6506
-0.148376	452	7232	0.0802	1.2829	-0.139975	479	8002	0.085	1.4195	-0.132609	523	9828	0.0928	1.7434
-0.147566	431	7663	0.0765	1.3593	-0.139207	467	8469	0.0828	1.5023	-0.131878	535	10363	0.0949	1.8383
-0.146756	449	8112	0.0796	1.439	-0.138438	498	8967	0.0883	1.5907	-0.131146	573	10936	0.1016	1.9399
-0.145945	442	8554	0.0784	1.5174	-0.13767	477	9444	0.0846	1.6753	-0.130414	601	11537	0.1066	2.0465
-0.145135	446	9000	0.0791	1.5965	-0.136901	514	9958	0.0912	1.7664	-0.129682	597	12134	0.1059	2.1524
-0.144325	427	9427	0.0757	1.6723	-0.136133	518	10476	0.0919	1.8583	-0.12895	633	12767	0.1123	2.2647
-0.143515	491	9918	0.0871	1.7594	-0.135364	546	11022	0.0969	1.9552	-0.128219	628	13395	0.1114	2.3761
-0.142704	532	10450	0.0944	1.8537	-0.134596	598	11620	0.1061	2.0613	-0.127487	701	14096	0.1244	2.5005
-0.141894	577	11027	0.1024	1.9561	-0.133827	604	12224	0.1071	2.1684	-0.126755	715	14811	0.1268	2.6273
-0.141084	602	11629	0.1068	2.0629	-0.133059	595	12819	0.1055	2.274	-0.126023	709	15520	0.1258	2.7531
-0.140274	515	12144	0.0914	2.1542	-0.13229	615	13434	0.1091	2.3831	-0.125291	737	16257	0.1307	2.8838
-0.139463	615	12759	0.1091	2.2633	-0.131522	642	14076	0.1139	2.4969	-0.124559	763	17020	0.1353	3.0192
-0.138653	690	13449	0.1224	2.3857	-0.130753	692	14768	0.1228	2.6197	-0.123828	781	17801	0.1385	3.1577
-0.137843	613	14062	0.1087	2.4945	-0.129985	662	15430	0.1174	2.7371	-0.123096	806	18607	0.143	3.3007
-0.137032	681	14743	0.1208	2.6153	-0.129216	718	16148	0.1274	2.8645	-0.122364	787	19394	0.1396	3.4403
-0.136222	704	15447	0.1249	2.7401	-0.128448	743	16891	0.1318	2.9963	-0.121632	822	20216	0.1458	3.5861
-0.135412	673	16120	0.1194	2.8595	-0.127679	643	17534	0.1141	3.1104	-0.1209	760	20976	0.1348	3.7209
-0.134602	775	16895	0.1375	2.997	-0.126911	735	18269	0.1304	3.2407	-0.120168	886	21862	0.1572	3.8781
-0.133791	818	17713	0.1451	3.1421	-0.126142	800	19069	0.1419	3.3826	-0.119437	846	22708	0.1501	4.0282
-0.132981	809	18522	0.1435	3.2856	-0.125374	753	19822	0.1336	3.5162	-0.118705	879	23587	0.1559	4.1841
-0.132171	943	19465	0.1673	3.4529	-0.124605	779	20601	0.1382	3.6544	-0.117973	865	24452	0.1534	4.3375
-0.131361	845	20310	0.1499	3.6028	-0.123837	797	21398	0.1414	3.7958	-0.117241	901	25353	0.1598	4.4974
-0.13055	777	21087	0.1378	3.7406	-0.123068	826	22224	0.1465	3.9423	-0.116509	960	26313	0.1703	4.6677
-0.12974	942	22029	0.1671	3.9077	-0.1223	780	23004	0.1384	4.0807	-0.115777	943	27256	0.1673	4.8349
-0.12893	899	22928	0.1595	4.0672	-0.121531	825	23829	0.1463	4.227	-0.115046	960	28216	0.1703	5.0052
-0.128119	946	23874	0.1678	4.235	-0.120763	796	24625	0.1412	4.3682	-0.114314	939	29155	0.1666	5.1718
-0.127309	946	24820	0.1678	4.4028	-0.119995	841	25466	0.1492	4.5174	-0.113582	914	30069	0.1621	5.3339
-0.126499	992	25812	0.176	4.5788	-0.119226	893	26359	0.1584	4.6758	-0.11285	939	31008	0.1666	5.5005
-0.125689	900	26712	0.1597	4.7384	-0.118458	887	27246	0.1573	4.8332	-0.112118	1000	32008	0.1774	5.6779
-0.124878	1099	27811	0.195	4.9334	-0.117689	750	27996	0.133	4.9662	-0.111386	1011	33019	0.1793	5.8572
-0.124068	1096	28907	0.1944	5.1278	-0.116921	907	28903	0.1609	5.1271	-0.110655	1020	34039	0.1809	6.0382
-0.123258	1094	30001	0.1941	5.3219	-0.116152	946	29849	0.1678	5.2949	-0.109923	1050	35089	0.1863	6.2244
-0.122448	1008	31009	0.1788	5.5007	-0.115384	938	30787	0.1664	5.4613	-0.109191	1083	36172	0.1921	6.4165
-0.121637	1047	32056	0.1857	5.6864	-0.114615	954	31741	0.1692	5.6305	-0.108459	1063	37235	0.1886	6.6051
-0.120827	941	32997	0.1669	5.8533	-0.113847	893	32634	0.1584	5.7889	-0.107727	1050	38285	0.1863	6.7914
-0.120017	1083	34080	0.1921	6.0454	-0.113078	950	33584	0.1685	5.9575	-0.106996	1050	39335	0.1863	6.9776
-0.119206	968	35048	0.1717	6.2172	-0.11231	952	34536	0.1689	6.1263	-0.106264	1004	40339	0.1781	7.1557
-0.118396	943	35991	0.1673	6.3844	-0.111541	1008	35544	0.1788	6.3051	-0.105532	1002	41341	0.1777	7.3335
-0.117586	987	36978	0.1751	6.5595	-0.110773	1028	36572	0.1824	6.4875	-0.1048	894	42235	0.1586	7.4921
-0.116776	847	37825	0.1502	6.7098	-0.110004	968	37540	0.1717	6.6592	-0.104068	1032	43267	0.1831	7.6751
-0.115965	882	38707	0.1565	6.8662	-0.109236	1015	38555	0.1801	6.8393	-0.103336	1019	44286	0.1808	7.8559
-0.115155	866	39573	0.1536	7.0198	-0.108467	993	39548	0.1761	7.0154	-0.102605	1037	45323	0.184	8.0398
-0.114345	913	40486	0.162	7.1818	-0.107699	906	40454	0.1607	7.1761	-0.101873	1024	46347	0.1816	8.2215
-0.113535	876	41362	0.1554	7.3372	-0.10693	964	41418	0.171	7.3471	-0.101141	1031	47378	0.1829	8.4044
-0.112724	872	42234	0.1547	7.4919	-0.106162	993	42411	0.1761	7.5233	-0.100409	931	48309	0.1651	8.5695

续表

红波段					绿波段					蓝波段				
密度	该密度下像素数	累积总像素数	所占比例	累积所占比例	密度	该波长下像素数	累积总像素数	所占比例	累积所占比例	密度	该波长下像素数	累积总像素数	所占比例	累积所占比例
-0.111914	762	42996	0.1352	7.6271	-0.105393	984	43395	0.1746	7.6978	-0.099677	948	49257	0.1682	8.7377
-0.111104	806	43802	0.143	7.77	-0.104625	959	44354	0.1701	7.868	-0.098945	905	50162	0.1605	8.8982
-0.110293	822	44624	0.1458	7.9158	-0.103856	922	45276	0.1636	8.0315	-0.098214	885	51047	0.157	9.0552
-0.109483	776	45400	0.1377	8.0535	-0.103088	955	46231	0.1694	8.2009	-0.097482	895	51942	0.1588	9.214
-0.108673	784	46184	0.1391	8.1926	-0.102319	945	47176	0.1676	8.3685	-0.09675	927	52869	0.1644	9.3784
-0.107863	745	46929	0.1322	8.3247	-0.101551	894	48070	0.1586	8.5271	-0.096018	816	53685	0.1448	9.5232
-0.107052	649	47578	0.1151	8.4399	-0.100782	887	48957	0.1573	8.6845	-0.095286	872	54557	0.1547	9.6779
-0.106242	773	48351	0.1371	8.577	-0.100014	908	49865	0.1611	8.8455	-0.094554	850	55407	0.1508	9.8286
-0.105432	762	49113	0.1352	8.7121	-0.099245	884	50749	0.1568	9.0024	-0.093823	762	56169	0.1352	9.9638
-0.104622	687	49800	0.1219	8.834	-0.098477	753	51502	0.1336	9.1359	-0.093091	847	57016	0.1502	10.1141
-0.103811	677	50477	0.1201	8.9541	-0.097708	847	52349	0.1502	9.2862	-0.092359	774	57790	0.1373	10.2514
-0.103001	694	51171	0.1231	9.0772	-0.09694	833	53182	0.1478	9.4339	-0.091627	811	58601	0.1439	10.3952
-0.102191	608	51779	0.1079	9.1851	-0.096171	800	53982	0.1419	9.5759	-0.090895	751	59352	0.1332	10.5284
-0.10138	652	52431	0.1157	9.3007	-0.095403	777	54759	0.1378	9.7137	-0.090163	768	60120	0.1362	10.6647
-0.10057	682	53113	0.121	9.4217	-0.094635	736	55495	0.1306	9.8443	-0.089432	604	60724	0.1071	10.7718
-0.09976	603	53716	0.107	9.5287	-0.093866	740	56235	0.1313	9.9755	-0.0887	685	61409	0.1215	10.8933
-0.09895	660	54376	0.1171	9.6458	-0.093098	745	56980	0.1322	10.1077	-0.087968	690	62099	0.1224	11.0157
-0.098139	665	55041	0.118	9.7637	-0.092329	769	57749	0.1364	10.2441	-0.087236	671	62770	0.119	11.1348
-0.097329	556	55597	0.0986	9.8623	-0.091561	750	58499	0.133	10.3771	-0.086504	710	63480	0.1259	11.2607
-0.096519	616	56213	0.1093	9.9716	-0.090792	766	59265	0.1359	10.513	-0.085773	671	64151	0.119	11.3797
-0.095708	622	56835	0.1103	10.082	-0.090024	712	59977	0.1263	10.6393	-0.085041	634	64785	0.1125	11.4922
-0.094898	591	57426	0.1048	10.1868	-0.089255	728	60705	0.1291	10.7685	-0.084309	656	65441	0.1164	11.6086
-0.094088	598	58024	0.1061	10.2929	-0.088487	606	61311	0.1075	10.876	-0.083577	589	66030	0.1045	11.7131
-0.093278	517	58541	0.0917	10.3846	-0.087718	657	61968	0.1165	10.9925	-0.082845	574	66604	0.1018	11.8149
-0.092467	619	59160	0.1098	10.4944	-0.08695	661	62629	0.1173	11.1098	-0.082113	599	67203	0.1063	11.9211
-0.091657	562	59722	0.0997	10.5941	-0.086181	716	63345	0.127	11.2368	-0.081382	555	67758	0.0985	12.0196
-0.090847	550	60272	0.0976	10.6916	-0.085413	657	64002	0.1165	11.3533	-0.08065	545	68303	0.0967	12.1163
-0.090037	491	60763	0.0871	10.7787	-0.084644	628	64630	0.1114	11.4647	-0.079918	527	68830	0.0935	12.2097
-0.089226	495	61258	0.0878	10.8665	-0.083876	664	65294	0.1178	11.5825	-0.079186	549	69379	0.0974	12.3071
-0.088416	482	61740	0.0855	10.9521	-0.083107	597	65891	0.1059	11.6884	-0.078454	512	69891	0.0908	12.398
-0.087606	528	62268	0.0937	11.0457	-0.082339	605	66496	0.1073	11.7957	-0.077722	515	70406	0.0914	12.4893
-0.086795	541	62809	0.096	11.1417	-0.08157	582	67078	0.1032	11.899	-0.076991	535	70941	0.0949	12.5842
-0.085985	513	63322	0.091	11.2327	-0.080802	588	67666	0.1043	12.0033	-0.076259	570	71511	0.1011	12.6853
-0.085175	535	63857	0.0949	11.3276	-0.080033	564	68230	0.1	12.1033	-0.075527	536	72047	0.0951	12.7804
-0.084365	527	64384	0.0935	11.4211	-0.079265	574	68804	0.1018	12.2051	-0.074795	504	72551	0.0894	12.8698
-0.083554	444	64828	0.0788	11.4998	-0.078496	535	69339	0.0949	12.3	-0.074063	412	72963	0.0731	12.9429
-0.082744	458	65286	0.0812	11.5811	-0.077728	555	69894	0.0985	12.3985	-0.073331	462	73425	0.082	13.0249
-0.081934	496	65782	0.088	11.6691	-0.076959	594	70488	0.1054	12.5039	-0.0726	529	73954	0.0938	13.1187
-0.081124	490	66272	0.0869	11.756	-0.076191	576	71064	0.1022	12.606	-0.071868	458	74412	0.0812	13.1999
-0.080313	429	66701	0.0761	11.8321	-0.075422	537	71601	0.0953	12.7013	-0.071136	469	74881	0.0832	13.2831
-0.079503	498	67199	0.0883	11.9204	-0.074654	546	72147	0.0969	12.7981	-0.070404	440	75321	0.0781	13.3612
-0.078693	354	67553	0.0628	11.9832	-0.073885	513	72660	0.091	12.8891	-0.069672	463	75784	0.0821	13.4433
-0.077882	493	68046	0.0875	12.0707	-0.073117	543	73203	0.0963	12.9855	-0.068941	511	76295	0.0906	13.534
-0.077072	448	68494	0.0795	12.1501	-0.072348	506	73709	0.0898	13.0752	-0.068209	450	76745	0.0798	13.6138
-0.076262	452	68946	0.0802	12.2303	-0.07158	486	74195	0.0862	13.1614	-0.067477	430	77175	0.0763	13.6901
-0.075452	434	69380	0.077	12.3073	-0.070812	455	74650	0.0807	13.2422	-0.066745	448	77623	0.0795	13.7695

红波段					绿波段					蓝波段				
密度	该密度下像素数	累积总像素数	所占比例	累积所占比例	密度	该波长下像素数	累积总像素数	所占比例	累积所占比例	密度	该波长下像素数	累积总像素数	所占比例	累积所占比例
-0.074641	457	69837	0.0811	12.3884	-0.070043	522	75172	0.0926	13.3348	-0.066013	424	78047	0.0752	13.8447
-0.073831	349	70186	0.0619	12.4503	-0.069275	497	75669	0.0882	13.4229	-0.065281	401	78448	0.0711	13.9159
-0.073021	394	70580	0.0699	12.5202	-0.068506	452	76121	0.0802	13.5031	-0.06455	448	78896	0.0795	13.9954
-0.072211	448	71028	0.0795	12.5996	-0.067738	493	76614	0.0875	13.5905	-0.063818	454	79350	0.0805	14.0759
-0.0714	412	71440	0.0731	12.6727	-0.066969	459	77073	0.0814	13.672	-0.063086	386	79736	0.0685	14.1444
-0.07059	400	71840	0.071	12.7437	-0.066201	453	77526	0.0804	13.7523	-0.062354	440	80176	0.0781	14.2224
-0.06978	354	72194	0.0628	12.8065	-0.065432	505	78031	0.0896	13.8419	-0.061622	392	80568	0.0695	14.2919
-0.068969	403	72597	0.0715	12.878	-0.064664	446	78477	0.0791	13.921	-0.06089	401	80969	0.0711	14.3631
-0.068159	395	72992	0.0701	12.948	-0.063895	465	78942	0.0825	14.0035	-0.060159	421	81390	0.0747	14.4378
-0.067349	406	73398	0.072	13.0201	-0.063127	417	79359	0.074	14.0775	-0.059427	395	81785	0.0701	14.5078
-0.066539	381	73779	0.0676	13.0876	-0.062358	489	79848	0.0867	14.1642	-0.058695	336	82121	0.0596	14.5674
-0.065728	425	74204	0.0754	13.163	-0.06159	398	80246	0.0706	14.2348	-0.057963	408	82529	0.0724	14.6398
-0.064918	328	74532	0.0582	13.2212	-0.060821	415	80661	0.0736	14.3084	-0.057231	407	82936	0.0722	14.712
-0.064108	398	74930	0.0706	13.2918	-0.060053	425	81086	0.0754	14.3838	-0.056499	370	83306	0.0656	14.7776
-0.063298	374	75304	0.0663	13.3582	-0.059284	381	81467	0.0676	14.4514	-0.055768	374	83680	0.0663	14.844
-0.062487	363	75667	0.0644	13.4226	-0.058516	407	81874	0.0722	14.5236	-0.055036	366	84046	0.0649	14.9089
-0.061677	381	76048	0.0676	13.4901	-0.057747	386	82260	0.0685	14.5921	-0.054304	381	84427	0.0676	14.9765
-0.060867	342	76390	0.0607	13.5508	-0.056979	411	82671	0.0729	14.665	-0.053572	368	84795	0.0653	15.0418
-0.060056	332	76722	0.0589	13.6097	-0.05621	399	83070	0.0708	14.7358	-0.05284	339	85134	0.0601	15.1019
-0.059246	382	77104	0.0678	13.6775	-0.055442	431	83501	0.0765	14.8122	-0.052108	313	85447	0.0555	15.1574
-0.058436	371	77475	0.0658	13.7433	-0.054673	374	83875	0.0663	14.8786	-0.051377	345	85792	0.0612	15.2186
-0.057626	364	77839	0.0646	13.8079	-0.053905	340	84215	0.0603	14.9389	-0.050645	324	86116	0.0575	15.2761
-0.056815	395	78234	0.0701	13.8779	-0.053136	357	84572	0.0633	15.0022	-0.049913	341	86457	0.0605	15.3366
-0.056005	400	78634	0.071	13.9489	-0.052368	325	84897	0.0577	15.0599	-0.049181	285	86742	0.0506	15.3872
-0.055195	335	78969	0.0594	14.0083	-0.051599	333	85230	0.0591	15.1189	-0.048449	292	87034	0.0518	15.439
-0.054384	376	79345	0.0667	14.075	-0.050831	328	85558	0.0582	15.1771	-0.047718	319	87353	0.0566	15.4955
-0.053574	387	79732	0.0686	14.1437	-0.050062	369	85927	0.0655	15.2426	-0.046986	302	87655	0.0536	15.5491
-0.052764	403	80135	0.0715	14.2151	-0.049294	263	86190	0.0467	15.2892	-0.046254	306	87961	0.0543	15.6034
-0.051954	398	80533	0.0706	14.2857	-0.048525	326	86516	0.0578	15.3471	-0.045522	286	88247	0.0507	15.6541
-0.051143	341	80874	0.0605	14.3462	-0.047757	299	86815	0.053	15.4001	-0.04479	244	88491	0.0433	15.6974
-0.050333	331	81205	0.0587	14.4049	-0.046988	329	87144	0.0584	15.4585	-0.044058	276	88767	0.049	15.7464
-0.049523	340	81545	0.0603	14.4653	-0.04622	291	87435	0.0516	15.5101	-0.043327	248	89015	0.044	15.7904
-0.048713	364	81909	0.0646	14.5298	-0.045452	317	87752	0.0562	15.5663	-0.042595	222	89237	0.0394	15.8297
-0.047902	370	82279	0.0656	14.5955	-0.044683	313	88065	0.0555	15.6218	-0.041863	242	89479	0.0429	15.8727
-0.047092	335	82614	0.0594	14.6549	-0.043915	250	88315	0.0443	15.6662	-0.041131	229	89708	0.0406	15.9133
-0.046282	313	82927	0.0555	14.7104	-0.043146	300	88615	0.0532	15.7194	-0.040399	230	89938	0.0408	15.9541
-0.045471	309	83236	0.0548	14.7652	-0.042378	263	88878	0.0467	15.7661	-0.039667	233	90171	0.0413	15.9954
-0.044661	386	83622	0.0685	14.8337	-0.041609	257	89135	0.0456	15.8116	-0.038936	224	90395	0.0397	16.0352
-0.043851	349	83971	0.0619	14.8956	-0.040841	278	89413	0.0493	15.861	-0.038204	219	90614	0.0388	16.074
-0.043041	359	84330	0.0637	14.9593	-0.040072	255	89668	0.0452	15.9062	-0.037472	184	90798	0.0326	16.1066
-0.04223	324	84654	0.0575	15.0168	-0.039304	219	89887	0.0388	15.945	-0.03674	192	90990	0.0341	16.1407
-0.04142	298	84952	0.0529	15.0696	-0.038535	244	90131	0.0433	15.9883	-0.036008	183	91173	0.0325	16.1732
-0.04061	323	85275	0.0573	15.1269	-0.037767	233	90364	0.0413	16.0297	-0.035276	183	91356	0.0325	16.2056
-0.0398	335	85610	0.0594	15.1863	-0.036998	221	90585	0.0392	16.0689	-0.034545	197	91553	0.0349	16.2406
-0.038989	336	85946	0.0596	15.246	-0.03623	206	90791	0.0365	16.1054	-0.033813	174	91727	0.0309	16.2714
-0.038179	321	86267	0.0569	15.3029	-0.035461	195	90986	0.0346	16.14	-0.033081	138	91865	0.0245	16.2959

续表

红波段					绿波段					蓝波段				
密度	该密度下像素数	累积总像素数	所占比例	累积所占比例	密度	该波长下像素数	累积总像素数	所占比例	累积所占比例	密度	该波长下像素数	累积总像素数	所占比例	累积所占比例
-0.037369	287	86554	0.0509	15.3538	-0.034693	196	91182	0.0348	16.1748	-0.032349	157	92022	0.0279	16.3238
-0.036558	247	86801	0.0438	15.3976	-0.033924	186	91368	0.033	16.2078	-0.031617	169	92191	0.03	16.3538
-0.035748	340	87141	0.0603	15.4579	-0.033156	191	91559	0.0339	16.2416	-0.030885	116	92307	0.0206	16.3743
-0.034938	329	87470	0.0584	15.5163	-0.032387	176	91735	0.0312	16.2729	-0.030154	135	92442	0.0239	16.3983
-0.034128	303	87773	0.0537	15.57	-0.031619	180	91915	0.0319	16.3048	-0.029422	151	92593	0.0268	16.4251
-0.033317	310	88083	0.055	15.625	-0.03085	166	92081	0.0294	16.3342	-0.02869	149	92742	0.0264	16.4515
-0.032507	298	88381	0.0529	15.6779	-0.030082	160	92241	0.0284	16.3626	-0.027958	134	92876	0.0238	16.4753
-0.031697	252	88633	0.0447	15.7226	-0.029313	118	92359	0.0209	16.3836	-0.027226	131	93007	0.0232	16.4985
-0.030887	306	88939	0.0543	15.7769	-0.028545	135	92494	0.0239	16.4075	-0.026495	114	93121	0.0202	16.5187
-0.030076	307	89246	0.0545	15.8313	-0.027776	150	92644	0.0266	16.4341	-0.025763	113	93234	0.02	16.5388
-0.029266	275	89521	0.0488	15.8801	-0.027008	144	92788	0.0255	16.4597	-0.025031	153	93387	0.0271	16.5659
-0.028456	305	89826	0.0541	15.9342	-0.026239	155	92943	0.0275	16.4871	-0.024299	127	93514	0.0225	16.5884
-0.027645	302	90128	0.0536	15.9878	-0.025471	139	93082	0.0247	16.5118	-0.023567	136	93650	0.0241	16.6126
-0.026835	262	90390	0.0465	16.0343	-0.024702	151	93233	0.0268	16.5386	-0.022835	133	93783	0.0236	16.6362
-0.026025	299	90689	0.053	16.0873	-0.023934	142	93375	0.0252	16.5638	-0.022104	122	93905	0.0216	16.6578
-0.025215	279	90968	0.0495	16.1368	-0.023165	145	93520	0.0257	16.5895	-0.021372	149	94054	0.0264	16.6842
-0.024404	267	91235	0.0474	16.1842	-0.022397	143	93663	0.0254	16.6149	-0.02064	133	94187	0.0236	16.7078
-0.023594	288	91523	0.0511	16.2353	-0.021629	147	93810	0.0261	16.6409	-0.019908	130	94317	0.0231	16.7309
-0.022784	186	91709	0.033	16.2682	-0.02086	155	93965	0.0275	16.6684	-0.019176	111	94428	0.0197	16.7506
-0.021974	230	91939	0.0408	16.309	-0.020092	113	94078	0.02	16.6885	-0.018444	117	94545	0.0208	16.7713
-0.021163	266	92205	0.0472	16.3562	-0.019323	132	94210	0.0234	16.7119	-0.017713	97	94642	0.0172	16.7885
-0.020353	237	92442	0.042	16.3983	-0.018555	124	94334	0.022	16.7339	-0.016981	100	94742	0.0177	16.8063
-0.019543	216	92658	0.0383	16.4366	-0.017786	106	94440	0.0188	16.7527	-0.016249	113	94855	0.02	16.8263
-0.018732	207	92865	0.0367	16.4733	-0.017018	124	94564	0.022	16.7747	-0.015517	113	94968	0.02	16.8464
-0.017922	195	93060	0.0346	16.5079	-0.016249	114	94678	0.0202	16.7949	-0.014785	115	95083	0.0204	16.8668
-0.017112	212	93272	0.0376	16.5455	-0.015481	122	94800	0.0216	16.8166	-0.014053	111	95194	0.0197	16.8865
-0.016302	223	93495	0.0396	16.5851	-0.014712	136	94936	0.0241	16.8407	-0.013322	120	95314	0.0213	16.9077
-0.015491	229	93724	0.0406	16.6257	-0.013944	106	95042	0.0188	16.8595	-0.01259	116	95430	0.0206	16.9283
-0.014681	210	93934	0.0373	16.6629	-0.013175	107	95149	0.019	16.8785	-0.011858	99	95529	0.0176	16.9459
-0.013871	201	94135	0.0357	16.6986	-0.012407	137	95286	0.0243	16.9028	-0.011126	111	95640	0.0197	16.9656
-0.01306	192	94327	0.0341	16.7327	-0.011638	97	95383	0.0172	16.92	-0.010394	106	95746	0.0188	16.9844
-0.01225	206	94533	0.0365	16.7692	-0.01087	131	95514	0.0232	16.9432	-0.009663	99	95845	0.0176	17.0019
-0.01144	172	94705	0.0305	16.7997	-0.010101	108	95622	0.0192	16.9624	-0.008931	110	95955	0.0195	17.0214
-0.01063	189	94894	0.0335	16.8332	-0.009333	108	95730	0.0192	16.9815	-0.008199	76	96031	0.0135	17.0349
-0.009819	171	95065	0.0303	16.8636	-0.008564	100	95830	0.0177	16.9993	-0.007467	109	96140	0.0193	17.0543
-0.009009	172	95237	0.0305	16.8941	-0.007796	102	95932	0.0181	17.0174	-0.006735	98	96238	0.0174	17.0716
-0.008199	154	95391	0.0273	16.9214	-0.007027	111	96043	0.0197	17.0371	-0.006003	96	96334	0.017	17.0887
-0.007389	152	95543	0.027	16.9484	-0.006259	109	96152	0.0193	17.0564	-0.005272	109	96443	0.0193	17.108
-0.006578	171	95714	0.0303	16.9787	-0.00549	105	96257	0.0186	17.075	-0.00454	85	96528	0.0151	17.1231
-0.005768	149	95863	0.0264	17.0051	-0.004722	96	96353	0.017	17.092	-0.003808	104	96632	0.0184	17.1415
-0.004958	164	96027	0.0291	17.0342	-0.003953	115	96468	0.0204	17.1124	-0.003076	94	96726	0.0167	17.1582
-0.004147	155	96182	0.0275	17.0617	-0.003185	121	96589	0.0215	17.1339	-0.002344	98	96824	0.0174	17.1756
-0.003337	155	96337	0.0275	17.0892	-0.002416	101	96690	0.0179	17.1518	-0.001612	113	96937	0.02	17.1956
-0.002527	169	96506	0.03	17.1192	-0.001648	115	96805	0.0204	17.1722	-0.000881	131	97068	0.0232	17.2189
-0.001717	155	96661	0.0275	17.1467	-0.000879	126	96931	0.0224	17.1946	-0.000149	126	97194	0.0224	17.2412
-0.000906	157	96818	0.0279	17.1745	-0.000111	124	97055	0.022	17.2166	0.000583	108	97302	0.0192	17.2604

续表

红波段					绿波段					蓝波段				
密度	该密度下像素数	累积总像素数	所占比例	累积所占比例	密度	该波长下像素数	累积总像素数	所占比例	累积所占比例	密度	该波长下像素数	累积总像素数	所占比例	累积所占比例
-0.000096	137	96955	0.0243	17.1988	0.000658	111	97166	0.0197	17.2363	0.001315	93	97395	0.0165	17.2769
0.000714	130	97085	0.0231	17.2219	0.001426	123	97289	0.0218	17.2581	0.002047	102	97497	0.0181	17.295
0.001524	143	97228	0.0254	17.2473	0.002195	107	97396	0.019	17.2771	0.002779	106	97603	0.0188	17.3138
0.002335	159	97387	0.0282	17.2755	0.002963	115	97511	0.0204	17.2975	0.00351	97	97700	0.0172	17.331
0.003145	136	97523	0.0241	17.2996	0.003731	114	97625	0.0202	17.3177	0.004242	114	97814	0.0202	17.3512
0.003955	111	97634	0.0197	17.3193	0.0045	129	97754	0.0229	17.3406	0.004974	106	97920	0.0188	17.37
0.004766	149	97783	0.0264	17.3457	0.005268	128	97882	0.0227	17.3633	0.005706	109	98029	0.0193	17.3894
0.005576	127	97910	0.0225	17.3682	0.006037	120	98002	0.0213	17.3846	0.006438	119	98148	0.0211	17.4105
0.006386	147	98057	0.0261	17.3943	0.006805	125	98127	0.0222	17.4067	0.00717	124	98272	0.022	17.4325
0.007196	130	98187	0.0231	17.4174	0.007574	132	98259	0.0234	17.4302	0.007901	114	98386	0.0202	17.4527
0.008007	155	98342	0.0275	17.4449	0.008342	135	98394	0.0239	17.4541	0.008633	111	98497	0.0197	17.4724
0.008817	123	98465	0.0218	17.4667	0.009111	131	98525	0.0232	17.4773	0.009365	125	98622	0.0222	17.4945
0.009627	171	98636	0.0303	17.497	0.009879	113	98638	0.02	17.4974	0.010097	141	98763	0.025	17.5196
0.010437	136	98772	0.0241	17.5212	0.010648	166	98804	0.0294	17.5268	0.010829	141	98904	0.025	17.5446
0.011248	181	98953	0.0321	17.5533	0.011416	135	98939	0.0239	17.5508	0.01156	163	99067	0.0289	17.5735
0.012058	156	99109	0.0277	17.5809	0.012185	178	99117	0.0316	17.5824	0.012292	129	99196	0.0229	17.5964
0.012868	185	99294	0.0328	17.6138	0.012953	164	99281	0.0291	17.6114	0.013024	183	99379	0.0325	17.6288
0.013679	195	99489	0.0346	17.6483	0.013722	155	99436	0.0275	17.6389	0.013756	132	99511	0.0234	17.6522
0.014489	188	99677	0.0333	17.6817	0.01449	237	99673	0.042	17.681	0.014488	208	99719	0.0369	17.6891
0.015299	3275	102952	0.581	18.2626	0.015259	3187	102860	0.5653	18.2463	0.01522	3286	103005	0.5829	18.272
0.016109	215	103167	0.0381	18.3008	0.016027	287	103147	0.0509	18.2972	0.015951	197	103202	0.0349	18.307
0.01692	326	103493	0.0578	18.3586	0.016796	325	103472	0.0577	18.3549	0.016683	322	103524	0.0571	18.3641
0.01773	326	103819	0.0578	18.4164	0.017564	320	103792	0.0568	18.4117	0.017415	301	103825	0.0534	18.4175
0.01854	525	104344	0.0931	18.5096	0.018333	531	104323	0.0942	18.5058	0.018147	525	104350	0.0931	18.5106
0.01935	957	105301	0.1698	18.6793	0.019101	970	105293	0.1721	18.6779	0.018879	953	105303	0.1691	18.6797
0.020161	458429	563730	81.3207	100	0.01987	458437	563730	81.3221	100	0.019611	458427	563730	81.3203	100

栖霞市翠屏街道石盒子村边界分析　　　　　　　表8-5

红波段					绿波段					蓝波段				
波长	该波长下像素数	累积总像素数	所占比例	累积所占比例	波长	该波长下像素数	累积总像素数	所占比例	累积所占比例	波长	该波长下像素数	累积总像素数	所占比例	累积所占比例
0	474301	474301	84.1362	84.1362	0	472735	472735	83.8584	83.8584	0	475092	475092	84.2765	84.2765
0.000091	14019	488320	2.4868	86.623	0.000071	12883	485618	2.2853	86.1437	0.000073	14412	489504	2.5565	86.8331
0.000182	11082	499402	1.9658	88.5889	0.000143	10603	496221	1.8809	88.0246	0.000146	11098	500602	1.9687	88.8017
0.000272	7946	507348	1.4095	89.9984	0.000214	8004	504225	1.4198	89.4444	0.000219	8164	508766	1.4482	90.2499
0.000363	6518	513866	1.1562	91.1546	0.000285	6478	510703	1.1491	90.5935	0.000292	6522	515288	1.1569	91.4069
0.000454	5214	519080	0.9249	92.0795	0.000357	5339	516042	0.9471	91.5406	0.000364	5326	520614	0.9448	92.3517
0.000545	4190	523270	0.7433	92.8228	0.000428	4476	520518	0.794	92.3346	0.000437	4158	524772	0.7376	93.0892
0.000635	3561	526831	0.6317	93.4545	0.000499	3652	524170	0.6478	92.9825	0.00051	3445	528217	0.6111	93.7004
0.000726	2909	529740	0.516	93.9705	0.000571	3101	527271	0.5501	93.5325	0.000583	3033	531250	0.538	94.2384
0.000817	2586	532326	0.4587	94.4292	0.000642	2716	529987	0.4818	94.0143	0.000656	2551	533801	0.4525	94.6909
0.000908	2360	534686	0.4186	94.8479	0.000713	2438	532425	0.4325	94.4468	0.000729	2324	536125	0.4123	95.1032
0.000998	2040	536726	0.3619	95.2098	0.000784	2128	534553	0.3775	94.8243	0.000802	1970	538095	0.3495	95.4526
0.001089	1835	538561	0.3255	95.5353	0.000856	1918	536471	0.3402	95.1645	0.000875	1823	539918	0.3234	95.776
0.00118	1691	540252	0.3	95.8352	0.000927	1722	538193	0.3055	95.47	0.000948	1638	541556	0.2906	96.0666

续表

红波段					绿波段					蓝波段				
波长	该波长下像素数	累积总像素数	所占比例	累积所占比例	波长	该波长下像素数	累积总像素数	所占比例	累积所占比例	波长	该波长下像素数	累积总像素数	所占比例	累积所占比例
0.001271	1478	541730	0.2622	96.0974	0.000998	1573	539766	0.279	95.749	0.00102	1466	543022	0.2601	96.3266
0.001361	1409	543139	0.2499	96.3474	0.00107	1429	541195	0.2535	96.0025	0.001093	1378	544400	0.2444	96.5711
0.001452	1301	544440	0.2308	96.5781	0.001141	1366	542561	0.2423	96.2448	0.001166	1257	545657	0.223	96.794
0.001543	1228	545668	0.2178	96.796	0.001212	1247	543808	0.2212	96.466	0.001239	1142	546799	0.2026	96.9966
0.001634	1034	546702	0.1834	96.9794	0.001284	1167	544975	0.207	96.6731	0.001312	1053	547852	0.1868	97.1834
0.001724	987	547689	0.1751	97.1545	0.001355	1027	546002	0.1822	96.8552	0.001385	1004	548856	0.1781	97.3615
0.001815	960	548649	0.1703	97.3248	0.001426	1010	547012	0.1792	97.0344	0.001458	928	549784	0.1646	97.5261
0.001906	871	549520	0.1545	97.4793	0.001498	952	547964	0.1689	97.2033	0.001531	874	550658	0.155	97.6812
0.001997	916	550436	0.1625	97.6418	0.001569	870	548834	0.1543	97.3576	0.001604	773	551431	0.1371	97.8183
0.002087	764	551200	0.1355	97.7773	0.00164	800	549634	0.1419	97.4995	0.001676	813	552244	0.1442	97.9625
0.002178	739	551939	0.1311	97.9084	0.001712	834	550468	0.1479	97.6475	0.001749	748	552992	0.1327	98.0952
0.002269	713	552652	0.1265	98.0349	0.001783	723	551191	0.1283	97.7757	0.001822	699	553691	0.124	98.2192
0.00236	711	553363	0.1261	98.161	0.001854	681	551872	0.1208	97.8965	0.001895	638	554329	0.1132	98.3324
0.00245	673	554036	0.1194	98.2804	0.001926	658	552530	0.1167	98.0132	0.001968	616	554945	0.1093	98.4416
0.002541	581	554617	0.1031	98.3834	0.001997	667	553197	0.1183	98.1316	0.002041	501	555446	0.0889	98.5305
0.002632	525	555142	0.0931	98.4766	0.002068	598	553795	0.1061	98.2376	0.002114	529	555975	0.0938	98.6243
0.002723	541	555683	0.096	98.5725	0.002139	577	554372	0.1024	98.34	0.002187	473	556448	0.0839	98.7082
0.002813	469	556152	0.0832	98.6557	0.002211	524	554896	0.093	98.4329	0.00226	409	556857	0.0726	98.7808
0.002904	432	556584	0.0766	98.7324	0.002282	479	555375	0.085	98.5179	0.002332	423	557280	0.075	98.8558
0.002995	417	557001	0.074	98.8063	0.002353	472	555847	0.0837	98.6016	0.002405	397	557677	0.0704	98.9263
0.003086	430	557431	0.0763	98.8826	0.002425	404	556251	0.0717	98.6733	0.002478	343	558020	0.0608	98.9871
0.003176	408	557839	0.0724	98.955	0.002496	406	556657	0.072	98.7453	0.002551	306	558326	0.0543	99.0414
0.003267	328	558167	0.0582	99.0132	0.002567	358	557015	0.0635	98.8088	0.002624	291	558617	0.0516	99.093
0.003358	300	558467	0.0532	99.0664	0.002639	350	557365	0.0621	98.8709	0.002697	316	558933	0.0561	99.1491
0.003449	270	558737	0.0479	99.1143	0.00271	334	557699	0.0592	98.9302	0.00277	275	559208	0.0488	99.1978
0.003539	271	559008	0.0481	99.1624	0.002781	297	557996	0.0527	98.9828	0.002843	245	559453	0.0435	99.2413
0.00363	287	559295	0.0509	99.2133	0.002853	307	558303	0.0545	99.0373	0.002916	244	559697	0.0433	99.2846
0.003721	276	559571	0.049	99.2622	0.002924	285	558588	0.0506	99.0879	0.002988	240	559937	0.0426	99.3272
0.003812	214	559785	0.038	99.3002	0.002995	266	558854	0.0472	99.135	0.003061	184	560121	0.0326	99.3598
0.003902	207	559992	0.0367	99.3369	0.003067	245	559099	0.0435	99.1785	0.003134	190	560311	0.0337	99.3935
0.003993	221	560213	0.0392	99.3761	0.003138	236	559335	0.0419	99.2204	0.003207	194	560505	0.0344	99.4279
0.004084	179	560392	0.0318	99.4079	0.003209	209	559544	0.0371	99.2574	0.00328	182	560687	0.0323	99.4602
0.004175	178	560570	0.0316	99.4394	0.003281	200	559744	0.0355	99.2929	0.003353	147	560834	0.0261	99.4863
0.004266	166	560736	0.0294	99.4689	0.003352	188	559932	0.0333	99.3263	0.003426	118	560952	0.0209	99.5072
0.004356	161	560897	0.0286	99.4975	0.003423	180	560112	0.0319	99.3582	0.003499	149	561101	0.0264	99.5336
0.004447	134	561031	0.0238	99.5212	0.003494	183	560295	0.0325	99.3907	0.003572	127	561228	0.0225	99.5562
0.004538	123	561154	0.0218	99.543	0.003566	169	560464	0.03	99.4206	0.003644	131	561359	0.0232	99.5794
0.004629	146	561300	0.0259	99.5689	0.003637	161	560625	0.0286	99.4492	0.003717	115	561474	0.0204	99.5998
0.004719	132	561432	0.0234	99.5924	0.003708	144	560769	0.0255	99.4747	0.00379	102	561576	0.0181	99.6179
0.00481	115	561547	0.0204	99.6128	0.00378	145	560914	0.0257	99.5005	0.003863	101	561677	0.0179	99.6358
0.004901	107	561654	0.019	99.6317	0.003851	125	561039	0.0222	99.5226	0.003936	95	561772	0.0169	99.6527
0.004992	94	561748	0.0167	99.6484	0.003922	117	561156	0.0208	99.5434	0.004009	96	561868	0.017	99.6697
0.005082	105	561853	0.0186	99.667	0.003994	116	561272	0.0206	99.564	0.004082	92	561960	0.0163	99.686
0.005173	83	561936	0.0147	99.6818	0.004065	114	561386	0.0202	99.5842	0.004155	87	562047	0.0154	99.7015
0.005264	82	562018	0.0145	99.6963	0.004136	115	561501	0.0204	99.6046	0.004228	68	562115	0.0121	99.7135
0.005355	90	562108	0.016	99.7123	0.004208	102	561603	0.0181	99.6227	0.0043	74	562189	0.0131	99.7266

红波段					绿波段					蓝波段				
波长	该波长下像素数	累积总像素数	所占比例	累积所占比例	波长	该波长下像素数	累积总像素数	所占比例	累积所占比例	波长	该波长下像素数	累积总像素数	所占比例	累积所占比例
0.005445	75	562183	0.0133	99.7256	0.004279	88	561691	0.0156	99.6383	0.004373	70	562259	0.0124	99.7391
0.005536	70	562253	0.0124	99.738	0.00435	100	561791	0.0177	99.656	0.004446	72	562331	0.0128	99.7518
0.005627	58	562311	0.0103	99.7483	0.004422	75	561866	0.0133	99.6693	0.004519	58	562389	0.0103	99.7621
0.005718	66	562377	0.0117	99.76	0.004493	79	561945	0.014	99.6834	0.004592	50	562439	0.0089	99.771
0.005808	63	562440	0.0112	99.7712	0.004564	82	562027	0.0145	99.6979	0.004665	50	562489	0.0089	99.7799
0.005899	59	562499	0.0105	99.7816	0.004636	70	562097	0.0124	99.7103	0.004738	43	562532	0.0076	99.7875
0.00599	53	562552	0.0094	99.791	0.004707	69	562166	0.0122	99.7226	0.004811	38	562570	0.0067	99.7942
0.006081	48	562600	0.0085	99.7995	0.004778	74	562240	0.0131	99.7357	0.004884	36	562606	0.0064	99.8006
0.006171	40	562640	0.0071	99.8066	0.00485	55	562295	0.0098	99.7454	0.004956	37	562643	0.0066	99.8072
0.006262	35	562675	0.0062	99.8129	0.004921	52	562347	0.0092	99.7547	0.005029	47	562690	0.0083	99.8155
0.006353	39	562714	0.0069	99.8198	0.004992	56	562403	0.0099	99.7646	0.005102	35	562725	0.0062	99.8217
0.006444	38	562752	0.0067	99.8265	0.005063	50	562453	0.0089	99.7735	0.005175	31	562756	0.0055	99.8272
0.006534	28	562780	0.005	99.8315	0.005135	47	562500	0.0083	99.7818	0.005248	29	562785	0.0051	99.8324
0.006625	31	562811	0.0055	99.837	0.005206	52	562552	0.0092	99.791	0.005321	33	562818	0.0059	99.8382
0.006716	36	562847	0.0064	99.8434	0.005277	52	562604	0.0092	99.8003	0.005394	32	562850	0.0057	99.8439
0.006807	29	562876	0.0051	99.8485	0.005349	35	562639	0.0062	99.8065	0.005467	31	562881	0.0055	99.8494
0.006897	30	562906	0.0053	99.8538	0.00542	31	562670	0.0055	99.812	0.00554	28	562909	0.005	99.8544
0.006988	30	562936	0.0053	99.8592	0.005491	47	562717	0.0083	99.8203	0.005612	28	562937	0.005	99.8593
0.007079	34	562970	0.006	99.8652	0.005563	37	562754	0.0066	99.8269	0.005685	23	562960	0.0041	99.8634
0.00717	23	562993	0.0041	99.8693	0.005634	22	562776	0.0039	99.8308	0.005758	24	562984	0.0043	99.8677
0.00726	23	563016	0.0041	99.8733	0.005705	24	562800	0.0043	99.835	0.005831	18	563002	0.0032	99.8709
0.007351	19	563035	0.0034	99.8767	0.005777	28	562828	0.005	99.84	0.005904	22	563024	0.0039	99.8748
0.007442	21	563056	0.0037	99.8804	0.005848	32	562860	0.0057	99.8457	0.005977	31	563055	0.0055	99.8803
0.007533	16	563072	0.0028	99.8833	0.005919	27	562887	0.0048	99.8505	0.00605	26	563081	0.0046	99.8849
0.007623	24	563096	0.0043	99.8875	0.005991	31	562918	0.0055	99.856	0.006123	15	563096	0.0027	99.8875
0.007714	22	563118	0.0039	99.8914	0.006062	30	562948	0.0053	99.8613	0.006196	16	563112	0.0028	99.8904
0.007805	19	563137	0.0034	99.8948	0.006133	25	562973	0.0044	99.8657	0.006268	19	563131	0.0034	99.8937
0.007896	18	563155	0.0032	99.898	0.006205	17	562990	0.003	99.8687	0.006341	15	563146	0.0027	99.8964
0.007987	21	563176	0.0037	99.9017	0.006276	21	563011	0.0037	99.8725	0.006414	16	563162	0.0028	99.8992
0.008077	25	563201	0.0044	99.9062	0.006347	23	563034	0.0041	99.8765	0.006487	14	563176	0.0025	99.9017
0.008168	20	563221	0.0035	99.9097	0.006418	26	563060	0.0046	99.8811	0.00656	23	563199	0.0041	99.9058
0.008259	15	563236	0.0027	99.9124	0.00649	20	563080	0.0035	99.8847	0.006633	21	563220	0.0037	99.9095
0.00835	14	563250	0.0025	99.9149	0.006561	21	563101	0.0037	99.8884	0.006706	14	563234	0.0025	99.912
0.00844	19	563269	0.0034	99.9182	0.006632	11	563112	0.002	99.8904	0.006779	15	563249	0.0027	99.9147
0.008531	7	563276	0.0012	99.9195	0.006704	16	563128	0.0028	99.8932	0.006852	14	563263	0.0025	99.9172
0.008622	15	563291	0.0027	99.9221	0.006775	14	563142	0.0025	99.8957	0.006924	11	563274	0.002	99.9191
0.008713	9	563300	0.0016	99.9237	0.006846	23	563165	0.0041	99.8998	0.006997	8	563282	0.0014	99.9205
0.008803	14	563314	0.0025	99.9262	0.006918	16	563181	0.0028	99.9026	0.00707	14	563296	0.0025	99.923
0.008894	20	563334	0.0035	99.9298	0.006989	9	563190	0.0016	99.9042	0.007143	12	563308	0.0021	99.9251
0.008985	11	563345	0.002	99.9317	0.00706	16	563206	0.0028	99.907	0.007216	13	563321	0.0023	99.9274
0.009076	12	563357	0.0021	99.9338	0.007132	21	563227	0.0037	99.9108	0.007289	17	563338	0.003	99.9305
0.009166	9	563366	0.0016	99.9354	0.007203	24	563251	0.0043	99.915	0.007362	7	563345	0.0012	99.9317
0.009257	8	563374	0.0014	99.9368	0.007274	8	563259	0.0014	99.9164	0.007435	12	563357	0.0021	99.9338
0.009348	6	563380	0.0011	99.9379	0.007346	12	563271	0.0021	99.9186	0.007508	10	563367	0.0018	99.9356
0.009439	5	563385	0.0009	99.9388	0.007417	14	563285	0.0025	99.9211	0.007581	10	563377	0.0018	99.9374
0.009529	7	563392	0.0012	99.94	0.007488	10	563295	0.0018	99.9228	0.007653	8	563385	0.0014	99.9388

续表

红波段					绿波段					蓝波段				
波长	该波长下像素数	累积总像素数	所占比例	累积所占比例	波长	该波长下像素数	累积总像素数	所占比例	累积所占比例	波长	该波长下像素数	累积总像素数	所占比例	累积所占比例
0.00962	7	563399	0.0012	99.9413	0.00756	14	563309	0.0025	99.9253	0.007726	13	563398	0.0023	99.9411
0.009711	5	563404	0.0009	99.9422	0.007631	4	563313	0.0007	99.926	0.007799	12	563410	0.0021	99.9432
0.009802	16	563420	0.0028	99.945	0.007702	8	563321	0.0014	99.9274	0.007872	6	563416	0.0011	99.9443
0.009892	8	563428	0.0014	99.9464	0.007773	13	563334	0.0023	99.9298	0.007945	12	563428	0.0021	99.9464
0.009983	4	563432	0.0007	99.9471	0.007845	8	563342	0.0014	99.9312	0.008018	8	563436	0.0014	99.9478
0.010074	7	563439	0.0012	99.9484	0.007916	15	563357	0.0027	99.9338	0.008091	8	563444	0.0014	99.9493
0.010165	10	563449	0.0018	99.9502	0.007987	19	563376	0.0034	99.9372	0.008164	9	563453	0.0016	99.9509
0.010255	9	563458	0.0016	99.9517	0.008059	8	563384	0.0014	99.9386	0.008237	7	563460	0.0012	99.9521
0.010346	7	563465	0.0012	99.953	0.00813	9	563393	0.0016	99.9402	0.008309	10	563470	0.0018	99.9539
0.010437	7	563472	0.0012	99.9542	0.008201	7	563400	0.0012	99.9415	0.008382	7	563477	0.0012	99.9551
0.010528	10	563482	0.0018	99.956	0.008273	7	563407	0.0012	99.9427	0.008455	5	563482	0.0009	99.956
0.010618	7	563489	0.0012	99.9572	0.008344	4	563411	0.0007	99.9434	0.008528	8	563490	0.0014	99.9574
0.010709	4	563493	0.0007	99.958	0.008415	4	563415	0.0007	99.9441	0.008601	6	563496	0.0011	99.9585
0.0108	7	563500	0.0012	99.9592	0.008487	14	563429	0.0025	99.9466	0.008674	8	563504	0.0014	99.9599
0.010891	7	563507	0.0012	99.9604	0.008558	9	563438	0.0016	99.9482	0.008747	8	563512	0.0014	99.9613
0.010981	9	563516	0.0016	99.962	0.008629	7	563445	0.0012	99.9494	0.00882	10	563522	0.0018	99.9631
0.011072	6	563522	0.0011	99.9631	0.008701	3	563448	0.0005	99.95	0.008893	7	563529	0.0012	99.9643
0.011163	9	563531	0.0016	99.9647	0.008772	8	563456	0.0014	99.9514	0.008965	2	563531	0.0004	99.9647
0.011254	12	563543	0.0021	99.9668	0.008843	9	563465	0.0016	99.953	0.009038	9	563540	0.0016	99.9663
0.011344	6	563549	0.0011	99.9679	0.008915	5	563470	0.0009	99.9539	0.009111	5	563545	0.0009	99.9672
0.011435	2	563551	0.0004	99.9682	0.008986	9	563479	0.0016	99.9555	0.009184	4	563549	0.0007	99.9679
0.011526	9	563560	0.0016	99.9698	0.009057	7	563486	0.0012	99.9567	0.009257	8	563557	0.0014	99.9693
0.011617	4	563564	0.0007	99.9706	0.009128	4	563490	0.0007	99.9574	0.00933	3	563560	0.0005	99.9698
0.011707	6	563570	0.0011	99.9716	0.0092	6	563496	0.0011	99.9585	0.009403	5	563565	0.0009	99.9707
0.011798	7	563577	0.0012	99.9729	0.009271	12	563508	0.0021	99.9606	0.009476	10	563575	0.0018	99.9725
0.011889	3	563580	0.0005	99.9734	0.009342	3	563511	0.0005	99.9612	0.009549	4	563579	0.0007	99.9732
0.01198	3	563583	0.0005	99.9739	0.009414	6	563517	0.0011	99.9622	0.009621	3	563582	0.0005	99.9737
0.012071	9	563592	0.0016	99.9755	0.009485	10	563527	0.0018	99.964	0.009694	8	563590	0.0014	99.9752
0.012161	3	563595	0.0005	99.9761	0.009556	6	563533	0.0011	99.9651	0.009767	5	563595	0.0009	99.9761
0.012252	6	563601	0.0011	99.9771	0.009628	7	563540	0.0012	99.9663	0.00984	5	563600	0.0009	99.9769
0.012343	7	563608	0.0012	99.9784	0.009699	3	563543	0.0005	99.9668	0.009913	6	563606	0.0011	99.978
0.012434	4	563612	0.0007	99.9791	0.00977	6	563549	0.0011	99.9679	0.009986	6	563612	0.0011	99.9791
0.012524	7	563619	0.0012	99.9803	0.009842	7	563556	0.0012	99.9691	0.010059	4	563616	0.0007	99.9798
0.012615	4	563623	0.0007	99.981	0.009913	3	563559	0.0005	99.9697	0.010132	9	563625	0.0016	99.9814
0.012706	3	563626	0.0005	99.9816	0.009984	11	563570	0.002	99.9716	0.010205	6	563631	0.0011	99.9824
0.012797	5	563631	0.0009	99.9824	0.010056	10	563580	0.0018	99.9734	0.010277	5	563636	0.0009	99.9833
0.012887	4	563635	0.0007	99.9831	0.010127	2	563582	0.0004	99.9737	0.01035	4	563640	0.0007	99.984
0.012978	2	563637	0.0004	99.9835	0.010198	6	563588	0.0011	99.9748	0.010423	4	563644	0.0007	99.9847
0.013069	3	563640	0.0005	99.984	0.01027	3	563591	0.0005	99.9753	0.010496	2	563646	0.0004	99.9851
0.01316	3	563643	0.0005	99.9846	0.010341	3	563594	0.0005	99.9759	0.010569	5	563651	0.0009	99.986
0.01325	4	563647	0.0007	99.9853	0.010412	13	563607	0.0023	99.9782	0.010642	2	563653	0.0004	99.9863
0.013341	4	563651	0.0007	99.986	0.010483	5	563612	0.0009	99.9791	0.010715	2	563655	0.0004	99.9867
0.013432	3	563654	0.0005	99.9865	0.010555	4	563616	0.0007	99.9798	0.010788	2	563657	0.0004	99.9871
0.013523	4	563658	0.0007	99.9872	0.010626	5	563621	0.0009	99.9807	0.010861	3	563660	0.0005	99.9876
0.013613	4	563662	0.0007	99.9879	0.010697	3	563624	0.0005	99.9812	0.010933	2	563662	0.0004	99.9879
0.013704	3	563665	0.0005	99.9885	0.010769	7	563631	0.0012	99.9824	0.011006	1	563663	0.0002	99.9881

续表

红波段					绿波段					蓝波段				
波长	该波长下像素数	累积总像素数	所占比例	累积所占比例	波长	该波长下像素数	累积总像素数	所占比例	累积所占比例	波长	该波长下像素数	累积总像素数	所占比例	累积所占比例
0.013795	5	563670	0.0009	99.9894	0.01084	4	563635	0.0007	99.9831	0.011079	1	563664	0.0002	99.9883
0.013886	3	563673	0.0005	99.9899	0.010911	3	563638	0.0005	99.9837	0.011152	2	563666	0.0004	99.9886
0.013976	2	563675	0.0004	99.9902	0.010983	4	563642	0.0007	99.9844	0.011225	4	563670	0.0007	99.9894
0.014067	0	563675	0	99.9902	0.011054	4	563646	0.0007	99.9851	0.011298	2	563672	0.0004	99.9897
0.014158	3	563678	0.0005	99.9908	0.011125	1	563647	0.0002	99.9853	0.011371	3	563675	0.0005	99.9902
0.014249	1	563679	0.0002	99.991	0.011197	1	563648	0.0002	99.9855	0.011444	2	563677	0.0004	99.9906
0.014339	0	563679	0	99.991	0.011268	1	563649	0.0002	99.9856	0.011517	1	563678	0.0002	99.9908
0.01443	2	563681	0.0004	99.9913	0.011339	2	563651	0.0004	99.986	0.011589	3	563681	0.0005	99.9913
0.014521	1	563682	0.0002	99.9915	0.011411	3	563654	0.0005	99.9865	0.011662	6	563687	0.0011	99.9924
0.014612	4	563686	0.0007	99.9922	0.011482	4	563658	0.0007	99.9872	0.011735	1	563688	0.0002	99.9925
0.014702	2	563688	0.0004	99.9925	0.011553	3	563661	0.0005	99.9878	0.011808	0	563688	0	99.9925
0.014793	3	563691	0.0005	99.9931	0.011625	4	563665	0.0007	99.9885	0.011881	2	563690	0.0004	99.9929
0.014884	1	563692	0.0002	99.9933	0.011696	4	563669	0.0007	99.9892	0.011954	1	563691	0.0002	99.9931
0.014975	2	563694	0.0004	99.9936	0.011767	0	563669	0	99.9892	0.012027	1	563692	0.0002	99.9933
0.015065	0	563694	0	99.9936	0.011838	1	563670	0.0002	99.9894	0.0121	1	563693	0.0002	99.9934
0.015156	2	563696	0.0004	99.994	0.01191	2	563672	0.0004	99.9897	0.012173	2	563695	0.0004	99.9938
0.015247	0	563696	0	99.994	0.011981	2	563674	0.0004	99.9901	0.012245	1	563696	0.0002	99.994
0.015338	3	563699	0.0005	99.9945	0.012052	4	563678	0.0007	99.9908	0.012318	2	563698	0.0004	99.9943
0.015428	1	563700	0.0002	99.9947	0.012124	3	563681	0.0005	99.9913	0.012391	2	563700	0.0004	99.9947
0.015519	0	563700	0	99.9947	0.012195	1	563682	0.0002	99.9915	0.012464	4	563704	0.0007	99.9954
0.01561	0	563700	0	99.9947	0.012266	2	563684	0.0004	99.9918	0.012537	1	563705	0.0002	99.9956
0.015701	3	563703	0.0005	99.9952	0.012338	2	563686	0.0004	99.9922	0.01261	1	563706	0.0002	99.9957
0.015791	1	563704	0.0002	99.9954	0.012409	1	563687	0.0002	99.9924	0.012683	1	563707	0.0002	99.9959
0.015882	0	563704	0	99.9954	0.01248	0	563687	0	99.9924	0.012756	0	563707	0	99.9959
0.015973	2	563706	0.0004	99.9957	0.012552	3	563690	0.0005	99.9929	0.012829	0	563707	0	99.9959
0.016064	4	563710	0.0007	99.9965	0.012623	2	563692	0.0004	99.9933	0.012901	2	563709	0.0004	99.9963
0.016155	1	563711	0.0002	99.9966	0.012694	2	563694	0.0004	99.9936	0.012974	1	563710	0.0002	99.9965
0.016245	0	563711	0	99.9966	0.012766	3	563697	0.0005	99.9941	0.013047	2	563712	0.0004	99.9968
0.016336	3	563714	0.0005	99.9972	0.012837	1	563698	0.0002	99.9943	0.01312	1	563713	0.0002	99.997
0.016427	0	563714	0	99.9972	0.012908	2	563700	0.0004	99.9947	0.013193	1	563714	0.0002	99.9972
0.016518	0	563714	0	99.9972	0.01298	1	563701	0.0002	99.9949	0.013266	1	563715	0.0002	99.9973
0.016608	1	563715	0.0002	99.9973	0.013051	2	563703	0.0004	99.9952	0.013339	1	563716	0.0002	99.9975
0.016699	0	563715	0	99.9973	0.013122	2	563705	0.0004	99.9956	0.013412	0	563716	0	99.9975
0.01679	0	563715	0	99.9973	0.013194	2	563707	0.0004	99.9959	0.013485	2	563718	0.0004	99.9979
0.016881	1	563716	0.0002	99.9975	0.013265	0	563707	0	99.9959	0.013557	0	563718	0	99.9979
0.016971	0	563716	0	99.9975	0.013336	1	563708	0.0002	99.9961	0.01363	1	563719	0.0002	99.998
0.017062	1	563717	0.0002	99.9977	0.013407	1	563709	0.0002	99.9963	0.013703	1	563720	0.0002	99.9982
0.017153	2	563719	0.0004	99.998	0.013479	0	563709	0	99.9963	0.013776	0	563720	0	99.9982
0.017244	0	563719	0	99.998	0.01355	1	563710	0.0002	99.9965	0.013849	0	563720	0	99.9982
0.017334	0	563719	0	99.998	0.013621	0	563710	0	99.9965	0.013922	0	563720	0	99.9982
0.017425	1	563720	0.0002	99.9982	0.013693	3	563713	0.0005	99.997	0.013995	1	563721	0.0002	99.9984
0.017516	0	563720	0	99.9982	0.013764	0	563713	0	99.997	0.014068	0	563721	0	99.9984
0.017607	1	563721	0.0002	99.9984	0.013835	1	563714	0.0002	99.9972	0.014141	0	563721	0	99.9984
0.017697	0	563721	0	99.9984	0.013907	0	563714	0	99.9972	0.014213	0	563721	0	99.9984
0.017788	0	563721	0	99.9984	0.013978	3	563717	0.0005	99.9977	0.014286	1	563722	0.0002	99.9986
0.017879	1	563722	0.0002	99.9986	0.014049	0	563717	0	99.9977	0.014359	0	563722	0	99.9986

续表

红波段					绿波段					蓝波段				
波长	该波长下像素数	累积总像素数	所占比例	累积所占比例	波长	该波长下像素数	累积总像素数	所占比例	累积所占比例	波长	该波长下像素数	累积总像素数	所占比例	累积所占比例
0.01797	1	563723	0.0002	99.9988	0.014121	0	563717	0	99.9977	0.014432	1	563723	0.0002	99.9988
0.01806	0	563723	0	99.9988	0.014192	1	563718	0.0002	99.9979	0.014505	0	563723	0	99.9988
0.018151	0	563723	0	99.9988	0.014263	0	563718	0	99.9979	0.014578	0	563723	0	99.9988
0.018242	2	563725	0.0004	99.9991	0.014335	1	563719	0.0002	99.998	0.014651	1	563724	0.0002	99.9989
0.018333	0	563725	0	99.9991	0.014406	2	563721	0.0004	99.9984	0.014724	0	563724	0	99.9989
0.018423	0	563725	0	99.9991	0.014477	0	563721	0	99.9984	0.014797	0	563724	0	99.9989
0.018514	1	563726	0.0002	99.9993	0.014549	0	563721	0	99.9984	0.014869	1	563725	0.0002	99.9991
0.018605	1	563727	0.0002	99.9995	0.01462	1	563722	0.0002	99.9986	0.014942	1	563726	0.0002	99.9993
0.018696	0	563727	0	99.9995	0.014691	0	563722	0	99.9986	0.015015	0	563726	0	99.9993
0.018786	0	563727	0	99.9995	0.014762	0	563722	0	99.9986	0.015088	0	563726	0	99.9993
0.018877	0	563727	0	99.9995	0.014834	0	563722	0	99.9986	0.015161	1	563727	0.0002	99.9995
0.018968	0	563727	0	99.9995	0.014905	1	563723	0.0002	99.9988	0.015234	1	563728	0.0002	99.9996
0.019059	0	563727	0	99.9995	0.014976	0	563723	0	99.9988	0.015307	0	563728	0	99.9996
0.019149	0	563727	0	99.9995	0.015048	0	563723	0	99.9988	0.01538	0	563728	0	99.9996
0.01924	0	563727	0	99.9995	0.015119	0	563723	0	99.9988	0.015453	1	563729	0.0002	99.9998
0.019331	1	563728	0.0002	99.9996	0.01519	0	563723	0	99.9988	0.015525	0	563729	0	99.9998
0.019422	0	563728	0	99.9996	0.015262	1	563724	0.0002	99.9989	0.015598	0	563729	0	99.9998
0.019512	0	563728	0	99.9996	0.015333	0	563724	0	99.9989	0.015671	0	563729	0	99.9998
0.019603	0	563728	0	99.9996	0.015404	0	563724	0	99.9989	0.015744	0	563729	0	99.9998
0.019694	0	563728	0	99.9996	0.015476	0	563724	0	99.9989	0.015817	0	563729	0	99.9998
0.019785	0	563728	0	99.9996	0.015547	0	563724	0	99.9989	0.01589	0	563729	0	99.9998
0.019875	0	563728	0	99.9996	0.015618	1	563725	0.0002	99.9991	0.015963	0	563729	0	99.9998
0.019966	0	563728	0	99.9996	0.01569	0	563725	0	99.9991	0.016036	0	563729	0	99.9998
0.020057	0	563728	0	99.9996	0.015761	0	563725	0	99.9991	0.016109	0	563729	0	99.9998
0.020148	1	563729	0.0002	99.9998	0.015832	0	563725	0	99.9991	0.016181	0	563729	0	99.9998
0.020239	0	563729	0	99.9998	0.015904	0	563725	0	99.9991	0.016254	0	563729	0	99.9998
0.020329	0	563729	0	99.9998	0.015975	0	563725	0	99.9991	0.016327	0	563729	0	99.9998
0.02042	0	563729	0	99.9998	0.016046	1	563726	0.0002	99.9993	0.0164	0	563729	0	99.9998
0.020511	0	563729	0	99.9998	0.016117	1	563727	0.0002	99.9995	0.016473	0	563729	0	99.9998
0.020602	0	563729	0	99.9998	0.016189	0	563727	0	99.9995	0.016546	0	563729	0	99.9998
0.020692	0	563729	0	99.9998	0.01626	0	563727	0	99.9995	0.016619	0	563729	0	99.9998
0.020783	0	563729	0	99.9998	0.016331	0	563727	0	99.9995	0.016692	0	563729	0	99.9998
0.020874	0	563729	0	99.9998	0.016403	2	563729	0.0004	99.9998	0.016765	0	563729	0	99.9998
0.020965	0	563729	0	99.9998	0.016474	0	563729	0	99.9998	0.016837	0	563729	0	99.9998
0.021055	0	563729	0	99.9998	0.016545	0	563729	0	99.9998	0.01691	0	563729	0	99.9998
0.021146	0	563729	0	99.9998	0.016617	0	563729	0	99.9998	0.016983	0	563729	0	99.9998
0.021237	0	563729	0	99.9998	0.016688	0	563729	0	99.9998	0.017056	0	563729	0	99.9998
0.021328	0	563729	0	99.9998	0.016759	0	563729	0	99.9998	0.017129	0	563729	0	99.9998
0.021418	0	563729	0	99.9998	0.016831	0	563729	0	99.9998	0.017202	0	563729	0	99.9998
0.021509	0	563729	0	99.9998	0.016902	0	563729	0	99.9998	0.017275	0	563729	0	99.9998
0.0216	0	563729	0	99.9998	0.016973	0	563729	0	99.9998	0.017348	0	563729	0	99.9998
0.021691	0	563729	0	99.9998	0.017045	0	563729	0	99.9998	0.017421	0	563729	0	99.9998
0.021781	0	563729	0	99.9998	0.017116	0	563729	0	99.9998	0.017493	0	563729	0	99.9998
0.021872	0	563729	0	99.9998	0.017187	0	563729	0	99.9998	0.017566	0	563729	0	99.9998
0.021963	0	563729	0	99.9998	0.017259	0	563729	0	99.9998	0.017639	0	563729	0	99.9998
0.022054	0	563729	0	99.9998	0.01733	0	563729	0	99.9998	0.017712	0	563729	0	99.9998

续表

红波段					绿波段					蓝波段				
波长	该波长下像素数	累积总像素数	所占比例	累积所占比例	波长	该波长下像素数	累积总像素数	所占比例	累积所占比例	波长	该波长下像素数	累积总像素数	所占比例	累积所占比例
0.022144	0	563729	0	99.9998	0.017401	0	563729	0	99.9998	0.017785	0	563729	0	99.9998
0.022235	0	563729	0	99.9998	0.017472	0	563729	0	99.9998	0.017858	0	563729	0	99.9998
0.022326	0	563729	0	99.9998	0.017544	0	563729	0	99.9998	0.017931	0	563729	0	99.9998
0.022417	0	563729	0	99.9998	0.017615	0	563729	0	99.9998	0.018004	0	563729	0	99.9998
0.022507	0	563729	0	99.9998	0.017686	0	563729	0	99.9998	0.018077	0	563729	0	99.9998
0.022598	0	563729	0	99.9998	0.017758	0	563729	0	99.9998	0.018149	0	563729	0	99.9998
0.022689	0	563729	0	99.9998	0.017829	0	563729	0	99.9998	0.018222	0	563729	0	99.9998
0.02278	0	563729	0	99.9998	0.0179	0	563729	0	99.9998	0.018295	0	563729	0	99.9998
0.02287	0	563729	0	99.9998	0.017972	0	563729	0	99.9998	0.018368	0	563729	0	99.9998
0.022961	0	563729	0	99.9998	0.018043	0	563729	0	99.9998	0.018441	0	563729	0	99.9998
0.023052	0	563729	0	99.9998	0.018114	0	563729	0	99.9998	0.018514	0	563729	0	99.9998
0.023143	1	563730	0.0002	100	0.018186	1	563730	0.0002	100	0.018587	1	563730	0.0002	100

图8-13 栖霞市翠屏街道石盒子村实地勘察点

(a) 场地O2   (b) 场地O3

图8-14 现场实景

(c)场地O4　　　　　　　　　　　　　　　　　(d)场地O5

图8-14　现场实景(续)

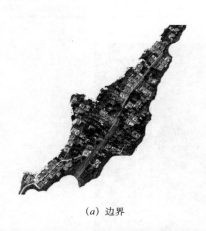

(a)边界　　　　　　　　　　　　　　　　　　(b)影像突显,边界值

(c)影像突显,边界(Geary)　　　　　　　　　(d)影像R边界,G簇团,B突显合一

图8-15　边界分析

6) 3D 分析是使用村庄卫星影像所包含的空间信息,通过计算机模拟出它在三维空间中的现实状况及其未来变化的可能,比较直观地诊断村庄所处区域地形地貌条件下的健康状况的一种方法。

图 8-16 (a) 描述了村庄水文地质状况与现有村庄居民点的关系。同时,它还预示了村庄居民点住宅建设的自然约束条件,特别是可能受到泥石流和山洪危害的居住区危险段。就目前村庄居民点的状况看,有些住宅已经处在泥石流和山洪危害的危险地段,如村南部较新的 20 幢住宅可能受到山体滑坡和

泥石流的危害，村北部有些住宅占了时令河道，可能受到山洪威胁。该村约有废弃或闲置住宅场地40余处，宅基地合计面积约10亩，受到自然灾害威胁的可能性相对要小。所以，该村目前处于不健康的发展状态下。

图8-16（b）描述了村庄新旧住宅的分布状况，以渲染的方式突出显示了可能发生泥石流和山洪危害的地段。村庄缺乏对时令河段实施保护和对山洪进行适度防范的建设，甚至临时占用了河道退红用地，影响山洪疏导。

图8-16（c）模拟了与村庄居民点相邻的可能恢复和难以恢复自然生态状态的坡面，预示了村庄发展需要避开的那些生态状态相对脆弱的地段和减少对自然生态发生干扰和影响的部位。同时，需要在重新开发旧宅基地时，需要留给动物的自然通道。

图8-16（d）模拟展望了村庄居民点整治和自然生态恢复后的状态：重新开发的旧宅基地、整修好的时令河道、沿河的村庄主要道路、开辟的动物跨村通道、恢复的植被。

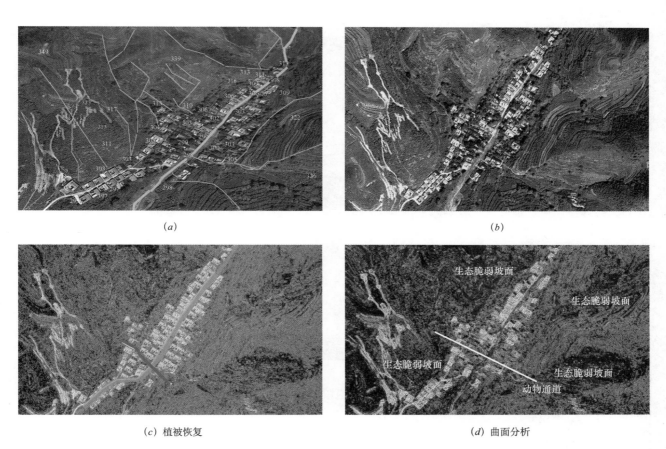

(a)　　　　　　　　　　　　　　　　　(b)

(c) 植被恢复　　　　　　　　　　　(d) 曲面分析

图8-16　3D分析

2. 山坡上的居民点废弃或闲置场地

以莱州市毛家涧村为例。毛家涧村已经不是山涧中的村庄了，近几十年来，它逐步发展成为坡上村，而把老毛家涧村坍塌的、废弃的、空闲的住宅留在了山涧之中。地处海拔135m的山涧中的老毛家涧村居民点正在衰退，大部分新建住宅所在地块海拔165m，村庄居民点的主体也从3°～5°的缓坡地区发展到5°～10°以上的斜坡地区（图8-17～图8-18）。

图8-17　莱州市毛家涧村

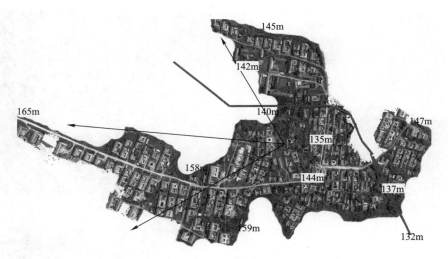

图8-18　三维空间定位

莱州市驿道镇毛家涧村

访谈对象：毛×　　职务：主任　　访谈日期：2010年7月26日　　整理人：胡欣琪

一、村庄概况

毛家涧村位于莱阳市驿道镇，地处37°14′N，120°17′E，海拔范围134～135m，距莱阳市市中心35km，距驿道镇镇中心12.5km，属于山村。该村的地形条件是丘陵，位于山坡上，村庄内有河流穿过。紧挨村庄东边有一条省级公路S306，与村庄相距1.5km。该村的总人口数是900人，常住人口数也是900人，总户数是250户，常住户数为250户。该村2009年村集体收入为5000元，主要来源是土地承包、土地租赁所得。2009年人均纯收入为1300～1400元，主要来源是种植农作物和在村边的矿山上打工。该村村民收入的来源中，种植业收入占60%，外出打工占40%。

毛家涧村的村域总面积为1500亩，其中村庄居民点建设用地面积为675亩；该村的宅基地总数是280个，户均宅基地面积为150m²，户均庭院面积为90m²。

二、村庄废弃或闲置场地基本信息

该村倒塌宅基地个数为20个左右，废弃或闲置宅基地个数（不包括倒塌的）约有30个，单个旧宅基地面积为80m²，这些空置场地集中成片，主要分布在村庄中部。形成这些空置场地的主要原因是该村农户建设新房，搬出旧房，旧房闲置，没有利用起来。该村100%的废弃宅基地的宅前道路是土路，长满杂草，而且较窄，无法顺利通小型农用车。100%的废弃宅基地没有电源和自来水。

三、实地核实新建住宅与废弃或闲置场地基本信息（图8-19）

（一）三户较新住宅

N1：户主毛××，37°14′04.00″N，120°17′20.53″E。海拔141m。宅基地160m²，家中4口人，常住4人，基础设施方面：自来水接入，自建下水道，有线电视，有固话，宅前道路硬化，无垃圾处理。

N2：户主毛××，37°14′10.27″N，120°17′02.34″E。海拔164m。宅基地160m²，家中共5口人，常住5人，基础设施方面：自来水接入，无污水处理，有线电视，有固话，宅前道路硬化，无垃圾处理。

N3：户主毛××，37°14105.79″N，120°17′07.51″E。海拔155m。宅基地150m²，家中3口人，常住3人，基础设施方面：自来水接入，污水直接排到街上，有线电视，无固话，宅前道路硬化，无垃圾处理，垃圾直接扔到沟里。

（二）五个"空置点"

O1：废弃的闲置厂房，37°14′05.09″N，120°17′19.75″E，海拔141m。原来是罐头厂，1993年倒闭后开始闲置。4个标准宅基地大小，面积为6亩，成型且清晰可见的地基，在其上面不规则堆满了建筑材料，如砖块、石子，院内长满杂草，现有一部分用作村委会的办公室，其余都在闲置中。宅前路完好，宽约3m，没有硬化。

O2（图8-20）：废弃的闲置厂房，37°14′05.09″N，120°17′19.31″E，海拔142m。原来是政府开办的冰库，1994年倒闭后开始闲置。9个标准宅基地大小，面积为8亩，成型且清晰可见的地基，在其上面不规则地堆满了建筑材料，如砖块、石子，院内长满杂草和树木，现有一部分用作养猪，其余都在闲置中。宅前路完好，宽约2m，没有硬化，长满野草。

O3（图8-21）：标准废弃的宅基地，37°13′59.68″N，120°17′19.26″E，海拔136m。位于村庄的东南部分，房顶坍塌，门窗破损，已经闲置多年，宅前道路已经长满野草不能通行，宽约1m，其西侧为完整的农户，其东侧和南侧均为农田。

O4（图8-22）：位于村庄中部偏南，37°13′59.52″N，120°17′15.15″E，海拔136m。是一块标准的废弃宅基地。面积约为150m²。其南边是宽约3m的村庄主干道，北边为另一闲置宅基地，其余方向皆为标准的宅基地，由于建新房搬迁，这里被闲置下来至今。与此种类型相似的空置地广泛地存在于村里，具有一定的代表性。

O5（图8-23）：位于村庄中心部分，37°14′00.76″N，120°17′08.55″E，海拔145m。村庄主干道西侧洼地处，是一块标准的废弃宅基地。面积约为150m²。其东边是宽约4m的村庄主干道，北边与南边各为一闲置宅基地，西侧为农田，由于建新房搬迁，这里被闲置下来至今。

图8-19 毛家涧村实地勘察点

图8-20 场地O2

图8-21　场地O3

图8-22　场地O4

图8-23　场地O5

1）地物光谱分析的结果（表8-6）

（1）从卫星影像上分析得到的村庄居民点的建设用地面积约为332亩；

（2）对三个波段作加权平均计算：（Wr+0.5Wg+0.25Wb）/1.75=（37+0.5×58+0.25×62）/1.75=46%；

（3）除去10%的道路和公共绿地面积（图8-24），这个村庄居民点建设用地的空置率约为36%（表8-6）。

需要注意的是，村里统计的村庄建设用地面积为675亩，宅基地面积仅有63亩，即280块宅基地，平均宅基地面积150m²，住宅用地总面积42000m²，如果加上10%的道路和公共建筑用地，合计建设用地面积约为130亩，这样计算下来，该村的空置率高达80%。如果使用我们通过卫星影像估算的总建设用地面积332亩作为基数的话，这个村庄居民点建设用地的空置率约为60%。无论如何计算，按照现场调查数据得到的空置率都高于我们目视的空置率。

当然，通过卫星影像所作的估算还是比土地规划确定下来的数据更能反映现实状况。即使这个村庄果真在规划上有675亩村庄建设用地面积，这些建设用地实际上也是用作农业种植。事实上，按照675亩村庄建设用地面积计算，这个村人均建设用地高达500m²。这在土地规划上是不可能的。

莱州市驿道镇毛家涧村光谱分析 表8-6

红波段					绿波段					蓝波段				
波长	该波长下像素数	累积总像素数	所占比例	累积所占比例	波长	该波长下像素数	累积总像素数	所占比例	累积所占比例	波长	该波长下像素数	累积总像素数	所占比例	累积所占比例
					0	3	3	0.0005	0.0005	0	3	3	0.0005	0.0005
					1	0	3	0	0.0005	1	1	4	0.0002	0.0007
					2	1	4	0.0002	0.0007	2	0	4	0	0.0007
					3	0	4	0	0.0007	3	0	4	0	0.0007
					4	0	4	0	0.0007	4	1	5	0.0002	0.0008
					5	0	4	0	0.0007	5	3	8	0.0005	0.0014
6	1	1	0.0002	0.0002	6	1	5	0.0002	0.0008	6	1	9	0.0002	0.0015
7	0	1	0	0.0002	7	2	7	0.0003	0.0012	7	0	9	0	0.0015
8	0	1	0	0.0002	8	1	8	0.0002	0.0014	8	2	11	0.0003	0.0019
9	0	1	0	0.0002	9	0	8	0	0.0014	9	0	11	0	0.0019
10	0	1	0	0.0002	10	1	9	0.0002	0.0015	10	1	12	0.0002	0.002
11	1	2	0.0002	0.0003	11	3	12	0.0005	0.002	11	4	16	0.0007	0.0027
12	0	2	0	0.0003	12	2	14	0.0003	0.0024	12	1	17	0.0002	0.0029
13	0	2	0	0.0003	13	3	17	0.0005	0.0029	13	2	19	0.0003	0.0032
14	1	3	0.0002	0.0005	14	2	19	0.0003	0.0032	14	5	24	0.0008	0.0041
15	0	3	0	0.0005	15	2	21	0.0003	0.0036	15	5	29	0.0008	0.0049
16	1	4	0.0002	0.0007	16	4	25	0.0007	0.0042	16	2	31	0.0003	0.0053
17	1	5	0.0002	0.0008	17	4	29	0.0007	0.0049	17	3	34	0.0005	0.0058
18	1	6	0.0002	0.001	18	12	41	0.002	0.007	18	13	47	0.0022	0.008
19	1	7	0.0002	0.0012	19	7	48	0.0012	0.0082	19	12	59	0.002	0.01
20	2	9	0.0003	0.0015	20	7	55	0.0012	0.0093	20	8	67	0.0014	0.0114
21	2	11	0.0003	0.0019	21	11	66	0.0019	0.0112	21	13	80	0.0022	0.0136
22	1	12	0.0002	0.002	22	8	74	0.0014	0.0126	22	17	97	0.0029	0.0165
23	3	15	0.0005	0.0025	23	8	82	0.0014	0.0139	23	16	113	0.0027	0.0192
24	2	17	0.0003	0.0029	24	16	98	0.0027	0.0167	24	22	135	0.0037	0.0229
25	1	18	0.0002	0.0031	25	20	118	0.0034	0.0201	25	22	157	0.0037	0.0267
26	0	18	0	0.0031	26	18	136	0.0031	0.0231	26	18	175	0.0031	0.0297
27	8	26	0.0014	0.0044	27	23	159	0.0039	0.027	27	18	193	0.0031	0.0328
28	4	30	0.0007	0.0051	28	25	184	0.0042	0.0313	28	27	220	0.0046	0.0374
29	7	37	0.0012	0.0063	29	31	215	0.0053	0.0365	29	36	256	0.0061	0.0435
30	10	47	0.0017	0.008	30	43	258	0.0073	0.0439	30	32	288	0.0054	0.049
31	11	58	0.0019	0.0099	31	40	298	0.0068	0.0507	31	44	332	0.0075	0.0564
32	6	64	0.001	0.0109	32	45	343	0.0076	0.0583	32	39	371	0.0066	0.0631
33	8	72	0.0014	0.0122	33	50	393	0.0085	0.0668	33	39	410	0.0066	0.0697
34	19	91	0.0032	0.0155	34	40	433	0.0068	0.0736	34	38	448	0.0065	0.0762
35	15	106	0.0025	0.018	35	55	488	0.0093	0.083	35	63	511	0.0107	0.0869
36	23	129	0.0039	0.0219	36	53	541	0.009	0.092	36	46	557	0.0078	0.0947
37	23	152	0.0039	0.0258	37	61	602	0.0104	0.1023	37	51	608	0.0087	0.1034
38	19	171	0.0032	0.0291	38	69	671	0.0117	0.1141	38	67	675	0.0114	0.1147
39	37	208	0.0063	0.0354	39	63	734	0.0107	0.1248	39	67	742	0.0114	0.1261
40	43	251	0.0073	0.0427	40	86	820	0.0146	0.1394	40	83	825	0.0141	0.1402
41	48	299	0.0082	0.0508	41	85	905	0.0144	0.1538	41	89	914	0.0151	0.1554
42	40	339	0.0068	0.0576	42	85	990	0.0144	0.1683	42	78	992	0.0133	0.1686
43	55	394	0.0093	0.067	43	95	1085	0.0161	0.1844	43	98	1090	0.0167	0.1853
44	65	459	0.011	0.078	44	109	1194	0.0185	0.203	44	95	1185	0.0161	0.2014
45	70	529	0.0119	0.0899	45	116	1310	0.0197	0.2227	45	103	1288	0.0175	0.2189
46	91	620	0.0155	0.1054	46	126	1436	0.0214	0.2441	46	114	1402	0.0194	0.2383

续表

	红波段					绿波段					蓝波段			
波长	该波长下像素数	累积总像素数	所占比例	累积所占比例	波长	该波长下像素数	累积总像素数	所占比例	累积所占比例	波长	该波长下像素数	累积总像素数	所占比例	累积所占比例
47	94	714	0.016	0.1214	47	137	1573	0.0233	0.2674	47	130	1532	0.0221	0.2604
48	91	805	0.0155	0.1368	48	132	1705	0.0224	0.2898	48	137	1669	0.0233	0.2837
49	116	921	0.0197	0.1566	49	135	1840	0.0229	0.3128	49	124	1793	0.0211	0.3048
50	120	1041	0.0204	0.177	50	159	1999	0.027	0.3398	50	156	1949	0.0265	0.3313
51	132	1173	0.0224	0.1994	51	181	2180	0.0308	0.3706	51	162	2111	0.0275	0.3589
52	167	1340	0.0284	0.2278	52	158	2338	0.0269	0.3974	52	190	2301	0.0323	0.3912
53	161	1501	0.0274	0.2552	53	221	2559	0.0376	0.435	53	191	2492	0.0325	0.4236
54	179	1680	0.0304	0.2856	54	227	2786	0.0386	0.4736	54	208	2700	0.0354	0.459
55	201	1881	0.0342	0.3198	55	218	3004	0.0371	0.5107	55	233	2933	0.0396	0.4986
56	221	2102	0.0376	0.3573	56	227	3231	0.0386	0.5492	56	223	3156	0.0379	0.5365
57	219	2321	0.0372	0.3946	57	300	3531	0.051	0.6002	57	220	3376	0.0374	0.5739
58	238	2559	0.0405	0.435	58	281	3812	0.0478	0.648	58	257	3633	0.0437	0.6176
59	245	2804	0.0416	0.4767	59	309	4121	0.0525	0.7005	59	289	3922	0.0491	0.6667
60	267	3071	0.0454	0.522	60	320	4441	0.0544	0.7549	60	314	4236	0.0534	0.7201
61	287	3358	0.0488	0.5708	61	334	4775	0.0568	0.8117	61	326	4562	0.0554	0.7755
62	342	3700	0.0581	0.629	62	349	5124	0.0593	0.871	62	328	4890	0.0558	0.8313
63	337	4037	0.0573	0.6863	63	356	5480	0.0605	0.9316	63	377	5267	0.0641	0.8953
64	369	4406	0.0627	0.749	64	361	5841	0.0614	0.9929	64	366	5633	0.0622	0.9576
65	369	4775	0.0627	0.8117	65	394	6235	0.067	1.0599	65	374	6007	0.0636	1.0211
66	364	5139	0.0619	0.8736	66	385	6620	0.0654	1.1253	66	423	6430	0.0719	1.093
67	393	5532	0.0668	0.9404	67	470	7090	0.0799	1.2052	67	390	6820	0.0663	1.1593
68	433	5965	0.0736	1.014	68	449	7539	0.0763	1.2816	68	475	7295	0.0807	1.2401
69	457	6422	0.0777	1.0917	69	471	8010	0.0801	1.3616	69	474	7769	0.0806	1.3207
70	494	6916	0.084	1.1757	70	525	8535	0.0892	1.4509	70	498	8267	0.0847	1.4053
71	494	7410	0.084	1.2596	71	513	9048	0.0872	1.5381	71	529	8796	0.0899	1.4952
72	543	7953	0.0923	1.3519	72	546	9594	0.0928	1.6309	72	567	9363	0.0964	1.5916
73	561	8514	0.0954	1.4473	73	615	10209	0.1045	1.7354	73	568	9931	0.0966	1.6882
74	586	9100	0.0996	1.5469	74	617	10826	0.1049	1.8403	74	590	10521	0.1003	1.7885
75	615	9715	0.1045	1.6515	75	625	11451	0.1062	1.9466	75	622	11143	0.1057	1.8942
76	673	10388	0.1144	1.7659	76	637	12088	0.1083	2.0549	76	667	11810	0.1134	2.0076
77	672	11060	0.1142	1.8801	77	657	12745	0.1117	2.1665	77	681	12491	0.1158	2.1234
78	696	11756	0.1183	1.9984	78	703	13448	0.1195	2.286	78	693	13184	0.1178	2.2412
79	724	12480	0.1231	2.1215	79	658	14106	0.1119	2.3979	79	744	13928	0.1265	2.3676
80	780	13260	0.1326	2.2541	80	742	14848	0.1261	2.524	80	753	14681	0.128	2.4956
81	798	14058	0.1357	2.3897	81	804	15652	0.1367	2.6607	81	830	15511	0.1411	2.6367
82	832	14890	0.1414	2.5312	82	750	16402	0.1275	2.7882	82	770	16281	0.1309	2.7676
83	989	15879	0.1681	2.6993	83	855	17257	0.1453	2.9335	83	848	17129	0.1442	2.9118
84	959	16838	0.163	2.8623	84	861	18118	0.1464	3.0799	84	885	18014	0.1504	3.0622
85	1011	17849	0.1719	3.0342	85	917	19035	0.1559	3.2358	85	894	18908	0.152	3.2142
86	1130	18979	0.1921	3.2263	86	887	19922	0.1508	3.3866	86	932	19840	0.1584	3.3726
87	1069	20048	0.1817	3.408	87	934	20856	0.1588	3.5453	87	973	20813	0.1654	3.538
88	1162	21210	0.1975	3.6055	88	943	21799	0.1603	3.7056	88	1024	21837	0.1741	3.7121
89	1289	22499	0.2191	3.8246	89	956	22755	0.1625	3.8682	89	1034	22871	0.1758	3.8879
90	1313	23812	0.2232	4.0478	90	1085	23840	0.1844	4.0526	90	1027	23898	0.1746	4.0625
91	1348	25160	0.2291	4.277	91	1100	24940	0.187	4.2396	91	1110	25008	0.1887	4.2512
92	1472	26632	0.2502	4.5272	92	1119	26059	0.1902	4.4298	92	1227	26235	0.2086	4.4597
93	1515	28147	0.2575	4.7848	93	1156	27215	0.1965	4.6263	93	1256	27491	0.2135	4.6732

续表

	红波段					绿波段					蓝波段			
波长	该波长下像素数	累积总像素数	所占比例	累积所占比例	波长	该波长下像素数	累积总像素数	所占比例	累积所占比例	波长	该波长下像素数	累积总像素数	所占比例	累积所占比例
94	1494	29641	0.254	5.0387	94	1220	28435	0.2074	4.8337	94	1277	28768	0.2171	4.8903
95	1634	31275	0.2778	5.3165	95	1283	29718	0.2181	5.0518	95	1349	30117	0.2293	5.1196
96	1614	32889	0.2744	5.5909	96	1343	31061	0.2283	5.2801	96	1417	31534	0.2409	5.3605
97	1644	34533	0.2795	5.8703	97	1392	32453	0.2366	5.5167	97	1392	32926	0.2366	5.5971
98	1719	36252	0.2922	6.1625	98	1444	33897	0.2455	5.7622	98	1514	34440	0.2574	5.8545
99	1774	38026	0.3016	6.4641	99	1474	35371	0.2506	6.0128	99	1618	36058	0.275	6.1296
100	1895	39921	0.3221	6.7862	100	1585	36956	0.2694	6.2822	100	1702	37760	0.2893	6.4189
101	1943	41864	0.3303	7.1165	101	1610	38566	0.2737	6.5559	101	1751	39511	0.2977	6.7165
102	1897	43761	0.3225	7.439	102	1771	40337	0.3011	6.857	102	1835	41346	0.3119	7.0285
103	1904	45665	0.3237	7.7627	103	1725	42062	0.2932	7.1502	103	1870	43216	0.3179	7.3464
104	2037	47702	0.3463	8.1089	104	1776	43838	0.3019	7.4521	104	1982	45198	0.3369	7.6833
105	2033	49735	0.3456	8.4545	105	1848	45686	0.3141	7.7662	105	1972	47170	0.3352	8.0185
106	2139	51874	0.3636	8.8181	106	2008	47694	0.3413	8.1076	106	2076	49246	0.3529	8.3714
107	2182	54056	0.3709	9.1891	107	1973	49667	0.3354	8.443	107	2160	51406	0.3672	8.7386
108	2098	56154	0.3566	9.5457	108	1953	51620	0.332	8.775	108	2147	53553	0.365	9.1036
109	2122	58276	0.3607	9.9064	109	2165	53785	0.368	9.143	109	2308	55861	0.3923	9.4959
110	2070	60346	0.3519	10.2583	110	2128	55913	0.3617	9.5047	110	2405	58266	0.4088	9.9047
111	2147	62493	0.365	10.6233	111	2286	58199	0.3886	9.8933	111	2324	60590	0.3951	10.2998
112	2126	64619	0.3614	10.9847	112	2320	60519	0.3944	10.2877	112	2441	63031	0.4149	10.7147
113	2195	66814	0.3731	11.3578	113	2382	62901	0.4049	10.6926	113	2523	65554	0.4289	11.1436
114	2262	69076	0.3845	11.7423	114	2345	65246	0.3986	11.0913	114	2491	68045	0.4234	11.5671
115	2152	71228	0.3658	12.1082	115	2414	67660	0.4104	11.5016	115	2555	70600	0.4343	12.0014
116	2125	73353	0.3612	12.4694	116	2428	70088	0.4127	11.9144	116	2613	73213	0.4442	12.4456
117	2096	75449	0.3563	12.8257	117	2528	72616	0.4297	12.3441	117	2652	75865	0.4508	12.8964
118	2075	77524	0.3527	13.1784	118	2559	75175	0.435	12.7791	118	2705	78570	0.4598	13.3562
119	2097	79621	0.3565	13.5349	119	2595	77770	0.4411	13.2203	119	2751	81321	0.4676	13.8239
120	2105	81726	0.3578	13.8927	120	2654	80424	0.4512	13.6714	120	2647	83968	0.45	14.2739
121	2041	83767	0.347	14.2397	121	2519	82943	0.4282	14.0996	121	2735	86703	0.4649	14.7388
122	2087	85854	0.3548	14.5945	122	2586	85529	0.4396	14.5392	122	2626	89329	0.4464	15.1852
123	1945	87799	0.3306	14.9251	123	2578	88107	0.4382	14.9775	123	2637	91966	0.4483	15.6335
124	1966	89765	0.3342	15.2593	124	2561	90668	0.4353	15.4128	124	2608	94574	0.4433	16.0768
125	1909	91674	0.3245	15.5838	125	2567	93235	0.4364	15.8492	125	2617	97191	0.4449	16.5217
126	1856	93530	0.3155	15.8993	126	2501	95736	0.4251	16.2743	126	2679	99870	0.4554	16.9771
127	1869	95399	0.3177	16.217	127	2561	98297	0.4353	16.7097	127	2597	102467	0.4415	17.4185
128	1859	97258	0.316	16.5331	128	2529	100826	0.4299	17.1396	128	2446	104913	0.4158	17.8343
129	1766	99024	0.3002	16.8333	129	2404	103230	0.4087	17.5482	129	2551	107464	0.4336	18.268
130	1770	100794	0.3009	17.1341	130	2467	105697	0.4194	17.9676	130	2487	109951	0.4228	18.6908
131	1847	102641	0.314	17.4481	131	2479	108176	0.4214	18.389	131	2333	112284	0.3966	19.0873
132	1690	104331	0.2873	17.7354	132	2271	110447	0.3861	18.7751	132	2331	114615	0.3963	19.4836
133	1650	105981	0.2805	18.0159	133	2296	112743	0.3903	19.1654	133	2279	116894	0.3874	19.871
134	1629	107610	0.2769	18.2928	134	2322	115065	0.3947	19.5601	134	2251	119145	0.3827	20.2537
135	1613	109223	0.2742	18.567	135	2281	117346	0.3878	19.9478	135	2168	121313	0.3685	20.6222
136	1649	110872	0.2803	18.8473	136	2158	119504	0.3668	20.3147	136	2145	123458	0.3646	20.9868
137	1583	112455	0.2691	19.1164	137	2128	121632	0.3617	20.6764	137	2043	125501	0.3473	21.3341
138	1619	114074	0.2752	19.3916	138	2107	123739	0.3582	21.0346	138	1916	127417	0.3257	21.6598
139	1559	115633	0.265	19.6567	139	1969	125708	0.3347	21.3693	139	1866	129283	0.3172	21.977
140	1498	117131	0.2546	19.9113	140	1910	127618	0.3247	21.694	140	1907	131190	0.3242	22.3012

红波段					绿波段					蓝波段				
波长	该波长下像素数	累积总像素数	所占比例	累积所占比例	波长	该波长下像素数	累积总像素数	所占比例	累积所占比例	波长	该波长下像素数	累积总像素数	所占比例	累积所占比例
141	1503	118634	0.2555	20.1668	141	1979	129597	0.3364	22.0304	141	1843	133033	0.3133	22.6145
142	1361	119995	0.2314	20.3982	142	1855	131452	0.3153	22.3457	142	1699	134732	0.2888	22.9033
143	1345	121340	0.2286	20.6268	143	1829	133281	0.3109	22.6567	143	1741	136473	0.296	23.1993
144	1287	122627	0.2188	20.8456	144	1765	135046	0.3	22.9567	144	1599	138072	0.2718	23.4711
145	1423	124050	0.2419	21.0875	145	1696	136742	0.2883	23.245	145	1645	139717	0.2796	23.7507
146	1333	125383	0.2266	21.3141	146	1616	138358	0.2747	23.5197	146	1622	141339	0.2757	24.0265
147	1278	126661	0.2172	21.5313	147	1550	139908	0.2635	23.7832	147	1511	142850	0.2569	24.2833
148	1270	127931	0.2159	21.7472	148	1541	141449	0.262	24.0452	148	1473	144323	0.2504	24.5337
149	1253	129184	0.213	21.9602	149	1548	142997	0.2631	24.3083	149	1413	145736	0.2402	24.7739
150	1206	130390	0.205	22.1652	150	1475	144472	0.2507	24.559	150	1379	147115	0.2344	25.0083
151	1254	131644	0.2132	22.3784	151	1434	145906	0.2438	24.8028	151	1338	148453	0.2274	25.2358
152	1252	132896	0.2128	22.5912	152	1336	147242	0.2271	25.0299	152	1255	149708	0.2133	25.4491
153	1155	134051	0.1963	22.7876	153	1324	148566	0.2251	25.255	153	1237	150945	0.2103	25.6594
154	1199	135250	0.2038	22.9914	154	1325	149891	0.2252	25.4802	154	1267	152212	0.2154	25.8748
155	1187	136437	0.2018	23.1932	155	1311	151202	0.2229	25.7031	155	1290	153502	0.2193	26.0941
156	1168	137605	0.1986	23.3917	156	1302	152504	0.2213	25.9244	156	1167	154669	0.1984	26.2924
157	1145	138750	0.1946	23.5863	157	1217	153721	0.2069	26.1313	157	1259	155928	0.214	26.5065
158	1104	139854	0.1877	23.774	158	1187	154908	0.2018	26.3331	158	1155	157083	0.1963	26.7028
159	1157	141011	0.1967	23.9707	159	1147	156055	0.195	26.5281	159	1148	158231	0.1952	26.898
160	1083	142094	0.1841	24.1548	160	1149	157204	0.1953	26.7234	160	1130	159361	0.1921	27.09
161	1125	143219	0.1912	24.346	161	1094	158298	0.186	26.9093	161	1047	160408	0.178	27.268
162	1073	144292	0.1824	24.5284	162	1078	159376	0.1833	27.0926	162	1067	161475	0.1814	27.4494
163	1143	145435	0.1943	24.7227	163	1163	160539	0.1977	27.2903	163	1040	162515	0.1768	27.6262
164	1007	146442	0.1712	24.8939	164	1050	161589	0.1785	27.4688	164	1093	163608	0.1858	27.812
165	1100	147542	0.187	25.0809	165	1083	162672	0.1841	27.6529	165	1020	164628	0.1734	27.9854
166	1100	148642	0.187	25.2679	166	1093	163765	0.1858	27.8387	166	1016	165644	0.1727	28.1581
167	1067	149709	0.1814	25.4493	167	986	164751	0.1676	28.0063	167	1007	166651	0.1712	28.3293
168	1016	150725	0.1727	25.622	168	1058	165809	0.1799	28.1862	168	1032	167683	0.1754	28.5047
169	1081	151806	0.1838	25.8058	169	1074	166883	0.1826	28.3687	169	1064	168747	0.1809	28.6856
170	1059	152865	0.18	25.9858	170	1010	167893	0.1717	28.5404	170	991	169738	0.1685	28.8541
171	1043	153908	0.1773	26.1631	171	931	168824	0.1583	28.6987	171	1003	170741	0.1705	29.0246
172	1032	154940	0.1754	26.3385	172	1020	169844	0.1734	28.8721	172	988	171729	0.168	29.1925
173	1062	156002	0.1805	26.519	173	974	170818	0.1656	29.0376	173	970	172699	0.1649	29.3574
174	994	156996	0.169	26.688	174	946	171764	0.1608	29.1985	174	926	173625	0.1574	29.5148
175	1090	158086	0.1853	26.8733	175	955	172719	0.1623	29.3608	175	1002	174627	0.1703	29.6851
176	1067	159153	0.1814	27.0547	176	992	173711	0.1686	29.5294	176	994	175621	0.169	29.8541
177	1050	160203	0.1785	27.2332	177	917	174628	0.1559	29.6853	177	920	176541	0.1564	30.0105
178	930	161133	0.1581	27.3913	178	1013	175641	0.1722	29.8575	178	1025	177566	0.1742	30.1847
179	992	162125	0.1686	27.5599	179	966	176607	0.1642	30.0217	179	940	178506	0.1598	30.3445
180	1008	163133	0.1714	27.7313	180	946	177553	0.1608	30.1825	180	937	179443	0.1593	30.5038
181	995	164128	0.1691	27.9004	181	930	178483	0.1581	30.3406	181	878	180321	0.1493	30.6531
182	954	165082	0.1622	28.0626	182	931	179414	0.1583	30.4989	182	906	181227	0.154	30.8071
183	1037	166119	0.1763	28.2389	183	986	180400	0.1676	30.6665	183	962	182189	0.1635	30.9706
184	967	167086	0.1644	28.4032	184	933	181333	0.1586	30.8251	184	924	183113	0.1571	31.1277
185	991	168077	0.1685	28.5717	185	961	182294	0.1634	30.9885	185	947	184060	0.161	31.2887
186	981	169058	0.1668	28.7385	186	954	183248	0.1622	31.1506	186	877	184937	0.1491	31.4378
187	916	169974	0.1557	28.8942	187	903	184151	0.1535	31.3041	187	890	185827	0.1513	31.589

续表

	红波段					绿波段					蓝波段			
波长	该波长下像素数	累积总像素数	所占比例	累积所占比例	波长	该波长下像素数	累积总像素数	所占比例	累积所占比例	波长	该波长下像素数	累积总像素数	所占比例	累积所占比例
188	943	170917	0.1603	29.0545	188	880	185031	0.1496	31.4537	188	855	186682	0.1453	31.7344
189	931	171848	0.1583	29.2127	189	875	185906	0.1487	31.6025	189	824	187506	0.1401	31.8745
190	932	172780	0.1584	29.3712	190	901	186807	0.1532	31.7556	190	939	188445	0.1596	32.0341
191	910	173690	0.1547	29.5259	191	916	187723	0.1557	31.9114	191	949	189394	0.1613	32.1954
192	938	174628	0.1595	29.6853	192	861	188584	0.1464	32.0577	192	874	190268	0.1486	32.344
193	877	175505	0.1491	29.8344	193	822	189406	0.1397	32.1974	193	863	191131	0.1467	32.4907
194	921	176426	0.1566	29.991	194	887	190293	0.1508	32.3482	194	847	191978	0.144	32.6347
195	901	177327	0.1532	30.1441	195	861	191154	0.1464	32.4946	195	851	192829	0.1447	32.7793
196	960	178287	0.1632	30.3073	196	863	192017	0.1467	32.6413	196	821	193650	0.1396	32.9189
197	947	179234	0.161	30.4683	197	822	192839	0.1397	32.781	197	825	194475	0.1402	33.0591
198	841	180075	0.143	30.6113	198	821	193660	0.1396	32.9206	198	795	195270	0.1351	33.1943
199	898	180973	0.1527	30.7639	199	857	194517	0.1457	33.0663	199	833	196103	0.1416	33.3359
200	895	181868	0.1521	30.9161	200	869	195386	0.1477	33.214	200	820	196923	0.1394	33.4753
201	903	182771	0.1535	31.0696	201	788	196174	0.134	33.348	201	773	197696	0.1314	33.6067
202	889	183660	0.1511	31.2207	202	806	196980	0.137	33.485	202	814	198510	0.1384	33.7451
203	884	184544	0.1503	31.3709	203	796	197776	0.1353	33.6203	203	785	199295	0.1334	33.8785
204	883	185427	0.1501	31.5211	204	790	198566	0.1343	33.7546	204	734	200029	0.1248	34.0033
205	827	186254	0.1406	31.6616	205	751	199317	0.1277	33.8822	205	733	200762	0.1246	34.1279
206	871	187125	0.1481	31.8097	206	785	200102	0.1334	34.0157	206	754	201516	0.1282	34.256
207	950	188075	0.1615	31.9712	207	689	200791	0.1171	34.1328	207	700	202216	0.119	34.375
208	836	188911	0.1421	32.1133	208	728	201519	0.1238	34.2566	208	673	202889	0.1144	34.4894
209	898	189809	0.1527	32.266	209	713	202232	0.1212	34.3778	209	685	203574	0.1164	34.6059
210	842	190651	0.1431	32.4091	210	699	202931	0.1188	34.4966	210	664	204238	0.1129	34.7188
211	869	191520	0.1477	32.5568	211	719	203650	0.1222	34.6188	211	666	204904	0.1132	34.832
212	832	192352	0.1414	32.6982	212	705	204355	0.1198	34.7387	212	647	205551	0.11	34.942
213	864	193216	0.1469	32.8451	213	631	204986	0.1073	34.8459	213	638	206189	0.1085	35.0504
214	832	194048	0.1414	32.9866	214	748	205734	0.1272	34.9731	214	603	206792	0.1025	35.1529
215	804	194852	0.1367	33.1232	215	650	206384	0.1105	35.0836	215	591	207383	0.1005	35.2534
216	820	195672	0.1394	33.2626	216	627	207011	0.1066	35.1902	216	577	207960	0.0981	35.3515
217	819	196491	0.1392	33.4018	217	615	207626	0.1045	35.2947	217	620	208580	0.1054	35.4569
218	883	197374	0.1501	33.5519	218	560	208186	0.0952	35.3899	218	546	209126	0.0928	35.5497
219	778	198152	0.1323	33.6842	219	562	208748	0.0955	35.4854	219	562	209688	0.0955	35.6452
220	809	198961	0.1375	33.8217	220	597	209345	0.1015	35.5869	220	561	210249	0.0954	35.7406
221	800	199761	0.136	33.9577	221	550	209895	0.0935	35.6804	221	536	210785	0.0911	35.8317
222	794	200555	0.135	34.0927	222	578	210473	0.0983	35.7787	222	542	211327	0.0921	35.9238
223	683	201238	0.1161	34.2088	223	566	211039	0.0962	35.8749	223	529	211856	0.0899	36.0138
224	704	201942	0.1197	34.3285	224	518	211557	0.0881	35.9629	224	483	212339	0.0821	36.0959
225	724	202666	0.1231	34.4515	225	468	212025	0.0796	36.0425	225	451	212790	0.0767	36.1725
226	729	203395	0.1239	34.5755	226	443	212468	0.0753	36.1178	226	506	213296	0.086	36.2586
227	755	204150	0.1283	34.7038	227	450	212918	0.0765	36.1943	227	387	213683	0.0658	36.3243
228	735	204885	0.1249	34.8288	228	542	213460	0.0921	36.2864	228	421	214104	0.0716	36.3959
229	759	205644	0.129	34.9578	229	427	213887	0.0726	36.359	229	417	214521	0.0709	36.4668
230	780	206424	0.1326	35.0904	230	408	214295	0.0694	36.4284	230	425	214946	0.0722	36.539
231	726	207150	0.1234	35.2138	231	405	214700	0.0688	36.4972	231	426	215372	0.0724	36.6115
232	660	207810	0.1122	35.326	232	436	215136	0.0741	36.5713	232	455	215827	0.0773	36.6888
233	672	208482	0.1142	35.4402	233	426	215562	0.0724	36.6438	233	419	216246	0.0712	36.76
234	691	209173	0.1175	35.5577	234	410	215972	0.0697	36.7134	234	376	216622	0.0639	36.8239

续表

红波段					绿波段					蓝波段				
波长	该波长下像素数	累积总像素数	所占比例	累积所占比例	波长	该波长下像素数	累积总像素数	所占比例	累积所占比例	波长	该波长下像素数	累积总像素数	所占比例	累积所占比例
235	662	209835	0.1125	35.6702	235	352	216324	0.0598	36.7733	235	352	216974	0.0598	36.8838
236	655	210490	0.1113	35.7816	236	402	216726	0.0683	36.8416	236	342	217316	0.0581	36.9419
237	655	211145	0.1113	35.8929	237	371	217097	0.0631	36.9047	237	393	217709	0.0668	37.0087
238	613	211758	0.1042	35.9971	238	361	217458	0.0614	36.9661	238	381	218090	0.0648	37.0735
239	651	212409	0.1107	36.1078	239	348	217806	0.0592	37.0252	239	341	218431	0.058	37.1315
240	605	213014	0.1028	36.2106	240	369	218175	0.0627	37.0879	240	348	218779	0.0592	37.1906
241	600	213614	0.102	36.3126	241	340	218515	0.0578	37.1457	241	367	219146	0.0624	37.253
242	668	214282	0.1136	36.4262	242	436	218951	0.0741	37.2199	242	433	219579	0.0736	37.3266
243	679	214961	0.1154	36.5416	243	395	219346	0.0671	37.287	243	468	220047	0.0796	37.4062
244	593	215554	0.1008	36.6424	244	477	219823	0.0811	37.3681	244	421	220468	0.0716	37.4777
245	604	216158	0.1027	36.7451	245	388	220211	0.066	37.434	245	350	220818	0.0595	37.5372
246	611	216769	0.1039	36.8489	246	390	220601	0.0663	37.5003	246	389	221207	0.0661	37.6034
247	626	217395	0.1064	36.9553	247	367	220968	0.0624	37.5627	247	335	221542	0.0569	37.6603
248	560	217955	0.0952	37.0505	248	354	221322	0.0602	37.6229	248	400	221942	0.068	37.7283
249	587	218542	0.0998	37.1503	249	379	221701	0.0644	37.6873	249	306	222248	0.052	37.7803
250	593	219135	0.1008	37.2511	250	392	222093	0.0666	37.754	250	430	222678	0.0731	37.8534
251	632	219767	0.1074	37.3586	251	511	222604	0.0869	37.8408	251	499	223177	0.0848	37.9382
252	610	220377	0.1037	37.4623	252	508	223112	0.0864	37.9272	252	251	223428	0.0427	37.9809
253	673	221050	0.1144	37.5767	253	611	223723	0.1039	38.0311	253	587	224015	0.0998	38.0807
254	872	221922	0.1482	37.7249	254	788	224511	0.134	38.165	254	481	224496	0.0818	38.1625
255	366342	588264	62.2751	100	255	363753	588264	61.835	100	255	363768	588264	61.8375	100

图8-24 剔除周边环境

从这个角度出发，地物光谱分析还可以诊断出一些土地管理上的问题，提高土地管理水平。

2）坡度分析的结果（图 8-25 ～图 8-28，表 8-7）：

（1）整个村庄区域最高坡度为 28°，最低坡度为 0.001134°；

（2）整个村庄区域中，地块坡度为 0.001134°～ 4.9°的约占 41%；5.1°～ 10°的约占 28%，10°～ 15°的约占 15%，15°～ 28°的约占 16%；

（3）这个村庄居民点建设用地基本处于 3°～ 5°的地块范围内；

（4）废弃或闲置场地均在缓坡上（2°～ 5°）。

图8-25 坡度分析（一）

（a）坡度轮廓线

（b）坡度0°～5°

（c）坡度5°～10°

（d）综合

图8-26 坡度分析（二）

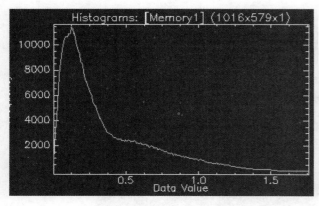

图8-27 坡度分层分布

图8-28 毛家涧村中坡度实景

莱州市驿道镇毛家涧村坡度分析 表 8-7

	红波段					红波段			
坡度	该坡度下像素数	累积总像素数	所占比例	累积所占比例	坡度	该坡度下像素数	累积总像素数	所占比例	累积所占比例
0	259002	259002	44.0282	44.0282	0.037426	3439	354609	0.5846	60.2806
0.001134	2861	261863	0.4863	44.5145	0.03856	3428	358037	0.5827	60.8633
0.002268	2167	264030	0.3684	44.8829	0.039695	3551	361588	0.6036	61.467
0.003402	2177	266207	0.3701	45.253	0.040829	3341	364929	0.5679	62.0349
0.004537	2189	268396	0.3721	45.6251	0.041963	3334	368263	0.5668	62.6017
0.005671	2116	270512	0.3597	45.9848	0.043097	3318	371581	0.564	63.1657
0.006805	2149	272661	0.3653	46.3501	0.044231	3365	374946	0.572	63.7377
0.007939	2198	274859	0.3736	46.7237	0.045365	3314	378260	0.5634	64.3011
0.009073	2263	277122	0.3847	47.1084	0.046499	3320	381580	0.5644	64.8654
0.010207	2388	279510	0.4059	47.5144	0.047634	3254	384834	0.5532	65.4186
0.011341	2481	281991	0.4217	47.9361	0.048768	3294	388128	0.56	65.9785
0.012475	2619	284610	0.4452	48.3813	0.049902	3395	391523	0.5771	66.5557
0.01361	2704	287314	0.4597	48.841	0.051036	3211	394734	0.5458	67.1015
0.014744	2718	290032	0.462	49.303	0.05217	3233	397967	0.5496	67.6511
0.015878	2957	292989	0.5027	49.8057	0.053304	3165	401132	0.538	68.1891
0.017012	2903	295892	0.4935	50.2992	0.054438	3109	404241	0.5285	68.7176
0.018146	2948	298840	0.5011	50.8003	0.055572	3132	407373	0.5324	69.25
0.01928	3074	301914	0.5226	51.3229	0.056707	3120	410493	0.5304	69.7804
0.020414	3024	304938	0.5141	51.8369	0.057841	3079	413572	0.5234	70.3038
0.021549	3054	307992	0.5192	52.3561	0.058975	2971	416543	0.505	70.8089
0.022683	3054	311046	0.5192	52.8752	0.060109	2888	419431	0.4909	71.2998
0.023817	3102	314148	0.5273	53.4026	0.061243	2801	422232	0.4761	71.7759
0.024951	3223	317371	0.5479	53.9504	0.062377	2729	424961	0.4639	72.2398
0.026085	3227	320598	0.5486	54.499	0.063511	2646	427607	0.4498	72.6896
0.027219	3298	323896	0.5606	55.0596	0.064646	2623	430230	0.4459	73.1355
0.028353	3346	327242	0.5688	55.6284	0.06578	2468	432698	0.4195	73.5551
0.029487	3356	330598	0.5705	56.1989	0.066914	2416	435114	0.4107	73.9658
0.030622	3401	333999	0.5781	56.7771	0.068048	2452	437566	0.4168	74.3826
0.031756	3441	337440	0.5849	57.362	0.069182	2363	439929	0.4017	74.7843
0.03289	3406	340846	0.579	57.941	0.070316	2258	442187	0.3838	75.1681
0.034024	3443	344289	0.5853	58.5263	0.07145	2175	444362	0.3697	75.5379
0.035158	3436	347725	0.5841	59.1104	0.072584	2158	446520	0.3668	75.9047
0.036292	3445	351170	0.5856	59.696	0.073719	2024	448544	0.3441	76.2488

续表

红波段					红波段				
坡度	该坡度下像素数	累积总像素数	所占比例	累积所占比例	坡度	该坡度下像素数	累积总像素数	所占比例	累积所占比例
0.074853	2034	450578	0.3458	76.5945	0.128157	1011	514139	0.1719	87.3994
0.075987	1888	452466	0.3209	76.9155	0.129291	1043	515182	0.1773	87.5767
0.077121	1825	454291	0.3102	77.2257	0.130425	1073	516255	0.1824	87.7591
0.078255	1702	455993	0.2893	77.515	0.131559	1032	517287	0.1754	87.9345
0.079389	1753	457746	0.298	77.813	0.132693	1052	518339	0.1788	88.1133
0.080523	1706	459452	0.29	78.103	0.133828	1043	519382	0.1773	88.2906
0.081658	1739	461191	0.2956	78.3986	0.134962	1104	520486	0.1877	88.4783
0.082792	1632	462823	0.2774	78.6761	0.136096	1089	521575	0.1851	88.6634
0.083926	1629	464452	0.2769	78.953	0.13723	1073	522648	0.1824	88.8458
0.08506	1538	465990	0.2614	79.2144	0.138364	1110	523758	0.1887	89.0345
0.086194	1511	467501	0.2569	79.4713	0.139498	1098	524856	0.1867	89.2212
0.087328	1444	468945	0.2455	79.7168	0.140632	1123	525979	0.1909	89.4121
0.088462	1471	470416	0.2501	79.9668	0.141767	1090	527069	0.1853	89.5974
0.089596	1435	471851	0.2439	80.2108	0.142901	1059	528128	0.18	89.7774
0.090731	1396	473247	0.2373	80.4481	0.144035	1034	529162	0.1758	89.9532
0.091865	1411	474658	0.2399	80.6879	0.145169	992	530154	0.1686	90.1218
0.092999	1423	476081	0.2419	80.9298	0.146303	1025	531179	0.1742	90.296
0.094133	1343	477424	0.2283	81.1581	0.147437	940	532119	0.1598	90.4558
0.095267	1354	478778	0.2302	81.3883	0.148571	985	533104	0.1674	90.6233
0.096401	1374	480152	0.2336	81.6219	0.149705	922	534026	0.1567	90.78
0.097535	1314	481466	0.2234	81.8452	0.15084	950	534976	0.1615	90.9415
0.098669	1360	482826	0.2312	82.0764	0.151974	882	535858	0.1499	91.0914
0.099804	1318	484144	0.224	82.3005	0.153108	909	536767	0.1545	91.2459
0.100938	1249	485393	0.2123	82.5128	0.154242	815	537582	0.1385	91.3845
0.102072	1314	486707	0.2234	82.7362	0.155376	883	538465	0.1501	91.5346
0.103206	1328	488035	0.2257	82.9619	0.15651	891	539356	0.1515	91.686
0.10434	1261	489296	0.2144	83.1763	0.157644	878	540234	0.1493	91.8353
0.105474	1164	490460	0.1979	83.3741	0.158778	854	541088	0.1452	91.9805
0.106608	1259	491719	0.214	83.5882	0.159913	890	541978	0.1513	92.1318
0.107743	1238	492957	0.2104	83.7986	0.161047	872	542850	0.1482	92.28
0.108877	1303	494260	0.2215	84.0201	0.162181	902	543752	0.1533	92.4333
0.110011	1239	495499	0.2106	84.2307	0.163315	831	544583	0.1413	92.5746
0.111145	1259	496758	0.214	84.4447	0.164449	850	545433	0.1445	92.7191
0.112279	1281	498039	0.2178	84.6625	0.165583	792	546225	0.1346	92.8537
0.113413	1231	499270	0.2093	84.8718	0.166717	864	547089	0.1469	93.0006
0.114547	1251	500521	0.2127	85.0844	0.167852	817	547906	0.1389	93.1395
0.115681	1230	501751	0.2091	85.2935	0.168986	744	548650	0.1265	93.2659
0.116816	1260	503011	0.2142	85.5077	0.17012	823	549473	0.1399	93.4059
0.11795	1221	504232	0.2076	85.7153	0.171254	720	550193	0.1224	93.5282
0.119084	1206	505438	0.205	85.9203	0.172388	766	550959	0.1302	93.6585
0.120218	1204	506642	0.2047	86.1249	0.173522	738	551697	0.1255	93.7839
0.121352	1120	507762	0.1904	86.3153	0.174656	760	552457	0.1292	93.9131
0.122486	1141	508903	0.194	86.5093	0.17579	771	553228	0.1311	94.0442
0.12362	1061	509964	0.1804	86.6896	0.176925	784	554012	0.1333	94.1774
0.124755	1064	511028	0.1809	86.8705	0.178059	778	554790	0.1323	94.3097
0.125889	1081	512109	0.1838	87.0543	0.179193	812	555602	0.138	94.4477
0.127023	1019	513128	0.1732	87.2275	0.180327	828	556430	0.1408	94.5885

续表

红波段					红波段				
坡度	该坡度下像素数	累积总像素数	所占比例	累积所占比例	坡度	该坡度下像素数	累积总像素数	所占比例	累积所占比例
0.181461	806	557236	0.137	94.7255	0.235899	240	583694	0.0408	99.2231
0.182595	810	558046	0.1377	94.8632	0.237034	236	583930	0.0401	99.2633
0.183729	763	558809	0.1297	94.9929	0.238168	228	584158	0.0388	99.302
0.184864	778	559587	0.1323	95.1251	0.239302	214	584372	0.0364	99.3384
0.185998	780	560367	0.1326	95.2577	0.240436	226	584598	0.0384	99.3768
0.187132	794	561161	0.135	95.3927	0.24157	214	584812	0.0364	99.4132
0.188266	781	561942	0.1328	95.5255	0.242704	221	585033	0.0376	99.4508
0.1894	750	562692	0.1275	95.653	0.243838	186	585219	0.0316	99.4824
0.190534	748	563440	0.1272	95.7801	0.244973	197	585416	0.0335	99.5159
0.191668	742	564182	0.1261	95.9063	0.246107	137	585553	0.0233	99.5392
0.192802	753	564935	0.128	96.0343	0.247241	136	585689	0.0231	99.5623
0.193937	718	565653	0.1221	96.1563	0.248375	156	585845	0.0265	99.5888
0.195071	760	566413	0.1292	96.2855	0.249509	115	585960	0.0195	99.6083
0.196205	760	567173	0.1292	96.4147	0.250643	103	586063	0.0175	99.6258
0.197339	737	567910	0.1253	96.54	0.251777	142	586205	0.0241	99.65
0.198473	712	568622	0.121	96.661	0.252911	116	586321	0.0197	99.6697
0.199607	726	569348	0.1234	96.7844	0.254046	130	586451	0.0221	99.6918
0.200741	677	570025	0.1151	96.8995	0.25518	111	586562	0.0189	99.7107
0.201876	671	570696	0.1141	97.0136	0.256314	82	586644	0.0139	99.7246
0.20301	667	571363	0.1134	97.127	0.257448	82	586726	0.0139	99.7386
0.204144	645	572008	0.1096	97.2366	0.258582	100	586826	0.017	99.7556
0.205278	636	572644	0.1081	97.3447	0.259716	95	586921	0.0161	99.7717
0.206412	596	573240	0.1013	97.446	0.26085	107	587028	0.0182	99.7899
0.207546	572	573812	0.0972	97.5433	0.261985	95	587123	0.0161	99.806
0.20868	541	574353	0.092	97.6352	0.263119	89	587212	0.0151	99.8212
0.209814	516	574869	0.0877	97.723	0.264253	96	587308	0.0163	99.8375
0.210949	467	575336	0.0794	97.8023	0.265387	100	587408	0.017	99.8545
0.212083	486	575822	0.0826	97.885	0.266521	108	587516	0.0184	99.8728
0.213217	475	576297	0.0807	97.9657	0.267655	101	587617	0.0172	99.89
0.214351	429	576726	0.0729	98.0386	0.268789	99	587716	0.0168	99.9068
0.215485	483	577209	0.0821	98.1207	0.269923	84	587800	0.0143	99.9211
0.216619	453	577662	0.077	98.1977	0.271058	96	587896	0.0163	99.9374
0.217753	482	578144	0.0819	98.2797	0.272192	54	587950	0.0092	99.9466
0.218887	406	578550	0.069	98.3487	0.273326	61	588011	0.0104	99.957
0.220022	453	579003	0.077	98.4257	0.27446	44	588055	0.0075	99.9645
0.221156	453	579456	0.077	98.5027	0.275594	44	588099	0.0075	99.972
0.22229	440	579896	0.0748	98.5775	0.276728	26	588125	0.0044	99.9764
0.223424	392	580288	0.0666	98.6441	0.277862	18	588143	0.0031	99.9794
0.224558	374	580662	0.0636	98.7077	0.278996	25	588168	0.0042	99.9837
0.225692	378	581040	0.0643	98.772	0.280131	15	588183	0.0025	99.9862
0.226826	353	581393	0.06	98.832	0.281265	24	588207	0.0041	99.9903
0.227961	354	581747	0.0602	98.8922	0.282399	14	588221	0.0024	99.9927
0.229095	333	582080	0.0566	98.9488	0.283533	8	588229	0.0014	99.9941
0.230229	315	582395	0.0535	99.0023	0.284667	14	588243	0.0024	99.9964
0.231363	275	582670	0.0467	99.0491	0.285801	4	588247	0.0007	99.9971
0.232497	294	582964	0.05	99.099	0.286935	8	588255	0.0014	99.9985
0.233631	239	583203	0.0406	99.1397	0.28807	8	588263	0.0014	99.9998
0.234765	251	583454	0.0427	99.1823	0.289204	1	588264	0.0002	100

3）簇团分析的结果（图 8-29、表 8-8）：

（1）这个村庄 93% 的地物与其相邻地物具有相似的属性，其簇团值为正，7% 的地物与其相邻地物具有不相似的属性，其簇团值为负；

（2）建筑物簇团占全部簇团的 20%；

（3）房前屋后的场地约占全部簇团值的 10%；

（4）废弃或闲置场地的簇团值占全部簇团值的 63%；

（5）与上例栖霞市石盒子村相比，这个村庄的簇团程度相对低一些，住宅数目和废弃或闲置场相对分散，因为其边界数比栖霞市石盒子村多了 4 个百分点；

（6）这个村庄废弃或闲置场地的簇团值占全部簇团值的比例比栖霞市石盒子村多了 30%，这说明，这个村庄废弃场地比较分散，且每一块废弃或闲置场地的面积相对小。

以上比较说明了坡地村与山涧村之间的差异，坡地村受到地形和环境的约束要小，有了更多蔓延的空间。

4）密度分析的结果（图 8-30、图 8-31、表 8-9）：

（1）以 –0.05 为临界值，密度值低于 –0.05 为废弃或闲置场地，密度值高于 –0.05 的为人工建筑地物，包括正值；

（2）59% 的地物簇团密度值低于 –0.05，41% 的地物簇团密度值在 –0.05 ~ 0.029 之间；

（3）以这个临界值来计算，这个村庄的废弃或闲置场地和宅前屋后场地约占居民点用地的 59%，如果除去 10% 的道路和公共空间，这个村庄的空置率约为 49%。

(a) 簇团分析

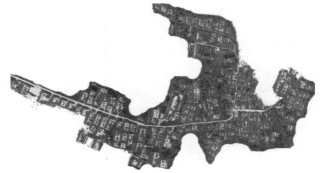

(b) 闲置及全部绿地覆盖部分

(c) 由建筑物覆盖部分

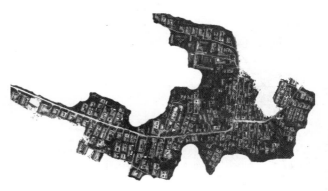

(d) 边界部分

图8-29　簇团分析

毛家涧村簇团分析   表8-8

红波段					绿波段					蓝波段				
簇团	像素数	累积像素数	比例	累积比例	簇团	像素数	累积像素数	比例	累积比例	簇团	像素数	累积像素数	比例	累积比例
-0.013553	1	1	0.0002	0.0002	-0.026486	2	2	0.0003	0.0003	-0.029343	1	1	0.0002	0.0002
-0.013247	0	1	0	0.0002	-0.025849	0	2	0	0.0003	-0.028641	1	2	0.0002	0.0003
-0.012941	0	1	0	0.0002	-0.025213	1	3	0.0002	0.0005	-0.027939	2	4	0.0003	0.0007
-0.012635	1	2	0.0002	0.0003	-0.024577	1	4	0.0002	0.0007	-0.027237	1	5	0.0002	0.0008
-0.012328	0	2	0	0.0003	-0.02394	3	7	0.0005	0.0012	-0.026534	0	5	0	0.0008
-0.012022	0	2	0	0.0003	-0.023304	0	7	0	0.0012	-0.025832	0	5	0	0.0008
-0.011716	2	4	0.0003	0.0007	-0.022668	2	9	0.0003	0.0015	-0.02513	1	6	0.0002	0.001
-0.01141	0	4	0	0.0007	-0.022031	2	11	0.0003	0.0019	-0.024427	3	9	0.0005	0.0015
-0.011104	3	7	0.0005	0.0012	-0.021395	2	13	0.0003	0.0022	-0.023725	2	11	0.0003	0.0019
-0.010798	0	7	0	0.0012	-0.020759	1	14	0.0002	0.0024	-0.023023	2	13	0.0003	0.0022
-0.010492	2	9	0.0003	0.0015	-0.020122	1	15	0.0002	0.0025	-0.022321	3	16	0.0005	0.0027
-0.010186	1	10	0.0002	0.0017	-0.019486	3	18	0.0005	0.0031	-0.021618	2	18	0.0003	0.0031
-0.00988	2	12	0.0003	0.002	-0.01885	1	19	0.0002	0.0032	-0.020916	2	20	0.0003	0.0034
-0.009574	3	15	0.0005	0.0025	-0.018214	2	21	0.0003	0.0036	-0.020214	2	22	0.0003	0.0037
-0.009268	3	18	0.0005	0.0031	-0.017577	4	25	0.0007	0.0042	-0.019511	1	23	0.0002	0.0039
-0.008961	4	22	0.0007	0.0037	-0.016941	2	27	0.0003	0.0046	-0.018809	3	26	0.0005	0.0044
-0.008655	5	27	0.0008	0.0046	-0.016305	4	31	0.0007	0.0053	-0.018107	3	29	0.0005	0.0049
-0.008349	5	32	0.0008	0.0054	-0.015668	4	35	0.0007	0.0059	-0.017404	4	33	0.0007	0.0056
-0.008043	4	36	0.0007	0.0061	-0.015032	7	42	0.0012	0.0071	-0.016702	4	37	0.0007	0.0063
-0.007737	4	40	0.0007	0.0068	-0.014396	5	47	0.0008	0.008	-0.016	7	44	0.0012	0.0075
-0.007431	8	48	0.0014	0.0082	-0.013759	7	54	0.0012	0.0092	-0.015298	5	49	0.0008	0.0083
-0.007125	6	54	0.001	0.0092	-0.013123	17	71	0.0029	0.0121	-0.014595	17	66	0.0029	0.0112
-0.006819	15	69	0.0025	0.0117	-0.012487	21	92	0.0036	0.0156	-0.013893	13	79	0.0022	0.0134
-0.006513	19	88	0.0032	0.015	-0.01185	18	110	0.0031	0.0187	-0.013191	24	103	0.0041	0.0175
-0.006207	21	109	0.0036	0.0185	-0.011214	27	137	0.0046	0.0233	-0.012488	30	133	0.0051	0.0226
-0.0059	24	133	0.0041	0.0226	-0.010578	26	163	0.0044	0.0277	-0.011786	26	159	0.0044	0.027
-0.005594	30	163	0.0051	0.0277	-0.009941	36	199	0.0061	0.0338	-0.011084	42	201	0.0071	0.0342
-0.005288	36	199	0.0061	0.0338	-0.009305	46	245	0.0078	0.0416	-0.010382	34	235	0.0058	0.0399
-0.004982	49	248	0.0083	0.0422	-0.008669	58	303	0.0099	0.0515	-0.009679	58	293	0.0099	0.0498
-0.004676	57	305	0.0097	0.0518	-0.008033	77	380	0.0131	0.0646	-0.008977	73	366	0.0124	0.0622
-0.00437	71	376	0.0121	0.0639	-0.007396	100	480	0.017	0.0816	-0.008275	81	447	0.0138	0.076
-0.004064	81	457	0.0138	0.0777	-0.00676	128	608	0.0218	0.1034	-0.007572	123	570	0.0209	0.0969
-0.003758	99	556	0.0168	0.0945	-0.006124	162	770	0.0275	0.1309	-0.00687	144	714	0.0245	0.1214
-0.003452	116	672	0.0197	0.1142	-0.005487	234	1004	0.0398	0.1707	-0.006168	222	936	0.0377	0.1591
-0.003146	135	807	0.0229	0.1372	-0.004851	322	1326	0.0547	0.2254	-0.005465	291	1227	0.0495	0.2086
-0.00284	190	997	0.0323	0.1695	-0.004215	524	1850	0.0891	0.3145	-0.004763	466	1693	0.0792	0.2878
-0.002533	239	1236	0.0406	0.2101	-0.003578	701	2551	0.1192	0.4336	-0.004061	657	2350	0.1117	0.3995
-0.002227	350	1586	0.0595	0.2696	-0.002942	1141	3692	0.194	0.6276	-0.003359	1021	3371	0.1736	0.573
-0.001921	486	2072	0.0826	0.3522	-0.002306	1960	5652	0.3332	0.9608	-0.002656	1747	5118	0.297	0.87
-0.001615	627	2699	0.1066	0.4588	-0.001669	3914	9566	0.6653	1.6261	-0.001954	3274	8392	0.5566	1.4266
-0.001309	1002	3701	0.1703	0.6291	-0.001033	10662	20228	1.8125	3.4386	-0.001252	8781	17173	1.4927	2.9193
-0.001003	1778	5479	0.3022	0.9314	-0.000397	105967	126195	18.0135	21.4521	-0.000549	110444	127617	18.7746	21.6938
-0.000697	3819	9298	0.6492	1.5806	0.00024	94967	221162	16.1436	37.5957	0.000153	114989	242606	19.5472	41.241
-0.000391	15073	24371	2.5623	4.1429	0.000876	67683	288845	11.5055	49.1013	0.000855	68100	310706	11.5764	52.8174
-0.000085	102934	127305	17.4979	21.6408	0.001512	50482	339327	8.5815	57.6828	0.001558	47526	358232	8.079	60.8965

续表

红波段					绿波段					蓝波段				
簇团	像素数	累积像素数	比例	累积比例	簇团	像素数	累积像素数	比例	累积比例	簇团	像素数	累积像素数	比例	累积比例
0.000221	63472	190777	10.7897	32.4305	0.002149	36284	375611	6.168	63.8508	0.00226	33770	392002	5.7406	66.6371
0.000528	46817	237594	7.9585	40.389	0.002785	27300	402911	4.6408	68.4915	0.002962	25416	417418	4.3205	70.9576
0.000834	39300	276894	6.6807	47.0697	0.003421	21135	424046	3.5928	72.0843	0.003664	19169	436587	3.2586	74.2162
0.00114	35537	312431	6.041	53.1107	0.004057	16371	440417	2.7829	74.8672	0.004367	15176	451763	2.5798	76.796
0.001446	33196	345627	5.643	58.7537	0.004694	13110	453527	2.2286	77.0958	0.005069	12011	463774	2.0418	78.8377
0.001752	28904	374531	4.9134	63.6672	0.00533	10474	464001	1.7805	78.8763	0.005771	9874	473648	1.6785	80.5162
0.002058	24152	398683	4.1056	67.7728	0.005966	8761	472762	1.4893	80.3656	0.006474	8135	481783	1.3829	81.8991
0.002364	19589	418272	3.33	71.1028	0.006603	7419	480181	1.2612	81.6268	0.007176	6900	488683	1.1729	83.0721
0.00267	15860	434132	2.6961	73.7988	0.007239	6318	486499	1.074	82.7008	0.007878	5951	494634	1.0116	84.0837
0.002976	13059	447191	2.2199	76.0188	0.007875	5711	492210	0.9708	83.6716	0.00858	5137	499771	0.8732	84.9569
0.003282	10757	457948	1.8286	77.8474	0.008512	5001	497211	0.8501	84.5217	0.009283	4541	504312	0.7719	85.7289
0.003588	8635	466583	1.4679	79.3152	0.009148	4399	501610	0.7478	85.2695	0.009985	4006	508318	0.681	86.4098
0.003895	7096	473679	1.2063	80.5215	0.009784	3954	505564	0.6721	85.9417	0.010687	3469	511787	0.5897	86.9995
0.004201	5941	479620	1.0099	81.5314	0.010421	3491	509055	0.5934	86.5351	0.01139	3154	514941	0.5362	87.5357
0.004507	4962	484582	0.8435	82.3749	0.011057	3217	512272	0.5469	87.082	0.012092	2961	517902	0.5033	88.039
0.004813	4341	488923	0.7379	83.1129	0.011693	2930	515202	0.4981	87.5801	0.012794	2694	520596	0.458	88.497
0.005119	3836	492759	0.6521	83.7649	0.01233	2740	517942	0.4658	88.0458	0.013497	2514	523110	0.4274	88.9244
0.005425	3219	495978	0.5472	84.3121	0.012966	2598	520540	0.4416	88.4875	0.014199	2319	525429	0.3942	89.3186
0.005731	2994	498972	0.509	84.8211	0.013602	2344	522884	0.3985	88.8859	0.014901	2054	527483	0.3492	89.6677
0.006037	2643	501615	0.4493	85.2704	0.014238	2159	525043	0.367	89.253	0.015603	2079	529562	0.3534	90.0211
0.006343	2448	504063	0.4161	85.6865	0.014875	2079	527122	0.3534	89.6064	0.016306	1844	531406	0.3135	90.3346
0.006649	2202	506265	0.3743	86.0609	0.015511	1983	529105	0.3371	89.9435	0.017008	1765	533171	0.3	90.6346
0.006956	2145	508410	0.3646	86.4255	0.016147	1801	530906	0.3062	90.2496	0.01771	1689	534860	0.2871	90.9218
0.007262	1983	510393	0.3371	86.7626	0.016784	1737	532643	0.2953	90.5449	0.018413	1633	536493	0.2776	91.1994
0.007568	1774	512167	0.3016	87.0641	0.01742	1742	534385	0.2961	90.841	0.019115	1538	538031	0.2614	91.4608
0.007874	1813	513980	0.3082	87.3723	0.018056	1579	535964	0.2684	91.1094	0.019817	1476	539507	0.2509	91.7117
0.00818	1575	515555	0.2677	87.6401	0.018693	1608	537572	0.2733	91.3828	0.020519	1435	540942	0.2439	91.9557
0.008486	1564	517119	0.2659	87.9059	0.019329	1429	539001	0.2429	91.6257	0.021222	1416	542358	0.2407	92.1964
0.008792	1517	518636	0.2579	88.1638	0.019965	1429	540430	0.2429	91.8686	0.021924	1261	543619	0.2144	92.4107
0.009098	1385	520021	0.2354	88.3993	0.020602	1365	541795	0.232	92.1007	0.022626	1174	544793	0.1996	92.6103
0.009404	1340	521361	0.2278	88.627	0.021238	1301	543096	0.2212	92.3218	0.023329	1214	546007	0.2064	92.8167
0.00971	1302	522663	0.2213	88.8484	0.021874	1265	544361	0.215	92.5369	0.024031	1098	547105	0.1867	93.0033
0.010017	1177	523840	0.2001	89.0485	0.022511	1149	545510	0.1953	92.7322	0.024733	1147	548252	0.195	93.1983
0.010323	1183	525023	0.2011	89.2496	0.023147	1185	546695	0.2014	92.9336	0.025436	1005	549257	0.1708	93.3691
0.010629	1117	526140	0.1899	89.4394	0.023783	1082	547777	0.1839	93.1175	0.026138	967	550224	0.1644	93.5335
0.010935	1109	527249	0.1885	89.628	0.02442	1078	548855	0.1833	93.3008	0.02684	923	551147	0.1569	93.6904
0.011241	1081	528330	0.1838	89.8117	0.025056	1065	549920	0.181	93.4818	0.027542	935	552082	0.1589	93.8494
0.011547	1070	529400	0.1819	89.9936	0.025692	1019	550939	0.1732	93.6551	0.028245	957	553039	0.1627	94.012
0.011853	972	530372	0.1652	90.1588	0.026328	959	551898	0.163	93.8181	0.028947	866	553905	0.1472	94.1593
0.012159	988	531360	0.168	90.3268	0.026965	950	552848	0.1615	93.9796	0.029649	861	554766	0.1464	94.3056
0.012465	898	532258	0.1527	90.4794	0.027601	928	553776	0.1578	94.1373	0.030352	758	555524	0.1289	94.4345
0.012771	906	533164	0.154	90.6335	0.028237	841	554617	0.143	94.2803	0.031054	795	556319	0.1351	94.5696
0.013077	859	534023	0.146	90.7795	0.028874	831	555448	0.1413	94.4216	0.031756	770	557089	0.1309	94.7005
0.013384	857	534880	0.1457	90.9252	0.02951	745	556193	0.1266	94.5482	0.032459	753	557842	0.128	94.8285
0.01369	839	535719	0.1426	91.0678	0.030146	790	556983	0.1343	94.6825	0.033161	668	558510	0.1136	94.9421

续表

红波段					绿波段					蓝波段				
簇团	像素数	累积像素数	比例	累积比例	簇团	像素数	累积像素数	比例	累积比例	簇团	像素数	累积像素数	比例	累积比例
0.013996	797	536516	0.1355	91.2033	0.030783	724	557707	0.1231	94.8056	0.033863	697	559207	0.1185	95.0606
0.014302	740	537256	0.1258	91.3291	0.031419	749	558456	0.1273	94.9329	0.034565	639	559846	0.1086	95.1692
0.014608	784	538040	0.1333	91.4623	0.032055	720	559176	0.1224	95.0553	0.035268	628	560474	0.1068	95.2759
0.014914	834	538874	0.1418	91.6041	0.032692	701	559877	0.1192	95.1744	0.03597	634	561108	0.1078	95.3837
0.01522	738	539612	0.1255	91.7296	0.033328	671	560548	0.1141	95.2885	0.036672	604	561712	0.1027	95.4864
0.015526	792	540404	0.1346	91.8642	0.033964	615	561163	0.1045	95.3931	0.037375	582	562294	0.0989	95.5853
0.015832	710	541114	0.1207	91.9849	0.034601	652	561815	0.1108	95.5039	0.038077	611	562905	0.1039	95.6892
0.016138	619	541733	0.1052	92.0901	0.035237	634	562449	0.1078	95.6117	0.038779	582	563487	0.0989	95.7881
0.016445	638	542371	0.1085	92.1986	0.035873	598	563047	0.1017	95.7133	0.039481	560	564047	0.0952	95.8833
0.016751	662	543033	0.1125	92.3111	0.036509	552	563599	0.0938	95.8072	0.040184	551	564598	0.0937	95.977
0.017057	620	543653	0.1054	92.4165	0.037146	563	564162	0.0957	95.9029	0.040886	524	565122	0.0891	96.0661
0.017363	642	544295	0.1091	92.5256	0.037782	562	564724	0.0955	95.9984	0.041588	498	565620	0.0847	96.1507
0.017669	644	544939	0.1095	92.6351	0.038418	542	565266	0.0921	96.0905	0.042291	513	566133	0.0872	96.2379
0.017975	626	545565	0.1064	92.7415	0.039055	521	565787	0.0886	96.1791	0.042993	499	566632	0.0848	96.3227
0.018281	586	546151	0.0996	92.8411	0.039691	573	566360	0.0974	96.2765	0.043695	463	567095	0.0787	96.4014
0.018587	650	546801	0.1105	92.9516	0.040327	486	566846	0.0826	96.3591	0.044398	456	567551	0.0775	96.479
0.018893	577	547378	0.0981	93.0497	0.040964	485	567331	0.0824	96.4416	0.0451	449	568000	0.0763	96.5553
0.019199	598	547976	0.1017	93.1514	0.0416	492	567823	0.0836	96.5252	0.045802	460	568460	0.0782	96.6335
0.019505	596	548572	0.1013	93.2527	0.042236	457	568280	0.0777	96.6029	0.046504	420	568880	0.0714	96.7049
0.019812	573	549145	0.0974	93.3501	0.042873	452	568732	0.0768	96.6797	0.047207	473	569353	0.0804	96.7853
0.020118	565	549710	0.096	93.4461	0.043509	422	569154	0.0717	96.7515	0.047909	453	569806	0.077	96.8623
0.020424	559	550269	0.095	93.5412	0.044145	431	569585	0.0733	96.8247	0.048611	388	570194	0.066	96.9282
0.02073	552	550821	0.0938	93.635	0.044782	432	570017	0.0734	96.8982	0.049314	415	570609	0.0705	96.9988
0.021036	561	551382	0.0954	93.7304	0.045418	407	570424	0.0692	96.9673	0.050016	380	570989	0.0646	97.0634
0.021342	545	551927	0.0926	93.823	0.046054	410	570834	0.0697	97.037	0.050718	389	571378	0.0661	97.1295
0.021648	533	552460	0.0906	93.9136	0.04669	353	571187	0.06	97.0971	0.05142	376	571754	0.0639	97.1934
0.021954	526	552986	0.0894	94.003	0.047327	360	571547	0.0612	97.1582	0.052123	334	572088	0.0568	97.2502
0.02226	512	553498	0.087	94.0901	0.047963	379	571926	0.0644	97.2227	0.052825	342	572430	0.0581	97.3084
0.022566	519	554017	0.0882	94.1783	0.048599	371	572297	0.0631	97.2857	0.053527	340	572770	0.0578	97.3661
0.022873	480	554497	0.0816	94.2599	0.049236	345	572642	0.0586	97.3444	0.05423	326	573096	0.0554	97.4216
0.023179	527	555024	0.0896	94.3495	0.049872	364	573006	0.0619	97.4063	0.054932	322	573418	0.0547	97.4763
0.023485	493	555517	0.0838	94.4333	0.050508	339	573345	0.0576	97.4639	0.055634	318	573736	0.0541	97.5304
0.023791	479	555996	0.0814	94.5147	0.051145	353	573698	0.06	97.5239	0.056337	338	574074	0.0575	97.5878
0.024097	486	556482	0.0826	94.5973	0.051781	332	574030	0.0564	97.5803	0.057039	315	574389	0.0535	97.6414
0.024403	522	557004	0.0887	94.6861	0.052417	309	574339	0.0525	97.6329	0.057741	295	574684	0.0501	97.6915
0.024709	451	557455	0.0767	94.7627	0.053054	284	574623	0.0483	97.6811	0.058443	313	574997	0.0532	97.7447
0.025015	458	557913	0.0779	94.8406	0.05369	274	574897	0.0466	97.7277	0.059146	291	575288	0.0495	97.7942
0.025321	455	558368	0.0773	94.9179	0.054326	266	575163	0.0452	97.7729	0.059848	264	575552	0.0449	97.8391
0.025627	472	558840	0.0802	94.9982	0.054963	286	575449	0.0486	97.8216	0.06055	273	575825	0.0464	97.8855
0.025933	480	559320	0.0816	95.0798	0.055599	290	575739	0.0493	97.8709	0.061253	235	576060	0.0399	97.9254
0.02624	439	559759	0.0746	95.1544	0.056235	269	576008	0.0457	97.9166	0.061955	270	576330	0.0459	97.9713
0.026546	437	560196	0.0743	95.2287	0.056872	280	576288	0.0476	97.9642	0.062657	270	576600	0.0459	98.0172
0.026852	418	560614	0.0711	95.2997	0.057508	267	576555	0.0454	98.0096	0.06336	241	576841	0.041	98.0582
0.027158	429	561043	0.0729	95.3727	0.058144	229	576784	0.0389	98.0485	0.064062	257	577098	0.0437	98.1019
0.027464	422	561465	0.0717	95.4444	0.05878	276	577060	0.0469	98.0954	0.064764	241	577339	0.041	98.1428

	红波段					绿波段					蓝波段			
簇团	像素数	累积像素数	比例	累积比例	簇团	像素数	累积像素数	比例	累积比例	簇团	像素数	累积像素数	比例	累积比例
0.02777	426	561891	0.0724	95.5168	0.059417	232	577292	0.0394	98.1349	0.065466	247	577586	0.042	98.1848
0.028076	452	562343	0.0768	95.5936	0.060053	248	577540	0.0422	98.177	0.066169	215	577801	0.0365	98.2214
0.028382	384	562727	0.0653	95.6589	0.060689	215	577755	0.0365	98.2136	0.066871	234	578035	0.0398	98.2612
0.028688	383	563110	0.0651	95.724	0.061326	228	577983	0.0388	98.2523	0.067573	231	578266	0.0393	98.3004
0.028994	406	563516	0.069	95.793	0.061962	197	578180	0.0335	98.2858	0.068276	224	578490	0.0381	98.3385
0.029301	403	563919	0.0685	95.8616	0.062598	222	578402	0.0377	98.3235	0.068978	198	578688	0.0337	98.3722
0.029607	403	564322	0.0685	95.9301	0.063235	215	578617	0.0365	98.3601	0.06968	226	578914	0.0384	98.4106
0.029913	400	564722	0.068	95.9981	0.063871	207	578824	0.0352	98.3953	0.070382	195	579109	0.0331	98.4437
0.030219	449	565171	0.0763	96.0744	0.064507	227	579051	0.0386	98.4339	0.071085	194	579303	0.033	98.4767
0.030525	394	565565	0.067	96.1414	0.065144	191	579242	0.0325	98.4663	0.071787	185	579488	0.0314	98.5082
0.030831	419	565984	0.0712	96.2126	0.06578	198	579440	0.0337	98.5	0.072489	185	579673	0.0314	98.5396
0.031137	376	566360	0.0639	96.2765	0.066416	179	579619	0.0304	98.5304	0.073192	180	579853	0.0306	98.5702
0.031443	383	566743	0.0651	96.3416	0.067053	161	579780	0.0274	98.5578	0.073894	186	580039	0.0316	98.6018
0.031749	354	567097	0.0602	96.4018	0.067689	172	579952	0.0292	98.587	0.074596	188	580227	0.032	98.6338
0.032055	401	567498	0.0682	96.47	0.068325	181	580133	0.0308	98.6178	0.075299	164	580391	0.0279	98.6617
0.032362	379	567877	0.0644	96.5344	0.068961	156	580289	0.0265	98.6443	0.076001	168	580559	0.0286	98.6902
0.032668	374	568251	0.0636	96.598	0.069598	180	580469	0.0306	98.6749	0.076703	151	580710	0.0257	98.7159
0.032974	346	568597	0.0588	96.6568	0.070234	149	580618	0.0253	98.7002	0.077405	157	580867	0.0267	98.7426
0.03328	378	568975	0.0643	96.721	0.07087	138	580756	0.0235	98.7237	0.078108	170	581037	0.0289	98.7715
0.033586	338	569313	0.0575	96.7785	0.071507	165	580921	0.028	98.7518	0.07881	174	581211	0.0296	98.801
0.033892	340	569653	0.0578	96.8363	0.072143	138	581059	0.0235	98.7752	0.079512	163	581374	0.0277	98.8288
0.034198	331	569984	0.0563	96.8926	0.072779	165	581224	0.028	98.8033	0.080215	129	581503	0.0219	98.8507
0.034504	342	570326	0.0581	96.9507	0.073416	132	581356	0.0224	98.8257	0.080917	135	581638	0.0229	98.8736
0.03481	344	570670	0.0585	97.0092	0.074052	149	581505	0.0253	98.851	0.081619	155	581793	0.0263	98.9
0.035116	343	571013	0.0583	97.0675	0.074688	129	581634	0.0219	98.873	0.082321	137	581930	0.0233	98.9233
0.035422	337	571350	0.0573	97.1248	0.075325	141	581775	0.024	98.8969	0.083024	145	582075	0.0246	98.9479
0.035729	314	571664	0.0534	97.1781	0.075961	126	581901	0.0214	98.9183	0.083726	123	582198	0.0209	98.9688
0.036035	324	571988	0.0551	97.2332	0.076597	141	582042	0.024	98.9423	0.084428	141	582339	0.024	98.9928
0.036341	304	572292	0.0517	97.2849	0.077234	118	582160	0.0201	98.9624	0.085131	124	582463	0.0211	99.0139
0.036647	303	572595	0.0515	97.3364	0.07787	114	582274	0.0194	98.9817	0.085833	144	582607	0.0245	99.0384
0.036953	261	572856	0.0444	97.3808	0.078506	111	582385	0.0189	99.0006	0.086535	140	582747	0.0238	99.0622
0.037259	281	573137	0.0478	97.4285	0.079143	112	582497	0.019	99.0197	0.087238	106	582853	0.018	99.0802
0.037565	293	573430	0.0498	97.4783	0.079779	130	582627	0.0221	99.0418	0.08794	122	582975	0.0207	99.1009
0.037871	295	573725	0.0501	97.5285	0.080415	93	582720	0.0158	99.0576	0.088642	106	583081	0.018	99.1189
0.038177	298	574023	0.0507	97.5791	0.081051	105	582825	0.0178	99.0754	0.089344	116	583197	0.0197	99.1387
0.038483	277	574300	0.0471	97.6262	0.081688	112	582937	0.019	99.0945	0.090047	107	583304	0.0182	99.1568
0.03879	306	574606	0.052	97.6783	0.082324	107	583044	0.0182	99.1126	0.090749	91	583395	0.0155	99.1723
0.039096	282	574888	0.0479	97.7262	0.08296	122	583166	0.0207	99.1334	0.091451	105	583500	0.0178	99.1902
0.039402	285	575173	0.0484	97.7746	0.083597	105	583271	0.0178	99.1512	0.092154	102	583602	0.0173	99.2075
0.039708	289	575462	0.0491	97.8238	0.084233	93	583364	0.0158	99.167	0.092856	112	583714	0.019	99.2265
0.040014	275	575737	0.0467	97.8705	0.084869	123	583487	0.0209	99.1879	0.093558	106	583820	0.018	99.2446
0.04032	261	575998	0.0444	97.9149	0.085506	99	583586	0.0168	99.2048	0.094261	117	583937	0.0199	99.2644
0.040626	271	576269	0.0461	97.9609	0.086142	113	583699	0.0192	99.224	0.094963	109	584046	0.0185	99.283
0.040932	241	576510	0.041	98.0019	0.086778	105	583804	0.0178	99.2418	0.095665	97	584143	0.0165	99.2995
0.041238	265	576775	0.045	98.047	0.087415	89	583893	0.0151	99.257	0.096367	110	584253	0.0187	99.3182

红波段					绿波段					蓝波段				
簇团	像素数	累积像素数	比例	累积比例	簇团	像素数	累积像素数	比例	累积比例	簇团	像素数	累积像素数	比例	累积比例
0.041544	238	577013	0.0405	98.0874	0.088051	70	583963	0.0119	99.2689	0.09707	103	584356	0.0175	99.3357
0.04185	235	577248	0.0399	98.1274	0.088687	89	584052	0.0151	99.284	0.097772	78	584434	0.0133	99.3489
0.042157	247	577495	0.042	98.1694	0.089324	78	584130	0.0133	99.2973	0.098474	99	584533	0.0168	99.3658
0.042463	244	577739	0.0415	98.2108	0.08996	101	584231	0.0172	99.3144	0.099177	84	584617	0.0143	99.38
0.042769	255	577994	0.0433	98.2542	0.090596	94	584325	0.016	99.3304	0.099879	69	584686	0.0117	99.3918
0.043075	243	578237	0.0413	98.2955	0.091232	92	584417	0.0156	99.346	0.100581	96	584782	0.0163	99.4081
0.043381	273	578510	0.0464	98.3419	0.091869	81	584498	0.0138	99.3598	0.101283	73	584855	0.0124	99.4205
0.043687	227	578737	0.0386	98.3805	0.092505	84	584582	0.0143	99.3741	0.101986	91	584946	0.0155	99.436
0.043993	194	578931	0.033	98.4135	0.093141	80	584662	0.0136	99.3877	0.102688	90	585036	0.0153	99.4513
0.044299	213	579144	0.0362	98.4497	0.093778	71	584733	0.0121	99.3998	0.10339	98	585134	0.0167	99.4679
0.044605	222	579366	0.0377	98.4874	0.094414	84	584817	0.0143	99.414	0.104093	87	585221	0.0148	99.4827
0.044911	205	579571	0.0348	98.5223	0.09505	73	584890	0.0124	99.4264	0.104795	79	585300	0.0134	99.4961
0.045218	209	579780	0.0355	98.5578	0.095687	68	584958	0.0116	99.438	0.105497	86	585386	0.0146	99.5108
0.045524	191	579971	0.0325	98.5903	0.096323	65	585023	0.011	99.4491	0.1062	71	585457	0.0121	99.5228
0.04583	194	580165	0.033	98.6232	0.096959	85	585108	0.0144	99.4635	0.106902	70	585527	0.0119	99.5347
0.046136	217	580382	0.0369	98.6601	0.097596	72	585180	0.0122	99.4757	0.107604	79	585606	0.0134	99.5482
0.046442	166	580548	0.0282	98.6883	0.098232	81	585261	0.0138	99.4895	0.108306	72	585678	0.0122	99.5604
0.046748	212	580760	0.036	98.7244	0.098868	77	585338	0.0131	99.5026	0.109009	74	585752	0.0126	99.573
0.047054	196	580956	0.0333	98.7577	0.099505	65	585403	0.011	99.5137	0.109711	63	585815	0.0107	99.5837
0.04736	175	581131	0.0297	98.7874	0.100141	78	585481	0.0133	99.5269	0.110413	71	585886	0.0121	99.5958
0.047666	181	581312	0.0308	98.8182	0.100777	80	585561	0.0136	99.5405	0.111116	69	585955	0.0117	99.6075
0.047972	203	581515	0.0345	98.8527	0.101414	78	585639	0.0133	99.5538	0.111818	70	586025	0.0119	99.6194
0.048278	164	581679	0.0279	98.8806	0.10205	85	585724	0.0144	99.5682	0.11252	73	586098	0.0124	99.6318
0.048585	179	581858	0.0304	98.911	0.102686	81	585805	0.0138	99.582	0.113222	85	586183	0.0144	99.6462
0.048891	170	582028	0.0289	98.9399	0.103322	73	585878	0.0124	99.5944	0.113925	80	586263	0.0136	99.6598
0.049197	159	582187	0.027	98.967	0.103959	77	585955	0.0131	99.6075	0.114627	77	586340	0.0131	99.6729
0.049503	158	582345	0.0269	98.9938	0.104595	48	586003	0.0082	99.6156	0.115329	70	586410	0.0119	99.6848
0.049809	182	582527	0.0309	99.0248	0.105231	68	586071	0.0116	99.6272	0.116032	75	586485	0.0127	99.6976
0.050115	153	582680	0.026	99.0508	0.105868	67	586138	0.0114	99.6386	0.116734	95	586580	0.0161	99.7137
0.050421	160	582840	0.0272	99.078	0.106504	70	586208	0.0119	99.6505	0.117436	59	586639	0.01	99.7238
0.050727	162	583002	0.0275	99.1055	0.10714	68	586276	0.0116	99.6621	0.118139	61	586700	0.0104	99.7341
0.051033	150	583152	0.0255	99.131	0.107777	68	586344	0.0116	99.6736	0.118841	66	586766	0.0112	99.7454
0.051339	164	583316	0.0279	99.1589	0.108413	55	586399	0.0093	99.683	0.119543	61	586827	0.0104	99.7557
0.051646	173	583489	0.0294	99.1883	0.109049	72	586471	0.0122	99.6952	0.120245	61	586888	0.0104	99.7661
0.051952	160	583649	0.0272	99.2155	0.109686	70	586541	0.0119	99.7071	0.120948	55	586943	0.0093	99.7754
0.052258	164	583813	0.0279	99.2434	0.110322	65	586606	0.011	99.7182	0.12165	71	587014	0.0121	99.7875
0.052564	165	583978	0.028	99.2714	0.110958	56	586662	0.0095	99.7277	0.122352	64	587078	0.0109	99.7984
0.05287	154	584132	0.0262	99.2976	0.111595	72	586734	0.0122	99.7399	0.123055	41	587119	0.007	99.8054
0.053176	153	584285	0.026	99.3236	0.112231	61	586795	0.0104	99.7503	0.123757	62	587181	0.0105	99.8159
0.053482	142	584427	0.0241	99.3477	0.112867	61	586856	0.0104	99.7607	0.124459	58	587239	0.0099	99.8258
0.053788	158	584585	0.0269	99.3746	0.113503	74	586930	0.0126	99.7732	0.125162	57	587296	0.0097	99.8354
0.054094	149	584734	0.0253	99.3999	0.11414	51	586981	0.0087	99.7819	0.125864	52	587348	0.0088	99.8443
0.0544	142	584876	0.0241	99.4241	0.114776	69	587050	0.0117	99.7936	0.126566	49	587397	0.0083	99.8526
0.054707	127	585003	0.0216	99.4457	0.115412	61	587111	0.0104	99.804	0.127268	53	587450	0.009	99.8616
0.055013	156	585159	0.0265	99.4722	0.116049	63	587174	0.0107	99.8147	0.127971	45	587495	0.0076	99.8693

续表

红波段					绿波段					蓝波段				
簇团	像素数	累积像素数	比例	累积比例	簇团	像素数	累积像素数	比例	累积比例	簇团	像素数	累积像素数	比例	累积比例
0.055319	153	585312	0.026	99.4982	0.116685	55	587229	0.0093	99.8241	0.128673	68	587563	0.0116	99.8808
0.055625	143	585455	0.0243	99.5225	0.117321	52	587281	0.0088	99.8329	0.129375	52	587615	0.0088	99.8897
0.055931	164	585619	0.0279	99.5504	0.117958	62	587343	0.0105	99.8434	0.130078	55	587670	0.0093	99.899
0.056237	122	585741	0.0207	99.5711	0.118594	59	587402	0.01	99.8535	0.13078	47	587717	0.008	99.907
0.056543	128	585869	0.0218	99.5929	0.11923	62	587464	0.0105	99.864	0.131482	39	587756	0.0066	99.9136
0.056849	136	586005	0.0231	99.616	0.119867	41	587505	0.007	99.871	0.132184	39	587795	0.0066	99.9203
0.057155	125	586130	0.0212	99.6372	0.120503	40	587545	0.0068	99.8778	0.132887	51	587846	0.0087	99.9289
0.057461	139	586269	0.0236	99.6609	0.121139	35	587580	0.0059	99.8837	0.133589	40	587886	0.0068	99.9357
0.057767	127	586396	0.0216	99.6825	0.121776	48	587628	0.0082	99.8919	0.134291	29	587915	0.0049	99.9407
0.058074	153	586549	0.026	99.7085	0.122412	46	587674	0.0078	99.8997	0.134994	38	587953	0.0065	99.9471
0.05838	139	586688	0.0236	99.7321	0.123048	54	587728	0.0092	99.9089	0.135696	29	587982	0.0049	99.9521
0.058686	97	586785	0.0165	99.7486	0.123684	55	587783	0.0093	99.9182	0.136398	27	588009	0.0046	99.9567
0.058992	122	586907	0.0207	99.7693	0.124321	38	587821	0.0065	99.9247	0.137101	35	588044	0.0059	99.9626
0.059298	111	587018	0.0189	99.7882	0.124957	57	587878	0.0097	99.9344	0.137803	31	588075	0.0053	99.9679
0.059604	122	587140	0.0207	99.8089	0.125593	54	587932	0.0092	99.9436	0.138505	24	588099	0.0041	99.972
0.05991	108	587248	0.0184	99.8273	0.12623	43	587975	0.0073	99.9509	0.139207	17	588116	0.0029	99.9748
0.060216	95	587343	0.0161	99.8434	0.126866	22	587997	0.0037	99.9546	0.13991	18	588134	0.0031	99.9779
0.060522	103	587446	0.0175	99.8609	0.127502	43	588040	0.0073	99.9619	0.140612	17	588151	0.0029	99.9808
0.060828	90	587536	0.0153	99.8762	0.128139	40	588080	0.0068	99.9687	0.141314	11	588162	0.0019	99.9827
0.061135	123	587659	0.0209	99.8972	0.128775	44	588124	0.0075	99.9762	0.142017	9	588171	0.0015	99.9842
0.061441	93	587752	0.0158	99.913	0.129411	34	588158	0.0058	99.982	0.142719	19	588190	0.0032	99.9874
0.061747	90	587842	0.0153	99.9283	0.130048	29	588187	0.0049	99.9869	0.143421	16	588206	0.0027	99.9901
0.062053	93	587935	0.0158	99.9441	0.130684	18	588205	0.0031	99.99	0.144123	12	588218	0.002	99.9922
0.062359	79	588014	0.0134	99.9575	0.13132	14	588219	0.0024	99.9924	0.144826	11	588229	0.0019	99.9941
0.062665	71	588085	0.0121	99.9696	0.131957	17	588236	0.0029	99.9952	0.145528	8	588237	0.0014	99.9954
0.062971	53	588138	0.009	99.9786	0.132593	5	588241	0.0008	99.9961	0.14623	11	588248	0.0019	99.9973
0.063277	55	588193	0.0093	99.9879	0.133229	13	588254	0.0022	99.9983	0.146933	8	588256	0.0014	99.9986
0.063583	36	588229	0.0061	99.9941	0.133866	5	588259	0.0008	99.9992	0.147635	4	588260	0.0007	99.9993
0.063889	17	588246	0.0029	99.9969	0.134502	2	588261	0.0003	99.9995	0.148337	2	588262	0.0003	99.9997
0.064195	17	588263	0.0029	99.9998	0.135138	2	588263	0.0003	99.9998	0.14904	1	588263	0.0002	99.9998
0.064502	1	588264	0.0002	100	0.135774	1	588264	0.0002	100	0.149742	1	588264	0.0002	100

图8-30 密度分析

图8-31 密度小于0.05的地物

毛家涧密度分析　　　　　　　　　　　　　　　　表 8-9

红波段					绿波段					蓝波段				
密度	该密度下像素数	累积总像素数	所占比例	累积所占比例	密度	该密度下像素数	累积总像素数	所占比例	累积所占比例	密度	该密度下像素数	累积总像素数	所占比例	累积所占比例
					-0.128487	1	1	0.0002	0.0002	-0.12899	1	1	0.0002	0.0002
-0.133166	0	2	0	0.0003	-0.127862	0	1	0	0.0002	-0.128361	0	1	0	0.0002
-0.132523	2	4	0.0003	0.0006	-0.127236	2	3	0.0003	0.0005	-0.127732	0	1	0	0.0002
-0.13188	2	6	0.0003	0.0009	-0.126611	4	7	0.0006	0.0011	-0.127104	1	2	0.0002	0.0003
-0.131238	3	9	0.0005	0.0014	-0.125986	1	8	0.0002	0.0012	-0.126475	0	2	0	0.0003
-0.130595	3	12	0.0005	0.0018	-0.125361	1	9	0.0002	0.0014	-0.125846	1	3	0.0002	0.0005
-0.129952	8	20	0.0012	0.003	-0.124736	3	12	0.0005	0.0018	-0.125217	2	5	0.0003	0.0008
-0.129309	8	28	0.0012	0.0042	-0.124111	0	12	0	0.0018	-0.124589	2	7	0.0003	0.0011
-0.128666	8	36	0.0012	0.0054	-0.123486	0	12	0	0.0018	-0.12396	3	10	0.0005	0.0015
-0.128024	10	46	0.0015	0.0069	-0.122861	4	16	0.0006	0.0024	-0.123331	3	13	0.0005	0.002
-0.127381	22	68	0.0033	0.0102	-0.122236	7	23	0.0011	0.0035	-0.122702	2	15	0.0003	0.0023
-0.126738	20	88	0.003	0.0132	-0.121611	9	32	0.0014	0.0048	-0.122074	4	19	0.0006	0.0029
-0.126095	22	110	0.0033	0.0165	-0.120986	5	37	0.0008	0.0056	-0.121445	5	24	0.0008	0.0036
-0.125453	24	134	0.0036	0.0201	-0.120361	10	47	0.0015	0.0071	-0.120816	7	31	0.0011	0.0047
-0.12481	33	167	0.005	0.0251	-0.119736	13	60	0.002	0.009	-0.120187	6	37	0.0009	0.0056
-0.124167	35	202	0.0053	0.0303	-0.11911	16	76	0.0024	0.0114	-0.119559	5	42	0.0008	0.0063
-0.123524	42	244	0.0063	0.0366	-0.118485	11	87	0.0017	0.0131	-0.11893	6	48	0.0009	0.0072
-0.122881	47	291	0.0071	0.0437	-0.11786	19	106	0.0029	0.0159	-0.118301	7	55	0.0011	0.0083
-0.122239	63	354	0.0095	0.0531	-0.117235	24	130	0.0036	0.0195	-0.117672	14	69	0.0021	0.0104
-0.121596	68	422	0.0102	0.0633	-0.11661	26	156	0.0039	0.0234	-0.117044	8	77	0.0012	0.0116
-0.120953	66	488	0.0099	0.0732	-0.115985	37	193	0.0056	0.029	-0.116415	17	94	0.0026	0.0141
-0.12031	85	573	0.0128	0.086	-0.11536	28	221	0.0042	0.0332	-0.115786	29	123	0.0044	0.0185
-0.119668	73	646	0.011	0.0969	-0.114735	47	268	0.0071	0.0402	-0.115157	28	151	0.0042	0.0227
-0.119025	98	744	0.0147	0.1116	-0.11411	49	317	0.0074	0.0476	-0.114529	23	174	0.0035	0.0261
-0.118382	102	846	0.0153	0.1269	-0.113485	59	376	0.0089	0.0564	-0.1139	37	211	0.0056	0.0317
-0.117739	124	970	0.0186	0.1455	-0.11286	80	456	0.012	0.0684	-0.113271	37	248	0.0056	0.0372
-0.117096	92	1062	0.0138	0.1593	-0.112235	78	534	0.0117	0.0801	-0.112642	49	297	0.0074	0.0446
-0.116454	124	1186	0.0186	0.1779	-0.11161	100	634	0.015	0.0951	-0.112014	54	351	0.0081	0.0527
-0.115811	122	1308	0.0183	0.1963	-0.110985	105	739	0.0158	0.1109	-0.111385	80	431	0.012	0.0647
-0.115168	156	1464	0.0234	0.2197	-0.110359	102	841	0.0153	0.1262	-0.110756	85	516	0.0128	0.0774
-0.114525	153	1617	0.023	0.2426	-0.109734	156	997	0.0234	0.1496	-0.110127	87	603	0.0131	0.0905
-0.113882	177	1794	0.0266	0.2692	-0.109109	138	1135	0.0207	0.1703	-0.109499	110	713	0.0165	0.107
-0.11324	171	1965	0.0257	0.2948	-0.108484	179	1314	0.0269	0.1972	-0.10887	134	847	0.0201	0.1271
-0.112597	224	2189	0.0336	0.3284	-0.107859	183	1497	0.0275	0.2246	-0.108241	135	982	0.0203	0.1473
-0.111954	223	2412	0.0335	0.3619	-0.107234	190	1687	0.0285	0.2531	-0.107612	170	1152	0.0255	0.1728
-0.111311	207	2619	0.0311	0.393	-0.106609	251	1938	0.0377	0.2908	-0.106984	194	1346	0.0291	0.202
-0.110669	245	2864	0.0368	0.4297	-0.105984	243	2181	0.0365	0.3272	-0.106355	190	1536	0.0285	0.2305
-0.110026	280	3144	0.042	0.4717	-0.105359	219	2400	0.0329	0.3601	-0.105726	251	1787	0.0377	0.2681
-0.109383	308	3452	0.0462	0.5179	-0.104734	272	2672	0.0408	0.4009	-0.105097	255	2042	0.0383	0.3064
-0.10874	276	3728	0.0414	0.5593	-0.104109	267	2939	0.0401	0.441	-0.104469	238	2280	0.0357	0.3421
-0.108097	339	4067	0.0509	0.6102	-0.103484	348	3287	0.0522	0.4932	-0.10384	286	2566	0.0429	0.385
-0.107455	332	4399	0.0498	0.66	-0.102859	367	3654	0.0551	0.5482	-0.103211	329	2895	0.0494	0.4344
-0.106812	301	4700	0.0452	0.7052	-0.102234	337	3991	0.0506	0.5988	-0.102583	321	3216	0.0482	0.4825
-0.106169	442	5142	0.0663	0.7715	-0.101608	437	4428	0.0656	0.6644	-0.101954	400	3616	0.06	0.5425
-0.105526	415	5557	0.0623	0.8338	-0.100983	457	4885	0.0686	0.7329	-0.101325	422	4038	0.0633	0.6059
-0.104884	405	5962	0.0608	0.8945	-0.100358	401	5286	0.0602	0.7931	-0.100696	413	4451	0.062	0.6678
-0.104241	499	6461	0.0749	0.9694	-0.099733	518	5804	0.0777	0.8708	-0.100068	497	4948	0.0746	0.7424

	红波段					绿波段					蓝波段			
密度	该密度下像素数	累积总像素数	所占比例	累积所占比例	密度	该密度下像素数	累积总像素数	所占比例	累积所占比例	密度	该密度下像素数	累积总像素数	所占比例	累积所占比例
-0.103598	525	6986	0.0788	1.0482	-0.099108	467	6271	0.0701	0.9409	-0.099439	526	5474	0.0789	0.8213
-0.102955	543	7529	0.0815	1.1296	-0.098483	557	6828	0.0836	1.0245	-0.09881	452	5926	0.0678	0.8891
-0.102312	537	8066	0.0806	1.2102	-0.097858	594	7422	0.0891	1.1136	-0.098181	599	6525	0.0899	0.979
-0.10167	648	8714	0.0972	1.3074	-0.097233	565	7987	0.0848	1.1984	-0.097553	512	7037	0.0768	1.0558
-0.101027	698	9412	0.1047	1.4122	-0.096608	694	8681	0.1041	1.3025	-0.096924	630	7667	0.0945	1.1503
-0.100384	695	10107	0.1043	1.5164	-0.095983	712	9393	0.1068	1.4093	-0.096295	737	8404	0.1106	1.2609
-0.099741	791	10898	0.1187	1.6351	-0.095358	677	10070	0.1016	1.5109	-0.095666	610	9014	0.0915	1.3524
-0.099098	874	11772	0.1311	1.7663	-0.094733	830	10900	0.1245	1.6354	-0.095038	782	9796	0.1173	1.4698
-0.098456	795	12567	0.1193	1.8855	-0.094108	741	11641	0.1112	1.7466	-0.094409	805	10601	0.1208	1.5906
-0.097813	1034	13601	0.1551	2.0407	-0.093483	882	12523	0.1323	1.8789	-0.09378	779	11380	0.1169	1.7074
-0.09717	1062	14663	0.1593	2.2	-0.092857	977	13500	0.1466	2.0255	-0.093151	974	12354	0.1461	1.8536
-0.096527	999	15662	0.1499	2.3499	-0.092232	901	14401	0.1352	2.1607	-0.092523	986	13340	0.1479	2.0015
-0.095885	1254	16916	0.1881	2.538	-0.091607	1064	15465	0.1596	2.3203	-0.091894	896	14236	0.1344	2.1359
-0.095242	1340	18256	0.2011	2.7391	-0.090982	1124	16589	0.1686	2.489	-0.091265	1049	15285	0.1574	2.2933
-0.094599	1402	19658	0.2104	2.9495	-0.090357	982	17571	0.1473	2.6363	-0.090636	1133	16418	0.17	2.4633
-0.093956	1339	20997	0.2009	3.1504	-0.089732	1193	18764	0.179	2.8153	-0.090008	1089	17507	0.1634	2.6267
-0.093313	1633	22630	0.245	3.3954	-0.089107	1131	19895	0.1697	2.985	-0.089379	1318	18825	0.1978	2.8245
-0.092671	1575	24205	0.2363	3.6317	-0.088482	1315	21210	0.1973	3.1823	-0.08875	1366	20191	0.205	3.0294
-0.092028	1448	25653	0.2173	3.8489	-0.087857	1424	22634	0.2137	3.396	-0.088121	1275	21466	0.1913	3.2207
-0.091385	1663	27316	0.2495	4.0984	-0.087232	1223	23857	0.1835	3.5795	-0.087493	1503	22969	0.2255	3.4462
-0.090742	1794	29110	0.2692	4.3676	-0.086607	1560	25417	0.2341	3.8135	-0.086864	1317	24286	0.1976	3.6438
-0.0901	1623	30733	0.2435	4.6111	-0.085982	1601	27018	0.2402	4.0537	-0.086235	1608	25894	0.2413	3.8851
-0.089457	1914	32647	0.2872	4.8983	-0.085357	1420	28438	0.2131	4.2668	-0.085606	1734	27628	0.2602	4.1453
-0.088814	2095	34742	0.3143	5.2126	-0.084731	1737	30175	0.2606	4.5274	-0.084978	1573	29201	0.236	4.3813
-0.088171	1797	36539	0.2696	5.4823	-0.084106	1573	31748	0.236	4.7634	-0.084349	1952	31153	0.2929	4.6741
-0.087528	2081	38620	0.3122	5.7945	-0.083481	1892	33640	0.2839	5.0473	-0.08372	2026	33179	0.304	4.9781
-0.086886	2196	40816	0.3295	6.124	-0.082856	1954	35594	0.2932	5.3405	-0.083091	1820	34999	0.2731	5.2512
-0.086243	2200	43016	0.3301	6.4541	-0.082231	1780	37374	0.2671	5.6075	-0.082463	2237	37236	0.3356	5.5868
-0.0856	1874	44890	0.2812	6.7352	-0.081606	2146	39520	0.322	5.9295	-0.081834	2337	39573	0.3506	5.9375
-0.084957	2147	47037	0.3221	7.0574	-0.080981	2145	41665	0.3218	6.2514	-0.081205	2005	41578	0.3008	6.2383
-0.084314	2270	49307	0.3406	7.3979	-0.080356	1933	43598	0.29	6.5414	-0.080576	2400	43978	0.3601	6.5984
-0.083672	1969	51276	0.2954	7.6934	-0.079731	2378	45976	0.3568	6.8982	-0.079948	2472	46450	0.3709	6.9693
-0.083029	2196	53472	0.3295	8.0229	-0.079106	2071	48047	0.3107	7.2089	-0.079319	2202	48652	0.3304	7.2997
-0.082386	2342	55814	0.3514	8.3742	-0.078481	2523	50570	0.3785	7.5874	-0.07869	2619	51271	0.393	7.6926
-0.081743	1998	57812	0.2998	8.674	-0.077856	2626	53196	0.394	7.9814	-0.078061	2686	53957	0.403	8.0956
-0.081101	2289	60101	0.3434	9.0175	-0.077231	2199	55395	0.3299	8.3114	-0.077433	2423	56380	0.3635	8.4592
-0.080458	2336	62437	0.3505	9.3679	-0.076606	2629	58024	0.3945	8.7058	-0.076804	2914	59294	0.4372	8.8964
-0.079815	2301	64738	0.3452	9.7132	-0.07598	2633	60657	0.3951	9.1009	-0.076175	2529	61823	0.3794	9.2758
-0.079172	2027	66765	0.3041	10.0173	-0.075355	2408	63065	0.3613	9.4622	-0.075546	2938	64761	0.4408	9.7166
-0.078529	2363	69128	0.3545	10.3719	-0.07473	2866	65931	0.43	9.8922	-0.074918	3106	67867	0.466	10.1827
-0.077887	2389	71517	0.3584	10.7303	-0.074105	2489	68420	0.3734	10.2656	-0.074289	2584	70451	0.3877	10.5704
-0.077244	1982	73499	0.2974	11.0277	-0.07348	2869	71289	0.4305	10.6961	-0.07366	3122	73573	0.4684	11.0388
-0.076601	2245	75744	0.3368	11.3645	-0.072855	2922	74211	0.4384	11.1345	-0.073031	3138	76711	0.4708	11.5096
-0.075958	2284	78028	0.3427	11.7072	-0.07223	2497	76708	0.3746	11.5091	-0.072403	2629	79340	0.3945	11.904
-0.075316	1974	80002	0.2962	12.0034	-0.071605	2854	79562	0.4282	11.9374	-0.071774	3198	82538	0.4798	12.3839
-0.074673	2299	82301	0.3449	12.3483	-0.07098	2471	82033	0.3707	12.3081	-0.071145	3068	85606	0.4603	12.8442
-0.07403	2281	84582	0.3422	12.6905	-0.070355	3050	85083	0.4576	12.7657	-0.070516	2637	88243	0.3957	13.2398

续表

红波段					绿波段					蓝波段				
密度	该密度下像素数	累积总像素数	所占比例	累积所占比例	密度	该密度下像素数	累积总像素数	所占比例	累积所占比例	密度	该密度下像素数	累积总像素数	所占比例	累积所占比例
-0.073387	1889	86471	0.2834	12.974	-0.06973	2974	88057	0.4462	13.2119	-0.069888	3169	91412	0.4755	13.7153
-0.072744	2156	88627	0.3235	13.2975	-0.069105	2567	90624	0.3851	13.5971	-0.069259	2976	94388	0.4465	14.1618
-0.072102	2183	90810	0.3275	13.625	-0.06848	2921	93545	0.4383	14.0353	-0.06863	2566	96954	0.385	14.5468
-0.071459	2105	92915	0.3158	13.9408	-0.067855	2887	96432	0.4332	14.4685	-0.068001	2931	99885	0.4398	14.9866
-0.070816	1834	94749	0.2752	14.216	-0.067229	2470	98902	0.3706	14.8391	-0.067373	2986	102871	0.448	15.4346
-0.070173	2007	96756	0.3011	14.5171	-0.066604	2869	101771	0.4305	15.2696	-0.066744	2475	105346	0.3713	15.8059
-0.069531	2120	98876	0.3181	14.8352	-0.065979	2400	104171	0.3601	15.6297	-0.066115	2884	108230	0.4327	16.2387
-0.068888	1676	100552	0.2515	15.0867	-0.065354	2858	107029	0.4288	16.0585	-0.065486	2456	110686	0.3685	16.6072
-0.068245	1909	102461	0.2864	15.3731	-0.064729	2739	109768	0.411	16.4694	-0.064858	2771	113457	0.4158	17.0229
-0.067602	1928	104389	0.2893	15.6624	-0.064104	2321	112089	0.3482	16.8177	-0.064229	2703	116160	0.4056	17.4285
-0.066959	1566	105955	0.235	15.8973	-0.063479	2594	114683	0.3892	17.2069	-0.0636	2336	118496	0.3505	17.779
-0.066317	1803	107758	0.2705	16.1678	-0.062854	2552	117235	0.3829	17.5898	-0.062971	2528	121024	0.3793	18.1582
-0.065674	1886	109644	0.283	16.4508	-0.062229	2179	119414	0.3269	17.9167	-0.062343	2496	123520	0.3745	18.5327
-0.065031	1429	111073	0.2144	16.6652	-0.061604	2439	121853	0.3659	18.2826	-0.061714	2065	125585	0.3098	18.8426
-0.064388	1748	112821	0.2623	16.9275	-0.060979	2179	124032	0.3269	18.6096	-0.061085	2429	128014	0.3644	19.207
-0.063745	1658	114479	0.2488	17.1762	-0.060354	2344	126376	0.3517	18.9613	-0.060456	2454	130468	0.3682	19.5752
-0.063103	1681	116160	0.2522	17.4285	-0.059729	2355	128731	0.3533	19.3146	-0.059828	1973	132441	0.296	19.8712
-0.06246	1392	117552	0.2089	17.6373	-0.059104	1918	130649	0.2878	19.6024	-0.059199	2134	134575	0.3202	20.1914
-0.061817	1560	119112	0.2341	17.8714	-0.058478	2227	132876	0.3341	19.9365	-0.05857	2116	136691	0.3175	20.5089
-0.061174	1570	120682	0.2356	18.1069	-0.057853	2192	135068	0.3289	20.2654	-0.057941	1799	138490	0.2699	20.7788
-0.060532	1346	122028	0.202	18.3089	-0.057228	1782	136850	0.2674	20.5328	-0.057313	2009	140499	0.3014	21.0802
-0.059889	1588	123616	0.2383	18.5471	-0.056603	2070	138920	0.3106	20.8433	-0.056684	1999	142498	0.2999	21.3802
-0.059246	1547	125163	0.2321	18.7793	-0.055978	1635	140555	0.2453	21.0886	-0.056055	1544	144042	0.2317	21.6118
-0.058603	1296	126459	0.1944	18.9737	-0.055353	1896	142451	0.2845	21.3731	-0.055426	1838	145880	0.2758	21.8876
-0.05796	1518	127977	0.2278	19.2015	-0.054728	1837	144288	0.2756	21.6487	-0.054798	1435	147315	0.2153	22.1029
-0.057318	1475	129452	0.2213	19.4228	-0.054103	1534	145822	0.2302	21.8789	-0.054169	1701	149016	0.2552	22.3581
-0.056675	1226	130678	0.1839	19.6067	-0.053478	1709	147531	0.2564	22.1353	-0.05354	1753	150769	0.263	22.6211
-0.056032	1409	132087	0.2114	19.8181	-0.052853	1749	149280	0.2624	22.3977	-0.052912	1450	152219	0.2176	22.8387
-0.055389	1380	133467	0.2071	20.0252	-0.052228	1496	150776	0.2245	22.6222	-0.052283	1656	153875	0.2485	23.0872
-0.054747	1318	134785	0.1978	20.2229	-0.051603	1679	152455	0.2519	22.8741	-0.051654	1554	155429	0.2332	23.3203
-0.054104	1165	135950	0.1748	20.3977	-0.050978	1393	153848	0.209	23.0831	-0.051025	1347	156776	0.2021	23.5224
-0.053461	1357	137307	0.2036	20.6013	-0.050352	1658	155506	0.2488	23.3319	-0.050397	1526	158302	0.229	23.7514
-0.052818	1311	138618	0.1967	20.798	-0.049727	1528	157034	0.2293	23.5611	-0.049768	1517	159819	0.2276	23.979
-0.052175	1160	139778	0.174	20.9721	-0.049102	1249	158283	0.1874	23.7485	-0.049139	1203	161022	0.1805	24.1595
-0.051533	1301	141079	0.1952	21.1673	-0.048477	1522	159805	0.2284	23.9769	-0.04851	1449	162471	0.2174	24.3769
-0.05089	1301	142380	0.1952	21.3625	-0.047852	1535	161340	0.2303	24.2072	-0.047882	1353	163824	0.203	24.5799
-0.050247	1098	143478	0.1647	21.5272	-0.047227	1260	162600	0.189	24.3962	-0.047253	1232	165056	0.1848	24.7647
-0.049604	1227	144705	0.1841	21.7113	-0.046602	1414	164014	0.2122	24.6084	-0.046624	1296	166352	0.1944	24.9592
-0.048961	1292	145997	0.1938	21.9052	-0.045977	1188	165202	0.1782	24.7866	-0.045995	1353	167705	0.203	25.1622
-0.048319	1275	147272	0.1913	22.0965	-0.045352	1351	166553	0.2027	24.9893	-0.045367	1132	168837	0.1698	25.332
-0.047676	986	148258	0.1479	22.2444	-0.044727	1354	167907	0.2032	25.1925	-0.044738	1338	170175	0.2008	25.5328
-0.047033	1155	149413	0.1733	22.4177	-0.044102	1111	169018	0.1667	25.3592	-0.044109	1085	171260	0.1628	25.6956
-0.04639	1201	150614	0.1802	22.5979	-0.043477	1286	170304	0.1929	25.5521	-0.04348	1311	172571	0.1967	25.8923
-0.045748	1044	151658	0.1566	22.7545	-0.042852	1336	171640	0.2005	25.7526	-0.042852	1279	173850	0.1919	26.0842
-0.045105	1213	152871	0.182	22.9365	-0.042227	1024	172664	0.1536	25.9062	-0.042223	1035	174885	0.1553	26.2395
-0.044462	1237	154108	0.1856	23.1221	-0.041601	1285	173949	0.1928	26.099	-0.041594	1253	176138	0.188	26.4275
-0.043819	1002	155110	0.1503	23.2725	-0.040976	1085	175034	0.1628	26.2618	-0.040965	1187	177325	0.1781	26.6056

续表

红波段					绿波段					蓝波段				
密度	该密度下像素数	累积总素像数	所占比例	累积所占比例	密度	该密度下像素数	累积总像素数	所占比例	累积所占比例	密度	该密度下像素数	累积总像素数	所占比例	累积所占比例
-0.043176	1244	156354	0.1866	23.4591	-0.040351	1215	176249	0.1823	26.4441	-0.040337	1041	178366	0.1562	26.7618
-0.042534	1228	157582	0.1842	23.6434	-0.039726	1174	177423	0.1761	26.6203	-0.039708	1262	179628	0.1893	26.9511
-0.041891	1010	158592	0.1515	23.7949	-0.039101	987	178410	0.1481	26.7684	-0.039079	1199	180827	0.1799	27.131
-0.041248	1126	159718	0.1689	23.9638	-0.038476	1199	179609	0.1799	26.9482	-0.03845	1041	181868	0.1562	27.2872
-0.040605	1140	160858	0.171	24.1349	-0.037851	1252	180861	0.1878	27.1361	-0.037822	1152	183020	0.1728	27.46
-0.039963	1152	162010	0.1728	24.3077	-0.037226	1037	181898	0.1556	27.2917	-0.037193	1159	184179	0.1739	27.6339
-0.03932	974	162984	0.1461	24.4539	-0.036601	1195	183093	0.1793	27.471	-0.036564	986	185165	0.1479	27.7819
-0.038677	1209	164193	0.1814	24.6353	-0.035976	977	184070	0.1466	27.6176	-0.035935	1192	186357	0.1788	27.9607
-0.038034	1115	165308	0.1673	24.8025	-0.035351	1110	185180	0.1665	27.7841	-0.035307	1101	187458	0.1652	28.1259
-0.037391	1036	166344	0.1554	24.958	-0.034726	1150	186330	0.1725	27.9567	-0.034678	950	188408	0.1425	28.2684
-0.036749	1113	167457	0.167	25.125	-0.034101	911	187241	0.1367	28.0933	-0.034049	1068	189476	0.1602	28.4287
-0.036106	1085	168542	0.1628	25.2878	-0.033476	1156	188397	0.1734	28.2668	-0.03342	931	190407	0.1397	28.5684
-0.035463	991	169533	0.1487	25.4365	-0.03285	1123	189520	0.1685	28.4353	-0.032792	1047	191454	0.1571	28.7255
-0.03482	1105	170638	0.1658	25.6023	-0.032225	937	190457	0.1406	28.5759	-0.032163	1061	192515	0.1592	28.8846
-0.034177	1136	171774	0.1704	25.7727	-0.0316	1026	191483	0.1539	28.7298	-0.031534	815	193330	0.1223	29.0069
-0.033535	926	172700	0.1389	25.9116	-0.030975	924	192407	0.1386	28.8684	-0.030905	1031	194361	0.1547	29.1616
-0.032892	1093	173793	0.164	26.0756	-0.03035	975	193382	0.1463	29.0147	-0.030277	987	195348	0.1481	29.3097
-0.032249	1120	174913	0.168	26.2437	-0.029725	1049	194431	0.1574	29.1721	-0.029648	799	196147	0.1199	29.4296
-0.031606	1100	176013	0.165	26.4087	-0.0291	809	195240	0.1214	29.2935	-0.029019	941	197088	0.1412	29.5708
-0.030964	936	176949	0.1404	26.5491	-0.028475	983	196223	0.1475	29.441	-0.02839	965	198053	0.1448	29.7156
-0.030321	1086	178035	0.1629	26.7121	-0.02785	942	197165	0.1413	29.5823	-0.027762	824	198877	0.1236	29.8392
-0.029678	1084	179119	0.1626	26.8747	-0.027225	852	198017	0.1278	29.7102	-0.027133	947	199824	0.1421	29.9813
-0.029035	902	180021	0.1353	27.0101	-0.0266	982	198999	0.1473	29.8575	-0.026504	954	200778	0.1431	30.1244
-0.028392	1098	181119	0.1647	27.1748	-0.025975	789	199788	0.1184	29.9759	-0.025875	823	201601	0.1235	30.2479
-0.02775	1025	182144	0.1538	27.3286	-0.02535	868	200656	0.1302	30.1061	-0.025247	898	202499	0.1347	30.3826
-0.027107	920	183064	0.138	27.4666	-0.024725	885	201541	0.1328	30.2389	-0.024618	866	203365	0.1299	30.5126
-0.026464	1028	184092	0.1542	27.6209	-0.024099	783	202324	0.1175	30.3564	-0.023989	767	204132	0.1151	30.6276
-0.025821	1052	185144	0.1578	27.7787	-0.023474	908	203232	0.1362	30.4926	-0.02336	818	204950	0.1227	30.7504
-0.025179	992	186136	0.1488	27.9275	-0.022849	873	204105	0.131	30.6236	-0.022732	776	205726	0.1164	30.8668
-0.024536	1009	187145	0.1514	28.0789	-0.022224	782	204887	0.1173	30.7409	-0.022103	847	206573	0.1271	30.9939
-0.023893	1016	188161	0.1524	28.2314	-0.021599	865	205752	0.1298	30.8707	-0.021474	848	207421	0.1272	31.1211
-0.02325	989	189150	0.1484	28.3798	-0.020974	778	206530	0.1167	30.9874	-0.020845	714	208135	0.1071	31.2282
-0.022607	860	190010	0.129	28.5088	-0.020349	831	207361	0.1247	31.1121	-0.020217	784	208919	0.1176	31.3459
-0.021965	1020	191030	0.153	28.6618	-0.019724	866	208227	0.1299	31.242	-0.019588	818	209737	0.1227	31.4686
-0.021322	994	192024	0.1491	28.811	-0.019099	715	208942	0.1073	31.3493	-0.018959	734	210471	0.1101	31.5787
-0.020679	858	192882	0.1287	28.9397	-0.018474	782	209724	0.1173	31.4667	-0.01833	813	211284	0.122	31.7007
-0.020036	977	193859	0.1466	29.0863	-0.017849	691	210415	0.1037	31.5703	-0.017702	744	212028	0.1116	31.8123
-0.019393	961	194820	0.1442	29.2305	-0.017224	749	211164	0.1124	31.6827	-0.017073	658	212686	0.0987	31.9111
-0.018751	808	195628	0.1212	29.3517	-0.016599	724	211888	0.1086	31.7913	-0.016444	751	213437	0.1127	32.0237
-0.018108	966	196594	0.1449	29.4967	-0.015973	662	212550	0.0993	31.8907	-0.015815	748	214185	0.1122	32.136
-0.017465	969	197563	0.1454	29.642	-0.015348	773	213323	0.116	32.0066	-0.015187	596	214781	0.0894	32.2254
-0.016822	898	198461	0.1347	29.7768	-0.014723	724	214047	0.1086	32.1153	-0.014558	767	215548	0.1151	32.3405
-0.01618	817	199278	0.1226	29.8994	-0.014098	636	214683	0.0954	32.2107	-0.013929	704	216252	0.1056	32.4461
-0.015537	940	200218	0.141	30.0404	-0.013473	703	215386	0.1055	32.3162	-0.0133	583	216835	0.0875	32.5336
-0.014894	926	201144	0.1389	30.1793	-0.012848	618	216004	0.0927	32.4089	-0.012672	690	217525	0.1035	32.6371
-0.014251	780	201924	0.117	30.2964	-0.012223	677	216681	0.1016	32.5105	-0.012043	565	218090	0.0848	32.7219
-0.013608	896	202820	0.1344	30.4308	-0.011598	710	217391	0.1065	32.617	-0.011414	690	218780	0.1035	32.8254

续表

红波段					绿波段					蓝波段				
密度	该密度下像素数	累积总像素数	所占比例	累积所占比例	密度	该密度下像素数	累积总像素数	所占比例	累积所占比例	密度	该密度下像素数	累积总像素数	所占比例	累积所占比例
-0.012966	1003	203823	0.1505	30.5813	-0.010973	584	217975	0.0876	32.7046	-0.010785	668	219448	0.1002	32.9256
-0.012323	773	204596	0.116	30.6973	-0.010348	654	218629	0.0981	32.8027	-0.010157	553	220001	0.083	33.0086
-0.01168	915	205511	0.1373	30.8345	-0.009723	636	219265	0.0954	32.8982	-0.009528	608	220609	0.0912	33.0998
-0.011037	934	206445	0.1401	30.9747	-0.009098	550	219815	0.0825	32.9807	-0.008899	615	221224	0.0923	33.1921
-0.010395	723	207168	0.1085	31.0832	-0.008473	685	220500	0.1028	33.0835	-0.00827	494	221718	0.0741	33.2662
-0.009752	868	208036	0.1302	31.2134	-0.007848	556	221056	0.0834	33.1669	-0.007642	552	222270	0.0828	33.349
-0.009109	854	208890	0.1281	31.3415	-0.007222	587	221643	0.0881	33.255	-0.007013	544	222814	0.0816	33.4307
-0.008466	887	209777	0.1331	31.4746	-0.006597	589	222232	0.0884	33.3433	-0.006384	483	223297	0.0725	33.5031
-0.007823	708	210485	0.1062	31.5808	-0.005972	465	222697	0.0698	33.4131	-0.005755	537	223834	0.0806	33.5837
-0.007181	853	211338	0.128	31.7088	-0.005347	562	223259	0.0843	33.4974	-0.005127	519	224353	0.0779	33.6616
-0.006538	837	212175	0.1256	31.8344	-0.004722	543	223802	0.0815	33.5789	-0.004498	441	224794	0.0662	33.7277
-0.005895	679	212854	0.1019	31.9363	-0.004097	467	224269	0.0701	33.649	-0.003869	486	225280	0.0729	33.8007
-0.005252	811	213665	0.1217	32.058	-0.003472	524	224793	0.0786	33.7276	-0.003241	466	225746	0.0699	33.8706
-0.004609	809	214474	0.1214	32.1793	-0.002847	404	225197	0.0606	33.7882	-0.002612	425	226171	0.0638	33.9343
-0.003967	639	215113	0.0959	32.2752	-0.002222	519	225716	0.0779	33.8661	-0.001983	456	226627	0.0684	34.0028
-0.003324	780	215893	0.117	32.3922	-0.001597	485	226201	0.0728	33.9388	-0.001354	382	227009	0.0573	34.0601
-0.002681	748	216641	0.1122	32.5045	-0.000972	381	226582	0.0572	33.996	-0.000726	427	227436	0.0641	34.1241
-0.002038	649	217290	0.0974	32.6018	-0.000347	450	227032	0.0675	34.0635	-0.000097	395	227831	0.0593	34.1834
-0.001396	743	218033	0.1115	32.7133	0.000278	436	227468	0.0654	34.1289	0.000532	366	228197	0.0549	34.2383
-0.000753	692	218725	0.1038	32.8172	0.000903	313	227781	0.047	34.1759	0.001161	387	228584	0.0581	34.2964
-0.00011	733	219458	0.11	32.9271	0.001529	395	228176	0.0593	34.2352	0.001789	313	228897	0.047	34.3433
0.000533	541	219999	0.0812	33.0083	0.002154	318	228494	0.0477	34.2829	0.002418	303	229200	0.0455	34.3888
0.001176	733	220732	0.11	33.1183	0.002779	354	228848	0.0531	34.336	0.003047	324	229524	0.0486	34.4374
0.001818	691	221423	0.1037	33.222	0.003404	330	229178	0.0495	34.3855	0.003676	333	229857	0.05	34.4874
0.002461	534	221957	0.0801	33.3021	0.004029	299	229477	0.0449	34.4304	0.004304	291	230148	0.0437	34.531
0.003104	629	222586	0.0944	33.3964	0.004654	334	229811	0.0501	34.4805	0.004933	290	230438	0.0435	34.5746
0.003747	644	223230	0.0966	33.4931	0.005279	328	230139	0.0492	34.5297	0.005562	319	230757	0.0479	34.6224
0.004389	508	223738	0.0762	33.5693	0.005904	258	230397	0.0387	34.5684	0.006191	276	231033	0.0414	34.6638
0.005032	623	224361	0.0935	33.6628	0.006529	276	230673	0.0414	34.6098	0.006819	306	231339	0.0459	34.7097
0.005675	634	224995	0.0951	33.7579	0.007154	263	230936	0.0395	34.6493	0.007448	290	231629	0.0435	34.7532
0.006318	591	225586	0.0887	33.8466	0.007779	329	231265	0.0494	34.6986	0.008077	222	231851	0.0333	34.7866
0.006961	471	226057	0.0707	33.9172	0.008404	279	231544	0.0419	34.7405	0.008706	262	232113	0.0393	34.8259
0.007603	543	226600	0.0815	33.9987	0.009029	227	231771	0.0341	34.7746	0.009334	227	232340	0.0341	34.8599
0.008246	560	227160	0.084	34.0827	0.009654	299	232070	0.0449	34.8194	0.009963	313	232653	0.047	34.9069
0.008889	446	227606	0.0669	34.1496	0.01028	263	232333	0.0395	34.8589	0.010592	280	232933	0.042	34.9489
0.009532	557	228163	0.0836	34.2332	0.010905	227	232560	0.0341	34.8929	0.011221	217	233150	0.0326	34.9815
0.010174	543	228706	0.0815	34.3147	0.01153	264	232824	0.0396	34.9325	0.011849	241	233391	0.0362	35.0176
0.010817	432	229138	0.0648	34.3795	0.012155	268	233092	0.0402	34.9728	0.012478	252	233643	0.0378	35.0554
0.01146	472	229610	0.0708	34.4503	0.01278	266	233358	0.0399	35.0127	0.013107	204	233847	0.0306	35.086
0.012103	489	230099	0.0734	34.5237	0.013405	243	233601	0.0365	35.0491	0.013736	281	234128	0.0422	35.1282
0.012746	420	230519	0.063	34.5867	0.01403	201	233802	0.0302	35.0793	0.014364	234	234362	0.0351	35.1633
0.013388	454	230973	0.0681	34.6548	0.014655	241	234043	0.0362	35.1154	0.014993	212	234574	0.0318	35.1951
0.014031	431	231404	0.0647	34.7195	0.01528	236	234279	0.0354	35.1508	0.015622	249	234823	0.0374	35.2325
0.014674	431	231835	0.0647	34.7842	0.015905	231	234510	0.0347	35.1855	0.016251	231	235054	0.0347	35.2671
0.015317	369	232204	0.0554	34.8395	0.01653	228	234738	0.0342	35.2197	0.016879	192	235246	0.0288	35.2959
0.01596	421	232625	0.0632	34.9027	0.017155	185	234923	0.0278	35.2475	0.017508	197	235443	0.0296	35.3255
0.016602	431	233056	0.0647	34.9674	0.01778	229	235152	0.0344	35.2818	0.018137	220	235663	0.033	35.3585
0.017245	336	233392	0.0504	35.0178	0.018405	216	235368	0.0324	35.3142	0.018766	186	235849	0.0279	35.3864

续表

红波段					绿波段					蓝波段				
密度	该密度下像素数	累积总像素数	所占比例	累积所占比例	密度	该密度下像素数	累积总像素数	所占比例	累积所占比例	密度	该密度下像素数	累积总像素数	所占比例	累积所占比例
0.017888	393	233785	0.059	35.0767	0.019031	203	235571	0.0305	35.3447	0.019394	215	236064	0.0323	35.4187
0.018531	407	234192	0.0611	35.1378	0.019656	251	235822	0.0377	35.3824	0.020023	165	236229	0.0248	35.4434
0.019173	327	234519	0.0491	35.1869	0.020281	224	236046	0.0336	35.416	0.020652	201	236430	0.0302	35.4736
0.019816	381	234900	0.0572	35.244	0.020906	205	236251	0.0308	35.4467	0.021281	212	236642	0.0318	35.5054
0.020459	365	235265	0.0548	35.2988	0.021531	222	236473	0.0333	35.48	0.021909	166	236808	0.0249	35.5303
0.021102	295	235560	0.0443	35.343	0.022156	202	236675	0.0303	35.5103	0.022538	216	237024	0.0324	35.5627
0.021745	360	235920	0.054	35.3971	0.022781	256	236931	0.0384	35.5488	0.023167	214	237238	0.0321	35.5948
0.022387	362	236282	0.0543	35.4514	0.023406	237	237168	0.0356	35.5843	0.023796	176	237414	0.0264	35.6212
0.02303	380	236662	0.057	35.5084	0.024031	3496	240664	0.5245	36.1088	0.024424	3525	240939	0.5289	36.1501
0.023673	3599	240261	0.54	36.0484	0.024656	229	240893	0.0344	36.1432	0.025053	219	241158	0.0329	36.183
0.024316	393	240654	0.059	36.1073	0.025281	246	241139	0.0369	36.1801	0.025682	178	241336	0.0267	36.2097
0.024958	358	241012	0.0537	36.1611	0.025906	244	241383	0.0366	36.2167	0.026311	251	241587	0.0377	36.2473
0.025601	313	241325	0.047	36.208	0.026531	282	241665	0.0423	36.259	0.026939	237	241824	0.0356	36.2829
0.026244	388	241713	0.0582	36.2662	0.027157	258	241923	0.0387	36.2977	0.027568	228	242052	0.0342	36.3171
0.026887	450	242163	0.0675	36.3338	0.027782	361	242284	0.0542	36.3519	0.028197	332	242384	0.0498	36.3669
0.02753	394	242557	0.0591	36.3929	0.028407	373	242657	0.056	36.4079	0.028826	360	242744	0.054	36.4209
0.028172	506	243063	0.0759	36.4688	0.029032	390	243047	0.0585	36.4664	0.029454	381	243125	0.0572	36.4781
0.028815	654	243717	0.0981	36.5669	0.029657	634	243681	0.0951	36.5615	0.030083	611	243736	0.0917	36.5698
0.029458	1407	245124	0.2111	36.778	0.030282	1354	245035	0.2032	36.7647	0.030712	1348	245084	0.2023	36.772
0.030101	421372	666496	63.222	100	0.030907	421461	666496	63.2353	100	0.031341	421412	666496	63.228	100

3. 山梁上的居民点废弃或闲置场地

莱州市驿道镇张家涧村（图8-32）同样不再是山涧中的村庄，而是一个山梁上的村庄。近30年以来，村庄逐步从山涧迁徙到了山梁上，在山涧中留下了废弃的老村，没有很好地把它们改造成为接近水源的上好农田。独立家庭，建新房留下老房，起先利用作仓库，年久失修，也就成为废弃的住宅。这是农村中出现"空心村"现象的一种基本原因。放大来讲，一个村庄也一样。目前正在实施的或规划中的"新村"建设、"社区"建设、"拆村并点"，很有可能同样重蹈覆辙。对于这类村庄的诊断，应当新村旧村一起考虑其健康状况（图8-33、图8-34），而不要再遗漏了废弃或闲置的部分，误以为它们已经不再属于村庄建设用地的范围。

图8-32 张家涧村卫星影像

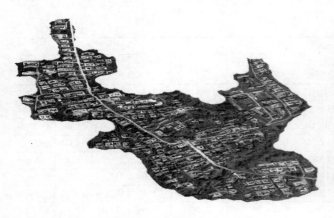

(a) 3D模拟

(b) 张家涧村居住地从海拔130m迁徙到海拔
147m,留下大量废弃住宅在老村里

图8-33 张家涧新村与旧村废弃住宅

图8-34 村庄居民点空间位置的变化

张家涧村统计的村建设用地面积为180亩,而我们通过卫星影像测算的建设用地面积为332亩(表8-10),超出统计面积的1.8倍。按照我们的加权平均算法估算,在除去10%的道路和绿地面积之后,这个村的空置率为36%。如果按照180亩的基数,户均宅基地面积约200m²,宅基地总数335处来计算,已经使用的宅基地面积为100亩,加上30%的公共建筑用地、道路和绿化用地,合计已经使用的建设用地面积为154亩,空置率仅为15%。比我们的估算少了2.4倍。实际上,按照山东省烟台市2007年上报"空心村"10%空置率的指标,这个村庄已经是"空心村"了,需要实施农村环境综合整治计划。

莱州市驿道镇张家涧村光谱分析 表8-10

红波段					绿波段					蓝波段				
波长	该波长下像素数	累积总像素数	所占比例	累积所占比例	波长	该波长下像素数	累积总像素数	所占比例	累积所占比例	波长	该波长下像素数	累积总像素数	所占比例	累积所占比例
					0	6	6	0.0009	0.0009	0	8	8	0.0012	0.0012
					1	0	6	0	0.0009	1	2	10	0.0003	0.0015
					2	1	7	0.0002	0.0011	2	4	14	0.0006	0.0021
3	1	1	0.0002	0.0002	3	3	10	0.0005	0.0015	3	5	19	0.0008	0.0029
4	1	2	0.0002	0.0003	4	2	12	0.0003	0.0018	4	4	23	0.0006	0.0035
5	1	3	0.0002	0.0005	5	3	15	0.0005	0.0023	5	2	25	0.0003	0.0038
6	0	3	0	0.0005	6	2	17	0.0003	0.0026	6	2	27	0.0003	0.0041
7	2	5	0.0003	0.0008	7	8	25	0.0012	0.0038	7	8	35	0.0012	0.0053
8	3	8	0.0005	0.0012	8	7	32	0.0011	0.0048	8	7	42	0.0011	0.0063
9	4	12	0.0006	0.0018	9	4	36	0.0006	0.0054	9	10	52	0.0015	0.0078
10	7	19	0.0011	0.0029	10	6	42	0.0009	0.0063	10	8	60	0.0012	0.009
11	3	22	0.0005	0.0033	11	10	52	0.0015	0.0078	11	10	70	0.0015	0.0105
12	3	25	0.0005	0.0038	12	9	61	0.0014	0.0092	12	15	85	0.0023	0.0128
13	3	28	0.0005	0.0042	13	15	76	0.0023	0.0114	13	26	111	0.0039	0.0167
14	3	31	0.0005	0.0047	14	10	86	0.0015	0.0129	14	24	135	0.0036	0.0203
15	9	40	0.0014	0.006	15	12	98	0.0018	0.0147	15	25	160	0.0038	0.024
16	8	48	0.0012	0.0072	16	23	121	0.0035	0.0182	16	24	184	0.0036	0.0276
17	11	59	0.0017	0.0089	17	16	137	0.0024	0.0206	17	27	211	0.0041	0.0317
18	11	70	0.0017	0.0105	18	32	169	0.0048	0.0254	18	34	245	0.0051	0.0368
19	10	80	0.0015	0.012	19	25	194	0.0038	0.0291	19	27	272	0.0041	0.0408
20	11	91	0.0017	0.0137	20	27	221	0.0041	0.0332	20	34	306	0.0051	0.0459
21	18	109	0.0027	0.0164	21	27	248	0.0041	0.0372	21	32	338	0.0048	0.0507
22	17	126	0.0026	0.0189	22	36	284	0.0054	0.0426	22	36	374	0.0054	0.0561
23	25	151	0.0038	0.0227	23	28	312	0.0042	0.0468	23	70	444	0.0105	0.0666
24	22	173	0.0033	0.026	24	52	364	0.0078	0.0546	24	69	513	0.0104	0.077
25	28	201	0.0042	0.0302	25	40	404	0.006	0.0606	25	57	570	0.0086	0.0855
26	35	236	0.0053	0.0354	26	57	461	0.0086	0.0692	26	57	627	0.0086	0.0941
27	32	268	0.0048	0.0402	27	68	529	0.0102	0.0794	27	66	693	0.0099	0.104
28	41	309	0.0062	0.0464	28	66	595	0.0099	0.0893	28	73	766	0.011	0.1149
29	44	353	0.0066	0.053	29	80	675	0.012	0.1013	29	80	846	0.012	0.1269
30	52	405	0.0078	0.0608	30	103	778	0.0155	0.1167	30	88	934	0.0132	0.1401
31	52	457	0.0078	0.0686	31	86	864	0.0129	0.1296	31	108	1042	0.0162	0.1563
32	54	511	0.0081	0.0767	32	103	967	0.0155	0.1451	32	120	1162	0.018	0.1743
33	67	578	0.0101	0.0867	33	87	1054	0.0131	0.1581	33	111	1273	0.0167	0.191
34	67	645	0.0101	0.0968	34	104	1158	0.0156	0.1737	34	114	1387	0.0171	0.2081
35	88	733	0.0132	0.11	35	122	1280	0.0183	0.192	35	110	1497	0.0165	0.2246
36	87	820	0.0131	0.123	36	115	1395	0.0173	0.2093	36	170	1667	0.0255	0.2501
37	103	923	0.0155	0.1385	37	130	1525	0.0195	0.2288	37	138	1805	0.0207	0.2708
38	107	1030	0.0161	0.1545	38	149	1674	0.0224	0.2512	38	165	1970	0.0248	0.2956
39	122	1152	0.0183	0.1728	39	142	1816	0.0213	0.2725	39	161	2131	0.0242	0.3197
40	137	1289	0.0206	0.1934	40	154	1970	0.0231	0.2956	40	159	2290	0.0239	0.3436
41	129	1418	0.0194	0.2128	41	178	2148	0.0267	0.3223	41	202	2492	0.0303	0.3739
42	130	1548	0.0195	0.2323	42	204	2352	0.0306	0.3529	42	196	2688	0.0294	0.4033
43	179	1727	0.0269	0.2591	43	211	2563	0.0317	0.3845	43	228	2916	0.0342	0.4375
44	161	1888	0.0242	0.2833	44	217	2780	0.0326	0.4171	44	202	3118	0.0303	0.4678
45	199	2087	0.0299	0.3131	45	226	3006	0.0339	0.451	45	231	3349	0.0347	0.5025

续表

红波段					绿波段					蓝波段				
波长	该波长下像素数	累积总像素数	所占比例	累积所占比例	波长	该波长下像素数	累积总像素数	所占比例	累积所占比例	波长	该波长下像素数	累积总像素数	所占比例	累积所占比例
46	204	2291	0.0306	0.3437	46	228	3234	0.0342	0.4852	46	276	3625	0.0414	0.5439
47	181	2472	0.0272	0.3709	47	244	3478	0.0366	0.5218	47	293	3918	0.044	0.5879
48	209	2681	0.0314	0.4023	48	255	3733	0.0383	0.5601	48	248	4166	0.0372	0.6251
49	210	2891	0.0315	0.4338	49	278	4011	0.0417	0.6018	49	308	4474	0.0462	0.6713
50	233	3124	0.035	0.4687	50	263	4274	0.0395	0.6413	50	283	4757	0.0425	0.7137
51	263	3387	0.0395	0.5082	51	311	4585	0.0467	0.6879	51	310	5067	0.0465	0.7602
52	229	3616	0.0344	0.5425	52	281	4866	0.0422	0.7301	52	318	5385	0.0477	0.808
53	259	3875	0.0389	0.5814	53	321	5187	0.0482	0.7782	53	337	5722	0.0506	0.8585
54	314	4189	0.0471	0.6285	54	353	5540	0.053	0.8312	54	385	6107	0.0578	0.9163
55	304	4493	0.0456	0.6741	55	387	5927	0.0581	0.8893	55	405	6512	0.0608	0.9771
56	312	4805	0.0468	0.7209	56	331	6258	0.0497	0.9389	56	383	6895	0.0575	1.0345
57	309	5114	0.0464	0.7673	57	357	6615	0.0536	0.9925	57	414	7309	0.0621	1.0966
58	380	5494	0.057	0.8243	58	396	7011	0.0594	1.0519	58	458	7767	0.0687	1.1653
59	347	5841	0.0521	0.8764	59	441	7452	0.0662	1.1181	59	435	8202	0.0653	1.2306
60	375	6216	0.0563	0.9326	60	415	7867	0.0623	1.1804	60	460	8662	0.069	1.2996
61	381	6597	0.0572	0.9898	61	420	8287	0.063	1.2434	61	509	9171	0.0764	1.376
62	423	7020	0.0635	1.0533	62	451	8738	0.0677	1.311	62	518	9689	0.0777	1.4537
63	428	7448	0.0642	1.1175	63	515	9253	0.0773	1.3883	63	482	10171	0.0723	1.526
64	414	7862	0.0621	1.1796	64	529	9782	0.0794	1.4677	64	540	10711	0.081	1.6071
65	456	8318	0.0684	1.248	65	500	10282	0.075	1.5427	65	549	11260	0.0824	1.6894
66	490	8808	0.0735	1.3215	66	529	10811	0.0794	1.6221	66	570	11830	0.0855	1.775
67	492	9300	0.0738	1.3954	67	554	11365	0.0831	1.7052	67	596	12426	0.0894	1.8644
68	527	9827	0.0791	1.4744	68	542	11907	0.0813	1.7865	68	633	13059	0.095	1.9594
69	564	10391	0.0846	1.559	69	561	12468	0.0842	1.8707	69	628	13687	0.0942	2.0536
70	596	10987	0.0894	1.6485	70	596	13064	0.0894	1.9601	70	653	14340	0.098	2.1516
71	617	11604	0.0926	1.741	71	678	13742	0.1017	2.0618	71	669	15009	0.1004	2.2519
72	623	12227	0.0935	1.8345	72	634	14376	0.0951	2.157	72	699	15708	0.1049	2.3568
73	642	12869	0.0963	1.9308	73	644	15020	0.0966	2.2536	73	724	16432	0.1086	2.4654
74	663	13532	0.0995	2.0303	74	695	15715	0.1043	2.3579	74	741	17173	0.1112	2.5766
75	704	14236	0.1056	2.1359	75	682	16397	0.1023	2.4602	75	809	17982	0.1214	2.698
76	748	14984	0.1122	2.2482	76	716	17113	0.1074	2.5676	76	744	18726	0.1116	2.8096
77	749	15733	0.1124	2.3606	77	776	17889	0.1164	2.684	77	829	19555	0.1244	2.934
78	837	16570	0.1256	2.4861	78	788	18677	0.1182	2.8023	78	828	20383	0.1242	3.0582
79	856	17426	0.1284	2.6146	79	754	19431	0.1131	2.9154	79	845	21228	0.1268	3.185
80	838	18264	0.1257	2.7403	80	808	20239	0.1212	3.0366	80	910	22138	0.1365	3.3216
81	869	19133	0.1304	2.8707	81	807	21046	0.1211	3.1577	81	959	23097	0.1439	3.4654
82	981	20114	0.1472	3.0179	82	866	21912	0.1299	3.2876	82	938	24035	0.1407	3.6062
83	975	21089	0.1463	3.1642	83	885	22797	0.1328	3.4204	83	998	25033	0.1497	3.7559
84	1049	22138	0.1574	3.3216	84	958	23755	0.1437	3.5642	84	1009	26042	0.1514	3.9073
85	1024	23162	0.1536	3.4752	85	937	24692	0.1406	3.7047	85	1109	27151	0.1664	4.0737
86	1077	24239	0.1616	3.6368	86	993	25685	0.149	3.8537	86	1091	28242	0.1637	4.2374
87	1110	25349	0.1665	3.8033	87	1037	26722	0.1556	4.0093	87	1094	29336	0.1641	4.4015
88	1184	26533	0.1776	3.981	88	1056	27778	0.1584	4.1678	88	1221	30557	0.1832	4.5847
89	1233	27766	0.185	4.166	89	1062	28840	0.1593	4.3271	89	1182	31739	0.1773	4.7621
90	1252	29018	0.1878	4.3538	90	1094	29934	0.1641	4.4912	90	1256	32995	0.1884	4.9505
91	1283	30301	0.1925	4.5463	91	1121	31055	0.1682	4.6594	91	1316	34311	0.1975	5.148

续表

红波段					绿波段					蓝波段				
波长	该波长下像素数	累积总像素数	所占比例	累积所占比例	波长	该波长下像素数	累积总像素数	所占比例	累积所占比例	波长	该波长下像素数	累积总像素数	所占比例	累积所占比例
92	1365	31666	0.2048	4.7511	92	1202	32257	0.1803	4.8398	92	1353	35664	0.203	5.351
93	1385	33051	0.2078	4.9589	93	1204	33461	0.1806	5.0204	93	1369	37033	0.2054	5.5564
94	1469	34520	0.2204	5.1793	94	1209	34670	0.1814	5.2018	94	1455	38488	0.2183	5.7747
95	1442	35962	0.2164	5.3957	95	1342	36012	0.2014	5.4032	95	1423	39911	0.2135	5.9882
96	1521	37483	0.2282	5.6239	96	1310	37322	0.1966	5.5997	96	1501	41412	0.2252	6.2134
97	1576	39059	0.2365	5.8604	97	1377	38699	0.2066	5.8063	97	1611	43023	0.2417	6.4551
98	1679	40738	0.2519	6.1123	98	1462	40161	0.2194	6.0257	98	1702	44725	0.2554	6.7105
99	1665	42403	0.2498	6.3621	99	1526	41687	0.229	6.2547	99	1714	46439	0.2572	6.9676
100	1689	44092	0.2534	6.6155	100	1540	43227	0.2311	6.4857	100	1774	48213	0.2662	7.2338
101	1760	45852	0.2641	6.8796	101	1594	44821	0.2392	6.7249	101	1847	50060	0.2771	7.5109
102	1750	47602	0.2626	7.1421	102	1573	46394	0.236	6.9609	102	1943	52003	0.2915	7.8024
103	1779	49381	0.2669	7.409	103	1811	48205	0.2717	7.2326	103	1885	53888	0.2828	8.0853
104	1826	51207	0.274	7.683	104	1801	50006	0.2702	7.5028	104	2013	55901	0.302	8.3873
105	1875	53082	0.2813	7.9643	105	1719	51725	0.2579	7.7607	105	2070	57971	0.3106	8.6979
106	1847	54929	0.2771	8.2415	106	1832	53557	0.2749	8.0356	106	2042	60013	0.3064	9.0043
107	1931	56860	0.2897	8.5312	107	1848	55405	0.2773	8.3129	107	2056	62069	0.3085	9.3127
108	1939	58799	0.2909	8.8221	108	1980	57385	0.2971	8.61	108	2159	64228	0.3239	9.6367
109	1931	60730	0.2897	9.1118	109	2044	59429	0.3067	8.9166	109	2192	66420	0.3289	9.9656
110	1969	62699	0.2954	9.4073	110	2041	61470	0.3062	9.2229	110	2117	68537	0.3176	10.2832
111	2034	64733	0.3052	9.7124	111	1972	63442	0.2959	9.5187	111	2147	70684	0.3221	10.6053
112	2015	66748	0.3023	10.0148	112	2084	65526	0.3127	9.8314	112	2255	72939	0.3383	10.9437
113	2005	68753	0.3008	10.3156	113	2147	67673	0.3221	10.1535	113	2266	75205	0.34	11.2836
114	2022	70775	0.3034	10.619	114	2129	69802	0.3194	10.473	114	2260	77465	0.3391	11.6227
115	1886	72661	0.283	10.9019	115	2119	71921	0.3179	10.7909	115	2313	79778	0.347	11.9698
116	2030	74691	0.3046	11.2065	116	2133	74054	0.32	11.1109	116	2300	82078	0.3451	12.3149
117	2017	76708	0.3026	11.5091	117	2144	76198	0.3217	11.4326	117	2372	84450	0.3559	12.6707
118	2046	78754	0.307	11.8161	118	2184	78382	0.3277	11.7603	118	2194	86644	0.3292	12.9999
119	1908	80662	0.2863	12.1024	119	2203	80585	0.3305	12.0908	119	2364	89008	0.3547	13.3546
120	1934	82596	0.2902	12.3926	120	2183	82768	0.3275	12.4184	120	2318	91326	0.3478	13.7024
121	1951	84547	0.2927	12.6853	121	2283	85051	0.3425	12.7609	121	2326	93652	0.349	14.0514
122	1945	86492	0.2918	12.9771	122	2237	87288	0.3356	13.0966	122	2294	95946	0.3442	14.3956
123	1955	88447	0.2933	13.2704	123	2293	89581	0.344	13.4406	123	2208	98154	0.3313	14.7269
124	1937	90384	0.2906	13.5611	124	2254	91835	0.3382	13.7788	124	2318	100472	0.3478	15.0747
125	1862	92246	0.2794	13.8404	125	2234	94069	0.3352	14.114	125	2270	102742	0.3406	15.4152
126	1910	94156	0.2866	14.127	126	2140	96209	0.3211	14.435	126	2186	104928	0.328	15.7432
127	1795	95951	0.2693	14.3963	127	2144	98353	0.3217	14.7567	127	2226	107154	0.334	16.0772
128	1789	97740	0.2684	14.6648	128	2234	100587	0.3352	15.0919	128	2264	109418	0.3397	16.4169
129	1744	99484	0.2617	14.9264	129	2269	102856	0.3404	15.4324	129	2108	111526	0.3163	16.7332
130	1657	101141	0.2486	15.175	130	2115	104971	0.3173	15.7497	130	2127	113653	0.3191	17.0523
131	1627	102768	0.2441	15.4191	131	2074	107045	0.3112	16.0609	131	2038	115691	0.3058	17.3581
132	1705	104473	0.2558	15.675	132	2163	109208	0.3245	16.3854	132	2068	117759	0.3103	17.6684
133	1653	106126	0.248	15.923	133	2033	111241	0.305	16.6904	133	1997	119756	0.2996	17.968
134	1583	107709	0.2375	16.1605	134	2154	113395	0.3232	17.0136	134	1950	121706	0.2926	18.2606
135	1554	109263	0.2332	16.3936	135	2051	115446	0.3077	17.3213	135	1867	123573	0.2801	18.5407
136	1564	110827	0.2347	16.6283	136	2023	117469	0.3035	17.6249	136	1940	125513	0.2911	18.8318
137	1536	112363	0.2305	16.8588	137	2083	119552	0.3125	17.9374	137	1757	127270	0.2636	19.0954

续表

\(红波段\)					\(绿波段\)					\(蓝波段\)				
波长	该波长下像素数	累积总像素数	所占比例	累积所占比例	波长	该波长下像素数	累积总像素数	所占比例	累积所占比例	波长	该波长下像素数	累积总像素数	所占比例	累积所占比例
138	1446	113809	0.217	17.0757	138	1930	121482	0.2896	18.227	138	1827	129097	0.2741	19.3695
139	1442	115251	0.2164	17.2921	139	1869	123351	0.2804	18.5074	139	1733	130830	0.26	19.6295
140	1403	116654	0.2105	17.5026	140	1918	125269	0.2878	18.7952	140	1642	132472	0.2464	19.8759
141	1391	118045	0.2087	17.7113	141	1854	127123	0.2782	19.0733	141	1638	134110	0.2458	20.1217
142	1420	119465	0.2131	17.9243	142	1739	128862	0.2609	19.3342	142	1575	135685	0.2363	20.358
143	1362	120827	0.2044	18.1287	143	1723	130585	0.2585	19.5928	143	1544	137229	0.2317	20.5896
144	1319	122146	0.1979	18.3266	144	1740	132325	0.2611	19.8538	144	1486	138715	0.223	20.8126
145	1269	123415	0.1904	18.517	145	1579	133904	0.2369	20.0907	145	1413	140128	0.212	21.0246
146	1244	124659	0.1866	18.7036	146	1653	135557	0.248	20.3388	146	1361	141489	0.2042	21.2288
147	1164	125823	0.1746	18.8783	147	1653	137210	0.248	20.5868	147	1389	142878	0.2084	21.4372
148	1214	127037	0.1821	19.0604	148	1568	138778	0.2353	20.822	148	1320	144198	0.1981	21.6352
149	1141	128178	0.1712	19.2316	149	1467	140245	0.2201	21.0421	149	1285	145483	0.1928	21.828
150	1099	129277	0.1649	19.3965	150	1461	141706	0.2192	21.2613	150	1243	146726	0.1865	22.0145
151	1159	130436	0.1739	19.5704	151	1429	143135	0.2144	21.4757	151	1258	147984	0.1887	22.2033
152	1059	131495	0.1589	19.7293	152	1309	144444	0.1964	21.6721	152	1213	149197	0.182	22.3853
153	1094	132589	0.1641	19.8934	153	1343	145787	0.2015	21.8736	153	1219	150416	0.1829	22.5682
154	1047	133636	0.1571	20.0505	154	1321	147108	0.1982	22.0719	154	1174	151590	0.1761	22.7443
155	1069	134705	0.1604	20.2109	155	1290	148398	0.1935	22.2654	155	1143	152733	0.1715	22.9158
156	1019	135724	0.1529	20.3638	156	1270	149668	0.1905	22.4559	156	1071	153804	0.1607	23.0765
157	1023	136747	0.1535	20.5173	157	1235	150903	0.1853	22.6412	157	1009	154813	0.1514	23.2279
158	1061	137808	0.1592	20.6765	158	1124	152027	0.1686	22.8099	158	1062	155875	0.1593	23.3872
159	981	138789	0.1472	20.8237	159	1136	153163	0.1704	22.9803	159	1044	156919	0.1566	23.5439
160	1066	139855	0.1599	20.9836	160	1109	154272	0.1664	23.1467	160	1006	157925	0.1509	23.6948
161	996	140851	0.1494	21.1331	161	1130	155402	0.1695	23.3163	161	967	158892	0.1451	23.8399
162	974	141825	0.1461	21.2792	162	1084	156486	0.1626	23.4789	162	941	159833	0.1412	23.9811
163	994	142819	0.1491	21.4283	163	1031	157517	0.1547	23.6336	163	1010	160843	0.1515	24.1326
164	931	143750	0.1397	21.568	164	1065	158582	0.1598	23.7934	164	904	161747	0.1356	24.2683
165	993	144743	0.149	21.717	165	1014	159596	0.1521	23.9455	165	915	162662	0.1373	24.4055
166	923	145666	0.1385	21.8555	166	1011	160607	0.1517	24.0972	166	949	163611	0.1424	24.5479
167	937	146603	0.1406	21.9961	167	967	161574	0.1451	24.2423	167	895	164506	0.1343	24.6822
168	965	147568	0.1448	22.1409	168	935	162509	0.1403	24.3826	168	894	165400	0.1341	24.8164
169	930	148498	0.1395	22.2804	169	944	163453	0.1416	24.5242	169	930	166330	0.1395	24.9559
170	975	149473	0.1463	22.4267	170	913	164366	0.137	24.6612	170	920	167250	0.138	25.0939
171	929	150402	0.1394	22.5661	171	907	165273	0.1361	24.7973	171	902	168152	0.1353	25.2293
172	1036	151438	0.1554	22.7215	172	917	166190	0.1376	24.9349	172	849	169001	0.1274	25.3566
173	926	152364	0.1389	22.8605	173	899	167089	0.1349	25.0698	173	919	169920	0.1379	25.4945
174	970	153334	0.1455	23.006	174	927	168016	0.1391	25.2089	174	895	170815	0.1343	25.6288
175	878	154212	0.1317	23.1377	175	956	168972	0.1434	25.3523	175	861	171676	0.1292	25.758
176	931	155143	0.1397	23.2774	176	891	169863	0.1337	25.486	176	840	172516	0.126	25.884
177	922	156065	0.1383	23.4157	177	903	170766	0.1355	25.6215	177	815	173331	0.1223	26.0063
178	904	156969	0.1356	23.5514	178	922	171688	0.1383	25.7598	178	878	174209	0.1317	26.138
179	893	157862	0.134	23.6854	179	862	172550	0.1293	25.8891	179	872	175081	0.1308	26.2689
180	872	158734	0.1308	23.8162	180	851	173401	0.1277	26.0168	180	827	175908	0.1241	26.393
181	937	159671	0.1406	23.9568	181	836	174237	0.1254	26.1422	181	835	176743	0.1253	26.5182
182	897	160568	0.1346	24.0914	182	879	175116	0.1319	26.2741	182	835	177578	0.1253	26.6435
183	924	161492	0.1386	24.23	183	832	175948	0.1248	26.399	183	830	178408	0.1245	26.7681

续表

红波段					绿波段					蓝波段				
波长	该波长下像素数	累积总像素数	所占比例	累积所占比例	波长	该波长下像素数	累积总像素数	所占比例	累积所占比例	波长	该波长下像素数	累积总像素数	所占比例	累积所占比例
184	937	162429	0.1406	24.3706	184	853	176801	0.128	26.5269	184	870	179278	0.1305	26.8986
185	889	163318	0.1334	24.504	185	865	177666	0.1298	26.6567	185	786	180064	0.1179	27.0165
186	915	164233	0.1373	24.6413	186	861	178527	0.1292	26.7859	186	861	180925	0.1292	27.1457
187	810	165043	0.1215	24.7628	187	824	179351	0.1236	26.9095	187	871	181796	0.1307	27.2764
188	901	165944	0.1352	24.898	188	880	180231	0.132	27.0416	188	847	182643	0.1271	27.4035
189	877	166821	0.1316	25.0296	189	816	181047	0.1224	27.164	189	848	183491	0.1272	27.5307
190	921	167742	0.1382	25.1677	190	859	181906	0.1289	27.2929	190	830	184321	0.1245	27.6552
191	913	168655	0.137	25.3047	191	849	182755	0.1274	27.4203	191	889	185210	0.1334	27.7886
192	859	169514	0.1289	25.4336	192	876	183631	0.1314	27.5517	192	894	186104	0.1341	27.9227
193	857	170371	0.1286	25.5622	193	839	184470	0.1259	27.6776	193	872	186976	0.1308	28.0536
194	837	171208	0.1256	25.6878	194	866	185336	0.1299	27.8075	194	813	187789	0.122	28.1756
195	862	172070	0.1293	25.8171	195	826	186162	0.1239	27.9315	195	879	188668	0.1319	28.3074
196	821	172891	0.1232	25.9403	196	858	187020	0.1287	28.0602	196	855	189523	0.1283	28.4357
197	803	173694	0.1205	26.0608	197	890	187910	0.1335	28.1937	197	913	190436	0.137	28.5727
198	839	174533	0.1259	26.1867	198	862	188772	0.1293	28.3231	198	831	191267	0.1247	28.6974
199	824	175357	0.1236	26.3103	199	880	189652	0.132	28.4551	199	878	192145	0.1317	28.8291
200	813	176170	0.122	26.4323	200	870	190522	0.1305	28.5856	200	840	192985	0.126	28.9552
201	838	177008	0.1257	26.558	201	841	191363	0.1262	28.7118	201	840	193825	0.126	29.0812
202	804	177812	0.1206	26.6786	202	910	192273	0.1365	28.8483	202	864	194689	0.1296	29.2108
203	832	178644	0.1248	26.8035	203	846	193119	0.1269	28.9753	203	839	195528	0.1259	29.3367
204	872	179516	0.1308	26.9343	204	872	193991	0.1308	29.1061	204	779	196307	0.1169	29.4536
205	847	180363	0.1271	27.0614	205	854	194845	0.1281	29.2342	205	822	197129	0.1233	29.5769
206	793	181156	0.119	27.1804	206	859	195704	0.1289	29.3631	206	849	197978	0.1274	29.7043
207	828	181984	0.1242	27.3046	207	816	196520	0.1224	29.4855	207	787	198765	0.1181	29.8224
208	818	182802	0.1227	27.4273	208	831	197351	0.1247	29.6102	208	826	199591	0.1239	29.9463
209	883	183685	0.1325	27.5598	209	905	198256	0.1358	29.746	209	823	200414	0.1235	30.0698
210	833	184518	0.125	27.6848	210	869	199125	0.1304	29.8764	210	784	201198	0.1176	30.1874
211	869	185387	0.1304	27.8152	211	746	199871	0.1119	29.9883	211	745	201943	0.1118	30.2992
212	863	186250	0.1295	27.9447	212	803	200674	0.1205	30.1088	212	732	202675	0.1098	30.409
213	901	187151	0.1352	28.0798	213	802	201476	0.1203	30.2291	213	786	203461	0.1179	30.527
214	809	187960	0.1214	28.2012	214	760	202236	0.114	30.3432	214	672	204133	0.1008	30.6278
215	875	188835	0.1313	28.3325	215	762	202998	0.1143	30.4575	215	743	204876	0.1115	30.7393
216	879	189714	0.1319	28.4644	216	795	203793	0.1193	30.5768	216	717	205593	0.1076	30.8468
217	871	190585	0.1307	28.5951	217	771	204564	0.1157	30.6925	217	698	206291	0.1047	30.9516
218	825	191410	0.1238	28.7189	218	792	205356	0.1188	30.8113	218	719	207010	0.1079	31.0595
219	913	192323	0.137	28.8558	219	718	206074	0.1077	30.919	219	706	207716	0.1059	31.1654
220	836	193159	0.1254	28.9813	220	685	206759	0.1028	31.0218	220	677	208393	0.1016	31.267
221	869	194028	0.1304	29.1117	221	731	207490	0.1097	31.1315	221	642	209035	0.0963	31.3633
222	835	194863	0.1253	29.2369	222	713	208203	0.107	31.2384	222	619	209654	0.0929	31.4562
223	836	195699	0.1254	29.3624	223	735	208938	0.1103	31.3487	223	669	210323	0.1004	31.5565
224	815	196514	0.1223	29.4846	224	680	209618	0.102	31.4508	224	627	210950	0.0941	31.6506
225	857	197371	0.1286	29.6132	225	654	210272	0.0981	31.5489	225	581	211531	0.0872	31.7378
226	872	198243	0.1308	29.7441	226	653	210925	0.098	31.6469	226	596	212127	0.0894	31.8272
227	815	199058	0.1223	29.8663	227	659	211584	0.0989	31.7457	227	558	212685	0.0837	31.9109
228	874	199932	0.1311	29.9975	228	587	212171	0.0881	31.8338	228	571	213256	0.0857	31.9966
229	878	200810	0.1317	30.1292	229	577	212748	0.0866	31.9204	229	552	213808	0.0828	32.0794

续表

红波段					绿波段					蓝波段				
波长	该波长下像素数	累积总像素数	所占比例	累积所占比例	波长	该波长下像素数	累积总像素数	所占比例	累积所占比例	波长	该波长下像素数	累积总像素数	所占比例	累积所占比例
230	847	201657	0.1271	30.2563	230	672	213420	0.1008	32.0212	230	561	214369	0.0842	32.1636
231	815	202472	0.1223	30.3786	231	607	214027	0.0911	32.1123	231	583	214952	0.0875	32.2511
232	835	203307	0.1253	30.5039	232	559	214586	0.0839	32.1961	232	552	215504	0.0828	32.3339
233	877	204184	0.1316	30.6354	233	574	215160	0.0861	32.2823	233	523	216027	0.0785	32.4123
234	854	205038	0.1281	30.7636	234	603	215763	0.0905	32.3727	234	529	216556	0.0794	32.4917
235	830	205868	0.1245	30.8881	235	509	216272	0.0764	32.4491	235	482	217038	0.0723	32.564
236	876	206744	0.1314	31.0195	236	533	216805	0.08	32.5291	236	565	217603	0.0848	32.6488
237	831	207575	0.1247	31.1442	237	513	217318	0.077	32.606	237	482	218085	0.0723	32.7211
238	773	208348	0.116	31.2602	238	517	217835	0.0776	32.6836	238	450	218535	0.0675	32.7886
239	827	209175	0.1241	31.3843	239	474	218309	0.0711	32.7547	239	433	218968	0.065	32.8536
240	822	209997	0.1233	31.5076	240	456	218765	0.0684	32.8232	240	429	219397	0.0644	32.918
241	769	210766	0.1154	31.623	241	465	219230	0.0698	32.8929	241	422	219819	0.0633	32.9813
242	810	211576	0.1215	31.7445	242	463	219693	0.0695	32.9624	242	439	220258	0.0659	33.0472
243	811	212387	0.1217	31.8662	243	464	220157	0.0696	33.032	243	448	220706	0.0672	33.1144
244	833	213220	0.125	31.9912	244	455	220612	0.0683	33.1003	244	424	221130	0.0636	33.178
245	829	214049	0.1244	32.1156	245	417	221029	0.0626	33.1628	245	373	221503	0.056	33.234
246	827	214876	0.1241	32.2397	246	448	221477	0.0672	33.2301	246	440	221943	0.066	33.3
247	793	215669	0.119	32.3586	247	438	221915	0.0657	33.2958	247	385	222328	0.0578	33.3577
248	818	216487	0.1227	32.4814	248	452	222367	0.0678	33.3636	248	463	222791	0.0695	33.4272
249	826	217313	0.1239	32.6053	249	491	222858	0.0737	33.4373	249	453	223244	0.068	33.4952
250	879	218192	0.1319	32.7372	250	489	223347	0.0734	33.5106	250	526	223770	0.0789	33.5741
251	770	218962	0.1155	32.8527	251	555	223902	0.0833	33.5939	251	511	224281	0.0767	33.6508
252	859	219821	0.1289	32.9816	252	585	224487	0.0878	33.6817	252	366	224647	0.0549	33.7057
253	827	220648	0.1241	33.1057	253	571	225058	0.0857	33.7673	253	533	225180	0.08	33.7856
254	1176	221824	0.1764	33.2821	254	850	225908	0.1275	33.8949	254	626	225806	0.0939	33.8796
255	444672	666496	66.7179	100	255	440588	666496	66.1051	100	255	440690	666496	66.1204	100

莱州市驿道镇张家涧村

访谈对象：姜× **职务：**会计 **访谈日期：**2010 年 7 月 26 日 **整理人：**程超

一、村庄概况

张家涧村村位于 37°14′N，120°16′E，海拔 126～162m，属于丘陵地形；距莱州市 35km，距驿道镇 14km；村庄距离省道莱海路 1.5km，属于库区村，村外有一条河流经过。

张家涧村共有 850 口人，其中常住 830 人，有 320 户，其中常住本村的 315 户。2009 年村庄集体收入 3.5 万元，主要来自出租土地；2009 年农民年人均纯收入约为 3000 元，农户的主要收入来源是种植业，养殖业和外出打工。其中，80% 务农，10% 打工，10% 养羊。打工一般都是去招远当建筑工人。

二、村庄住宅及宅基地状况

张家涧村村域总面积为 2500 亩，村内户均宅基地面积约 200m²，共有宅基地 335 处，户均庭院面积 96m²。居民点建设用地面积为 180 亩。

村内共有倒塌宅基地 5 个，废弃或闲置宅基地 10 处，平均旧宅基地面积为 166m²，小于新建住宅面积。集体废弃或闲置的建筑物或构筑物场地有 1 个，面积 10 亩，大约合 40 个宅基地，为旧村小学。

村庄空置场地呈集中成片分布。空置废弃场地多集中于山涧及山坡中下部。因为村庄在1983年进行过统一的规划，建设地址选择在山梁上。次区域位于山涧，南边与水库相邻，有被淹没的威胁。交通不便，坡度的存在对村庄与外界交流构成不便。

村内老宅区宅间道路为3m，老宅区10%的宅间道路不能通行机动车，10%的老宅宅间道路不能与村庄主干道相连。在空置房屋集中地区，100%没有电源线接入，100%没有自来水，100%没有垃圾处理设施。

村内新房屋均为坐北朝南，旧宅朝向比较乱。空闲或坍塌住宅所在地域的坡度与较新住宅所在地域坡度无明显关系。

三、实地核实新建住宅与废弃或闲置场地基本信息

（一）三处较新住宅

N1：地处37°14′04″N，120°16′32″E。宅基地295m²，户主张××，家中共3口人，无常住人口，基础设施方面：自来水，有下水管道（流向村西河沟），旱厕，宅前道路水泥硬化，家电齐全，7间房。

N2：地处37°14′03″N，120°16′32″E。宅基地295m²，户主张××，家中共6口人，常住4人，基础设施方面：自来水，有下水管道（流向村西河沟），沼气，水冲厕所，太阳能，7间房。

N3：地处37°14′04″N，120°16′36″E。宅基地254m²，户主李××，家中6口人，常住6人，基础设施方面：自来水，有下水管道（流向村西河沟），沼气，水冲厕所，家电齐全（无空调），太阳能。

（二）五个"空置点"

O1：37°14′04″N，120°16′29″E，由于混合使用土地方式造成空置场地和废弃及空置房屋连接成一片，有两座闲置的房子，房子外观完整，每座面积约为160m²。其中一家的户主是张××，在村子东边新建了住房，旧宅就此闲置。该户主在旧宅南边还有一个空置宅基地，面积约为120m²，现用于种植花生。另一户主是李××，是附近金矿的一名工人，迁至镇里居住，旧宅因此闲置。此外，还有一片空置场地，面积约为100m²，现用于堆放柴草和停放车辆。

O2（图8-35）：37°14′06″N，120°16′32″E，是村庄小学的旧址，归村集体所有。有两排建筑物，南边的一排为黑色瓦片屋顶，现闲置，窗户的玻璃破碎。此外，还有一个院子，长满杂草，邻居把牛拴养在院子里。

O3（图8-36）：37°13′57″N，120°16′30″E，是一个沟，长满了树和杂草，在树荫的覆盖下还有两座闲置的房子，院墙已有破落的痕迹。原户主在村庄东边新盖了住房，因而闲置旧宅。

O4：37°14′00″N，120°16′32″E，两个空置场地，总面积约为350m²。原来是沟，后由于村民建房把沟填平了，其使用权归村集体所有。现空置，被村民用于堆放柴草。

O5：37°14′07″N，120°16′33″E，是村子的保险库所在地，保险库现被私人承包，近年没有使用。院子很大，约有250m²，其中一部分被村民用于种植蔬菜。

图8-35 场地O2实景

图8-36 场地O3实景

1）坡度分析的结果（图8-37、表8-11）：

（1）整个村庄区域最大坡度为26°，最小坡度为0°；

（2）整个村庄区域坡度为0°~4.9°的地块约占38%，5.1°~10°的地块占29%；

（3）整个村庄居民点建设用地基本处于3°~5°的地块范围内；

（4）废弃或闲置场地均在缓坡（2°~5°）处。

2）簇团分析的结果（图8-38、表8-12）：

（1）整个村庄90%的地物与其相邻地物具有相似的属性，其簇团值为正，10%的地物与其相邻地物具有不相似的属性，其簇团值为负；

（2）建筑物簇团占全部簇团的18%；

（3）房前屋后的场地约占全部簇团值的10%；

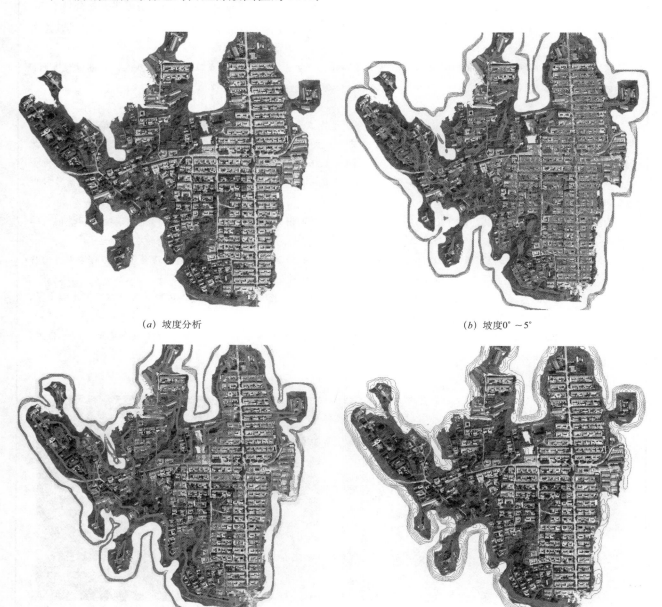

(a) 坡度分析

(b) 坡度0°~5°

(c) 坡度5°~10°

(d) 坡度10°~26°

图8-37 坡度分析

张家涧村居住场地坡度分析（红波段）　　　　　表 8-11

坡度	像素数	累积像素数	比例（%）	累积比例（%）	坡度	像素数	累积像素数	比例（%）	累积比例（%）
无效	341128	341128	51.1823	51.1823	0.046283	2793	461464	0.4191	69.2373
0.001029	5343	346471	0.8017	51.984	0.047312	2723	464187	0.4086	69.6459
0.002057	1906	348377	0.286	52.2699	0.04834	2614	466801	0.3922	70.0381
0.003086	1506	349883	0.226	52.4959	0.049369	2598	469399	0.3898	70.4279
0.004114	1534	351417	0.2302	52.726	0.050397	2594	471993	0.3892	70.8171
0.005143	1623	353040	0.2435	52.9696	0.051426	2548	474541	0.3823	71.1994
0.006171	1743	354783	0.2615	53.2311	0.052454	2458	476999	0.3688	71.5682
0.0072	1875	356658	0.2813	53.5124	0.053483	2479	479478	0.3719	71.9401
0.008228	1893	358551	0.284	53.7964	0.054512	2449	481927	0.3674	72.3076
0.009257	1976	360527	0.2965	54.0929	0.05554	2480	484407	0.3721	72.6797
0.010285	2065	362592	0.3098	54.4027	0.056569	2485	486892	0.3728	73.0525
0.011314	2261	364853	0.3392	54.742	0.057597	2338	489230	0.3508	73.4033
0.012342	2312	367165	0.3469	55.0889	0.058626	2308	491538	0.3463	73.7496
0.013371	2450	369615	0.3676	55.4564	0.059654	2310	493848	0.3466	74.0962
0.014399	2456	372071	0.3685	55.8249	0.060683	2165	496013	0.3248	74.421
0.015428	2627	374698	0.3942	56.2191	0.061711	2089	498102	0.3134	74.7344
0.016456	2530	377228	0.3796	56.5987	0.06274	2150	500252	0.3226	75.057
0.017485	2710	379938	0.4066	57.0053	0.063768	2148	502400	0.3223	75.3793
0.018513	2782	382720	0.4174	57.4227	0.064797	2211	504611	0.3317	75.711
0.019542	2785	385505	0.4179	57.8406	0.065825	2064	506675	0.3097	76.0207
0.02057	2825	388330	0.4239	58.2644	0.066854	2115	508790	0.3173	76.338
0.021599	2860	391190	0.4291	58.6935	0.067882	2092	510882	0.3139	76.6519
0.022627	2751	393941	0.4128	59.1063	0.068911	2054	512936	0.3082	76.9601
0.023656	2783	396724	0.4176	59.5238	0.069939	2077	515013	0.3116	77.2717
0.024684	2905	399629	0.4359	59.9597	0.070968	2008	517021	0.3013	77.573
0.025713	2862	402491	0.4294	60.3891	0.071996	1969	518990	0.2954	77.8684
0.026741	2860	405351	0.4291	60.8182	0.073025	1875	520865	0.2813	78.1498
0.02777	2898	408249	0.4348	61.253	0.074053	1878	522743	0.2818	78.4315
0.028799	2867	411116	0.4302	61.6832	0.075082	1854	524597	0.2782	78.7097
0.029827	2899	414015	0.435	62.1182	0.07611	1805	526402	0.2708	78.9805
0.030856	2914	416929	0.4372	62.5554	0.077139	1702	528104	0.2554	79.2359
0.031884	2865	419794	0.4299	62.9852	0.078167	1775	529879	0.2663	79.5022
0.032913	2905	422699	0.4359	63.4211	0.079196	1701	531580	0.2552	79.7574
0.033941	2973	425672	0.4461	63.8671	0.080224	1774	533354	0.2662	80.0236
0.03497	2981	428653	0.4473	64.3144	0.081253	1688	535042	0.2533	80.2769
0.035998	2983	431636	0.4476	64.762	0.082282	1652	536694	0.2479	80.5247
0.037027	3018	434654	0.4528	65.2148	0.08331	1630	538324	0.2446	80.7693
0.038055	3055	437709	0.4584	65.6732	0.084339	1578	539902	0.2368	81.006
0.039084	3144	440853	0.4717	66.1449	0.085367	1579	541481	0.2369	81.2429
0.040112	3061	443914	0.4593	66.6042	0.086396	1480	542961	0.2221	81.465
0.041141	3053	446967	0.4581	67.0622	0.087424	1470	544431	0.2206	81.6856
0.042169	2936	449903	0.4405	67.5027	0.088453	1418	545849	0.2128	81.8983
0.043198	2970	452873	0.4456	67.9483	0.089481	1441	547290	0.2162	82.1145
0.044226	2908	455781	0.4363	68.3847	0.09051	1427	548717	0.2141	82.3286
0.045255	2890	458671	0.4336	68.8183	0.091538	1425	550142	0.2138	82.5424

坡度	像素数	累积像素数	比例（%）	累积比例（%）	坡度	像素数	累积像素数	比例（%）	累积比例（%）
0.092567	1283	551425	0.1925	82.7349	0.13885	863	601668	0.1295	90.2733
0.093595	1328	552753	0.1993	82.9342	0.139879	857	602525	0.1286	90.4019
0.094624	1349	554102	0.2024	83.1366	0.140907	846	603371	0.1269	90.5288
0.095652	1429	555531	0.2144	83.351	0.141936	873	604244	0.131	90.6598
0.096681	1362	556893	0.2044	83.5553	0.142964	814	605058	0.1221	90.7819
0.097709	1325	558218	0.1988	83.7541	0.143993	852	605910	0.1278	90.9098
0.098738	1308	559526	0.1963	83.9504	0.145021	854	606764	0.1281	91.0379
0.099766	1324	560850	0.1987	84.149	0.14605	812	607576	0.1218	91.1597
0.100795	1283	562133	0.1925	84.3415	0.147078	856	608432	0.1284	91.2882
0.101823	1334	563467	0.2002	84.5417	0.148107	890	609322	0.1335	91.4217
0.102852	1378	564845	0.2068	84.7484	0.149135	839	610161	0.1259	91.5476
0.10388	1324	566169	0.1987	84.9471	0.150164	831	610992	0.1247	91.6723
0.104909	1254	567423	0.1881	85.1352	0.151192	877	611869	0.1316	91.8039
0.105937	1287	568710	0.1931	85.3283	0.152221	924	612793	0.1386	91.9425
0.106966	1281	569991	0.1922	85.5205	0.153249	890	613683	0.1335	92.076
0.107995	1270	571261	0.1905	85.7111	0.154278	861	614544	0.1292	92.2052
0.109023	1207	572468	0.1811	85.8922	0.155306	862	615406	0.1293	92.3345
0.110052	1216	573684	0.1824	86.0746	0.156335	863	616269	0.1295	92.464
0.11108	1269	574953	0.1904	86.265	0.157363	861	617130	0.1292	92.5932
0.112109	1210	576163	0.1815	86.4466	0.158392	838	617968	0.1257	92.7189
0.113137	1165	577328	0.1748	86.6214	0.15942	823	618791	0.1235	92.8424
0.114166	1201	578529	0.1802	86.8016	0.160449	820	619611	0.123	92.9654
0.115194	1152	579681	0.1728	86.9744	0.161478	802	620413	0.1203	93.0858
0.116223	1080	580761	0.162	87.1365	0.162506	812	621225	0.1218	93.2076
0.117251	1074	581835	0.1611	87.2976	0.163535	746	621971	0.1119	93.3195
0.11828	1062	582897	0.1593	87.4569	0.164563	756	622727	0.1134	93.433
0.119308	1079	583976	0.1619	87.6188	0.165592	811	623538	0.1217	93.5546
0.120337	1048	585024	0.1572	87.7761	0.16662	784	624322	0.1176	93.6723
0.121365	1073	586097	0.161	87.9371	0.167649	719	625041	0.1079	93.7802
0.122394	1028	587125	0.1542	88.0913	0.168677	766	625807	0.1149	93.8951
0.123422	1063	588188	0.1595	88.2508	0.169706	735	626542	0.1103	94.0054
0.124451	1019	589207	0.1529	88.4037	0.170734	835	627377	0.1253	94.1306
0.125479	985	590192	0.1478	88.5515	0.171763	799	628176	0.1199	94.2505
0.126508	906	591098	0.1359	88.6874	0.172791	709	628885	0.1064	94.3569
0.127536	951	592049	0.1427	88.8301	0.17382	795	629680	0.1193	94.4762
0.128565	921	592970	0.1382	88.9683	0.174848	779	630459	0.1169	94.5931
0.129593	913	593883	0.137	89.1053	0.175877	789	631248	0.1184	94.7114
0.130622	913	594796	0.137	89.2422	0.176905	780	632028	0.117	94.8285
0.13165	887	595683	0.1331	89.3753	0.177934	719	632747	0.1079	94.9364
0.132679	861	596544	0.1292	89.5045	0.178962	811	633558	0.1217	95.058
0.133707	890	597434	0.1335	89.638	0.179991	813	634371	0.122	95.18
0.134736	809	598243	0.1214	89.7594	0.181019	749	635120	0.1124	95.2924
0.135765	867	599110	0.1301	89.8895	0.182048	745	635865	0.1118	95.4042
0.136793	870	599980	0.1305	90.02	0.183076	753	636618	0.113	95.5172
0.137822	825	600805	0.1238	90.1438	0.184105	770	637388	0.1155	95.6327

续表

坡度	像素数	累积像素数	比例（%）	累积比例（%）	坡度	像素数	累积像素数	比例（%）	累积比例（%）
0.185133	718	638106	0.1077	95.7404	0.224217	445	659266	0.0668	98.9152
0.186162	726	638832	0.1089	95.8493	0.225246	452	659718	0.0678	98.983
0.18719	692	639524	0.1038	95.9532	0.226274	385	660103	0.0578	99.0408
0.188219	681	640205	0.1022	96.0553	0.227303	358	660461	0.0537	99.0945
0.189248	673	640878	0.101	96.1563	0.228331	393	660854	0.059	99.1535
0.190276	696	641574	0.1044	96.2607	0.22936	378	661232	0.0567	99.2102
0.191305	658	642232	0.0987	96.3595	0.230388	386	661618	0.0579	99.2681
0.192333	711	642943	0.1067	96.4661	0.231417	334	661952	0.0501	99.3182
0.193362	694	643637	0.1041	96.5703	0.232445	346	662298	0.0519	99.3701
0.19439	670	644307	0.1005	96.6708	0.233474	360	662658	0.054	99.4242
0.195419	653	644960	0.098	96.7688	0.234502	337	662995	0.0506	99.4747
0.196447	653	645613	0.098	96.8667	0.235531	335	663330	0.0503	99.525
0.197476	636	646249	0.0954	96.9622	0.236559	334	663664	0.0501	99.5751
0.198504	604	646853	0.0906	97.0528	0.237588	300	663964	0.045	99.6201
0.199533	591	647444	0.0887	97.1415	0.238616	279	664243	0.0419	99.662
0.200561	579	648023	0.0869	97.2283	0.239645	276	664519	0.0414	99.7034
0.20159	616	648639	0.0924	97.3208	0.240673	212	664731	0.0318	99.7352
0.202618	533	649172	0.08	97.4007	0.241702	205	664936	0.0308	99.7659
0.203647	543	649715	0.0815	97.4822	0.242731	200	665136	0.03	99.7959
0.204675	541	650256	0.0812	97.5634	0.243759	174	665310	0.0261	99.8221
0.205704	577	650833	0.0866	97.6499	0.244788	177	665487	0.0266	99.8486
0.206732	550	651383	0.0825	97.7325	0.245816	140	665627	0.021	99.8696
0.207761	477	651860	0.0716	97.804	0.246845	140	665767	0.021	99.8906
0.208789	482	652342	0.0723	97.8764	0.247873	130	665897	0.0195	99.9101
0.209818	477	652819	0.0716	97.9479	0.248902	99	665996	0.0149	99.925
0.210846	520	653339	0.078	98.0259	0.24993	104	666100	0.0156	99.9406
0.211875	528	653867	0.0792	98.1052	0.250959	93	666193	0.014	99.9545
0.212903	473	654340	0.071	98.1761	0.251987	84	666277	0.0126	99.9671
0.213932	457	654797	0.0686	98.2447	0.253016	61	666338	0.0092	99.9763
0.214961	489	655286	0.0734	98.3181	0.254044	41	666379	0.0062	99.9824
0.215989	446	655732	0.0669	98.385	0.255073	26	666405	0.0039	99.9863
0.217018	498	656230	0.0747	98.4597	0.256101	24	666429	0.0036	99.9899
0.218046	442	656672	0.0663	98.526	0.25713	17	666446	0.0026	99.9925
0.219075	436	657108	0.0654	98.5914	0.258158	16	666462	0.0024	99.9949
0.220103	419	657527	0.0629	98.6543	0.259187	17	666479	0.0026	99.9974
0.221132	447	657974	0.0671	98.7214	0.260215	7	666486	0.0011	99.9985
0.22216	432	658406	0.0648	98.7862	0.261244	9	666495	0.0014	99.9998
0.223189	415	658821	0.0623	98.8485	0.262272	1	666496	0.0002	100

（4）废弃或闲置场地的簇团值占全部簇团值的 62%；

（5）与山涧村和山坡村相比，张家涧村的簇团程度比它们都低，住宅数目以及废弃或闲置场相对分散，因为其边界数比山涧村和山坡村分别多出 7 个百分点和 3 个百分点；

（6）整个村庄废弃或闲置场地的簇团值占全部簇团值的比例与山坡村大体相当，这说明，山梁上的村与山坡上的村在废弃场地上具有同样的分散程度，没有大的区别；

（7）山梁上的村与山坡上的村受到地形和环境的约束都不像山涧里的村庄那样大，蔓延空间比较大。

3）密度分析的结果（图8-39）：

（1）废弃或闲置场地的密度值一般低于 −0.05，人工建筑地物的密度值一般在 −0.05 以上，包括正值；

（2）59%的地物簇团的密度值低于 −0.05，41%的地物簇团的密度值在 −0.05 ～ 0.027 之间。

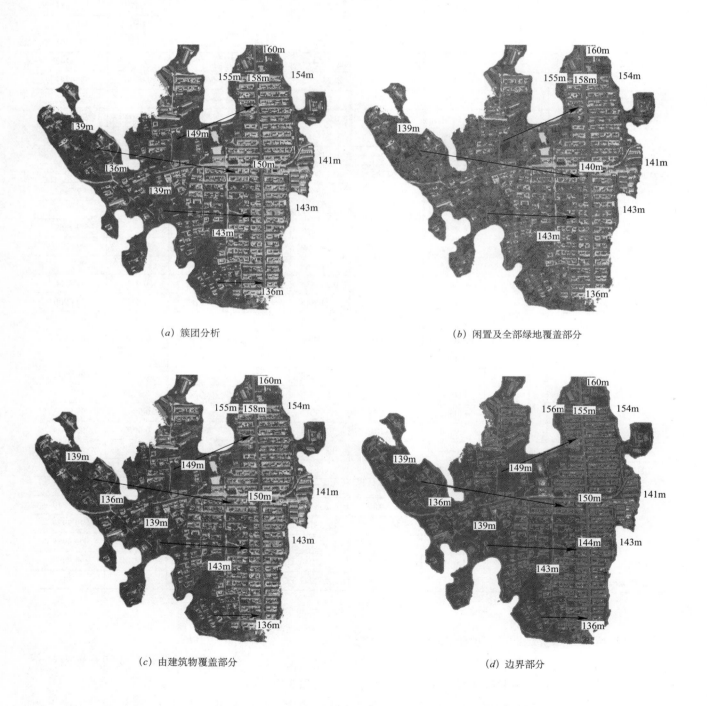

(a) 簇团分析　　　　　　　　　　(b) 闲置及全部绿地覆盖部分

(c) 由建筑物覆盖部分　　　　　　(d) 边界部分

图8-38　簇团分析

张家涧村簇团分析　　　　　　　　　　　　　　　　表 8-12

红波段					绿波段					蓝波段				
簇团	像素数	累积像素数	比例	积累比例	簇团	像素数	累积像素数	比例	积累比例	簇团	像素数	累积像素数	比例	累积比例
-0.002241	1	1	0.0002	0.0002	-0.001858	1	1	0.0002	0.0002	-0.001796	2	2	0.0003	0.0003
-0.002135	1	2	0.0002	0.0003	-0.001763	2	3	0.0003	0.0005	-0.001705	1	3	0.0002	0.0005
-0.00203	0	2	0	0.0003	-0.001669	2	5	0.0003	0.0008	-0.001613	1	4	0.0002	0.0006
-0.001924	0	2	0	0.0003	-0.001574	0	5	0	0.0008	-0.001522	0	4	0	0.0006
-0.001818	2	4	0.0003	0.0006	-0.001479	3	8	0.0005	0.0012	-0.001431	1	5	0.0002	0.0008
-0.001712	1	5	0.0002	0.0008	-0.001384	7	15	0.0011	0.0023	-0.00134	5	10	0.0008	0.0015
-0.001606	8	13	0.0012	0.002	-0.001289	8	23	0.0012	0.0035	-0.001249	10	20	0.0015	0.003
-0.0015	11	24	0.0017	0.0036	-0.001194	15	38	0.0023	0.0057	-0.001158	11	31	0.0017	0.0047
-0.001395	8	32	0.0012	0.0048	-0.001099	17	55	0.0026	0.0083	-0.001066	15	46	0.0023	0.0069
-0.001289	19	51	0.0029	0.0077	-0.001004	26	81	0.0039	0.0122	-0.000975	20	66	0.003	0.0099
-0.001183	33	84	0.005	0.0126	-0.000909	36	117	0.0054	0.0176	-0.000884	31	97	0.0047	0.0146
-0.001077	53	137	0.008	0.0206	-0.000814	79	196	0.0119	0.0294	-0.000793	67	164	0.0101	0.0246
-0.000971	85	222	0.0128	0.0333	-0.000719	137	333	0.0206	0.05	-0.000702	106	270	0.0159	0.0405
-0.000865	124	346	0.0186	0.0519	-0.000624	184	517	0.0276	0.0776	-0.000611	166	436	0.0249	0.0654
-0.00076	207	553	0.0311	0.083	-0.000529	314	831	0.0471	0.1247	-0.00052	251	687	0.0377	0.1031
-0.000654	330	883	0.0495	0.1325	-0.000434	513	1344	0.077	0.2017	-0.000428	462	1149	0.0693	0.1724
-0.000548	520	1403	0.078	0.2105	-0.000339	907	2251	0.1361	0.3377	-0.000337	797	1946	0.1196	0.292
-0.000442	831	2234	0.1247	0.3352	-0.000244	1721	3972	0.2582	0.596	-0.000246	1467	3413	0.2201	0.5121
-0.000336	1463	3697	0.2195	0.5547	-0.000149	4103	8075	0.6156	1.2116	-0.000155	3418	6831	0.5128	1.0249
-0.000231	2986	6683	0.448	1.0027	-0.000054	11387	19462	1.7085	2.92	-0.000064	10414	17245	1.5625	2.5874
-0.000125	8322	15005	1.2486	2.2513	0.000041	7307	26769	1.0963	4.0164	0.000027	7574	24819	1.1364	3.7238
-0.000019	16081	31086	2.4128	4.6641	0.000136	5475	32244	0.8215	4.8378	0.000119	5543	30362	0.8317	4.5555
0.000087	8470	39556	1.2708	5.9349	0.000231	4506	36750	0.6761	5.5139	0.00021	4532	34894	0.68	5.2354
0.000193	6415	45971	0.9625	6.8974	0.000326	3838	40588	0.5758	6.0898	0.000301	4083	38977	0.6126	5.848
0.000299	5379	51350	0.8071	7.7045	0.000421	3476	44064	0.5215	6.6113	0.000392	3605	42582	0.5409	6.3889
0.000404	4648	55998	0.6974	8.4019	0.000516	6597	50661	0.9898	7.6011	0.000483	6594	49176	0.9894	7.3783
0.00051	7371	63369	1.1059	9.5078	0.000611	3259	53920	0.489	8.0901	0.000574	3292	52468	0.4939	7.8722
0.000616	4292	67661	0.644	10.1517	0.000706	3888	57808	0.5833	8.6734	0.000666	3668	56136	0.5503	8.4226
0.000722	5903	73564	0.8857	11.0374	0.000801	435625	493433	65.3605	74.0339	0.000757	435970	492106	65.4122	73.8348
0.000828	433065	506629	64.9764	76.0138	0.000896	1841	495274	0.2762	74.3101	0.000848	1901	494007	0.2852	74.12
0.000934	2079	508708	0.3119	76.3257	0.000991	1865	497139	0.2798	74.5899	0.000939	1891	495898	0.2837	74.4037
0.001039	1967	510675	0.2951	76.6209	0.001086	1766	498905	0.265	74.8549	0.00103	1768	497666	0.2653	74.669
0.001145	1890	512565	0.2836	76.9044	0.001181	1725	500630	0.2588	75.1137	0.001121	1717	499383	0.2576	74.9266
0.001251	1805	514370	0.2708	77.1753	0.001276	1750	502380	0.2626	75.3763	0.001213	1679	501062	0.2519	75.1785
0.001357	1781	516151	0.2672	77.4425	0.001371	1598	503978	0.2398	75.6161	0.001304	1661	502723	0.2492	75.4278
0.001463	1789	517940	0.2684	77.7109	0.001466	1666	505644	0.25	75.866	0.001395	1620	504343	0.2431	75.6708
0.001568	1758	519698	0.2638	77.9747	0.001561	1647	507291	0.2471	76.1131	0.001486	1587	505930	0.2381	75.9089
0.001674	1664	521362	0.2497	78.2243	0.001656	1650	508941	0.2476	76.3607	0.001577	1691	507621	0.2537	76.1626
0.00178	1584	522946	0.2377	78.462	0.001751	1684	510625	0.2527	76.6134	0.001668	1637	509258	0.2456	76.4083
0.001886	1570	524516	0.2356	78.6975	0.001846	1707	512332	0.2561	76.8695	0.00176	1669	510927	0.2504	76.6587
0.001992	1644	526160	0.2467	78.9442	0.001941	1681	514013	0.2522	77.1217	0.001851	1626	512553	0.244	76.9026
0.002098	1534	527694	0.2302	79.1744	0.002036	1666	515679	0.25	77.3717	0.001942	1625	514178	0.2438	77.1464
0.002203	1463	529157	0.2195	79.3939	0.002131	1700	517379	0.2551	77.6267	0.002033	1605	515783	0.2408	77.3873
0.002309	1475	530632	0.2213	79.6152	0.002226	1697	519076	0.2546	77.8813	0.002124	1628	517411	0.2443	77.6315
0.002415	1418	532050	0.2128	79.8279	0.002321	1817	520893	0.2726	78.154	0.002215	1684	519095	0.2527	77.8842
0.002521	1487	533537	0.2231	80.051	0.002416	1728	522621	0.2593	78.4132	0.002306	1645	520740	0.2468	78.131
0.002627	1472	535009	0.2209	80.2719	0.002511	1768	524389	0.2653	78.6785	0.002398	1743	522483	0.2615	78.3925

续表

红波段					绿波段					蓝波段				
簇团	像素数	累积像素数	比例	积累比例	簇团	像素数	累积像素数	比例	积累比例	簇团	像素数	累积像素数	比例	累积比例
0.002733	1457	536466	0.2186	80.4905	0.002606	1833	526222	0.275	78.9535	0.002489	1777	524260	0.2666	78.6591
0.002838	1541	538007	0.2312	80.7217	0.002701	1884	528106	0.2827	79.2362	0.00258	1726	525986	0.259	78.9181
0.002944	1424	539431	0.2137	80.9354	0.002796	1920	530026	0.2881	79.5243	0.002671	1797	527783	0.2696	79.1877
0.00305	1436	540867	0.2155	81.1508	0.002891	1919	531945	0.2879	79.8122	0.002762	1785	529568	0.2678	79.4555
0.003156	1465	542332	0.2198	81.3706	0.002986	1993	533938	0.299	80.1112	0.002853	1889	531457	0.2834	79.739
0.003262	1453	543785	0.218	81.5886	0.003081	2108	536046	0.3163	80.4275	0.002945	1880	533337	0.2821	80.021
0.003367	1467	545252	0.2201	81.8087	0.003176	2026	538072	0.304	80.7315	0.003036	1982	535319	0.2974	80.3184
0.003473	1496	546748	0.2245	82.0332	0.003271	2086	540158	0.313	81.0444	0.003127	1993	537312	0.299	80.6174
0.003579	1500	548248	0.2251	82.2583	0.003366	2121	542279	0.3182	81.3627	0.003218	2076	539388	0.3115	80.9289
0.003685	1526	549774	0.229	82.4872	0.003461	1986	544265	0.298	81.6607	0.003309	1946	541334	0.292	81.2209
0.003791	1547	551321	0.2321	82.7193	0.003556	2210	546475	0.3316	81.9922	0.0034	2063	543397	0.3095	81.5304
0.003897	1548	552869	0.2323	82.9516	0.003651	2126	548601	0.319	82.3112	0.003492	2179	545576	0.3269	81.8574
0.004002	1566	554435	0.235	83.1865	0.003746	2220	550821	0.3331	82.6443	0.003583	2196	547772	0.3295	82.1868
0.004108	1554	555989	0.2332	83.4197	0.003841	2137	552958	0.3206	82.9649	0.003674	2233	550005	0.335	82.5219
0.004214	1643	557632	0.2465	83.6662	0.003936	2236	555194	0.3355	83.3004	0.003765	2231	552236	0.3347	82.8566
0.00432	1660	559292	0.2491	83.9153	0.004031	2213	557407	0.332	83.6325	0.003856	2244	554480	0.3367	83.1933
0.004426	1654	560946	0.2482	84.1634	0.004126	2234	559641	0.3352	83.9676	0.003947	2235	556715	0.3353	83.5286
0.004531	1647	562593	0.2471	84.4106	0.004221	2288	561929	0.3433	84.3109	0.004039	2304	559019	0.3457	83.8743
0.004637	1716	564309	0.2575	84.668	0.004316	2297	564226	0.3446	84.6556	0.00413	2307	561326	0.3461	84.2205
0.004743	1739	566048	0.2609	84.9289	0.004411	2227	566453	0.3341	84.9897	0.004221	2365	563691	0.3548	84.5753
0.004849	1738	567786	0.2608	85.1897	0.004506	2264	568717	0.3397	85.3294	0.004312	2383	566074	0.3575	84.9328
0.004955	1784	569570	0.2677	85.4574	0.004601	2168	570885	0.3253	85.6547	0.004403	2339	568413	0.3509	85.2838
0.005061	1699	571269	0.2549	85.7123	0.004696	2284	573169	0.3427	85.9974	0.004494	2391	570804	0.3587	85.6425
0.005166	1865	573134	0.2798	85.9921	0.004791	2211	575380	0.3317	86.3291	0.004586	2398	573202	0.3598	86.0023
0.005272	1802	574936	0.2704	86.2625	0.004886	2234	577614	0.3352	86.6643	0.004677	2276	575478	0.3415	86.3438
0.005378	1875	576811	0.2813	86.5438	0.004981	2210	579824	0.3316	86.9959	0.004768	2362	577840	0.3544	86.6982
0.005484	1868	578679	0.2803	86.8241	0.005076	2249	582073	0.3374	87.3333	0.004859	2329	580169	0.3494	87.0476
0.00559	1827	580506	0.2741	87.0982	0.005171	2116	584189	0.3175	87.6508	0.00495	2355	582524	0.3533	87.401
0.005696	1796	582302	0.2695	87.3677	0.005266	2151	586340	0.3227	87.9735	0.005041	2255	584779	0.3383	87.7393
0.005801	1781	584083	0.2672	87.6349	0.005361	2084	588424	0.3127	88.2862	0.005132	2233	587012	0.335	88.0743
0.005907	1833	585916	0.275	87.9099	0.005456	2083	590507	0.3125	88.5987	0.005224	2261	589273	0.3392	88.4136
0.006013	1813	587729	0.272	88.1819	0.005551	2095	592602	0.3143	88.9131	0.005315	2225	591498	0.3338	88.7474
0.006119	1856	589585	0.2785	88.4604	0.005646	2019	594621	0.3029	89.216	0.005406	2204	593702	0.3307	89.0781
0.006225	1823	591408	0.2735	88.7339	0.005741	2004	596625	0.3007	89.5167	0.005497	2097	595799	0.3146	89.3927
0.00633	1937	593345	0.2906	89.0245	0.005836	1997	598622	0.2996	89.8163	0.005588	2166	597965	0.325	89.7177
0.006436	1862	595207	0.2794	89.3039	0.005931	2043	600665	0.3065	90.1228	0.005679	2168	600133	0.3253	90.043
0.006542	1753	596960	0.263	89.5669	0.006026	1868	602533	0.2803	90.4031	0.005771	2079	602212	0.3119	90.3549
0.006648	1768	598728	0.2653	89.8322	0.006121	1897	604430	0.2846	90.6877	0.005862	2034	604246	0.3052	90.6601
0.006754	1768	600496	0.2653	90.0975	0.006216	1916	606346	0.2875	90.9752	0.005953	2040	606286	0.3061	90.9662
0.00686	1699	602195	0.2549	90.3524	0.006311	1839	608185	0.2759	91.2511	0.006044	1896	608182	0.2845	91.2507
0.006965	1742	603937	0.2614	90.6137	0.006406	1844	610029	0.2767	91.5278	0.006135	1904	610086	0.2857	91.5363
0.007071	1632	605569	0.2449	90.8586	0.006501	1744	611773	0.2617	91.7894	0.006226	1856	611942	0.2785	91.8148
0.007177	1711	607280	0.2567	91.1153	0.006596	1743	613516	0.2615	92.051	0.006318	1902	613844	0.2854	92.1002
0.007283	1639	608919	0.2459	91.3612	0.006691	1667	615183	0.2501	92.3011	0.006409	1749	615593	0.2624	92.3626
0.007389	1604	610523	0.2407	91.6019	0.006786	1612	616795	0.2419	92.5429	0.0065	1769	617362	0.2654	92.628
0.007495	1644	612167	0.2467	91.8486	0.00688	1580	618375	0.2371	92.78	0.006591	1586	618948	0.238	92.866
0.0076	1569	613736	0.2354	92.084	0.006975	1541	619916	0.2312	93.0112	0.006682	1640	620588	0.2461	93.112

续表

红波段					绿波段					蓝波段				
簇团	像素数	累积像素数	比例	积累比例	簇团	像素数	累积像素数	比例	积累比例	簇团	像素数	累积像素数	比例	积累比例
0.007706	1543	615279	0.2315	92.3155	0.00707	1494	621410	0.2242	93.2354	0.006773	1612	622200	0.2419	93.3539
0.007812	1550	616829	0.2326	92.548	0.007165	1439	622849	0.2159	93.4513	0.006865	1567	623767	0.2351	93.589
0.007918	1454	618283	0.2182	92.7662	0.00726	1439	624288	0.2159	93.6672	0.006956	1448	625215	0.2173	93.8063
0.008024	1538	619821	0.2308	92.997	0.007355	1349	625637	0.2024	93.8696	0.007047	1499	626714	0.2249	94.0312
0.008129	1408	621229	0.2113	93.2082	0.00745	1372	627009	0.2059	94.0754	0.007138	1454	628168	0.2182	94.2493
0.008235	1402	622631	0.2104	93.4186	0.007545	1235	628244	0.1853	94.2607	0.007229	1395	629563	0.2093	94.4586
0.008341	1384	624015	0.2077	93.6262	0.00764	1266	629510	0.1899	94.4507	0.00732	1323	630886	0.1985	94.6571
0.008447	1338	625353	0.2008	93.827	0.007735	1237	630747	0.1856	94.6363	0.007411	1208	632094	0.1812	94.8384
0.008553	1386	626739	0.208	94.0349	0.00783	1222	631969	0.1833	94.8196	0.007503	1257	633351	0.1886	95.027
0.008659	1238	627977	0.1857	94.2207	0.007925	1136	633105	0.1704	94.9901	0.007594	1204	634555	0.1806	95.2076
0.008764	1338	629315	0.2008	94.4214	0.00802	1102	634207	0.1653	95.1554	0.007685	1163	635718	0.1745	95.3821
0.00887	1176	630491	0.1764	94.5979	0.008115	1099	635306	0.1649	95.3203	0.007776	1107	636825	0.1661	95.5482
0.008976	1240	631731	0.186	94.7839	0.00821	1005	636311	0.1508	95.4711	0.007867	1049	637874	0.1574	95.7056
0.009082	1184	632915	0.1776	94.9616	0.008305	973	637284	0.146	95.6171	0.007958	1005	638879	0.1508	95.8564
0.009188	1173	634088	0.176	95.1376	0.0084	1009	638293	0.1514	95.7685	0.00805	994	639873	0.1491	96.0055
0.009294	1075	635163	0.1613	95.2988	0.008495	944	639237	0.1416	95.9101	0.008141	889	640762	0.1334	96.1389
0.009399	1095	636258	0.1643	95.4631	0.00859	917	640154	0.1376	96.0477	0.008232	902	641664	0.1353	96.2742
0.009505	1044	637302	0.1566	95.6198	0.008685	804	640958	0.1206	96.1683	0.008323	971	642635	0.1457	96.4199
0.009611	1021	638323	0.1532	95.773	0.00878	860	641818	0.129	96.2974	0.008414	876	643511	0.1314	96.5514
0.009717	1059	639382	0.1589	95.9319	0.008875	852	642670	0.1278	96.4252	0.008505	853	644364	0.128	96.6793
0.009823	929	640311	0.1394	96.0712	0.00897	781	643451	0.1172	96.5424	0.008597	787	645151	0.1181	96.7974
0.009928	968	641279	0.1452	96.2165	0.009065	813	644264	0.122	96.6643	0.008688	753	645904	0.113	96.9104
0.010034	863	642142	0.1295	96.346	0.00916	773	645037	0.116	96.7803	0.008779	753	646657	0.113	97.0234
0.01014	867	643009	0.1301	96.476	0.009255	756	645793	0.1134	96.8938	0.00887	776	647433	0.1164	97.1398
0.010246	845	643854	0.1268	96.6028	0.00935	734	646527	0.1101	97.0039	0.008961	688	648121	0.1032	97.243
0.010352	831	644685	0.1247	96.7275	0.009445	613	647140	0.092	97.0959	0.009052	678	648799	0.1017	97.3448
0.010458	789	645474	0.1184	96.8459	0.00954	661	647801	0.0992	97.195	0.009144	621	649420	0.0932	97.4379
0.010563	786	646260	0.1179	96.9638	0.009635	618	648419	0.0927	97.2878	0.009235	665	650085	0.0998	97.5377
0.010669	683	646943	0.1025	97.0663	0.00973	582	649001	0.0873	97.3751	0.009326	587	650672	0.0881	97.6258
0.010775	700	647643	0.105	97.1713	0.009825	618	649619	0.0927	97.4678	0.009417	616	651288	0.0924	97.7182
0.010881	666	648309	0.0999	97.2713	0.00992	553	650172	0.083	97.5508	0.009508	577	651865	0.0866	97.8048
0.010987	706	649015	0.1059	97.3772	0.010015	533	650705	0.08	97.6307	0.009599	548	652413	0.0822	97.887
0.011092	677	649692	0.1016	97.4788	0.01011	567	651272	0.0851	97.7158	0.009691	537	652950	0.0806	97.9676
0.011198	610	650302	0.0915	97.5703	0.010205	557	651829	0.0836	97.7994	0.009782	539	653489	0.0809	98.0485
0.011304	565	650867	0.0848	97.655	0.0103	530	652359	0.0795	97.8789	0.009873	493	653982	0.074	98.1224
0.01141	577	651444	0.0866	97.7416	0.010395	498	652857	0.0747	97.9536	0.009964	507	654489	0.0761	98.1985
0.011516	587	652031	0.0881	97.8297	0.01049	472	653329	0.0708	98.0244	0.010055	486	654975	0.0729	98.2714
0.011622	508	652539	0.0762	97.9059	0.010585	482	653811	0.0723	98.0968	0.010146	479	655454	0.0719	98.3433
0.011727	465	653004	0.0698	97.9757	0.01068	451	654262	0.0677	98.1644	0.010237	423	655877	0.0635	98.4067
0.011833	502	653506	0.0753	98.051	0.010775	423	654685	0.0635	98.2279	0.010329	460	656337	0.069	98.4758
0.011939	466	653972	0.0699	98.1209	0.01087	436	655121	0.0654	98.2933	0.01042	420	656757	0.063	98.5388
0.012045	481	654453	0.0722	98.1931	0.010965	412	655533	0.0618	98.3551	0.010511	407	657164	0.0611	98.5998
0.012151	457	654910	0.0686	98.2617	0.01106	414	655947	0.0621	98.4172	0.010602	374	657538	0.0561	98.656
0.012257	424	655334	0.0636	98.3253	0.011155	404	656351	0.0606	98.4779	0.010693	361	657899	0.0542	98.7101
0.012362	381	655715	0.0572	98.3824	0.01125	414	656765	0.0621	98.54	0.010784	331	658230	0.0497	98.7598
0.012468	386	656101	0.0579	98.4404	0.011345	359	657124	0.0539	98.5938	0.010876	343	658573	0.0515	98.8112
0.012574	373	656474	0.056	98.4963	0.01144	374	657498	0.0561	98.65	0.010967	290	658863	0.0435	98.8548

续表

红波段					绿波段					蓝波段				
簇团	像素数	累积像素数	比例	积累比例	簇团	像素数	累积像素数	比例	积累比例	簇团	像素数	累积像素数	比例	累积比例
0.01268	363	656837	0.0545	98.5508	0.011535	354	657852	0.0531	98.7031	0.011058	306	659169	0.0459	98.9007
0.012786	328	657165	0.0492	98.6	0.01163	332	658184	0.0498	98.7529	0.011149	321	659490	0.0482	98.9488
0.012891	360	657525	0.054	98.654	0.011725	309	658493	0.0464	98.7992	0.01124	321	659811	0.0482	98.997
0.012997	302	657827	0.0453	98.6993	0.01182	309	658802	0.0464	98.8456	0.011331	291	660102	0.0437	99.0407
0.013103	310	658137	0.0465	98.7458	0.011915	280	659082	0.042	98.8876	0.011423	276	660378	0.0414	99.0821
0.013209	299	658436	0.0449	98.7907	0.01201	304	659386	0.0456	98.9332	0.011514	276	660654	0.0414	99.1235
0.013315	287	658723	0.0431	98.8338	0.012105	278	659664	0.0417	98.9749	0.011605	243	660897	0.0365	99.1599
0.013421	272	658995	0.0408	98.8746	0.0122	272	659936	0.0408	99.0157	0.011696	254	661151	0.0381	99.198
0.013526	253	659248	0.038	98.9125	0.012295	280	660216	0.042	99.0578	0.011787	261	661412	0.0392	99.2372
0.013632	274	659522	0.0411	98.9536	0.01239	282	660498	0.0423	99.1001	0.011878	239	661651	0.0359	99.2731
0.013738	277	659799	0.0416	98.9952	0.012485	250	660748	0.0375	99.1376	0.01197	229	661880	0.0344	99.3074
0.013844	250	660049	0.0375	99.0327	0.01258	217	660965	0.0326	99.1701	0.012061	197	662077	0.0296	99.337
0.01395	241	660290	0.0362	99.0689	0.012675	238	661203	0.0357	99.2058	0.012152	208	662285	0.0312	99.3682
0.014056	230	660520	0.0345	99.1034	0.01277	202	661405	0.0303	99.2362	0.012243	180	662465	0.027	99.3952
0.014161	206	660726	0.0309	99.1343	0.012865	199	661604	0.0299	99.266	0.012334	203	662668	0.0305	99.4257
0.014267	192	660918	0.0288	99.1631	0.01296	189	661793	0.0284	99.2944	0.012425	199	662867	0.0299	99.4555
0.014373	195	661113	0.0293	99.1923	0.013055	198	661991	0.0297	99.3241	0.012517	156	663023	0.0234	99.4789
0.014479	198	661311	0.0297	99.2221	0.01315	192	662183	0.0288	99.3529	0.012608	190	663213	0.0285	99.5074
0.014585	201	661512	0.0302	99.2522	0.013245	204	662387	0.0306	99.3835	0.012699	174	663387	0.0261	99.5335
0.01469	164	661676	0.0246	99.2768	0.01334	173	662560	0.026	99.4094	0.01279	157	663544	0.0236	99.5571
0.014796	186	661862	0.0279	99.3047	0.013435	162	662722	0.0243	99.4338	0.012881	158	663702	0.0237	99.5808
0.014902	184	662046	0.0276	99.3323	0.01353	173	662895	0.026	99.4597	0.012972	137	663839	0.0206	99.6013
0.015008	180	662226	0.027	99.3593	0.013625	150	663045	0.0225	99.4822	0.013063	135	663974	0.0203	99.6216
0.015114	184	662410	0.0276	99.3869	0.01372	186	663231	0.0279	99.5101	0.013155	148	664122	0.0222	99.6438
0.01522	148	662558	0.0222	99.4091	0.013815	163	663394	0.0245	99.5346	0.013246	138	664260	0.0207	99.6645
0.015325	150	662708	0.0225	99.4317	0.01391	173	663567	0.026	99.5605	0.013337	130	664390	0.0195	99.684
0.015431	148	662856	0.0222	99.4539	0.014005	140	663707	0.021	99.5815	0.013428	123	664513	0.0185	99.7025
0.015537	160	663016	0.024	99.4779	0.0141	134	663841	0.0201	99.6016	0.013519	136	664649	0.0204	99.7229
0.015643	137	663153	0.0206	99.4984	0.014195	140	663981	0.021	99.6227	0.01361	120	664769	0.018	99.7409
0.015749	126	663279	0.0189	99.5173	0.01429	117	664098	0.0176	99.6402	0.013702	95	664864	0.0143	99.7551
0.015854	139	663418	0.0209	99.5382	0.014385	122	664220	0.0183	99.6585	0.013793	98	664962	0.0147	99.7698
0.01596	122	663540	0.0183	99.5565	0.01448	122	664342	0.0183	99.6768	0.013884	86	665048	0.0129	99.7827
0.016066	116	663656	0.0174	99.5739	0.014575	115	664457	0.0173	99.6941	0.013975	113	665161	0.017	99.7997
0.016172	106	663762	0.0159	99.5898	0.01467	112	664569	0.0168	99.7109	0.014066	73	665234	0.011	99.8107
0.016278	157	663919	0.0236	99.6134	0.014765	115	664684	0.0173	99.7281	0.014157	86	665320	0.0129	99.8236
0.016384	102	664021	0.0153	99.6287	0.01486	100	664784	0.015	99.7431	0.014249	74	665394	0.0111	99.8347
0.016489	118	664139	0.0177	99.6464	0.014955	109	664893	0.0164	99.7595	0.01434	68	665462	0.0102	99.8449
0.016595	97	664236	0.0146	99.6609	0.01505	116	665009	0.0174	99.7769	0.014431	72	665534	0.0108	99.8557
0.016701	85	664321	0.0128	99.6737	0.015145	80	665089	0.012	99.7889	0.014522	72	665606	0.0108	99.8665
0.016807	98	664419	0.0147	99.6884	0.01524	76	665165	0.0114	99.8003	0.014613	88	665694	0.0132	99.8797
0.016913	94	664513	0.0141	99.7025	0.015335	76	665241	0.0114	99.8117	0.014704	66	665760	0.0099	99.8896
0.017019	83	664596	0.0125	99.7149	0.01543	71	665312	0.0107	99.8224	0.014796	61	665821	0.0092	99.8987
0.017124	108	664704	0.0162	99.7311	0.015524	80	665392	0.012	99.8344	0.014887	45	665866	0.0068	99.9055
0.01723	91	664795	0.0137	99.7448	0.015619	60	665452	0.009	99.8434	0.014978	42	665908	0.0063	99.9118
0.017336	90	664885	0.0135	99.7583	0.015714	68	665520	0.0102	99.8536	0.015069	42	665950	0.0063	99.9181
0.017442	82	664967	0.0123	99.7706	0.015809	59	665579	0.0089	99.8624	0.01516	44	665994	0.0066	99.9247
0.017548	72	665039	0.0108	99.7814	0.015904	63	665642	0.0095	99.8719	0.015251	33	666027	0.005	99.9296

红波段					绿波段					蓝波段				
簇团	像素数	累积像素数	比例	积累比例	簇团	像素数	累积像素数	比例	积累比例	簇团	像素数	累积像素数	比例	累积比例
0.017653	70	665109	0.0105	99.7919	0.015999	56	665698	0.0084	99.8803	0.015342	35	666062	0.0053	99.9349
0.017759	69	665178	0.0104	99.8022	0.016094	56	665754	0.0084	99.8887	0.015434	35	666097	0.0053	99.9401
0.017865	70	665248	0.0105	99.8128	0.016189	47	665801	0.0071	99.8957	0.015525	28	666125	0.0042	99.9443
0.017971	56	665304	0.0084	99.8212	0.016284	57	665858	0.0086	99.9043	0.015616	21	666146	0.0032	99.9475
0.018077	71	665375	0.0107	99.8318	0.016379	49	665907	0.0074	99.9116	0.015707	38	666184	0.0057	99.9532
0.018183	73	665448	0.011	99.8428	0.016474	65	665972	0.0098	99.9214	0.015798	31	666215	0.0047	99.9578
0.018288	58	665506	0.0087	99.8515	0.016569	33	666005	0.005	99.9263	0.015889	23	666238	0.0035	99.9613
0.018394	58	665564	0.0087	99.8602	0.016664	30	666035	0.0045	99.9308	0.015981	28	666266	0.0042	99.9655
0.0185	64	665628	0.0096	99.8698	0.016759	26	666061	0.0039	99.9347	0.016072	27	666293	0.0041	99.9695
0.018606	46	665674	0.0069	99.8767	0.016854	37	666098	0.0056	99.9403	0.016163	16	666309	0.0024	99.9719
0.018712	61	665735	0.0092	99.8858	0.016949	31	666129	0.0047	99.9449	0.016254	25	666334	0.0038	99.9757
0.018818	50	665785	0.0075	99.8933	0.017044	30	666159	0.0045	99.9494	0.016345	17	666351	0.0026	99.9782
0.018923	46	665831	0.0069	99.9002	0.017139	22	666181	0.0033	99.9527	0.016436	11	666362	0.0017	99.9799
0.019029	40	665871	0.006	99.9062	0.017234	30	666211	0.0045	99.9572	0.016528	13	666375	0.002	99.9818
0.019135	37	665908	0.0056	99.9118	0.017329	18	666229	0.0027	99.9599	0.016619	10	666385	0.0015	99.9833
0.019241	21	665929	0.0032	99.9149	0.017424	28	666257	0.0042	99.9641	0.01671	11	666396	0.0017	99.985
0.019347	46	665975	0.0069	99.9218	0.017519	19	666276	0.0029	99.967	0.016801	10	666406	0.0015	99.9865
0.019452	33	666008	0.005	99.9268	0.017614	25	666301	0.0038	99.9707	0.016892	6	666412	0.0009	99.9874
0.019558	34	666042	0.0051	99.9319	0.017709	15	666316	0.0023	99.973	0.016983	6	666418	0.0009	99.9883
0.019664	39	666081	0.0059	99.9377	0.017804	13	666329	0.002	99.9749	0.017075	9	666427	0.0014	99.9896
0.01977	25	666106	0.0038	99.9415	0.017899	11	666340	0.0017	99.9766	0.017166	4	666431	0.0006	99.9902
0.019876	20	666126	0.003	99.9445	0.017994	15	666355	0.0023	99.9788	0.017257	8	666439	0.0012	99.9914
0.019982	33	666159	0.005	99.9494	0.018089	11	666366	0.0017	99.9805	0.017348	5	666444	0.0008	99.9922
0.020087	30	666189	0.0045	99.9539	0.018184	10	666376	0.0015	99.982	0.017439	3	666447	0.0005	99.9926
0.020193	23	666212	0.0035	99.9574	0.018279	10	666386	0.0015	99.9835	0.01753	2	666449	0.0003	99.9929
0.020299	19	666231	0.0029	99.9602	0.018374	12	666398	0.0018	99.9853	0.017622	3	666452	0.0005	99.9934
0.020405	21	666252	0.0032	99.9634	0.018469	8	666406	0.0012	99.9865	0.017713	6	666458	0.0009	99.9943
0.020511	16	666268	0.0024	99.9658	0.018564	10	666416	0.0015	99.988	0.017804	8	666466	0.0012	99.9955
0.020617	21	666289	0.0032	99.9689	0.018659	6	666422	0.0009	99.9889	0.017895	1	666467	0.0002	99.9956
0.020722	16	666305	0.0024	99.9713	0.018754	9	666431	0.0014	99.9902	0.017986	3	666470	0.0005	99.9961
0.020828	15	666320	0.0023	99.9736	0.018849	6	666437	0.0009	99.9911	0.018077	3	666473	0.0005	99.9965
0.020934	17	666337	0.0026	99.9761	0.018944	8	666445	0.0012	99.9923	0.018168	1	666474	0.0002	99.9967
0.02104	16	666353	0.0024	99.9785	0.019039	4	666449	0.0006	99.9929	0.01826	2	666476	0.0003	99.997
0.021146	11	666364	0.0017	99.9802	0.019134	4	666453	0.0006	99.9935	0.018351	6	666482	0.0009	99.9979
0.021251	8	666372	0.0012	99.9814	0.019229	2	666455	0.0003	99.9938	0.018442	2	666484	0.0003	99.9982
0.021357	7	666379	0.0011	99.9824	0.019324	7	666462	0.0011	99.9949	0.018533	4	666488	0.0006	99.9988
0.021463	9	666388	0.0014	99.9838	0.019419	5	666467	0.0008	99.9956	0.018624	2	666490	0.0003	99.9991
0.021569	14	666402	0.0021	99.9859	0.019514	4	666471	0.0006	99.9962	0.018715	1	666491	0.0002	99.9992
0.021675	9	666411	0.0014	99.9872	0.019609	4	666475	0.0006	99.9968	0.018807	1	666492	0.0002	99.9994
0.021781	6	666417	0.0009	99.9881	0.019704	4	666479	0.0006	99.9974	0.018898	0	666492	0	99.9994
0.021886	9	666426	0.0014	99.9895	0.019799	2	666481	0.0003	99.9977	0.018898	0	666492	0	99.9994
0.021992	8	666434	0.0012	99.9907	0.019894	0	666481	0	99.9977	0.018989	0	666492	0	99.9994
0.022098	6	666440	0.0009	99.9916	0.019989	1	666482	0.0002	99.9979	0.01908	0	666492	0	99.9994
0.022204	6	666446	0.0009	99.9925	0.020084	0	666482	0	99.9979	0.019171	0	666492	0	99.9994
0.02231	1	666447	0.0002	99.9926	0.020179	1	666483	0.0002	99.998	0.019262	0	666492	0	99.9994
0.022415	5	666452	0.0008	99.9934	0.020274	1	666484	0.0002	99.9982	0.019354	0	666492	0	99.9994
0.022521	7	666459	0.0011	99.9944	0.020369	2	666486	0.0003	99.9985	0.019445	0	666492	0	99.9994

续表

红波段					绿波段					蓝波段				
簇团	像素数	累积像素数	比例	积累比例	簇团	像素数	累积像素数	比例	积累比例	簇团	像素数	累积像素数	比例	累积比例
0.022627	6	666465	0.0009	99.9953	0.020464	2	666488	0.0003	99.9988	0.019536	0	666492	0	99.9994
0.022733	4	666469	0.0006	99.9959	0.020559	2	666490	0.0003	99.9991	0.019627	0	666492	0	99.9994
0.022839	6	666475	0.0009	99.9968	0.020654	1	666491	0.0002	99.9992	0.019718	0	666492	0	99.9994
0.022945	3	666478	0.0005	99.9973	0.020749	1	666492	0.0002	99.9994	0.019809	1	666493	0.0002	99.9995
0.02305	3	666481	0.0005	99.9977	0.020844	0	666492	0	99.9994	0.019901	0	666493	0	99.9995
0.023156	0	666481	0	99.9977	0.020939	0	666492	0	99.9994	0.019992	1	666494	0.0002	99.9997
0.023262	0	666481	0	99.9977	0.021034	0	666492	0	99.9994	0.020083	0	666494	0	99.9997
0.023368	2	666483	0.0003	99.998	0.021129	0	666492	0	99.9994	0.020174	0	666494	0	99.9997
0.023474	1	666484	0.0002	99.9982	0.021224	0	666492	0	99.9994	0.020265	0	666494	0	99.9997
0.02358	0	666484	0	99.9982	0.021319	1	666493	0.0002	99.9995	0.020356	1	666495	0.0002	99.9998
0.023685	1	666485	0.0002	99.9983	0.021414	0	666493	0	99.9995	0.020448	0	666495	0	99.9998
0.023791	2	666487	0.0003	99.9986	0.021509	0	666493	0	99.9995	0.020539	0	666495	0	99.9998
0.023897	2	666489	0.0003	99.9989	0.021604	1	666494	0.0002	99.9997	0.02063	0	666495	0	99.9998
0.024003	2	666491	0.0003	99.9992	0.021699	0	666494	0	99.9997	0.020721	0	666495	0	99.9998
0.024109	1	666492	0.0002	99.9994	0.021794	0	666494	0	99.9997	0.020812	0	666495	0	99.9998
0.024214	1	666493	0.0002	99.9995	0.021889	0	666494	0	99.9997	0.020903	0	666495	0	99.9998
0.02432	1	666494	0.0002	99.9997	0.021984	0	666494	0	99.9997	0.020994	0	666495	0	99.9998
0.024426	0	666494	0	99.9997	0.022079	1	666495	0.0002	99.9998	0.021086	0	666495	0	99.9998
0.024532	1	666495	0.0002	99.9998	0.022174	0	666495	0	99.9998	0.021177	0	666495	0	99.9998
0.024638	0	666495	0	99.9998	0.022269	0	666495	0	99.9998	0.021268	0	666495	0	99.9998
0.024744	1	666496	0.0002	100	0.022364	1	666496	0.0002	100	0.021359	1	666496	0.0002	100

图8-39 张家涧村密度分析

（3）以这个临界值来计算，这个村庄的废弃或闲置场地和宅前屋后场地约占居民点用地的 59%。

4）区域生态分析的结果（图 8-40 ~ 8-42）：

（1）使用卫星影像可以使我们观察到整个村庄所在区域，从区域角度发现村庄发展对区域生态的影响，以及区域自然条件对村庄发展的约束。从张家涧村的发展来讲，避开时令河和雨洪排泄的低洼地区，向山上迁徙，是一个正确的选择。

（2）这个地区距离渤海湾的直线距离仅有 35km，是山前丘陵地区。在这类地区涵养地下水，提高整个莱州湾地区地下水水位，是克服海岸土地被倒灌的海水侵蚀和盐碱化的最好办法之一。

（3）这个村庄应当从区域生态维护的高度，彻底完成已经进行了 30 年的迁徙，拆除老村中的全部人工建筑和建筑垃圾，修缮蓄洪排洪沟渠，涵养地下水和培育湿地，逐步恢复低洼地区的湿地生态。

图8-40　张家涧村边界分析

图8-41　张家涧村3D分析

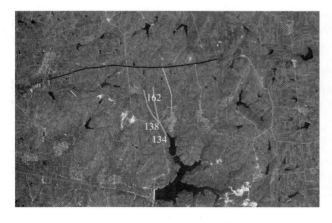

（a）区域

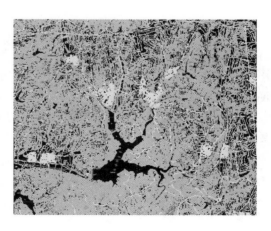

（b）水系

图8-42　区域生态环境

第二节　社会经济环境：城镇地区和边远乡村

1."城边村"（图8-43）

莱阳市柏林庄镇视家楼村地处莱阳市区的西部边缘，距莱阳市城区边界（城厢街道办事处地界）1.3km，距莱阳市中心医院3km，距莱阳中心汽车站3.24km，在龙门西路和旌旗西路之间。

　　（a）原始卫星影像　　　　　　　　　（b）处理后的卫星影像　　　　　　　　　（c）剔除周边环境

图8-43　城边村

莱阳市柏林庄镇视家楼村

　　访谈对象：曲×　　　职务：书记　　　访谈日期：2010年7月26日　　　整理人：程超

　　一、村庄信息

　　视家楼村村位于36°58′N，120°39′E，海拔42～46m之间，属于丘陵地形；距莱阳市4km，距柏林庄镇4km；村庄临近307省道和209国道，仅相距1km，属于城边村，村外有一条河流经过。

　　视家楼村共有680口人，其中常住670人，有188户，其中常住本村的188户。2009年村庄集体收入56万元，主要来自出租土地；2009年农民年人均纯收入约为6300元，农户的主要收入来源是种植苹果和玉米小麦等粮食作物，养殖业和外出打工。

　　二、村庄住宅情况

　　视家楼村村域总面积为2100亩，居民点建设用地面积150亩，村内户均宅基地面积约200m²，户均庭院面积100m²。总宅基地个数195个。

　　村内没有倒塌宅基地，废弃或闲置宅基地3处，平均旧宅基地面积为90m²，小于新建住宅面积。无集体废弃或闲置的建筑物或构筑物场地。村内闲置宅基地和空置房屋的形成主要是由于老人去世后无人居住造成。村庄空置场地呈插花分散分布，多集中在村庄北部。

　　村内老宅区宅间道路为4m，老宅区宅间道路都能通行机动车，100%的老宅宅间道路不能与村庄主干道相连。在空置房屋集中地区，100%没有电源线接入，20%没有自来水，100%没有垃圾处理设施。

　　村内所有房屋均是坐北朝南。空闲或坍塌住宅所在地域的坡度与较新住宅所在地域坡度无明显关系。

三、具体实际调查点分析（图8-44）

（一）三户较新住宅

　　N1：地处120°39′29.70″E，36°58′02.37″N。宅基地162m²，户主于××，家中共3口人，常住3人，基础设施方面：自来水，有下水管道，厕所为旱厕。

　　N2：地处120°39′27.40″E，36°58′02.07″N。宅基地212m²，户主姜××，家中共4口人，常住4人，基础设施方面：房子为去年新建，自来水，有下水管道，厕所为旱厕，有太阳能。

　　N3：地处120°39′29.84″E，36°58′01.60″N。宅基地182m²，户主辛××，家中4口人，常住4人，基础设施方面：房子建于1999年，自来水，有下水管道，厕所为旱厕。

（二）"空置点"（图8-45）

　　O1：占地4亩的大湾子。地处120°39′31.65″E，36°57′58.88″N。湾子现在基本干涸，只在中央有一小水洼，用来储存雨水浇灌农作物。湾子岸边长满高大乔木，以刺槐为主，湾子底部大部分由周边村民种植玉米、蔬菜。此处地势低洼，易积聚雨水，村民没有再次建造住宅是正确的选择。

　　O2：一个标准的闲置宅基地。地处120°39′30.18″E，36°58′00.19″N。住宅建筑物基本保存完好，黑瓦，西侧院墙粉饰物正在脱落。墙体构筑材料复杂，有青砖、红砖、红瓦。院门前有一棵大树，院内长满杂草和树龄较小的乔木。此住宅位于新老住宅区的交界点，从此处可以看出老住宅区道路体系与新住宅区棋盘式道路的连接障碍。

　　O3：一个半标准宅基地大小的闲置场地。地处120°39′31.65″E，36°57′58.88″N。西侧紧邻老宅区的主干道路，东、北边各有一户有人居住的住宅。场地北边一部分地方被村民开发种植玉米，其余部分长满杂草、树木。

　　O4：40m×10m的闲置场地。地处120°39′28.54″E，36°58′01.64″N。场地上种植有白杨，树龄1年一下。白杨树下种植有一些农作物，这种种植方式能很好地利用土地和光能。东北两侧环绕有小排水沟。此场地为前后排住宅建筑物间的边角地带，由于南北长度不够难以开发利用建房。

　　O5：地处120°39′29.01″E，36°58′04.61″N。一个标注的闲置宅基地。现改造为养牛棚养殖奶牛。房屋周边有异味，对整个村庄的环境以及周边村民的生活造成一定的影响。

图8-44　莱阳市柏林庄镇视家楼村

(a) 场地O1   (b) 场地O2

(c) 场地O4   (d) 场地O5

图8-45 实地勘察场地

1）村庄居民点东面为一个工业企业，绵延向东基本上为居住和工业用地，没有农田，然后进入市区城厢街道办事处地界；

2）西面越过一排工业厂房后，为成片规模农田；

3）南面没有规模农田；

4）村庄居民点北面与杨家疃村相邻，其他三面均有工业企业运行，如莱阳市视家楼铸造厂、莱阳市挥臣机械配件加工厂、山东潍坊流顺建材厂等。

5）依靠卫星影像测算，视家楼村居民点及其已经没有农作物的相邻地块，合计面积为845亩，其中影像上可以清晰目视到的居民点面积为216亩，如果包括村北废弃和闲置的土地，这个居民点面积为298亩，农田和工业企业547亩。

视家楼村是一个比较典型的"城边村"：

1）距城区边界1km；

2）城市主干道延伸至村庄区域；

3）靠城一边没有农田，背城一边为农田；

4）村庄大部分青壮年劳动力在附近工商企业就业，在村庄里居住；

5）村里住宅的水泥化程度很高，基本为近年更新的，除开老村地段外，整个村庄建筑格局整齐划一，没有多少堆放秸秆、农具和圈养牲畜的边角空地；

6）规模农田所剩无几，废弃的原工业场地却已经成规模。

视家楼村的老村部分尚存废弃或闲置的住宅及其场地。在居民点范围内，还存在大量废弃的工业厂房和闲置的原工业用地。通过光谱分析，这个村庄废弃或闲置的住宅及其场地和废弃旧工业场地的面积约占村庄居民点总面积的55%（表8-13）。

莱阳市柏林庄镇视家楼村光谱分析

表8-13

红波段					绿波段					蓝波段				
波长	该波长下像素数	累积总像素数	所占比例	累积所占比例	波长	该波长下像素数	累积总像素数	所占比例	累积所占比例	波长	该波长下像素数	累积总像素数	所占比例	累积所占比例
0	1	1	0.0002	0.0002	0	51	51	0.0091	0.0091	0	108	108	0.0192	0.0192
1	2	3	0.0004	0.0005	1	9	60	0.0016	0.0107	1	18	126	0.0032	0.0224
2	2	5	0.0004	0.0009	2	22	82	0.0039	0.0146	2	20	146	0.0036	0.026
3	3	8	0.0005	0.0014	3	28	110	0.005	0.0196	3	30	176	0.0053	0.0313
4	0	8	0	0.0014	4	32	142	0.0057	0.0252	4	24	200	0.0043	0.0356
5	2	10	0.0004	0.0018	5	28	170	0.005	0.0302	5	41	241	0.0073	0.0428
6	8	18	0.0014	0.0032	6	41	211	0.0073	0.0375	6	48	289	0.0085	0.0514
7	12	30	0.0021	0.0053	7	42	253	0.0075	0.045	7	61	350	0.0108	0.0622
8	10	40	0.0018	0.0071	8	57	310	0.0101	0.0551	8	61	411	0.0108	0.0731
9	6	46	0.0011	0.0082	9	67	377	0.0119	0.067	9	81	492	0.0144	0.0875
10	21	67	0.0037	0.0119	10	59	436	0.0105	0.0775	10	82	574	0.0146	0.102
11	14	81	0.0025	0.0144	11	86	522	0.0153	0.0928	11	113	687	0.0201	0.1221
12	17	98	0.003	0.0174	12	99	621	0.0176	0.1104	12	102	789	0.0181	0.1402
13	21	119	0.0037	0.0212	13	94	715	0.0167	0.1271	13	147	936	0.0261	0.1664
14	25	144	0.0044	0.0256	14	140	855	0.0249	0.152	14	170	1106	0.0302	0.1966
15	38	182	0.0068	0.0324	15	146	1001	0.026	0.1779	15	211	1317	0.0375	0.2341
16	40	222	0.0071	0.0395	16	160	1161	0.0284	0.2064	16	252	1569	0.0448	0.2789
17	54	276	0.0096	0.0491	17	208	1369	0.037	0.2433	17	285	1854	0.0507	0.3296
18	76	352	0.0135	0.0626	18	270	1639	0.048	0.2913	18	334	2188	0.0594	0.3889
19	98	450	0.0174	0.08	19	314	1953	0.0558	0.3472	19	361	2549	0.0642	0.4531
20	125	575	0.0222	0.1022	20	371	2324	0.0659	0.4131	20	409	2958	0.0727	0.5258
21	148	723	0.0263	0.1285	21	380	2704	0.0675	0.4806	21	383	3341	0.0681	0.5939
22	195	918	0.0347	0.1632	22	381	3085	0.0677	0.5484	22	358	3699	0.0636	0.6575
23	201	1119	0.0357	0.1989	23	410	3495	0.0729	0.6213	23	374	4073	0.0665	0.724
24	238	1357	0.0423	0.2412	24	354	3849	0.0629	0.6842	24	337	4410	0.0599	0.7839
25	250	1607	0.0444	0.2857	25	367	4216	0.0652	0.7494	25	337	4747	0.0599	0.8438
26	212	1819	0.0377	0.3233	26	377	4593	0.067	0.8164	26	323	5070	0.0574	0.9012
27	223	2042	0.0396	0.363	27	379	4972	0.0674	0.8838	27	353	5423	0.0627	0.964
28	238	2280	0.0423	0.4053	28	358	5330	0.0636	0.9474	28	363	5786	0.0645	1.0285
29	213	2493	0.0379	0.4431	29	371	5701	0.0659	1.0134	29	374	6160	0.0665	1.095
30	209	2702	0.0372	0.4803	30	377	6078	0.067	1.0804	30	332	6492	0.059	1.154
31	215	2917	0.0382	0.5185	31	328	6406	0.0583	1.1387	31	336	6828	0.0597	1.2137
32	202	3119	0.0359	0.5544	32	408	6814	0.0725	1.2112	32	356	7184	0.0633	1.277
33	199	3318	0.0354	0.5898	33	380	7194	0.0675	1.2788	33	382	7566	0.0679	1.3449
34	214	3532	0.038	0.6278	34	369	7563	0.0656	1.3444	34	417	7983	0.0741	1.419
35	209	3741	0.0372	0.665	35	430	7993	0.0764	1.4208	35	401	8384	0.0713	1.4903

续表

红波段					绿波段					蓝波段				
波长	该波长下像素数	累积总像素数	所占比例	累积所占比例	波长	该波长下像素数	累积总像素数	所占比例	累积所占比例	波长	该波长下像素数	累积总像素数	所占比例	累积所占比例
36	223	3964	0.0396	0.7046	36	392	8385	0.0697	1.4905	36	434	8818	0.0771	1.5674
37	193	4157	0.0343	0.7389	37	430	8815	0.0764	1.5669	37	412	9230	0.0732	1.6407
38	218	4375	0.0388	0.7777	38	458	9273	0.0814	1.6483	38	431	9661	0.0766	1.7173
39	251	4626	0.0446	0.8223	39	448	9721	0.0796	1.7279	39	437	10098	0.0777	1.795
40	252	4878	0.0448	0.8671	40	493	10214	0.0876	1.8156	40	503	10601	0.0894	1.8844
41	265	5143	0.0471	0.9142	41	515	10729	0.0915	1.9071	41	471	11072	0.0837	1.9681
42	286	5429	0.0508	0.965	42	483	11212	0.0859	1.993	42	500	11572	0.0889	2.057
43	295	5724	0.0524	1.0175	43	517	11729	0.0919	2.0849	43	531	12103	0.0944	2.1514
44	289	6013	0.0514	1.0688	44	526	12255	0.0935	2.1784	44	559	12662	0.0994	2.2507
45	283	6296	0.0503	1.1191	45	563	12818	0.1001	2.2785	45	576	13238	0.1024	2.3531
46	331	6627	0.0588	1.178	46	602	13420	0.107	2.3855	46	626	13864	0.1113	2.4644
47	348	6975	0.0619	1.2398	47	599	14019	0.1065	2.4919	47	610	14474	0.1084	2.5728
48	386	7361	0.0686	1.3084	48	671	14690	0.1193	2.6112	48	633	15107	0.1125	2.6853
49	419	7780	0.0745	1.3829	49	679	15369	0.1207	2.7319	49	729	15836	0.1296	2.8149
50	401	8181	0.0713	1.4542	50	680	16049	0.1209	2.8528	50	703	16539	0.125	2.9399
51	421	8602	0.0748	1.529	51	730	16779	0.1298	2.9825	51	755	17294	0.1342	3.0741
52	462	9064	0.0821	1.6112	52	755	17534	0.1342	3.1167	52	753	18047	0.1338	3.2079
53	473	9537	0.0841	1.6952	53	814	18348	0.1447	3.2614	53	789	18836	0.1402	3.3482
54	483	10020	0.0859	1.7811	54	819	19167	0.1456	3.407	54	861	19697	0.153	3.5012
55	509	10529	0.0905	1.8716	55	868	20035	0.1543	3.5613	55	878	20575	0.1561	3.6573
56	537	11066	0.0955	1.967	56	928	20963	0.165	3.7263	56	974	21549	0.1731	3.8304
57	551	11617	0.0979	2.065	57	958	21921	0.1703	3.8965	57	962	22511	0.171	4.0014
58	637	12254	0.1132	2.1782	58	980	22901	0.1742	4.0707	58	996	23507	0.177	4.1785
59	632	12886	0.1123	2.2905	59	1016	23917	0.1806	4.2513	59	1068	24575	0.1898	4.3683
60	650	13536	0.1155	2.4061	60	1183	25100	0.2103	4.4616	60	1154	25729	0.2051	4.5734
61	660	14196	0.1173	2.5234	61	1155	26255	0.2053	4.6669	61	1272	27001	0.2261	4.7995
62	750	14946	0.1333	2.6567	62	1170	27425	0.208	4.8749	62	1247	28248	0.2217	5.0212
63	756	15702	0.1344	2.7911	63	1251	28676	0.2224	5.0973	63	1356	29604	0.241	5.2622
64	790	16492	0.1404	2.9315	64	1327	30003	0.2359	5.3332	64	1482	31086	0.2634	5.5257
65	832	17324	0.1479	3.0794	65	1383	31386	0.2458	5.579	65	1534	32620	0.2727	5.7983
66	860	18184	0.1529	3.2323	66	1487	32873	0.2643	5.8433	66	1580	34200	0.2809	6.0792
67	950	19134	0.1689	3.4011	67	1361	34234	0.2419	6.0852	67	1625	35825	0.2889	6.368
68	954	20088	0.1696	3.5707	68	1506	35740	0.2677	6.3529	68	1721	37546	0.3059	6.674
69	1008	21096	0.1792	3.7499	69	1520	37260	0.2702	6.6231	69	1845	39391	0.328	7.0019
70	1067	22163	0.1897	3.9396	70	1653	38913	0.2938	6.9169	70	1843	41234	0.3276	7.3295
71	1173	23336	0.2085	4.1481	71	1702	40615	0.3025	7.2195	71	1915	43149	0.3404	7.6699
72	1182	24518	0.2101	4.3582	72	1813	42428	0.3223	7.5417	72	2064	45213	0.3669	8.0368
73	1185	25703	0.2106	4.5688	73	1804	44232	0.3207	7.8624	73	2168	47381	0.3854	8.4222
74	1230	26933	0.2186	4.7875	74	1862	46094	0.331	8.1934	74	2249	49630	0.3998	8.8219
75	1376	28309	0.2446	5.032	75	1923	48017	0.3418	8.5352	75	2230	51860	0.3964	9.2183
76	1411	29720	0.2508	5.2829	76	1981	49998	0.3521	8.8873	76	2374	54234	0.422	9.6403
77	1518	31238	0.2698	5.5527	77	2079	52077	0.3696	9.2569	77	2490	56724	0.4426	10.0829
78	1529	32767	0.2718	5.8245	78	2201	54278	0.3912	9.6481	78	2473	59197	0.4396	10.5225
79	1606	34373	0.2855	6.1099	79	2182	56460	0.3879	10.036	79	2549	61746	0.4531	10.9756
80	1607	35980	0.2857	6.3956	80	2388	58848	0.4245	10.4605	80	2723	64469	0.484	11.4596
81	1635	37615	0.2906	6.6862	81	2488	61336	0.4423	10.9027	81	2863	67332	0.5089	11.9685
82	1706	39321	0.3032	6.9895	82	2442	63778	0.4341	11.3368	82	2705	70037	0.4808	12.4494

续表

	红波段					绿波段					蓝波段			
波长	该波长下像素数	累积总像素数	所占比例	累积所占比例	波长	该波长下像素数	累积总像素数	所占比例	累积所占比例	波长	该波长下像素数	累积总像素数	所占比例	累积所占比例
83	1830	41151	0.3253	7.3148	83	2589	66367	0.4602	11.797	83	2927	72964	0.5203	12.9696
84	1919	43070	0.3411	7.6559	84	2601	68968	0.4623	12.2593	84	2915	75879	0.5182	13.4878
85	1983	45053	0.3525	8.0084	85	2592	71560	0.4607	12.7201	85	2952	78831	0.5247	14.0125
86	2025	47078	0.36	8.3683	86	2645	74205	0.4702	13.1902	86	2917	81748	0.5185	14.531
87	2109	49187	0.3749	8.7432	87	2757	76962	0.4901	13.6803	87	3230	84978	0.5741	15.1052
88	2182	51369	0.3879	9.131	88	2864	79826	0.5091	14.1894	88	3104	88082	0.5517	15.6569
89	2173	53542	0.3863	9.5173	89	2991	82817	0.5317	14.7211	89	3238	91320	0.5756	16.2325
90	2230	55772	0.3964	9.9137	90	3120	85937	0.5546	15.2757	90	3265	94585	0.5804	16.8129
91	2386	58158	0.4241	10.3378	91	3061	88998	0.5441	15.8198	91	3223	97808	0.5729	17.3858
92	2392	60550	0.4252	10.763	92	3057	92055	0.5434	16.3632	92	3245	101053	0.5768	17.9626
93	2484	63034	0.4415	11.2046	93	3184	95239	0.566	16.9291	93	3405	104458	0.6053	18.5678
94	2481	65515	0.441	11.6456	94	3315	98554	0.5893	17.5184	94	3371	107829	0.5992	19.167
95	2552	68067	0.4536	12.0992	95	3246	101800	0.577	18.0954	95	3517	111346	0.6252	19.7922
96	2552	70619	0.4536	12.5528	96	3239	105039	0.5757	18.6711	96	3705	115051	0.6586	20.4508
97	2497	73116	0.4439	12.9967	97	3354	108393	0.5962	19.2673	97	3767	118818	0.6696	21.1204
98	2662	75778	0.4732	13.4698	98	3237	111630	0.5754	19.8427	98	3695	122513	0.6568	21.7772
99	2678	78456	0.476	13.9459	99	3274	114904	0.582	20.4247	99	3937	126450	0.6998	22.477
100	2797	81253	0.4972	14.4431	100	3214	118118	0.5713	20.996	100	3825	130275	0.6799	23.1569
101	2729	83982	0.4851	14.9281	101	3340	121458	0.5937	21.5897	101	3959	134234	0.7037	23.8606
102	2862	86844	0.5087	15.4369	102	3527	124985	0.6269	22.2166	102	4114	138348	0.7313	24.5919
103	2741	89585	0.4872	15.9241	103	3484	128469	0.6193	22.8359	103	4179	142527	0.7428	25.3348
104	2868	92453	0.5098	16.4339	104	3675	132144	0.6532	23.4891	104	4191	146718	0.745	26.0797
105	2894	95347	0.5144	16.9483	105	3807	135951	0.6767	24.1658	105	4280	150998	0.7608	26.8405
106	2966	98313	0.5272	17.4755	106	3782	139733	0.6723	24.8381	106	4187	155185	0.7443	27.5848
107	2893	101206	0.5142	17.9898	107	3894	143627	0.6922	25.5303	107	4105	159290	0.7297	28.3144
108	2876	104082	0.5112	18.501	108	4010	147637	0.7128	26.2431	108	4157	163447	0.7389	29.0534
109	2962	107044	0.5265	19.0275	109	4100	151737	0.7288	26.9719	109	4091	167538	0.7272	29.7806
110	2955	109999	0.5253	19.5528	110	3942	155679	0.7007	27.6726	110	4148	171686	0.7373	30.5179
111	2834	112833	0.5038	20.0565	111	3959	159638	0.7037	28.3763	111	4086	175772	0.7263	31.2442
112	2847	115680	0.5061	20.5626	112	3993	163631	0.7098	29.0861	112	4283	180055	0.7613	32.0055
113	2866	118546	0.5094	21.072	113	3915	167546	0.6959	29.782	113	4331	184386	0.7699	32.7754
114	2895	121441	0.5146	21.5866	114	3985	171531	0.7083	30.4903	114	4339	188725	0.7713	33.5466
115	2852	124293	0.507	22.0936	115	3964	175495	0.7046	31.195	115	4149	192874	0.7375	34.2841
116	2884	127177	0.5126	22.6062	116	3953	179448	0.7027	31.8976	116	3954	196828	0.7028	34.987
117	2885	130062	0.5128	23.1191	117	4052	183500	0.7203	32.6179	117	3870	200698	0.6879	35.6749
118	3087	133149	0.5487	23.6678	118	4080	187580	0.7252	33.3431	118	3663	204361	0.6511	36.326
119	3077	136226	0.5469	24.2147	119	4264	191844	0.7579	34.1011	119	3682	208043	0.6545	36.9805
120	3151	139377	0.5601	24.7748	120	4074	195918	0.7242	34.8252	120	3545	211588	0.6301	37.6106
121	3139	142516	0.558	25.3328	121	4049	199967	0.7197	35.5449	121	3341	214929	0.5939	38.2045
122	3164	145680	0.5624	25.8952	122	3807	203774	0.6767	36.2217	122	3313	218242	0.5889	38.7934
123	3265	148945	0.5804	26.4756	123	3744	207518	0.6655	36.8872	123	3013	221255	0.5356	39.329
124	3348	152293	0.5951	27.0707	124	3528	211046	0.6271	37.5143	124	2973	224228	0.5285	39.8574
125	3405	155698	0.6053	27.676	125	3515	214561	0.6248	38.1391	125	2889	227117	0.5135	40.371
126	3475	159173	0.6177	28.2936	126	3439	218000	0.6113	38.7504	126	2683	229800	0.4769	40.8479
127	3423	162596	0.6085	28.9021	127	3319	221319	0.59	39.3404	127	2601	232401	0.4623	41.3102
128	3512	166108	0.6243	29.5264	128	3204	224523	0.5695	39.9099	128	2526	234927	0.449	41.7592
129	3529	169637	0.6273	30.1537	129	3308	227831	0.588	40.4979	129	2420	237347	0.4302	42.1894

续表

红波段					绿波段					蓝波段				
波长	该波长下像素数	累积总像素数	所占比例	累积所占比例	波长	该波长下像素数	累积总像素数	所占比例	累积所占比例	波长	该波长下像素数	累积总像素数	所占比例	累积所占比例
130	3533	173170	0.628	30.7817	130	3102	230933	0.5514	41.0493	130	2249	239596	0.3998	42.5892
131	3566	176736	0.6339	31.4155	131	2861	233794	0.5086	41.5578	131	2271	241867	0.4037	42.9928
132	3607	180343	0.6412	32.0567	132	2826	236620	0.5023	42.0602	132	2213	244080	0.3934	43.3862
133	3598	183941	0.6396	32.6963	133	2715	239335	0.4826	42.5428	133	2181	246261	0.3877	43.7739
134	3461	187402	0.6152	33.3115	134	2586	241921	0.4597	43.0024	134	1975	248236	0.3511	44.125
135	3555	190957	0.6319	33.9434	135	2422	244343	0.4305	43.433	135	1982	250218	0.3523	44.4773
136	3640	194597	0.647	34.5904	136	2348	246691	0.4174	43.8503	136	1863	252081	0.3312	44.8084
137	3550	198147	0.631	35.2214	137	2267	248958	0.403	44.2533	137	1758	253839	0.3125	45.1209
138	3499	201646	0.622	35.8434	138	2127	251085	0.3781	44.6314	138	1715	255554	0.3048	45.4258
139	3707	205353	0.6589	36.5023	139	2050	253135	0.3644	44.9958	139	1630	257184	0.2897	45.7155
140	3634	208987	0.646	37.1483	140	2074	255209	0.3687	45.3644	140	1576	258760	0.2801	45.9956
141	3316	212303	0.5894	37.7377	141	1879	257088	0.334	45.6984	141	1583	260343	0.2814	46.277
142	3410	215713	0.6061	38.3439	142	1834	258922	0.326	46.0244	142	1533	261876	0.2725	46.5495
143	3359	219072	0.5971	38.9409	143	1859	260781	0.3304	46.3549	143	1412	263288	0.251	46.8005
144	3311	222383	0.5885	39.5295	144	1728	262509	0.3072	46.662	144	1412	264700	0.251	47.0515
145	3223	225606	0.5729	40.1024	145	1587	264096	0.2821	46.9441	145	1472	266172	0.2617	47.3132
146	3216	228822	0.5717	40.674	146	1616	265712	0.2873	47.2314	146	1321	267493	0.2348	47.548
147	3072	231894	0.5461	41.2201	147	1533	267245	0.2725	47.5039	147	1347	268840	0.2394	47.7874
148	2736	234630	0.4863	41.7064	148	1554	268799	0.2762	47.7801	148	1271	270111	0.2259	48.0133
149	2741	237371	0.4872	42.1937	149	1478	270277	0.2627	48.0428	149	1230	271341	0.2186	48.232
150	2493	239864	0.4431	42.6368	150	1358	271635	0.2414	48.2842	150	1206	272547	0.2144	48.4463
151	2539	242403	0.4513	43.0881	151	1349	272984	0.2398	48.524	151	1190	273737	0.2115	48.6579
152	2425	244828	0.4311	43.5192	152	1308	274292	0.2325	48.7565	152	1129	274866	0.2007	48.8586
153	2225	247053	0.3955	43.9147	153	1184	275476	0.2105	48.967	153	1063	275929	0.189	49.0475
154	2155	249208	0.3831	44.2977	154	1209	276685	0.2149	49.1819	154	1105	277034	0.1964	49.2439
155	2046	251254	0.3637	44.6614	155	1228	277913	0.2183	49.4002	155	1103	278137	0.1961	49.44
156	2002	253256	0.3559	45.0173	156	1196	279109	0.2126	49.6128	156	1044	279181	0.1856	49.6256
157	1996	255252	0.3548	45.3721	157	1164	280273	0.2069	49.8197	157	1004	280185	0.1785	49.804
158	1810	257062	0.3217	45.6938	158	1071	281344	0.1904	50.01	158	965	281150	0.1715	49.9756
159	1770	258832	0.3146	46.0084	159	1040	282384	0.1849	50.1949	159	980	282130	0.1742	50.1498
160	1757	260589	0.3123	46.3208	160	1141	283525	0.2028	50.3977	160	1020	283150	0.1813	50.3311
161	1680	262269	0.2986	46.6194	161	1080	284605	0.192	50.5897	161	962	284112	0.171	50.5021
162	1577	263846	0.2803	46.8997	162	1022	285627	0.1817	50.7714	162	1033	285145	0.1836	50.6857
163	1514	265360	0.2691	47.1688	163	1027	286654	0.1826	50.9539	163	914	286059	0.1625	50.8482
164	1474	266834	0.262	47.4308	164	980	287634	0.1742	51.1281	164	922	286981	0.1639	51.012
165	1507	268341	0.2679	47.6987	165	940	288574	0.1671	51.2952	165	903	287884	0.1605	51.1726
166	1407	269748	0.2501	47.9488	166	961	289535	0.1708	51.466	166	890	288774	0.1582	51.3308
167	1371	271119	0.2437	48.1925	167	964	290499	0.1714	51.6374	167	865	289639	0.1538	51.4845
168	1313	272432	0.2334	48.4259	168	964	291463	0.1714	51.8087	168	934	290573	0.166	51.6505
169	1318	273750	0.2343	48.6602	169	935	292398	0.1662	51.9749	169	931	291504	0.1655	51.816
170	1200	274950	0.2133	48.8735	170	939	293337	0.1669	52.1418	170	793	292297	0.141	51.957
171	1260	276210	0.224	49.0975	171	902	294239	0.1603	52.3022	171	821	293118	0.1459	52.1029
172	1179	277389	0.2096	49.307	172	882	295121	0.1568	52.459	172	816	293934	0.145	52.248
173	1207	278596	0.2145	49.5216	173	870	295991	0.1546	52.6136	173	767	294701	0.1363	52.3843
174	1182	279778	0.2101	49.7317	174	922	296913	0.1639	52.7775	174	814	295515	0.1447	52.529
175	1139	280917	0.2025	49.9341	175	857	297770	0.1523	52.9298	175	788	296303	0.1401	52.6691
176	1122	282039	0.1994	50.1336	176	745	298515	0.1324	53.0623	176	765	297068	0.136	52.805

续表

红波段					绿波段					蓝波段				
波长	该波长下像素数	累积总像素数	所占比例	累积所占比例	波长	该波长下像素数	累积总像素数	所占比例	累积所占比例	波长	该波长下像素数	累积总像素数	所占比例	累积所占比例
177	1109	283148	0.1971	50.3307	177	768	299283	0.1365	53.1988	177	716	297784	0.1273	52.9323
178	1057	284205	0.1879	50.5186	178	821	300104	0.1459	53.3447	178	772	298556	0.1372	53.0695
179	1039	285244	0.1847	50.7033	179	770	300874	0.1369	53.4816	179	675	299231	0.12	53.1895
180	1125	286369	0.2	50.9033	180	786	301660	0.1397	53.6213	180	674	299905	0.1198	53.3093
181	1016	287385	0.1806	51.0839	181	689	302349	0.1225	53.7438	181	652	300557	0.1159	53.4252
182	954	288339	0.1696	51.2534	182	655	303004	0.1164	53.8602	182	710	301267	0.1262	53.5514
183	1028	289367	0.1827	51.4362	183	662	303666	0.1177	53.9779	183	659	301926	0.1171	53.6686
184	967	290334	0.1719	51.6081	184	613	304279	0.109	54.0868	184	630	302556	0.112	53.7806
185	952	291286	0.1692	51.7773	185	593	304872	0.1054	54.1922	185	609	303165	0.1083	53.8888
186	987	292273	0.1754	51.9527	186	579	305451	0.1029	54.2952	186	565	303730	0.1004	53.9892
187	848	293121	0.1507	52.1035	187	511	305962	0.0908	54.386	187	556	304286	0.0988	54.0881
188	880	294001	0.1564	52.2599	188	535	306497	0.0951	54.4811	188	494	304780	0.0878	54.1759
189	877	294878	0.1559	52.4158	189	536	307033	0.0953	54.5764	189	535	305315	0.0951	54.271
190	882	295760	0.1568	52.5725	190	501	307534	0.0891	54.6654	190	495	305810	0.088	54.359
191	838	296598	0.149	52.7215	191	463	307997	0.0823	54.7477	191	505	306315	0.0898	54.4487
192	797	297395	0.1417	52.8632	192	444	308441	0.0789	54.8266	192	469	306784	0.0834	54.5321
193	787	298182	0.1399	53.0031	193	437	308878	0.0777	54.9043	193	454	307238	0.0807	54.6128
194	864	299046	0.1536	53.1566	194	433	309311	0.077	54.9813	194	417	307655	0.0741	54.6869
195	756	299802	0.1344	53.291	195	387	309698	0.0688	55.0501	195	413	308068	0.0734	54.7603
196	691	300493	0.1228	53.4139	196	368	310066	0.0654	55.1155	196	388	308456	0.069	54.8293
197	727	301220	0.1292	53.5431	197	370	310436	0.0658	55.1813	197	397	308853	0.0706	54.8999
198	651	301871	0.1157	53.6588	198	339	310775	0.0603	55.2415	198	367	309220	0.0652	54.9651
199	666	302537	0.1184	53.7772	199	345	311120	0.0613	55.3028	199	365	309585	0.0649	55.03
200	664	303201	0.118	53.8952	200	361	311481	0.0642	55.367	200	326	309911	0.0579	55.0879
201	674	303875	0.1198	54.015	201	290	311771	0.0515	55.4186	201	364	310275	0.0647	55.1526
202	581	304456	0.1033	54.1183	202	266	312037	0.0473	55.4658	202	281	310556	0.0499	55.2026
203	589	305045	0.1047	54.223	203	292	312329	0.0519	55.5178	203	327	310883	0.0581	55.2607
204	568	305613	0.101	54.324	204	319	312648	0.0567	55.5745	204	297	311180	0.0528	55.3135
205	512	306125	0.091	54.415	205	232	312880	0.0412	55.6157	205	316	311496	0.0562	55.3697
206	520	306645	0.0924	54.5074	206	233	313113	0.0414	55.6571	206	295	311791	0.0524	55.4221
207	513	307158	0.0912	54.5986	207	248	313361	0.0441	55.7012	207	272	312063	0.0483	55.4705
208	491	307649	0.0873	54.6859	208	231	313592	0.0411	55.7423	208	301	312364	0.0535	55.524
209	473	308122	0.0841	54.7699	209	187	313779	0.0332	55.7755	209	266	312630	0.0473	55.5713
210	483	308605	0.0859	54.8558	210	213	313992	0.0379	55.8134	210	214	312844	0.038	55.6093
211	404	309009	0.0718	54.9276	211	203	314195	0.0361	55.8494	211	217	313061	0.0386	55.6479
212	415	309424	0.0738	55.0014	212	180	314375	0.032	55.8814	212	222	313283	0.0395	55.6873
213	404	309828	0.0718	55.0732	213	169	314544	0.03	55.9115	213	220	313503	0.0391	55.7264
214	410	310238	0.0729	55.1461	214	150	314694	0.0267	55.9381	214	207	313710	0.0368	55.7632
215	421	310659	0.0748	55.2209	215	155	314849	0.0276	55.9657	215	205	313915	0.0364	55.7997
216	382	311041	0.0679	55.2888	216	134	314983	0.0238	55.9895	216	196	314111	0.0348	55.8345
217	400	311441	0.0711	55.3599	217	132	315115	0.0235	56.013	217	158	314269	0.0281	55.8626
218	315	311756	0.056	55.4159	218	110	315225	0.0196	56.0325	218	159	314428	0.0283	55.8909
219	364	312120	0.0647	55.4806	219	134	315359	0.0238	56.0563	219	193	314621	0.0343	55.9252
220	377	312497	0.067	55.5476	220	176	315535	0.0313	56.0876	220	197	314818	0.035	55.9602
221	275	312772	0.0489	55.5965	221	118	315653	0.021	56.1086	221	190	315008	0.0338	55.994
222	323	313095	0.0574	55.6539	222	105	315758	0.0187	56.1273	222	139	315147	0.0247	56.0187
223	272	313367	0.0483	55.7023	223	84	315842	0.0149	56.1422	223	155	315302	0.0276	56.0462

续表

红波段					绿波段					蓝波段				
波长	该波长下像素数	累积总像素数	所占比例	累积所占比例	波长	该波长下像素数	累积总像素数	所占比例	累积所占比例	波长	该波长下像素数	累积总像素数	所占比例	累积所占比例
224	283	313650	0.0503	55.7526	224	116	315958	0.0206	56.1628	224	127	315429	0.0226	56.0688
225	269	313919	0.0478	55.8004	225	104	316062	0.0185	56.1813	225	128	315557	0.0228	56.0915
226	240	314159	0.0427	55.843	226	93	316155	0.0165	56.1978	226	135	315692	0.024	56.1155
227	237	314396	0.0421	55.8852	227	140	316295	0.0249	56.2227	227	161	315853	0.0286	56.1442
228	291	314687	0.0517	55.9369	228	90	316385	0.016	56.2387	228	126	315979	0.0224	56.1666
229	225	314912	0.04	55.9769	229	94	316479	0.0167	56.2554	229	124	316103	0.022	56.1886
230	249	315161	0.0443	56.0212	230	100	316579	0.0178	56.2732	230	104	316207	0.0185	56.2071
231	193	315354	0.0343	56.0555	231	92	316671	0.0164	56.2896	231	108	316315	0.0192	56.2263
232	236	315590	0.0419	56.0974	232	89	316760	0.0158	56.3054	232	122	316437	0.0217	56.248
233	178	315768	0.0316	56.129	233	75	316835	0.0133	56.3187	233	130	316567	0.0231	56.2711
234	181	315949	0.0322	56.1612	234	149	316984	0.0265	56.3452	234	136	316703	0.0242	56.2952
235	178	316127	0.0316	56.1929	235	140	317124	0.0249	56.3701	235	136	316839	0.0242	56.3194
236	222	316349	0.0395	56.2323	236	80	317204	0.0142	56.3843	236	99	316938	0.0176	56.337
237	189	316538	0.0336	56.2659	237	71	317275	0.0126	56.3969	237	83	317021	0.0148	56.3518
238	126	316664	0.0224	56.2883	238	70	317345	0.0124	56.4094	238	93	317114	0.0165	56.3683
239	118	316782	0.021	56.3093	239	94	317439	0.0167	56.4261	239	82	317196	0.0146	56.3829
240	123	316905	0.0219	56.3312	240	117	317556	0.0208	56.4469	240	159	317355	0.0283	56.4111
241	187	317092	0.0332	56.3644	241	147	317703	0.0261	56.473	241	137	317492	0.0244	56.4355
242	178	317270	0.0316	56.396	242	89	317792	0.0158	56.4888	242	104	317596	0.0185	56.454
243	111	317381	0.0197	56.4158	243	102	317894	0.0181	56.507	243	111	317707	0.0197	56.4737
244	133	317514	0.0236	56.4394	244	139	318033	0.0247	56.5317	244	156	317863	0.0277	56.5014
245	249	317763	0.0443	56.4837	245	113	318146	0.0201	56.5517	245	137	318000	0.0244	56.5258
246	121	317884	0.0215	56.5052	246	80	318226	0.0142	56.566	246	114	318114	0.0203	56.5461
247	100	317984	0.0178	56.523	247	122	318348	0.0217	56.5877	247	105	318219	0.0187	56.5647
248	159	318143	0.0283	56.5512	248	194	318542	0.0345	56.6221	248	194	318413	0.0345	56.5992
249	180	318323	0.032	56.5832	249	139	318681	0.0247	56.6468	249	158	318571	0.0281	56.6273
250	213	318536	0.0379	56.6211	250	138	318819	0.0245	56.6714	250	150	318721	0.0267	56.654
251	121	318657	0.0215	56.6426	251	96	318915	0.0171	56.6884	251	104	318825	0.0185	56.6724
252	133	318790	0.0236	56.6662	252	115	319030	0.0204	56.7089	252	117	318942	0.0208	56.6932
253	142	318932	0.0252	56.6915	253	128	319158	0.0228	56.7316	253	126	319068	0.0224	56.7156
254	298	319230	0.053	56.7444	254	300	319458	0.0533	56.785	254	289	319357	0.0514	56.767
255	243345	562575	43.2556	100	255	243117	562575	43.215	100	255	243218	562575	43.233	100

考虑到这个卫星影像的拍摄时间（4月），地面植被还没有恢复，在这个计算中，我们采用了红波段波长 140 以下波长为所有非建设性地物的波长。按照这个指标，该村居民点的 W_r 值为 65%。因为村里的土路和宅前屋后的空地，甚至宅院，均在红波段长 140 的覆盖范围内，所以，我们需要对它们给出一个估计比例，以便剔除它们，减少误差。在土地使用规划中，村庄道路和公共绿地通常占 10% 的村庄面积；同时，我们对这个村庄中的一幢住宅包括它的宅院作了测算，结果是整个宅院为 200m²，其中 50m² 为宅院，即占 25%。道路和住宅庭院两项合计约占了全部非建设性地物波长值的 15%，这样，这个村庄的空置率约在 50%。因此，视家楼村是一个存在严重废弃或闲置场地的村庄居民点。

此类"城边村"存在废弃或闲置土地的原因很多，但是，我们在这里所涉及的只是诊断村庄居民点废弃或闲置土地对其健康状况的影响。

假定城区是城区周边乡村地区的影响源，城区的增长首先会带动城区周边乡村地区的发展，而在城区增长势头相对稳定或增长缓慢，甚至有些产业部门趋于萎缩或已经萎缩时，首先受到影响的也是城区周边的乡村地区。于是，我们推论到，因为城区存在没有充分开发和利用的废弃或闲置土地，所以"城边村"也会存在废弃或闲置土地（图 8-46）。

按照这个假定和推论，城区的那些没有充分开发和利用的废弃或闲置土地成为分析其影响的源头，从与它相邻 4 个或 8 个具有相同地物属性的地块开始，再扩展到与这些相邻地块相邻的 4 个或 8 个具有相同地物属性的地块，如此繁衍下去，直至到达目标村，全方位地分析城区没有充分开发和利用的废弃或闲置土地在多大空间（像素）和强度（乘数）下影响到目标村。一旦这种影响到达目标村，我们就可以发现与城区的那些没有充分开发和利用的废弃或闲置土地具有相同地区属性的废弃或闲置土地（图 8-47）。

(a)

(b)

图8-46 从城里到城外空置场地影响分析

图8-47 从城外到城里空置场地影响分析（一）

　　这里，以莱阳市中心汽车站附近郝格庄村的废弃或闲置场地为源头，以莱阳市柏林庄镇视家楼村为目标村，测算源头对目标村的影响：

　　1）在源头废弃或闲置场地选择20个地块，红波段值有：122、126、128、129、130、131、133、134、135、138、139、140。

　　2）在以上基础上，再采用标准差乘数1和8个相邻地块，具有相同地物属性的地块共计221个地块，分布在红波段值127、128、129、130、131、132、133、134、135、136中，影响没有波及目标村。

　　3）在以上基础上，再采用标准差乘数1和8个相邻地块，具有相同地物属性的地块共计69187个地块（图8-48），分布在红波段值117～146之间，影响还没有波及目标村。

图8-48 从城外到城里空置场地影响分析（二）

在以上基础上，采用标准差乘数 2.65 和 8 个相邻地块，具有相同地物属性的地块共计 257001 个地块（图 8-49），分布在红波段值 110～114 之间，影响波及目标村。

这样，在源头废弃或闲置场地选择 20 个地块，采用标准差乘数 5.6 和 8 个相邻地块时，影响波就可以到达目标村，其影响强度为相同地物属性地块总数比整个影像上的地块总数，即 257001/587685，约等于 0.437。

影响强度是与所选样本地块的地物具有相同属性的地块总数与整个影像上的地块总数之比，数值在 0～1 之间。

影响源的影响强度与影像源和影响目标的距离成反比。也就是说，影响强度随影响源对目标的距离的增加衰减。在这个例子中，我们选择了"城中村"郝格庄的废弃或闲置场地作为影响源。这个影响源对 3km 之外的"城边村"视家楼的影响强度为 0.437。换句话说，只有当这张卫星影像上 44% 的像素与所选样本地块的地物具有相同属性时，影响波才到达视家楼区域。与郝格庄相邻的其他城中村，在影响强度值 0.125 情况下，就已经受到了影响（图 8-50、图 8-51）。

图8-49　从城外到城里空置场地影响分析（三）

图8-50　影响源（郝格庄）

图8-51 从城外到城里空置场地影响分析（四）

影响强度与影响源空间的大小和标准差乘数的大小成正比（图 8-52）。也就是说，在标准差乘数一定的情况下，选择的影响源空间越大，包括的地物属性越多，影响强度越大；反之，在选择的影响源空间及其包括的地物属性一定的情况下，标准差乘数越大，影响强度越大。当然，标准差乘数越大，误差也越大。因此，我们需要尽量扩大我们所选择的样本区域，把标准差乘数的值控制在 1 以内，精确度会相对高一些。

图8-52 影响范围

我们可以从城市发展的经济规律对抽象的影响分析作出实际的解释。城区中存在一定规模的废弃或闲置的场地，说明城市经济发展对城区内部土地空间的需求还没有达到不留剩余的程度，或者城市经济发展不足以支付城区内部土地空间的地租，而到城区外部寻找低地租的土地。实际上，我们可以通过计算机的影响分析，自动识别一个区域内的废弃或闲置场地。任何一张卫星影像上的像素是一个定数，而我们选择的区域是个变量，它的大小由我们决定。区域规模一定，则区域内包含的像素及其它们所反映的地物属性也是一定的。在这种情况下，我们的问题是，这张卫星影像上，究竟有多少个地物与我们选择的区域里的地物具有相同的属性。一旦我们找到了这个问题的答案，也就找到了具有这种属性的地物在整个卫星影像上的比例。我们的目标是在一张卫星影像上找出村庄里的废弃或闲置场地，所以，我们只需要找到一处废弃或闲置场地，即可以通过计算机自动搜寻出与之相似的废弃或闲置场地。

2．"城中村"

莱阳市城厢街道办事处郝格庄村位于莱阳市市区主要街道富水中路和鹤山路交界处，与莱阳中心汽车站毗邻（图 8-53）。

(a) 空间位置

(b) 卫星影像

(c) 废弃或闲置场地

图8-53 城中村

莱阳市城厢街道办事处郝格庄村

访谈对象：姜×   访谈日期：2010 年 7 月 24 日   整理人：胡欣琪

一、村庄概况

郝格庄村位于莱阳市城厢街道办事处西南边，地处 36°57′N，120°41′E，海拔 36 ~ 38m。与莱阳市市中心的距离是 2km，与城厢街道办事处的距离是 1.5km，属于城中村。该村的地形条件是丘陵，位于山坡上，海拔高度范围是 38 ~ 40m，村庄内和边上没有河流。紧挨村庄东边有一条国家级公路（G204）。该村的总人口数是 2280 人，常住人口 2260 人，总户数是 700 户，常住户数为 700 户。该村 2009 年村集体收入为 157 万元，主要来源是土地承包、租赁费。2009 年人均纯收入为 7000 元，主要来源是种植农作物，外出务工。

郝格庄村的村域总面积为 1230 亩，其中村庄居民点建设用地面积为 450 亩；该村的宅基地总数是 670 个，户均宅基地面积为 145m²，户均庭院面积为 30m²。

二、村庄废弃或闲置场地基本信息

集体废弃或闲置的场地有 2 个，约为 60 亩，约合 27 个宅基地大小。村中没有倒塌或空置的住宅，基本都出租出去了。

三、实地核实废弃或闲置场地基本信息（图 8-54、图 8-55）

O1：标准闲置宅基地。36°57′32.55″N，120°41′40.49″E，海拔 38m。位于旧村东部靠近新村，属于闲置宅基地，2 个标准宅基地大小，面积约为 15m×8m，两层高。现在被用作垃圾回收站，里面堆满了垃圾和建筑材料，如砖块，石子，其四周皆为有人居住的完整的宅基地，宅前路完好，宽约 4.5m。东部靠近一条大路。

O2：标准的闲置宅基地。36°57′29.24″N，120°41′37.65″E，海拔 38m。位于旧村的中部，面积约为 200m²。坐北朝南，门窗完好，宅前道路长满杂草，道路宽约 3m。权属归原所有者所有，空置原因为村庄规划改造，搬迁至新村。

O3：废弃宅基地。36°57′26.78″N，120°41′35.33″E，海拔 38m。地处旧村的南端，其面积约为 160m²，门窗完好，水泥结构，宅前道路通畅，宽约 4m。墙边、院内长满杂草和树木。权属归原所有者所有，空置原因为村庄规划改造，搬迁至新村。

图8-54　莱阳市城厢街道办事处郝格庄村

(b) 场地O2

(a) 场地O1

(c) 场地O3

图8-55 实地勘察场地

1）郝格庄村共有户籍住户760户，人口2280人。

2）郝格庄村村域范围内，一、二、三产兼有。村庄投资建设了自己的工业园区，园区内有工业企业15家，规模以上企业2家，包括机械加工、化工、包装、印染、食品加工等行业；村庄地域范围内的第三产业有富水房地产开发公司，富水路家家悦超市、富水路家具广场，富水路农贸市场等主要房地产性质的企业，其中租赁经营的个体经营户达到600多家；村庄里的农业以蔬菜和养殖为主，种植大户2家，养殖户19家，养殖大户4家。

3）郝格庄村土地使用规划上登记的土地面积为830亩，其中耕地400余亩，其余为建设用地。

4）根据卫星影像估算，郝格庄村村域面积约为1500亩，农田为500亩，建设用地面积约为1000亩，包括商业市场用地255亩，工业用地323亩，正在使用中的农村居民点用地210亩及其原先用于住宅却没有重新利用的废弃的、闲置的或种植业的居民点建设用地约212亩（图8-56）。

5）郝格庄村居民点建设用地的空置率约为45%（图8-57、表8-14），是一个存在严重土地浪费现象的村庄。

郝格庄村是一个比较典型的"城中村"：

1）地处市区，但土地依然归集体所有。

2）村北为完全建设起来的主城区，面对大型商业设施，如天诚家居、莱阳商贸城，以及村里开发的莱阳家居中心。村东为商业住宅区，村南和村西农田和工厂兼有。

3）距离莱阳蚬河大桥及其公园 1.7km。

4）村庄大部分青壮年劳动力在附近工商企业就业，在村庄里居住。

5）整个村庄建筑格局整齐划一，没有多少堆放秸秆、农具和圈养牲畜的边角空地。

6）规模农田夹在其他类型用地中，废弃的原工业场地已经达到全部土地面积的 14%。

7）这里，我们倒过来，以莱阳市柏林庄镇视家楼村的废弃或闲置场地为源头，以莱阳市中心汽车站附近郝格庄为目标村，测算源头对目标村的影响（图 8-58）。

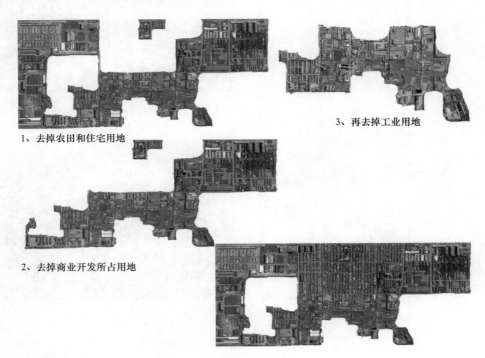

1、去掉农田和住宅用地

2、去掉商业开发所占用地

3、再去掉工业用地

图8-56　空间分析

图8-57　剔除周边环境

莱阳市城厢街道郝格庄村影响分析　　　　　　　　　　表 8-14

红波段					绿波段					蓝波段				
波长	该波长下像素数	累积总像素数	所占比例	累积所占比例	波长	该波长下像素数	累积总像素数	所占比例	累积所占比例	波长	该波长下像素数	累积总像素数	所占比例	累积所占比例
					78	1	1	0.0005	0.0005					
					79	1	2	0.0005	0.001					
					80	0	2	0	0.001					
					81	0	2	0	0.001	81	1	1	0.0005	0.0005
					82	0	2	0	0.001	82	0	1	0	0.0005
					83	0	2	0	0.001	83	0	1	0	0.0005
					84	1	3	0.0005	0.0015	84	0	1	0	0.0005
					85	0	3	0	0.0015	85	0	1	0	0.0005
					86	1	4	0.0005	0.002	86	0	1	0	0.0005
					87	3	7	0.0015	0.0034	87	0	1	0	0.0005
					88	2	9	0.001	0.0044	88	1	2	0.0005	0.001
					89	0	9	0	0.0044	89	2	4	0.001	0.002
					90	3	12	0.0015	0.0059	90	0	4	0	0.002
					91	4	16	0.002	0.0078	91	3	7	0.0015	0.0034
					92	0	16	0	0.0078	92	2	9	0.001	0.0044
					93	5	21	0.0024	0.0102	93	2	11	0.001	0.0054
					94	2	23	0.001	0.0112	94	5	16	0.0024	0.0078
					95	6	29	0.0029	0.0141	95	12	28	0.0059	0.0137
					96	6	35	0.0029	0.0171	96	27	55	0.0132	0.0268
					97	14	49	0.0068	0.0239	97	45	100	0.0219	0.0488
					98	36	85	0.0176	0.0415	98	82	182	0.04	0.0888
					99	57	142	0.0278	0.0693	99	98	280	0.0478	0.1365
					100	86	228	0.0419	0.1112	100	139	419	0.0678	0.2043
					101	143	371	0.0697	0.1809	101	177	596	0.0863	0.2907
					102	227	598	0.1107	0.2916	102	249	845	0.1214	0.4121
					103	437	1035	0.2131	0.5047	103	338	1183	0.1648	0.5769
					104	740	1775	0.3609	0.8656	104	480	1663	0.2341	0.811
					105	902	2677	0.4399	1.3055	105	669	2332	0.3263	1.1373
					106	1235	3912	0.6023	1.9078	106	798	3130	0.3892	1.5264
					107	1626	5538	0.793	2.7008	107	960	4090	0.4682	1.9946
					108	2219	7757	1.0822	3.7829	108	1355	5445	0.6608	2.6554
					109	2334	10091	1.1382	4.9211	109	1526	6971	0.7442	3.3996
					110	2852	12943	1.3909	6.312	110	1804	8775	0.8798	4.2794
					111	3406	16349	1.661	7.973	111	2262	11037	1.1031	5.3825
					112	4021	20370	1.9609	9.934	112	2525	13562	1.2314	6.6139
					113	4516	24886	2.2023	12.1363	113	2981	16543	1.4538	8.0676
					114	5005	29891	2.4408	14.5771	114	3223	19766	1.5718	9.6394
					115	5415	35306	2.6408	17.2179	115	3682	23448	1.7956	11.435
					116	5731	41037	2.7949	20.0128	116	3798	27246	1.8522	13.2872
					117	6183	47220	3.0153	23.0281	117	4236	31482	2.0658	15.353
					118	6512	53732	3.1757	26.2038	118	4400	35882	2.1458	17.4988
					119	6647	60379	3.2416	29.4454	119	4643	40525	2.2643	19.7631
					120	6861	67240	3.3459	32.7914	120	4868	45393	2.374	22.1371
					121	7061	74301	3.4435	36.2348	121	5108	50501	2.4911	24.6281
					122	7143	81444	3.4835	39.7183	122	5245	55746	2.5579	27.186
123	6441	6441	3.1411	3.1411	123	7370	88814	3.5942	43.3125	123	5536	61282	2.6998	29.8858
124	6643	13084	3.2396	6.3808	124	7307	96121	3.5635	46.8759	124	5796	67078	2.8266	32.7124

续表

	红波段					绿波段					蓝波段			
波长	该波长下像素数	累积总像素数	所占比例	累积所占比例	波长	该波长下像素数	累积总像素数	所占比例	累积所占比例	波长	该波长下像素数	累积总像素数	所占比例	累积所占比例
125	7041	20125	3.4337	9.8145	125	7310	103431	3.5649	50.4409	125	5810	72888	2.8334	35.5458
126	7077	27202	3.4513	13.2658	126	7169	110600	3.4962	53.937	126	6065	78953	2.9578	38.5035
127	7318	34520	3.5688	16.8346	127	7092	117692	3.4586	57.3956	127	6034	84987	2.9426	41.4462
128	7419	41939	3.6181	20.4527	128	7034	124726	3.4303	60.8259	128	6122	91109	2.9856	44.4317
129	7651	49590	3.7312	24.1839	129	6699	131425	3.2669	64.0929	129	6237	97346	3.0416	47.4733
130	7648	57238	3.7297	27.9136	130	6502	137927	3.1709	67.2637	130	6174	103520	3.0109	50.4843
131	7568	64806	3.6907	31.6044	131	6373	144300	3.108	70.3717	131	6303	109823	3.0738	53.5581
132	7813	72619	3.8102	35.4146	132	6212	150512	3.0294	73.4012	132	6218	116041	3.0324	56.5905
133	7674	80293	3.7424	39.157	133	6081	156593	2.9656	76.3667	133	6026	122067	2.9387	59.5292
134	7592	87885	3.7024	42.8594	134	5642	162235	2.7515	79.1182	134	6003	128070	2.9275	62.4567
135	7494	95379	3.6546	46.5141	135	5383	167618	2.6252	81.7433	135	5788	133858	2.8227	65.2794
136	7390	102769	3.6039	50.118	136	5004	172622	2.4403	84.1837	136	5607	139465	2.7344	68.0138
137	7298	110067	3.5591	53.6771	137	4459	177081	2.1745	86.3582	137	5442	144907	2.6539	70.6677
138	7352	117419	3.5854	57.2625	138	4118	181199	2.0083	88.3665	138	5236	150143	2.5535	73.2212
139	6990	124409	3.4089	60.6713	139	3791	184990	1.8488	90.2153	139	4820	154963	2.3506	75.5718
140	6662	131071	3.2489	63.9202	140	3265	188255	1.5923	91.8075	140	4698	159661	2.2911	77.8629
141	6565	137636	3.2016	67.1218	141	2720	190975	1.3265	93.134	141	4218	163879	2.057	79.9199
142	6316	143952	3.0802	70.202	142	2467	193442	1.2031	94.3371	142	4080	167959	1.9897	81.9096
143	6048	150000	2.9495	73.1515	143	2165	195607	1.0558	95.3929	143	3676	171635	1.7927	83.7023
144	5913	155913	2.8836	76.0351	144	1811	197418	0.8832	96.2761	144	3384	175019	1.6503	85.3526
145	5743	161656	2.8007	78.8358	145	1491	198909	0.7271	97.0032	145	3143	178162	1.5328	86.8854
146	5440	167096	2.653	81.4888	146	1268	200177	0.6184	97.6216	146	2921	181083	1.4245	88.3099
147	5244	172340	2.5574	84.0462	147	1058	201235	0.516	98.1376	147	2825	183908	1.3777	89.6876
148	4983	177323	2.4301	86.4762	148	832	202067	0.4057	98.5433	148	2399	186307	1.1699	90.8575
149	4669	181992	2.277	88.7532	149	764	202831	0.3726	98.9159	149	2105	188412	1.0266	91.8841
150	4516	186508	2.2023	90.9556	150	536	203367	0.2614	99.1773	150	1901	190313	0.9271	92.8112
151	4172	190680	2.0346	92.9901	151	447	203814	0.218	99.3953	151	1750	192063	0.8534	93.6646
152	3905	194585	1.9044	94.8945	152	361	204175	0.1761	99.5713	152	1602	193665	0.7813	94.4459
153	3746	198331	1.8268	96.7214	153	243	204418	0.1185	99.6898	153	1385	195050	0.6754	95.1213
154	3426	201757	1.6708	98.3921	154	188	204606	0.0917	99.7815	154	1226	196276	0.5979	95.7192
155	3297	205054	1.6079	100	155	89	204695	0.0434	99.8249	155	1046	197322	0.5101	96.2293
					156	77	204772	0.0376	99.8625	156	1001	198323	0.4882	96.7175
					157	72	204844	0.0351	99.8976	157	819	199142	0.3994	97.1169
					158	68	204912	0.0332	99.9307	158	703	199845	0.3428	97.4597
					159	35	204947	0.0171	99.9478	159	601	200446	0.2931	97.7528
					160	25	204972	0.0122	99.96	160	520	200966	0.2536	98.0064
					161	20	204992	0.0098	99.9698	161	460	201426	0.2243	98.2307
					162	16	205008	0.0078	99.9776	162	383	201809	0.1868	98.4175
					163	9	205017	0.0044	99.982	163	376	202185	0.1834	98.6009
					164	7	205024	0.0034	99.9854	164	316	202501	0.1541	98.755
					165	10	205034	0.0049	99.9902	165	256	202757	0.1248	98.8798
					166	9	205043	0.0044	99.9946	166	228	202985	0.1112	98.991
					167	2	205045	0.001	99.9956	167	180	203165	0.0878	99.0788
					168	5	205050	0.0024	99.998	168	180	203345	0.0878	99.1666
					169	1	205051	0.0005	99.9985	169	153	203498	0.0746	99.2412
					170	1	205052	0.0005	99.999	170	136	203634	0.0663	99.3075
					171	2	205054	0.001	100	171	130	203764	0.0634	99.3709

红波段					绿波段					蓝波段				
波长	该波长下像素数	累积总像素数	所占比例	累积所占比例	波长	该波长下像素数	累积总像素数	所占比例	累积所占比例	波长	该波长下像素数	累积总像素数	所占比例	累积所占比例
										172	103	203867	0.0502	99.4211
										173	99	203966	0.0483	99.4694
										174	92	204058	0.0449	99.5143
										175	77	204135	0.0376	99.5518
										176	58	204193	0.0283	99.5801
										177	62	204255	0.0302	99.6103
										178	58	204313	0.0283	99.6386
										179	59	204372	0.0288	99.6674
										180	39	204411	0.019	99.6864
										181	39	204450	0.019	99.7054
										182	33	204483	0.0161	99.7215
										183	50	204533	0.0244	99.7459
										184	30	204563	0.0146	99.7606
										185	34	204597	0.0166	99.7771
										186	25	204622	0.0122	99.7893
										187	29	204651	0.0141	99.8035
										188	29	204680	0.0141	99.8176
										189	26	204706	0.0127	99.8303
										190	21	204727	0.0102	99.8405
										191	21	204748	0.0102	99.8508
										192	24	204772	0.0117	99.8625
										193	19	204791	0.0093	99.8717
										194	11	204802	0.0054	99.8771
										195	21	204823	0.0102	99.8873
										196	16	204839	0.0078	99.8951
										197	15	204854	0.0073	99.9025
										198	17	204871	0.0083	99.9108
										199	9	204880	0.0044	99.9151
										200	13	204893	0.0063	99.9215
										201	14	204907	0.0068	99.9283
										202	12	204919	0.0059	99.9342
										203	3	204922	0.0015	99.9356
										204	8	204930	0.0039	99.9395
										205	9	204939	0.0044	99.9439
										206	7	204946	0.0034	99.9473
										207	13	204959	0.0063	99.9537
										208	5	204964	0.0024	99.9561
										209	6	204970	0.0029	99.959
										210	7	204977	0.0034	99.9624
										211	3	204980	0.0015	99.9639
										212	6	204986	0.0029	99.9668
										213	7	204993	0.0034	99.9703
										214	9	205002	0.0044	99.9746
										215	4	205006	0.002	99.9766
										216	2	205008	0.001	99.9776
										217	4	205012	0.002	99.9795
										218	3	205015	0.0015	99.981

续表

波长	该波长下像素数	累积总像素数	所占比例	累积所占比例	波长	该波长下像素数	累积总像素数	所占比例	累积所占比例	波长	该波长下像素数	累积总像素数	所占比例	累积所占比例
红波段					绿波段					蓝波段				
										219	1	205016	0.0005	99.9815
										220	3	205019	0.0015	99.9829
										221	3	205022	0.0015	99.9844
										222	3	205025	0.0015	99.9859
										223	6	205031	0.0029	99.9888
										224	2	205033	0.001	99.9898
										225	3	205036	0.0015	99.9912
										226	0	205036	0	99.9912
										227	1	205037	0.0005	99.9917
										228	1	205038	0.0005	99.9922
										229	2	205040	0.001	99.9932
										230	3	205043	0.0015	99.9946
										231	2	205045	0.001	99.9956
										232	1	205046	0.0005	99.9961
										233	0	205046	0	99.9961
										234	1	205047	0.0005	99.9966
										235	1	205048	0.0005	99.9971
										236	1	205049	0.0005	99.9976
										237	1	205050	0.0005	99.998
										238	0	205050	0	99.998
										239	0	205050	0	99.998
										240	0	205050	0	99.998
										241	2	205052	0.001	99.999
										242	0	205052	0	99.999
										243	0	205052	0	99.999
										244	0	205052	0	99.999
										245	1	205053	0.0005	99.9995
										246	0	205053	0	99.9995
										247	1	205054	0.0005	100

（a）原始卫星影像

图8-58　对目标村的影响分析

（b）影像源和目标

（c）影响强度

图8-58　对目标村的影响分析（续）

8）在源头视家楼村的废弃或闲置场地中选择 25 个地块，红波段值分布在 125、126、130、131、134、135、138、139、142、143、144、145、147、148、151 等波长上。

9）在以上基础上，再采用标准差乘数 1 和 8 个相邻地块，具有相同地物属性的地块共计 450 个地块，分布在红波段值 133 ～ 149 之间，没有到达目标村。

10）在以上基础上，再采用标准差乘数 2 和 8 个相邻地块，具有相同地物属性的地块共计 1347 个地块，分布在红波段值 131 ～ 150 之间，没有到达目标村。

11）在以上基础上，采用标准差乘数 3 和 8 个相邻地块，具有相同地物属性的地块共计 205054 个地块，分布在红波段值 123 ～ 155 之间，影响波及目标村。

12）在影响波及目标村时，其影响强度为 205054/545454，约等于 0.376（表 8-15）。

13）与郝格庄村的废弃或闲置场地对视家楼村的影响强度 0.437 相比，城边视家楼村的废弃或闲置场地对城中郝格庄村的影响要大一些，因为在距离相等的情况下，只要与所选样本地块的地物具有相同属性的地块总数达到 38% 时，城边视家楼村的废弃或闲置场地的影响就波及了城中郝格庄村（图 8-59）。

莱阳市城厢街道郝格庄村光谱分析　　　　　表 8-15

红波段					绿波段					蓝波段				
波长	该波长下像素数	累积总像素数	所占比例	累积所占比例	波长	该波长下像素数	累积总像素数	所占比例	累积所占比例	波长	该波长下像素数	累积总像素数	所占比例	累积所占比例
					0	20	20	0.0036	0.0036	0	4	4	0.0007	0.0007
					1	2	22	0.0004	0.004	1	0	4	0	0.0007
2	1	1	0.0002	0.0002	2	5	27	0.0009	0.0049	2	4	8	0.0007	0.0015
3	0	1	0	0.0002	3	7	34	0.0013	0.0062	3	1	9	0.0002	0.0016
4	7	8	0.0013	0.0015	4	7	41	0.0013	0.0075	4	0	9	0	0.0016
5	0	8	0	0.0015	5	6	47	0.0011	0.0086	5	8	17	0.0015	0.0031
6	0	8	0	0.0015	6	9	56	0.0016	0.0102	6	1	18	0.0002	0.0033
7	2	10	0.0004	0.0018	7	13	69	0.0024	0.0126	7	6	24	0.0011	0.0044
8	2	12	0.0004	0.0022	8	19	88	0.0035	0.0161	8	7	31	0.0013	0.0057
9	0	12	0	0.0022	9	23	111	0.0042	0.0203	9	9	40	0.0016	0.0073
10	6	18	0.0011	0.0033	10	29	140	0.0053	0.0255	10	12	52	0.0022	0.0095
11	7	25	0.0013	0.0046	11	28	168	0.0051	0.0307	11	11	63	0.002	0.0115
12	1	26	0.0002	0.0047	12	45	213	0.0082	0.0389	12	17	80	0.0031	0.0146
13	2	28	0.0004	0.0051	13	43	256	0.0078	0.0467	13	22	102	0.004	0.0186
14	7	35	0.0013	0.0064	14	55	311	0.01	0.0567	14	24	126	0.0044	0.023
15	12	47	0.0022	0.0086	15	65	376	0.0119	0.0686	15	39	165	0.0071	0.0301
16	9	56	0.0016	0.0102	16	64	440	0.0117	0.0803	16	40	205	0.0073	0.0374
17	13	69	0.0024	0.0126	17	83	523	0.0151	0.0954	17	42	247	0.0077	0.0451
18	16	85	0.0029	0.0155	18	106	629	0.0193	0.1148	18	65	312	0.0119	0.0569
19	15	100	0.0027	0.0182	19	111	740	0.0203	0.135	19	68	380	0.0124	0.0693
20	13	113	0.0024	0.0206	20	122	862	0.0223	0.1573	20	80	460	0.0146	0.0839
21	20	133	0.0036	0.0243	21	165	1027	0.0301	0.1874	21	114	574	0.0208	0.1047
22	33	166	0.006	0.0303	22	197	1224	0.0359	0.2233	22	156	730	0.0285	0.1332
23	32	198	0.0058	0.0361	23	218	1442	0.0398	0.2631	23	255	985	0.0465	0.1797
24	32	230	0.0058	0.042	24	220	1662	0.0401	0.3032	24	373	1358	0.0681	0.2478
25	32	262	0.0058	0.0478	25	251	1913	0.0458	0.349	25	482	1840	0.0879	0.3357
26	38	300	0.0069	0.0547	26	298	2211	0.0544	0.4034	26	530	2370	0.0967	0.4324
27	51	351	0.0093	0.064	27	328	2539	0.0598	0.4632	27	410	2780	0.0748	0.5072
28	55	406	0.01	0.0741	28	419	2958	0.0764	0.5397	28	502	3282	0.0916	0.5988
29	70	476	0.0128	0.0868	29	540	3498	0.0985	0.6382	29	474	3756	0.0865	0.6853
30	75	551	0.0137	0.1005	30	780	4278	0.1423	0.7805	30	516	4272	0.0941	0.7794
31	145	696	0.0265	0.127	31	928	5206	0.1693	0.9498	31	567	4839	0.1034	0.8829
32	220	916	0.0401	0.1671	32	802	6008	0.1463	1.0962	32	508	5347	0.0927	0.9756
33	441	1357	0.0805	0.2476	33	712	6720	0.1299	1.2261	33	490	5837	0.0894	1.065
34	595	1952	0.1086	0.3561	34	671	7391	0.1224	1.3485	34	482	6319	0.0879	1.1529
35	362	2314	0.066	0.4222	35	671	8062	0.1224	1.4709	35	482	6801	0.0879	1.2408
36	389	2703	0.071	0.4932	36	611	8673	0.1115	1.5824	36	463	7264	0.0845	1.3253
37	348	3051	0.0635	0.5567	37	591	9264	0.1078	1.6902	37	515	7779	0.094	1.4193
38	340	3391	0.062	0.6187	38	561	9825	0.1024	1.7926	38	519	8298	0.0947	1.514
39	396	3787	0.0722	0.6909	39	582	10407	0.1062	1.8987	39	606	8904	0.1106	1.6245
40	359	4146	0.0655	0.7564	40	599	11006	0.1093	2.008	40	1154	10058	0.2105	1.8351
41	416	4562	0.0759	0.8323	41	610	11616	0.1113	2.1193	41	1274	11332	0.2324	2.0675
42	392	4954	0.0715	0.9038	42	564	12180	0.1029	2.2222	42	771	12103	0.1407	2.2082
43	401	5355	0.0732	0.977	43	641	12821	0.1169	2.3392	43	731	12834	0.1334	2.3415
44	386	5741	0.0704	1.0474	44	659	13480	0.1202	2.4594	44	696	13530	0.127	2.4685
45	406	6147	0.0741	1.1215	45	647	14127	0.118	2.5774	45	694	14224	0.1266	2.5951

续表

红波段					绿波段					蓝波段				
波长	该波长下像素数	累积总像素数	所占比例	累积所占比例	波长	该波长下像素数	累积总像素数	所占比例	累积所占比例	波长	该波长下像素数	累积总像素数	所占比例	累积所占比例
46	440	6587	0.0803	1.2018	46	720	14847	0.1314	2.7088	46	661	14885	0.1206	2.7157
47	621	7208	0.1133	1.3151	47	721	15568	0.1315	2.8404	47	804	15689	0.1467	2.8624
48	1019	8227	0.1859	1.501	48	731	16299	0.1334	2.9737	48	790	16479	0.1441	3.0066
49	1619	9846	0.2954	1.7964	49	719	17018	0.1312	3.1049	49	1896	18375	0.3459	3.3525
50	1991	11837	0.3633	2.1596	50	768	17786	0.1401	3.245	50	1017	19392	0.1856	3.538
51	1137	12974	0.2074	2.3671	51	1082	18868	0.1974	3.4424	51	1142	20534	0.2084	3.7464
52	861	13835	0.1571	2.5242	52	2043	20911	0.3727	3.8152	52	899	21433	0.164	3.9104
53	730	14565	0.1332	2.6574	53	1202	22113	0.2193	4.0345	53	866	22299	0.158	4.0684
54	748	15313	0.1365	2.7938	54	1228	23341	0.224	4.2585	54	929	23228	0.1695	4.2379
55	726	16039	0.1325	2.9263	55	1704	25045	0.3109	4.5694	55	937	24165	0.171	4.4089
56	670	16709	0.1222	3.0485	56	1780	26825	0.3248	4.8942	56	941	25106	0.1717	4.5806
57	636	17345	0.116	3.1646	57	1278	28103	0.2332	5.1273	57	977	26083	0.1783	4.7588
58	672	18017	0.1226	3.2872	58	1178	29281	0.2149	5.3423	58	919	27002	0.1677	4.9265
59	664	18681	0.1211	3.4083	59	1066	30347	0.1945	5.5368	59	857	27859	0.1564	5.0828
60	661	19342	0.1206	3.5289	60	1093	31440	0.1994	5.7362	60	887	28746	0.1618	5.2447
61	689	20031	0.1257	3.6546	61	986	32426	0.1799	5.9161	61	830	29576	0.1514	5.3961
62	638	20669	0.1164	3.771	62	892	33318	0.1627	6.0788	62	858	30434	0.1565	5.5526
63	664	21333	0.1211	3.8922	63	905	34223	0.1651	6.2439	63	840	31274	0.1533	5.7059
64	652	21985	0.119	4.0111	64	889	35112	0.1622	6.4061	64	826	32100	0.1507	5.8566
65	665	22650	0.1213	4.1325	65	967	36079	0.1764	6.5826	65	938	33038	0.1711	6.0277
66	662	23312	0.1208	4.2532	66	924	37003	0.1686	6.7511	66	893	33931	0.1629	6.1907
67	629	23941	0.1148	4.368	67	949	37952	0.1731	6.9243	67	870	34801	0.1587	6.3494
68	679	24620	0.1239	4.4919	68	1051	39003	0.1918	7.116	68	896	35697	0.1635	6.5129
69	689	25309	0.1257	4.6176	69	1055	40058	0.1925	7.3085	69	944	36641	0.1722	6.6851
70	727	26036	0.1326	4.7502	70	1135	41193	0.2071	7.5156	70	955	37596	0.1742	6.8593
71	685	26721	0.125	4.8752	71	1157	42350	0.2111	7.7267	71	1101	38697	0.2009	7.0602
72	773	27494	0.141	5.0162	72	1234	43584	0.2251	7.9518	72	1045	39742	0.1907	7.2509
73	755	28249	0.1377	5.154	73	1268	44852	0.2313	8.1832	73	1200	40942	0.2189	7.4698
74	728	28977	0.1328	5.2868	74	1334	46186	0.2434	8.4266	74	1203	42145	0.2195	7.6893
75	791	29768	0.1443	5.4311	75	1335	47521	0.2436	8.6701	75	1234	43379	0.2251	7.9144
76	808	30576	0.1474	5.5785	76	1438	48959	0.2624	8.9325	76	1325	44704	0.2417	8.1562
77	860	31436	0.1569	5.7354	77	1414	50373	0.258	9.1905	77	1285	45989	0.2344	8.3906
78	874	32310	0.1595	5.8949	78	1467	51840	0.2677	9.4581	78	1426	47415	0.2602	8.6508
79	895	33205	0.1633	6.0582	79	1540	53380	0.281	9.7391	79	1490	48905	0.2718	8.9226
80	909	34114	0.1658	6.224	80	1587	54967	0.2895	10.0286	80	1506	50411	0.2748	9.1974
81	1007	35121	0.1837	6.4078	81	1641	56608	0.2994	10.328	81	1674	52085	0.3054	9.5028
82	1029	36150	0.1877	6.5955	82	1766	58374	0.3222	10.6502	82	1653	53738	0.3016	9.8044
83	1029	37179	0.1877	6.7833	83	1847	60221	0.337	10.9872	83	1773	55511	0.3235	10.1279
84	1158	38337	0.2113	6.9945	84	1949	62170	0.3556	11.3428	84	1822	57333	0.3324	10.4603
85	1234	39571	0.2251	7.2197	85	2029	64199	0.3702	11.713	85	1933	59266	0.3527	10.813
86	1243	40814	0.2268	7.4465	86	2175	66374	0.3968	12.1098	86	1986	61252	0.3623	11.1753
87	1176	41990	0.2146	7.661	87	2165	68539	0.395	12.5048	87	2149	63401	0.3921	11.5674
88	1308	43298	0.2386	7.8997	88	2327	70866	0.4246	12.9294	88	2297	65698	0.4191	11.9865
89	1329	44627	0.2425	8.1421	89	2395	73261	0.437	13.3664	89	2412	68110	0.4401	12.4266
90	1406	46033	0.2565	8.3986	90	2436	75697	0.4444	13.8108	90	2510	70620	0.4579	12.8845
91	1360	47393	0.2481	8.6468	91	2483	78180	0.453	14.2638	91	2599	73219	0.4742	13.3587

续表

	红波段					绿波段					蓝波段			
波长	该波长下像素数	累积总像素数	所占比例	累积所占比例	波长	该波长下像素数	累积总像素数	所占比例	累积所占比例	波长	该波长下像素数	累积总像素数	所占比例	累积所占比例
92	1435	48828	0.2618	8.9086	92	2594	80774	0.4733	14.7371	92	2665	75884	0.4862	13.8449
93	1551	50379	0.283	9.1916	93	2704	83478	0.4933	15.2304	93	2693	78577	0.4913	14.3363
94	1474	51853	0.2689	9.4605	94	2872	86350	0.524	15.7544	94	2667	81244	0.4866	14.8228
95	1481	53334	0.2702	9.7307	95	2868	89218	0.5233	16.2777	95	2724	83968	0.497	15.3198
96	1538	54872	0.2806	10.0113	96	2813	92031	0.5132	16.7909	96	2894	86862	0.528	15.8478
97	1578	56450	0.2879	10.2992	97	2992	95023	0.5459	17.3368	97	3043	89905	0.5552	16.403
98	1650	58100	0.301	10.6003	98	2955	97978	0.5391	17.8759	98	3111	93016	0.5676	16.9706
99	1708	59808	0.3116	10.9119	99	3113	101091	0.568	18.4439	99	3284	96300	0.5992	17.5698
100	1736	61544	0.3167	11.2286	100	3171	104262	0.5785	19.0224	100	3489	99789	0.6366	18.2063
101	1825	63369	0.333	11.5616	101	3310	107572	0.6039	19.6263	101	3407	103196	0.6216	18.828
102	1897	65266	0.3461	11.9077	102	3538	111110	0.6455	20.2718	102	3706	106902	0.6762	19.5041
103	1971	67237	0.3596	12.2673	103	3786	114896	0.6907	20.9626	103	3939	110841	0.7187	20.2228
104	1935	69172	0.353	12.6203	104	3936	118832	0.7181	21.6807	104	3911	114752	0.7136	20.9363
105	2032	71204	0.3707	12.9911	105	4088	122920	0.7458	22.4266	105	4098	118850	0.7477	21.684
106	2124	73328	0.3875	13.3786	106	4389	127309	0.8008	23.2273	106	4163	123013	0.7595	22.4435
107	2252	75580	0.4109	13.7895	107	4467	131776	0.815	24.0423	107	4227	127240	0.7712	23.2147
108	2228	77808	0.4065	14.1959	108	4613	136389	0.8416	24.884	108	4343	131583	0.7924	24.0071
109	2441	80249	0.4454	14.6413	109	4657	141046	0.8497	25.7336	109	4598	136181	0.8389	24.846
110	2492	82741	0.4547	15.096	110	4814	145860	0.8783	26.6119	110	4706	140887	0.8586	25.7046
111	2490	85231	0.4543	15.5503	111	4936	150796	0.9006	27.5125	111	4835	145722	0.8821	26.5868
112	2522	87753	0.4601	16.0104	112	5236	156032	0.9553	28.4678	112	5014	150736	0.9148	27.5016
113	2733	90486	0.4986	16.509	113	5401	161433	0.9854	29.4532	113	5130	155866	0.936	28.4375
114	2791	93277	0.5092	17.0182	114	5418	166851	0.9885	30.4417	114	5204	161070	0.9495	29.387
115	2900	96177	0.5291	17.5473	115	5578	172429	1.0177	31.4594	115	5140	166210	0.9378	30.3248
116	3055	99232	0.5574	18.1047	116	5562	177991	1.0148	32.4742	116	5021	171231	0.9161	31.2408
117	3143	102375	0.5734	18.6782	117	5383	183374	0.9821	33.4563	117	4930	176161	0.8995	32.1403
118	3286	105661	0.5995	19.2777	118	5180	188554	0.9451	34.4014	118	4711	180872	0.8595	32.9998
119	3490	109151	0.6367	19.9144	119	5035	193589	0.9186	35.32	119	4620	185492	0.8429	33.8427
120	3690	112841	0.6732	20.5877	120	4991	198580	0.9106	36.2306	120	4418	189910	0.8061	34.6488
121	3746	116587	0.6835	21.2711	121	4691	203271	0.8559	37.0865	121	4445	194355	0.811	35.4598
122	3873	120460	0.7066	21.9777	122	4486	207757	0.8185	37.9049	122	4197	198552	0.7657	36.2255
123	3959	124419	0.7223	22.7001	123	4454	212211	0.8126	38.7176	123	4082	202634	0.7448	36.9703
124	4103	128522	0.7486	23.4486	124	4250	216461	0.7754	39.493	124	4096	206730	0.7473	37.7176
125	4325	132847	0.7891	24.2377	125	4176	220637	0.7619	40.2549	125	3935	210665	0.7179	38.4355
126	4503	137350	0.8216	25.0593	126	4229	224866	0.7716	41.0265	126	3758	214423	0.6856	39.1211
127	4703	142053	0.8581	25.9174	127	4025	228891	0.7344	41.7608	127	3708	218131	0.6765	39.7977
128	4993	147046	0.911	26.8283	128	4038	232929	0.7367	42.4975	128	3803	221934	0.6939	40.4915
129	5169	152215	0.9431	27.7714	129	4015	236944	0.7325	43.2301	129	3687	225621	0.6727	41.1642
130	5127	157342	0.9354	28.7068	130	3894	240838	0.7105	43.9405	130	3654	229275	0.6667	41.8309
131	5421	162763	0.9891	29.6959	131	3960	244798	0.7225	44.663	131	3569	232844	0.6512	42.482
132	5606	168369	1.0228	30.7187	132	3806	248604	0.6944	45.3574	132	3621	236465	0.6606	43.1427
133	5436	173805	0.9918	31.7105	133	3820	252424	0.697	46.0544	133	3510	239975	0.6404	43.7831
134	5448	179253	0.994	32.7044	134	3867	256291	0.7055	46.7599	134	3454	243429	0.6302	44.4132
135	5537	184790	1.0102	33.7147	135	3653	259944	0.6665	47.4264	135	3471	246900	0.6333	45.0465
136	5368	190158	0.9794	34.694	136	3659	263603	0.6676	48.094	136	3612	250512	0.659	45.7055
137	5107	195265	0.9318	35.6258	137	3713	267316	0.6774	48.7714	137	3390	253902	0.6185	46.324

续表

红波段					绿波段					蓝波段			
波长	该波长下像素数	累积总像素数	所占比例	累积所占比例	波长	该波长下像素数	累积总像素数	所占比例	累积所占比例	波长	该波长下像素数	累积总像素数	所占比例	累积所占比例
138	4912	200177	0.8962	36.522	138	3648	270964	0.6656	49.437	138	3423	257325	0.6245	46.9485
139	4816	204993	0.8787	37.4007	139	3585	274549	0.6541	50.091	139	3365	260690	0.6139	47.5625
140	4686	209679	0.855	38.2556	140	3529	278078	0.6439	50.7349	140	3531	264221	0.6442	48.2067
141	4508	214187	0.8225	39.0781	141	3569	281647	0.6512	51.3861	141	3318	267539	0.6054	48.8121
142	4309	218496	0.7862	39.8643	142	3415	285062	0.6231	52.0091	142	3382	270921	0.617	49.4291
143	4207	222703	0.7676	40.6318	143	3463	288525	0.6318	52.6409	143	3372	274293	0.6152	50.0443
144	4098	226801	0.7477	41.3795	144	3251	291776	0.5931	53.2341	144	3325	277618	0.6066	50.651
145	4031	230832	0.7354	42.1149	145	3180	294956	0.5802	53.8143	145	3290	280908	0.6003	51.2512
146	4181	235013	0.7628	42.8778	146	3124	298080	0.57	54.3842	146	3193	284101	0.5826	51.8338
147	4005	239018	0.7307	43.6085	147	3165	301245	0.5774	54.9617	147	3165	287266	0.5774	52.4112
148	4062	243080	0.7411	44.3496	148	3057	304302	0.5577	55.5194	148	3146	290412	0.574	52.9852
149	4017	247097	0.7329	45.0825	149	2966	307268	0.5411	56.0606	149	3019	293431	0.5508	53.536
150	4023	251120	0.734	45.8165	150	2842	310110	0.5185	56.5791	150	2959	296390	0.5399	54.0759
151	3908	255028	0.713	46.5295	151	2799	312909	0.5107	57.0898	151	2973	299363	0.5424	54.6183
152	3850	258878	0.7024	47.2319	152	2764	315673	0.5043	57.5941	152	2919	302282	0.5326	55.1509
153	3794	262672	0.6922	47.9241	153	2660	318333	0.4853	58.0794	153	2789	305071	0.5088	55.6597
154	3753	266425	0.6847	48.6088	154	2563	320896	0.4676	58.547	154	2799	307870	0.5107	56.1704
155	3636	270061	0.6634	49.2722	155	2489	323385	0.4541	59.0011	155	2724	310594	0.497	56.6674
156	3695	273756	0.6741	49.9464	156	2549	325934	0.4651	59.4662	156	2854	313448	0.5207	57.1881
157	3612	277368	0.659	50.6054	157	2373	328307	0.433	59.8991	157	2652	316100	0.4839	57.672
158	3562	280930	0.6499	51.2552	158	2290	330597	0.4178	60.3169	158	2570	318670	0.4689	58.1409
159	3574	284504	0.6521	51.9073	159	2281	332878	0.4162	60.7331	159	2492	321162	0.4547	58.5955
160	3417	287921	0.6234	52.5307	160	2097	334975	0.3826	61.1157	160	2384	323546	0.435	59.0305
161	3452	291373	0.6298	53.1606	161	2085	337060	0.3804	61.4961	161	2404	325950	0.4386	59.4691
162	3391	294764	0.6187	53.7792	162	2071	339131	0.3779	61.8739	162	2283	328233	0.4165	59.8856
163	3289	298053	0.6001	54.3793	163	2029	341160	0.3702	62.2441	163	2262	330495	0.4127	60.2983
164	3286	301339	0.5995	54.9788	164	1950	343110	0.3558	62.5999	164	2166	332661	0.3952	60.6935
165	3220	304559	0.5875	55.5663	165	1738	344848	0.3171	62.917	165	2022	334683	0.3689	61.0624
166	3100	307659	0.5656	56.1319	166	1722	346570	0.3142	63.2312	166	1980	336663	0.3612	61.4236
167	3083	310742	0.5625	56.6944	167	1581	348151	0.2885	63.5196	167	1956	338619	0.3569	61.7805
168	2951	313693	0.5384	57.2328	168	1558	349709	0.2843	63.8039	168	1902	340521	0.347	62.1275
169	2898	316591	0.5287	57.7615	169	1457	351166	0.2658	64.0697	169	1814	342335	0.331	62.4585
170	2803	319394	0.5114	58.2729	170	1403	352569	0.256	64.3257	170	1700	344035	0.3102	62.7687
171	2660	322054	0.4853	58.7583	171	1312	353881	0.2394	64.565	171	1561	345596	0.2848	63.0535
172	2628	324682	0.4795	59.2377	172	1237	355118	0.2257	64.7907	172	1585	347181	0.2892	63.3426
173	2543	327225	0.464	59.7017	173	1138	356256	0.2076	64.9984	173	1523	348704	0.2779	63.6205
174	2423	329648	0.4421	60.1438	174	1076	357332	0.1963	65.1947	174	1351	350055	0.2465	63.867
175	2368	332016	0.432	60.5758	175	1107	358439	0.202	65.3966	175	1293	351348	0.2359	64.1029
176	2176	334192	0.397	60.9728	176	1040	359479	0.1897	65.5864	176	1273	352621	0.2323	64.3352
177	2215	336407	0.4041	61.3769	177	950	360429	0.1733	65.7597	177	1157	353778	0.2111	64.5463
178	2160	338567	0.3941	61.771	178	924	361353	0.1686	65.9283	178	1139	354917	0.2078	64.7541
179	2026	340593	0.3696	62.1407	179	861	362214	0.1571	66.0854	179	1102	356019	0.2011	64.9551
180	1919	342512	0.3501	62.4908	180	788	363002	0.1438	66.2292	180	1135	357154	0.2071	65.1622
181	1918	344430	0.3499	62.8407	181	724	363726	0.1321	66.3612	181	999	358153	0.1823	65.3445
182	1802	346232	0.3288	63.1695	182	694	364420	0.1266	66.4879	182	872	359025	0.1591	65.5036
183	1731	347963	0.3158	63.4853	183	690	365110	0.1259	66.6138	183	884	359909	0.1613	65.6648

续表

红波段					绿波段					蓝波段				
波长	该波长下像素数	累积总像素数	所占比例	累积所占比例	波长	该波长下像素数	累积总像素数	所占比例	累积所占比例	波长	该波长下像素数	累积总像素数	所占比例	累积所占比例
184	1628	349591	0.297	63.7823	184	668	365778	0.1219	66.7356	184	855	360764	0.156	65.8208
185	1570	351161	0.2864	64.0688	185	596	366374	0.1087	66.8444	185	799	361563	0.1458	65.9666
186	1416	352577	0.2583	64.3271	186	571	366945	0.1042	66.9485	186	763	362326	0.1392	66.1058
187	1455	354032	0.2655	64.5926	187	546	367491	0.0996	67.0482	187	723	363049	0.1319	66.2377
188	1324	355356	0.2416	64.8342	188	473	367964	0.0863	67.1345	188	742	363791	0.1354	66.3731
189	1240	356596	0.2262	65.0604	189	467	368431	0.0852	67.2197	189	675	364466	0.1232	66.4963
190	1165	357761	0.2126	65.2729	190	449	368880	0.0819	67.3016	190	606	365072	0.1106	66.6068
191	1090	358851	0.1989	65.4718	191	434	369314	0.0792	67.3808	191	576	365648	0.1051	66.7119
192	1088	359939	0.1985	65.6703	192	435	369749	0.0794	67.4601	192	544	366192	0.0993	66.8112
193	1015	360954	0.1852	65.8555	193	408	370157	0.0744	67.5346	193	531	366723	0.0969	66.908
194	920	361874	0.1679	66.0234	194	354	370511	0.0646	67.5992	194	502	367225	0.0916	66.9996
195	935	362809	0.1706	66.1939	195	349	370860	0.0637	67.6628	195	486	367711	0.0887	67.0883
196	844	363653	0.154	66.3479	196	330	371190	0.0602	67.723	196	451	368162	0.0823	67.1706
197	811	364464	0.148	66.4959	197	306	371496	0.0558	67.7789	197	420	368582	0.0766	67.2472
198	767	365231	0.1399	66.6358	198	320	371816	0.0584	67.8373	198	461	369043	0.0841	67.3313
199	686	365917	0.1252	66.761	199	311	372127	0.0567	67.894	199	409	369452	0.0746	67.4059
200	677	366594	0.1235	66.8845	200	289	372416	0.0527	67.9467	200	390	369842	0.0712	67.4771
201	690	367284	0.1259	67.0104	201	287	372703	0.0524	67.9991	201	357	370199	0.0651	67.5422
202	595	367879	0.1086	67.119	202	259	372962	0.0473	68.0463	202	363	370562	0.0662	67.6085
203	552	368431	0.1007	67.2197	203	238	373200	0.0434	68.0898	203	363	370925	0.0662	67.6747
204	554	368985	0.1011	67.3207	204	233	373433	0.0425	68.1323	204	325	371250	0.0593	67.734
205	485	369470	0.0885	67.4092	205	224	373657	0.0409	68.1731	205	302	371552	0.0551	67.7891
206	493	369963	0.0899	67.4992	206	218	373875	0.0398	68.2129	206	301	371853	0.0549	67.844
207	474	370437	0.0865	67.5857	207	201	374076	0.0367	68.2496	207	254	372107	0.0463	67.8903
208	444	370881	0.081	67.6667	208	207	374283	0.0378	68.2874	208	254	372361	0.0463	67.9367
209	405	371286	0.0739	67.7406	209	190	374473	0.0347	68.322	209	274	372635	0.05	67.9867
210	380	371666	0.0693	67.8099	210	198	374671	0.0361	68.3581	210	254	372889	0.0463	68.033
211	391	372057	0.0713	67.8812	211	182	374853	0.0332	68.3914	211	244	373133	0.0445	68.0775
212	360	372417	0.0657	67.9469	212	180	375033	0.0328	68.4242	212	224	373357	0.0409	68.1184
213	345	372762	0.0629	68.0099	213	181	375214	0.033	68.4572	213	254	373611	0.0463	68.1648
214	314	373076	0.0573	68.0671	214	157	375371	0.0286	68.4859	214	232	373843	0.0423	68.2071
215	285	373361	0.052	68.1191	215	145	375516	0.0265	68.5123	215	208	374051	0.0379	68.245
216	281	373642	0.0513	68.1704	216	139	375655	0.0254	68.5377	216	207	374258	0.0378	68.2828
217	274	373916	0.05	68.2204	217	150	375805	0.0274	68.565	217	203	374461	0.037	68.3198
218	273	374189	0.0498	68.2702	218	133	375938	0.0243	68.5893	218	170	374631	0.031	68.3508
219	258	374447	0.0471	68.3173	219	130	376068	0.0237	68.613	219	183	374814	0.0334	68.3842
220	286	374733	0.0522	68.3695	220	143	376211	0.0261	68.6391	220	166	374980	0.0303	68.4145
221	210	374943	0.0383	68.4078	221	142	376353	0.0259	68.665	221	161	375141	0.0294	68.4439
222	231	375174	0.0421	68.4499	222	122	376475	0.0223	68.6873	222	162	375303	0.0296	68.4735
223	220	375394	0.0401	68.4901	223	146	376621	0.0266	68.7139	223	138	375441	0.0252	68.4986
224	186	375580	0.0339	68.524	224	124	376745	0.0226	68.7365	224	146	375587	0.0266	68.5253
225	168	375748	0.0307	68.5546	225	146	376891	0.0266	68.7632	225	141	375728	0.0257	68.551
226	184	375932	0.0336	68.5882	226	146	377037	0.0266	68.7898	226	135	375863	0.0246	68.5756
227	184	376116	0.0336	68.6218	227	145	377182	0.0265	68.8163	227	150	376013	0.0274	68.603
228	184	376300	0.0336	68.6554	228	141	377323	0.0257	68.842	228	173	376186	0.0316	68.6346

续表

\multicolumn{5}{c}{红波段}					\multicolumn{5}{c}{绿波段}					\multicolumn{5}{c}{蓝波段}				
波长	该波长下像素数	累积总像素数	所占比例	累积所占比例	波长	该波长下像素数	累积总像素数	所占比例	累积所占比例	波长	该波长下像素数	累积总像素数	所占比例	累积所占比例
229	158	376458	0.0288	68.6842	229	138	377461	0.0252	68.8672	229	150	376336	0.0274	68.6619
230	161	376619	0.0294	68.7136	230	149	377610	0.0272	68.8944	230	159	376495	0.029	68.6909
231	151	376770	0.0275	68.7411	231	152	377762	0.0277	68.9221	231	145	376640	0.0265	68.7174
232	167	376937	0.0305	68.7716	232	131	377893	0.0239	68.946	232	177	376817	0.0323	68.7497
233	188	377125	0.0343	68.8059	233	137	378030	0.025	68.971	233	202	377019	0.0369	68.7865
234	143	377268	0.0261	68.832	234	159	378189	0.029	69	234	186	377205	0.0339	68.8205
235	153	377421	0.0279	68.8599	235	141	378330	0.0257	69.0257	235	178	377383	0.0325	68.8529
236	176	377597	0.0321	68.892	236	119	378449	0.0217	69.0474	236	185	377568	0.0338	68.8867
237	185	377782	0.0338	68.9257	237	148	378597	0.027	69.0744	237	181	377749	0.033	68.9197
238	165	377947	0.0301	68.9558	238	132	378729	0.0241	69.0985	238	168	377917	0.0307	68.9504
239	181	378128	0.033	68.9889	239	140	378869	0.0255	69.1241	239	172	378089	0.0314	68.9818
240	176	378304	0.0321	69.021	240	131	379000	0.0239	69.148	240	209	378298	0.0381	69.0199
241	177	378481	0.0323	69.0533	241	116	379116	0.0212	69.1691	241	161	378459	0.0294	69.0493
242	158	378639	0.0288	69.0821	242	137	379253	0.025	69.1941	242	185	378644	0.0338	69.083
243	147	378786	0.0268	69.1089	243	127	379380	0.0232	69.2173	243	170	378814	0.031	69.114
244	168	378954	0.0307	69.1396	244	139	379519	0.0254	69.2427	244	182	378996	0.0332	69.1472
245	157	379111	0.0286	69.1682	245	114	379633	0.0208	69.2635	245	167	379163	0.0305	69.1777
246	176	379287	0.0321	69.2003	246	107	379740	0.0195	69.283	246	151	379314	0.0275	69.2053
247	140	379427	0.0255	69.2259	247	91	379831	0.0166	69.2996	247	146	379460	0.0266	69.2319
248	148	379575	0.027	69.2529	248	104	379935	0.019	69.3186	248	130	379590	0.0237	69.2556
249	135	379710	0.0246	69.2775	249	132	380067	0.0241	69.3426	249	159	379749	0.029	69.2846
250	178	379888	0.0325	69.31	250	133	380200	0.0243	69.3669	250	152	379901	0.0277	69.3124
251	164	380052	0.0299	69.3399	251	152	380352	0.0277	69.3946	251	141	380042	0.0257	69.3381
252	184	380236	0.0336	69.3735	252	187	380539	0.0341	69.4288	252	146	380188	0.0266	69.3647
253	211	380447	0.0385	69.412	253	190	380729	0.0347	69.4634	253	203	380391	0.037	69.4018
254	291	380738	0.0531	69.4651	254	335	381064	0.0611	69.5245	254	260	380651	0.0474	69.4492
255	167362	548100	30.5349	100	255	167036	548100	30.4755	100	255	167449	548100	30.5508	100

（a）原始卫星影像

（b）周边村庄

图8-59　对周边村庄的影像分析

(c) 影响区域　　　　　　　　　　　　　　(d) 空间位置

图8-59 对周边村庄的影像分析（续）

这个结果的现实意义是明确的。从土地经济规律讲，城边废弃或闲置场地的土地租赁价值要低许多，而这些土地与市场的距离几乎可以忽略，所以，城边村存在废弃或闲置场地直接影响了城中村废弃或闲置场地的合理利用。

3．"路边村"

莱阳市城厢街道办事处鱼池头村地处城市主要道路马山路、龙门路和龙门西路的交叉口，这些城市道路同时也是烟青公路的组成部分。经过这个村庄的道路路段长度约367m。

莱阳市城厢街道鱼池头村

一、村庄概况

鱼池头村位于烟台市莱阳市城厢街道西边，地处36°57′52.16″N～36°58′06.35″N，120°40′18.03″E～120°40′37.48″E，与莱阳市市中心的距离是4km，与城乡街道办的距离是4km，属于路边村。该村的地形条件是丘陵，位于山坡上，海拔高度范围139～150m，紧挨村庄西边有一条河流。村庄地处城市主要道路马山路、龙门路和龙门西路的交叉口，这些城市道路同时也是烟青公路的组成部分。该村的总人口数是1000人左右，常住人口数约为950人，总户数是380户，常住户数为350户。该村2009年村集体收入为15万元，主要来源是租赁收入。2009年人均纯收入为6500元，主要来源是经商和务工等。

二、村庄住宅及宅基地状况

鱼池头村的村域总面积约为300亩，基本没有耕地；该村的宅基地总数是380个左右，户均宅基地面积约为180m²，户均庭院面积约为40m²。该村倒塌宅基地个数为4个左右，废弃或闲置宅基地个数（不包括倒塌）约有5个，单个旧宅基地面积为120m²，这些空置场地插花分散在村庄的南部。形成这些空置场地的主要原因是该村农户迁出村庄，到城里居住。该村20%的废弃宅基地的宅前道路是土路，宽约2.5m，长满杂草，而村庄主要道路是水泥硬化的路面，宽约5m。

三、特殊空置场地描述（图8-60、图8-61）

O1：未建成的闲置宅基地，地处36°57′53.97″N，120°40′31.16″E，海拔148m，6个标准宅基地大小，面积约为1.6亩。空置场地上长满了杂草，北边是新盖的一幢楼房，南边有房屋，西边是村内主干道路，东边也有房屋。

O2：空置场地，地处36°57′55.75″N，120°40′30.60″E，海拔147m，面积约为2.8亩，其东边和西边均为完整的农户，南面与另一片空置场地相连接。该片空置场地为待建的宅基地，上长满了杂草。

O3：大片废弃房与湾边的空置场地连接而成，地处 36°57′53.17″N，120°40′28.95″E，海拔 145m，面积约为 4.6 亩。其西南边是一个湾，内有被污染的水，水面上漂满了垃圾，散发出恶臭，这是附近居民放弃原有住房的原因之一。这片空置场地上有两幢废弃的房屋，从倒塌的院墙往里看，可以看见院内种了蔬菜和树木。而其他空置的地面上则长满了杂草。

O4：空置宅基地，两个标准宅基地大小，地处 36°57′54.69″N，120°40′23.41″E，海拔 141m。该处空置场地四面都是完好的居民住房，宅前道路较为平整宽阔，约为 4m，可通行小型机动车辆，但没有科学地被利用。现用于种植蔬菜，停放农用车辆。

O5：空置的完好民房，红砖砌成，标准宅基地大小。地处 36°57′55.42″N，120°40′22.65″E，海拔 139m，其面积约为 230m²。该处闲置住宅南边是宅前道路，其他三面环绕的是完整的居民住房。现该房用于圈养猪，散发出牲畜粪便的臭味，对邻近居民造成了较大的困扰。

图8-60 莱阳市城厢街道鱼池头村

（a）场地O1

（b）场地O2

图8-61 实地勘察场地

(c) 场地O3　　　　　　　　　　　　　　　(d) 场地O4

图8-61　实地勘察场地（续）

鱼池头村是一个典型的"路边村"：

1）按照官方的统计资料，鱼池头村共有户籍住户220户，户籍人口650人，村庄登记土地1000多亩。但是，在实地调查中，被访人介绍，该村的总人口数是1000人，常住人口数约为950人，总户数是380户，常住户数为350户。因为地处城乡结合部，所以，在实际居住人口上可能达到这个人数。

2）这个村庄居民点卫星影像的测算面积约为210亩（图8-62、表8-16）。按照报告的户均宅基地面积180m²计算，该村的宅基地面积合计约为102亩，加上公共建筑、道路和绿地，特别考虑到租赁出去的建设用地，大体与我们的估算相差无几。

3）临近区域性主要道路和城市道路，交通便利；易于围绕马路开展经济活动。

4）同时，道路噪声和空气污染严重影响到村庄居民点的居住环境。

(a) 从影像上可以看到的地物

图8-62　路边村卫星影像

（b）实地勘察点

（c）剔除周边环境

图8-62 路边村卫星影像（续）

在卫星影像上，我们可以直接辨认的结果是：

1）距离道路200m范围内的老村处于衰落状态；

2）距离道路50m范围内已经成为商业用地；

3）距离道路50～200m范围内存在废弃或闲置住宅；

4）村民已经在距离道路200m以外地区建设了较新的住宅。

实际上，卫星影像上所包含的信息远远大于我们的目视，所以，我们需要使用计算机，模拟分析主要道路对村庄居民点的影响，以数字的方式确定下来。为此，我们采用了50m、100m、150m和200m四个不同影响区。分析的结果是（图8-63、表8-17）：当把距离道路200m作为影响区计算时，整个影响面积为229亩，其中：

1）距道路50m时的影响面积为19亩；

2）距道路100m时的影响面积为42亩；

3）距道路150m时的影响面积为70亩；

4）距道路199m时的影响面积为98亩。

这种分析方法可以帮助我们迅速沿一条经过乡村地区的主要公路，在一个设定的影响范围内，搜索可能因躲避道路交通影响已经产生的废弃或闲置居民点建设用地。例如，我们从鱼池头村出发，沿着烟青公路向西10km，设定50m的影响区，有8个村庄的部分居民点在道路影响范围内（8-64）。同时，也可能预测道路建设对未来道路沿线村庄发展的影响，提前对可能出现的建设用地闲置和农田侵占问题作出防范。

莱阳市城厢街道鱼池头村光谱分析　　　　　　　　　　表8-16

红波段					绿波段					蓝波段				
波长	该波长下像素数	累积总像素数	所占比例	累积所占比例	波长	该波长下像素数	累积总像素数	所占比例	累积所占比例	波长	该波长下像素数	累积总像素数	所占比例	累积所占比例
					0	8	8	0.0014	0.0014	0	3	3	0.0005	0.0005
					1	2	10	0.0004	0.0018	1	1	4	0.0002	0.0007
					2	9	19	0.0016	0.0034	2	4	8	0.0007	0.0014
					3	4	23	0.0007	0.0041	3	5	13	0.0009	0.0023
					4	8	31	0.0014	0.0055	4	2	15	0.0004	0.0027
					5	6	37	0.0011	0.0066	5	3	18	0.0005	0.0032
					6	12	49	0.0021	0.0087	6	8	26	0.0014	0.0046
					7	7	56	0.0012	0.01	7	9	35	0.0016	0.0062
					8	14	70	0.0025	0.0125	8	10	45	0.0018	0.008
9	2	2	0.0004	0.0004	9	11	81	0.002	0.0145	9	13	58	0.0023	0.0104
10	0	2	0	0.0004	10	18	99	0.0032	0.0177	10	5	63	0.0009	0.0112
11	0	2	0	0.0004	11	18	117	0.0032	0.0209	11	15	78	0.0027	0.0139
12	1	3	0.0002	0.0005	12	26	143	0.0046	0.0255	12	28	106	0.005	0.0189
13	1	4	0.0002	0.0007	13	34	177	0.0061	0.0316	13	17	123	0.003	0.022
14	5	9	0.0009	0.0016	14	34	211	0.0061	0.0377	14	22	145	0.0039	0.0259
15	5	14	0.0009	0.0025	15	42	253	0.0075	0.0452	15	31	176	0.0055	0.0314
16	6	20	0.0011	0.0036	16	48	301	0.0086	0.0537	16	42	218	0.0075	0.0389
17	5	25	0.0009	0.0045	17	64	365	0.0114	0.0652	17	46	264	0.0082	0.0471
18	5	30	0.0009	0.0054	18	60	425	0.0107	0.0759	18	56	320	0.01	0.0571
19	4	34	0.0007	0.0061	19	77	502	0.0137	0.0896	19	51	371	0.0091	0.0662
20	5	39	0.0009	0.007	20	90	592	0.0161	0.1057	20	75	446	0.0134	0.0796
21	4	43	0.0007	0.0077	21	78	670	0.0139	0.1196	21	68	514	0.0121	0.0918
22	13	56	0.0023	0.01	22	116	786	0.0207	0.1403	22	83	597	0.0148	0.1066
23	5	61	0.0009	0.0109	23	109	895	0.0195	0.1598	23	88	685	0.0157	0.1223
24	13	74	0.0023	0.0132	24	127	1022	0.0227	0.1825	24	116	801	0.0207	0.143
25	10	84	0.0018	0.015	25	129	1151	0.023	0.2055	25	98	899	0.0175	0.1605
26	14	98	0.0025	0.0175	26	156	1307	0.0279	0.2334	26	126	1025	0.0225	0.183
27	23	121	0.0041	0.0216	27	151	1458	0.027	0.2603	27	155	1180	0.0277	0.2107
28	25	146	0.0045	0.0261	28	152	1610	0.0271	0.2875	28	148	1328	0.0264	0.2371
29	19	165	0.0034	0.0295	29	196	1806	0.035	0.3225	29	139	1467	0.0248	0.2619
30	30	195	0.0054	0.0348	30	179	1985	0.032	0.3544	30	139	1606	0.0248	0.2867
31	37	232	0.0066	0.0414	31	210	2195	0.0375	0.3919	31	163	1769	0.0291	0.3158
32	40	272	0.0071	0.0486	32	217	2412	0.0387	0.4307	32	162	1931	0.0289	0.3448

续表

红波段					绿波段					蓝波段				
波长	该波长下像素数	累积总像素数	所占比例	累积所占比例	波长	该波长下像素数	累积总像素数	所占比例	累积所占比例	波长	该波长下像素数	累积总像素数	所占比例	累积所占比例
33	22	294	0.0039	0.0525	33	205	2617	0.0366	0.4673	33	180	2111	0.0321	0.3769
34	55	349	0.0098	0.0623	34	217	2834	0.0387	0.506	34	188	2299	0.0336	0.4105
35	51	400	0.0091	0.0714	35	213	3047	0.038	0.544	35	208	2507	0.0371	0.4476
36	55	455	0.0098	0.0812	36	202	3249	0.0361	0.5801	36	197	2704	0.0352	0.4828
37	71	526	0.0127	0.0939	37	221	3470	0.0395	0.6196	37	206	2910	0.0368	0.5196
38	85	611	0.0152	0.1091	38	256	3726	0.0457	0.6653	38	235	3145	0.042	0.5615
39	99	710	0.0177	0.1268	39	231	3957	0.0412	0.7065	39	230	3375	0.0411	0.6026
40	103	813	0.0184	0.1452	40	282	4239	0.0503	0.7569	40	241	3616	0.043	0.6456
41	83	896	0.0148	0.16	41	275	4514	0.0491	0.806	41	248	3864	0.0443	0.6899
42	118	1014	0.0211	0.181	42	242	4756	0.0432	0.8492	42	246	4110	0.0439	0.7338
43	129	1143	0.023	0.2041	43	260	5016	0.0464	0.8956	43	257	4367	0.0459	0.7797
44	134	1277	0.0239	0.228	44	269	5285	0.048	0.9436	44	258	4625	0.0461	0.8258
45	155	1432	0.0277	0.2557	45	284	5569	0.0507	0.9943	45	301	4926	0.0537	0.8795
46	146	1578	0.0261	0.2817	46	295	5864	0.0527	1.047	46	254	5180	0.0454	0.9249
47	167	1745	0.0298	0.3116	47	314	6178	0.0561	1.1031	47	264	5444	0.0471	0.972
48	137	1882	0.0245	0.336	48	282	6460	0.0503	1.1534	48	287	5731	0.0512	1.0232
49	183	2065	0.0327	0.3687	49	301	6761	0.0537	1.2071	49	288	6019	0.0514	1.0747
50	151	2216	0.027	0.3957	50	323	7084	0.0577	1.2648	50	325	6344	0.058	1.1327
51	198	2414	0.0354	0.431	51	314	7398	0.0561	1.3209	51	273	6617	0.0487	1.1814
52	203	2617	0.0362	0.4673	52	322	7720	0.0575	1.3784	52	324	6941	0.0578	1.2393
53	193	2810	0.0345	0.5017	53	334	8054	0.0596	1.438	53	341	7282	0.0609	1.3002
54	224	3034	0.04	0.5417	54	333	8387	0.0595	1.4975	54	303	7585	0.0541	1.3543
55	236	3270	0.0421	0.5838	55	338	8725	0.0603	1.5578	55	317	7902	0.0566	1.4109
56	223	3493	0.0398	0.6237	56	312	9037	0.0557	1.6135	56	348	8250	0.0621	1.473
57	206	3699	0.0368	0.6604	57	362	9399	0.0646	1.6781	57	332	8582	0.0593	1.5323
58	225	3924	0.0402	0.7006	58	386	9785	0.0689	1.7471	58	314	8896	0.0561	1.5883
59	248	4172	0.0443	0.7449	59	401	10186	0.0716	1.8187	59	371	9267	0.0662	1.6546
60	253	4425	0.0452	0.7901	60	402	10588	0.0718	1.8904	60	378	9645	0.0675	1.7221
61	221	4646	0.0395	0.8295	61	385	10973	0.0687	1.9592	61	373	10018	0.0666	1.7887
62	257	4903	0.0459	0.8754	62	400	11373	0.0714	2.0306	62	400	10418	0.0714	1.8601
63	296	5199	0.0528	0.9283	63	383	11756	0.0684	2.099	63	367	10785	0.0655	1.9256
64	295	5494	0.0527	0.9809	64	410	12166	0.0732	2.1722	64	398	11183	0.0711	1.9967
65	294	5788	0.0525	1.0334	65	418	12584	0.0746	2.2468	65	458	11641	0.0818	2.0784
66	302	6090	0.0539	1.0873	66	446	13030	0.0796	2.3264	66	418	12059	0.0746	2.1531
67	326	6416	0.0582	1.1455	67	489	13519	0.0873	2.4138	67	418	12477	0.0746	2.2277
68	292	6708	0.0521	1.1977	68	526	14045	0.0939	2.5077	68	429	12906	0.0766	2.3043
69	326	7034	0.0582	1.2559	69	495	14540	0.0884	2.596	69	463	13369	0.0827	2.387
70	346	7380	0.0618	1.3177	70	568	15108	0.1014	2.6975	70	472	13841	0.0843	2.4712
71	347	7727	0.062	1.3796	71	592	15700	0.1057	2.8032	71	491	14332	0.0877	2.5589
72	378	8105	0.0675	1.4471	72	575	16275	0.1027	2.9058	72	576	14908	0.1028	2.6618
73	336	8441	0.06	1.5071	73	570	16845	0.1018	3.0076	73	567	15475	0.1012	2.763
74	373	8814	0.0666	1.5737	74	676	17521	0.1207	3.1283	74	588	16063	0.105	2.868
75	424	9238	0.0757	1.6494	75	616	18137	0.11	3.2383	75	668	16731	0.1193	2.9872
76	398	9636	0.0711	1.7205	76	650	18787	0.1161	3.3543	76	625	17356	0.1116	3.0988
77	425	10061	0.0759	1.7963	77	720	19507	0.1286	3.4829	77	610	17966	0.1089	3.2077
78	419	10480	0.0748	1.8712	78	743	20250	0.1327	3.6155	78	687	18653	0.1227	3.3304
79	437	10917	0.078	1.9492	79	813	21063	0.1452	3.7607	79	713	19366	0.1273	3.4577
80	443	11360	0.0791	2.0283	80	841	21904	0.1502	3.9109	80	730	20096	0.1303	3.588

续表

红波段					绿波段					蓝波段				
波长	该波长下像素数	累积总像素数	所占比例	累积所占比例	波长	该波长下像素数	累积总像素数	所占比例	累积所占比例	波长	该波长下像素数	累积总像素数	所占比例	累积所占比例
81	433	11793	0.0773	2.1056	81	869	22773	0.1552	4.066	81	804	20900	0.1436	3.7316
82	507	12300	0.0905	2.1961	82	881	23654	0.1573	4.2233	82	804	21704	0.1436	3.8751
83	465	12765	0.083	2.2791	83	980	24634	0.175	4.3983	83	819	22523	0.1462	4.0214
84	512	13277	0.0914	2.3705	84	1005	25639	0.1794	4.5777	84	929	23452	0.1659	4.1872
85	514	13791	0.0918	2.4623	85	1010	26649	0.1803	4.7581	85	871	24323	0.1555	4.3428
86	561	14352	0.1002	2.5625	86	1040	27689	0.1857	4.9437	86	949	25272	0.1694	4.5122
87	521	14873	0.093	2.6555	87	1057	28746	0.1887	5.1325	87	950	26222	0.1696	4.6818
88	565	15438	0.1009	2.7564	88	1082	29828	0.1932	5.3256	88	991	27213	0.1769	4.8588
89	573	16011	0.1023	2.8587	89	1163	30991	0.2076	5.5333	89	1052	28265	0.1878	5.0466
90	643	16654	0.1148	2.9735	90	1072	32063	0.1914	5.7247	90	1096	29361	0.1957	5.2423
91	566	17220	0.1011	3.0745	91	1145	33208	0.2044	5.9291	91	1111	30472	0.1984	5.4406
92	644	17864	0.115	3.1895	92	1187	34395	0.2119	6.1411	92	1096	31568	0.1957	5.6363
93	665	18529	0.1187	3.3083	93	1120	35515	0.2	6.341	93	1095	32663	0.1955	5.8318
94	705	19234	0.1259	3.4341	94	1112	36627	0.1985	6.5396	94	1100	33763	0.1964	6.0282
95	711	19945	0.1269	3.5611	95	1159	37786	0.2069	6.7465	95	1078	34841	0.1925	6.2207
96	731	20676	0.1305	3.6916	96	1163	38949	0.2076	6.9542	96	1157	35998	0.2066	6.4273
97	831	21507	0.1484	3.84	97	1177	40126	0.2101	7.1643	97	1133	37131	0.2023	6.6296
98	797	22304	0.1423	3.9823	98	1182	41308	0.211	7.3753	98	1158	38289	0.2068	6.8363
99	900	23204	0.1607	4.143	99	1111	42419	0.1984	7.5737	99	1169	39458	0.2087	7.045
100	908	24112	0.1621	4.3051	100	1152	43571	0.2057	7.7794	100	1170	40628	0.2089	7.2539
101	935	25047	0.1669	4.472	101	1164	44735	0.2078	7.9872	101	1150	41778	0.2053	7.4593
102	952	25999	0.17	4.642	102	1100	45835	0.1964	8.1836	102	1141	42919	0.2037	7.663
103	934	26933	0.1668	4.8088	103	1089	46924	0.1944	8.3781	103	1132	44051	0.2021	7.8651
104	1031	27964	0.1841	4.9928	104	1217	48141	0.2173	8.5953	104	1129	45180	0.2016	8.0667
105	992	28956	0.1771	5.17	105	1133	49274	0.2023	8.7976	105	1196	46376	0.2135	8.2802
106	1042	29998	0.186	5.356	106	1196	50470	0.2135	9.0112	106	1184	47560	0.2114	8.4916
107	1038	31036	0.1853	5.5413	107	1236	51706	0.2207	9.2319	107	1185	48745	0.2116	8.7032
108	1107	32143	0.1976	5.739	108	1204	52910	0.215	9.4468	108	1142	49887	0.2039	8.9071
109	1071	33214	0.1912	5.9302	109	1164	54074	0.2078	9.6547	109	1147	51034	0.2048	9.1119
110	1127	34341	0.2012	6.1314	110	1186	55260	0.2118	9.8664	110	1156	52190	0.2064	9.3183
111	1116	35457	0.1993	6.3307	111	1237	56497	0.2209	10.0873	111	1236	53426	0.2207	9.539
112	1093	36550	0.1951	6.5258	112	1249	57746	0.223	10.3103	112	1176	54602	0.21	9.7489
113	1202	37752	0.2146	6.7404	113	1264	59010	0.2257	10.536	113	1179	55781	0.2105	9.9594
114	1148	38900	0.205	6.9454	114	1227	60237	0.2191	10.755	114	1218	56999	0.2175	10.1769
115	1226	40126	0.2189	7.1643	115	1213	61450	0.2166	10.9716	115	1213	58212	0.2166	10.3935
116	1202	41328	0.2146	7.3789	116	1246	62696	0.2225	11.1941	116	1243	59455	0.2219	10.6154
117	1182	42510	0.211	7.59	117	1171	63867	0.2091	11.4032	117	1200	60655	0.2143	10.8297
118	1244	43754	0.2221	7.8121	118	1297	65164	0.2316	11.6347	118	1182	61837	0.211	11.0407
119	1266	45020	0.226	8.0381	119	1171	66335	0.2091	11.8438	119	1186	63023	0.2118	11.2525
120	1267	46287	0.2262	8.2643	120	1291	67626	0.2305	12.0743	120	1152	64175	0.2057	11.4581
121	1322	47609	0.236	8.5004	121	1283	68909	0.2291	12.3034	121	1199	65374	0.2141	11.6722
122	1286	48895	0.2296	8.73	122	1291	70200	0.2305	12.5339	122	1173	66547	0.2094	11.8817
123	1303	50198	0.2326	8.9626	123	1293	71493	0.2309	12.7647	123	1279	67826	0.2284	12.11
124	1253	51451	0.2237	9.1863	124	1334	72827	0.2382	13.0029	124	1224	69050	0.2185	12.3286
125	1278	52729	0.2282	9.4145	125	1330	74157	0.2375	13.2404	125	1256	70306	0.2243	12.5528
126	1344	54073	0.24	9.6545	126	1301	75458	0.2323	13.4727	126	1255	71561	0.2241	12.7769
127	1330	55403	0.2375	9.8919	127	1288	76746	0.23	13.7026	127	1247	72808	0.2226	12.9995
128	1270	56673	0.2268	10.1187	128	1319	78065	0.2355	13.9381	128	1221	74029	0.218	13.2175

续表

波长	该波长下像素数	累积总像素数	所占比例	累积所占比例	波长	该波长下像素数	累积总像素数	所占比例	累积所占比例	波长	该波长下像素数	累积总像素数	所占比例	累积所占比例
		红波段					绿波段					蓝波段		
129	1282	57955	0.2289	10.3476	129	1294	79359	0.231	14.1692	129	1218	75247	0.2175	13.435
130	1286	59241	0.2296	10.5772	130	1269	80628	0.2266	14.3957	130	1207	76454	0.2155	13.6505
131	1358	60599	0.2425	10.8197	131	1247	81875	0.2226	14.6184	131	1193	77647	0.213	13.8635
132	1364	61963	0.2435	11.0632	132	1336	83211	0.2385	14.8569	132	1231	78878	0.2198	14.0833
133	1332	63295	0.2378	11.301	133	1224	84435	0.2185	15.0755	133	1206	80084	0.2153	14.2986
134	1296	64591	0.2314	11.5324	134	1287	85722	0.2298	15.3053	134	1232	81316	0.22	14.5186
135	1319	65910	0.2355	11.7679	135	1288	87010	0.23	15.5352	135	1190	82506	0.2125	14.7311
136	1375	67285	0.2455	12.0134	136	1220	88230	0.2178	15.7531	136	1222	83728	0.2182	14.9492
137	1323	68608	0.2362	12.2496	137	1271	89501	0.2269	15.98	137	1202	84930	0.2146	15.1639
138	1242	69850	0.2218	12.4714	138	1242	90743	0.2218	16.2017	138	1154	86084	0.206	15.3699
139	1286	71136	0.2296	12.701	139	1272	92015	0.2271	16.4288	139	1198	87282	0.2139	15.5838
140	1323	72459	0.2362	12.9372	140	1233	93248	0.2201	16.649	140	1153	88435	0.2059	15.7897
141	1279	73738	0.2284	13.1656	141	1264	94512	0.2257	16.8747	141	1221	89656	0.218	16.0077
142	1293	75031	0.2309	13.3964	142	1319	95831	0.2355	17.1102	142	1248	90904	0.2228	16.2305
143	1324	76355	0.2364	13.6328	143	1229	97060	0.2194	17.3296	143	1135	92039	0.2026	16.4331
144	1313	77668	0.2344	13.8673	144	1281	98341	0.2287	17.5583	144	1182	93221	0.211	16.6442
145	1284	78952	0.2293	14.0965	145	1236	99577	0.2207	17.779	145	1160	94381	0.2071	16.8513
146	1227	80179	0.2191	14.3156	146	1285	100862	0.2294	18.0084	146	1138	95519	0.2032	17.0545
147	1282	81461	0.2289	14.5445	147	1286	102148	0.2296	18.238	147	1187	96706	0.2119	17.2664
148	1306	82767	0.2332	14.7777	148	1240	103388	0.2214	18.4594	148	1186	97892	0.2118	17.4782
149	1235	84002	0.2205	14.9982	149	1146	104534	0.2046	18.6641	149	1127	99019	0.2012	17.6794
150	1337	85339	0.2387	15.2369	150	1227	105761	0.2191	18.8831	150	1177	100196	0.2101	17.8895
151	1295	86634	0.2312	15.4681	151	1234	106995	0.2203	19.1035	151	1204	101400	0.215	18.1045
152	1356	87990	0.2421	15.7102	152	1160	108155	0.2071	19.3106	152	1198	102598	0.2139	18.3184
153	1292	89282	0.2307	15.9409	153	1159	109314	0.2069	19.5175	153	1149	103747	0.2051	18.5235
154	1299	90581	0.2319	16.1728	154	1208	110522	0.2157	19.7332	154	1090	104837	0.1946	18.7182
155	1255	91836	0.2241	16.3969	155	1183	111705	0.2112	19.9444	155	1136	105973	0.2028	18.921
156	1242	93078	0.2218	16.6186	156	1098	112803	0.196	20.1404	156	1147	107120	0.2048	19.1258
157	1257	94335	0.2244	16.8431	157	1081	113884	0.193	20.3335	157	1057	108177	0.1887	19.3145
158	1250	95585	0.2232	17.0663	158	1055	114939	0.1884	20.5218	158	1124	109301	0.2007	19.5152
159	1188	96773	0.2121	17.2784	159	1025	115964	0.183	20.7048	159	1100	110401	0.1964	19.7116
160	1258	98031	0.2246	17.503	160	966	116930	0.1725	20.8773	160	1090	111491	0.1946	19.9062
161	1257	99288	0.2244	17.7274	161	986	117916	0.176	21.0533	161	1052	112543	0.1878	20.094
162	1155	100443	0.2062	17.9336	162	979	118895	0.1748	21.2281	162	995	113538	0.1777	20.2717
163	1260	101703	0.225	18.1586	163	891	119786	0.1591	21.3872	163	978	114516	0.1746	20.4463
164	1191	102894	0.2126	18.3712	164	846	120632	0.151	21.5383	164	957	115473	0.1709	20.6172
165	1246	104140	0.2225	18.5937	165	842	121474	0.1503	21.6886	165	923	116396	0.1648	20.782
166	1229	105369	0.2194	18.8131	166	826	122300	0.1475	21.8361	166	942	117338	0.1682	20.9501
167	1183	106552	0.2112	19.0244	167	738	123038	0.1318	21.9679	167	924	118262	0.165	21.1151
168	1151	107703	0.2055	19.2299	168	720	123758	0.1286	22.0964	168	866	119128	0.1546	21.2697
169	1142	108845	0.2039	19.4338	169	703	124461	0.1255	22.2219	169	822	119950	0.1468	21.4165
170	1081	109926	0.193	19.6268	170	693	125154	0.1237	22.3457	170	777	120727	0.1387	21.5552
171	1139	111065	0.2034	19.8301	171	643	125797	0.1148	22.4605	171	766	121493	0.1368	21.692
172	1105	112170	0.1973	20.0274	172	634	126431	0.1132	22.5737	172	753	122246	0.1344	21.8264
173	1073	113243	0.1916	20.219	173	587	127018	0.1048	22.6785	173	757	123003	0.1352	21.9616
174	986	114229	0.176	20.395	174	553	127571	0.0987	22.7772	174	657	123660	0.1173	22.0789
175	949	115178	0.1694	20.5645	175	568	128139	0.1014	22.8786	175	701	124361	0.1252	22.2041
176	1000	116178	0.1785	20.743	176	540	128679	0.0964	22.975	176	619	124980	0.1105	22.3146

续表

	红波段					绿波段					蓝波段			
波长	该波长下像素数	累积总像素数	所占比例	累积所占比例	波长	该波长下像素数	累积总像素数	所占比例	累积所占比例	波长	该波长下像素数	累积总像素数	所占比例	累积所占比例
177	948	117126	0.1693	20.9123	177	512	129191	0.0914	23.0664	177	598	125578	0.1068	22.4214
178	932	118058	0.1664	21.0787	178	440	129631	0.0786	23.145	178	592	126170	0.1057	22.5271
179	895	118953	0.1598	21.2385	179	446	130077	0.0796	23.2246	179	548	126718	0.0978	22.6249
180	871	119824	0.1555	21.394	180	422	130499	0.0753	23.3	180	500	127218	0.0893	22.7142
181	865	120689	0.1544	21.5485	181	417	130916	0.0745	23.3744	181	495	127713	0.0884	22.8026
182	877	121566	0.1566	21.705	182	357	131273	0.0637	23.4382	182	474	128187	0.0846	22.8872
183	824	122390	0.1471	21.8522	183	355	131628	0.0634	23.5016	183	468	128655	0.0836	22.9707
184	744	123134	0.1328	21.985	184	358	131986	0.0639	23.5655	184	454	129109	0.0811	23.0518
185	771	123905	0.1377	22.1227	185	305	132291	0.0545	23.6199	185	469	129578	0.0837	23.1355
186	766	124671	0.1368	22.2594	186	312	132603	0.0557	23.6756	186	415	129993	0.0741	23.2096
187	725	125396	0.1294	22.3889	187	289	132892	0.0516	23.7272	187	425	130418	0.0759	23.2855
188	676	126072	0.1207	22.5096	188	268	133160	0.0479	23.7751	188	378	130796	0.0675	23.353
189	649	126721	0.1159	22.6254	189	309	133469	0.0552	23.8303	189	349	131145	0.0623	23.4153
190	606	127327	0.1082	22.7336	190	265	133734	0.0473	23.8776	190	336	131481	0.06	23.4753
191	597	127924	0.1066	22.8402	191	248	133982	0.0443	23.9219	191	360	131841	0.0643	23.5396
192	583	128507	0.1041	22.9443	192	241	134223	0.043	23.9649	192	318	132159	0.0568	23.5964
193	565	129072	0.1009	23.0452	193	240	134463	0.0429	24.0077	193	298	132457	0.0532	23.6496
194	570	129642	0.1018	23.147	194	248	134711	0.0443	24.052	194	307	132764	0.0548	23.7044
195	500	130142	0.0893	23.2362	195	223	134934	0.0398	24.0918	195	274	133038	0.0489	23.7533
196	511	130653	0.0912	23.3275	196	204	135138	0.0364	24.1283	196	263	133301	0.047	23.8003
197	446	131099	0.0796	23.4071	197	191	135329	0.0341	24.1624	197	252	133553	0.045	23.8453
198	498	131597	0.0889	23.496	198	202	135531	0.0361	24.1984	198	264	133817	0.0471	23.8924
199	470	132067	0.0839	23.5799	199	190	135721	0.0339	24.2323	199	252	134069	0.045	23.9374
200	393	132460	0.0702	23.6501	200	164	135885	0.0293	24.2616	200	212	134281	0.0379	23.9752
201	356	132816	0.0636	23.7137	201	183	136068	0.0327	24.2943	201	241	134522	0.043	24.0183
202	342	133158	0.0611	23.7747	202	172	136240	0.0307	24.325	202	221	134743	0.0395	24.0577
203	313	133471	0.0559	23.8306	203	200	136440	0.0357	24.3607	203	222	134965	0.0396	24.0974
204	318	133789	0.0568	23.8874	204	183	136623	0.0327	24.3934	204	217	135182	0.0387	24.1361
205	319	134108	0.057	23.9444	205	173	136796	0.0309	24.4243	205	230	135412	0.0411	24.1772
206	321	134429	0.0573	24.0017	206	208	137004	0.0371	24.4614	206	231	135643	0.0412	24.2184
207	278	134707	0.0496	24.0513	207	146	137150	0.0261	24.4875	207	179	135822	0.032	24.2504
208	279	134986	0.0498	24.1011	208	160	137310	0.0286	24.5161	208	213	136035	0.038	24.2884
209	274	135260	0.0489	24.15	209	166	137476	0.0296	24.5457	209	162	136197	0.0289	24.3173
210	280	135540	0.05	24.2	210	156	137632	0.0279	24.5735	210	181	136378	0.0323	24.3496
211	227	135767	0.0405	24.2406	211	194	137826	0.0346	24.6082	211	210	136588	0.0375	24.3871
212	263	136030	0.047	24.2875	212	134	137960	0.0239	24.6321	212	219	136807	0.0391	24.4262
213	242	136272	0.0432	24.3307	213	159	138119	0.0284	24.6605	213	174	136981	0.0311	24.4573
214	232	136504	0.0414	24.3721	214	146	138265	0.0261	24.6866	214	159	137140	0.0284	24.4857
215	217	136721	0.0387	24.4109	215	127	138392	0.0227	24.7092	215	191	137331	0.0341	24.5198
216	214	136935	0.0382	24.4491	216	154	138546	0.0275	24.7367	216	180	137511	0.0321	24.5519
217	185	137120	0.033	24.4821	217	149	138695	0.0266	24.7633	217	155	137666	0.0277	24.5796
218	178	137298	0.0318	24.5139	218	136	138831	0.0243	24.7876	218	192	137858	0.0343	24.6139
219	196	137494	0.035	24.5489	219	150	138981	0.0268	24.8144	219	169	138027	0.0302	24.6441
220	209	137703	0.0373	24.5862	220	133	139114	0.0237	24.8381	220	145	138172	0.0259	24.67
221	188	137891	0.0336	24.6198	221	115	139229	0.0205	24.8587	221	159	138331	0.0284	24.6983
222	163	138054	0.0291	24.6489	222	119	139348	0.0212	24.8799	222	161	138492	0.0287	24.7271
223	185	138239	0.033	24.6819	223	148	139496	0.0264	24.9064	223	182	138674	0.0325	24.7596
224	189	138428	0.0337	24.7157	224	135	139631	0.0241	24.9305	224	158	138832	0.0282	24.7878

续表

红波段					绿波段					蓝波段				
波长	该波长下像素数	累积总像素数	所占比例	累积所占比例	波长	该波长下像素数	累积总像素数	所占比例	累积所占比例	波长	该波长下像素数	累积总像素数	所占比例	累积所占比例
225	165	138593	0.0295	24.7451	225	130	139761	0.0232	24.9537	225	165	138997	0.0295	24.8173
226	233	138826	0.0416	24.7867	226	113	139874	0.0202	24.9738	226	157	139154	0.028	24.8453
227	163	138989	0.0291	24.8158	227	92	139966	0.0164	24.9903	227	145	139299	0.0259	24.8712
228	155	139144	0.0277	24.8435	228	125	140091	0.0223	25.0126	228	145	139444	0.0259	24.8971
229	148	139292	0.0264	24.8699	229	121	140212	0.0216	25.0342	229	132	139576	0.0236	24.9206
230	182	139474	0.0325	24.9024	230	140	140352	0.025	25.0592	230	103	139679	0.0184	24.939
231	165	139639	0.0295	24.9319	231	79	140431	0.0141	25.0733	231	172	139851	0.0307	24.9697
232	159	139798	0.0284	24.9603	232	107	140538	0.0191	25.0924	232	127	139978	0.0227	24.9924
233	148	139946	0.0264	24.9867	233	117	140655	0.0209	25.1133	233	119	140097	0.0212	25.0137
234	125	140071	0.0223	25.009	234	142	140797	0.0254	25.1386	234	173	140270	0.0309	25.0445
235	166	140237	0.0296	25.0387	235	108	140905	0.0193	25.1579	235	103	140373	0.0184	25.0629
236	141	140378	0.0252	25.0638	236	86	140991	0.0154	25.1733	236	180	140553	0.0321	25.0951
237	146	140524	0.0261	25.0899	237	101	141092	0.018	25.1913	237	124	140677	0.0221	25.1172
238	121	140645	0.0216	25.1115	238	118	141210	0.0211	25.2124	238	106	140783	0.0189	25.1361
239	137	140782	0.0245	25.136	239	176	141386	0.0314	25.2438	239	152	140935	0.0271	25.1633
240	226	141008	0.0404	25.1763	240	175	141561	0.0312	25.275	240	247	141182	0.0441	25.2074
241	142	141150	0.0254	25.2017	241	62	141623	0.0111	25.2861	241	103	141285	0.0184	25.2258
242	155	141305	0.0277	25.2293	242	88	141711	0.0157	25.3018	242	114	141399	0.0204	25.2461
243	82	141387	0.0146	25.244	243	115	141826	0.0205	25.3224	243	115	141514	0.0205	25.2667
244	166	141553	0.0296	25.2736	244	139	141965	0.0248	25.3472	244	110	141624	0.0196	25.2863
245	149	141702	0.0266	25.3002	245	140	142105	0.025	25.3722	245	231	141855	0.0412	25.3275
246	135	141837	0.0241	25.3243	246	145	142250	0.0259	25.3981	246	139	141994	0.0248	25.3524
247	197	142034	0.0352	25.3595	247	109	142359	0.0195	25.4175	247	135	142129	0.0241	25.3765
248	130	142164	0.0232	25.3827	248	98	142457	0.0175	25.435	248	130	142259	0.0232	25.3997
249	151	142315	0.027	25.4097	249	227	142684	0.0405	25.4756	249	212	142471	0.0379	25.4375
250	272	142587	0.0486	25.4582	250	158	142842	0.0282	25.5038	250	210	142681	0.0375	25.475
251	138	142725	0.0246	25.4829	251	139	142981	0.0248	25.5286	251	153	142834	0.0273	25.5023
252	273	142998	0.0487	25.5316	252	236	143217	0.0421	25.5707	252	249	143083	0.0445	25.5468
253	175	143173	0.0312	25.5629	253	203	143420	0.0362	25.607	253	157	143240	0.028	25.5748
254	274	143447	0.0489	25.6118	254	283	143703	0.0505	25.6575	254	292	143532	0.0521	25.627
255	416635	560082	74.3882	100	255	416379	560082	74.3425	100	255	416550	560082	74.373	100

(a) 对50m缓冲区影响

(b) 对100m缓冲区影响

图8-63 道路影响分析

（c）对150m缓冲区影响　　　　　　　　　　　　（d）对200m缓冲区影响

图8-63　道路影响分析（续）

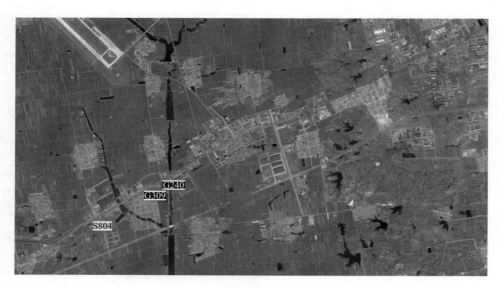

（a）卫星影像

（b）对50m缓冲区影响

图8-64　主要公路对相邻村庄居民点的影响分析

莱阳市城厢街道鱼池头村影响区分析

表8-17

50m影响区					100m影响区					150m影响区					200m影响区				
波长	该波长下像素数	累积总像素数	所占比例	累积所占比例	波长	该波长下像素数	累积总像素数	所占比例	累积所占比例	波长	该波长下像素数	累积总像素数	所占比例	累积所占比例	波长	该波长下像素数	累积总像素数	所占比例	累积所占比例
0	3271	3271	0.5912	0.5912	0	3271	3271	0.5912	0.5912	0	3652	3652	0.6862	0.6862	0	3556	3556	0.6682	0.6682
0.196078	0	3271	0	0.5912	0.39216	0	3271	0	0.5912	0.58824	739	4391	0.1389	0.8251	0.784314	1213	4769	0.2279	0.8961
0.392157	0	3271	0	0.5912	0.78431	220	3491	0.0398	0.6309	1.17647	478	4869	0.0898	0.9149	1.568627	264	5033	0.0496	0.9458
0.588235	0	3271	0	0.5912	1.17647	154	3645	0.0278	0.6588	1.76471	263	5132	0.0494	0.9644	2.352941	981	6014	0.1843	1.1301
0.784314	0	3271	0	0.5912	1.56863	0	3645	0	0.6588	2.35294	959	6091	0.1802	1.1446	3.137255	728	6742	0.1368	1.2669
0.980392	220	3491	0.0398	0.6309	1.96078	70	3715	0.0127	0.6714	2.94118	274	6365	0.0515	1.1961	3.921569	508	7250	0.0955	1.3624
1.176471	0	3491	0	0.6309	2.35294	158	3873	0.0286	0.7	3.52941	490	6855	0.0921	1.2881	4.705882	745	7995	0.14	1.5023
1.372549	155	3646	0.028	0.6589	2.7451	160	4033	0.0289	0.7289	4.11765	502	7357	0.0943	1.3825	5.490196	754	8749	0.1417	1.644
1.568627	0	3646	0	0.6589	3.13726	72	4105	0.013	0.7419	4.70588	737	8094	0.1385	1.5209	6.27451	507	9256	0.0953	1.7393
1.764706	0	3646	0	0.6589	3.52941	158	4263	0.0286	0.7704	5.29412	510	8604	0.0958	1.6168	7.058824	764	10020	0.1436	1.8829
1.960784	69	3715	0.0125	0.6714	3.92157	160	4423	0.0289	0.7994	5.88235	266	8870	0.05	1.6668	7.843137	979	10999	0.184	2.0668
2.156863	0	3715	0	0.6714	4.31373	8	4431	0.0014	0.8008	6.47059	499	9369	0.0938	1.7605	8.627451	297	11296	0.0558	2.1226
2.352941	159	3874	0.0287	0.7001	4.70588	78	4509	0.0141	0.8149	7.05882	509	9878	0.0956	1.8562	9.411765	1011	12307	0.19	2.3126
2.54902	0	3874	0	0.7001	5.09804	166	4675	0.03	0.8449	7.64706	743	10621	0.1396	1.9958	10.196078	761	13068	0.143	2.4556
2.745098	153	4027	0.0277	0.7278	5.4902	163	4838	0.0295	0.8744	8.23529	518	11139	0.0973	2.0931	10.980392	543	13611	0.102	2.5577
2.941176	6	4033	0.0011	0.7289	5.88235	77	4915	0.0139	0.8883	8.82353	274	11413	0.0515	2.1446	11.764706	779	14390	0.1464	2.704
3.137255	0	4033	0	0.7289	6.27451	167	5082	0.0302	0.9185	9.41177	982	12395	0.1845	2.3292	12.54902	784	15174	0.1473	2.8514
3.333333	73	4106	0.0132	0.7421	6.66667	14	5096	0.0025	0.921	10	297	12692	0.0558	2.385	13.333333	543	15717	0.102	2.9534
3.529412	0	4106	0	0.7421	7.05882	169	5265	0.0305	0.9515	10.58824	517	13209	0.0971	2.4821	14.117647	793	16510	0.149	3.1024
3.72549	157	4263	0.0284	0.7704	7.45098	81	5346	0.0146	0.9662	11.17647	525	13734	0.0987	2.5808	14.901961	1013	17523	0.1904	3.2928
3.921569	6	4269	0.0011	0.7715	7.84314	163	5509	0.0295	0.9956	11.76471	760	14494	0.1428	2.7236	15.686275	331	17854	0.0622	3.355
4.117647	154	4423	0.0278	0.7994	8.23529	170	5679	0.0307	1.0264	12.35294	534	15028	0.1003	2.8239	16.470588	1040	18894	0.1954	3.5504
4.313725	8	4431	0.0014	0.8008	8.62745	22	5701	0.004	1.0303	12.94118	291	15319	0.0547	2.8786	17.254902	793	19687	0.149	3.6994
4.509804	0	4431	0	0.8008	9.01961	79	5780	0.0143	1.0446	13.52941	526	15845	0.0988	2.9774	18.039216	568	20255	0.1067	3.8061
4.705882	71	4502	0.0128	0.8136	9.41177	174	5954	0.0314	1.0761	14.11765	532	16377	0.1	3.0774	18.823529	812	21067	0.1526	3.9587
4.901961	6	4508	0.0011	0.8147	9.80392	176	6130	0.0318	1.1079	14.70588	767	17144	0.1441	3.2215	19.607843	812	21879	0.1526	4.1113
5.098039	158	4666	0.0286	0.8433	10.19608	89	6219	0.0161	1.1239	15.29412	540	17684	0.1015	3.323	20.392157	581	22460	0.1092	4.2205
5.294118	8	4674	0.0014	0.8447	10.58824	174	6393	0.0314	1.1554	15.88235	302	17986	0.0567	3.3798	21.176471	814	23274	0.153	4.3734
5.490196	154	4828	0.0278	0.8726	10.98039	176	6569	0.0318	1.1872	16.47059	1001	18987	0.1881	3.5679	21.960784	1055	24329	0.1982	4.5717
5.686275	8	4836	0.0014	0.874	11.37255	24	6593	0.0043	1.1915	17.05882	311	19298	0.0584	3.6263	22.745098	365	24694	0.0686	4.6403
5.882353	6	4842	0.0011	0.8751	11.76471	93	6686	0.0168	1.2083	17.64706	544	19842	0.1022	3.7285	23.529412	1069	25763	0.2009	4.8411
6.078431	73	4915	0.0132	0.8883	12.15686	182	6868	0.0329	1.2412	18.23529	547	20389	0.1028	3.8313	24.313725	824	26587	0.1548	4.996

50m影响区					100m影响区					150m影响区					200m影响区				
波长	该波长下像素数	累积总像素数	所占比例	累积所占比例	波长	该波长下像素数	累积总像素数	所占比例	累积所占比例	波长	该波长下像素数	累积总像素数	所占比例	累积所占比例	波长	该波长下像素数	累积总像素数	所占比例	累积所占比例
6.27451	8	4923	0.0014	0.8897	12.54902	178	7046	0.0322	1.2734	18.823529	783	21172	0.1471	3.9784	25.098039	602	27189	0.1131	5.1091
6.470588	158	5081	0.0286	0.9183	12.94118	94	7140	0.017	1.2904	19.411765	556	21728	0.1045	4.0829	25.882353	841	28030	0.158	5.2671
6.666667	8	5089	0.0014	0.9197	13.33333	24	7164	0.0043	1.2947	20	320	22048	0.0601	4.1431	26.666667	605	28635	0.1137	5.3808
6.862745	6	5095	0.0011	0.9208	13.72549	188	7352	0.034	1.3287	20.588235	551	22599	0.1035	4.2466	27.45098	840	29475	0.1578	5.5387
7.058824	162	5257	0.0293	0.9501	14.11765	186	7538	0.0336	1.3623	21.176471	556	23155	0.1045	4.3511	28.235294	851	30326	0.1599	5.6986
7.254902	8	5265	0.0014	0.9515	14.5098	97	7635	0.0175	1.3799	21.764706	789	23944	0.1483	4.4993	29.019608	1079	31405	0.2028	5.9013
7.45098	0	5265	0	0.9515	14.90196	180	7815	0.0325	1.4124	22.352941	563	24507	0.1058	4.6051	29.803922	396	31801	0.0744	5.9757
7.647059	79	5344	0.0143	0.9658	15.29412	186	8001	0.0336	1.446	22.941176	329	24836	0.0618	4.6669	30.588235	1090	32891	0.2048	6.1806
7.843137	6	5350	0.0011	0.9669	15.68628	38	8039	0.0069	1.4529	23.529412	1021	25857	0.1919	4.8588	31.372549	865	33756	0.1625	6.3431
8.039216	158	5508	0.0286	0.9954	16.07843	95	8134	0.0172	1.47	24.117647	337	26194	0.0633	4.9221	32.156863	634	34390	0.1191	6.4622
8.235294	16	5524	0.0029	0.9983	16.47059	190	8324	0.0343	1.5044	24.705882	568	26762	0.1067	5.0289	32.941176	862	35252	0.162	6.6242
8.431373	154	5678	0.0278	1.0262	16.86275	192	8516	0.0347	1.5391	25.294118	570	27332	0.1071	5.136	33.72549	647	35899	0.1216	6.7458
8.627451	8	5686	0.0014	1.0276	17.2549	97	8613	0.0175	1.5566	25.882353	804	28136	0.1511	5.2871	34.509804	872	36771	0.1639	6.9097
8.823529	14	5700	0.0025	1.0301	17.64706	196	8809	0.0354	1.592	26.470588	576	28712	0.1082	5.3953	35.294118	883	37654	0.1659	7.0756
9.019608	72	5772	0.013	1.0432	18.03922	194	9003	0.0351	1.6271	27.058824	338	29050	0.0635	5.4588	36.078431	1101	38755	0.2069	7.2825
9.215686	8	5780	0.0014	1.0446	18.43137	32	9035	0.0058	1.6329	27.647059	574	29624	0.1079	5.5667	36.862745	430	39185	0.0808	7.3633
9.411765	166	5946	0.03	1.0746	18.82353	109	9144	0.0197	1.6526	28.235294	579	30203	0.1088	5.6755	37.647059	1130	40315	0.2123	7.5756
9.607843	8	5954	0.0014	1.0761	19.21569	198	9342	0.0358	1.6884	28.823529	811	31014	0.1524	5.8279	38.431373	888	41203	0.1669	7.7425
9.803922	162	6116	0.0293	1.1053	19.60784	194	9536	0.0351	1.7234	29.411765	587	31601	0.1103	5.9382	39.215686	667	41870	0.1253	7.8678
10	14	6130	0.0025	1.1079	20	111	9647	0.0201	1.7435	30	351	31952	0.066	6.0041	40	895	42765	0.1682	8.036
10.196078	8	6138	0.0014	1.1093	20.39216	40	9687	0.0072	1.7507	30.588235	1044	32996	0.1962	6.2003	40.784314	679	43444	0.1276	8.1636
10.392157	81	6219	0.0146	1.1239	20.78431	204	9891	0.0369	1.7876	31.176471	362	33358	0.068	6.2683	41.568627	894	44338	0.168	8.3316
10.588235	8	6227	0.0014	1.1254	21.17647	202	10093	0.0365	1.8241	31.764706	590	33948	0.1109	6.3792	42.352941	917	45255	0.1723	8.5039
10.784314	166	6393	0.03	1.1554	21.56863	103	10196	0.0186	1.8427	32.352941	595	34543	0.1118	6.491	43.137255	1141	46396	0.2144	8.7183
10.980392	14	6407	0.0025	1.1579	21.96078	204	10400	0.0369	1.8796	32.941176	827	35370	0.1554	6.6464	43.921569	461	46857	0.0866	8.8049
11.176471	162	6569	0.0293	1.1872	22.35294	202	10602	0.0365	1.9161	33.529412	600	35970	0.1127	6.7591	44.705882	1162	48019	0.2184	9.0233
11.372549	16	6585	0.0029	1.1901	22.7451	46	10648	0.0083	1.9244	34.117647	362	36332	0.068	6.8272	45.490196	911	48930	0.1712	9.1945
11.568627	8	6593	0.0014	1.1915	23.13726	120	10768	0.0217	1.9461	34.705882	598	36930	0.1124	6.9395	46.27451	704	49634	0.1323	9.3268
11.764706	79	6672	0.0143	1.2058	23.52941	206	10974	0.0372	1.9833	35.294118	603	37533	0.1133	7.0528	47.058824	931	50565	0.1749	9.5017
11.960784	14	6686	0.0025	1.2083	23.92157	208	11182	0.0376	2.0209	35.882353	835	38368	0.1569	7.2098	47.843137	703	51268	0.1321	9.6338
12.156863	166	6852	0.03	1.2383	24.31373	113	11295	0.0204	2.0413	36.470588	608	38976	0.1142	7.324	48.627451	926	52194	0.174	9.8078
12.352941	16	6868	0.0029	1.2412	24.70588	212	11507	0.0383	2.0796	37.058824	370	39346	0.0695	7.3935	49.411765	948	53142	0.1781	9.9859

续表

50m影响区					100m影响区					150m影响区					200m影响区				
波长	该波长下像素数	累积总像素数	所占比例	累积所占比例	波长	该波长下像素数	累积总像素数	所占比例	累积所占比例	波长	该波长下像素数	累积总像素数	所占比例	累积所占比例	波长	该波长下像素数	累积总像素数	所占比例	累积所占比例
12.54902	162	7030	0.0293	1.2705	25.09804	210	11717	0.038	2.1176	37.647059	1069	40415	0.2009	7.5944	50.196078	1173	54315	0.2204	10.2064
12.745098	16	7046	0.0029	1.2734	25.4902	48	11765	0.0087	2.1263	38.235294	384	40799	0.0722	7.6666	50.980392	484	54799	0.0909	10.2973
12.941176	13	7059	0.0023	1.2758	25.88235	125	11890	0.0226	2.1488	38.823529	615	41414	0.1156	7.7821	51.764706	1196	55995	0.2247	10.5221
13.137255	81	7140	0.0146	1.2904	26.27451	214	12104	0.0387	2.1875	39.411765	619	42033	0.1163	7.8984	52.54902	951	56946	0.1787	10.7008
13.333333	14	7154	0.0025	1.2929	26.66667	208	12312	0.0376	2.2251	40	383	42416	0.072	7.9704	53.333333	737	57683	0.1385	10.8392
13.529412	8	7162	0.0014	1.2944	27.05882	56	12368	0.0101	2.2352	40.588235	1075	43491	0.202	8.1724	54.117647	953	58636	0.1791	11.0183
13.72549	172	7334	0.0311	1.3255	27.45098	129	12497	0.0233	2.2585	41.176471	393	43884	0.0738	8.2463	54.901961	736	59372	0.1383	11.1566
13.921569	15	7349	0.0027	1.3282	27.84314	212	12709	0.0383	2.2969	41.764706	622	44506	0.1169	8.3631	55.686275	966	60338	0.1815	11.3381
14.117647	168	7517	0.0304	1.3585	28.23529	218	12927	0.0394	2.3363	42.352941	637	45143	0.1197	8.4828	56.470588	981	61319	0.1843	11.5225
14.313725	18	7535	0.0033	1.3618	28.62745	125	13052	0.0226	2.3589	42.941176	856	45999	0.1609	8.6437	57.254902	1193	62512	0.2242	11.7467
14.509804	6	7541	0.0011	1.3629	29.01961	214	13266	0.0387	2.3975	43.529412	630	46629	0.1184	8.7621	58.039216	520	63032	0.0977	11.8444
14.705882	89	7630	0.0161	1.3789	29.41177	218	13484	0.0394	2.4369	44.117647	390	47019	0.0733	8.8354	58.823529	1228	64260	0.2308	12.0751
14.901961	12	7642	0.0022	1.3811	29.80392	62	13546	0.0112	2.4481	44.705882	1091	48110	0.205	9.0404	59.607843	515	64775	0.0968	12.1719
15.098039	168	7810	0.0304	1.4115	30.19608	137	13683	0.0248	2.4729	45.294118	406	48516	0.0763	9.1167	60.392157	1226	66001	0.2304	12.4023
15.294118	22	7832	0.004	1.4155	30.58824	222	13905	0.0401	2.513	45.882353	634	49150	0.1191	9.2358	61.176471	986	66987	0.1853	12.5876
15.490196	164	7996	0.0296	1.4451	30.98039	216	14121	0.039	2.552	46.470588	638	49788	0.1199	9.3557	61.960784	776	67763	0.1458	12.7334
15.686275	16	8012	0.0029	1.448	31.37255	135	14256	0.0244	2.5764	47.058824	397	50185	0.0746	9.4303	62.745098	999	68762	0.1877	12.9211
15.882353	22	8034	0.004	1.452	31.76471	228	14484	0.0412	2.6177	47.647059	1098	51283	0.2063	9.6366	63.529412	1003	69765	0.1885	13.1096
16.078431	81	8115	0.0146	1.4666	32.15686	218	14702	0.0394	2.6571	48.235294	413	51696	0.0776	9.7142	64.313725	1235	71000	0.2321	13.3417
16.27451	14	8129	0.0025	1.4691	32.54902	72	14774	0.013	2.6701	48.823529	644	52340	0.121	9.8352	65.098039	552	71552	0.1037	13.4454
16.470588	176	8305	0.0318	1.5009	32.94118	142	14916	0.0257	2.6957	49.411765	650	52990	0.1221	9.9574	65.882353	1251	72803	0.2351	13.6805
16.666667	14	8319	0.0025	1.5035	33.33333	222	15138	0.0401	2.7358	50	877	53867	0.1648	10.1222	66.666667	548	73351	0.103	13.7834
16.862745	170	8489	0.0307	1.5342	33.72549	232	15370	0.0419	2.7778	50.588235	656	54523	0.1233	10.2454	67.45098	1259	74610	0.2366	14.02
17.058824	22	8511	0.004	1.5382	34.11765	72	15442	0.013	2.7908	51.176471	412	54935	0.0774	10.3229	68.235294	1022	75632	0.192	14.2121
17.254902	18	8529	0.0033	1.5414	34.50980	145	15587	0.0262	2.817	51.764706	1115	56050	0.2095	10.5324	69.019608	794	76426	0.1492	14.3613
17.45098	77	8606	0.0139	1.5553	34.90196	228	15815	0.0412	2.8582	52.352941	439	56489	0.0825	10.6149	69.803922	1033	77459	0.1941	14.5554
17.647059	26	8632	0.0047	1.56	35.29412	226	16041	0.0408	2.899	52.941176	660	57149	0.124	10.7389	70.588235	1035	78494	0.1945	14.7499
17.843137	170	8802	0.0307	1.5908	35.68628	149	16190	0.0269	2.926	53.529412	663	57812	0.1246	10.8635	71.372549	1275	79769	0.2396	14.9894
18.039216	18	8820	0.0033	1.594	36.07843	230	16420	0.0416	2.9675	54.117647	422	58234	0.0793	10.9428	72.156863	584	80353	0.1097	15.0992
18.235294	176	8996	0.0318	1.6258	36.47059	226	16646	0.0408	3.0084	54.705882	1122	59356	0.2108	11.1536	72.941176	1274	81627	0.2394	15.3386
18.431373	18	9014	0.0033	1.6291	36.86275	86	16732	0.0155	3.0239	55.294118	435	59791	0.0817	11.2354	73.72549	588	82215	0.1105	15.4491
18.627451	16	9030	0.0029	1.632	37.25490	145	16877	0.0262	3.0501	55.882353	668	60459	0.1255	11.3609	74.509804	1280	83495	0.2405	15.6896

续表

50m影响区					100m影响区					150m影响区					200m影响区				
波长	该波长下像素数	累积总像素数	所占比例	累积所占比例	波长	该波长下像素数	累积总像素数	所占比例	累积所占比例	波长	该波长下像素数	累积总像素数	所占比例	累积所占比例	波长	该波长下像素数	累积总像素数	所占比例	累积所占比例
18.823529	96	9126	0.0173	1.6493	37.64706	236	17113	0.0427	3.0928	56.470588	671	61130	0.1261	11.487	75.294118	1057	84552	0.1986	15.8882
19.019608	16	9142	0.0029	1.6522	38.03922	242	17355	0.0437	3.1365	57.058824	897	62027	0.1686	11.6555	76.078431	826	85378	0.1552	16.0434
19.215686	174	9316	0.0314	1.6837	38.43137	143	17498	0.0258	3.1624	57.647059	680	62707	0.1278	11.7833	76.862745	1065	86443	0.2001	16.2436
19.411765	24	9340	0.0043	1.688	38.82353	244	17742	0.0441	3.2065	58.235294	436	63143	0.0819	11.8652	77.647059	1075	87518	0.202	16.4456
19.607843	171	9511	0.0309	1.7189	39.21569	234	17976	0.0423	3.2488	58.823529	1139	64282	0.214	12.0793	78.431373	1289	88807	0.2422	16.6878
19.803922	24	9535	0.0043	1.7232	39.60784	88	18064	0.0159	3.2647	59.411765	454	64736	0.0853	12.1646	79.215686	617	89424	0.1159	16.8037
20	22	9557	0.004	1.7272	40	159	18223	0.0287	3.2934	60	684	65420	0.1285	12.2931	80	1315	90739	0.2471	17.0508
20.196078	88	9645	0.0159	1.7431	40.39216	238	18461	0.043	3.3364	60.588235	688	66108	0.1293	12.4224	80.784314	620	91359	0.1165	17.1673
20.392157	24	9669	0.0043	1.7475	40.78431	240	18701	0.0434	3.3798	61.176471	447	66555	0.084	12.5064	81.568627	1305	92664	0.2452	17.4125
20.588235	16	9685	0.0029	1.7503	41.17647	96	18797	0.0173	3.3971	61.764706	1146	67701	0.2153	12.7217	82.352941	1089	93753	0.2046	17.6172
20.784314	183	9868	0.0331	1.7834	41.56863	151	18948	0.0273	3.4244	62.352941	472	68173	0.0887	12.8104	83.137255	866	94619	0.1627	17.7799
20.980392	22	9890	0.004	1.7874	41.96078	244	19192	0.0441	3.4685	62.941176	693	68866	0.1302	12.9407	83.921569	1087	95706	0.2043	17.9842
21.176471	170	10060	0.0307	1.8181	42.35294	250	19442	0.0452	3.5137	63.529412	695	69561	0.1306	13.0712	84.705882	1108	96814	0.2082	18.1924
21.372549	31	10091	0.0056	1.8237	42.7451	158	19600	0.0286	3.5423	64.117647	924	70485	0.1736	13.2449	85.490196	1321	98135	0.2482	18.4406
21.568627	16	10107	0.0029	1.8266	43.13726	254	19854	0.0459	3.5882	64.705882	704	71189	0.1323	13.3772	86.27451	653	98788	0.1227	18.5633
21.764706	88	10195	0.0159	1.8425	43.52941	242	20096	0.0437	3.6319	65.294118	463	71652	0.087	13.4642	87.058824	1331	100119	0.2501	18.8134
21.960784	30	10225	0.0054	1.8479	43.92157	102	20198	0.0184	3.6503	65.882353	1163	72815	0.2185	13.6827	87.843137	653	100772	0.1227	18.9361
22.156863	174	10399	0.0314	1.8794	44.31373	161	20359	0.0291	3.6794	66.470588	478	73293	0.0898	13.7725	88.627451	1345	102117	0.2527	19.1889
22.352941	23	10422	0.0042	1.8835	44.70588	252	20611	0.0455	3.725	67.058824	704	73997	0.1323	13.9048	89.411765	1119	103236	0.2103	19.3991
22.54902	179	10601	0.0324	1.9159	45.09804	258	20869	0.0466	3.7716	67.647059	713	74710	0.134	14.0388	90.196078	890	104126	0.1672	19.5664
22.745098	25	10626	0.0045	1.9204	45.4902	159	21028	0.0287	3.8003	68.235294	469	75179	0.0881	14.1269	90.980392	1118	105244	0.2101	19.7765
22.941176	22	10648	0.004	1.9244	45.88235	252	21280	0.0455	3.8459	68.823529	1172	76351	0.2202	14.3472	91.764706	1140	106384	0.2142	19.9907
23.137255	96	10744	0.0173	1.9417	46.27451	104	21384	0.0188	3.8647	69.411765	488	76839	0.0917	14.4389	92.54902	898	107282	0.1687	20.1594
23.333333	23	10767	0.0042	1.9459	46.66667	256	21640	0.0463	3.9109	70	717	77556	0.1347	14.5736	93.333333	1137	108419	0.2137	20.3731
23.529412	175	10942	0.0316	1.9775	47.05882	169	21809	0.0305	3.9415	70.588235	720	78276	0.1353	14.7089	94.117647	1366	109785	0.2567	20.6298
23.72549	33	10975	0.006	1.9835	47.45098	262	22071	0.0474	3.9888	71.176471	947	79223	0.178	14.8868	94.901961	684	110469	0.1285	20.7583
23.921569	175	11150	0.0316	2.0151	47.84314	248	22319	0.0448	4.0337	71.764706	728	79951	0.1368	15.0236	95.686275	1386	111855	0.2604	21.0187
24.117647	32	11182	0.0058	2.0209	48.23529	112	22431	0.0202	4.0539	72.352941	496	80447	0.0932	15.1168	96.470588	1141	112996	0.2144	21.2331
24.313725	23	11205	0.0042	2.025	48.62745	173	22604	0.0313	4.0852	72.941176	725	81172	0.1362	15.2531	97.254902	920	113916	0.1729	21.406
24.509804	88	11293	0.0159	2.041	49.01961	254	22858	0.0459	4.1311	73.529412	726	81898	0.1364	15.3895	98.039216	1154	115070	0.2168	21.6229
24.705882	33	11326	0.006	2.0469	49.41177	266	23124	0.0481	4.1791	74.117647	954	82852	0.1793	15.5688	98.823529	1162	116232	0.2184	21.8412
24.901961	179	11505	0.0324	2.0793	49.80392	175	23299	0.0316	4.2108	74.705882	736	83588	0.1383	15.7071	99.607843	932	117164	0.1751	22.0164

续表

50m影响区					100m影响区					150m影响区					200m影响区				
波长	该波长下像素数	累积总像素数	所占比例	累积所占比例	波长	该波长下像素数	累积总像素数	所占比例	累积所占比例	波长	该波长下像素数	累积总像素数	所占比例	累积所占比例	波长	该波长下像素数	累积总像素数	所占比例	累积所占比例
25.098039	24	11529	0.0043	2.0836	50.19608	262	23561	0.0474	4.2581	75.294118	505	84093	0.0949	15.802	100.392157	1169	118333	0.2197	22.236
25.294118	185	11714	0.0334	2.117	50.58824	266	23827	0.0481	4.3062	75.882353	1195	85288	0.2246	16.0265	101.176471	1397	119730	0.2625	22.4985
25.490196	24	11738	0.0043	2.1214	50.98039	110	23937	0.0199	4.3261	76.470588	509	85797	0.0956	16.1222	101.960784	715	120445	0.1344	22.6329
25.686275	25	11763	0.0045	2.1259	51.37255	175	24112	0.0316	4.3577	77.058824	736	86533	0.1383	16.2605	102.745098	1419	121864	0.2666	22.8995
25.882353	103	11866	0.0186	2.1445	51.76471	276	24388	0.0499	4.4076	77.647059	744	87277	0.1398	16.4003	103.529412	1174	123038	0.2206	23.1201
26.078431	24	11890	0.0043	2.1488	52.15686	266	24654	0.0481	4.4556	78.235294	971	88248	0.1825	16.5827	104.313725	959	123997	0.1802	23.3003
26.27451	181	12071	0.0327	2.1816	52.54902	184	24838	0.0333	4.4889	78.823529	753	89001	0.1415	16.7242	105.098039	1186	125183	0.2229	23.5232
26.470588	32	12103	0.0058	2.1873	52.94118	268	25106	0.0484	4.5373	79.411765	510	89511	0.0958	16.8201	105.882353	1186	126369	0.2229	23.7461
26.666667	25	12128	0.0045	2.1919	53.33333	112	25218	0.0202	4.5576	80	749	90260	0.1407	16.9608	106.666667	964	127333	0.1811	23.9272
26.862745	184	12312	0.0333	2.2251	53.72549	280	25498	0.0506	4.6082	80.588235	751	91011	0.1411	17.1019	107.45098	1191	128524	0.2238	24.151
27.058824	32	12344	0.0058	2.2309	54.11765	185	25683	0.0334	4.6416	81.176471	978	91989	0.1838	17.2857	108.235294	1435	129959	0.2697	24.4207
27.254902	23	12367	0.0042	2.2351	54.50980	270	25953	0.0488	4.6904	81.764706	761	92750	0.143	17.4287	109.019608	743	130702	0.1396	24.5603
27.45098	95	12462	0.0172	2.2522	54.90196	272	26225	0.0492	4.7396	82.352941	526	93276	0.0988	17.5275	109.803922	1452	132154	0.2728	24.8331
27.647059	33	12495	0.006	2.2582	55.29412	120	26345	0.0217	4.7613	82.941176	1220	94496	0.2293	17.7568	110.588235	1206	133360	0.2266	25.0598
27.843137	180	12675	0.0325	2.2907	55.68628	189	26534	0.0342	4.7954	83.529412	534	95030	0.1003	17.8571	111.372549	989	134349	0.1858	25.2456
28.039216	32	12707	0.0058	2.2965	56.07843	278	26812	0.0502	4.8457	84.117647	760	95790	0.1428	18	112.156863	1220	135569	0.2293	25.4749
28.235294	185	12892	0.0334	2.3299	56.47059	274	27086	0.0495	4.8952	84.705882	768	96558	0.1443	18.1443	112.941176	1218	136787	0.2289	25.7037
28.431373	32	12924	0.0058	2.3357	56.86275	199	27285	0.036	4.9311	85.294118	1003	97561	0.1885	18.3327	113.72549	1004	137791	0.1887	25.8924
28.627451	25	12949	0.0045	2.3402	57.25490	270	27555	0.0488	4.9799	85.882353	777	98338	0.146	18.4788	114.509804	1216	139007	0.2285	26.1209
28.823529	102	13051	0.0184	2.3587	57.64706	280	27835	0.0506	5.0305	86.470588	532	98870	0.1	18.5787	115.294118	1465	140472	0.2753	26.3962
29.019608	32	13083	0.0058	2.3645	58.03922	136	27971	0.0246	5.0551	87.058824	768	99638	0.1443	18.723	116.078431	776	141248	0.1458	26.542
29.215686	181	13264	0.0327	2.3972	58.43137	183	28154	0.0331	5.0882	87.647059	775	100413	0.1456	18.8687	116.862745	1473	142721	0.2768	26.8188
29.411765	32	13296	0.0058	2.4029	58.82353	292	28446	0.0528	5.141	88.235294	1001	101414	0.1881	19.0568	117.647059	1248	143969	0.2345	27.0533
29.607843	188	13484	0.034	2.4369	59.21569	282	28728	0.051	5.1919	88.823529	785	102199	0.1475	19.2043	118.431373	1013	144982	0.1904	27.2437
29.803922	32	13516	0.0058	2.4427	59.60784	193	28921	0.0349	5.2268	89.411765	544	102743	0.1022	19.3065	119.215686	1252	146234	0.2353	27.4789
30	30	13546	0.0054	2.4481	60	134	29055	0.0242	5.251	90	1243	103986	0.2336	19.5401	120	1021	147255	0.1919	27.6708
30.196078	103	13649	0.0186	2.4667	60.39216	286	29341	0.0517	5.3027	90.588235	557	104543	0.1047	19.6447	120.784314	1263	148518	0.2373	27.9081
30.392157	32	13681	0.0058	2.4725	60.78431	288	29629	0.052	5.3548	91.176471	783	105326	0.1471	19.7919	121.568627	1250	149768	0.2349	28.143
30.588235	183	13864	0.0331	2.5056	61.17647	207	29836	0.0374	5.3922	91.764706	792	106118	0.1488	19.9407	122.352941	1498	151266	0.2815	28.4245
30.784314	41	13905	0.0074	2.513	61.56863	278	30114	0.0502	5.4424	92.352941	1026	107144	0.1928	20.1335	123.137255	807	152073	0.1516	28.5761
30.980392	183	14088	0.0331	2.5461	61.96078	288	30402	0.052	5.4945	92.941176	801	107945	0.1505	20.284	123.921569	1506	153579	0.283	28.8591
31.176471	32	14120	0.0058	2.5519	62.35294	144	30546	0.026	5.5205	93.529412	556	108501	0.1045	20.3885	124.705882	1280	154859	0.2405	29.0996

续表

50m影响区					100m影响区					150m影响区					200m影响区				
波长	该波长下像素数	累积总像素数	所占比例	累积所占比例	波长	该波长下像素数	累积总像素数	所占比例	累积所占比例	波长	该波长下像素数	累积总像素数	所占比例	累积所占比例	波长	该波长下像素数	累积总像素数	所占比例	累积所占比例
31.372549	39	14159	0.007	2.5589	62.7451	198	30744	0.0358	5.5563	94.117647	792	109293	0.1488	20.5373	125.490196	1046	155905	0.1966	29.2962
31.568627	96	14255	0.0173	2.5763	63.13726	302	31046	0.0546	5.6109	94.705882	800	110093	0.1503	20.6876	126.27451	1277	157182	0.24	29.5362
31.764706	33	14288	0.006	2.5822	63.52941	290	31336	0.0524	5.6633	95.294118	1035	111128	0.1945	20.8821	127.058824	1059	158241	0.199	29.7352
31.960784	195	14483	0.0352	2.6175	63.92157	207	31543	0.0374	5.7007	95.882353	810	111938	0.1522	21.0343	127.843137	1287	159528	0.2418	29.977
32.156863	32	14515	0.0058	2.6233	64.31373	294	31837	0.0531	5.7538	96.470588	562	112500	0.1056	21.1399	128.627451	1290	160818	0.2424	30.2194
32.352941	185	14700	0.0334	2.6567	64.70588	296	32133	0.0535	5.8073	97.058824	1263	113763	0.2373	21.3773	129.411765	1519	162337	0.2854	30.5048
32.54902	40	14740	0.0072	2.6639	65.09804	144	32277	0.026	5.8333	97.647059	582	114345	0.1094	21.4866	130.196078	842	163179	0.1582	30.6631
32.745098	33	14773	0.006	2.6699	65.4902	207	32484	0.0374	5.8707	98.235294	806	115151	0.1515	21.6381	130.980392	1537	164716	0.2888	30.9519
32.941176	103	14876	0.0186	2.6885	65.88235	299	32783	0.054	5.9248	98.823529	817	115968	0.1535	21.7916	131.764706	1302	166018	0.2447	31.1965
33.137255	40	14916	0.0072	2.6957	66.27451	296	33079	0.0535	5.9783	99.411765	1042	117010	0.1958	21.9874	132.54902	1088	167106	0.2044	31.401
33.333333	189	15105	0.0342	2.7299	66.66667	214	33293	0.0387	6.017	100	825	117835	0.155	22.1424	133.333333	1309	168415	0.246	31.647
33.529412	32	15137	0.0058	2.7357	67.05882	144	33437	0.026	6.043	100.58824	581	118416	0.1092	22.2516	134.117647	1091	169506	0.205	31.852
33.72549	41	15178	0.0074	2.7431	67.45098	310	33747	0.056	6.099	101.17647	815	119231	0.1531	22.4048	134.901961	1309	170815	0.246	32.0979
33.921569	192	15370	0.0347	2.7778	67.84314	294	34041	0.0531	6.1521	101.76471	824	120055	0.1548	22.5596	135.686275	1332	172147	0.2503	32.3482
34.117647	40	15410	0.0072	2.785	68.23529	216	34257	0.039	6.1912	102.35294	1059	121114	0.199	22.7586	136.470588	1552	173699	0.2916	32.6399
34.313725	31	15441	0.0056	2.7906	68.62745	308	34565	0.0557	6.2468	102.94118	833	121947	0.1565	22.9151	137.254902	869	174568	0.1633	32.8032
34.509804	103	15544	0.0186	2.8092	69.01961	299	34864	0.054	6.3009	103.52941	587	122534	0.1103	23.0254	138.039216	1574	176142	0.2958	33.0989
34.705882	41	15585	0.0074	2.8166	69.41177	152	35016	0.0275	6.3283	104.11765	1286	123820	0.2417	23.2671	138.823529	1323	177465	0.2486	33.3476
34.901961	188	15773	0.034	2.8506	69.80392	221	35237	0.0399	6.3683	104.70588	606	124426	0.1139	23.381	139.607843	1115	178580	0.2095	33.5571
35.098039	40	15813	0.0072	2.8578	70.19608	311	35548	0.0562	6.4245	105.29412	838	125264	0.1575	23.5384	140.392157	1322	179902	0.2484	33.8055
35.294118	193	16006	0.0349	2.8927	70.58824	305	35853	0.0551	6.4796	105.88235	841	126105	0.158	23.6965	141.176471	1112	181014	0.209	34.0144
35.490196	32	16038	0.0058	2.8985	70.98039	225	36078	0.0407	6.5203	106.47059	596	126701	0.112	23.8085	141.960784	1335	182349	0.2509	34.2653
35.686275	41	16079	0.0074	2.9059	71.37255	310	36388	0.056	6.5763	107.05882	1293	127994	0.243	24.0514	142.745098	1347	183696	0.2531	34.5184
35.882353	111	16190	0.0201	2.926	71.76471	319	36707	0.0577	6.634	107.64706	614	128608	0.1154	24.1668	143.529412	1564	185260	0.2939	34.8123
36.078431	32	16222	0.0058	2.9318	72.15686	153	36860	0.0277	6.6616	108.23529	848	129456	0.1593	24.3262	144.313725	875	186135	0.1644	34.9767
36.27451	197	16419	0.0356	2.9674	72.54902	231	37091	0.0417	6.7034	108.82353	849	130305	0.1595	24.4857	145.098039	1582	187717	0.2973	35.274
36.470588	40	16459	0.0072	2.9746	72.94118	317	37408	0.0573	6.7606	109.41177	1073	131378	0.2016	24.6873	145.882353	1327	189044	0.2494	35.5234
36.666667	188	16647	0.034	3.0086	73.33333	306	37714	0.0553	6.8159	110	858	132236	0.1612	24.8485	146.666667	1122	190166	0.2108	35.7342
36.862745	46	16693	0.0083	3.0169	73.72549	165	37879	0.0298	6.8458	110.58824	612	132848	0.115	24.9635	147.45098	1320	191486	0.248	35.9822
37.058824	40	16733	0.0072	3.0241	74.11765	233	38112	0.0421	6.8879	111.17647	1310	134158	0.2462	25.2097	148.235294	1121	192607	0.2106	36.1929
37.254902	101	16834	0.0183	3.0424	74.5098	317	38429	0.0573	6.9452	111.76471	630	134788	0.1184	25.3281	149.019608	1337	193944	0.2512	36.4441
37.45098	40	16874	0.0072	3.0496	74.90196	312	38741	0.0564	7.0016	112.35294	862	135650	0.162	25.4901	149.803922	1343	195287	0.2524	36.6965

续表

50m影响区					100m影响区					150m影响区					200m影响区				
波长	该波长下像素数	累积总像素数	所占比例	累积所占比例	波长	该波长下像素数	累积总像素数	所占比例	累积所占比例	波长	该波长下像素数	累积总像素数	所占比例	累积所占比例	波长	该波长下像素数	累积总像素数	所占比例	累积所占比例
37.647059	200	17074	0.0361	3.0857	75.29412	231	38972	0.0417	7.0433	112.94118	865	136515	0.1625	25.6526	150.588235	1572	196859	0.2954	36.9919
37.843137	38	17112	0.0069	3.0926	75.68628	323	39295	0.0584	7.1017	113.52941	621	137136	0.1167	25.7693	151.372549	887	197746	0.1667	37.1586
38.039216	193	17305	0.0349	3.1275	76.07843	323	39618	0.0584	7.1601	114.11765	1317	138453	0.2475	26.0168	152.156863	1586	199332	0.298	37.4566
38.235294	47	17352	0.0085	3.136	76.47059	160	39778	0.0289	7.189	114.70588	636	139089	0.1195	26.1363	152.941176	868	200200	0.1631	37.6197
38.431373	40	17392	0.0072	3.1432	76.86275	245	40023	0.0443	7.2332	115.29412	870	139959	0.1635	26.2998	153.72549	1589	201789	0.2986	37.9183
38.627451	106	17498	0.0192	3.1624	77.2549	319	40342	0.0577	7.2909	115.88235	873	140832	0.164	26.4638	154.509804	1329	203118	0.2497	38.168
38.823529	46	17544	0.0083	3.1707	77.64706	319	40661	0.0577	7.3486	116.47059	1095	141927	0.2058	26.6696	155.294118	1127	204245	0.2118	38.3798
39.019608	197	17741	0.0356	3.2063	78.03922	249	40910	0.045	7.3936	117.05882	876	142803	0.1646	26.8342	156.078431	1334	205579	0.2507	38.6305
39.215686	39	17780	0.007	3.2133	78.43137	320	41230	0.0578	7.4514	117.64706	637	143440	0.1197	26.9539	156.862745	1347	206926	0.2531	38.8836
39.411765	194	17974	0.0351	3.2484	78.82353	327	41557	0.0591	7.5105	118.23529	1342	144782	0.2522	27.2061	157.647059	1584	208510	0.2977	39.1812
39.607843	49	18023	0.0089	3.2572	79.21569	177	41734	0.032	7.5425	118.82353	656	145438	0.1233	27.3293	158.431373	888	209398	0.1669	39.3481
39.803922	40	18063	0.0072	3.2645	79.60784	239	41973	0.0432	7.5857	119.41177	878	146316	0.165	27.4943	159.215686	1582	210980	0.2973	39.6454
40	111	18174	0.0201	3.2845	80	333	42306	0.0602	7.6458	120	889	147205	0.1671	27.6614	160	881	211861	0.1655	39.8109
40.196078	47	18221	0.0085	3.293	80.39216	330	42636	0.0596	7.7055	120.58824	644	147849	0.121	27.7824	160.784314	1593	213454	0.2993	40.1103
40.392157	40	18261	0.0072	3.3003	80.78431	173	42809	0.0313	7.7368	121.17647	1340	149189	0.2518	28.0342	161.568627	1338	214792	0.2514	40.3617
40.588235	198	18459	0.0358	3.336	81.17647	257	43066	0.0464	7.7832	121.76471	661	149850	0.1242	28.1584	162.352941	1120	215912	0.2105	40.5722
40.784314	49	18508	0.0089	3.3449	81.56863	325	43391	0.0587	7.8419	122.35294	894	150744	0.168	28.3264	163.137255	1348	217260	0.2533	40.8255
40.980392	192	18700	0.0347	3.3796	81.96078	329	43720	0.0595	7.9014	122.94118	897	151641	0.1686	28.4949	163.921569	1353	218613	0.2542	41.0797
41.176471	48	18748	0.0087	3.3883	82.35294	256	43976	0.0463	7.9477	123.52941	1119	152760	0.2103	28.7052	164.705882	1581	220194	0.2971	41.3768
41.372549	47	18795	0.0085	3.3968	82.7451	329	44305	0.0595	8.0071	124.11765	901	153661	0.1693	28.8745	165.490196	894	221088	0.168	41.5448
41.568627	103	18898	0.0186	3.4154	83.13726	339	44644	0.0613	8.0684	124.70588	661	154322	0.1242	28.9987	166.27451	1590	222678	0.2988	41.8436
41.764706	49	18947	0.0089	3.4242	83.52941	183	44827	0.0331	8.1015	125.29412	1365	155687	0.2565	29.2552	167.058824	890	223568	0.1672	42.0108
41.960784	204	19151	0.0369	3.4611	83.92157	255	45082	0.0461	8.1475	125.88235	678	156365	0.1274	29.3826	167.843137	1584	225152	0.2977	42.3084
42.156863	40	19191	0.0072	3.4683	84.31373	334	45416	0.0604	8.2079	126.47059	899	157264	0.1689	29.5516	168.627451	1349	226501	0.2535	42.5619
42.352941	201	19392	0.0363	3.5047	84.70588	343	45759	0.062	8.2699	127.05882	908	158172	0.1706	29.7222	169.411765	1126	227627	0.2116	42.7735
42.54902	48	19440	0.0087	3.5133	85.0902	257	46016	0.0464	8.3163	127.64706	669	158841	0.1257	29.8479	170.196078	1356	228983	0.2548	43.0283
42.745098	49	19489	0.0089	3.5222	85.4902	341	46357	0.0616	8.378	128.23529	1373	160214	0.258	30.1059	170.980392	1357	230340	0.255	43.2833
42.941176	111	19600	0.0201	3.5423	85.88235	338	46695	0.0611	8.4391	128.82353	686	160900	0.1289	30.2348	171.764706	1579	231919	0.2967	43.58
43.137255	48	19648	0.0087	3.5509	86.27451	193	46888	0.0349	8.4739	129.41177	910	161810	0.171	30.4058	172.54902	906	232825	0.1702	43.7503
43.333333	205	19853	0.037	3.588	86.66667	261	47149	0.0472	8.5211	130	921	162731	0.1731	30.5789	173.333333	1578	234403	0.2965	44.0468
43.529412	40	19893	0.0072	3.5952	87.05882	343	47492	0.062	8.5831	130.58824	1145	163876	0.2152	30.794	174.117647	902	235305	0.1695	44.2163
43.72549	204	20097	0.0369	3.6321	87.45098	346	47838	0.0625	8.6456	131.17647	923	164799	0.1734	30.9675	174.901961	1591	236896	0.299	44.5153

续表

50m影响区					100m影响区					150m影响区					200m影响区				
波长	该波长下像素数	累积总像素数	所占比例	累积所占比例	波长	该波长下像素数	累积总像素数	所占比例	累积所占比例	波长	该波长下像素数	累积总像素数	所占比例	累积所占比例	波长	该波长下像素数	累积总像素数	所占比例	累积所占比例
43.921569	54	20151	0.0098	3.6418	87.84314	189	48027	0.0342	8.6798	131.76471	684	165483	0.1285	31.096	175.686275	1362	238258	0.2559	44.7712
44.117647	48	20199	0.0087	3.6505	88.23529	265	48292	0.0479	8.7277	132.35294	1388	166871	0.2608	31.3568	176.470588	1132	239390	0.2127	44.9839
44.313725	109	20308	0.0197	3.6702	88.62745	347	48639	0.0627	8.7904	132.94118	703	167574	0.1321	31.4889	177.254902	1347	240737	0.2531	45.237
44.509804	48	20356	0.0087	3.6789	89.01961	347	48986	0.0627	8.8531	133.52941	923	168497	0.1734	31.6624	178.039216	1368	242105	0.2571	45.4941
44.705882	208	20564	0.0376	3.7165	89.41177	264	49250	0.0477	8.9008	134.11765	932	169429	0.1751	31.8375	178.823529	1585	243690	0.2978	45.7919
44.901961	46	20610	0.0083	3.7248	89.80392	355	49605	0.0642	8.965	134.70588	693	170122	0.1302	31.9677	179.607843	912	244602	0.1714	45.9633
45.098039	201	20811	0.0363	3.7611	90.19608	345	49950	0.0624	9.0273	135.29412	1396	171518	0.2623	32.23	180.392157	1576	246178	0.2961	46.2595
45.294118	55	20866	0.0099	3.7711	90.58824	199	50149	0.036	9.0633	135.88235	711	172229	0.1336	32.3637	181.176471	908	247086	0.1706	46.4301
45.490196	40	20906	0.0072	3.7783	90.98039	271	50420	0.049	9.1123	136.47059	931	173160	0.1749	32.5386	181.960784	1603	248689	0.3012	46.7313
45.686275	123	21029	0.0222	3.8005	91.37255	350	50770	0.0633	9.1755	137.05882	941	174101	0.1768	32.7154	182.745098	1356	250045	0.2548	46.9861
45.882353	54	21083	0.0098	3.8103	91.76471	367	51137	0.0663	9.2418	137.64706	1169	175270	0.2197	32.9351	183.529412	1141	251186	0.2144	47.2005
46.078431	197	21280	0.0356	3.8459	92.15686	265	51402	0.0479	9.2897	138.23529	954	176224	0.1793	33.1144	184.313725	1358	252544	0.2552	47.4557
46.27451	55	21335	0.0099	3.8558	92.54902	357	51759	0.0645	9.3543	138.82353	708	176932	0.133	33.2474	185.098039	1374	253918	0.2582	47.7139
46.470588	48	21383	0.0087	3.8645	92.94118	209	51968	0.0378	9.392	139.41177	938	177870	0.1763	33.4237	185.882353	1125	255043	0.2114	47.9253
46.666667	203	21586	0.0367	3.9012	93.33333	354	52322	0.064	9.456	140	947	178817	0.178	33.6016	186.666667	1372	256415	0.2578	48.1831
46.862745	54	21640	0.0098	3.9109	93.72549	279	52601	0.0504	9.5064	140.58824	1168	179985	0.2195	33.8211	187.45098	1584	257999	0.2977	48.4807
47.058824	119	21759	0.0215	3.9324	94.11765	367	52968	0.0663	9.5728	141.17647	957	180942	0.1798	34.0009	188.235294	917	258916	0.1723	48.6531
47.254902	47	21806	0.0085	3.9409	94.5098	354	53322	0.064	9.6367	141.76471	706	181648	0.1327	34.1336	189.019608	1597	260513	0.3001	48.9532
47.45098	48	21854	0.0087	3.9496	94.90196	206	53528	0.0372	9.674	142.35294	1408	183056	0.2646	34.3982	189.803922	1360	261873	0.2556	49.2087
47.647059	215	22069	0.0389	3.9885	95.29412	280	53808	0.0506	9.7246	142.94118	723	183779	0.1359	34.534	190.588235	1145	263018	0.2152	49.4239
47.843137	46	22115	0.0083	3.9968	95.68628	364	54172	0.0658	9.7904	143.52941	940	184719	0.1766	34.7107	191.372549	1370	264388	0.2574	49.6813
48.039216	202	22317	0.0365	4.0333	96.07843	370	54542	0.0669	9.8572	144.11765	948	185667	0.1781	34.8888	192.156863	1369	265757	0.2572	49.9386
48.235294	63	22380	0.0114	4.0447	96.47059	273	54815	0.0493	9.9066	144.70588	1172	186839	0.2202	35.109	192.941176	1133	266890	0.2129	50.1515
48.431373	48	22428	0.0087	4.0534	96.86275	371	55186	0.067	9.9736	145.29412	958	187797	0.18	35.289	193.72549	1377	268267	0.2588	50.4102
48.627451	113	22541	0.0204	4.0738	97.2549	363	55549	0.0656	10.0392	145.88235	711	188508	0.1336	35.4226	194.509804	1584	269851	0.2977	50.7079
48.823529	62	22603	0.0112	4.085	97.64706	214	55763	0.0387	10.0779	146.47059	940	189448	0.1766	35.5993	195.294118	898	270749	0.1687	50.8766
49.019608	206	22809	0.0372	4.1222	98.03922	287	56050	0.0519	10.1298	147.05882	947	190395	0.178	35.7772	196.078431	1587	272336	0.2982	51.1748
49.215686	47	22856	0.0085	4.1307	98.43137	368	56418	0.0665	10.1963	147.64706	1172	191567	0.2202	35.9975	196.862745	1346	273682	0.2529	51.4277
49.411765	210	23066	0.038	4.1687	98.82353	374	56792	0.0676	10.2639	148.23529	958	192525	0.18	36.1775	197.647059	1118	274800	0.2101	51.6378
49.607843	57	23123	0.0103	4.179	99.21569	281	57073	0.0508	10.3146	148.82353	712	193237	0.1338	36.3113	198.431373	1337	276137	0.2512	51.8891
49.803922	48	23171	0.0087	4.1876	99.60784	373	57446	0.0674	10.3821	149.41177	1404	194641	0.2638	36.5751	199.215686	1332	277469	0.2503	52.1394
50	530149	553320	95.8124	100	100	495874	553320	89.6179	100	150	337527	532168	63.4249	100	200	254699	532168	47.8606	100

第三部分

村庄居民点实地勘察和村民参与式调查方法

这一部分包括两章，第九章讨论一种有空间定位的、有数量指标的，以及对前期大规模卫星影像识别工作进行评估的调查和对卫星影像不能提供的基础资料的补充性调查，第十章讨论参与式调查。

第九章　实地勘察

　　针对村庄居民点废弃或闲置场地识别和诊断的实地勘察，是一种有空间定位的，有数量指标的，对前期大规模卫星影像识别工作进行评估的调查，也是一种对卫星影像不能提供的基础资料的补充性调查。对于大规模村庄卫星影像识别和诊断工作而言，实地勘察只能是个案的。但是，我们希望这些个案能够对前期大规模卫星影像识别工作所获得的数据作出一定程度的校正。

　　通过卫星影像，识别村庄里的废弃或闲置建设用地，对村庄人居环境状做健康诊断，可以快速、高效和从整体上获得一个地区农村环境综合整治工作所需要的空间和形体性基础资料。但是，这种方法毕竟是一种间接的判断方法，它受到遥感器本身技术水平的限制，不能完全提供土地利用信息，也受到我们影像解译能力的约束。如果要使这种方法的误差小于3%，我们还需要通过实地勘察，对已经作出的卫星影像判读进行校正。同时，在补充那些不可能通过卫星影像直接获得的村庄社会、经济和环境方面非空间和非形体性基础资料的条件下，提高我们通过卫星影像识别村庄废弃或闲置建设用地和诊断村庄居民点人居环境健康状况的全面性、质量和水平。

　　从这个意义上讲，针对村庄居民点废弃或闲置场地识别和诊断的实地勘察，不同于一般的实地调查。

　　实地勘察的基本目标是：

　　1）校正对卫星影像上认定或没有认定为废弃或闲置场地的生产性误判和消费者误判，确定在卫星影像上那些疑似废弃或闲置场地的实际状况（图9-1），核实估算出来的农村居民点废弃或闲置建设用地的面积。

莱阳市谭格庄镇上孙家村

图9-1　实地勘察场地（一）

2）补充在卫星影像上不能直接获得的而编制村庄整治规划又需要的自然灾害信息、生态环境信息和社会经济发展信息，了解村庄出现成规模废弃或闲置建设用地的特殊原因（图9-2）。

（a）闲置场地（一）　　　　（b）闲置场地（二）　　　　（c）种上庄稼的闲置场地

（d）围在居民区中的农田　　　　（e）边角空地　　　　（f）建设用地边缘

（g）集体闲置建设用地　　　　（h）废弃的住宅

图9-2　实地勘察场地（二）

实地勘察的手段中增加了 GPS 的使用。

第一节　校正误判

1. 村庄建设用地的边界

对村庄居民点废弃或闲置场地的估算是建立在我们确定的村庄建设用地边界基础上进行的，但是，卫星影像上并没有一个村庄建设用地边界标志，我们只能凭借实际经验，依据村庄居民点最外围的道路、河流、山体、农田、果园、林地、住宅建筑、废弃的住宅建筑及其场地等地物，确定村庄建设用地的实际边界。这样，那些土地管理部门划出的农村居民点建设用地（203）斑块，可能大于或小于我们确定的这个边界，那些农民堆放杂物或临时搭建了建筑物的边缘农田被划在了我们确定的边界内，从而造成估算村庄居民点废弃或闲置场地面积的相对误差，即与土地管理部门掌握的农村居民点建设用地面积有所不一致。

事实上，只有村庄居民自己知道村庄建设用地的实际边界。如果不是成片占用基本农田，而只是占用未利用地，如荒草地、裸岩石砾地"3"类地，常常无人问津，也没有出现在近年编制的1:10000的地形图上。例如，烟台牟平区北臧村的建设用地就已经发展到了村边的裸岩石砾地中去了，而在村庄里留下了大量废弃或闲置的场地（图9-3）。再如莱州市虎头崖镇南王村，村中有一条时令河。在土地规划现状图上，那条时令河的面积没有被计入建设用地斑块，而实际上，村民已经利用这块空间，搭建了各类建筑物，俨然一块建设用地（图9-4a）。这种状况对整个农田面积的影响不大，但是，对于村庄基础设施布局和建设的影响却是不可忽略的，如增加了道路建设面积和管道系统总长度。对农村环境综合整治来讲，我们应当从村庄建设用地的实际边界出发，而非土地规划边界。同样，村庄边缘甚至村庄中常常有些菜园、果园和林地。一些村民在自家的菜园里搭建了建筑物，我们在估算村庄建设用地边界时，很难把它们剔除掉，也一并计入到了村庄建设用地中，从而增加了闲置场地的面积（图9-4b、c）。所以，我们需要实地勘察那些相对土地规划边界不一致的农村居民点建设用地边界，排除村庄边缘的菜园、果园和林地面积。

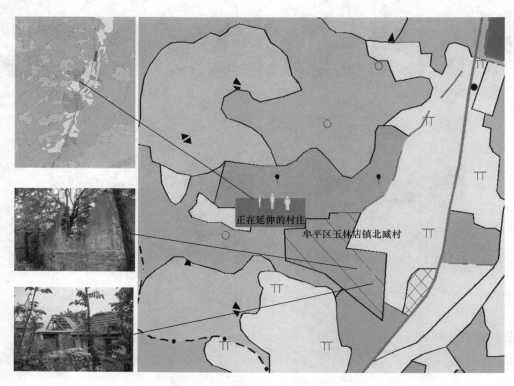

正在延伸的村庄

牟平区玉林店镇北臧村

图9-3 校正土地利用规划图上与实际利用状况之间的误差

在实地勘察前，我们已经准备好相应村庄的卫星影像，在图上疑似边界上标注了若干节点的地理坐标，备注了疑点。在室外勘察时，开启手持GPS，选用线状文件格式，沿着实际村庄居民点建成区边缘绕行一周，记录下这个边界，然后，有的放矢地就疑似问题询问村干部。再把记录与我们的卫星影像套合起来，确定下村庄建设用地的实际边界。在没有基站的情况下，我们使用的 Trimble（GeoXH）可以达到小于 5m 的精度。

当然，作这类实地勘察离不开我们对村庄居民点边界的理论看法。例如，流过村庄边缘的时令河在

(a) 时令河被用于建设

(b) 边角闲置地

(c) 成片闲置地

图9-4 根据村庄实际边界校正实际利用的建设用地边界

枯水季节会出现宽阔的河滩和洼地，那里有树林，常常成为村民倾倒垃圾的地方。它们究竟是否算作村庄居民点的建设用地？我们认为，村庄的边界在形体上可能由一条道路、一个绿带，一个公共工程设施如道路服务所及区域的边界来确定，或者以河流、湖泊、水塘、农田山林、道路或湿地等地类作为边界。有些边界是保证村庄经济健康发展的，有些边界是为提高村庄生活质量的，有些边界则是为了保证自然生态平衡的。从农村人居环境的现状看，许多安全隐患、生态环境问题、违法占用非建设用地、难以建设公用设施和提高农村居民公共服务水平的现象，都是因为没有给村庄划定发展边界所致。所以，为了落实《村庄整治技术规范》的要求，切实保障居民安全、保护农业用地和生态环境，提高农村公共设施和公共服务水平，需要通过编制村庄整治规划来确定村庄发展边界，即使那些不需要编制村庄整治规划的村庄，甚至不作村庄整治的村庄，也需要建立起村庄发展边界。

如果按照这个思维方式，根据自然地理和生态环境条件，把村庄建设用地边界认定为"村庄发展边界"，那么，尽管它有可能超出"土地使用法定边界"，但是，它与保障居民安全、保护生态环境和改善村庄人居环境直接相关，应当计入村庄建设用地的估算之中（图9-5）。需要说明的一点是，划入村庄建设用地之内的土地，并非完全用于住宅建设，而是要利用那些土地与空间，作为与农田的隔离带和营造公共绿地，改善村庄居民点的环境。从这个意义上确定的边界才是符合人居环境生态化的目标的。

(a) 莱州平里店镇罗家卫星影像

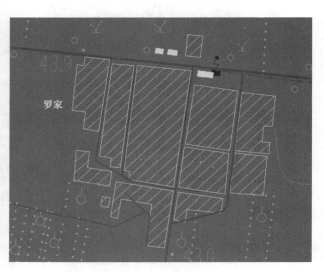

(b) 地形图

(c) 卫星影像与地形图叠加

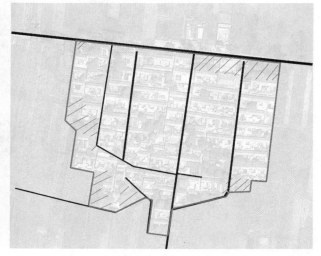

(d) 多于地形图上村庄边界的部分

图9-5 卫星影像与地形图叠加以校正误差

2. 房前屋后的闲置场地

村庄居民点的一大特点是，与私人庭院相邻的公共空间约定俗成地归属于该家居民管理和使用，尽管这类土地的权属为集体用地。村民们在那里堆放柴草和杂物，种植蔬菜，拴牲口，甚至搭盖各类建筑物等。它们成为村民须臾不可缺少的空间。究竟如何解译这些场地，是闲置的，还是使用中的？

即使我们到达现场，也会面临两难境地。这类土地零星地散落在村民住宅的四周，难以计数。有些人家把房前屋后整理得很利落，而有些人家，特别是老村部分的一些人家，房前屋后杂草丛生。只有当这类地块具有一定规模时，特别是与周边废弃场地或种植上农作物的宅基地相连时，我们可能把它们解译为村庄里的闲置场地，而对于更多不成规模的边角余地，我们可能作出消费者误判，从而低估了它们在村庄废弃或闲置场地中的比例（图9-6）。

图9-6 容易误判的边角闲置土地

在2009年4~8月间，我们曾经就这类疑似废弃或闲置场地的影像，对近300位村支书或村长进行过访谈。一般来讲，他们认可了我们已经在卫星影像上标记出来的成片的废弃或闲置场地。但是，对于我们没有识别出来的零星闲置场地，他们几乎没有给予校正。产生这种状况的主要原因可能是不理解我们的意图，同时对他们来讲可能也是一个十分困难的任务。

针对这种情况，我们对一些村庄进行了实地勘察。不同于对村庄居民点边界的实地勘察，这类旨在校正"消费者误判"的实地勘察是要评估我们没有发现的房前屋后闲置场地究竟占多大比例，以减少我们对卫星影像作出的误判。所以，在实地勘察前，在室内尽可能地标记出我们认为是房前屋后闲置场地的地方，而实地勘察时标记出的是遗漏的废弃或闲置场地。

在实地勘察时，开启手持GPS，选用点状文件格式，记录下现场认定的遗漏地点。由于进入村庄内部，建筑物可能遮盖了某些卫星，或者卫星的几何分布位置不利于测量，所以，我们需要避开墙角屋檐等建筑物。回到室内后，把记录下来的每一个点标记在该村的卫星影像上，而对它的面积只能参照正常宅基地面积作估算。

在实地勘察中，我们发现，对这类闲置场地估算产生实质性影响的误判大多发生在村中道路的节点部位，单个规模不足一块标准宅基地，地块呈不规则几何形状（图9-5）。所以，集中查勘主要路口，是一个可以避免进村后处于茫然境地的办法。

栖霞市西城镇槐树底村四块边角闲置地块实地勘察（图9-7）

O1：37°17′15.55″N，120°44′34.07″E。闲置和废弃的宅基地。地处村庄中央，面积约合3个标准宅基地大小，左边为闲置宅基地，房屋四周长满杂草，院墙被高大的树木及杂草覆盖。右边的废弃宅基地房屋主体已经倒塌，院内堆满各种杂物。

O2：37°17′14.89″N，120°44′36.54″E。废弃的宅基地。地处村庄中央，面积约合5个宅基地大小。

O4：37°14′07″N，120°44′34.28″E。闲置的标准宅基地。地处村庄中心河流旁。房屋主体完好，大门紧闭；由于长期无人居住，目前房屋外四周均长满杂草，堆砌的杂物随处可见；宅子庭院内也是堆满杂物。这个家庭已经搬到城市居住，处于长期闲置状态。

O5：37°17′14.73″N，120°44′32.53″E。废弃的宅基地。地处村庄中心的三角地带，原有房屋已经废弃多年，村民利用宅基地和相邻公共场地种植蔬菜。

图9-7 勘察场地实景

3. 有人居住和闲置的住宅

从卫星影像上发现新旧住宅的区别并不困难，我们可以从瓦的色彩作出判断。最近30年盖起的住宅一般使用红瓦或显白色的预制混凝土板，而那些使用黑瓦的住宅一般都是30年以上的老住宅。从卫星影像上发现村落的新老部分也不困难，我们可以从院落内外的植被纹理上作出判断，新近发展起来的住宅区，植被相对不如老村部分。但是，要在卫星影像上发现，哪些老住宅有人居住，哪些老住宅没人居住，仅仅依据瓦的色彩或植被的纹理作判断存在一定误差。所以，我们需要实地勘察，获得经验，减少误判。

我们在对有人居住和无人居住的住宅进行判断的时候采用了如下 2 类 20 条实地勘察指标（图 9-8、表 9-1）：

1）房屋院落（（1）~（6）会在卫星影像上有所反映）

（1）房顶有漏洞或用不适合于人居的建筑材料封堵；

（2）树木已经覆盖屋顶或院落面积的 70%；

（3）房屋及其附属建筑物部分坍塌；

（4）门前已经长满杂草或被杂物封堵；

（5）院内外杂草和树木丛生，没有人迹。

（6）院内没有日常生活和生产用具；

（7）门锁严重锈蚀；

（8）门框上无春联张贴的痕迹，门楼呈现危险状态；

（9）窗户破损，且用砖或其他物品遮堵；

（10）屋内几乎没有家具或无规则地堆放着杂物。

2）基础设施和公共工程设施（（1）~（4）会在卫星影像上有所反映）

（1）没有宅前道路痕迹或者堆放了杂物；

（2）村内主要道路与住宅没有联系；

（3）院外宅前空间堆放杂物或种植了农作物；

（4）住宅院外的树木形成丛林状态；

（5）成为生活垃圾堆放场地；

（6）没有动力线，没有进行低压改造和安装电表；

（7）没有自来水供应管道或管道已经失修；

（8）院内向院外的排水沟已经干涸、堵塞或已经消失；

（9）私人厕所无粪便；

（10）没有电话线、电视接收器等通信设施。

（a）无人居住的住宅

（b）成片的废弃住宅（东马家泊村）

图9-8 废弃或闲置住宅案例一览

（c）从屋顶判断，不会适合于人居住

（d）已经坍塌的住宅

（e）已经坍塌的住宅

（f）只剩下残垣断壁

（g）改作羊圈的庭院

（h）草已封门

图9-8　废弃或闲置住宅案例一览（续）

（i）闲置住宅

（j）无路入宅

（k）无路入宅

（l）无窗玻璃挡风

（m）电线已经切断

（n）堆积杂物的老宅

图9-8　废弃或闲置住宅案例一览（续）

(o) 门窗均已破败

(p) 石棉瓦屋顶的建筑不宜人居住

(q) 庭院里长满了草

(r) 没有道路连通

(s) 空空如也的建筑物不能称之为住宅

图9-8 废弃或闲置住宅案例一览（续）

实地勘察住宅使用状况指标

表9-1

1) 房屋院落	%									
（1）房顶有漏洞或用不适合于人居的建筑材料封堵	100	90	80	70	60	50	40	30	20	10
（2）树木已经覆盖屋顶或院落面积的70%	100	90	80	70	60	50	40	30	20	10
（3）房屋及其附属建筑物部分坍塌	100	90	80	70	60	50	40	30	20	10

续表

1）房屋院落	%									
（4）门前已经长满杂草或被杂物封堵	100	90	80	70	60	50	40	30	20	10
（5）院内外杂草和树木丛生，没有人迹	100	90	80	70	60	50	40	30	20	10
（6）院内没有日常生活和生产用具	100	90	80	70	60	50	40	30	20	10
（7）门锁严重锈蚀；	100	90	80	70	60	50	40	30	20	10
（8）门框上无春联张贴的痕迹，门楼呈现危险状态	100	90	80	70	60	50	40	30	20	10
（9）窗户破损，且用砖或其他物品遮堵	100	90	80	70	60	50	40	30	20	10
（10）屋内几乎没有家具或无规则地堆放着杂物	100	90	80	70	60	50	40	30	20	10
合计										
2）基础设施和公共工程设施	%									
（1）没有宅前道路痕迹或者堆放了杂物	100	90	80	70	60	50	40	30	20	10
（2）村内主要道路与住宅没有联系	100	90	80	70	60	50	40	30	20	10
（3）院外宅前空间堆放杂物或种植了农作物	100	90	80	70	60	50	40	30	20	10
（4）住宅院外的树木形成丛林状态	100	90	80	70	60	50	40	30	20	10
（5）成为生活垃圾堆放场地	100	90	80	70	60	50	40	30	20	10
（6）没有动力线，没有进行低压改造和安装电表	100	90	80	70	60	50	40	30	20	10
（7）没有自来水供应管道或管道已经失修	100	90	80	70	60	50	40	30	20	10
（8）院内向院外的排水沟已经干涸、堵塞或已经消失	100	90	80	70	60	50	40	30	20	10
（9）私人厕所无粪便	100	90	80	70	60	50	40	30	20	10
（10）没有电话线、电视接收器等通信设施	100	90	80	70	60	50	40	30	20	10
合计										

在卫星影像上，我们能够解译的地物的因素反映在二维平面上的色彩，即波长、纹理、几何形状、和地物关系等类指标上。然而，只要到达现场，使用这些经验指标，我们对一幢老住宅是废弃的还是有人居住或使用的误判几率几乎为 0。

这 20 项指标中有 10 项指标会在卫星影像上有所反映。正因为如此，我们才会对卫星影像上的一些住宅的使用状况产生怀疑。在卫星影像精度一定的条件下，该卫星影像在多大程度上可以让我们判读相应的 10 项指标，其判读程度值在 5000 ～ 0 之间。如果合计数值在 2500 以下，应当还有必要作实地勘察，减少误差。

除一般观察外，我们还可以使用生态识别方法，实地勘察村庄废弃或闲置场地。废弃或闲置场地生态识别方法是，利用生态科学的技术手段来判断场地生态状况的一种方式，它可以帮助我们使用空置范围和时间来确定村庄废弃或闲置场地的空置程度。

这个方法的基本假定是，我们生活场地上的植物以及动物种群、土壤、微气候都会受到我们的直接影响，而一旦我们离去，经过一个或长或短的时间，这些场地会自我恢复其原先的生态状态。

在对废弃或闲置场地作生态识别时，我们假定一个有人居住的场地的生态系统由 4 个因子构成：人工种植的物种入侵、非人工种植的物种消失、化学污染物浓度和土壤中的营养元素含量、pH 值和有机质均超出农田林地等开放空间；对于一个确定时间段没有人居住的场地来讲，其场地生态系统的 4 个因子发生逆转：一些人工种植的物种消失，各类非人工种植的物种回归，化学污染接近农田林地等开放空间，而土壤中的营养元素含量、pH 值和有机质通常会下降。

有人居住的农村庭院内外一般会有各种人工种植的外来物种，如短期的蔬菜和花卉等，中期的果树，长期的长寿乔木。相反，那些废弃或闲置场地随空置时间的推移，蔬菜和花卉一年后即消失，接着果树老化，一些品种在 10 ～ 20 年中消失，最后只会剩下长寿乔木。所以，我们可以直观地确定该住宅有人还是长期无人居住。我们甚至可以通过卫星遥感影像，发现空置庭院和有人生活庭院内覆盖植被的差异。

有人居住的农村庭院内外一般不会有成规模的非人工种植的地方物种，如杂草、小灌木、蕨类等植物。但是，那些废弃或闲置场地随空置时间的推移，会出现杂草、小灌木等类植物及其与它们共生的其他生物，如昆虫和鼠类。这些自然生长的地方物种的蔓延规模大致就是废弃或闲置场地的规模。所以，在了解地方物种的前提下，我们只要通过现场观察，就可以判定其空置状况。

有人居住和无人居住的农村住宅室内空气中的一氧化碳（CO）、二氧化碳（CO_2）、可吸入颗粒物（IP）、细菌总数、甲醛、空气离子等指标有着明显的不同。

我们可以使用下列设备分别测定一个村庄中两类住宅的上述指标：

1）使用便携式红外线 CO 分析器测定室内外一氧化碳。

2）使用便携式红外线 CO_2 分析器测定室内外二氧化碳；室外对照点距堂屋正前方 3m 处，同步进行。

3）使用微电脑激光粉尘仪测定室内外可吸入颗粒物。

4）使用撞击式多功能空气微生物监测仪，采集室内空气细菌样品，实验室培养后，确定其数量。

5）使用甲醛分析仪，测定室内外甲醛。

6）使用大气离子浓度测量仪，测定室内外空气离子。

注意：

1）测量样本的采集点均在 150cm 高处，室外对比点设在距离住宅前方 3m 处，同步进行。

2）测量目的是为了确定那些不易判断是否处于空置状态的住宅，所以，只要取得用于对比的相对值即可。实际上，因为人类的生活活动在废弃或闲置住宅室内基本停止，所以，在废弃或闲置住宅室内的上述指标数值大体与当地室外指标数值一致。

有人居住和无人居住的农村住宅院落土壤表层中的营养元素各形态含量会出现差异。随着时间的推移，如果废弃或闲置场地没有成为垃圾场，它们土壤中营养元素（N、P、K、Ca、Mg、Cu、Fe、Mn、Zn）的全量、pH 值、有机质和微量元素的五种形态（交换态、碳酸盐结合态、铁锰氧化物结合态、有机结合态、残余态）含量，都会接近相邻开放空间中自然灌草丛的水平。

注意：

1）我们可以选择若干指标加以检测，特别有效的检测指标有：农村住宅院落土壤表层中的 pH 值和有机质；

2）分别在有人居住和无人居住的农村住宅院落中采集样本，测定和对比它们的 pH 值和有机质，我们可以大体确定废弃或闲置场地已经空置的时间。

3）同时，我们也可以大体估计废弃或闲置场地生态恢复的程度。这样，我们可以用这些指标来逆向表达废弃或闲置场地的空置程度。

4）大树底下的废弃住宅和闲置场地

卫星影像上的大型乔木呈冠状，且有阴影，易于识别。但是，辨认出若干大树或成片大树底下的土地使用状况，则有一定难度。如果树丛中依稀显露出建筑物时，我们可以通过关闭一定波长，让它们部分显现出来。而当树丛密实到光线完全不能进入的状态时，我们可能会把这个空间判读为绿树空间，而非闲置场地。实际上，那些连排住宅群中段本应出现住宅屋顶却出现大树的地方，可能隐藏着废弃的住宅（图 9-9），或有闲置的场地。

当然，这只是一种经验。大树底下究竟是否有闲置的场地，还需要实地勘察和验证，以便形成一个估计大树底下存在废弃或闲置场地比例的数值。这样，我们可以通过统计疑似地段的大树，确定从卫星影像上识别不出来的废弃或闲置场地，减少误判（图 9-10、图 9-11）。

几年以来，我们对这个地区的实地勘察中发现，庭院中的大树不会遮蔽屋顶，不会影响窗户的采光，也不会完全覆盖庭院。宅院大门前的树木不会封堵入宅的大门，而那些出现在村中住宅集聚地区的成片大树下，一般都有闲置的场地或者存在废弃的住宅。

图9-9　大树底下的废弃住宅（一）

图9-10　大树底下的废弃住宅（二）

图9-11　莱州朱桥镇后李村实地查勘：大树底下的
闲置场地

4. 闲置宅基地和公共建设用地

闲置宅基地和公共建设用地是那些已经清除了废弃住宅或公共建筑的场地，或已经分配给村民却尚未利用的宅基地，或闲置的公共建筑所占据的场地，特别是原先村里的小学、供销社和村办企业所占用的场地（图9-12）。

当村庄居住区边缘轮廓和道路体系在卫星影像上比较清晰时，我们把这个范围内的有道路相连接的所有土地都认定为村庄的现状建设用地（图9-13）。除绿化性质的树木之外，在这个认定的建设用地范围内可能存在一些绿色的地块（4～10月的卫星影像）或裸露的地块（11～3月的卫星影像），而非完全被建筑物覆盖。那些地块的绿色可能来自村民种植的农作物，也可能是荒草。村民在有些地块上堆放着柴草或搭建了建筑物。依据这些地块与周边建筑物及其道路的关系，以及有些地块相对规则的几何形

（a）种上庄稼的宅基地（一）

（b）种上庄稼的宅基地（二）

（c）拆除了旧宅，种上农作物的闲置宅基地

（d）种上树的闲置宅基地

（e）准备使用的闲置宅基地

（f）租赁结束后闲置的公共建筑

图9-12　闲置的宅基地和公共建设用地案例一览

（g）成片的闲置公共建设用地

（h）闲置公共建筑，私人用来养牛

（i）闲置的公共建筑和场地

（j）闲置的公共用地

（k）闲置的村委会办公室

（l）闲置的集体仓库，就要坍塌

（m）已经坍塌的公共建筑

图9-12　闲置的宅基地和公共建设用地案例一览（续）

状，我们把其中一些判读为闲置场地，包括闲置的宅基地和闲置的公共建设用地，即使这些场地有些被用来种植农作物或堆放杂物（图9-14）。

（a）卫星影像　　　　　　　　　　　　　　　　　（b）地形图

（c）卫星影像与地形图叠加

图9-13　若干个相邻自然村正在通过村庄道路连接起来

（a）卫星影像　　　　　　　　　　　　　　　　　（b）地形图

图9-14　确定哪些属于闲置的建设用地，哪些属于农用地

(c) 卫星影像与地形图叠加

图9-14 确定哪些属于闲置的建设用地,哪些属于农用地(续)

在进行此类实地勘察前,我们首先查看土地管理部门的"土地使用现状图"和测绘部门的地形图,确定"农村居民点用地"在图上的空间坐标。再把我们在卫星影像上确定的农村居民点用地,与测绘部门测定的地形图(通常为1∶10000)或土地管理部门的"农村居民点用地"现状规划图(通常为1∶10000)叠加起来(图9-15)。我们把这样一幅叠加图输入到手持GPS中,作为底图。在GPS上选用线状文件格式,记录下在"农村居民点用地"斑块之外的疑问场地。

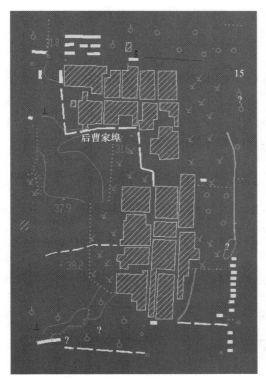

(a) 地形图　　　　　　　　　　　　　　　　(b) 叠加后出现的疑问场地

图9-15 用作GPS的底图

实际上，无论是 1：10000 土地现状规划图上"农村居民点用地"斑块，还是 1：10000 地形图上的"农村居民点用地"斑块，通常都是规则矩形的，两种图上"农村居民点用地"规模差别甚微，而与卫星影像上记录下来的农村居民点现状存在一定差异。

我们把土地现状规划图"农村居民点用地"斑块中的全部土地均以建设用地计，仅对超出"农村居民点用地"斑块的疑似闲置场地进行勘察。这类实地勘察的指标如下：

1）疑似场地是否属与分配登记的私人宅基地；

2）疑似场地是否属集体建设用地；

3）疑似场地上是否有建筑遗存；

4）疑似场地上是否有建筑开工迹象；

5）疑似场地是否与周边住宅建筑物直接相邻；

6）以疑似场地中心为圆心，且与任何一个方位上的相邻住宅建筑距离不足 100m；

7）以疑似场地中心为圆心，且与任何一个方位上的相邻废弃住宅距离不足 100m；

8）疑似场地是否已经被居住区道路系统围合；

9）疑似场地是否与公共工程设施连通；

10）疑似场地是否属未利用地。

第二节　补充资料

补充对村庄人居环境状况实施健康诊断所需要的资料也是实地勘察的基本任务。判断一个村庄人居环境是否健康，我们可以在村庄居民点的安全状态、建设用地利用质量、生态系统破碎程度和维护地方风貌的水平等四个层次上加以考察。除建设用地利用质量外，有关村庄居民点的安全状态、生态系统破碎程度和维护地方风貌水平的基础资料，都超出了卫星影像所能承载的直接信息范围。

1. 安全状态

农村环境综合整治是改善和改造乡村居民点旧设施和旧村貌的修建性工程，而改善和改造的最基本任务应当是消除农村人居环境中的各类安全隐患。实际上，许多安全隐患是因为没有规划指导而随意建设所造成的，或者是因为不科学的规划所致。所以，我们需要首先发现村庄存在的安全隐患，然后分析造成这些安全隐患的规划原因，最后对这些有规划问题的场地实施整治。

从我国农村居民点现阶段的实际情况出发，自然灾害、人为灾害、饮水、道路交通（图 9-16）、环境等五个方面的安全隐患最为突出，同时，这些最突出的安全隐患可能与乡村规划的缺失有关（图 9-17）。所以，从编制村庄整治规划的角度讲，发现安全隐患可以帮助我们调整因布局不当而留下的安全隐患，尽可能降低和减少各类灾害的财产损失，最大限度地保护人民群众的生命安全。

为了对村庄的安全隐患进行诊断，我们需要以各项涉及村庄建设的法律、法规和标准为基础，对村庄居民点各类安全问题进行观察。同时，安全隐患的诊断依赖于细致的直接观察（图 9-18）。观察地球表面的物理变化，可能发现正在逼近的地质灾难；观察地形地貌的几何特征，可以发现可能避开的洪涝灾害；观察建筑物与建筑物之间的关系，可能发现人为的火灾；观察水源地周边的污染物，几乎无须再作化学生物检验，就可以断定它难以达到安全的饮用水质量。

实际上，当地村民最容易观察到发生在他们周围的安全隐患，只要适当加以引导。所以，在对村庄居民点存在的安全隐患进行诊断时，没有适当地引导当地居民的参与，再高明的科技手段，也不能完全奏效。当然，对于一些安全隐患，我们需要借助物理测量手段，采用化学或生物专门技术分析来验证。

　　地质灾害易发场地多出现在山区和丘陵地区的村庄，包括滑坡场地、泥石流沟、崩塌体场地、地面塌陷场地等（图9-19）。

（a）卫星影像

（b）穿过村庄的道路

图9-16　道路交通安全隐患

招远市玲珑镇大蒋家村和小蒋家村

（a）泥石流易发区

（b）滑坡

（c）污染的坑塘

图9-17　不安全的居民点案例

图9-18 卫星影像上可以看到的地质灾害易发区域及其村庄

(a) 泥石流

(b) 泥石流

(c) 塌陷地区

(d) 塌陷地区

图9-19 地质灾害易发区

栖霞市生树夼—上哨村（泥石流）

(e) 泥石流

图9-19 地质灾害易发区（续）

1) 滑坡场地

地貌：当斜坡上发育有圈椅状、马蹄状地形或多级不正常的台坎，其形状与周围斜坡明显不协调，斜坡上部存在洼地，下部坡脚较两侧更多地伸入河床；两条沟谷的源头在斜坡上部转向并汇合等地貌现象时，说明这些地段可能曾经发生过滑坡。当这类斜坡上有明显的裂缝，裂缝在近期有加长和加宽现象，坡体上的房屋出现了开裂、倾斜，坡脚有泥土挤出，垮塌频繁时，可能是滑坡正在形成。

地层：曾经发生过滑坡的地段，其岩层或土体的类型、形状往往与周围未滑动斜坡有明显的差异。与未滑动过的坡段相比，滑动过的岩层或土体通常层序上比较凌乱，结构上比较疏松。这些现象从地层结构上说明，那里可能还会发生滑坡。

地下水：滑坡会破坏原始斜坡含水层的统一性，造成地下水流动路径、排泄地点的改变。所以，当发现局部斜坡与整段斜坡上的泉水点、渗水带分布状况不协调，短时间内出现许多泉水或原有泉水突然干涸等情况时，可能预示有滑坡正在形成。

植被：斜坡曾经发生过剧烈滑动时，斜坡表面的树木会发生位移。如果斜坡表面树木主干朝坡下弯曲，主干上部保持垂直生长，可能是斜坡长时间缓慢滑动的结果。

在实地勘察时，我们需要记录下村庄居民点滑坡易发和多发的场地：江、河、湖（水库）、沟的岸坡地带；地形高差大的峡谷地区；山区铁路、公路、工程建筑物的边坡等；地质构造带之中，如断裂带、地震带等；易滑（坡）岩、土分布区；暴雨多发区及异常的强降雨区等。

2) 泥石流沟

物源：沟谷两侧山体破碎、疏散物质数量较多，沟谷两边滑坡、垮塌现象明显，植被不发育，水土流失、坡面侵蚀作用强烈的沟谷，易发生泥石流，因为泥石流的形成，一定有大量的松散土和石头的参与。

地形：沟谷上游三面环山、山坡陡峻，沟域平面呈漏斗状、勺状、树叶状形态，中游山谷狭窄、下游沟口地势开阔，沟谷上、下游高差大于300m，沟谷两侧斜坡坡度大于25°的地形条件，有利于泥石流形成，因为这类地形地貌能够汇集较大水量，保持较高水流速度的沟谷，可以容纳和搬运大量的土石。

水源：局部暴雨多发区，有溃坝危险的水库、塘坝下游，冰雪季节性消融区，具备在短时间内产生大量流水的条件，所以，容易伴生泥石流。

在实地勘察时，我们需要记录下村庄居民点在物源、地形、水源三个方面都有利于泥石流的形成泥石流沟的场地。同时，如果一条沟是已经发生过泥石流的沟谷，今后仍有发生泥石流的危险，尽管泥石流再发生的频率、规模大小、黏稠程度，会随着物源、地形、水源因素的变化而发生变化，所以，也需要记录下来。

3）崩塌体场地

地形：坡体大于45°，且高差较大或坡体成孤立山嘴，或凹形陡坡；

地貌：坡体内部裂隙发育，尤其垂直和平行斜坡延伸方向的陡裂隙发育，顺坡裂隙、软弱带发育，坡体上部已有拉张裂隙发育，并且切割坡体的裂隙、裂缝即将贯通，使之与母体（山体）可能分离。

地质结构：坡体曾经发生过崩塌，现在前部存在临空空间，或有崩塌物发育，今后可能再次发生崩塌。

具备了上述特征的坡体，即是可能发生的崩塌体，尤其当上部拉张裂隙不断扩展、加宽，速度突增，小型坠落不断发生时，预示着崩塌很快就会发生。

在实地勘察时，我们需要记录下地处此类坡体上或附近的场地。

4）地面塌陷场地

威胁农村居民点的地面塌陷主要是岩溶地面塌陷和矿山采空区地面塌陷。除掌握国家地质灾害监控专业部门的观测资料外，还可以通过抽、排地下水引起泉水的干枯，地面积水、人工蓄水（渗漏）引起的地面冒气泡或水泡，植物变态，建筑物作响或倾斜，地面环形开裂，地下土层垮落声，水点的水量、水位和含沙量的突变等，了解到地面可能发生塌陷的场地。

洪涝灾害易发场地多发生在村庄中地势低洼的场地，接近时令河段的场地。从卫星图像上我们可以发现，一些村庄居民点的高程甚至低于周边河流或湖泊的正常水位（图9-20）。之所以河水没有进入村庄，一是因为干旱少雨；二是因为修建了河堤。但是，一旦暴雨发生，村庄居民点的积水难以排除，必然形成洪涝灾害，威胁到村民的生命财产安全。同时，县级政府部门，如水利局、规划建设局、土地局和公路局，都掌握着一定精度的测绘图。这些测绘图上的等高线明确标明了一个村庄或一个村庄的某些场地可能发生洪涝灾害。我们在实地勘察时，需要记录下村庄居民点中这类场地及其源发地区，尽管它们可能已经超出了村庄居民点建设用地的范围。

火灾易发场地可以存在于村庄居民点的任何一个地方，特别是那些没有建立防火隔离带，没有留下消防通道，没有注意住宅间距，没有按照规范布置消防设施的场地（图9-21）。所以，我们在实地勘察时，需要记录如下情况：

1）有无可靠的和足量足压的消防供水；

2）有无消防给水管网、天然水源或消防水池；

3）有无消火栓；

4）有无按照规范间距布置的消火栓；

5）主要道路、次要道路和街巷是否可以保证村民在火灾发生时迅速逃生；

6）主要道路、次要道路和街巷是否可以保证消防车或设备通行；

7）家庭内部供电设备和线路老化状况；

8）家庭燃料堆放和使用状况；

9）住宅间距。

饮水安全涉及尚未使用市政集中供水的村庄。根据我国制定的农村饮用水安全卫生评价指标体系，农村饮水安全由水质、水量、方便程度和保证率四项指标来判别。四项指标中只要有一项低于安全或基本安全最低值，就不能定为饮用水安全或基本安全。

1）水质：符合国家《生活饮用水卫生标准》要求的为安全，符合《农村实施〈生活饮用水卫生标准〉准则》要求的为基本安全，低于《农村实施〈生活饮用水卫生标准〉准则》要求的为不安全。目前，农村饮用水水质不安全主要从氟超出1.0mg/L，砷超出0.05mg/L，苦咸水即溶解性固体含量超出1000mg/L，细菌总数超过100个/mL，总大肠菌群超过3个/mL等几个方面来判断。

2）水量：每人每天可获得的水量不低于 40 ~ 60L 的为安全，不低于 20 ~ 40L 的为基本安全。常年水量不足的，属于农村饮用水不安全。

（a）卫星影像和地形图叠加

（b）泄洪河道

图9-20　洪水易发区

（a）家庭燃料堆放造成火灾隐患　　　　　　　　　　（b）村庄道路堵塞，不利于消防车或设备通行

图9-21　火灾易发场地

（c）新建房屋住宅间距过窄 （d）老旧房屋宅间距过窄

图9-21 火灾易发场地（续）

3）方便程度：人力取水往返时间不超过 10min 的为安全，取水往返时间不超过 20min 的为基本安全。多数居民需要远距离挑水或拉水，人力取水往返时间超过 20min，大体相当于水平距离 800m，或垂直高差 80m 的情况，即可认为用水方便程度低。

4）保证率：供水保证率不低于 95% 为安全，不低于 90% 的为基本安全。

我们在实地勘察时，需要对照这些标准进行记录，以便在村庄整治规划逐一解决因规划缺失而引起的问题，如正确选择水源地或水井深度，避免氟、砷、溶解性固体含量超标；保护水源，避免地表污染物对饮用水的污染，如避开垃圾场，养殖场或厕所，从规划布局上提高村民饮水安全的程度（图9-22～图9-24）。

图 9-25 为某村庄引用水源保护地，图中可见的房屋为该村饮水井所在地，但在离饮水井不远处村民随意堆放牛粪，容易对饮用水造成污染。

道路交通安全问题多发生在，地处交通要道或具有市场功能的村庄，过境道路贯穿的村庄（图9-26）和沿着道路展开的村庄。除此以外，我们需要对村庄内部道路的交通安全与否进行实地勘察：

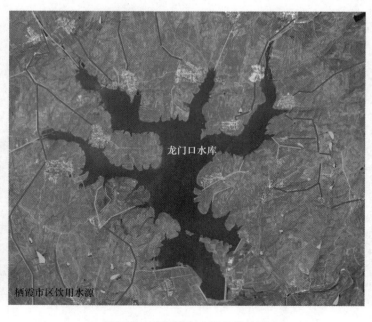

图9-22 重要城市水源保护地区

图9-23　供水渠道沿线保护带

图9-24　水库保护区

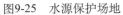

图9-25　水源保护场地

图9-26　交通危险地段

1）在村庄内部道路上行驶的车辆是否有约束速度、车道、让道、等待等交通安全设施；

2）村庄居民点道路规划模式是否适合于村庄步行为主的交通特征；

3）村庄内部道路交叉口的设计是否合理，村庄内部道路交叉口在数量和复杂程度上是否过大；

4）许多村庄内部主要道路的路面是否留足横坡坡度，是否有路面防滑措施；

5）在村庄内部主要道路成为贯穿性的道路，或者村庄沿公路线状展开，过境重载车辆穿行其间时，道路的设计退红是否满足公路退红规范，道路退红是否被临时建筑占用，路侧是否有安全防护设施；

6）山区丘陵地区的村庄主要道路是否存在长且坡度很大的路段，是否有足够的道路安全设施。

环境安全问题特别涉及地处石油化学工厂、废旧物资回收工厂、化学药厂、水泥厂、造纸及纸品加工厂、工业和城市大型垃圾场和核电厂附近的村庄，大型养殖场所在区域的村庄。从广义上讲，所有村庄都有环境安全问题存在。当然，在实地勘察中，我们首先集中关注可能遭受严重工业环境污染影响的村庄（图9-27），其次，我们也要关注受到现代高效农业生产，特别是大型养殖场影响的村庄的环境安全问题。大气、水、土地和生物是衡量村庄居民点综合环境安全与否的基本对象。我们在实地勘察中，应当对此进行记录。

图9-27　工业污染影响区（大姜家村位于在工厂下风0.5km处的东南方向，直接受到工厂的废弃污染）

2. 生态系统破碎程度

《村庄整治技术规范》提出："村庄的自然生态环境具有不可再生性和不可替代性的基本特征。农村环境综合整治过程中要注意保护性的利用自然生态环境。"按照这个要求，我们需要通过农村环境综合整治行动，实现保护性利用自然生态环境的基本目标。这项任务的核心之一是，维护村庄区域生态系统的完整性。

从生态学理论讲，识别非污染生态影响程度的首选判定因素是，自然系统中自然生物的生产能力和抗御内外干扰的能力。因此，我们需要认识村庄区域生态系统在受到人类轻微干扰情况下的自然系统净第一性生产力，然后通过实地调查，认识村庄区域生态系统的净第一性生产力现状。在此基础上，分析区域生态系统破碎程度，从而认识到导致自然系统的生产能力和抗御内外干扰的能力退化的原因。

当然，从农村环境综合整治规划的实际工作出发，我们仅仅以维护村庄区域生态系统的完整性为目标。我们只要找到村庄区域生态系统究竟有哪些生态链被人为地割断，或者说，究竟有哪些村庄区域生态系统处于破碎状态，我们就可以依此制定村庄整治规划，调整村庄区域内那些生物无论如何不能适应的人工环境要素的布局，通过农村环境综合整治工程，修补受到人工干扰的破碎的村庄区域生态系统，使之逐步恢复到生态基本平衡的状态。

科学地讲，一个地质生态或景观生态系统至少覆盖 $5km^2$ 以上的区域。所以，我们需要借助卫星影像，首先从宏观尺度上掌握人对其自然地形地貌、河流、溪流、湖泊、坑塘、湿地和植被干扰的基本状况，然后，再通过实地勘察，从微观上收集干扰的证据。

从卫星影像上，我们已经发现了一些被人工建筑物或构筑物分割开的生物栖息地：

1）被宽阔道路阻断的动物迁徙路径；

2）被住宅、工商业开发、农田、人工速生林切割了的生物栖息地；

3）被混凝土堤坝阻断了河流、小溪中水生生物迁徙的路径和它们赖以生存的水陆相交空间；

4）被堵塞而改道的河流溪流；

5）被人工建筑物占用的萎缩的湖泊、坑塘和湿地；

6）被分割开的极小的生物栖息地及其生物难以生存的边缘地带。

在实地勘察中，我们需要从这地球物理、化学和生物三个方面核实，我们在多大程度上打碎了村庄区域生态系统：

1）那些建（构）筑物、农田林场、道路田埂、水渠堤坝、采掘场地等从物理空间上分割或摧毁了一些生物的栖息地；

2）不能被自然生态系统吸收或降解，残留在土壤、空气和水中的持久性有机污染源的空间位置；

3）阻断天然生物食物链的人工物种分布空间位置。

实际上，乡村中这些断裂的生物链或打碎的生态系统不同于城市那样具有永久性，它们可以通过规划得以恢复，只要我们调整我们使用空间的布局，一些被割断或打碎的栖息地可以重新连通起来，逐渐恢复特定生物种类的连续生存空间。

3. 维护地方风貌的水平

《村庄整治技术规范》规定，严禁破坏传统风貌、历史风貌和资源，毁坏历史文化遗存。按照这个要求，我们需要在农村环境综合整治中，严格、科学保护历史文化遗产和乡土特色，延续与弘扬优秀的历史文化传统和农村特色、地域特色、民族特色（图9-28～图9-31）。

现在，保护国家和地方文物管理部门挂牌的"历史文化遗存"本身已经不是问题，因为有法可依。但是，保护这些历史文化遗存的本底，即村庄居民点的乡土特色、地域特色和历史文化风貌，还存在许多问题，如乡土特色与城镇化的矛盾，地域特色和标准化的矛盾，历史文化风貌和现代化的矛盾，特别是乡村居民点传统布局结构与现代生活方式的矛盾。

图9-28　维护传统村落风貌（一）

图9-29　维护传统村落风貌（二）

图9-30 维护传统村落风貌（三）

（a）主路 　　　　　　　　　　　（b）宅前道和支路

（c）莱阳某村居民宅前道路

图9-31 维护传统村落的道路风貌

　　产生这些矛盾的原因是，我们可能在一般地识别乡土特色、地域特色和历史文化风貌方面还有认识上的偏差，例如，以为建造若干古代风格的建筑，就等于保护了历史传统风貌；我们也可能在如何把握特定村庄的乡土特色、地域特色和历史文化风貌方面，过多地把注意力放到了建筑单体上，而忽视了建筑之间的公共空间，建筑的规模和相对尺度，建筑与建筑之间的空间关系。实际上，只要一个村庄历史上存在的道路格局不变，那么，这个村庄历史文脉就不会消退；当进入一个村庄的范围内时，只要有一条乡村景观道路供人们观赏农田、林地、小溪、水塘，甚至劳作的人们，那么，这个村庄的乡土特色跃然纸上；只要居民还可以继续在历史场所中，在传统空间尺度上，发生交往，那么，这个村庄的地域特色就有了本底。如果这样认识保护乡土特色、地域特色和历史文化风貌问题，也就不会对城镇化、标准化和现代化的方向发生怀疑，就会在农村环境综合整治中，有所为，有所不为，就会比较好地处理保护与发展的关系。

　　根据这样一种认识，在实地勘察时，我们可以通过如下指标说明村庄历史性道路体系及其道路与建筑物的"高宽比"来判断村庄历史文化风貌的维护水平：

　　1）了解老村部分尚存道路的交通功能、功能分类、形体形态（如弯曲、狭窄、断头等），测量包括道路相关设施在内的道路宽度、纵横坡度等；

　　2）观察老村部分不同功能道路的现有或原有铺装材料，铺装宽度；

　　3）测量老村部分尚存的传统居住建筑的高度、规模和描述其立面特征，如屋顶、屋檐、门窗等做法；

　　4）测量老村部分尚存道路与建筑物的"高宽比"，即两边建筑物的高度（从地基到屋顶）与道路宽度（街道两边建筑的墙根）之间的比例；

　　5）测量老村部分尚存住宅或前院，与道路之间的距离，与道路对面住宅、后院或偏院之间的距离，与隔壁相邻住宅或院落的距离；

　　6）我们可以以图、照片等图式方式表达观测到的指标。

　　事实上，这些指标给我们如何保护村庄历史文化风貌提供了关键性的方向：道路宽度，道路两旁建筑物的高度，道路与建筑物的"高宽比"，道路的步行功能，道路的沙石铺装方式，等等。使用这种方法的目的是，改变只关注建筑而忽视道路体系以及道路与建筑物的"高宽比"所蕴涵的村庄历史文脉的倾向，强调在农村环境综合整治过程中保护和兼顾村庄的历史性道路体系、道路与建筑物的"高宽比"等历史的空间布局要素。

　　沿着进村道路两旁的居住和商业开发最容易破坏乡村特色。尽管没有占用多少土地，但是，沿道路作10%的开发，会摧毁它背后50%的乡土特色，因为乡土特色是从道路上看到的。根据这样一种认识，我们沿着进入村庄的各类道路，观察和记录那些具有典型视觉效果的乡村特征。由于乡村景观走廊具有若干种不同类型的景观，如农田、树、灌木丛、墙、篱笆、农舍、畜舍、桥梁、瀑布、湿地、裸露的岩石等，所以，整个景观走廊的土地被划分为两类：

　　1）"广角"类是从广阔的视线出发的土地类型，指那些没有边界，即没有篱笆、墙、灌木丛或带状树围合的地区，所以表现为扩张型的，没有树或看上去"像公园似的"组团布置的树木。

　　2）"房间"类是以确定边界为基础的土地类型，如同树木常常围合了田野三个边或四个边。这些较小的"房间"既可能是"开放的"，也可能是"像公园似的"。

　　描绘两类重要视觉景观的位置和范围，包括特殊的"视觉停顿"（例如，值得一看的树木、树木簇团、建筑物或土地形态）和沿着道路的"视觉焦点"。

　　描绘任何特殊的视觉干扰物，如一定种类的商务活动、架空线、停车场、工厂、衰落的景观和不和谐的建筑物。

第十章 参与式评估

第一节 参与式调查和评估

参与式调查是通过社区干部和民众的广泛参与，获得各利益群体不同视角的全方位信息、意见或建议。在村庄空置宅基地或空置场地识别过程中，通过农户的广泛参与收集翔实的实地资料，为卫星影像识别提供数据支持，进行交叉印证，降低卫星影像识别误差，完善识别技术。

参与式调查采用的主要方法和工具是参与式农村评估（Participatory Rural Appraisal，简称 PRA），是由一个包括地方人员在内的多学科小组采用一系列参与式工作技术和工具用来了解农村生活、农村社会经济活动，收集农村社区的各种信息资料，与农村社区居民共同分析发展问题与机会的一种系统的半结构式的调查研究方法。

在村庄居民点废弃或闲置场地识别和健康诊断研究中引进和应用参与式农村评估的目的是，通过地方政府、社区干部和民众的广泛参与，获得全方位准确信息，验证与核实卫星影像识别的误差，同时，探讨村庄空置宅基地或空置场地的成因，共同研究整治技术和方案，为村庄整治达成共识。

一、参与式农村评估方法和工具分类

1）直接观察。

2）访谈类。具体包括：半结构访谈中的个体访谈、主要知情人访谈、小组访谈、焦点小组访谈，并对非正式的对话式访谈（半结构访谈）、提纲式访谈、标准化的自由回答式的访谈和封闭式的定量化访谈进行简单的比较。

3）分析类。主要为问题分析法（问题树／析因分析）。

4）排序类。主要包括简单排序、矩阵排序、富裕程度排序等。

5）展示类。主要包括展示板、墙报、社区编导的静态影像资料。

6）记录类。主要包括村干部和农民记录本、农民记账本和二手资料收集。

7）图示类。主要包括社区示意图、土地利用剖面图、历史演变图、季节历、机构关系图和活动图。

8）会议类。包括召开农民大会和小组会议和集思广益法。

二、参与式农村评估方法与工具应用的基本原则

1. 组建多学科工作团队

通常"空心村"的社会状况是错综复杂的，对"空心村"问题的了解和诊断，需要具有不同专业特长的人员，如经济学家、社会学家、专业技术人员等组成多学科群体，以便较全面地了解村庄的真实状况。应当注意的是多学科的组成并不是简单的学科组合，而是各学科之间的有效互补与整合，其关键之处在于寻求各学科的交互点。另外，当地干部和村民的参与也是调查团队重要的组成部分。与传统的认识不同，妇女在农村发展中起着非常重要的作用，因此，在组建小组时，应该强调性别知识的重要性，

做到小组成员在性别方面的平衡。同时，实地评估小组组建好后，还应该选出一位小组组长，负责小组的活动。

2. 态度和行为

1）态度中性。即在调查中，不应带有任何偏见和先入为主的思想。

2）态度友好。即在村庄调查和访问期间，应着装朴素，态度和蔼，见到当地居民要打招呼，遇到弱势群体要问寒问暖，主动与当地人交朋友，取得他们的信任。

3）适当的提问方式和形式。不要一开始就采取一问一答并把回答记录在册的形式，而应把所提的问题记在脑子里，通过对话、讲故事和画图等形式获取所需资料。

4）聆听当地居民的讲话。聆听是非常重要的沟通技能，在听取当地居民的回答与阐述时，要精力集中，不要东张西望，不要打盹，也不要轻易插话。

5）尊重弱势群体及研究对象的人格。不要轻易评论其宗教、文化、习俗，要尊重少数民族的宗教信仰、文化习俗，并学习一些简短的地方语言，问候研究对象，与之沟通，这可增加研究工作的融洽性，提高所了解情况的真实程度。

6）精简的记录。由于所了解情况的复杂性，加之许多工具往往都属于快速评估的范畴，因此，对真实情况的记录，力求关键、全面，但不要求详细。

3. 应用参与式农村评估工具

参与式农村评估采用可视形象化工具，部分地替代正式访谈和书写性评价工具。

这是基于这样的认识：任何人都具有描绘和识别可视性形象的内在能力，而使用这种可视性工具和方法，可以调动当地居民的广泛参与，分享他们的知识、经验，核实与分析空心村的现状，对空心村进行健康诊断。做法是把画图、打分等用的彩笔、木棍等工具移交给当地农民，鼓励他们采用自己的思路、指标和分析方法，用身边可以找到的粮食颗粒、石块、枝叶等作为表示物，对村庄内闲置和空置场地进行识别和确认，这种方法可以使农民中的文盲半文盲，特别是社区中的弱者，都平等地参与，简化和搞清楚农村社区复杂的关系，对村庄内闲置和空置场地现状达成共识，交叉印证。

三、参与式农村评估方法和工具的特点

1）使用了一系列方法（画图、分类、排队、打分等），灵活、形象和具体，避免语言表达的局限性；注重小组讨论、交流、达成共识，避免个别访谈和分析可能发生的偏执；着重定性的比较，而不是精确的度量。

2）当地群众能够采用的工具和方法。

3）它提倡权力下放、民主、多样化、社区参与、赋予权力等。

4）着重的是参与、学习，形成伙伴关系，共同行动的过程，而不仅仅是具体地实地核实结果。

第二节　参与式评估应用的主要方法和工具

一、直接观察

直接观察是调研人员进入社区，在当地干部和知情人的陪同下，实地察看村庄地势、地貌，村庄基

础设施状况，房屋结构，空置宅基地和空置房屋的形态及特点，土地利用状况，农、牧、林业生产状况，村民衣食状况，人与人之间的关系，人与自然的关系。运用观察到的事物与农户讨论村庄空置宅基地和废弃或闲置场地的问题，分析土地类型、权益等问题，探讨整治方案。

1. 参与式社区示意图

绘制社区示意图是用直观的形式将社区状况表达出来的一种工具，同时也是使社区内参与者的空间观得到合适表达的一种有效的途径。在空心村参与式调查中，通过村民绘制社区示意图，使调查人员和参与农户通过这一过程，对社区的全貌有一种更深刻的了解，建立起对社区状况的一种整体的图画，如：村落分布与规划、自然资源状况、地理地貌、土地利用状况、道路等基础设施状况及有关民俗、空置宅基地分布和数量等信息。绘制社区地图可以帮助调查人员对照判读卫星影像图，同时，快速确认村庄问题，进行发展潜力分析。

2. 社区示意图的绘制步骤

将一张一开的牛皮纸或大白纸用图钉钉在 ZOPP 板上，也可贴在墙上或铺在桌子上；

邀请参与者用记号笔按他们熟悉的方式绘制出社区的地图，并让他们尽其所知，将所有地物信息标注到图上，重点标识出空置宅基地分布、类型和数量。在画之前，亦可用铅笔勾出草图，并进行修改；

不断提示参与者在分布图上标出需要收集了解的信息及用什么符号表达这些信息；

有些参与者习惯于用自己的方位画图，因此，应对此予以认可；

为了增加绘图的气氛，可让多人一起，由一人执笔，其他人予以补充，共同参与到这一过程中，使所反映出的社区状况更加真实准确，从而收集到更多的信息；

有时可以将男女分为两组分别绘制，使不同性别对社区的观察和了解上的差异得到表达，并形成相互间的补充，由此可调动妇女参与的积极性；

在社区示意图绘制中，可由社区外的参与者作必要的加工。

在图的空白处可以填写社区社会经济等信息，如：人口、户数、耕地面积、山场面积、农户收入等。

二、半结构式访谈（Semi-structured Interview）

访谈是社会研究的主要技术。当访谈的框架是受控制的时候，在访谈的过程中融入参与式的方法则会使访谈具有更多的对话式的、非正规的、访谈者和被访谈者就某一主题进行轻松交流的特点，这就是半结构访谈。半结构访谈是一种以大纲作指导的访谈方式。

1. 半结构式访谈的特点

半结构式访谈是空心村地面识别人员与当地人的双向交流与沟通。半结构式访谈通常不采用固定问卷，而是预先准备一些调查提纲，在访谈过程中不断深化，对访谈中发现的新问题进一步调查，在调查的同时对问题的成因和发展潜力进行分析和评价。

采用半结构式访谈不仅能够收集到事先准备要收集的信息，而且能够在交流中收集到事先没有想到但又非常重要的信息。另外，采用半结构式访谈还可以营造轻松和友善的氛围。

半结构式访谈是一个十分开放性的框架，围绕村庄内废弃或闲置场地主题，通过谈话式或聊天式和双向交流的过程，传播和收集相关信息。

半结构访谈解决了问卷调查冗长枯燥，脱离实际，难以驾驭而不可靠的问题。克服了在农村地区，特别是被调查人群文化程度不高，难以使用问卷的问题。

半结构访谈是鼓励访谈者和被访谈者间的双方交流，被访谈者也可以向访谈者提问，因而就减少了被访谈者被指令回答问题的感觉。从半结构访谈中获得的信息不仅提供了问题的答案，而且也明了这样回答的原因。

半结构式访谈，更容易讨论敏感问题，同时又客观公正。

2. 半结构式访谈的主要步骤

1）访谈者（访谈组）设计访谈框架和提纲，包括讨论的题目或问题。

2）确定确定访谈对象。

3）访谈者可以在相互之间或与几个社区成员进行大量的访谈，通过双向交流技能，获得关于村庄空置宅基地和空闲场地的信息及相关信息，同时对卫星影像图上的信息进行核实。

4）在访谈中只记录要点，访谈结束后立即根据记录进行详细描述。

5）在访谈结束时，对访谈所获信息进行分析。这项工作可以在实地调查过程中进行。

6）与社区成员一起对总体分析和工作的结果进行讨论，以使社区成员有机会检查调查人员的理解和分析是否与他们一致。这使整个过程更具有参与性。

3. 半结构式访谈的类型

半结构式访谈主要分为与个人进行的和与小组进行的访谈。例如，个体访谈（Individual Interview）、主要知情者访谈（Key Informant Interview）、小组访谈（Group Interview）、焦点小组访谈或讨论（Focus Group Interview or Discussion）。

1）个体访谈（Individual Interview）

个体访谈是访谈目标群体中的一个农户以获取代表性的信息。如果多次个体访谈的对象差异太大，应该尽可能将样本加以区分。就同样的题目，访谈大量不同的人，可以很快地获取更加准确的信息。一般来讲，男人和女人有不同的经历，因而就有不同观点。资源丰富和资源贫乏的人，不同种族和不同信仰的人，不同年龄的人，代表着不同的个人经历。应该避免只访谈一种类型的人。例如，只访问男人就是一个传统的错误。

作为半结构访谈的一种主要形式，个体访谈具有开放性的、对话式的和双向交流式的特点。不提前准备详细问卷，但有一个指南式的提纲。

个体访谈的目的是要从选定的访谈对象中获取特定的质量和数量信息。

个体访谈的主要优点是作为半结构访谈的个体访谈具有参与式方法所具有的共同特点，如它是一个相互学习的过程，同时还具有自身的一些特点和优点：

（1）熟练的沟通和交流技巧会改善访谈者和被访谈者的关系，并建立起相互信任，这有助于访谈者获得关于一些敏感的、隐私的和个人问题的答案和信息。这是个体访谈的主要优点。

（2）双方开放式地、自由地围绕某一特定问题的谈话过程是使双方均能受益的知识和信息量增长的过程，是一个相互交流和学习的过程。这有利于双方对事件或发展活动进行更客观合理的理解和提出假设。

（3）对来自弱势群体中的样本进行平等式的、充分尊重对方的个体访谈有助于树立被访谈者的自信心，排除社区"领导者"和"精英"的影响，增加回答的客观性和代表性。

（4）对许多在小组访谈中不宜讨论的敏感问题来说，它是对小组访谈的一个必要补充。

个体访谈的主要步骤：

（1）准备调查大纲和必要工具，如录音机、纸、笔等。有的时候可以准备一些小礼物，会有助于改善气氛。

（2）对大纲进行访谈。不仅包括内容，也应包括表述方式。

（3）选定调查对象。

（4）与访谈对象取得联系，共同约定调查时间和地点。

（5）进行实地访谈。

（6）与访谈对象对访谈结果立即进行回顾和检查。这一工作也可以在访谈过程中随时进行。

（7）立即撰写详细的访谈记录。

（8）对所获资料进行分析并提出相应的假设。

进行个体访谈应注意以下一些事项：

（1）被访谈者的选择与要调查的内容相一致。

（2）要注意了解被访谈者的个人经历和知识背景。这些对回答时常有着决定性的影响。

（3）访谈者应具有相关主题的背景知识和实践经验。

（4）访谈者能理解被访谈者的语言并具有较熟练的交流技巧。

2）主要知情人访谈（Key Informant Interview）

主要知情人访谈的目的是获取特定的知识和信息。一般来讲，主要知情人就特定的题目具有特定的知识背景。一般来讲主要知情人是社区的领导和"精英"，因为他们更多地参与社区事务，可能更熟悉村庄情况。但他们不一定非得是领导。了解一个社区内部情况的外来者常常是有价值的主要知情人，因为他们不但能回答关于社区内人们的知识、态度、技能和实践方面的问题，而且由于他们是外来者，人们认为他们更客观公正。同时，访谈过程及结果也存在被主要知情人主观偏见所误导的危险。

作为半结构访谈之一的主要知情人访谈具有半结构访谈的基本特点，即是一个有基本指南的开放式的相互对话过程。就客观目的而言，是为了将来的全面测试或进一步全面地研究准备问题、假设和建议，为发展项目的规划、准备和决策产生描述性的信息，为获取更全面的信息提供一个捷径，解读量化资料，了解指导人们的行动的背景、动机和态度，以及就一些特定的观点和问题提出操作性的建议。

主要知情人访谈的优点有：省时，能灵活适应个体之间的差异、环境的变化和新观点和信息，如果能与主要知情人建立良好的信任关系则能获得深入的内部信息，较便宜的资料收集方法。

其缺点是：主要知情人的样本量小，导致访谈易受主要知情人的筛选的影响；若主要知情人对访谈者不熟悉或不够信任，则有可能提供不准确甚至有意歪曲的信息；易受访谈者观点的影响，从而可能导致从访谈者观点出发的不精确、歪曲或错误理解和解读；一般不易得到量化资料。

根据不同的访谈需求，一个访谈者一天能进行大约3～4个主要知情人访谈。主要知情人访谈要求访谈者具备相关主题或领域的基本知识和一定的实践经验，同时还要具备进行主要知情人访谈的基本经验。

主要知情人访谈作为个体访谈的一种，其主要步骤与个体访谈一致。

3）小组访谈（Group Interview）

小组访谈提供了一个机会与一群人访谈来了解社区内废弃或闲置场地的基本情况。受访人是被邀请来的，因而存在一个选样过程。当然有时候有些被访谈者只是碰巧在场。如果一次小组访谈的人数超过20甚至25人可能很难驾驭。小组座谈形式本身会导致没有预计到的问题被提出并提供一些额外信息，即"总和大于单个回答之和"。

作为半结构访谈的一种主要具体形式的小组访谈同样具备开放性的、轻松交谈式的和相互学习过程等半结构访谈的共同特点。它需要准备一个访谈提纲，但不需要详细的问卷。

其目的是通过对特定人群的访谈来了解废弃或闲置场地的一般情况并对卫星影像图的判断进行核实。

小组访谈除了参与式工作方法的共同特点之外，还有着自身的一些特点和优点：

（1）对过程控制良好的小组访谈是高效经济的。访谈者同一时间与多人访谈可以获得多方面的信息。

（2）组织良好的小组访谈是一个很好的学习和教育过程。这种学习和教育过程不仅存在于访谈者和被访谈者之间，也存在于被访谈者与被访谈者之间。

（3）在被访谈者与被访谈者之间的这种平等、开放式的交流和讨论过程会渐渐增加社区的社会资本。

（4）小组访谈能补充个体访谈信息源单一和可靠性不高的不足。

小组访谈的主要步骤：

（1）准备调查大纲和必要工具，如录音机、纸、笔等。有的时候准备一些小礼物会有助于改善访谈气氛。

（2）使用访谈提纲。不仅包括内容，也应包括表述和组织方式。

（3）选定调查对象，使其尽可能具有广泛代表性。

（4）与访谈对象取得联系，共同约定调查时间和地点。由于访谈对象多，应注意找到一个共同的空闲时间。

（5）进行实地访谈。

（6）与访谈对象对访谈结果立即进行回顾和检查。这一工作也可以在访谈过程中随时进行。

（7）如果可能应立即记录下被访谈者的性别、姓名、年龄、受教育程度和职业职务等，以了解被访谈者的背景情况并判断其代表性。

（8）立即撰写详细的访谈记录或报告。

（9）对所获资料进行分析并得出初步结论。

进行小组访谈应注意以下几点：

（1）要小心地选择被访谈者，使其尽可能具有代表性。

（2）要控制好被访谈者的数目，一般以 7 ～ 12 人为宜。人太多会不易控制，导致跑题和效率低下；人太少则会缺乏代表性和信息源。

（3）访谈者应善于观察和协调访谈过程，用参与式的方法给参与访谈的人尽可能平等的机会来发言和讨论。

（4）访谈者应具有讨论主题和相关内容的背景知识及实践经验。

（5）访谈者应有熟练的驾驭小组访谈的能力和经验。

4）焦点小组访谈（Focus Group Interview）

焦点小组访谈或讨论是着重于拥有废弃或闲置宅基地的农户围绕空心村题目进行访谈。焦点小组通常由 6 ～ 8 人组成。

半结构访谈中的焦点小组访谈的客观目的是：在村庄进行卫星影像图质证与核实，对空心村问题等信息进行解读和理解。

焦点小组访谈的优点是：省时和针对特定的主题获取广泛的反馈；在短时实地工作期间由很少的人实施，在经济上是合算的；均一的小组成员构成有利于自由地表述和活跃地讨论。

焦点小组访谈的局限性有：访谈主持人有可能屈从于访谈者的偏见；正式和非正式的领导人垄断讨论，影响其他参加者回答问题；当讨论进入敏感的、隐私的和个人的并且是有争议的和社会上不赞成的话题时，小组这种形式妨碍而不是鼓励个人回答；焦点小组不愿意达成共识、作决定或同意特定的行动。

焦点小组访谈要求访谈者、主持人必须具有良好的相关领域的理论和实践知识，熟练的协调能力和语言能力以及举行焦点小组会议的经验。

作为小组访谈的一种，焦点小组访谈的主要步骤与小组访谈的主要步骤是一致的。

编号＿＿＿＿＿

访 谈 提 纲

调研地点：山东省＿＿＿＿＿市＿＿＿＿＿县（市、区）＿＿＿＿＿镇＿＿＿＿村＿＿＿＿组

访谈对象：＿＿＿＿＿职务＿＿＿＿＿联系方式＿＿＿＿＿＿＿＿＿

1. 村庄基本信息

1）地理位置：

（1）经纬度（精确到分）＿＿＿＿＿＿＿＿＿

（2）距离县（市、区）中心的距离＿＿＿＿＿（单位：km）；距离镇中心的距离＿＿＿＿＿（单位：km）

（3）属于：A. 城中村；B. 城边村；C. 路边村；D. 镇区村；E. 矿山村；F. 工厂包围村；G. 市场村；H. 库区村；I. 其他＿＿＿＿＿

2）地形和地势条件

（1）海拔范围＿＿＿＿＿（单位：m）

（2）地形条件：A. 山地（山脚、山谷、山坡）；B. 丘陵（山脚、山谷、山坡）；C. 平原；D. 洼地；E. 其他（请注明）＿＿＿＿＿

3）河流：有无河流？A. 有；B. 无

若有，位置：A. 村中；B. 村外，距离＿＿＿＿＿（单位：km）

4）公路：附近有无省道、国道或高速公路；距离＿＿＿＿＿（单位：km）

5）社会经济状况：

（1）总人口＿＿＿＿＿；常住人口＿＿＿＿＿

（2）总户数＿＿＿＿＿；常住户数＿＿＿＿＿

（3）2009 年村集体收入＿＿＿＿＿元；村集体主要收入来源＿＿＿＿＿＿＿＿＿

（4）2009 年人均纯收入＿＿＿＿＿元；农户主要收入来源＿＿＿＿＿＿＿＿＿

2. 村庄住宅及宅基地状况

1）村域总面积（耕地面积和非耕地面积）＿＿＿＿＿（单位：亩）

2）村庄居民点建设用地面积＿＿＿＿＿（单位：亩）

3）户均宅基地面积＿＿＿＿＿，总宅基地个数＿＿＿＿＿，户均庭院面积＿＿＿＿＿

4）测量 3 户较新住宅的宅基地（在卫星图上标记 N1、N2、N3）面积，姓名，家庭人口数，常年在家人口，基础设施状况：自来水、污水、垃圾处理和其他

	宅基地面积	户主姓名	家庭人口数	常住人口数（≥10个月）	基础设施状况（文字描述）
N1					
N2					
N3					

5）空置或闲置场地基本信息：

（1）在卫星图片上标注空置点（用 1、2、3……标注）；

（2）倒塌宅基地个数＿＿＿＿＿＿；废弃或闲置宅基地个数（不包括倒塌的）＿＿＿＿＿＿；单个旧宅基地面积＿＿＿＿＿＿

（3）集体废弃或闲置的建筑物或构筑物场地有＿＿＿＿＿＿个，确定面积＿＿＿＿＿＿（单位：亩），大约合＿＿＿＿＿＿个宅基地（以个人废弃或闲置宅基地的大小为标准）

（4）空置场地形成原因？（如自然环境影响；周边地物（工厂污染、道路建设）影响；各种社会原因，如老人去世、人口外迁及其他社会经济活动等）

（5）空置场地分布情况（集中成片、插花分散）、

成片（相当于 4 块标准宅基地，约 2 亩以上规模）空置场地分布位置：边缘、村中某部、或者以周边特殊地物（如道路、河流、沟渠等）为界；

如此分布的原因是：＿＿＿＿＿＿＿＿＿＿＿＿＿＿＿＿＿＿＿＿＿＿＿＿

（6）空置场地相对集中部分的情况：

- ＿＿＿＿＿＿％的宅前道路不能顺畅通过，道路宽度＿＿＿＿＿＿（m），道路材料（土、草），＿＿＿＿＿＿％的空置宅基地宅前道路不能与村庄主要道路连接
- ＿＿＿＿＿＿％的无电源线，＿＿＿＿＿＿％的无自来水，＿＿＿＿＿＿％的无垃圾处理设施
- 空闲或坍塌住宅的朝向与较新住宅朝向的关系（旧宅朝向＿＿＿＿＿＿，新宅朝向＿＿＿＿＿＿）
- 空闲或坍塌住宅所在地域的坡度与较新住宅所在地域坡度的关系

3. 特殊空置场地描述（实地核实确认部分）

1）拍照片，在卫星图片上对应标好位置

（1）废墟（已经见不到建筑物，只有散布的砖木等杂物）

（2）坍塌的建筑物

（3）正在坍塌的建筑物

（4）等等

2）现场描述：闲置建筑物的庭院、门前、宅前道路的状况

3）空置场地产权＿＿＿＿＿＿＿＿＿，拥有者基本情况＿＿＿＿＿＿＿＿＿

4）空置原因（详细描述，包括空置场地的形成过程、详细的形成原因）

5）利用现状：耕地、菜地、垃圾场、饲养禽畜、堆放柴草、仓库或车库、完好但闲置、倒塌、其他＿＿＿＿＿＿＿＿＿＿＿＿＿＿＿＿＿＿＿

6）空置或废弃场地对周边住户的影响及其影响范围（相邻 4～8 户或更多）：

7）未来利用可能：是否具有成规模开发的潜力？

村民认为未来可以作何种用途？＿＿＿＿＿＿＿＿＿＿＿＿＿＿＿＿＿

三、问题树分析法（Problem Analysis）

问题树分析是农村调查中常用的一种参与式诊断方法，是社区内的相关群体和个体与外来调查人员一起，从不同的视角对村庄废弃或闲置场地问题进行系统分析和认知的过程。它的基本操作程序是从研究区域或机构的现状分析入手，进而分析导致空心村的原因以及现状对今后长远发展所造成的制约和负面后果。问题分析的结果是制定村庄整治方案的依据。

　　问题树分析需要调查人员具备较高的发动并主持讨论、快速归纳并总结问题等方面的技巧。通过小组讨论与分析，在较短的时间内与参与者一起对空心村特定问题的原因、导致的结果等方面进行分析并按照一定的逻辑层次加以整理、归纳，为进一步研究解决措施，奠定基础。

　　问题树分析的基本方法和步骤：

　　1）邀请不超过15名当地人（村干部、农户代表、女性等）参加小组讨论；

　　2）在大纸的上方写明某县某乡镇某村空心村问题分析；

　　3）说明意图、做法，分发给每人卡片与记号笔，提示参与者将要发表的意见按要求写在卡片上；

　　4）将空心村现象作为核心问题，采用头脑风暴方法找出村庄空置宅基地和空闲场地的主要原因；

　　5）分析村庄空置宅基地和空闲场地问题带来的后果（负面影响），按照其前后（上下）逻辑关系钉或粘在大纸上；

　　6）将属于原因的卡片按照不同的层次和逻辑关系钉或粘在核心问题的下方；

　　7）用线条将有关系的原因与结果（包括不同层次）连接起来，形成完整的因果关系网络；

　　8）与所有参与者回顾、总结并确认，进行必要的调整与修改；

　　9）完成后的形式应该是：中间为核心问题（树干），上方为后果及影响（树枝），下方为原因（树根），即"问题树"；

　　10）注明制作时间、地点、参与讨论的人员。

　　注意事项：

　　1）主持人应遵守"中立"原则，研讨过程中平等参与原则，群体决策的原则；

　　2）注意参与者选择，应该是对社区情况比较了解的当地人；

　　3）要尊重每一位参与者，不要加以简单的如"对"或"不对"的评价，可以要求他们对自己的意见加以说明并在讨论后进行修改；

　　4）要尽可能多地征求所有参与者的意见，避免少数人主导讨论；

　　5）主持者是在发动、组织、协助参与者讨论而不要以自己的观点主导讨论；

　　6）结束讨论前要与所有与会人员总结并回顾讨论的过程与内容。

附录部分

附表 指标体系

附表1 识别与诊断指标体系

识别类表：村庄废弃或闲置场地识别

表1:	G		农村居民点地理信息	村庄
1		G1	北纬（N）、东经（E）	
2		G2	海拔高度	
3		G3	地势	
4		G4	自然地理环境	
5		G5	人工建筑环境	
6		G6	居民点空间布局形态	
表2:	R		农村居民点地物覆盖状态	村庄
7		R1	农村居民点估算总面积（m²）	
8		R2	非人工建筑物覆盖估算面积（m²）	
9		R3	人工建筑地物覆盖估算面积（m²）	
10		R4	空置率（%）	
11		R5	使用中住宅分布状态	
12		R6	废弃或闲置场地分布状态	
13		R7	住宅方位	
14		R8	村内道路体系	
15		R9	组团边界比较	
16		R10	组团密度比较	
17		R11	地块坡度比较	
18		R12	影响面积比较	
表3:	L		农村居民点经济地理状态	村庄
19		L1	距离县城（km）	
20		L2	距离乡镇（km）	
21		L3	水源	
22		L4	对外道路	
23		L5	区域社会、经济、生态环境功能	
24		L6	基础设施和公共服务设施	

诊断类表：村庄健康诊断

表4：	RS		村内道路体系	村庄
1		RS1	按道路体系划分的组团数目	
2		RS2	完整道路体系组团非人工建筑物覆盖比例	
3		RS3	不完整道路体系组团非人工建筑物覆盖比例	
4		RS4	RS2：RS3	
表5：	S		村庄居民点周边地块坡度	村庄
5		S1	全部地块数	
6		S2	坡度大于5%的地块数	
7		S3	坡度小于5%的地块数	
8		S4	S3：S1	
表6：	O		住宅方位	村庄
9		O1	住宅方位数	
10		O2	老住宅朝向	
11		O3	新住宅朝向	
12		O4	分别垂直不同方位住宅的延长线交点夹角	
表7：	C		簇团分析	村庄
13		C1	有效像素	
14		C2	边界地物像素数	
15		C3	非边界地物像素	
16		C4	C2：C1	
表8：	D		密度分析	村庄
17		D1	组团数	
18		D2	组团Di负密度值	
19		D3	组团Di总密度值	
20		D4	D2：D3	
表9：	B		影响分析	村庄
21		B1	影响源面积或线长	
22		B2	受影响区域面积（1）	
23		B3	受影响区域面积（2）	
24		B4	B1：B2：B3	

指标说明：

指标4：RS2：RS3，即完整道路体系组团非人工建筑物覆盖比例比不完整道路体系组团非人工建筑物覆盖比例

指标8：S2：S3，即坡度大于5%的地块数比坡度小于5%的地块数

指标12：O4分别垂直不同方位住宅延长线交点的夹角（度）

指标 20：D4 D2：D3，即组团 Di 负密度值比总密度值

指标 24：B4 B1：B2：B3，即影响源面积比 B2（4 个邻里）影响面积，或 B3（8 个邻里）影响面积

说明：

（一）使用方式

这张表格上的数字和文字简要地报告了案例村庄居民点建设用地使用的基本情况。

在需要深入了解和分析某个村庄时，可以通过点击这张表格上的相关指标，与数据库衔接起来。数据库中的一些数据可能也同时与其他的数据衔接起来。所以，不要移动数据库中的任何文件夹及其文件，否则整个数据库无法工作。

这个数据库包括了海量数据。数据形式有：数字表格、卫星影像图、卫星影像分析图、地形图、规划图、文字描述和实地拍摄的照片。

（二）指标解释

A3 村：是农村地区拥有地籍权属的行政单元。

G 农村居民点：是农民（包括农业人口和非农业人口）生活和从事农业生产的场所，坐落在属建设用地大类和农村居民点（203）子类的土地上，以私人住宅建筑为主，同时包括公共道路和场所、公共工程设施和社会服务设施等。

G3 地势：是指农村居民点所在地域的地貌特征，包括平川、山区和丘陵，其中丘陵包括半山区、近山、浅丘等。

G4 自然地理环境：是指农村居民点内部和周边的自然地理元素，如河流、湖泊、坑塘、湿地、山涧等。

G5 人工建筑环境：是指农村居民点周边的大型人工构筑物，如城镇、集市、公路、水库、堤坝等。

G6 居民点空间布局形态：是指农村居民点在村庄所在地域范围内的几何形状，如多边形、矩形、梯形。

R1 农村居民点估算总面积：是包括卫星影像上判读出来的人工建筑地物覆盖面积和非人工建筑物覆盖面积之和。

R2 非人工建筑物覆盖估算面积：是指所有非人造地物的覆盖面积，即植物覆盖的面积。

R3 人工建筑地物覆盖估算面积：是指所有人造地物的覆盖面积，包括住宅及其建筑物、道路、铺装广场、桥梁。

R4 空置率：是指村庄居民点非人造地物的覆盖面积和村庄居民点总面积之比，以百分比表达。

R5 使用中住宅分布状态：是指住宅及其建筑物之间的关系，如集中或分散。

R6 废弃或闲置场地分布状态：是指废弃或闲置场地在村庄居民点中的空间分布，如成片或插花。

R7 住宅方位：是指住宅的朝向，如南、东、东南、西南等。

R8 村内道路体系：是指由主干道、支路和宅间道构成的村庄内部道路结构，如棋盘式、鱼刺式。

L4 对外道路：是指居民离开或进入村庄之前所使用的道路，如乡村道路、县级公路、省级道路和全封闭高速公路。

L5 区域社会、经济、生态环境功能：是指村庄居民点除开居住之外所承担的功能，如镇行政中心、集贸市场和水源保护等。

附表2　地物光谱分析表

红波段					绿波段					蓝波段				
波长	该波长下像素	累积总像素	所占比例	累积所占比例	波长	该波长下像素	累积总像素	所占比例	累积所占比例	波长	该波长下像素	累积总像素	所占比例	累积所占比例
0					0					0				
1					1					1				
2					2					2				
2					2					2				
4					4					4				
5					5					5				
6					6					6				
7					7					7				
8					8					8				
9					9					9				
...					...					...				
250					250					250				
251					251					251				
252					252					252				
253					253					253				
254					254					254				
255					255					255				

附表3　卫星影像判读

行政区划			影像判读							
市	镇	村	经度（E）	纬度（N）	海拔高度（m）	明显可视的空置场地（个）	估计空置面积（m²）	连片空置场地（个）	连片空置场地面积（m²）	空置场地在居民点边缘（块）

附表4 红波长与对应地物（以招远市毕郭镇炮手庄村为例）

波长	像素	总计	百分比	累计百分比	对应地物和分类	分类及其比例
0	10	10	0.0015	0.0015	高大植物的阴影	
1	1	11	0.0002	0.0017	高大植物的阴影	
2	2	13	0.0003	0.002	成片或边角废弃或闲置地上的覆盖植物	
3	3	16	0.0005	0.0024	成片或边角废弃或闲置地上的覆盖植物	
4	3	19	0.0005	0.0029	成片或边角废弃或闲置地上的覆盖植物	
5	9	28	0.0014	0.0043	成片或边角废弃或闲置地上的覆盖植物	
6	7	35	0.0011	0.0053	成片或边角废弃或闲置地上的覆盖植物	
7	4	39	0.0006	0.0059	成片或边角废弃或闲置地上的覆盖植物，山墙、院墙阴影的植物	
8	12	51	0.0018	0.0078	成片或边角废弃或闲置地上的覆盖植物，覆盖部分庭院的植物	
9	12	63	0.0018	0.0096	成片或边角废弃或闲置地上的覆盖植物，坍塌建筑物中的植物	
10	23	86	0.0035	0.0131	成片或边角废弃或闲置地上的覆盖植物，坍塌建筑物中的植物	
11	19	105	0.0029	0.016	废弃或闲置地，植物覆盖的庭院部分，坍塌建筑物中的植物	
12	23	128	0.0035	0.0195	成片或边角废弃或闲置地上的覆盖植物，坍塌建筑物中的植物	
13	22	150	0.0033	0.0228	成片或边角废弃或闲置地上的覆盖植物，坍塌建筑物中的植物	
14	31	181	0.0047	0.0275	成片或边角废弃或闲置地上的覆盖植物，坍塌建筑物中的植物	
15	50	231	0.0076	0.0351	成片或边角废弃或闲置地上的覆盖植物，坍塌建筑物中的植物	
16	44	275	0.0067	0.0418	成片或边角废弃或闲置地上的覆盖植物，坍塌建筑物中的植物	
17	38	313	0.0058	0.0476	成片或边角废弃或闲置地上的覆盖植物，坍塌建筑物中的植物	
18	49	362	0.0075	0.0551	成片或边角废弃或闲置地上的覆盖植物，坍塌建筑物中的植物	
19	49	411	0.0075	0.0625	成片或边角废弃或闲置地上的覆盖植物，坍塌建筑物中的植物	
20	47	458	0.0072	0.0697	成片或边角废弃或闲置地上的覆盖植物，坍塌建筑物中的植物	
21	72	530	0.011	0.0806	成片或边角废弃或闲置地上的覆盖植物，坍塌建筑物中的植物	
22	66	596	0.01	0.0907	成片或边角废弃或闲置地上的覆盖植物，坍塌建筑物中的植物	
23	77	673	0.0117	0.1024	成片或边角废弃或闲置地上的覆盖植物，坍塌建筑物中的植物	自然生境下的植被
24	92	765	0.014	0.1164	成片或边角废弃或闲置地上的覆盖植物，坍塌建筑物中的植物	
25	68	833	0.0103	0.1267	成片或边角废弃或闲置地上的覆盖植物，坍塌建筑物中的植物	
26	86	919	0.0131	0.1398	成片或边角废弃或闲置地上的覆盖植物，坍塌建筑物中的植物	
27	99	1018	0.0151	0.1549	成片或边角废弃或闲置地植物，阴影下的闲置地植物	
28	89	1107	0.0135	0.1684	成片或边角废弃或闲置地植物，阴影下的闲置地植物	
29	97	1204	0.0148	0.1832	成片或边角废弃或闲置地植物，阴影下的闲置地植物	
30	107	1311	0.0163	0.1995	成片或边角废弃或闲置地植物，阴影下的闲置地植物	
31	128	1439	0.0195	0.219	成片或边角废弃或闲置地植物，阴影下的闲置地植物	
32	117	1556	0.0178	0.2368	成片或边角废弃或闲置地植物，阴影下的闲置地植物	
33	149	1705	0.0227	0.2594	成片或边角废弃或闲置地植物，阴影下的闲置地植物	
34	137	1842	0.0208	0.2803	成片或边角废弃或闲置地植物，阴影下的闲置地植物	
35	152	1994	0.0231	0.3034	成片或边角废弃或闲置地植物，阴影下的闲置地植物	
36	135	2129	0.0205	0.3239	成片或边角废弃或闲置地植物，阴影下的闲置地植物	
37	139	2268	0.0211	0.3451	成片或边角废弃或闲置地植物，阴影下的闲置地植物	
38	165	2433	0.0251	0.3702	成片或边角废弃或闲置地植物，阴影下的闲置地植物	
39	149	2582	0.0227	0.3929	成片或边角废弃或闲置地植物，阴影下的闲置地植物	
40	162	2744	0.0246	0.4175	成片或边角废弃或闲置地植物，阴影下的闲置地植物	
41	215	2959	0.0327	0.4502	成片或边角废弃或闲置地植物，阴影下的闲置地植物	
42	185	3144	0.0281	0.4784	成片或边角废弃或闲置地植物，阴影下的闲置地植物	
43	218	3362	0.0332	0.5116	成片或边角废弃或闲置地植物，阴影下的闲置地植物	
44	219	3581	0.0333	0.5449	成片或边角废弃或闲置地植物，阴影下的闲置地植物	
45	192	3773	0.0292	0.5741	成片或边角废弃或闲置地植物，阴影下的闲置地植物	

波长	像素	总计	百分比	累计百分比	对应地物和分类	分类及其比例
46	215	3988	0.0327	0.6068	成片或边角废弃或闲置地植物，阴影下的闲置地植物	
47	250	4238	0.038	0.6448	成片或边角废弃或闲置地植物，阴影下的闲置地植物	
48	244	4482	0.0371	0.682	成片或边角废弃或闲置地植物，阴影下的闲置地植物	
49	252	4734	0.0383	0.7203	成片或边角废弃或闲置地植物，阴影下的闲置地植物	
50	232	4966	0.0353	0.7556	成片或边角废弃或闲置地植物，阴影下的闲置地植物	
51	267	5233	0.0406	0.7962	成片或边角废弃或闲置地植物，阴影下的闲置地植物	
52	309	5542	0.047	0.8433	成片或边角废弃或闲置地植物，阴影下的闲置地植物	
53	269	5811	0.0409	0.8842	成片或边角废弃或闲置地植物，阴影下的闲置地植物	
54	287	6098	0.0437	0.9279	成片或边角废弃或闲置地植物，阴影下的闲置地植物	
55	305	6403	0.0464	0.9743	成片或边角废弃或闲置地植物，阴影下的闲置地植物	
56	306	6709	0.0466	1.0208	成片或边角废弃或闲置地植物，阴影下的闲置地植物	
57	290	6999	0.0441	1.0649	成片或边角废弃或闲置地植物，阴影下的闲置地植物	
58	338	7337	0.0514	1.1164	成片或边角废弃或闲置地植物，阴影下的闲置地植物	
59	309	7646	0.047	1.1634	成片或边角废弃或闲置地植物，阴影下的闲置地植物	
60	343	7989	0.0522	1.2156	成片或边角废弃或闲置地植物，阴影下的闲置地植物	
61	348	8337	0.053	1.2685	成片或边角废弃或闲置地植物，阴影下的闲置地植物	
62	401	8738	0.061	1.3295	成片或边角废弃或闲置地植物，阴影下的闲置地植物	
63	398	9136	0.0606	1.3901	成片或边角废弃或闲置地植物，阴影下的闲置地植物	
64	403	9539	0.0613	1.4514	成片或边角废弃或闲置地植物，阴影下的闲置地植物	
65	405	9944	0.0616	1.513	成片或边角废弃或闲置地植物，阴影下的闲置地植物	
66	389	10333	0.0592	1.5722	成片或边角废弃或闲置地植物，阴影下的闲置地植物	自然生境下的植被
67	448	10781	0.0682	1.6404	成片或边角废弃或闲置地植物，阴影下的闲置地植物	
68	418	11199	0.0636	1.704	成片或边角废弃或闲置地植物，阴影下的闲置地植物	
69	435	11634	0.0662	1.7702	成片或边角废弃或闲置地植物，阴影下的闲置地植物	
70	477	12111	0.0726	1.8428	成片或边角废弃或闲置地植物，阴影下的闲置地植物	
71	495	12606	0.0753	1.9181	成片或边角废弃或闲置地植物，阴影下的闲置地植物	
72	496	13102	0.0755	1.9936	成片或边角废弃或闲置地植物，阴影下的闲置地植物	
73	513	13615	0.0781	2.0716	成片或边角废弃或闲置地植物，阴影下的闲置地植物	
74	580	14195	0.0883	2.1599	成片或边角废弃或闲置地植物，阴影下的闲置地植物	
75	525	14720	0.0799	2.2398	成片或边角废弃或闲置地植物，阴影下的闲置地植物	
76	569	15289	0.0866	2.3263	成片或边角废弃或闲置地植物，阴影下的闲置地植物	
77	541	15830	0.0823	2.4086	成片或边角废弃或闲置地植物，阴影下的闲置地植物	
78	628	16458	0.0956	2.5042	成片或边角废弃或闲置地植物，阴影下的闲置地植物	
79	583	17041	0.0887	2.5929	成片或边角废弃或闲置地植物，阴影下的闲置地植物	
80	612	17653	0.0931	2.686	成片或边角废弃或闲置地植物，阴影下的闲置地植物	
81	616	18269	0.0937	2.7798	成片或边角废弃或闲置地植物，阴影下的闲置地植物	
82	658	18927	0.1001	2.8799	成片或边角废弃或闲置地植物，阴影下的闲置地植物	
83	635	19562	0.0966	2.9765	成片或边角废弃或闲置地植物，阴影下的闲置地植物	
84	687	20249	0.1045	3.081	成片或边角废弃或闲置地植物，阴影下的闲置地植物	
85	674	20923	0.1026	3.1836	成片或边角废弃或闲置地植物，阴影下的闲置地植物	
86	729	21652	0.1109	3.2945	成片或边角废弃或闲置地植物，阴影下的闲置地植物	
87	726	22378	0.1105	3.405	成片或边角废弃或闲置地植物，阴影下边角闲置地植物，老宅的黑色瓦屋顶	
88	778	23156	0.1184	3.5233	成片或边角废弃或闲置地植物，阴影下边角闲置地植物，老宅的黑色瓦屋顶	人类干预下的植被
89	718	23874	0.1092	3.6326	成片或边角废弃或闲置地植物，阴影下边角闲置地植物，老宅的黑色瓦屋顶	

波长	像素	总计	百分比	累计百分比	对应地物和分类	分类及其比例
90	745	24619	0.1134	3.746	成片或边角废弃或闲置地植物，阴影下边角闲置地植物，老宅的黑色瓦屋顶	
91	818	25437	0.1245	3.8704	成片或边角废弃或闲置地植物，阴影下边角闲置地植物，老宅的黑色瓦屋顶	
92	833	26270	0.1267	3.9972	成片或边角废弃或闲置地植物，阴影下边角闲置地植物，老宅的黑色瓦屋顶	
93	784	27054	0.1193	4.1165	成片或边角废弃或闲置地植物，阴影下边角闲置地植物，老宅的黑色瓦屋顶	
94	865	27919	0.1316	4.2481	成片或边角废弃或闲置地植物，阴影下边角闲置地植物，老宅的黑色瓦屋顶	
95	810	28729	0.1232	4.3713	成片或边角废弃或闲置地植物，阴影下边角闲置地植物，老宅的黑色瓦屋顶	
96	901	29630	0.1371	4.5084	成片或边角废弃或闲置地植物，阴影下边角闲置地植物，老宅的黑色瓦屋顶	
97	893	30523	0.1359	4.6443	成片或边角废弃或闲置地植物，阴影下边角闲置地植物，老宅的黑色瓦屋顶	
98	805	31328	0.1225	4.7668	成片或边角废弃或闲置地植物，阴影下边角闲置地植物，老宅的黑色瓦屋顶	
99	885	32213	0.1347	4.9014	成片或边角废弃或闲置地植物，阴影下边角闲置地植物，老宅的黑色瓦屋顶	
100	847	33060	0.1289	5.0303	成片或边角废弃或闲置地植物，阴影下边角闲置地植物，老宅的黑色瓦屋顶	
101	852	33912	0.1296	5.1599	成片或边角废弃或闲置地植物，阴影下边角闲置地植物，老宅的黑色瓦屋顶	
102	857	34769	0.1304	5.2903	成片或边角废弃或闲置地植物，阴影下边角闲置地植物，老宅的黑色瓦屋顶	
103	837	35606	0.1274	5.4177	成片或边角废弃或闲置地植物，阴影下边角闲置地植物，老宅的黑色瓦屋顶	人类干预下的植被
104	893	36499	0.1359	5.5536	成片或边角废弃或闲置地植物，阴影下边角闲置地植物，老宅的黑色瓦屋顶	
105	859	37358	0.1307	5.6843	成片或边角废弃或闲置地植物，阴影下边角闲置地植物，老宅的黑色瓦屋顶	
106	845	38203	0.1286	5.8129	成片或边角废弃或闲置地植物，阴影下边角闲置地植物，老宅的黑色瓦屋顶	
107	847	39050	0.1289	5.9417	成片或边角废弃或闲置地植物，阴影下边角闲置地植物，老宅的黑色瓦屋顶	
108	807	39857	0.1228	6.0645	成片或边角废弃或闲置地植物，阴影下边角闲置地植物，老宅的黑色瓦屋顶	
109	787	40644	0.1197	6.1843	成片或边角废弃或闲置地植物，阴影下边角闲置地植物，老宅的黑色瓦屋顶	
110	827	41471	0.1258	6.3101	成片或边角废弃或闲置地植物，阴影下边角闲置地植物，老宅的黑色瓦屋顶	
111	762	42233	0.1159	6.426	成片或边角废弃或闲置地植物，阴影下边角闲置地植物，老宅的黑色瓦屋顶	
112	744	42977	0.1132	6.5393	成片或边角废弃或闲置地植物，阴影下边角闲置地植物，老宅的黑色瓦屋顶	
113	752	43729	0.1144	6.6537	成片或边角废弃或闲置地植物，阴影下边角闲置地植物，老宅的黑色瓦屋顶	
114	739	44468	0.1124	6.7661	成片或边角废弃或闲置地植物，阴影下边角闲置地植物，老宅的黑色瓦屋顶	
115	763	45231	0.1161	6.8822	成片或边角废弃或闲置地植物，阴影下边角闲置地植物，老宅的黑色瓦屋顶	
116	701	45932	0.1067	6.9889	成片或边角废弃或闲置地植物，阴影下边角闲置地植物，老宅的黑色瓦屋顶	

续表

波长	像素	总计	百分比	累计百分比	对应地物和分类	分类及其比例
117	719	46651	0.1094	7.0983	成片或边角废弃或闲置地植物，阴影下边角闲置地植物，老宅的黑色瓦屋顶	人类干预下的植被
118	706	47357	0.1074	7.2057	成片或边角废弃或闲置地植物，阴影下边角闲置地植物，老宅的黑色瓦屋顶	
119	689	48046	0.1048	7.3105	成片或边角废弃或闲置地植物，阴影下边角闲置地植物，老宅的黑色瓦屋顶	
120	599	48645	0.0911	7.4017	成片或边角废弃或闲置地植物，阴影下边角闲置地植物	植被类，52%
121	663	49308	0.1009	7.5026	植被环绕的废弃建筑物，红色瓦屋顶阴坡，村庄边缘土路	
122	609	49917	0.0927	7.5952	植被环绕的废弃建筑物，红色瓦屋顶阴坡，村庄边缘土路	
123	618	50535	0.094	7.6893	植被环绕的废弃建筑物，红色瓦屋顶阴坡，村庄边缘土路	
124	585	51120	0.089	7.7783	植被环绕的废弃建筑物，红色瓦屋顶阴坡，村庄边缘土路	
125	577	51697	0.0878	7.8661	植被环绕的废弃建筑物，红色瓦屋顶阴坡，村庄边缘土路	松土类
126	558	52255	0.0849	7.951	植被环绕的废弃建筑物，红色瓦屋顶阴坡，村庄边缘土路	
127	541	52796	0.0823	8.0333	植被环绕的废弃建筑物，红色瓦屋顶阴坡，村庄边缘土路	
128	568	53364	0.0864	8.1197	植被环绕的废弃建筑物，红色瓦屋顶阴坡，村庄边缘土路	
129	513	53877	0.0781	8.1978	植被环绕的废弃建筑物，红色瓦屋顶阴坡，村庄边缘土路	
130	475	54352	0.0723	8.27	植被环绕的废弃建筑物，风化的红色瓦屋顶，村中土路	
131	457	54809	0.0695	8.3396	植被环绕的废弃建筑物，风化的红色瓦屋顶，村中土路	
132	462	55271	0.0703	8.4099	植被环绕的废弃建筑物，风化的红色瓦屋顶，村中土路	
133	483	55754	0.0735	8.4834	植被环绕的废弃建筑物，风化的红色瓦屋顶，村中土路	
134	428	56182	0.0651	8.5485	植被环绕的废弃建筑物，风化的红色瓦屋顶，村中土路	
135	421	56603	0.0641	8.6125	植被环绕的废弃建筑物，风化的红色瓦屋顶，村中土路	
136	392	56995	0.0596	8.6722	植被环绕的废弃建筑物，风化的红色瓦屋顶，村中土路	
137	411	57406	0.0625	8.7347	植被环绕的废弃建筑物，风化的红色瓦屋顶，村中土路	
138	431	57837	0.0656	8.8003	植被环绕的废弃建筑物，风化的红色瓦屋顶，村中土路	
139	383	58220	0.0583	8.8586	植被环绕的废弃建筑物，风化的红色瓦屋顶，村中土路	
140	366	58586	0.0557	8.9143	植被环绕的废弃建筑物，风化的红色瓦屋顶，村中土路	
141	386	58972	0.0587	8.973	植被环绕的废弃建筑物，风化的红色瓦屋顶，村中土路	
142	386	59358	0.0587	9.0317	植被环绕的废弃建筑物，风化的红色瓦屋顶，村中土路	
143	339	59697	0.0516	9.0833	植被环绕的废弃建筑物，风化的红色瓦屋顶，村中土路	
144	328	60025	0.0499	9.1332	植被环绕的废弃建筑物，风化的红色瓦屋顶，村中土路	风化土类
145	333	60358	0.0507	9.1839	植被环绕的废弃建筑物，风化的红色瓦屋顶，村中土路	
146	352	60710	0.0536	9.2375	植被环绕的废弃建筑物，风化的红色瓦屋顶，村中土路	
147	319	61029	0.0485	9.286	植被环绕的废弃建筑物，风化的红色瓦屋顶，村中土路	
148	301	61330	0.0458	9.3318	植被环绕的废弃建筑物，风化的红色瓦屋顶，村中土路	
149	307	61637	0.0467	9.3785	植被环绕的废弃建筑物，风化的红色瓦屋顶，村中土路	
150	350	61987	0.0533	9.4318	植被环绕的废弃建筑物，风化的红色瓦屋顶，村中土路	
151	309	62296	0.047	9.4788	植被环绕的废弃建筑物，风化的红色瓦屋顶，村中土路	
152	321	62617	0.0488	9.5276	植被环绕的废弃建筑物，风化的红色瓦屋顶，村中土路	
153	297	62914	0.0452	9.5728	植被环绕的废弃建筑物，风化的红色瓦屋顶，村中土路	
154	299	63213	0.0455	9.6183	植被环绕的废弃建筑物，风化的红色瓦屋顶，村中土路	
155	310	63523	0.0472	9.6655	植被环绕的废弃建筑物，风化的红色瓦屋顶，村中土路	
156	307	63830	0.0467	9.7122	植被环绕的废弃建筑物，风化的红色瓦屋顶，村中土路	
157	320	64150	0.0487	9.7609	植被环绕的废弃建筑物，风化的红色瓦屋顶，村中土路	
158	291	64441	0.0443	9.8051	植被环绕的废弃建筑物，风化的红色瓦屋顶，村中土路	
159	343	64784	0.0522	9.8573	植被环绕的废弃建筑物，风化的红色瓦屋顶，村中土路	
160	295	65079	0.0449	9.9022	植被环绕的废弃建筑物，红色瓦屋顶，村中土路	软土类，18%
161	298	65377	0.0453	9.9476	正在使用中的住宅红色屋顶，三合土类道路	焙烧土类

附表　指标体系

续表

波长	像素	总计	百分比	累计百分比	对应地物和分类	分类及其比例
162	323	65700	0.0491	9.9967	正在使用中的住宅红色屋顶，三合土类道路	
163	319	66019	0.0485	10.0453	正在使用中的住宅红色屋顶，三合土类道路	
164	315	66334	0.0479	10.0932	正在使用中的住宅红色屋顶，三合土类道路	
165	299	66633	0.0455	10.1387	正在使用中的住宅红色屋顶，三合土类道路	
166	306	66939	0.0466	10.1852	正在使用中的住宅红色屋顶，三合土类道路	
167	298	67237	0.0453	10.2306	正在使用中的住宅红色屋顶，三合土类道路	
168	309	67546	0.047	10.2776	正在使用中的住宅红色屋顶，三合土类道路	
169	288	67834	0.0438	10.3214	正在使用中的住宅红色屋顶，三合土类道路	
170	275	68109	0.0418	10.3633	正在使用中的住宅红色屋顶，三合土类道路	
171	285	68394	0.0434	10.4066	正在使用中的住宅红色屋顶，三合土类道路	
172	270	68664	0.0411	10.4477	正在使用中的住宅红色屋顶，三合土类道路	
173	264	68928	0.0402	10.4879	正在使用中的住宅红色屋顶，三合土类道路	
174	292	69220	0.0444	10.5323	正在使用中的住宅红色屋顶，三合土类道路	
175	273	69493	0.0415	10.5738	正在使用中的住宅红色屋顶，三合土类道路	
176	287	69780	0.0437	10.6175	正在使用中的住宅红色屋顶，三合土类道路	
177	291	70071	0.0443	10.6618	正在使用中的住宅红色屋顶，三合土类道路	
178	287	70358	0.0437	10.7055	正在使用中的住宅红色屋顶，三合土类道路	
179	308	70666	0.0469	10.7523	正在使用中的住宅红色屋顶，三合土类道路	
180	282	70948	0.0429	10.7952	正在使用中的住宅红色屋顶，砂石路	
181	311	71259	0.0473	10.8426	正在使用中的住宅红色屋顶，砂石路	
182	308	71567	0.0469	10.8894	正在使用中的住宅红色屋顶，砂石路	
183	257	71824	0.0391	10.9285	正在使用中的住宅红色屋顶，砂石路	
184	267	72091	0.0406	10.9691	正在使用中的住宅红色屋顶，砂石路	焙烧土类
185	285	72376	0.0434	11.0125	正在使用中的住宅红色屋顶，砂石路	
186	276	72652	0.042	11.0545	正在使用中的住宅红色屋顶，砂石路	
187	300	72952	0.0456	11.1002	正在使用中的住宅红色屋顶，砂石路	
188	313	73265	0.0476	11.1478	正在使用中的住宅红色屋顶，砂石路	
189	260	73525	0.0396	11.1873	正在使用中的住宅红色屋顶，砂石路	
190	291	73816	0.0443	11.2316	正在使用中的住宅红色屋顶，砂石路	
191	267	74083	0.0406	11.2722	正在使用中的住宅红色屋顶，砂石路	
192	250	74333	0.038	11.3103	砂石路铺装的道路、院前场地和庭院，正在使用中的住宅红色屋顶	
193	265	74598	0.0403	11.3506	砂石路铺装的道路、院前场地和庭院，正在使用中的住宅红色屋顶	
194	293	74891	0.0446	11.3952	砂石路铺装的道路、院前场地和庭院，正在使用中的住宅红色屋顶	
195	302	75193	0.046	11.4411	砂石路铺装的道路、院前场地和庭院，正在使用中的住宅红色屋顶	
196	306	75499	0.0466	11.4877	砂石路铺装的道路、院前场地和庭院，正在使用中的住宅红色屋顶	
197	257	75756	0.0391	11.5268	砂石路铺装的道路、院前场地和庭院，正在使用中的住宅红色屋顶	
198	254	76010	0.0386	11.5655	砂石路铺装的道路、院前场地和庭院，正在使用中的住宅红色屋顶	
199	293	76303	0.0446	11.61	砂石路铺装的道路、院前场地和庭院，正在使用中的住宅红色屋顶	
200	286	76589	0.0435	11.6536	砂石路铺装的道路、院前场地和庭院，正在使用中的住宅红色屋顶	
201	315	76904	0.0479	11.7015	砂石路铺装的道路、院前场地和庭院，正在使用中的住宅红色屋顶	
202	307	77211	0.0467	11.7482	砂石路铺装的道路、院前场地和庭院，正在使用中的住宅红色屋顶	
203	296	77507	0.045	11.7932	砂石路铺装的道路、院前场地和庭院，正在使用中的住宅红色屋顶	
204	306	77813	0.0466	11.8398	正在使用中的住宅黑色瓦屋顶	
205	297	78110	0.0452	11.885	砂石路铺装的道路、院前场地和庭院	
206	297	78407	0.0452	11.9302	砂石路铺装的道路、院前场地和庭院	硬砂石铺装类
207	280	78687	0.0426	11.9728	砂石路铺装的道路、院前场地和庭院	
208	294	78981	0.0447	12.0175	砂石路铺装的道路、院前场地和庭院	

429

续表

波长	像素	总计	百分比	累计百分比	对应地物和分类	分类及其比例
209	292	79273	0.0444	12.0619	砂石路铺装的道路、院前场地和庭院	
210	326	79599	0.0496	12.1115	砂石路铺装的道路、院前场地和庭院	
211	283	79882	0.0431	12.1546	砂石路铺装的道路、院前场地和庭院	
212	282	80164	0.0429	12.1975	正在使用中的较新红瓦屋顶	
213	280	80444	0.0426	12.2401	砂石路铺装的道路、院前场地和庭院	
214	291	80735	0.0443	12.2844	砂石路铺装的道路、院前场地和庭院	
215	265	81000	0.0403	12.3247	砂石路铺装的道路、院前场地和庭院	
216	286	81286	0.0435	12.3682	砂石路铺装的道路、院前场地和庭院	
217	283	81569	0.0431	12.4113	砂石路铺装的道路、院前场地和庭院	
218	292	81861	0.0444	12.4557	砂石路铺装的道路、院前场地和庭院	硬砂石铺装类
219	322	82183	0.049	12.5047	砂石路铺装的道路、院前场地和庭院	
220	273	82456	0.0415	12.5463	砂石路铺装的道路、院前场地和庭院	
221	270	82726	0.0411	12.5873	砂石路铺装的道路、院前场地和庭院	
222	273	82999	0.0415	12.6289	砂石路铺装的道路、院前场地和庭院	
223	322	83321	0.049	12.6779	砂石路铺装的道路、院前场地和庭院	
224	301	83622	0.0458	12.7237	砂石路铺装的道路、院前场地和庭院	
225	229	83851	0.0348	12.7585	砂石路铺装的道路、院前场地和庭院	
226	249	84100	0.0379	12.7964	砂石路铺装的道路、院前场地和庭院	
227	243	84343	0.037	12.8334	砂石路铺装的道路、院前场地和庭院	
228	254	84597	0.0386	12.872	砂石路铺装的道路、院前场地和庭院	
229	304	84901	0.0463	12.9183	砂石路铺装的道路、院前场地和庭院	硬土、砂石类，21%
230	304	85205	0.0463	12.9645	水泥屋顶建筑物，水泥铺装的庭院和门前场院	
231	307	85512	0.0467	13.0112	水泥屋顶建筑物，水泥铺装的庭院和门前场院	
232	284	85796	0.0432	13.0545	水泥屋顶建筑物，水泥铺装的庭院和门前场院	
233	259	86055	0.0394	13.0939	水泥屋顶建筑物，水泥铺装的庭院和门前场院	
234	285	86340	0.0434	13.1372	水泥屋顶建筑物，水泥铺装的庭院和门前场院	
235	255	86595	0.0388	13.176	水泥屋顶建筑物，水泥铺装的庭院和门前场院	
236	284	86879	0.0432	13.2192	水泥屋顶建筑物，水泥铺装的庭院和门前场院	
237	297	87176	0.0452	13.2644	水泥屋顶建筑物，水泥铺装的庭院和门前场院	
238	288	87464	0.0438	13.3083	水泥屋顶建筑物，水泥铺装的庭院和门前场院	
239	282	87746	0.0429	13.3512	水泥屋顶建筑物，水泥铺装的庭院和门前场院	水泥建筑子类
240	290	88036	0.0441	13.3953	水泥屋顶建筑物，水泥铺装的庭院和门前场院	
241	258	88294	0.0393	13.4345	水泥屋顶建筑物，水泥铺装的庭院和门前场院	
242	337	88631	0.0513	13.4858	水泥屋顶建筑物，水泥铺装的庭院和门前场院	
243	277	88908	0.0421	13.528	水泥屋顶建筑物，水泥铺装的庭院和门前场院	
244	273	89181	0.0415	13.5695	水泥屋顶建筑物，水泥铺装的庭院和门前场院	
245	327	89508	0.0498	13.6193	水泥屋顶建筑物，水泥铺装的庭院和门前场院	
246	348	89856	0.053	13.6722	水泥屋顶建筑物，水泥铺装的庭院和门前场院	
247	273	90129	0.0415	13.7138	水泥屋顶建筑物，水泥铺装的庭院和门前场院	
248	271	90400	0.0412	13.755	水泥屋顶建筑物，水泥铺装的庭院和门前场院	
249	473	90873	0.072	13.827	水泥混凝土路面	
250	324	91197	0.0493	13.8763	水泥混凝土路面	
251	306	91503	0.0466	13.9228	水泥混凝土路面	水泥路面子类
252	404	91907	0.0615	13.9843	水泥混凝土路面	
253	535	92442	0.0814	14.0657	水泥混凝土路面	
254	768	93210	0.1169	14.1826	水泥混凝土路面	水泥类，9%
255	564006	657216	85.8174	100	均以村外农田计算	

附表5　村庄废弃或闲置场地光谱分析

行政区划			光谱分析																
市	镇	村	空置场地（1）光谱值			空置场地对农田绿地光谱贴近度			空置场地（2）光谱值			空置场地对农田绿地光谱贴近度			非空置场地光谱值			非空置场地对农田绿地光谱贴近度		
			R	G	B	R：R1	G：G1	B：B1	R	G	B	R：R2	G：G2	B：B2	R	G	B	R：R3	G：G3	B：B3

附录 规 划 案 例

附录一 "莱阳市梨乡五龙汇生态公园"——山东省烟台莱阳照旺庄 五龙河支流汇涨区域25村村庄整治和重新使用废弃宅基地规划

科技部、住房与城乡建设部、国土资源部、教育部"国家科技支撑计划课题:'村镇空间规划与土地利用关键技术研究'项目"

"环渤海新兴工业区空心村再生技术应用研究"课题组子课题:山东半岛制造业地带空心村人居环境生态化综合整治技术示范

一、概况

(一)地理位置及行政区

本规划区域位于 126°43′E ～ 126°47′E,36°55′N ～ 36°52′N,地处莱阳市区东南方向 5 ～ 10km。
1)规划区域属照旺庄镇辖区,在镇域北部地区。
2)规划区域界限:清水河以南和以东的地区。北边和西边以清水河为界,与莱阳城区隔河相望;南边以富水河为界;东边以山缘和墨水河流域为界。
3)规划区域包括清水河流域的逍格庄村、芦儿港村、西陶漳村、祝家疃村、大陶漳、北芦口、叶家泊村,墨水河流域的北寨口、南寨口、东城阳村、西城阳村、前照旺庄村和后照旺庄村、东昌山村和西昌山村、南闫家村、于家疃,富水河流域的北山后、十字埠、前发坊村、后发坊村、嵩埠头、东五龙和西五龙等 24 个村庄。
4)规划区域内人口 27340 人,7597 户;农业用地和建设用地合计面积 28km²。

(二)自然条件

1. 地貌地质

规划区域内包括富水河断层以北的河谷准平原、山前冲积平原和低山丘陵区三类地貌。山丘顶部浑圆,山坡坡度一般在 5°～ 15° 之间,沟谷断面呈 "U" 形,沟底纵坡平缓,坡冲积物较发育。规划区域内平原占规划区域面积的 80%,低山丘陵占规划区域面积 20%。规划区域内地势由北向南、由东向西倾斜。规划区域内有 5 个相对制高点:①地处逍格庄的清水河与蚬河交汇处,海拔 115m;②地处北芦口地域范围内,海拔 255m;③地处北寨口墨水口起始地,海拔 214m;④前发坊村墨水口与富水河交汇处,海拔 100m;⑤地处西五龙的"五龙汇涨",海拔 228m。

2. 水文

规划区域属"富水强度极强"地区。清水河和富水河一般不断流,同时在夏季兼有城市泄洪功能,而区域内部的墨水河水系源短流急,夏季雨量大时,急剧涨落,而春秋降水量少时,经常断流。洪水多集中在6、7、8三个月份。除河流外，这个区域的地下水资源原先较为丰富，目前地下水位正在下降。区域内部本有大小坑塘30个以上，但是，随着地下水位下降和自然降雨不足，尤其是低山丘陵地区的自然蓄水坑塘多已干枯，进一步加剧了平原地区的地下水位下降，以致平原地区有些坑塘已经变成了垃圾场。

3. 水系

规划区域以清水河和富水河为界。蚬河、白龙河均在规划区内汇入清水河，而墨水河贯穿整个区域。墨水河起始于北寨口和北山后村，经中寨口、东城阳村和西城阳村，在东昌山村和西昌山村处汇入富水河。同时，墨水河在区域内还有2个支流，A支流起始于南芦口，经大陶漳、南闫家村和于家疃汇入墨水河，B支流起始于北山后，在西昌山村处汇入富水河。富水河经前发坊村、后发坊村、西昌山村，在西五龙与清水河相汇，形成五龙河。

4. 气候

属温带大陆性季风气候，年平均气温11℃左右，降水量约为800mm。

5. 灾害

主要是干旱、风、雹、霜冻、倒春寒及暴雨洪水等。

（三）乡村社会和经济发展及生态环境可承受性方面需要解决的紧迫问题

1）居住区饮水安全问题。
2）居住区道路及其交通问题。
3）居住区生活和生产性垃圾问题。
4）废弃住宅和闲置宅基地问题。
5）居住区污水处理问题。
6）居住区防灾问题。
7）居住区社区型基础设施和公共服务设施问题。
8）居住区人居环境问题。
9）区域生态恢复问题：区域地下水迅速下降；河流和坑塘成为垃圾场；中心高强度农业区物种单一，且面源污染；低山丘陵植被退化，水土流失。
10）区域经济可持续发展问题：三产亟待发展，二产需要转变生产模式，一、二、三产循环产业链需要衔接。

二、区域发展目标、战略和项目

（一）目标

山东省烟台莱阳照旺庄五龙河支流汇涨区域的自然资源、运营中的果蔬农田、空闲宅院和废弃的村庄建设用地，都可以成为农民增收、创造新就业机会、改善人居生态环境的物质条件。

通过建设莱阳城郊的"五龙汇乡村生态公园"，调整生产和生活空间向生态旅游空间转化，使生态旅游空间与农业生产和生活空间协调起来，使那里的自然资源为区域经济发展服务。

"五龙汇乡村生态公园"以河流、果蔬、胶东民俗文化为底蕴，以"莱阳梨和五龙汇涨"为主题形象，通过村庄整治及其城镇化，河流及其低山丘陵地区生态恢复，一、二、三联动为目标的区域产业结构调整，构建"一个中心农田大团，两个线状梨园，三条河流景观走廊，四个居住组团和五个观景节点"的格局，改变单一农业生产过程为同时具有旅游价值的生产过程，再开发村庄空闲建设用地为具有传承胶东民俗文化的旅游产业用地，恢复退化的低山丘陵生态和河流生态。

所以，区域发展的目标为：

1）更好地利用自然和文化资源，如闲置的村庄居民点建设用地、稀缺的水资源、特色农产品等，把产业链高度衔接起来，实现区域内部一、二、三产联动；

2）恢复和保护自然生态环境，延长莱阳市区的景观风景线，通过城乡一体化建设，推进城镇化建设，改善乡村生活质量；

3）通过第三产业发展，增加特色农产品和独特景观资源的价值，实现郊区农业向生产服务功能和生态保障功能转化，实现农民就业和收入增长。

（二）战略

为了利用村庄废弃或闲置建设用地发展乡村生态旅游业，以生态恢复提高果菜等农产品的附加价值，新增地方特色产品，推进乡村城镇化，建立起区域内部产业间的循环和一、二、三产联动的发展模式，促进农业劳动力向非农产业转移，初步实现乡村经济、社会和人居环境协调发展的目标，到本规划期末，需要实施如下三大战略：

1. 村庄整治战略

整理和再利用废弃的村庄建设用地，整治村庄人居环境，完善社区性基础设施和公共服务设施，为实现区域向生态旅游经济的转移提供空间条件和环境条件。

2. 生态恢复战略

逐步恢复区域的河滩、坑塘、低山丘陵的历史自然生态环境，促进区域内部水资源的循环利用，使可再生能源的科学使用比重有所增加，环境污染得到控制，在自然物种之间实现平衡，为农林果业生产创造良好的生态条件，明显改善居住和旅游生态环境质量。

3. 设施建设战略

按照一区一景、一村一景、庭院小景、区域全景的方式，结合产业结构调整，特别是农业内部结构调整，把规划区域建设成为一个包括各类生态苑区的旅游生态园。

三、规划区内部的功能分区和布局

"五龙汇乡村生态公园"以河流、果蔬、胶东民俗文化为底蕴，以"莱阳梨园和五龙汇涨"为主题形象，通过村庄整治及其城镇化，河流及其低山丘陵地区的生态恢复和一、二、三联动，实施区域产业结构调整，改变原有的单一农业生产结构，再开发村庄空闲建设用地为具有传承胶东民俗文化的旅游产业用地，恢复退化的低山丘陵生态和河流生态，使之兼顾旅游业的开发，形成如下布局：

1）一个中心农田大团；

2）两个线状梨园；

3）三条河流景观走廊；

4) 四个居住组团；

5) 五个观景节点。

本规划把整个规划区域分解为区、中心、保护地、走廊等四个构件：

1) 按照区域中不同地带所承担的功能，该区域可分为河流河滩梨果树区、平原蔬菜作物区、山坡林粮果草畜综合农业区；

2) 22 个村庄居民点构成区域的中心或节点；

3) 河流滩涂和堤岸、坑塘、坡度超过 15° 的山坡地和农田，区域中心 10km² 的菜地，山脚汇水面和自然流域本身等，构成该区域的保护区；

4) 道路、田间道路和沟渠、河流、小溪分别构成联系区域内部中心的人工走廊和自然走廊。

（一）4 个功能分区

该区域按照区域中不同地带所承担的生态和生产功能分为河流区、河滩梨果树区、平原蔬菜作物区、山坡林粮果草畜综合农业区等四大空间功能分区。

4 个分区组成的区域内包括 24 个村庄，其中河滩梨树果树区中的逍格庄村、西陶漳村、祝家疃村、大陶漳、叶家泊村有一部分蔬菜作物用地，平原蔬菜作物区中的东昌山村、西昌山村、前发坊村、后发坊村有一部分山坡林粮果草用地。

1) 河流区分为 3 个流域和两条溪流：清水河流域（包括在逍格庄村与清水河汇合的蚬河和在西五龙村与清水河汇合的白龙河），包括芦儿港村、逍格庄村、西陶漳村、祝家疃村、大陶漳、叶家泊村、东五龙、西五龙；墨水河流域，包括北寨口村、中寨口、东城阳村、西城阳村、东昌山村、西昌山村，墨水河流域还包括 A 溪流，从大陶漳、南闫家村、前照旺庄村至叶家泊村；富水河流域包括前发坊村、西五龙、叶家泊村，还包括 B 溪流，经北山后村、西昌山村，在后发坊村进入富水河。

(1) 河流区以生态功能为主，旅游功能为辅。通过种植芦苇等近水植物，修筑 1～2m 拦河橡胶坝 3 座，提高河流的整体蓄水能力和沿岸地下水位，促进自然堤岸植被的恢复，阻止岸边果树林地下水位下降。同时，橡胶坝的辅助功能是，营造景观水面，供休闲旅游所用。

(2) 清水河流域划分为五个景观段：北芦口段，大陶漳、西陶漳村、祝家疃段，逍格庄、芦儿港段，叶家泊段，西五龙段。其中逍格庄和芦儿港段、西五龙段为两个簇团段，其他三段为线状段。在这五个景观段中，在河滩上或低丘上，簇团式集中布置临时性轻型餐饮设施，线状布置公共服务设施，包括桌凳、垃圾桶、厕所、路灯、指示牌等，并提出具体规划要求。

(3) 墨水河流域划分为四个景观段：北寨口和北山后段，东城阳和西城阳段，东昌山和西昌山段，东五龙段。这四个景观段按四个簇团安排公共服务设施，同时安排线状沿河休闲道。

2) 河滩梨树果树区在芦儿港村、逍格庄村、西陶漳村、祝家疃村、大陶漳、叶家泊村等 6 个村庄的属地范围内。

(1) 河滩梨树果树区以种植型生产功能为主，观赏性旅游功能为辅，生态功能为支撑。

(2) 通过对成片人工果林的生态修复，引入共生物种，包括昆虫、鸟类形成相对自我维持的生态系统，提高产品的质量，同时维护区域整体的物种平衡，保护菜地生产的生态环境。

(3) 在果品生产时期，严格约束旅游范围，而在成熟期，有计划地安排旅游地点和线路。

3) 平原蔬菜作物区在闫家庄村、后照旺庄村、前照旺庄村、东昌山村、西昌山村、前发坊村、后发坊村，以及芦儿港村、逍格庄村、西陶漳村、祝家疃村、大陶漳、叶家泊村等 13 个村庄的属地范围内。

(1) 平原蔬菜作物区以种植型生产功能为主，体验性旅游功能为辅，生态功能为支撑。

(2) 通过对成片菜地的生态修复，推进节水工程和措施，提高精准和精细农业水平和土地利用效益，合理搭配种植品种，形成相对自我维持的生态系统，提高产品的品质。

（3）通过田园园林化，维护成片菜地的物种平衡，保护菜地生产的生态环境，形成整个无霜期中的不同色相景观。

（4）建立园中园，提供体验农业旅游的场所。

4）山坡林粮果综合农业区在东五龙、西五龙、蒿埠头、北寨口村、东昌山村、西昌山村、东城阳村、西城阳村、北山后、十字埠等10个村庄的属地范围内。

（1）山坡林粮果综合农业区以种植型生产功能和生态功能为主，观赏性旅游功能为辅。

（2）恢复这个区的坑塘、河道，在生态脆弱的坡地上种植速生灌木和草，以提高平原蔬菜区的地下水位。

（3）大力发展特色养殖业，为城市专供，也为这个区域的果林和菜地提供所需有机肥料。种植特殊作物，满足区域范围内的特殊餐饮需要。

（4）北寨口、北山后是山坡林粮果综合农业区的景观制高点。

（二）4类保护地区

生态旅游区的建设包括从河流水系到低山丘陵，从果林到农田菜地，从居住区到工业区在内的整个区域，而不只一片果林。河流生态的恢复和保护将有利于保持梨园果林的健康状态，低山丘陵生态的恢复可以保证山下农田果林地下水资源和土壤条件得到改善。所以，规划区域内的生态保护区包括河岸近水地区、自然坑塘、农田和低山丘陵地区。

1）改造清水河和富水河滨河沿岸生态，在河岸近水地区种植芦苇和其他喜水植物，引入野生禽鸟和昆虫，逐步恢复200年前的原始状态，使其成为该生态旅游区的湿地保护区。

2）全面整治墨水河及其支流，通过营造自然原型驳岸和自然型驳岸，通过建设从北宅口，经过中寨口、东城阳村、西城阳村、东昌山村和西昌山村、前发坊村和后发坊村的道路，促进墨水河流域乡村旅游。

3）净化、恢复和保护所有村庄坑塘，营造滨水地区的自然原型驳岸和自然型驳岸，特别关注低山丘陵中墨水河水系自然坑塘的蓄水功能，为平原地区储备地下水资源。

4）保护区域核心区大约9～10km²的平原农田菜地，形成现代设施农业区。

5）改造低山丘陵地区的非粮食用地的植被，在坡度大于15°以上不适合种植的土地上，调整用地性质，大规模种植速生灌木，而后种植地方乔木，发展牛、羊、猪、禽养殖业园。

1. 河流坑塘水系的生态恢复

1）清水河和富水河。在近10km的河段上，主要采用自然原型驳岸和自然型驳岸等生态友好的设计建造方式，治理清水河和富水河段。在形式上，以景观型驳岸为主，既考虑防范内涝，同时，使其成为一处休闲景观区。采用种植植被保护河岸，如种植柳树、水杨、白杨以及芦苇、菖蒲等具有喜水性的植物或草皮，由它们生长舒展的发达根系来固稳堤岸，为其他水生生物提供栖息的场所，进一步净化水体。在那些汇水河岸地区，采用植物与其他护岸材料，如石笼、块石、编织袋和混凝土材料等配合使用的复合型护岸结构，使其可承受中等甚至是严重的水流侵蚀，同时展示这个地区良好的生态环境。

2）墨水河。墨水河A溪流被道路和农田占据，所以，需要在已建设的道路边，修筑排水沟，恢复墨水河A溪流，为大陶漳、南闫家村、前照旺庄村的7口水塘补水，并延伸A溪流至叶家泊村，为叶家泊村的3口水塘补水。这样，在区域中部形成一个溪流—沟渠—坑塘走廊。墨水河的B溪流同样被道路和农田占据，所以，需要在已建设的道路边，修筑排水沟，恢复富水河的B溪流，为北山后村和

436

前发坊村之间的 15 口水塘补水，并延伸 B 溪流至富水河。这样，在区域中部再形成一个溪流—沟渠—坑塘走廊。

3）坑塘。恢复村庄原有且现在已经废弃或被垃圾填埋了的自然坑塘和养殖水面是恢复该区域生态环境和涵养水资源的关键措施。事实上，每个村庄在历史上至少存在1个以上坑塘，需要恢复。特别对那些村庄自然坑塘具有一定规模的，更需要恢复，如叶家泊村18亩，前照旺庄村57亩，后照旺庄村58亩，芦儿港村27亩，南闫家村38亩，北芦口15亩，北山后48亩，后发坊村44亩，合计306亩。那些过去使用的养殖水面也在恢复之列，如西陶漳村的养殖水面48亩已经恢复，后发坊村还有21亩养殖水面。

2. 河滩梨树果树区的生态保护

1）实施水土保持工程、生物多样性工程、现代节水型灌溉技术，充分利用光、温、水、气、土壤和其他物种，建立起生态平衡的梨树果园系统，增加农民收入。

2）在河滩梨树果树区与河流和平原蔬菜作物区之间建立起一个界线、一个保护带或者一个缓冲带，防止河滩旅游业影响果园，防止蔬菜种植影响梨树果树的生长。

3）可供选择的生态梨园果园模式有：

（1）梨—牧草—畜（禽）：在梨园果园行间种植牧草，以草养畜（禽），畜（禽）粪便经沼气池或粪窖发酵后施入梨园果园。

（2）梨—草—兔：草种可用多年生黑麦草、鸭茅草、白三叶草、紫花苜蓿等。草种混播，用量 15kg/hm^2；兔种可用天府肉兔、新西兰兔、加利福尼亚兔等。

（3）梨—草—鹅：草种用一年生黑麦草、苏丹草、高丹草、莴笋等及专用配合饲料，用量 15kg/hm^2；鹅种可选用天府肉鹅。

（4）梨—草—羊：草种选用一至多年生黑麦草、扇穗牛鞭草、紫花营籍、光叶紫花苕、白三叶草。草种混播，用种量 15 ~ 245kg/hm^2；羊种可用波尔山羊、金堂黑山羊、南江黄羊等。

4）可在适当地方，果园梨树行间种植经济价值较高的经济作物（花生、大豆、中药材和蔬菜等），经济作物收获后秸秆可覆盖树盘。此外，在有条件的产地，可在梨园周围选择与梨树无共生性病虫害的速生树种，培植防护林。

5）在整个区域内，按照村—塘—梨园果园的休闲观光模式安排果树林，果树行间种草、水面养鱼，园周斜坡种植观赏植物，集观花、赏果、垂钓为一体。

（三）4 个主题轴线

从旅游观光的角度出发，通过道路系统的重新安排，整个区域将形成四大景观轴：

1. 果林与河流生态景观轴

沿清水河的轴线包括北芦口、大陶漳、祝家疃村、西陶漳村、芦儿港村、逍格庄村、叶家泊村等 7 个居民点。那里集中了这个区域的主要果林，是河流生态的主要恢复和保护区。

1）这条轴线的核心节点在芦儿港村和逍格庄村之间，鸟瞰莱阳城和红土岩（海拔 30m），构成整个区域的入口点。

2）从这个节点出发，形成 A、B 两个段落。A：东北方向至北芦口（长度 6.5km，海拔 25 ~ 70m），B：西南方向至西龙口（长度 4.5km，海拔 25 ~ 60m）。

3）这个轴线需要通过改造原有的道路，修建步行道，把游客引导到河边。

4）A 段轴线大部分在田野中，B 段轴线在果林中，需要使用专门电瓶车运营。

2. 田园和河流生态景观轴

沿墨水河的轴线包括北寨口村、中寨口、东城阳村、西城阳村、于家疃、东昌山村、西昌山村、南闫家村等 8 个居民点。

1）这条轴线起始于北寨口东北方向的低丘（海拔 65m，从北芦口到北曲格庄，有一段乡间道路，长度 1.8km；到北曲格庄 1.27km；再从北曲格庄向西南方向，到达北寨口，长度 2.5km）。

2）这条轴线主题是，墨水河的起源和丘陵——平原地貌与生态。

3）墨水河至富水河，共有九曲九湾，经过 6 个村庄，长度 5km；沿途各村中寨口、东城阳村、西城阳村、于家疃、东昌山村、西昌山村确定不同的主题，以吸引游客。

4）需要改建道路，总长度 8km。

3. 山野和河流生态景观轴

沿富水河的轴线包括北山后村、前发坊村、后发坊村、西五龙、东五龙共 5 个居民点。

1）从西昌山转向东 1.5km，到达北山后村，向南到达十字埠（1.8km），再向西沿富水河到达前发坊村、后发坊村（1.4km），再到达西五龙、东五龙（4km）；

2）这条轴线主题是，河流生态景观；

3）沿途各村确定不同的主题，以吸引游客；

4）需要恢复河道堤岸，改建道路，总长度 8km。

4. 工商业轴

穿越镇中心的轴线包括后照旺庄村和前照旺庄村 2 个居民点，处于整个区域的核心，通过改造主要道路两旁的建筑立面、招牌、绿化和重新划分道路功能等设计方式，建设一条具有传统商业氛围的大街。改建道路约 1～2km。

（四）20 个园区节点

从培养第三产业增长点、实现区域内一、二、三产联动和循环经济，增加农村劳动力就业机会和收入的目标出发，规划把 24 个居民点中划分为三类：

1）继续发展的居民点：逍格庄村、芦儿港村、西陶漳村、祝家疃村、大陶漳、北芦口、叶家泊村、东城阳村、西城阳村、前照旺庄村、后照旺庄村、东昌山村、西昌山村、十字埠、前发坊村、后发坊村、嵩埠头、东五龙和西五龙。

2）限制发展的居民点：南闫家村、于家疃。

3）不再发展的居民点：北寨口、南寨口、北山后。

三类居民点在发展上的基本区别是：

1）只在"继续发展的居民点"安排建设区域性基础设施和公共服务设施，如集中供水管网、污水处理设施、文化大院等。

2）控制"限制发展的居民点"的建设用地的使用性质和宅基地的租赁。

3）对于"不再发展的居民点"，只作村庄环境的整治，不再批准新居住建筑的建设，不再投入政府资金建设村庄基础设施，使起逐步消亡；新住宅建设向"继续发展的居民点"靠拢。

三类居民点在改善最基本的居住环境方面，没有区别。按照国家村庄整治技术规范的要求，全面整治"五龙汇乡村生态公园"的 24 个居民点，使其分别承担园区旅游开发所赋予的功能。

整个规划区的 24 个村庄的整治，采取按组团逐步展开的方式进行：第一阶段整治清水河组团和镇中心组团的村庄，第二阶段整治富水河组团和墨水河组团的村庄。

在村庄整治中，按照规划所安排的旅游主题，首先解决与旅游发展直接相关的部分，再循序渐进地向整个居民点展开。各村根据自然资源，分别建立1个以上旅游主题，以推进村庄整治和发展旅游经济。规划设计的主题有如下16个：

1）芦儿港村：梨乡—芦苇—民居群。
2）逍格庄村：逍遥园、春雪亭和滨河梨园长廊。
3）西陶漳村和祝家疃村：梨乡风情旅游区、滨河梨园长廊和采摘园。
4）前照旺庄和后照旺庄村：照旺垂钓湿地公园、照旺农贸批发零售中心和商业街。
5）叶家泊村：叶家泊湿地公园和滨河梨园长廊（果园和树林）。
6）大陶漳村：大陶漳森林公园。
7）十字埠村：锁龙亭公园。
8）东西五龙：五龙亭公园。
9）嵩埠头：古汉墓群。
10）北宅口：墨水源公园。
11）南宅口：丘陵湿地公园。
12）东西城阳：九曲水园。
13）北山后：北山后垂钓园。
14）东西昌山：东西昌山山水自然风景园。
15）富水河自然公园。
16）北芦口：戏五龙公园。

其中包括5个区域核心景点。

四、规划和建设项目

（一）区域生态恢复项目

按照这个区域的地形地貌、水文地理条件、土壤和耕作状况，24个村庄居民点及其农田果林分布在区域内的4个生态地带上：河流地带、河滩梨树果树地带、山前冲积平原地带和低山丘陵地带，形成了自然的河流生态、人工的果林生态、人工的农田生态和人工的山林生态，需要按照其生态功能，分别加以恢复。

河流区分为3个流域和2条溪流：

清水河流域（包括在逍格庄村与清水河汇合的蚬河和在西五龙村与清水河汇合的白龙河），包括芦儿港村、逍格庄村、西陶漳村、祝家疃村、大陶漳、叶家泊村、东五龙、西五龙。

墨水河流域，包括北寨口村、中寨口、东城阳村、西城阳村、东昌山村、西昌山村、墨水河流域还包括A溪流，从大陶漳、南闫家村、前照旺庄村至叶家泊村。

富水河流域包括前发坊村、西五龙、叶家泊村，还包括B溪流，经北山后村、西昌山村，在后发坊村进入富水河。

河滩梨树果树区在芦儿港村、逍格庄村、西陶漳村、祝家疃村、大陶漳、叶家泊村等6个村庄的属地范围内。

平原蔬菜作物区在闫家庄村、后照旺庄村、前照旺庄村、东昌山村、西昌山村、前发坊村、后发坊村，以及芦儿港村、逍格庄村、西陶漳村、祝家疃村、大陶漳、叶家泊村等 13 个村庄的属地范围内。

山坡林粮果综合农业区在东五龙、西五龙、北寨口村，以及东昌山村、西昌山村、东城阳村、西城阳村等 7 个村庄的属地范围内。

4 个分区组成的区域内包括 24 个村庄，其中河滩梨树果树区中的逍格庄村、西陶漳村、祝家疃村、大陶漳，叶家泊村有一部分蔬菜作物用地；平原蔬菜作物区中的东昌山村、西昌山村、前发坊村、后发坊村有一部分山坡林粮果草用地。4 个分区的生产功能是明确的。通过规划和设施建设，它们各自的生态功能会明确起来，通过生态保护技术措施使该区域实现生态平衡。

随着经济发展、土地短缺和城镇发展，自然的河流小溪生态、山前冲积平原中的自然的坑塘湿地和沟渠生态、自然的山林和沟壑生态，正在受到侵蚀和改变。所以，严格限制人类生活和生产对自然生态的侵蚀，约束人工生态的范围，恢复和保护自然生态，是这个区域发展生产和提高蔬菜、果品附加价值的前提，也是发展以旅游业为龙头的第三产业、增加农民收入的可靠途径。

1. 建立分区边界

1）在河流区和河滩果林区之间，以种植芦苇等根系发达和喜水性植物作为分界线，缓冲区不少于河道 20 年一遇漫滩宽度。

2）在河滩果林区与平原蔬菜作物区之间，以道路、排水沟和密植低矮乔木树种和灌木相间，形成密实界线，缓冲区宽度以菜地农药喷洒感染范围而定。

3）在平原蔬菜作物区与山坡林粮果综合农业区之间，以道路和高大速生杨树作为界线，以道路宽度为缓冲区宽度。

4）在每个分区中，村庄建设用地和农业用地之间的分界线上，种植乔木，以控制对农田果林的挤占。

2. 建立边界缓冲区

1）在缓冲区内引入地方性物种和实现最大的物种多样性，以便引来多样性动物物种，在大规模人工生态和弱小的自然生态之间实现某种平衡，使受损的自然生态系统恢复到具有自我恢复能力的状态，实现减噪、滞尘、净化空气、改变局部气候、改善区域景观的目标。

2）在缓冲区内，配种 10% 左右生长快的中高类乔木树种，为怕光直射的次生植被遮挡过强阳光；在剩下的 90% 的各类边界缓冲区里，种植易于传播和生长快的草本植物，以改变缓冲区周边地区的土质，招引动物，为其他植物、动物的恢复创造条件；当次生植被出现后，缓冲区周边地区会整体进入植物群落的演替阶段；有选择性地砍掉一些先锋树，为成熟阶段的物种提供阳光；在留出来的空间中补植大量植物，以解决在演替成熟阶段物种生长慢的状况。

3）在选择缓冲区树种时，需要特别注意：

（1）选择区域内已经有的乔木、灌木、藤本植物、草本植物等物种，尽量不要选择区域内或附近村里没有的物种。

（2）选择速生、中生、长周期和长生长周期的多种落叶乔木树种，其配合比例约为 50%：30%：20%。

（3）选择速生、耐修剪、易移植的常绿灌木和落叶灌木两类树种，其配合比例约为 20%：80%。

（4）选择雄性树木作为缓冲区外侧树木，而在缓冲区中种植雌性树木；选择抗逆皮实的树种，沿缓冲区侧种植，选择非抗逆娇嫩性，具有树干通直、树姿端庄、树体优美、枝繁叶茂、冠大荫浓、花艳芳香特征的树种，植于缓冲区弯道处。

（5）选择花期不同的花冠木树种，例如北方地区常见的花灌木，配植在缓冲区边缘和密植于缓冲区里。

（6）选择不同树形的植物美化缓冲区空间，构成变化的林冠线。

（7）选择不同显示色彩的植物叶、花、果实、枝条和干皮，沿缓冲区间隔种植，以创造出带状的季相景观。

3. 恢复被道路阻断的生态系统

从道路横断面上看，在布置乔、灌、草和藤蔓物种时，要充分考虑路边水沟、与这些水沟相关的空间通道以及空中走廊，尽量修复因道路修筑而阻断了的生态食物生产和消费链。尽管我们修筑了道路，阻断了这些生态链，但是，我们总可以在一定程度上修复阻断的生态食物链，再依据食物链来安排物种的布局。我们常常从景观的角度考虑种植树木的位置，这是从人的视觉效果出发。没有问题，却缺少了建立一个自我维持的稳定道路生态系统的战略。实际上，村庄不同于城市，村庄生态环境是一个半人工半自然的。它不同于城市里的公园和广场绿地，那是一个人工生态系统，需要大量资金才能维持。一个生态系统只有在能够自我维持时，才是最经济的。这应当成为乡村居民点绿化的理想目标。

1）道路两侧的水沟应当成为所有植物的天然排灌系统，所以，道路两侧的水沟不要硬化，要土质的，用草和喜水植物护坡，至少沟底不要用水泥封死。

2）平原道边水沟纵向坡度不要超过 0.3%，丘陵道边水沟纵向坡度也要适度，以让雨水缓慢流动和可以最大限度地渗漏到地下为准，同时，让草籽和植物果实可以供应水生生物，从而保持一定水平的水生生物种群。

3）经常清理水沟的坡面和沟底的垃圾，让水干净起来，可以通畅地渗透，同时创造一个没有污染的水生生物环境，而清理出来的污泥可以施用到树下。

4）尽可能把村庄内部道路路沟与村庄周边的水塘、湿地衔接起来，以便那里的水生生物可以回游到村庄内部来。

5）在那些道路退红空间比较大的地方，埋设路下过街排水管涵，以便让水生生物、两栖类动物和爬行类动物可以自由往返于道路之间。

6）沿着道路两侧的水沟应该建成相互连通的绿色通道，成为野生动物的通道。

7）在路面特别宽敞的地方种植行道林荫树时，适当考虑枝冠水平伸展的乔木，以便让两侧树木在空中衔接起来。

8）在路边庭院院墙墙根种植藤蔓植物，形成绿篱，从而使道旁植物与庭院植物衔接起来。

9）村庄绿化布局起始于庭院院墙上的藤蔓植物，然后从水沟池塘水体中的水生植物，水沟边坡的近水草灌植物，道路退红空间上的草坪、灌木群落、小乔木群落，最后过渡到路边的乔木群落。

4. 恢复河岸生态系统

为保护河岸（阻止河岸崩塌或冲刷）而形成或修建的建筑物为驳岸（护坡）。驳岸部分是水陆交错的过渡地带，具有显著的边缘效应。这里有活跃的物质、养分和能量的流动，为多种生物提供了栖息地。当河流被渠化或硬化后，将造成许多对水际和水生栖息地起到关键作用的深槽、浅滩、沙洲和河漫滩的消失，破坏植被，使其不再能发挥截留雨水、稳固堤岸、过滤河岸地表径流、净化水质、减少河道沉积物的作用。

微地形堤生态恢复首先应起到增强防洪的功能，树木更应适应水分多的土壤环境，成活率高，根系发达，树冠较大。此外堤上植被的种植可采用如下两种方式：近岸到堤顶由水陆交错带植被向陆生植被过渡；乔灌草结合，应以灌为主。绿化品种均应以本地品种为主，草应以自然生长力强、成活率高的为主。微地形堤防冲刷措施：针对人工微地形堤的不耐冲性在堤脚应种植根系发达的树种，且应株行距较近。如柳树，可减小近岸水流流速，也可提高堤脚的抗冲性。

根据驳岸断面形式的不同，主要有自然原型驳岸、自然型驳岸和人工自然驳岸三种形态：

1）自然原型驳岸。对于坡度缓或腹地大的河段，可以考虑保持自然状态，配合植物种植，达到稳定河岸的目的。如种植柳树、水杨、白杨、榛树以及芦苇、菖蒲等具有喜水特性的植物，由它们生长舒展的发达根系来稳固堤岸，加之其枝叶柔韧，顺应水流，增加抗洪、护堤的能力。

2）自然型驳岸。对于较陡的坡岸或冲蚀较严重的地段，不仅种植植被，还采用天然石材、木材护底，以增强堤岸抗洪能力。如在坡脚采用石笼、木桩或浆砌石块（设有鱼巢）等护底，其上筑有一定坡度的土堤，斜坡种植植被，实行乔灌草相结合，固堤护岸。

3）人工自然驳岸。对于防洪要求较高，而且腹地较小的河段，在必须建造重力式挡土墙时，也要采取台阶式的分层处理。在自然型护堤的基础上，再用钢筋混凝土等材料确保大的抗洪能力，如将钢筋混凝土柱或耐水原木制成梯形箱状框架，投入大的石块，或插入不同直径的混凝土管，形成很深的鱼巢，再在箱状框架内埋入大柳枝、水杨枝等；邻水侧种植芦苇、菖蒲等水生植物，使其在缝中生长出繁茂、葱绿的草木。

目前村庄内绝大多数河道都还未进行整治，河道内土石淤积严重，污水随意向河内排放，水质差，河岸两侧随处堆放垃圾，无防护设施，严重影响了村庄的环境卫生及公共安全。已整治河道也大多沿用传统河道断面形式，从河道本身行洪、排涝等功能出发，断面形式都较为单一，走向笔直，河道护岸结构也比较坚硬，主要采用浆砌或干砌块石护岸、现浇混凝土护岸、预制混凝土块体护岸，或土工模袋混凝土护岸等，这些护岸形式能顾及到河道的行洪速度、通航需求、河道冲刷等要求，但对保护水的自然清洁和维持人与水环境的和谐方面产生了较大的负面影响，河道的自净能力受到了较大影响，各种水生植物无法在坚硬的结构坡面上生长，各种水生动物也因此失去了生存环境而无法生存，严重破坏水生生态系统。

所以驳岸整治主要体现在对河流生态环境、安全防护方面的深入考虑，需与地域气候环境、河流地质地貌、水文变化的相适应，合理选择筑堤材料，以及堤岸地形的处理方式和构造方式。

5. 恢复坑塘湿地生态系统

把 24 个村庄建设成湿地镶嵌、林木繁茂的花园式村庄。按照此项目标，恢复规划区域内部的坑塘湿地，既恢复水体空间，又改善水体水质，是恢复规划区域生态系统的重要环节。

1）整治 24 个村庄的 30 个坑塘水系，通过种植乔灌草等植物，恢复坑塘的自然坡岸。

2）恢复池塘间的连通沟渠，形成养鱼、垂钓、餐饮、居住休闲服务的特色民俗旅游。

3）在坑塘边设置消防喷枪。

4）通过在坑塘附近分散安装小型污水处理设施，处理住户的生活污水，向坑塘供应二级再生水，再解决村庄周边部分大田或鱼塘的供水问题。

5）在湿地类地区种植各种类型灌木和草，使这些植被能够一年四季为野生动物提供适宜的食物和庇护，并适当地为动物补充水源，为鸟类繁殖提供巢箱，并保留一些野生动物感觉安全的荒野角落。提倡功能性绿化为主、景观绿化为辅的方针。为河岸地区树立节水、中水综合使用和湿地恢复的典范。

6. 家庭集雨、村庄雨水、水循环再利用

雨水收集和利用是村庄生态化的重要内容之一。由于降水是随机事件，往往难以与用水同步，因此，需要将来自不同面积上的降水径流通过一定的传输和储存设施滞贮备用。

目前，村庄径流的传输主要有三种形式，即漫流、地下暗沟传输和地表明沟传输。地下暗沟传输只是考虑了传输雨水，没有考虑用作暂存雨水和缓解洪峰的功能；地表明沟传输也只是考虑传输雨水的功能，没有关注保墒和造景的作用。

1）降水径流贮存技术。采取多种降水径流贮存的形式，如家庭利用雨水等采用的预制混凝土或塑料蓄水池等，利用雨水构造水景观或人工湖等；还有为增加雨水入渗将绿地或花园做成起伏的地形或采用人工湿地等。同时，模拟天然水流蜿蜒曲折的轨迹，或构筑特定的造型，增加村庄景观。把雨水的传输和储存与村庄景观建设与环境改善融为一体，有效利用了雨水资源，如灌溉绿地、补给地下水、冲洗厕所、洗衣及改善生态环境。

2）雨水径流过滤技术。来自不同下垫面的降水径流通常含有不同的杂质，如树叶、草木、砂土颗粒等，为了除去这些杂质，我们需要采用不同形式的径流过滤器。根据过滤能力的不同可分为分散式和集中式两种。分散式过滤器一般体积较小，安装于房屋的每个漏雨管的下端；集中式过滤器一般体积较大，它是将来自不同面积上的径流汇集到一起，然后进行集中过滤。这两种过滤器均可将径流中直径大于 0.25mm 的杂质过滤出去。

3）雨水径流控制与处理技术。由于受到污染的降水径流必须经过处理后方能利用或排放，而通常径流量变化范围都比较大，且是随机的，为了达到理想的处理效果，我们拟开发径流控制设备。这种设备与贮水设施相结合，先将径流贮存在储水设施中，再通过径流控制设备使径流以恒定流量进入预定场所，使雨水径流得到充分利用。

4）各类集雨工艺技术。可以用于住宅、道路、庭院的集雨工艺营造技术。

7. 村庄污水处理

1）分散式小型污水处理设施

小型污水处理设备几乎集中了所有成功的污水处理方式，如活性污泥法、生物膜法、生物滤池、生物接触氧化、曝气池于一体，混合处理灰色和黑色污水，却又实现了最小 3000L 的体积，最快半个小时的处理时间，以及高于同类产品的净化水质。经处理后的水既对人居环境没有任何不利影响，可以立即用于灌溉农田，浇灌花草树木，养鱼或营造观赏水面，节约十分宝贵的水资源。

2）间歇性砂石过滤系统

间歇砂石过滤是 LSA 系统的另外一种变化形式。间歇砂石过滤系统有 1 个污水池，1 个大型过滤床基（砂石铺设厚度约为 60～90cm），1 个地下污水管道收集系统，它把过滤后的水流送入最后的蓄水池做消毒处理（氯处理和紫外线处理）。当水流进入污水池，间歇性地被送入砂石过滤床基，过滤后的污水通过砂石和管道进入消毒池。经过处理后的水流被释放到具有渗透性的盆地、吸收场地或水体。也可以省略消毒阶段，直接把水流送入管沟系统或场地。

8. 区域生态恢复工程

1）小流域治理工程

（1）疏通毁坏、废弃和阻断的自然河道、河沟，恢复自然水系；

（2）恢复与自然河道、河沟相通的坑塘湿地；

（3）限制村庄、道路和农业对自然水系完整性的破坏，并在它们之间建立永久性缓冲区；

（4）更新维护农田水利基础设施，特别是低地丘陵地区的自然蓄水坑塘；

（5）逐年增加现代节水灌溉面积。

2）水土保持工程、节水工程和优化调配多种水源

（1）采用深翻松土、耙糖保墒、增施有机肥、改善土壤结构等方法提高土壤蓄水能力；

（2）通过恢复区域东部低丘部分的坑塘，修筑水平梯田，平整土地等措施提高土壤接纳降水、蓄存

雨水能力，提高天然降水利用率；

(3) 拦蓄雨季洪水，回灌补充地下水源；

(4) 改进田间灌水方法与技术，平整土地，缩小地块，改进沟畦尺寸规格，控制入沟畦流量；

(5) 实行井渠结合，地表水、地下水互补联合调度综合提高地表水、地下水利用率；

(6) 推广喷灌、滴灌、微喷灌等技术，提高地表水利用效率。

3) 土地整理工程

(1) 在整个区域范围内建立相互连接起来的开放的果林走廊，绿色空间系统；

(2) 在河滩梨树果树区、平原蔬菜作物区、山坡林粮果综合农业区和村庄居民点之间利用植树、道路、渠道建立形体边界；

(3) 适当调整一些地块的土地使用性质，减少工业、林业和农业之间的插花式布局，把零星布置的工业和商业用地归并到工商业组团中，使农田菜地得到相对完整的保护，以便完善田间路网、渠网和绿化网；

(4) 拆除废弃住宅，整理居民点建设用地。

4) 绿化工程

(1) 通过农田灌木型林网，把不同使用性质的土地分割开；

(2) 绿化河渠廊道，种植乔灌木植物，建立与水体的最小距离保护带和步行小径；

(3) 村庄园林，在废弃宅基地归属没有确定时，可以先行清理和绿化，把村庄隐蔽在绿丛中。

5) 引水工程

通过建设一条连通清水河和富水河、贯穿园区的南北向自然沟渠，渠道长度约 4.5km，以恢复区域中部大田、菜地、果园地区的地表湿度，补充地下水资源和坑塘水保有量。

（二）区域设施建设项目

为了把规划区域建设成为一个包括各式生态苑区的 A 级旅游大花园，需要改善和增加规划区域内部面向社会服务的城镇型公共服务设施；扩大农业生态和旅游服务功能，需要改善和提高果菜养殖业的现代生产设施水平，形成农业内部生产部门的产业链和生态衔接；改变农业内部结构，实现节水、节能、节地和生态友好型区域。

为此，规划如下区域设施项目：

1. 农业生态区划

形成区域内三个地带农业部门间的产业循环链，实现高效节能节水和农业废弃物得到有效治理利用的农业生态良性循环系统：

1) 在低山丘陵地区，发展有规模的牛、羊、鸡、鸭等养殖业；

2) 在村庄坑塘中，发展旅游垂钓型渔业；

3) 在一般果林中，间作套种其他农产品，提高农业用地和农业综合生产能力。

4) 在低山丘陵地区种植低矮灌木和草，提高水资源涵养能力；

5) 在平原菜地，种植农田防护带或点缀型灌木簇团，实现生态多样性的景观；

6) 在河流沿岸，种植喜水类植物，形成沿岸水生生物景观。

2. 现代农业园区

在河滩果林区和平原蔬菜区，通过现代精准农业设施和田间道路的建设、土地整理和土地使用权流转等方式：

1）逐步规范基本农田的田格田块规模（田格面积 50 ～ 100 亩，田块面积 1.5 ～ 4.5 亩），划分标准园区（200 ～ 400 亩，田埂 0.4 ～ 0.6m），建设起一批具有地方特色的生态农业果林园区。

2）渠道建设根据农田面积、水流量，尽可能截弯取直，采用"沟—路—渠"方式布置，园区排水、灌水渠系健全，渠系坡度适宜；灌溉水源有保证，灌溉保证率达到 90%；渠道应达到节水灌溉技术规范的要求，即渠系水利用系数不低于 0.75；防洪能力达到 20 年一遇的标准，蔬菜区以 24h 排完为标准。

3）根据农田小地貌，结合田、村、渠、沟等项目进行合理布局，以修改扩大原有机耕路为主，满足中、小型农业机械的通行要求，便于田间生产管理，达到顺直通畅。

3. 道路系统和公共交通线路

区域道路系统分为三个层次：区域主干道、村庄及景点旅游路和景点步行道：

1）涉及区域主干道的主要改造工程有：疏通边沟；设置标准道路安全设施；在道路穿过东昌山村、西昌山村、前发坊村和后发坊村部位上，设置道路隔离墙；在道路转弯处设置高杆路灯。

2）在芦儿港村、逍格庄村、西陶漳村、大陶漳、北芦口、叶家泊村、北寨口、南寨口、东城阳村、西城阳村、前照旺庄村和后照旺庄村、东昌山村和西昌山村、前发坊村、后发坊村、北山后、十字埠、嵩埠头、东五龙和西五龙等村庄路段的一些段落，建设供社会游客使用的道路。主要改造工程有：整治这些道路两旁的公共空间，建设边沟；绿化道路，设置标准安全标志和统一标志的园区介绍牌，在道路终点设置停车场。

3）在设计为园区的 20 个公园中，使用沙石等地方材料修建步行小径；在公园服务区，安装路灯，设置道旁垃圾箱和石凳。

4）旅游季节，邀请私人公司经营公交线路。

4. 园区分片集中供水站

在园区入口处建设第一座集中连片供水站，先期解决芦儿港村、逍格庄村、西陶漳村、前照旺庄村和后照旺庄村、叶家泊村等 6 个村庄的生活饮用水供应；在管道设计上留下未来与市政供水衔接的空间，供水站未来将成为市政供水的控制站。

5. 园区集中垃圾处理和填埋场

区域东部低丘地区，逐步建设 4 个标准垃圾填埋场，相应建立各村垃圾收集场地，镇里组织转运。

1）北芦口的北区山丘荒地中的北部垃圾处理填埋场，主要用于生活垃圾；

2）南宅口东南方山丘荒地中的中部垃圾处理填埋场，主要用于蔬菜加工垃圾；

3）十字埠东南方山丘荒地中的南部垃圾处理填埋场，主要用于生活垃圾；

4）五龙河地区以南的五龙地区垃圾处理填埋场，主要用于生活垃圾。

6. 区域公共服务设施

建设区域消防和紧急救护站一座。

7. 区域公园

对清水河、富水河、墨水河进行小流域治理：

1）建设"滨河梨园长廊"游览带，包括"戏龙亭"、"大陶漳森林公园"、"西陶漳梨乡风景旅游区"、

"春雪亭"、"清水河风景园"等景点。

2）建设从十字埠至西五龙的富水河旅游观光带，包括"锁五龙"、"富水河自然公园"、"东昌山山水风景园"、"五龙亭"在内的 4 个景点。

3）建设从北宅口至东西昌山的墨水河旅游观光带，包括"墨水源公园"、"九曲水园"、"北山后垂钓园"在内的 3 个景点。

4）通过坑塘整治，建设"照旺平原湿地公园"、"南宅口丘陵湿地公园"、"北山后垂钓园"、"芦儿港芦苇—湿地公园"、"叶家泊湿地公园"。

5）通过村庄整治，建设"传统民居群"、"丁香庭院"和"古汉墓群"。

（三）村庄整治项目

24 个村庄居民点中的 20 个可以构成区域的中心或节点，划分为清水河组团（7 个居民点）、墨水河组团（8 个居民点）、富水河组团（5 个居民点）、镇中心（2 个居民点），而南闫家村和中寨口的规模太小，确定为不发展居民点。

按照住房与城乡建设部 2008 年 8 月开始执行的《村庄整治技术规范》的要求，对 20 个具有发展潜力的村庄居民点，实施村庄整治：

1）集中供水。分 4 个组团建设标准的联村集中供水厂和供水系统，然后再把 4 个组团的供水系统连接起来，形成区域内部的供水网络，最终与市政集中供水连接起来。在管径配置上要充分考虑到与市政供水管网的衔接，因地制宜地联结村庄自来水网络，同时，考虑到消防用水压力。首先在镇主入口建设覆盖芦儿港、逍格庄、前照旺庄和后照旺庄、西陶漳和祝家疃、叶家泊等 7 个村庄的集中供水站和管网系统，并为与市政供水接通留有空间。

2）污水处理。依据村庄内部的组团，因地制宜地在每村分阶段建立 3～5 套分散式小型灰色和黑色生活污水处理设施；每户建设预制单格式化粪池，不再建设三格式化粪池；处理后的达标排放中水流入村庄内部原有坑塘，坑塘养鱼，营造景观水面，最终用于农田果树或村庄绿地灌溉。首先在芦儿港、逍格庄、前照旺庄和后照旺庄、西陶漳和祝家疃、叶家泊等 7 个村庄分别安置分散式污水处理设施，恢复坑塘湿地。

3）街巷道路。在村庄内部道路建设时，采用城市无等级道路建设标准，而不是公路建设标准，以路堑方式，使用砂石铺装村庄内部次要道路和住宅间街巷道路，同时，建设雨水沟、路肩、人行道，植树并安装路灯等，形成道路网络。首先整治芦儿港、逍格庄、前照旺庄和后照旺庄、西陶漳、叶家泊等 6 个村庄旅游线路经过的路段。

4）实施改厕。首先在登记民俗旅游接待户开展标准改厕工程，推行抽水马桶系统，一般农户执行国家改厕标准。

5）生活垃圾。采取"村收集，镇拉走"模式，建设规划区域内标准的垃圾集中填埋场一座，各村建设若干垃圾池，各户使用统一的标准垃圾箱，实施垃圾分类。在北芦口的北区山丘荒地中的北部垃圾处理填埋场，主要用于生活垃圾；在南宅口东南方山丘荒地中的中部垃圾处理填埋场，主要用于蔬菜加工垃圾。

6）恢复坑塘。全面清理村庄的自然坑塘，修筑自然驳岸，设置休闲道路和设施。首先恢复芦儿港、前照旺庄和后照旺庄、逍格庄、叶家泊、后发坊等 6 个村庄的坑塘。

7）防灾减灾。严格执行新的消防法，规范地布置消防设施和坑塘消防取水口，疏通消防通道，更改户内老化的电线，建设村庄消防后备队。实施村庄内部疾病防御措施。在镇区建设消防和紧急救护站一座。

8）社区公共服务设施。依据旅游线路和设计游客人数，在各村的相应位置上建设公共厕所和公共垃圾桶。建设村庄公共活动场所：农村书屋、卫生室、健身广场等。先在盖芦儿港、逍格庄、前照旺庄和后照旺庄、叶家泊等 5 个村庄建设这类设施。

9）住宅庭院。尽快拆除濒临倒塌或已经倒塌的老住宅，在暂时不改变所有权的条件下，先行平整场地，种植速生灌木和草。迅速清理长期废弃或闲置的住宅庭院和宅院外边堆积的各类柴草、杂物、畜圈、化粪池等。修整旧住宅、门庭等建筑的外立面，在不改变胶东传统民居建筑风格的前提下，每村形成自己独特的建筑色彩和风貌。试行庭院景观化和村庄园林化。

10）可再生能源利用。在市级生态旅游村芦儿港村、西陶漳村和叶家泊村，建设集中供暖设施，集中收集、堆放和使用柴草秸秆；推行家庭太阳能热水炉；试验推广主动式太阳能（转为电能使用）和生物质能使用。

1．芦儿港村："梨乡—芦苇—民居群"

1）规划与整治目标：原有"莱阳盛世梨园"已经基本建成为村庄居民点之外的旅游景点，所以，本规划旨在把芦儿港村居民点也纳入"莱阳盛世梨园"的一个部分，成为"五龙汇乡村生态公园"的起点。游客不仅看梨品梨，还可以体验种梨人的生活，观赏芦儿港的芦苇、湿地、水鸟等生态景观。为此，扩大"莱阳盛世梨园"的覆盖范围，把芦儿港村居民点包括在"梨园"中，改造村庄东半部老村，逐步建设以"梨乡民居"为旅游主题的第三产业。因此，芦儿港村居民点的整治和改造需要配合"梨乡—芦苇—民居"的旅游主题。

2）村庄规划布局：

（1）整个村庄规划两个功能区：西半部为日常居住区，东半部为季节性旅游服务区。

（2）规划为重新开发旧村空心部分的土地为 50 亩，共分为 3 个规划部分，其中西部为村民新住宅开发区、旅游住宅开发区和传统住宅开发区。

（3）村庄规划建设主要道路 5 条，村庄车辆进出口 1 个，与县级公路相衔接。阻断其他车辆出入口，保证村庄社区居民的社会安全和交通安全。

（4）在两个功能区分别建设东西两条主要道路，西部大道始终为村庄内部人员使用，东部大道在旅游季节和周末用于旅游服务。目前需要建设西部主要道路，改造东部主要道路。

（5）建设村南部主要道路，把"莱阳盛世梨园"参观者引导到芦儿港村庄内部，并通过村庄东部主要道路，进入下一个景点。

（6）两个功能区分别留有东西两条备用道路，分别用于新开发的住宅区，所以，一定在住宅区建成后再修建，目前只进行沙石铺装。

（7）全面恢复村南部的历史性坑塘，建设湿地，种植芦苇，恢复芦儿港芦苇水面历史面貌，建设村南湿地—果园公园。

（8）在村南旅游道路两旁建设排水明沟，经小型污水处理设施处理的污水流入路边沟里，浇灌芦苇。

3）村庄整治项目：

（1）改造东部大道，建设规范城市型道路。

（2）整治芦儿港村 230m 的东部大道，清理道旁两侧公共用地上的所有杂物。

（3）整修沿街建筑山墙立面，粉刷成为灰色调，首先实现村庄整洁和绿树花草环绕的效果。

（4）改造原村委会旧房为传统"梨乡民居"代表性建筑，把不同时代（20 世纪 50 年代、60 年代、70 年代、80 年代、90 年代和新民居）建设的"梨乡民居"，通过宅间道路衔接起来，在不改变和基本不惊扰村民的前提下，改造建设起一个包括居住区 10% 面积（约 40 ～ 50 个宅院）的"梨园民居"群。

（5）首先实施沿街部分的住宅厕所改造。

（6）设置小型污水处理设施。

（7）设置芦苇编织的垃圾收集设施。

（8）安装或改装有芦苇感觉的路灯。

（9）设置规范交通标志。

（10）沿街建设花坛、绿篱，种植行道树、灌木、草，使用再生水浇灌树木。

（11）沿街开设特色茶饮服务、芦苇礼品店和小市场。

（12）以沙石铺装与主道连接的全部宅前道路，种植行道树；那些确定为重新开发部分的道路暂不要铺装。

（13）在东部大道端口建设村庄标志性建筑。

（14）在南部道路入口处，种植和编织芦苇景观，形成"梨乡民居群"地理标志。

2. 逍格庄村："逍遥园"、"春雪亭"和"滨河梨园长廊"

规划与整治目标：从逍格庄至北芦口，将形成一个 10km 长的"滨河梨园长廊"。游客从芦儿港村居住区进入园区主干道，再跨过逍格庄村属地，向北到达河堤，沿堤向东至两河汇合点，观赏清水河的自然弯道河景。逍格庄清水河、蚬河汇合的弯道处，清理河道垃圾，治理河道，保证安全，是该村规划建设的基本目标。同时，建设"逍遥园"、"春雪亭"，成为"滨河梨园长廊"的一个核心景观，是发展特色旅游业的基础。逍格庄建设的任务包括治理属地所辖的河道及其周边地区，以开发旅游产业，同时，还要整治村庄居民点。

1）村庄规划布局：

（1）整个村庄规划两个功能区，村庄居住区保持为日常居住区，村庄北部河道部分为季节性旅游服务区。

（2）规划为重新开发旧村空心部分的土地和村南建设用地合计 40 亩，分为 2 个规划部分：村中 30 亩为商业住宅开发、文化大院、老年公寓，村南 10 亩为商业住宅开发区。

（3）整治村庄北部河道缓冲区内违反土地使用规划的不当使用。

（4）村庄规划主要道路 4 条，从芦儿港进入村庄和延伸到河边的南北向主要道路路面已经建设完成，需要继续完成道路边沟的建设（逍格庄村需要和芦儿港村合作完成剩下一段未铺装的主要道路，延伸本村主要道路至河边）。

（5）需要建设村庄北部主要道路 1 条，470m，通向"逍遥园"景区。

（6）村庄内部南北向主要道路 1 条，280m；需要建设村庄内部南北向主要道路与芦儿港进入村庄和延伸到河边的南北向主要道路相衔接的东西向道路，250m。

（7）村庄中的另有 2 条南北向的村庄次要道路和 18 条宅间道路，需要采用沙石铺装，适时建设。

（8）全面恢复村南部的历史性坑塘两座，建设湿地，依托湿地建设村南湿地—菜园公园。

（9）把它们通过明渠沟通起来，种植芦苇；经小型污水处理设施处理的污水流入路边沟里，浇灌芦苇，部分恢复村庄的原有生态环境。

2）村庄居住区整治项目：

（1）整治贯穿逍格庄村居住区至河边的 400m 主要道路，清理道旁两侧公共用地上的所有杂物。

（2）整修沿街建筑山墙立面。

（3）实施沿街部分的住宅厕所改造。

（4）设置小型污水处理设施。

（5）设置垃圾收集设施，安装路灯。

（6）设置规范的交通标志。

（7）沿街建设花坛、绿篱，种植行道树、灌木、草，使用再生水浇灌树木。

（8）逐步拆除村庄核心部分的废弃住宅和危房，以插花方式开发面积约为 30 亩的商业住宅，积累资金；保留 10 亩，为居住到破旧住宅中的孤独老人建设老年公寓、文化大院和公共绿地。

（9）建设逍遥庄村的入口标志性建筑，彰显"逍遥游"路线图。

3）"季节性旅游服务区"整治和建设项目：

（1）彻底清除河道和缓冲区内的垃圾。

（2）实施小流域生态治理和自然堤岸生态建设。

（3）改造和整治沿河养殖户所使用的建筑。

（4）在缓冲林和堤岸附近设置若干凉棚、座椅和季节性茶馆等临时建筑。

（5）建设北观红土岩、南瞰万亩梨园的"逍遥园"和"春雪亭"建筑。

3. 西陶漳村和祝家疃村："梨乡风情旅游区"、"滨河梨园长廊"和采摘园

1）规划与整治目标：

在西陶漳已经完成的"莱阳梨种植园"等一系列"梨乡风情旅游区"景点的基础上，把"莱阳梨展示种植园"扩张至清水河边，构成 20 里"滨河梨园长廊"的一个节点。同时，对两个村庄内部空心部分土地作出调整，拆除闲置和废弃的住宅，重新安排居住区布局，开发各式商业性质的住宅。

2）西陶漳村庄规划布局：

（1）在西陶漳居住区的北部地区，拆除闲置和废弃的住宅，整理出两块公共绿地。

（2）在西陶漳居住区的中南部地区，配合已经建设的文化大院的传统民居风格，保护已有民居的整体风貌，形成与北部现代建筑相对比的胶东传统民居群，逐步发展民俗旅游户，接待游客。

（3）在西陶漳居住区的最南部地区，围绕已经恢复建设的坑塘水域，拆除闲置和废弃的住宅，整理出一块面积约为 5 亩的商业性住宅开发区。

（4）延伸西陶漳进村主要道路至清水河边，约 700m 长（同时作为将来开通进入市区道路的备用地）。

（5）在清水河边，建设 1km 长的"滨河公园"，在防护林中，建设季节性临时旅游服务设施。

（6）围绕已经恢复建设的坑塘水域，种植芦苇，开发"西陶漳湿地生态公园"。

（7）在村庄中民俗旅游区分散安装小型污水处理设施，处理后的中水流入坑塘湿地，形成一个联动体系。

3）西陶漳村庄居住区整治项目：

（1）统一调度和连通两村集中供水系统，连片供水，为民俗旅游、餐饮服务业的发展创造条件。

（2）延伸西陶漳村进村主要道路至河边。

（3）继续展开村庄内部纵深部分的整治，特别是拆除废弃住宅，建设宅前和街头绿地。

（4）彻底清除河道和缓冲区内的垃圾。

（5）实施小流域生态治理，建设生态堤岸，恢复河流生态。

（6）在防护林和堤岸附近设置凉棚、座椅，开设季节性茶馆。

（7）建设进入"滨河公园"和"湿地生态公园"的标志。

（8）在广场周边建设民俗旅游住宿和餐饮接待专业户，建设公共厕所一座。

（9）逐步用沙石铺装南北向的宅间道路。

（10）要求注册民俗旅游户实施改厕，安装太阳能热水设施。

（11）要求注册民俗旅游户改造庭院，实施庭院绿化。

（12）在注册民俗旅游户集中地区，安装小型污水处理设施，处理过的污水排放到坑塘湿地中。

4）祝家疃村庄规划布局：

（1）在祝家疃居住区的中部地区，拆除闲置和废弃的住宅，整理出约40亩土地，重新安排住宅建设和两块公共绿地。

（2）在祝家疃居民区中间建设一条东西向的主要道路，与西陶漳居住区的主要道路衔接起来。

（3）延伸祝家疃东部入村道路至村庄北部的"旅游观光采摘园"。

（4）在祝家疃北部建设"旅游观光采摘园"。

（5）在清水河边，建设1km长的"滨河公园"，与西陶漳"滨河公园"相连；在防护林中，建设季节性临时旅游服务设施。

（6）村庄南部为现代设施农业园，继续改善现代设施农业园区的生产条件。

（7）靠近祝家疃居民区主要道路和西陶漳文化大院的空闲宅基地上，建设祝家疃村庄文化大院。

5）祝家疃村庄居住区整治项目：

（1）整治祝家疃东部主要道路，清理道旁两侧公共用地上的所有杂物。

（2）整修沿街建筑山墙立面，植树，安装路灯，为旅游创造条件。

（3）建设祝家疃东部主要道路与西陶漳村北部主要道路相衔接的道路一条。

（4）拆除村庄内部的废弃住宅，在村庄东西向主要道路北部，按照西陶漳的现代住宅建筑模式，重新作商业开发；在村庄东西向主要道路南部，以形成民俗旅游组团为目的，保持胶东传统民居的模式，严格控制村民住宅建设。

（5）建设南北向宅前道路和街头绿地。

（6）彻底清除村庄属地范围内河道和缓冲区内的垃圾。

（7）实施小流域生态治理，建设生态堤岸，恢复河流生态。

（8）在防护林和堤岸附近设置凉棚、座椅，开设季节性茶馆。

（9）建设文化大院，与西陶漳共享健身广场。

4. 前照旺庄村和后照旺庄村："照旺垂钓湿地公园"、"照旺农贸批发零售中心"和商业街

1）规划与整治目标：

前照旺庄村和后照旺庄村地处这个区域的地理核心且低洼的地区，水浇地把村庄包围其中，县级公路两侧布置了商铺和工业企业，是这个区域行政管理中心所在地。

（1）建立起一个综合的旅游服务中心和区域旅游服务业的商业管理中心，包括相对综合一些的地方农产品零售批发设施、相对档次高一些的餐饮和住宿设施、相对完善一些的文化娱乐设施。

（2）调整村庄内部空闲和利用率低下的宅基地空间，开发商业住宅。

（3）能够抵御雨洪和顺利排放积水。

（4）形成一条具有胶东民间特色街道景观的商业街。

2）村庄规划布局：

（1）在前照旺庄村和后照旺庄村居住区的中部老村部分，通过拆除废弃的住宅，改造闲置住宅，整理出约60亩土地，村民集中在此建设传统住宅；同时，在主要道路以东部分，通过拆除废弃的住宅和调整宅基地，整理出15亩建设用地，集中建设高档别墅型商业住宅。

（2）拆除建立在坑塘中的住宅和其他建筑物，恢复前照旺庄村和后照旺庄村历史上存在和土地利用规划中规定的3座坑塘：西坑塘7亩，中坑塘30亩，东坑塘5亩，围绕坑塘，建设村庄"照旺垂钓

湿地公园"。

（3）分别在坑塘边绿地中布置前照旺庄村和后照旺庄村文化大院各一座。

（4）沿主要道路布置零售和批发、办公、商业建筑。

（5）在莱羊路北部顶端，改造建设一个大型农产品集贸批发零售市场。

（6）镇政府的行政中心维持不变。

3）村庄居住区整治项目：

（1）建设两村集中连片供水系统，为民俗旅游、餐饮服务业的发展创造条件。

（2）整治前照旺庄村和后照旺庄村主要道路，规范道旁商业建筑立面和招牌；间断设置路中花坛，减少道路感觉宽度，营造尺度适宜的传统商业街风貌。

（3）建设前照旺庄村和后照旺庄村东西向主要道路各一条，与主干道相衔接，通往湿地公园。

（4）整治前照旺庄村和后照旺庄村主要道路，清理道旁两侧公共用地上的所有杂物。

（5）拆除前照旺庄村和后照旺庄村村庄路西的废弃住宅，按照胶东传统民居的模式，建设村庄居民住宅，在路东前照旺村属地上，建设现代住宅建筑模式的商业住宅。

（6）建设前照旺庄村和后照旺庄村南北向宅前道路和街头绿地。

（7）设置分散式污水处理设施，为坑塘提供中水。

（8）民俗旅游户先期改厕。

（9）恢复坑塘，建设湿地公园，围绕坑塘，设置凉棚、座椅，开设季节性茶馆。

（10）通过改造旧住宅，在坑塘附近建设文化大院兼湿地公园管理处。

5. 叶家泊村："叶家泊湿地公园"和"滨河梨园长廊（果园和树林）"

1）规划与整治目标：

叶家泊村的居民点地势相对低洼（海拔32m），且一些建于坑塘边缘的住宅有过被暴雨侵袭的前例；叶家泊村的果园和林地处于清水河和富水河的交汇处，傍河的梨园和树林构成了独特的自然景观。

（1）在24h连降200mm暴雨的极端情况下，村庄可以顺利把积水排放到两条河流中。

（2）调整村庄内部空闲和利用率低下的宅基地空间，依靠历史的坑塘，在村庄居民点中建立起"叶家泊湿地公园"。

（3）利用独特的滨河自然资源，开发滨河旅游。

2）村庄规划布局：

（1）村庄居民点规划建设2条十字交叉的主要道路。

（2）沿十字交叉的主要道路建设道路边沟。

（3）村庄主要道路延伸1.8km至清水河边，同时建设排水明沟。

（4）在清水河边、果林和防护林边缘建设"滨河梨园长廊"，涉及区域约1000亩。

（5）在村庄居民点西部田间建设沙石田间道路一条，同时建设排水明沟，至富水河边。

（6）通过拆除村庄核心部分东西向主要道路以南地区的废弃或闲置住宅，整理出约40亩土地，形成4块住宅开发备用地和公共绿地，一块用于建设文化大院和老年公寓。

（7）在叶家泊村居住区的核心部分，拆除建立在坑塘中的住宅和其他建筑物，恢复叶家泊村历史上存在和土地利用规划中规定的3座坑塘，合计面积20亩；围绕坑塘，建设"叶家泊湿地公园"。

3）村庄居住区整治项目：

（1）建设与前照旺庄村和后照旺庄村集中连片供水系统，为开发旅游居住住宅创造条件。

（2）建设2条十字交叉的南北向主要道路，在已经建设完成的东西向主要道路旁，继续修建排水沟，改善村庄雨水排放系统，清理主要道旁两侧公共用地上的所有杂物。

（3）拆除村庄核心部分东西向主要道路以南地区的废弃或闲置住宅，整理建设用地，节约建设用地，建设南北向宅前道路和街头绿地，改善居住环境。

（4）设置分散式污水处理设施，为坑塘提供中水。

（5）新建住宅先期开展改厕。

（6）推广新建住宅用户使用秸秆气化炉。

（7）恢复坑塘，建设湿地公园，围绕坑塘，设置凉棚、座椅，开设季节性茶馆。

（8）通过改造旧住宅，在坑塘附近建设村文化大院、卫生所和老年公寓。

6. 十字埠村："锁龙亭"公园

1）规划与整治目标：通过村庄建设用地的整理，再开发20亩宅基地、公共服务设施和休闲场所，推进旅游业的发展。十字埠村居民点，依两座小丘而建，脚下为富水河。两座小丘之间的泄洪沟壑里多为又老又破的住宅，而较新住宅已经向丘顶方向发展。所以，整治泄洪沟壑里的废弃宅基地，使其重新产生经济开发价值。

2）村庄规划布局：

（1）十字埠村居民点划分为三个部分：A 和 B 部分地处小丘高地上（约在海拔 35 ～ 60m 的高层上），C 部分为泄洪沟壑，海拔 37 ～ 33m，背后约有 2km² 海拔 60m 以上的林木山场泄水面。

（2）A 和 B 部分维持原有住宅的格局不变，C 部分为村庄整治部分。

（3）在沟壑中建设与福水河连通的引洪设施，可以保护地处沟壑中居民的安全，同时，为了建设引洪设施，需要拆除沟壑中废弃的住宅和整理宅基地，重新开发这片两丘之间的建设用地。

（4）整理出来的空间，少部分用于原有住户，大部分用于开发商业住宅院落。

（5）在 C 部分的终端，布置文化大院和老年公寓或旅游住宿设施。

3）村庄居住区整治项目：

（1）建设 C 部分的泄洪排水沟系统，整治周边边坡，保护 C 部分的居住安全，为开发旅游居住住宅创造条件。

（2）建设 A 和 B 部分边缘地带的排水沟，保护整个居民区的安全，同时约束村庄居住用地的扩张。

（3）在 A 和 B 部分建设 2 条主要道路，同时，沙石硬化原有宅间道。

（4）在已经建设完成的主要道路旁，修建排水沟，改善村庄雨水排放系统。

（5）清除主要道路两旁公共用地上的所有杂物，建设宅前和街头绿地，改善居住环境。

（6）改建原村委会，建设文化大院。

（7）在村庄入口处，建设公共绿地、旅游服务设施和老年公寓。

（8）A、B、C 三个部分分别设置分散式污水处理设施各 2 套，处理后的中水流入河道。

（9）改厕。

（10）推广新建住宅用户使用秸秆气化炉。

（11）建设"锁龙亭"公园，建设登高石级，在公园里设置季节性凉棚、座椅，开设季节性茶馆。

五、建设示范项目一览

规划示范的内容是，通过村庄整治，确定村庄发展的生态界线，生态链的再衔接，发展家庭分散式小型污水处理及水循环再利用技术，可再生能源的家庭应用技术，地方物种和外来物种的共生技术，道路软化技术，庭园园艺化适用技术，节地、节能、节水、节材和人类环境印记最小化技术。

1）对芦儿港、逍格庄、西陶漳、前照旺庄和后照旺庄、叶家泊等6个村庄旅游线路经过路段两侧可见的废弃住宅和空地，在不改变宅基地权属的前提下，首先拆除、清理，植树种草，开展绿化，实施综合整治。预计可以整理出建设用地200亩，投资主要用于劳动力。（建设局、土地局）

2）清水河和富水河流域约20km河道的治理。首先是清除垃圾，然后开展护坡疏通工程，建设旅游步行道路，最后，在旅游段落上，试种植芦苇等喜水植物。（水利局）

3）建设旅游线路中缺损段落和通往区域核心景点的道路，不仅包括供车辆使用的道路，还要建设沙石化的步行道。（交通局）

4）建设覆盖芦儿港、逍格庄、前照旺庄和后照旺庄、西陶漳、祝家瞳，叶家泊等7个村庄的集中供水站和管网系统。（水利局）

5）恢复芦儿港、前照旺庄和后照旺庄、逍格庄、叶家泊、后发坊等6个村庄的坑塘。（水利局）

6）分别在芦儿港、逍格庄、前照旺庄和后照旺庄、西陶漳、叶家泊等6个村庄安置分散式污水处理设施。（水利局）

7）在民俗旅游接待户开展标准改厕工程，在芦儿港、逍格庄、前照旺庄和后照旺庄、西陶漳、叶家泊等6个村庄建设公共厕所。（卫生局）

8）在芦儿港、逍格庄、前照旺庄和后照旺庄、西陶漳、叶家泊等6个村庄建设垃圾收集站，分发户用垃圾箱。（环保局）

9）在北芦口的北区山丘荒地中的北部垃圾处理填埋场，主要用于生活垃圾；在南宅口东南方山丘荒地中的中部垃圾处理填埋场，主要用于蔬菜加工垃圾。（环保局）

10）在镇区建设消防和紧急救护站一座。（消防总队、卫生局）

11）在芦儿港、逍格庄、前照旺庄和后照旺庄、叶家泊等5个村庄建设文化大院及其公共绿地。（文化局、宣传部、组织部、民政局）

12）对芦儿港、逍格庄、西陶漳、前照旺庄和后照旺庄、叶家泊等6个村庄建设旅游线路经过路段的住宅庭院，特别是开展民俗接待的农户庭院，开展庭院内部整治和绿化。（建设局）

13）采用种植乔灌草、清理沟渠、标准化道路建设等方式，建立四个生态区域的空间界线和缓冲区，推进整个区域的生态恢复。（林业局、环保局、水利局）

14）调整农业产业内部不同部门在区域内部的分布，逐步形成农业内部的产业链。（农业局）

15）建设区域公园的5个核心景点，开发各村特有的旅游资源。（文化局、旅游局）

16）建设一条连通清水河和富水河，贯穿园区的南北向自然沟渠，渠道长度约4.5km。（水利局）

附录二 "南北臧生态度假村"和"桃柳山野旅游营地"——烟台牟平区玉林店镇东北部四村村庄整治和重新使用废弃宅基地规划

科技部、住房与城乡建设部、国土资源部、教育部"国家科技支撑计划课题：'村镇空间规划与土地利用关键技术研究'项目"

"环渤海新兴工业区空心村再生技术应用研究"课题组子课题：山东半岛制造业地带空心村人居环境生态化综合整治技术示范

说明：

该项目为科技部、住房与城乡建设部、教育部的"国家十一五科技支撑计划课题——环渤海新兴工业区空心村再生技术应用研究"的示范项目。

该示范项目的任务是，根据科技部、住房与城乡建设部、教育部的"国家十一五科技支撑计划课题——环渤海新兴工业区空心村再生技术应用研究"的任务要求，依照国家、山东省、烟台市和牟平区关于"十一五"农村发展规划政策，对两个居民点组团，南臧村和北臧村，西柳庄和桃园村，实施村庄整治，重点解决如何使用村庄居民点废弃与闲置宅基地的问题。

本示范的基本目标是，通过在景观生态尺度内的联村连片的村庄整治，使西柳庄和桃园村与南臧村和北臧村成为山东省甚至全国小型村庄居民点废弃与闲置宅基地再生技术应用的典范，又为今后景观生态尺度内的联村连片整治提供样板。

本规划说明书由两个部分组成：

第一部分，北臧村和南臧村"南北臧生态度假村"规划。

第二部分，西柳庄和桃园村"桃柳山野旅游营地"规划。

第一部分

烟台市牟平区玉林店镇北臧村和南臧村

村庄整治和开发建设乡村宿营地式
"南北臧生态度假村"规划方案

一、概况

（一）地理位置及行政区

南臧村和北臧村位于 37°16′N，121°40′E 地区，地处牟平城区东南方向 15km，垛山和昆嵛山之间宽约 200～300m，长约 2000m 的狭长谷地里，属玉林店镇辖区，在镇域东部地区，相对闭塞。

南臧村和北臧村区域内人口 300 人，100 户；区域合计面积 2km²。

（二）自然条件

地形地貌：南臧村和北臧村在垛山和昆嵛山之间，两边山丘海拔高度约 200～250m，村庄居民点所在地海拔约在 100～150m，整个区域群山起伏，地形呈狭长谷地态势。

地质构造与地层岩性：南臧村和北臧村地区，中生界白垩系紫色砂砾石出露，以太古界胶东群变质岩为主，元古界粉子山群硅质大理岩次之。第四系堆积物集中分布面积峡谷之间，呈条状分布。

水文：多年平均降雨量为 763.9mm。降水量时空分布不均匀，年内年际变化大，受降雨时空分布不均的影响，雨季洪水暴涨，旱季往往干枯无水，形成了这个地区河流独有特点：河流较短，洪水来得急，消得快，洪峰流量大冲刷力强。

气候：南臧村和北臧村属温带季风型大陆性气候，四季特征明显。多年平均气温 11.6℃，日照时数为 2645.1h，无霜期为 196 天，多年平均蒸发量 1641.6mm。气候特点是：春季多西南大风，空气干燥；夏季麦收前后伴有冰雹灾害天气，汛期湿热多雨且降水集中，时有台风登陆，形成暴雨洪水；秋季天气凉爽，个别出现连阴雨；冬长干冷雨雪稀少，多北风或西北风。

水土流失：由于受自然因素和人为因素的影响，特别是近些年住宅建设加快，不合理的村庄扩展和不科学耕作措施，使南臧村和北臧村水土流失较之昆嵛山森林公园严重。

（三）乡村社会经济发展和生态环境可承受性方面需要解决的紧迫问题

南臧村和北臧村总户数约为 100 户，分散在 3 个居住组团上，两个村属于非常小的村庄。

按照中华人民共和国国家标准《村庄整治技术规范》（GB 50445—2008）有关"现阶段村庄整治宜以较大规模村庄为主"的规定，南臧村和北臧村目前不在现阶段村庄整治的主流村庄之列。但是，南臧村和北臧村恰恰给我们提供了研究未来如何整治小型和边远山区村庄的一次实验机会。

同时，《村庄整治技术规范》还规定，"不宜对各级城乡规划不予保留的村庄进行重点整治"。目前，牟平区城乡规划中没有对是否保留玉林店镇南臧村和北臧村居民点作出决定。所以，我们还是需要考虑他们在最近几年，甚至几十年中的发展问题。南臧村和北臧村居民点拆留未决的现状，代表了我国大量相对边远地区的乡村居民点。从这个意义上讲，南臧村和北臧村的整治方式值得实验。

经过几次现场调研，我们发现南臧村和北臧村需要解决的紧迫问题有：

1）土地资源浪费。村庄内部闲置了大量建设用地，其上有已经或濒临倒塌的住宅，或者利用率极低的住宅，或者缺少必备基础设施的旧住宅，由于缺乏规划和基础设施的约束，北臧村的村民住宅正在向山坡蔓延，而南臧村境内出现了多处非本村居民的住宅。因此，南臧村和北臧村出现了相对严重的土地浪费现象。

2）农民增收缺乏经济基础。村庄青壮年劳动力基本不再从事农业生产，农业生产一般依靠老人和中年妇女维持，农业生产处于非现代化状态。同时，这两个地处峡谷之间的村庄，成片基本农田甚少，难以采用大规模机械化农业的现代化形式，而集约经营的高效设施农业，因为资金和人力资源限制，没有开展起来。除农业之外，他们没有开展二产和三产类生产活动，特别是没有利用山区的自然资源开展旅游业。所以，南臧村和北臧村农民增收没有基础。

3）村庄居民点基础设施和公共服务设施匮乏。

（1）南臧村和北臧村的饮用水依靠山泉水，但没有配置相应的卫生消毒设施。

（2）南臧村和北臧村村庄泄洪与排水系统，没有建设起来，特别是住宅逐步向坡度较大地区转移后，没有适当的排水系统跟进，以致村庄居民点存在一定的安全问题。

（3）南臧村和北臧村没有建设任何消防设施。

（4）南臧村和北臧村的入村道路已经建成，但是村庄内部道路，特别是宅间道路需要更新，村庄内部道路相配合的排水沟尚需建设。

（5）南臧村和北臧村仍然沿用传统旱厕，没有实施改厕。

（6）南臧村和北臧村家庭污水随意排放。

（7）南臧村和北臧村没有垃圾集中收集设施和卫生填埋场。

（8）南臧村和北臧村缺少村庄公用设施，如卫生室、文化活动室、图书室、健身广场等。

4）人居环境呈衰落状态。由于村庄中插花式地散落着大量已经或濒临倒塌的住宅，即使有些新住宅，整体村庄风貌依然呈衰落状态，特别是公共空间里堆放着柴草杂物，村庄不整洁。

5）生态环境正在退化。低山丘陵植被退化，水土流失明显；河流和坑塘成为垃圾场。

二、南臧村和北臧村发展目标、战略和项目

（一）目标

重新整理、开发和利用南臧村和北臧村的居民点内部的废弃或闲置建设用地，调整传统生活空间向生态休闲度假空间转化，同时，把生态休闲度假空间与农业生产和村民生活空间协调起来，使那里的自

然资源、农业生产和生活空间为南臧村和北臧村的经济发展服务。

南臧村和北臧村区域的自然资源、运营中的果蔬农田、闲置宅院和废弃的村庄建设用地，都可以成为农民增收、创造新就业机会、改善人居和生态环境的物质条件。

"南北臧生态度假村"以河流、果蔬、胶东民俗文化为底蕴，以"昆嵛山和垛山怀抱"为主题形象，通过村庄整治及其基础设施的城镇化，河流及低山丘陵地区生态恢复，一、三产联动为目标的区域产业结构调整，构建"一条峡谷，两厢田园，三个度假村组团"的格局，改变单一农业生产过程为同时具有旅游价值的生产过程，再开发村庄废弃或闲置建设用地为具有传承胶东民俗文化的旅游产业用地，恢复退化的低山丘陵生态和河流生态。

这样，南臧村和北臧村区域的发展目标为：

1）最好地利用自然的和文化的资源，如闲置的村庄居民点建设用地、稀缺的水资源、特色农产品等，把产业链衔接起来，实现区域内部和一、三产联动。

2）恢复和保护自然生态环境，延长烟台牟平城区的景观风景线，通过城乡一体化建设，推进城镇化建设，改善乡村生活质量。

3）通过第三产业发展，增加特色农产品和独特景观资源的价值，实现郊区农业向生产服务功能和生态保障功能转化，实现农民就业和收入增长。

（二）战略

为了利用村庄废弃或闲置建设用地发展乡村生态旅游业，以生态恢复提高果菜等农产品的附加值，新增地方特色产品，推进乡村城镇化，建立起区域内部产业间的循环和一、三产联动的发展模式，促进农业劳动力向非农产业转移，初步实现乡村经济、社会和人居环境协调发展的目标，到本规划期末，需要实施如下三大战略：

1）村庄整治战略。整理和再利用废弃或闲置的村庄建设用地，整治村庄人居环境，完善社区性基础设施和公共服务设施，为实现区域向生态旅游经济的转移提供空间条件和环境条件。

2）设施建设战略。在三个村庄居民点内，整理废弃或闲置宅基地，适当调整正在使用的宅基地，以租赁方式，逐步连片开发三个基础设施完备和档次不同的"乡村宿营地式"生态度假村；结合产业结构调整，特别是农业内部结构调整，把规划区域逐步建设成为一个集生产、生活于一体的生态度假园。

3）生态恢复战略。逐步恢复区域的河流、小溪、坑塘、低山丘陵的历史的自然生态环境，在度假生态园内实现水资源的循环利用，可再生能源的科学使用，使环境污染得到控制，实现自然物种之间的平衡，为农林果业生产创造良好的生态条件，明显改善居住和旅游生态环境质量。

三、规划区内部的功能分区和布局

（一）四个功能分区

从功能上讲，"南北臧生态度假村"由三个宿营地式居住园、两片果园、一片农田组成和一条河流景观走廊四个要素组成：

1）三个居住园为"养性园"、"桃花小园"和"桃花大院"。分别建在现有的三个居民点中的废弃宅基地上，与那里的现有居民区融为一体。

（1）"养性园"。南臧村南部居民点已有住户12家，废弃宅基地5个，可利用的闲置地相当5个宅基地的规模；地处昆嵛山脚下，地势陡峭，山野自然沟壑和林地充满了野趣，且为"天然氧吧"，适合乐于登山、遛鸟和养性的长住休闲者。

（2）"桃花小园"。南臧村北部居民点已有住户20家，可利用的闲置地相当20个宅基地的规模；地处垛山脚下，地势相对平坦，果园环抱，还有涓涓的小溪和坑塘，且有"桃花园"之人间仙境的特征，适合于发展体验型的短期居住休闲宅院。

（3）"桃花大院"。北臧村居民点已有住户40家，可利用的闲置地相当30个宅基地的规模，且相对集中在村庄核心区里；地处垛山脚下，地势相对平坦，视野开阔；农田为主，兼有果园，其间散布着众多涓涓小溪和坑塘；尺度较之于南臧村北部居民点要大，配合村边时令河，同样具有"桃花园"的特征，适合于在村中集中开发建设一个大型院落型宿营地式培训中心。

南臧村南部居民点废弃宅基地约为5亩，北部居民点废弃宅基地约为10亩，北臧村居民点废弃宅基地约为10亩，合计可用建设宿营地的土地面积可以达到25～30亩。

2）两片果园为"南臧园"和"北臧园"。它们分别环绕"桃花小园"居住区和"桃花大院"居住区，把两个居住区衔接起来。

3）一个药用植物园，在南臧村南部的居民点靠山一侧，称为"百草园"。考虑到这一地区相对封闭的自然条件，可以在山野自然沟壑和自然林地里，以承包方式，与国家药用植物研究所合作，充分利用闲置的荒地或利用率低下的坡地，种植相适应的珍稀药材。

4）一片农田为北臧村以南的大田。通过田园园林化，维护这个地区农田的物种平衡，保护农田生态环境，形成整个无霜期中的不同色相景观。建立园中园，提供体验农业旅游的场所。

5）一条河流景观走廊基本在北臧村以北地区。河流区以生态功能为主，旅游功能为辅。通过种植芦苇等近水植物，固定堤岸，促进自然堤岸植被的恢复，阻止岸边水土流失，营造自然河景，供夏季休闲观景所用。

（二）两类保护地区

从生态恢复和保护上讲，"南北臧生态度假村"有"河流生态保护区"和"低山丘陵生态保护区"两类保护区：

1）河流生态的恢复和保护将有利于水土保持，保持河道边农田、果林和山林的健康。

2）低山丘陵生态的恢复可以保证土壤条件得到改善，逐步恢复山林植被。

生态旅游区的建设包括从河流水系到低山丘陵，从果林到农田菜地，以及居住区在内的2km²的区域。在村庄居民点整治的基础上，开始恢复和保护近水地区、自然坑塘、农田和低山丘陵地区。所以，规划区域内的生态保护对象包括，河岸近水地区、河沟、自然坑塘、农田和低山丘陵地区。它们分别需要得到林业和水务部门的支持和帮助。

（三）一个景观轴线

从旅游观光的角度出发，通过道路系统的重新安排，整个区域将形成沿昆嵛山一大景观轴：

1）主题轴线沿昆嵛山边展开。

2）建设景点的标示系统，设计一定的游览线路，有目的地让游人顺着游线游览。

3）在不破坏环境的前提下，建设景点里的休息设施（如凉亭、座椅等）、基础设施（如垃圾箱）。

4）景点设施的材料、尺度、形状和色彩要与景区的自然环境和乡村风貌相协调，以地方乡土材料为主。

四、村庄整治项目

通过村庄整治，实现如下八项目标：

1）整理和重新利用村庄废弃或闲置的建设用地。

2）充分利用当地的自然资源和劳动力资源，发展村庄民俗旅游业，改变单一农业产业结构，增加农民的服务业收入。

3）实施村庄整治，修缮村庄内部道路和山间旅游道路，建设家庭分散式小型污水处理及其水循环再利用设施。

4）改善住宅、庭园设施，如建设卫生厕所、卫生灶具、卫生洗浴设施和集中的垃圾收集设施。

5）利用可再生能源，如沼气、太阳能和风能。

6）改善林地物种，提高自然生态环境。

7）改善坑塘和沟渠，实施生态链的再衔接。

8）人类环境印记最小化技术。

（一）废弃或闲置建设用地的整理和再利用

拆除村庄里尚存的倒塌的废弃住宅，修缮可以利用的住宅，清理其占用的宅基地及其周边荒弃的空地，预计整理出村庄建设用地31亩，其中南臧第一居民点整理出1亩，南臧第二居民点整理出10亩，北臧村整理出20亩。

在整理出来的空闲宅基地及其周边闲置土地上，开发建设"南北臧生态度假村"。保留一部分可以修缮的旧住宅，用于接待不宜居住在宿营地上的游客，或使其成为宿营地公共服务建筑物。

（二）生活基础设施建设

1）对70%住户的厕所实施改造（包括单格式化粪池和水冲式厕所）。

2）改造盥洗设施：20户。

3）安装4台小型污水处理设施（南北臧各2台）。

4）节水：住宅实施集雨设施改造。

5）垃圾：实施垃圾分类，在没有市镇集中收集的条件下，建标准垃圾填埋场一座。

6）生活节能：秸秆气化炉。

7）住宅建筑节能：改造吊炕，改造门窗。

8）消防设施：配备消火栓和消防柜。

（三）村庄内部道路建设

建设村庄内部沙石化渗水型宅间道路，总长度约为2500m（南臧1000m，北臧1500m）。

根据《村庄整治技术规范》的要求，按照"充分利用已有条件及设施，坚持以现有设施的整治、改造、维护为主"的村庄整治原则，整治村庄内部道路主要工程任务应该是，对村庄内部已有道路进行修复和改造，而不是"建新路"。

规划的村庄内部宅间道路，按下述设计建设施工：

1）路面沙石铺装宽度约1m。

2）边沟和房基保护地带宽度共计2m。

3）合计宅间道路宽度一般为3m，在没有此规模空间的情况下，因地制宜处理。

4）村庄内部宅间道路路面采用沙石或透水砖块材料铺装。

同时，实施"道路无障碍工程"，在村庄道路路面加铺两行石子，行距50cm，为盲残人员提供定向定位；安装节能和遥控路灯或太阳能路灯。

（四）村庄污水处理

1. 分散式小型污水处理设施

小型污水处理设备几乎集中了所有成功的污水处理方式，如活性污泥法、生物膜法、生物滤池、生物接触氧化、曝气池于一体，混合处理灰水和黑水，却又实现了最小3000L的体积，最快半个小时的处理时间，以及高于同类产品的净化水质。经处理后的水既对人居环境没有任何不利影响，又可以立即用于灌溉农田，浇灌花草树木，养鱼或营造观赏水面，节约十分宝贵的水资源。

2. 间歇性砂石过滤系统

间歇砂石过滤是LSA系统的另外一种变化的形式。间歇砂石过滤系统由1个污水池，1个大型过滤床基（砂石铺设厚度约为60～90cm），1个地下污水管道收集系统，它把过滤后的水流送入最后的蓄水池做消毒处理（氯处理和紫外线处理）。当水流进入污水池，间歇性地被送入砂石过滤床基，过滤后的污水通过砂石和管道进入消毒池。经过处理后的水流被释放到具有渗透性的盆地、吸收场地或水体。也可以省略消毒阶段，直接把水流送入管沟系统或场地。

五、设施建设项目

结合产业结构调整，特别是农业内部结构调整，把规划区域逐步建设成为一个集生产、生活于一体的生态度假园。

（一）"乡村宿营地"建设

在三个村庄居民点内，整理废弃宅基地，适当调整正在使用的宅基地，以租赁方式，逐步连片开发三个基础设施完备和档次不同的"乡村宿营地式"生态度假村。

1）拆除所有废弃住宅，平整场地，重新划分地块。

2）铺设共同沟，内设自来水管、排水管线、电力供应线和消火栓。

3）修筑车行和人行道路。

4）安装太阳能路灯，种植树木。

5）修建公共厕所和其他公共服务建筑物。

（二）观赏性农田、果园和山坡沟壑建设

在三个村庄居民点外，因地制宜地分别建设兼顾旅游的观赏性农田、果园和山坡沟壑。

1）通过北臧村南的农田整理、生态修复、推进节水工程等措施，以租赁承包方式，逐步把北臧村以南的大田，建设成为精准和精细农业，提高土地利用效益，或利用山区相对封闭隔离的特征，发展玉米种子产业，或合理搭配种植品种，形成相对自我维持的生态系统，提高产品的品质。同时，通过田园园林化，维护这个地区农田的物种平衡，保护农田生态环境，形成整个无霜期中的不同色相景观。建立园中园，提供体验农业旅游的场所。

2）通过南臧村南部居民点外果园的建设，推进节水工程和生态修复。同时，在果园内和边缘地带，建设蜿蜒的步行小径和休闲设施，使之成为一个旅游景点，收获季节开展采摘活动。

3）通过对南臧村南部居民点外山坡沟壑的小径和若干观景点的建设，使之成为一个旅游景点。

（三）道路系统建设

道路系统 区域道路系统分为三个层次：区域主干道、村庄及景点旅游路和景点步行道：

1）涉及区域主干道的主要改造工程有：疏通边沟；设置标准道路安全设施；在道路穿过南臧村南部居民点的部位上，设置道路隔离墙；在道路转弯处设置高杆路灯。

2）在区域主干道与村庄道路衔接路口，设置交通安全标志、统一标志的园区介绍牌；整治道路两旁的公共空间，建设边沟；绿化道路。

3）在设计为旅游园区的地方，使用沙石等地方材料，修建步行小径，安装路灯，设置道旁垃圾箱和石凳。

4）旅游季节，邀请私人公司经营公交线路。

（四）垃圾处理

整个园区建设一座集中的垃圾处理和填埋场。

六、区域生态恢复项目

随着经济发展、土地短缺和城镇发展，自然的河流小溪生态、山前冲积平原中的自然的坑塘湿地和沟渠生态、自然的山林和沟壑生态，正在受到侵蚀和改变。所以，严格限制人类生活和生产对自然生态的侵蚀，约束人工生态的范围，恢复和保护自然生态，是这个区域发展生产、提高蔬菜和果品附加价值的前提，也是发展以旅游业为龙头的第三产业、增加农民收入的可靠途径。

按照这个区域的地形地貌、水文地理条件、土壤和耕作状况，三个村庄居民点及其农田果林分布在区域内的 3 个生态地带上：河滩地带、山前冲积地带和低山丘陵地带，形成了自然的河流生态、人工的果林生态、人工的农田生态和人工的山林生态，需要按照其生态功能，分别通过小流域治理、水土保持工程和植树造林等手段，加以恢复。

逐步恢复区域的河流小溪、坑塘、低山丘陵的历史的自然生态环境，在度假生态园内实现水资源的循环利用，可再生能源的科学使用，使环境污染得到控制，实现自然物种之间的平衡，为农林果业生产创造良好的生态条件，明显改善居住和旅游生态环境质量。

（一）建立分区边界

1）在河滩与农田果林之间，以种植芦苇等根系发达和喜水性植物作为分界线。

2）在道路与农田果林之间，以道路、排水沟，以及密植低矮乔木树种和灌木相间，形成界线，缓冲区宽度以菜地农药喷洒感染范围而定。

3）在每个园区边缘，村庄建设用地和农业用地之间的分界线上，种植乔木，以控制对农田果林的挤占。

（二）恢复被道路阻断的生态系统

从道路横断面上看，在布置乔、灌、草和藤蔓物种时，要充分考虑路边水沟、与这些水沟相关的空间通道以及空中走廊，尽量修复因道路修筑而阻断了的生态食物生产和消费链。

1）道路两侧的水沟应当成为所有植物的天然排灌系统，所以，道路两侧的水沟不要硬化，要土质的，用草和喜水植物护坡，至少沟底不要用水泥封死。

2）平原道边水沟纵向坡度不要超过 0.3%，丘陵道边水沟纵向坡度也要适度，以让雨水缓慢流动和可以最大限度地渗漏到地下为准，同时，让草籽和植物果实可以供应水生生物，从而保持一定水平的水生生物种群水平。

3）经常清理水沟的坡面和沟底的垃圾，让水干净起来，可以通畅地渗透，同时创造一个没有污染的水生生物环境，而清理出来的污泥可以施用到树下。

4）尽可能把村庄内部道路的路沟与村庄周边的水塘、湿地衔接起来，以便那里的水生生物可以回游到村庄内部来。

5）在那些道路退红空间比较大的地方，埋设路下过街排水管涵，以便让水生生物、两栖类动物和爬行类动物可以自由往返于道路之间。

6）沿着道路两侧的水沟应该建成相互连通的绿色通道，使其成为野生动物的通道。

7）在路面特别宽敞的地方种植行道林荫树时，适当考虑枝冠水平伸展的乔木，以便让两侧树木在空中衔接起来。

8）在路边庭院院墙墙根种植藤蔓植物，形成绿篱，从而使道旁植物与庭院植物衔接起来。

9）村庄绿化布局起始于庭院院墙上的藤蔓植物，然后从水沟池塘水体中的水生植物、水沟边坡的近水草灌植物、道路退红空间上的草坪、灌木群落、小乔木群落，最后过渡到路边的乔木群落。

（三）恢复河岸生态系统

为保护河岸（阻止河岸崩塌或冲刷）而形成或修建的建筑物为驳岸（护坡）。驳岸部分是水陆交错的过渡地带，具有显著的边缘效应。这里有活跃的物质、养分和能量的流动，为多种生物提供了栖息地。当河流被渠化或硬化后，将造成许多对水际和水生栖息地起到关键作用的深槽、浅滩、沙洲和河漫滩的消失，破坏可以降低水温的植被，使其不再能发挥截留雨水、稳固堤岸、过滤河岸地表径流、净化水质、减少河道沉积物的作用。

微地形堤生态恢复首先应起到增强防洪的功能，树木更应适应水分多的土壤环境，成活率高，根系发达，树冠较大。此外堤上植被的种植可采用如下两种方式：近岸到堤顶由水陆交错带植被向陆生植被过渡；乔灌草结合，应以灌为主。绿化品种均应以本地品种为主，草应以自然生长力强、成活率高的为主。微地形堤防冲刷措施：针对人工微地形堤的不耐冲性，在堤脚应种植根系发达的树种，且应株行距较近。如柳树，可减小近岸水流流速，也可提高堤脚的抗冲性。

根据驳岸断面形式的不同，建设自然原型驳岸：保持自然状态，配合植物种植，达到稳定河岸的目的。如种植柳树、水杨、白杨、榛树以及芦苇、菖蒲等具有喜水特性的植物，由它们生长舒展的发达根系来稳固堤岸，加之其枝叶柔韧，顺应水流，增加抗洪、护堤的能力。

目前，南臧村南边居民点和北臧村的若干小溪还未进行整治，小溪内土石淤积严重，污水随意向河内排放，水质差，小溪两侧随处堆放垃圾，无防护设施，严重影响了村庄的环境卫生及公共安全。所以，南臧村南边居民点和北臧村驳岸整治主要体现在对小溪生态环境、安全防护方面的深入考虑，与地域气候环境、河流地质地貌、水文变化相适应，合理选择筑堤材料以及堤岸地形的处理方式和构造方式。

具体可以实施的生态工程有：

1）小流域治理工程

（1）疏通毁坏、废弃和阻断的自然河道、河沟，恢复自然水系。

（2）恢复与自然河道、河沟相通的坑塘湿地。

（3）限制村庄、道路和农业对自然水系完整性的破坏，并在它们之间建立永久性缓冲区。

（4）更新维护农田水利基础设施，特别是低地丘陵地区的自然蓄水坑塘。

（5）逐年增加现代节水灌溉面积。

2）水土保持工程，节水工程和优化调配多种水源

（1）采用深翻松土，耙糖保墒，增施有机肥，改善土壤结构等方法提高土壤蓄水能力。

（2）通过恢复区域东部低丘部分的坑塘、修筑水平梯田、平整土地等措施提高土壤接纳降水、蓄存雨水能力，提高天然降水利用率。

（3）拦蓄雨季洪水，回灌补充地下水源。

（4）改进田间灌水方法与技术，平整土地，缩小地块，改进沟畦尺寸规格，控制入沟畦流量。

（5）实行井渠结合，地表水、地下水互补联合调度综合提高地表水、地下水利用率。

（6）推广喷灌、滴灌、微喷灌等技术，提高地表水利用效率。

3）土地整理工程

（1）在整个区域范围内建立相互连接起来的开放的果林走廊，绿色空间系统。

（2）在河滩梨树果树区、平原蔬菜作物区、山坡林粮果综合农业区和村庄居民点之间利用植树、道路、渠道建立形体边界。

（3）适当调整一些地块的土地使用性质，减少工业、林业和农业之间的插花式布局，把零星布置的工业和商业用地归并到工商业组团中，使农田菜地得到相对完整地保护，以便完善田间路网、渠网和绿化网。

（4）拆除废弃住宅，整理居民点建设用地。

4）绿化工程

（1）通过农田灌木型林网，把不同使用性质的土地分隔开。

（2）河渠绿化廊道，种植乔灌木植物，建立与水体的最小距离保护带和步行小径。

（3）建设村庄园林，在废弃宅基地归属没有确定下时，可以先行清理和绿化，把村庄隐蔽在绿丛中。

七、"南北臧生态度假村"项目

"南北臧生态度假村"三个园区的建设方式需要一改传统的民俗旅游村建设的模式，有所创新。建议采用宿营地建设方式，平整场地，铺设基础设施，如上下水管线和电力线，修建公共浴室和公共厕所，在此基础上，安装临时建筑物，如篷车、帐篷等。这样，建设费用不高，即使将来区里规划决定撤销这些居民点，村庄的损失也是很小的。以这种方式开发利用废弃或闲置宅基地，不改变宅基地所有权，但统一交由集体经营或租赁经营。

八、建设示范项目一览

通过村庄整治确定村庄发展的生态界线，实现生态链的再衔接，主要包括以下几类技术示范项目：家庭分散式小型污水处理及其水循环再利用技术，可再生能源的家庭应用技术，地方物种和外来物种的共生技术，道路软化技术，庭园园艺化适用技术，节地、节能、节水、节材和人类环境印记最小化技术。

第二部分

烟台市牟平区玉林店镇西柳庄和桃园村

村庄整治和开发废弃宅基地
建设宿营地式"桃柳山野旅游营地"规划方案

一．概况

（一）地理位置及行政区

西柳庄和桃园村位于 37°18′N，121°51′E 地区，地处牟平城区东南方向 13km 处，昆嵛山北坡的沟壑之中，与南臧村和北臧村狭长谷地成垂直状，成为"南北臧生态度假村"的唯一入口，也是从牟平去昆嵛山森林公园景区的必经之路。

西柳庄和桃园村属玉林店镇辖区，与南臧村和北臧村同在镇域东部沟壑丘陵地区。

（二）自然条件

地形地貌：西柳庄和桃园村在鲁山和昆嵛山之间，两边山丘海拔高度约 290m，村庄居民点所在地为山前丘陵沟壑，海拔分别在 57m 和 84m 的高程。整个区域群山起伏，地形呈狭长谷地态势。

地质构造与地层岩性：西柳庄和桃园村地区，中生界白垩系紫色砂砾石出露，以太古界胶东群变质岩为主，元古界粉子山群硅质大理岩次之。第四系堆积物集中分布面积峡谷之间，呈条状分布。

水文：西柳庄和桃园村沿季节性的沁水河展开，约承受 20km² 的汇水面压力。多年平均降雨量为 763.9mm。降水量时空分布不均匀，年内年际变化大，受降雨时空分布不均的影响，雨季洪水暴涨，旱季往往干枯无水，形成了这个地区河流独有特点：河流较短，洪水来得急，消得快，洪峰流量大冲刷力强。

气候：西柳庄和桃园村属温带季风型大陆性气候，四季特征明显。多年平均气温 11.6℃，日照时数为 2645.1h，无霜期为 196 天，多年平均蒸发量 1641.6mm。气候特点是：春季多西南大风，空气干燥；夏季麦收前后伴有冰雹灾害天气，汛期湿热多雨且降水集中，时有台风登陆，形成暴雨洪水；秋季天气凉爽，个别出现连阴雨；冬长干冷雨雪稀少，多北风或西北风。

水土流失：由于受自然因素和人为因素的影响，特别是近些年住宅建设加快，不合理的村庄扩展和不科学耕作措施，使西柳庄和桃园村水土流失较之昆嵛山森林公园严重。

（三）社会经济条件

1．人口

桃园村人口为 164 人，其中男性 87 人，女性 77 人；村庄耕地山场面积为 800 亩；桃园村长期在外务工人数为 20 人，在外居住人数 20 人。

西柳庄村人口为 412 人，其中男性 208 人，女性 204 人；村庄耕地山场面积为 3844 亩。西柳庄村长期在外务工人数为 48 人，在外居住人数 64 人。

2．居民点与废弃或闲置住宅

桃园村仅有一个居民集聚点，67 户，其中闲置住宅 13 个，房屋 41 间，闲置土地约为 20 亩。

西柳庄村由两个居民点组成，在县级公路北侧，全村 164 户，其中闲置住宅 18 个，房屋 72 间。绝大部分村民居住在沁水河以南的居民点里，少量居民居住在沁水河以北的居民点里。闲置土地约为 80 亩。

3. 交通与经济地理区位

至昆嵛山森林公园景区的 303 公路途经西柳庄和桃园村地域，在交通区位上相对优越于南臧村和北臧村，但是，从牟平城区到昆嵛山森林公园景区的一日游游客可能不会"下马"，所以，在旅游经济开发上，需要另辟蹊径。

西柳庄和桃园村，南臧村和北臧村，地处昆嵛山森林公园传统景区之外的西北坡地区。

西柳庄和桃园村目前不是旅游热点热线，但是，它们具有开发旅游经济的潜力。

西柳庄和桃园村目前已经接纳了若干城镇居民住户。

（四）乡村社会和经济发展和生态环境可承受性方面需要解决的紧迫问题

经过初步现场调研，我们发现西柳庄和桃园村需要解决的紧迫问题有：

1）土地资源浪费。西柳庄主要居民聚居点已经建设 40 年以上，闲置建设用地不多，有继续向东西方向扩大的趋势。沁水河以南紧靠 303 公路西柳庄村老居民点的闲置建设用地约有 60 亩，其中依然荒废或闲置的宅基地 20 个以上，而尚在使用的住宅间存在大量空地或已经转变成为菜地或其他农业生产用地。桃园村中和村庄边缘地带，闲置的建设用地约有 20 亩。所以，这两个居民聚居点土地浪费现象严重，需要对废弃或闲置建设用地进行整治，使之成为农民增收的一个途径。

2）农民增收缺乏经济基础。村庄青壮年劳动力基本不再从事农业生产，农业生产一般依靠老人和中年妇女维持，农业生产处于非现代化状态。同时，这两个地处峡谷之间的村庄，成片基本农田甚少，难以采用大规模机械化农业的现代化形式，而集约经营的高效设施农业，因为资金和人力资源限制，没有开展起来。除农业之外，他们没有开展二产和三产类生产活动，特别是没有利用山区的自然资源开展旅游业。所以，西柳庄和桃园村的农民增收缺乏可持续的基础。

3）村庄居民点基础设施和公共服务设施匮乏：

（1）西柳庄和桃园村的饮用水依靠山泉水，但没有配置相应的卫生消毒设施；

（2）西柳庄和桃园村位于季节性的沁水河边，村庄泄洪与排水系统不能完全满足较高强度居住开发的要求，特别是住宅逐步向坡度较大地区转移后，没有适当排水系统跟进，以致村庄居民点内部受到一定程度的洪涝威胁；

（3）西柳庄和桃园村没有建设任何消防设施；

（4）西柳庄和桃园村的入村道路已经建成，但是村庄内部道路，特别是宅间道路还需要更新，与村庄内部道路相配合的排水沟尚需建设；

（5）西柳庄和桃园村大部分家庭仍然沿用传统旱厕，没有实施改厕；

（6）西柳庄和桃园村的家庭生活污水未经处理；

（7）西柳庄和桃园村没有垃圾集中收集设施和卫生填埋场；

（8）桃园村缺少村庄公用设施，如文化活动室、图书室等。

4）人居环境呈衰落状态。由于西柳庄村 303 公路以南的居民点有大量闲置建设用地，村庄中插花式地散落着已经或濒临倒塌的住宅；西柳庄和桃园村中的公共空间里堆放着大量柴草杂物，距离村庄整洁，还有一定的距离。

5）生态环境正在退化。低山丘陵植被退化，水土流失明显；河流和坑塘成为垃圾场。

二、西柳庄和桃园村发展目标、战略和项目

（一）目标

重新整理、开发、利用西柳庄和桃园村居民点内部的废弃或闲置建设用地，调整传统生活空间向生态休闲度假空间转化，同时，把生态休闲度假空间与农业生产和村民生活空间协调起来，使那里的自然资源、农业生产和生活空间为西柳庄和桃园村的经济发展服务。

西柳庄和桃园村区域的自然资源、运营中的果蔬农田、闲置宅院和废弃的村庄建设用地，特别是整个昆嵛山的西北坡区域，都可以成为农民增收、创造新就业机会、改善人居和生态环境的物质条件。

西柳庄和桃园村以河流、果蔬、胶东民俗文化为底蕴，以"走进昆嵛山"为主题形象，通过村庄整治及其基础设施的城镇化，河流及其低山丘陵地区生态恢复，一、三产联动为目标的区域产业结构调整，构建一个以徒步登山、野外宿营为目的的山前"桃柳山野旅游大本营"，同时开发三条进入昆嵛山深处且休闲救援设施完善的步行小径。

最终形成由三个居住组团（村民居住、旅游居住和混合居住）、两条步行小径（健身）的登山道路和一个山中湖泊（休闲）为终点组成的"桃柳山野旅游大本营"。

改变西柳庄和桃园村单一农业生产过程为同时具有旅游价值的生产过程。改变西柳庄和桃园村租赁宅基地的个人行为，集体且以公司加农户的方式，再开发村庄中废弃或闲置的建设用地，共同建设一个以自然生态旅游区域。

这样，西柳庄和桃园村区域的发展目标为：

1）更好地利用自然和文化资源，如闲置的村庄居民点建设用地，稀缺的水资源，特色农产品等，把产业链衔接起来，实现区域内部和一、三产联动。

2）恢复和保护自然生态环境，延长烟台牟平城区的景观风景线，通过城乡一体化建设，推进城镇化建设，改善乡村生活质量。

3）通过第三产业发展，增加特色农产品和独特景观资源的价值，实现郊区农业向生产服务功能和生态保障功能转化，实现农民就业和收入增长。

（二）战略

为了利用村庄废弃或闲置建设用地发展乡村生态旅游业，以生态恢复提高果菜等农产品的附加值，新增地方特色产品，推进乡村城镇化，建立起区域内部产业间的循环和一、三产联动的发展模式，促进农业劳动力向非农产业转移，初步实现乡村经济、社会和人居环境协调发展的目标，到本规划期末，需要实施如下三大战略：

1）村庄整治战略。整理和再利用废弃或闲置的村庄建设用地，整治村庄人居环境，完善社区性基础设施和公共服务设施，为实现区域向生态旅游经济的转移提供空间条件和环境条件。

2）设施建设战略。在三个村庄居民点内，整理废弃或闲置宅基地，适当调整正在使用的宅基地，以租赁方式，逐步连片开发三个基础设施完备和档次不同的"乡村宿营地式"生态度假村；结合产业结构调整，特别是农业内部结构调整，把规划区域逐步建设成为一个集生产、生活于一体的生态度假园。

3）生态恢复战略。逐步恢复区域的河流、小溪、坑塘、低山丘陵的历史的自然生态环境，在"乡村宿营地式"内实现水资源的循环利用，可再生能源的科学使用，使环境污染得到控制，实现自然物种之间的平衡，为农林果业生产创造良好的生态条件，明显改善居住和旅游生态环境质量。

三、规划区内部的功能分区和布局

从功能上讲，"桃柳山野旅游大本营"由两个旅游居住园，两条山野景观走廊和一个山中湖泊组成。

（一）两个旅游居住园

"南柳园"和"桃园"分别通过不同方式的改建，在两个居民点中的废弃或闲置宅基地上形成。

1. "南柳园"

西柳庄村沁水河南居民点约有 50 幢现存住宅，有些闲置，有些尚有人居住，住宅间有大量闲置土地或农用土地。所以，需要做全面更新改造：保留和修复可以使用的住宅建筑，转变为服务于旅游目的的公共建筑；在建筑物间的闲置土地上，平整出停车场地，铺设基础设施，先期建设以临时建筑为主的"宿营地式"旅游居住园。"北柳园"西柳庄村沁水河北侧居民点，逐步吸纳沁水河南侧居民点的居民，成为该村村民唯一的居住生活区。

2. "桃园"

桃园村居民点内部和边缘地带尚存可利用的废弃或闲置建设用地约 20 亩。这些土地零散地分布在现存住宅之间，最大可能做整体开发的居民点建设用地在村庄西端。所以，需要通过村庄整治，拆除废弃的住宅，插花式开发永久性住宅；同时，在村庄西端平整出停车场地，铺设基础设施，成片开发一个"宿营地式"旅游居住园。这样，"桃园"形成一个当地居民与外来居民混合居住的村庄居民点。

（二）两条山野景观走廊

从两个旅游居住区出发，开发两条山野步行小径，最终到达昆嵛山深处的"昆嵛圣水生态公园"(37°17′N，121°42′E，海拔 498m)。"南柳园"和"桃园"至"圣水自然公园"的直线距离分别为 2.6km 和 1.6km。

1）"南柳园"至"昆嵛圣水生态公园"步行小径基本上是一条沿山野溪流而上的路径。它从 303 号公路旁水库（海拔 76m）开始，蜿蜒向南而上，经过两个山中的水库（距离 1.3km，海拔 247m），再转向东方，走进自然沟壑密林之中，最终到达"圣水自然公园"（距离 1.3km，海拔 498m）。

2）"桃园"至"昆嵛圣水生态公园"步行小径基本上是一条沿自然沟壑而上的路径。它从 303 号公路桃园村出发（海拔 92m）开始，向东南方向蜿蜒而上 0.8km，绕过一个山包，再转向正南方向，穿过自然沟壑密林，最终到达"圣水自然公园"（距离 0.8km，海拔 498m）。

整个步行小径路面的建设应当基本保留原始状态，主要工作有：

1）建设步行小径标识系统，设置各类提示标志，引导游客顺着游线游览。

2）清理所有可能危及游客的安全隐患，同时制定救援预案。

3）在不破坏生态环境的前提下，建设沿线休息设施（如凉亭、座椅等）、基础设施（如垃圾箱）。

4）沿线共用设施的材料、尺度、形状和色彩要与景区的自然环境相协调，以地方乡土材料为主。

（三）"昆嵛圣水生态公园"

"昆嵛圣水生态公园"是从"桃柳山野旅游大本营"出发游客的旅游目的地。它坐落于 37°17′N，121°42′E，海拔 498m 处，约占地 500 亩。围绕一个小型天然湖泊，山峦起伏，山势陡峭，林深谷幽，奇峰异崮，是一个人迹罕至地方。

西柳庄和桃园村需要充分利用这一自然生态资源，增加村民的收入，同时，要切实维护这一地区的自然生态环境，保持人迹罕至的原生态特征。在保证游客安全和舒适的前提下，除精心铺设的道路和隐蔽的休憩设施外，基本不建设其他人工构筑物。当然，需要精心建设必要的和适当的太阳能照明设施、公共卫生设施和垃圾收集设施。所有建设材料取自当地，所有建筑材料的色彩、规模都要以不改变当地风貌为前提。

四、村庄整治项目

通过村庄整治，实现如下八项目标：

1）整理和重新利用村庄废弃或闲置的建设用地。

2）调动当地的自然资源和劳动力资源，发展村庄民俗旅游业，改变单一农业产业结构，增加农民的服务业收入。

3）实施村庄整治，改善住宅、庭园设施，如建设卫生厕所、卫生灶具、卫生洗浴设施，逐步实现家居生活的城镇化。

4）实施沁水河小流域治理，包括清理村庄居民点周边溪流河沟中的垃圾，改善沁水河河床堤岸状况，实施小流域生态链的再衔接。

5）建设两村共同拥有的一个规范垃圾填埋场，分别建设各自垃圾收集设施，建设村庄分散式小型污水处理及其水循环再利用设施。

6）修缮村庄内部道路。

7）利用可再生能源，如沼气、太阳能和风能。

8）建设山间旅游步行道路和"昆嵛圣水生态公园"，建设中做到人类环境印记最小化。

（一）废弃或闲置建设用地的整理和再利用

拆除村庄里尚存的或倒塌的废弃住宅，修缮可以利用的住宅，清理其占用的宅基地及其周边荒弃的空地，预计整理出村庄建设用地 100 亩，其中西柳庄 80 亩，桃园 20 亩。

在西柳庄和桃园村整理出来的废弃或闲置宅基地及其周边闲置土地上，开发建设"南柳园"和"桃园"两个旅游居住园。保留一部分可以修缮的旧住宅，用于接待不宜居住在宿营地上的游客，或成为宿营地公共服务建筑物。

（二）生活基础设施建设

1）对 70% 住户的厕所实施改造（包括单格式化粪池和水冲式厕所）。

2）所有参与民俗旅游的接待户需要改造盥洗设施。

3）安装 4 台小型污水处理设施（西柳庄 3 台和桃园村 1 台），解决部分住户的生活污水处理问题。

4）节水：一些住户自愿参与住宅集雨设施改造。

5）垃圾：实施垃圾分类，在没有市镇集中收集的条件下，建设标准垃圾填埋场 1 座。

6）生活节能：完成沼气工程。

7）住宅建筑节能：改造吊炕，改造门窗，改造墙体。

8）消防设施：在 3 个居民点上配备消火栓和消防柜。

（三）村庄内部道路建设

建设村庄内部沙石化渗水型宅间道路。根据《村庄整治技术规范》的要求，按照"充分利用已有条件及设施，坚持以现有设施的整治、改造、维护为主"的村庄整治原则，整治村庄内部道路主要工程任务应该是对村庄内部已有道路进行修复和改造，而不是"建新路"。

规划的村庄内部宅间道路，按下述设计建设施工：

1) 路面沙石铺装宽度约 1m；

2) 边沟和房基保护地带宽度共计 2m；

3) 合计宅间道路宽度一般为 3m，在没有此规模空间的情况下，因地制宜处理；

4) 村庄内部宅间道路路面采用沙石或透水砖块材料铺装。

同时，实施"道路无障碍工程"，在村庄道路路面加铺两行石子，行距 50cm，为盲残人员提供定向定位；安装节能和遥控路灯或太阳能路灯。

（四）村庄污水处理

1. 分散式小型污水处理设施

小型污水处理设备几乎集中了所有成功的污水处理方式，如活性污泥法、生物膜法、生物滤池、生物接触氧化、曝气池于一体，混合处理灰色和黑色污水，却又实现了最小 3000L 的体积，最快半个小时的处理时间，以及高于同类产品的净化水质。经处理后的水既对人居环境没有任何不利影响，又可以立即用于灌溉农田，浇灌花草树木，养鱼或营造观赏水面，节约十分宝贵的水资源。

2. 间歇性砂石过滤系统

间歇砂石过滤是 LSA 系统的另外一种变化的形式。间歇砂石过滤系统由 1 个污水池，1 个大型过滤床基（砂石铺设厚度约为 60 ～ 90cm），1 个地下污水管道收集系统，它把过滤后的水流送入最后的蓄水池做消毒处理（氯处理和紫外线处理）。当水流进入污水池，间歇性地被送入砂石过滤床基，过滤后的污水通过砂石和管道进入消毒池。经过处理后的水流被释放到具有渗透性的盆地、吸收场地或水体。也可以省略消毒阶段，直接把水流送入管沟系统或场地。

五、设施建设项目

结合产业结构调整，特别是农业内部结构调整，把规划区域逐步建设成为一个集生产、生活于一体的生态度假园。

（一）"桃柳山野旅游大本营"建设

在两个村庄居民点内，整理废弃宅基地，适当调整正在使用的宅基地，以租赁方式，逐步连片开发两个基础设施完备和档次不同的生态度假村：宿营地式的"南柳园"度假园，宿营地和传统居住方式混合构成的"桃园"度假园。

宿营地式度假园的具体工程项目有：

1) 拆除所有废弃住宅，平整场地，重新划分地块；

2) 铺设共同沟，内设自来水管、排水管线、电力供应线和消火栓；

3) 修筑车行和人行道路；

4) 安装太阳能路灯，种植树木；

5) 修建公共厕所和其他公共服务建筑物。

（二）观赏性农田、果园和山坡沟壑建设

在两个村庄居民点外，因地制宜地分别建设兼顾旅游的观赏性农田、果园和山坡沟壑。

1）通过对西柳庄村南部区域的农田整理、生态修复、推进节水工程等措施，以租赁承包方式，逐步把西柳庄村以南的大田，建设成为精准和精细农业，提高土地利用效益。同时，通过田园园林化，维护这个地区农田的物种平衡，保护农田生态环境，形成整个无霜期中的不同色相景观。建立园中园，提供体验农业旅游的场所。

2）通过对西柳庄村和桃园村南部山坡沟壑的小径和若干观景点的建设，使之成为一个旅游景点。

（三）道路系统

区域道路系统分为三个层次：区域主干道、村庄及景点旅游路和景点步行道。

1）在区域主干道与村庄道路衔接路口，设置交通安全标志、统一的园区介绍牌；整治道路两旁的公共空间，建设边沟；绿化道路。

2）在设计为旅游园区的地方，使用沙石等地方材料修建步行小径，安装路灯，设置道旁垃圾箱和石凳。

3）旅游季节，邀请私人公司经营公交线路。

（四）垃圾场

整个园区建设一座集中的垃圾处理和填埋场。

六、区域生态恢复项目

随着经济发展、土地短缺和城镇发展，自然的河流小溪生态、山前冲积平原中的自然的坑塘湿地和沟渠生态、自然的山林和沟壑生态，正在受到侵蚀和改变。所以，严格限制人类生活和生产对自然生态的侵蚀，约束人工生态的范围，恢复和保护自然生态，是这个区域发展生产、提高蔬菜和果品附加价值的前提，也是发展以旅游业为龙头的第三产业、增加农民收入的可靠途径。

按照这个区域的地形地貌、水文地理条件、土壤和耕作状况，西柳庄和桃园村居民点及其农田果林分布在区域内的 3 个生态地带上：河滩地带、山前冲积地带和低山丘陵地带，形成了自然的河流生态、人工的果林生态、人工的农田生态和人工的山林生态。需要按照其生态功能，分别通过小流域治理、水土保持工程和植树造林等手段，加以恢复。

逐步恢复区域的河流小溪、坑塘、低山丘陵的历史的自然生态环境，在度假生态园内实现水资源的循环利用，可再生能源的科学使用，使环境污染得到控制，实现自然物种之间的平衡，为农林果业生产创造良好的生态条件，明显改善居住和旅游生态环境质量。

（一）建立分区边界

1）在河滩与农田果林之间，以种植芦苇等根系发达和喜水性植物作为分界线。

2）在道路与农田果林之间，以道路、排水沟，以及密植低矮乔木树种和灌木相间，形成界线，缓冲区宽度以菜地农药喷洒感染范围而定。

3）在每个园区边缘，村庄建设用地和农业用地之间的分界线上，种植乔木，以控制对农田果林的挤占。

（二）恢复被道路阻断的生态系统

从道路横断面上看，在布置乔、灌、草和藤蔓物种时，要充分考虑路边水沟、与这些水沟相关的空间通道以及空中走廊，尽量修复因道路修筑而阻断了的生态食物生产和消费链。

1）道路两侧的水沟应当成为所有植物的天然排灌系统，所以，道路两侧的水沟不要硬化，要土质的，用草和喜水植物护坡，至少沟底不要用水泥封死。

2）平原道边水沟纵向坡度不要超过 0.3%，丘陵道边水沟纵向坡度也要适度，以让雨水缓慢流动和可以最大限度地渗漏到地下为准，同时，让草籽和植物果实可以供应水生生物，从而保持一定水平的水生生物种群水平。

3）经常清理水沟的坡面和沟底的垃圾，让水干净起来，可以通畅地渗透，同时创造一个没有污染的水生生物环境，而清理出来的污泥可以施用到树下。

4）尽可能把村庄内部道路的路沟与村庄周边的水塘、湿地衔接起来，以便那里的水生生物可以回游到村庄内部来。

5）在那些道路退红空间比较大的地方，埋设路下过街排水管涵，以便让水生生物、两栖类动物和爬行类动物可以自由往返于道路之间。

6）沿着道路两侧的水沟同时应该建成相互连通的绿色通道，使其成为野生动物的通道。

7）在路面特别宽敞的地方种植行道林荫树时，适当考虑枝冠水平伸展的乔木，以便让两侧树木在空中衔接起来。

8）在路边庭院院墙墙根种植藤蔓植物，形成绿篱，从而使道旁植物与庭院植物衔接起来。

9）村庄绿化布局起始于庭院院墙上的藤蔓植物，然后从水沟池塘水体中的水生植物、水沟边坡的近水草灌木植物、道路退红空间上的草坪、灌木群落、小乔木群落，最后过渡到路边的乔木群落。

（三）恢复河岸生态系统

为保护河岸（阻止河岸崩塌或冲刷）而形成或修建的建筑物为驳岸（护坡）。驳岸部分是水陆交错的过渡地带，具有显著的边缘效应。这里有活跃的物质、养分和能量的流动，为多种生物提供了栖息地。当河流被渠化或硬化后，将造成许多对水际和水生栖息地起到关键作用的深槽、浅滩、沙洲和河漫滩的消失，破坏可以降低水温的植被，使其不再能发挥截留雨水、稳固堤岸、过滤河岸地表径流、净化水质、减少河道沉积物的作用。

微地形堤生态恢复首先应起到增强防洪的功能，树木更应适应水分多的土壤环境，成活率高，根系发达，树冠较大。此外堤上植被的种植可采用如下两种方式：近岸到堤顶由水陆交错带植被向陆生植被过渡；乔灌草结合，应以灌为主。绿化品种均应以本地品种为主，草应以自然生长力强、成活率高的为主。微地形堤防冲刷措施：针对人工微地形堤的不耐冲性、在堤脚应种植根系发达的树种，且应株行距较近。如柳树，可减小近岸水流流速，也可提高堤脚的抗冲性。

根据驳岸断面形式的不同，建设自然原型驳岸：保持自然状态，配合植物种植，达到稳定河岸的目的。如种植柳树、水杨、白杨、榛树以及芦苇、菖蒲等具有喜水特性的植物，由它们生长舒展的发达根系来稳固堤岸，加之其枝叶柔韧，顺应水流，增加抗洪、护堤的能力。

目前，西柳庄和桃园村的若干小溪还未进行整治，小溪内土石淤积严重，污水随意向河内排放，水质差，小溪两侧垃圾随处堆放，无防护设施，严重影响了村庄的环境卫生及公共安全。所以，西柳庄和桃园村驳岸整治主要体现在对小溪生态环境、安全防护方面的深入考虑，与地域气候环境、河流地质地貌、水文变化相适应，合理选择筑堤材料以及堤岸地形的处理方式和构造方式。

具体可以实施的生态工程有：

1. 小流域治理工程

1）疏通毁坏、废弃和阻断的自然河道、河沟，恢复自然水系；

2）恢复与自然河道、河沟相通的坑塘湿地；

3）限制村庄、道路和农业对自然水系完整性的破坏，并在它们之间建立永久性缓冲区；

4）更新维护农田水利基础设施，特别是低地丘陵地区的自然蓄水坑塘；

5）逐年增加现代节水灌溉面积。

2．水土保持工程、节水工程和优化调配多种水源

1）采用深翻松土，耙糖保墒，增施有机肥，改善土壤结构等方法提高土壤蓄水能力；

2）通过恢复区域低丘部分的坑塘、修筑水平梯田、平整土地等措施提高土壤接纳降水、蓄存雨水能力，提高天然降水利用率；

3）拦蓄雨季洪水，回灌补充地下水源；

4）改进田间灌水方法与技术，平整土地，缩小地块，改进沟畦尺寸规格，控制入沟畦流量；

5）实行井渠结合，地表水、地下水互补联合调度综合提高地表水、地下水利用率；

6）推广喷灌、滴灌、微喷灌等技术，提高地表水利用效率。

3．土地整理工程

1）在整个区域范围内建立相互连接起来的开放的果林走廊，绿色空间系统；

2）在河滩、平原、山坡和村庄居民点之间利用植树、道路、渠道建立形体边界；

3）适当调整一些地块的土地使用性质，完善田间路网、渠网和绿化网；

4）拆除废弃住宅，整理居民点建设用地。

4．绿化工程

1）通过农田灌木型林网，把不同使用性质的土地分割开；

2）河渠绿化廊道，种植乔灌木植物，建立与水体的最小距离保护带和步行小径；

3）建设村庄园林，在废弃宅基地归属没有确定下时，可以先行清理和绿化。把村庄隐蔽在绿丛中。

七、"南柳园"和"桃园"宿营场地建设项目

"南柳园"和"桃园"宿营场地的建设方式需要一改传统的民俗旅游村建设的模式，采用宿营地建设方式，以临时或长期出租场地营位和俱乐部方式经营。

1）平整场地，种植树木；

2）进行场地分区：如车位区、服务区、野外就餐区、户外运动区；

3）铺设基础设施，如上下水管线和电力线，安装接口；

4）安装太阳能或电力公共照明；

5）修建公共厕所、公共浴室；

6）逐步增设营地超市、诊所、餐馆等，以满足游客两日以上生活的需要；

7）开辟小型球场、儿童游乐园等运动场地和多功能厅，供游人使用；

8）修建消防和防雷电设施。

在此基础上，安装临时或可移动建筑物，如房车、帐篷、凉棚和木桌凳等。房车可以通过旧车改装而成，帐篷可以用简易房替代。

宿营场地均采用透水砖块、沙石或草坪砖等方式铺设；宿营场地公共建筑依然延续传统民居方式建造；通过植树方式而非建筑院墙的方式，把整个宿营地围合起来，既防风，也便于管理。

这样，建设费用不高，即使将来规划决定撤销这些居民点，村庄的损失也是很小的。

以这种方式开发利用废弃宅基地，不改变宅基地所有权，但统一交由集体经营或租赁经营。

八、建设示范项目一览

通过村庄整治确定村庄发展的生态界线，实现生态链的再衔接，主要建设以下几类技术示范项目：家庭分散式小型污水处理及其水循环再利用技术，可再生能源的家庭应用技术，地方物种和外来物种的共生技术，道路软化技术，庭园园艺化适用技术，节地、节能、节水、节材和人类环境印记最小化技术。

附录三　莱州市虎头崖镇东部4村村庄整治和重新使用废弃宅基地规划

科技部、住房与城乡建设部、国土资源部、教育部"国家科技支撑计划课题：'村镇空间规划与土地利用关键技术研究'项目"

"环渤海新兴工业区空心村再生技术应用研究"课题组子课题：山东半岛制造业地带空心村人居环境生态化综合整治技术示范

一、概况

（一）地理位置

南葛村、南李村、邵家村、朱马王家村4村位于119°52′E，37°08′N。坐标如下（1980 西安坐标系，2003 年航测）：

1）南葛村（X=40488995，Y=4106831，Z=90.6）。

2）南李村（X=40489242，Y=4107320，Z=90.6）。

3）南邵村（X=40489126，Y=4108142，Z=80.0）。

4）南王村（X=40489502，Y=4108241，Z=80.0）。

（二）自然地理特征

这4个村属大泽山脉边缘，地处旅游景区云峰山南坡边缘。虽然不在云峰山 1.5km² 自然保护区范围内，但是，在水系和植被分布上，与其在生态上关系紧密。

区域南北最高海拔分别为135m和149m左右，最低海拔约60m；村庄居民点大体居于海拔80～90m的位置上。

地形为山前岗地，丘岗起伏且平坦，地势东高西低，沟壑纵横交错且浅宽；沟床比降大，源短流急，暴涨暴落，属季风雨源型溪流。在沟谷内，洪积物发育形成小平原沙土层，土层较厚。

该地区多年平均年降雨在 640mm，平均汛期 6～9 月的降雨量占多年平均的 74%。7988m 长的天然间歇性溪流均为雨源性间歇性溪流，具有源短流急、汛期洪水陡涨陡落、枯水期基流小、经常断流的特点。所以，建立蓄水设施，把握时机蓄水，极为重要。

这4个村均地处朱马水库东部上游地区，约 7988m 长的天然间歇性溪流及其相关的 10 个水塘把 4 个村庄分割成 3 个组团。源于此地的这些间歇性溪流河沟最终汇集到朱马水库。属东部地下水涵养区的边缘。这些山丘和溪流河沟汇水面及其覆盖的生态影响区域面积约为 20km²。

（三）社会地理特征

这4个村地处虎头崖镇最东部的山前丘陵地区，与文峰路街道办辖区和柞村镇接壤。由于这4个村之间的相互空间的直线距离在 300 ~ 400m，而与东、西两边最近村庄的距离均为 1.5km，与南、北两边最近村庄的距离均为 3km 以上，所以在历史上形成了一个联系相对紧密的经济社会区域：

1）南葛村距南李村 307m；

2）南李村距南邵村 472m；

3）南邵村距南王村 20m。

如果以南李村为圆心的话，人类居住影响最大的区域大约在 2.3km^2（3470 亩，小于颐和园 0.6km^2）范围内，除此之外的区域为农业生产影响区。

（四）人口特征

这 4 个村总人口为 2551 人，农户 784 户；18 ~ 60 岁劳动力约 800 人，除在外打工的，剩余劳动力约在 300 人。

南葛村：位于虎头崖镇政府驻地（神堂村）东南 4km，朱马水库东侧，威乌高速公路北侧。长方形聚落，居住区面积 130 亩。280 户，901 人。耕地 2512 亩。以农为主，主产小麦、玉米、花生、苹果、桃、梨。村内有养猪场、养鸡场、粉团厂、藤青园云峰山纯净水厂。

南李村：位于虎头崖镇政府驻地（神堂村）西南 3.8km，朱马水库东侧，威乌高速公路北侧。长方形聚落，居住区面积 140 亩。81 户，278 人，耕地 736 亩。以农为主，主产小麦、玉米、花生。村内有莱州市东方包装公司，主要产品：纸箱、造纸、塑料、彩印；凤凰岭纯净水。

南邵村：位于虎头崖镇政府驻地（神堂村）东南 3.4km，朱马水库东侧。长方形聚落，居住区面积 177 亩。143 户，472 人，耕地 890 亩。以农为主，主产小麦、玉米、花生、苹果、桃、山楂、板栗。

南王村：位于虎头崖镇政府驻地（神堂村）东南 4km，与南邵村毗邻。正方形聚落，居住区面积 160 亩。280 户，900 多人；耕地面积：2500 亩。以农为主，主产小麦、玉米、花生、苹果、桃、山楂、板栗。

（五）土地使用状况

4 村合计注册耕地 6636 亩，约合 4.5km^2，人均 2.6 亩，高于全国人均耕地 1.6 亩的指标；

居住用地 607 亩，约合 0.4km^2，人均 158m^2，户均宅院 516m^2，约 7 分地；

山场低矮林地 15000 亩，约合 10km^2。

所有土地面积合计约为 15km^2，其中，居住及建设用地占 2%，耕地占 30%，果林地占 67%。

（六）经济状况

南李村、南葛村、南邵村、南王村 4 村的经济状况在虎头崖镇属中等偏下。一般种植型农业依然是这个区域的主导产业，且农业现代化和集约化程度相对山东其他地区要低下很多。虽然有工业，但是，基础薄弱，规模不大，没有多大的发展空间。第三产业基本没有。所以，要实现一、二、三产联动的产业结构，还需要做很多工作。

二、产业发展

（一）产业结构调整方向：建立起一、二、三产联动的产业结构

1）一产向高效、精细、农、林、牧、药多种类的现代农业方向发展，所以，土地经营权需要转移出去一部分，以园区形式经营。

（1）养殖业选项：有流水养鱼，观光垂钓，肉羊，奶牛，生猪，特色禽类如乌鸡、油鸡等产品。

（2）种植业选项：花生，特色玉米如春玉米、青贮玉米、鲜食玉米，食用菌，豆类与杂粮，中药材和花卉。

2）二产向劳动密集型的食品精加工、精包装、玻璃钢预制件等方向发展，面向国内或国际高端市场。

（1）精加工选项有：玉米类、菌类、肉类、杂粮类精加工。

（2）精包装选项：纸（外观图案设计精美、用材精良，抗压、防潮）、精美草编、藤制、木质等绿色环保性材料等包装，以小型化包装为主。

（3）制造业选项：玻璃钢预制件：三格式化粪池、小型污水处理设施等。

（4）制造业选项：塑料透湿性保鲜膜、可食用的水果保鲜剂。

3）三产向农产品仓储、良种科学研究和技术服务、卫生环保设施及其安装技术服务、文化、娱乐业及住宿发展。

（1）农产品仓储选项有：果品保鲜（低压保鲜储存、负离子保鲜）、一般冷库。

（2）玉米和小麦育种技术服务。

（3）三格式化粪池、小型污水处理设施安装和维修服务。

（4）书法会馆。

（5）骑马和狩猎型围场。

（6）会馆式住宿。

（二）产业链和循环经济模式

雨水→果林等林地→间作或棚养仿野生式食用菌→食用菌废料施予玉米、草、林、花生、豆类与杂粮→饲养羊、牛、禽→观光采摘菌、果、花→食品加工、储存和包装→羊、牛、人粪便和秸秆→太阳能沼气→生活、旅游餐饮、文化→沼液施予农田、草和林地，处理后的污水回到田间→涵养地下水资源→生态农产品和生产纯净水→提升附加价值→增加就业和收入→改善生活条件→拉动内需→生态环境恢复→小气候改良

（三）水资源承载能力

水资源承载能力决定第一产业结构。压缩一般性、品种单一的大宗粮食作物，如小麦、玉米等，加大节水、节地、科技含量及附加值高的，具有生态功能的养殖业、林果业，逐步形成了农业与养殖业结合的农业经济发展格局，从根本上控制超出水资源承载力的农业用水。

（四）农产品资源和环保产品导向

农产品资源和环保产品导向的第二产业，围绕增加地方农副产品的附加值，发展加工、保鲜产品、包装类产品的制造。

（五）民俗文化以及林果草丘陵生态恢复导向

民俗文化以及林果草丘陵生态恢复导向的第三产业结构。配合云峰山的雅，在它的外围形成胶东民俗乡土型文化旅游业，雅俗兼备，形成一体。和缓的林果草地形，适合于形成狩猎（养殖的兔、野猪、鸟等）、垂钓、自行车等类型的围场，围场内依然从事农林养殖业。

三、基础设施建设

(一)农业生产基础设施、生态恢复和环境保护设施

1. 水土保持工程

实施水土保持工程，节水工程和优化调配多种水源。

1)采用深翻松土，耙耱保墒，增施有机肥，改善土壤结构等方法提高土壤蓄水能力；

2)通过修筑水平梯田、平整土地等措施提高土壤接纳降水、蓄存雨水能力，提高天然降水利用率；

3)改进田间灌水方法与技术。平整土地，缩小地块，改进沟畦尺寸规格，控制入沟畦流量；

4)实行井渠结合，地表水、地下水互补联合调度综合提高地表水、地下水利用率；

5)提高地表水利用效率，实行库塘串联的蓄提结合水源互补的供水系统；

6)拦蓄雨季洪水，回灌补充地下水源；

7)污水处理再利用；

8)推广喷灌、滴灌、微喷灌等技术。

节水工程实物量指标：建成防渗渠道总长度、渠道防渗率、建成输水管道总长度、单位灌溉面积平均占有的输水管道长度、喷灌面积、微灌面积。

水土保持工程实物量指标：修筑水平梯田，修筑隔坡梯田，修筑坡式梯田，治理沟道，小型水塘治理。

温室大棚和微灌：2~3万/每棚。喷灌滴灌节水型和精准农业设施：约100万/百亩。

2. 水利工程

小流域治理：7988m，包括10个自然水塘，面积36187m²，约合54亩，全部改造可新增蓄水70000m³。

小流域的性质：

1)这些河沟是天然地下水补水水源，沿岸应当成为水源保护地和水源涵养地；

2)担负泄洪任务，以保证该区域的生产和居民安全；

3)修复后的河沟及其形成的水面可以为该区域产业结构调整和发展生产提供天然资源。

因此，该小流域治理的原则是：河道通畅（安全）、串联储存（蓄水）、周而复始（风能水循环）、补充地下水（阻止海水入侵）、相互依存（生物多样性）。

具体河段和水塘规模和坐标如下：

1)时令河段长1249m，包括3个水塘，面积7127m²：

(1)222m：点1（X=40490029，Y=4106281）至点2（X=40489832，Y=4106152）；水塘面积2485m²。

(2)281m：点2（X=40489832，Y=4106152）至点3（X=40489512，Y=4106302）；水塘面积3353m²。

(3)285m：点3（X=40489512，Y=4106302）至点4（X=40489298，Y=4106459）；水塘面积1289m²。

(4)259m：点4（X=40489298，Y=4106459）至点5（X=40489770，Y=4106581）。

(5)202m：点5（X=40489770，Y=4106581）至点6（X=40489540，Y=4106834）；此段河沟不存在，需要与点6河沟沟通起来。

2)时令河段长2267m，包括2段河流，1个水塘，面积4803m²，居于南李家和南葛家之间：

(1)516m：点1（X=40489935，Y=4106849）至点2（X=40489540，Y=4106834）；此段需跨过道路，与点3（X=40489526，Y=4106865）起始的河沟沟通起来。

(2)717m：点3（X=40489526，Y=4106865）至点4（X=40488887，Y=4107346）。

（3）326m：点3（X=40489675，Y=4106806）至点4（X=40489675，Y=4106806）；水塘面积4803m²。

（4）708m：点4（X=40489675，Y=4106806）至点5（X=40489610，Y=4107118）。

3）时令河段长4472m，包括4段河流，6个水塘，面积24257m²，居于南李家和邵家、南王家之间：

（1）519m：点1（X=40490332，Y=4107169）至点2（X=40489910，Y=4107629）；共有水塘2个，面积分别为6420m²和632m²。

（2）472m：点3（X=40490139，Y=4107556）至点2（X=40489910，Y=4107629）。

（3）272m：点2（X=40489910，Y=4107629）至点4（X=40489518，Y=4107747）；此段河沟不存在，需要与点2水塘沟通起来。

（4）352m：点4（X=40489518，Y=4107747）至点5（X=40488937，Y=4107694）；此段河沟与点4水塘沟通；点4水塘面积11808m²。

（5）32m：点4水塘距点5水塘3～5m，连通长度32m，2个水塘需沟通起来，点5水塘面积4625m²。

（6）594m：点6（X=40489657，Y=4109192）至点7（X=40489699，Y=4108574）；点7水塘面积772m²。

（7）1088m：点7（X=40489699，Y=4108574）至点4（X=40489518，Y=4107747）。

（8）1143m：点8（X=40488809，Y=4109000）至点9（X=40489451，Y=4108340）；此段河沟有348m，因为穿越邵家和王家的居民点，已经不存在，需要重新恢复，沟通起来。

小流域治理方式以疏通溪流河沟和恢复水塘为主，共计17条河段和10个水塘，其中包括在（X=40490071，Y=4107476）点处铺设地下涵管，沟通因为修建道路而切断的溪流，在邵家和南王家（X=40489330，Y=4108246）至（X=40489225，Y=4107842）之间重新开挖已经阻断的溪流，以及清理和恢复建设10个废弃的水塘，并实现它们在雨季蓄水70000m³的功能。同时，安装风力抽水设施，把海拔80m处（X=40489518，Y=4107747）和80m处（X=40488937，Y=4107694）水塘的蓄水调至90m高程处，形成周而复始的效果。

小流域河岸采取自然驳岸的方式建设，其目标是恢复地方原生物种的多样性和生态系统的多样性。沿岸地方原生植物物种有被子植物、维管植物、蕨类植物、裸子植物。从植物区系组成分析，自生被子植物中有菊料、禾本科、豆科和蔷薇科，还有百合科、莎草科、伞形料、毛茛科、十字花科和石竹科等。与此相应，河流域沿岸的蛇类、蛙类、蜥蜴都已罕见，因此，恢复蛇类、蛙类、蜥蜴和鸟类栖息地，把它们引回来，是河流域沿岸生物多样性建设的重要方面。

沟渠周围农田、苗圃推广使用有机肥并采用深施等科学施肥法，化肥应选择缓释、低残留种类，控制用量并避免在雨季施用，减少面源氮、磷进入水体。

工程运行后，应加大管理力度，确保河道沿岸单位污水处理设施的正常运转及污水回用，保证河道水质安全。

沿河两侧各50m种植一些各种类型灌木和草，使这些植被能够一年四季为野生动物提供适宜的食物和庇护，并适当地为动物补充水源，为鸟类繁殖提供巢箱，并保留一些野生动物感觉安全的荒野角落。提倡功能性绿化为主，景观绿化为辅的方针。

推进微地形堤地带的绿化。种植适应水分多的土壤环境，成活率高，根系发达，树冠较大的树种。

从近岸到堤顶由水陆交错带植被向陆生植被过渡。乔灌草结合，应以灌为主。绿化品种均应以本地品种为主，草应以自然生长力强、成活率高的为主。微地形堤防冲刷措施：针对人工微地形堤的不耐冲性在堤脚应种植根系发达的树种，且应株行距较近。如柳树，可减小近岸水流流速，也可提高堤脚的抗冲性。

水利工程实物量指标：农林灌溉井及覆盖面积、干渠长度、农业用电设施、集雨设施、喷灌大田面积、滴灌果林面积。

（二）农民生活基础设施

1. 改水

1）建设联村集中自来水供应系统，包括新打缝隙岩层井一座，给水站、自来水净化处理设施及构筑物、调节构筑物，以及水泵、消毒等设备，实现 24h 供水。

2）改造主管道，使用原先的入户管道。现有供水不畅的输配水管道应进行疏通和更新，以解决跑、冒、滴、漏和二次污染等问题。

3）安装水表，收取水费。

4）开发纯净水市场。

新的饮用水井应当为缝隙岩层深井。井位适于选择在邵家村、朱马王家村以北林地中和 100m 以上高程处，保证长期的饮用水安全和自流，节约能源。同时，成为村庄开发的界线，即未来住宅开发不可能处于 100m 高程以上的位置，建筑物高度也同时得到限制。

根据村庄人口预测，参照"村镇人均综合用水量指标"（《村镇规划标准》），确定规划生活及公建人均用水量指标按 180L/（人·d），道路用水量指标按 0.3 万 m³/（km²·d），绿化用水量指标按 0.2 万 m³/（km²·d），人均综合用水量指标按 200L/（人·d），综合考虑今后旅游接待需要，4 村用水量约为 380m³/d。

1）先解决新井建设，分步通往各村；

2）仍然使用原水井，仅安装自来水净化处理设施，更换压力泵；

3）如果开发纯净水生产，需要另行计算水井出水量。

2. 改厕

卫生厕所建设包括，三格式化粪池、卫生洁具和脚踏装置，合计建设费用 1200 元。

如果建设小型污水处理设施，结合自来水改造和污水处理设施的安装，可以不建三格式化粪池，只建若干单坑化粪池，户户使用城市标准抽水马桶，建设综合排污管道，让污水流入小型污水处理设施，经处理的厕所用水完全可以得到再利用。

1）一次性解决 700 户卫生厕所的改造；

2）三格式化粪池、卫生洁具和脚踏装置（户均 600 元，合计 42 万）；

3）标准抽水马桶、单格式化粪池、污水管网、小型污水处理设施（户均 1200，合计 84 万元，其中污水处理设施还承担其他生活污水的处理和回用，实现节水和环境保护）。

4）先解决南李村 80 户的改厕。

3. 污水处理设施和中水回用

采用小型污水处理设施（16 套，进口，约 120 万元，分散组团布局在四个位置上，与月季园相配合）。可以从南李村开始，解决 80 户人的污水处理，共 4 台，30 万元设备购置费。

4. 改盥洗设施（70 户）

自愿原则，给予国家家用电器购买优惠，争取更多农户参与；

5. 住宅集雨节水

屋顶集水式雨水收集系统由屋顶集水场、集水槽、落水管、输水管、简易净化装置、贮水池、取水设备组成。在 500mm 降雨量的地区，一年只要下三场雨，就可以收集到一家全年的饮用水。收集到的雨水适当处理后比苦咸水更适宜饮用，尤其适合地下水源遭到破坏的地区。

建设项目包括，屋顶集水场、集水槽、落水管、输水管、简易净化装置。

自愿原则，给予优惠，争取更多农户参与。

6. 道路

按照村庄整治技术规范的规定，村庄内部道路按照其使用功能划分为三个层次，即主要道路、次要道路、宅间道路。

1）主要道路是村庄内各条道路与村庄入口连接起来的道路，以车辆交通功能为主，同时兼顾步行、服务和村民人际交流的功能。

2）次要道路是村内各区域与主要道路的连接道路，在担当交通集散功能的同时，承担步行、服务和村民人际交流的功能。

3）宅间道路是村民宅前屋后与次要道路的连接道路，以步行、服务和村民人际交流功能为主。

村庄内部道路用地面积约占全部建设用地面积的7%～15%左右，其中主要道路占其中的50%，次要道路和住宅间道路占剩下的50%。

需要强调的是，道路一般不等于硬化的路面，它还包括路肩、边沟和道路红线。当然，宅间道路可能因为空间有限，几乎没有道路退红部分。

路肩、边沟和道路红线除首先满足道路本身的功能以外，应当成为村庄公共环境建设的首选场所。道路退红部分是布置重要公共工程设施的场所：

1）村庄内部主要道路和次要道路的交叉口一般都有交通安全标志；

2）沿街布置各类供电通信设施；

3）消火栓按标准设置在路旁红线内适当位置。

把村庄内部主要道路，包括铺装路面以及路肩和分离的人行道扩宽到7m以内比较合理。这里的7m宽度并非指7m的路面宽度，而是包括铺装路面以及路肩和分离的人行道在内的宽度：路面宽度约5m（2车道），路肩宽度约0.75m，单边人行道宽度约1.25m。

换句话说，村庄内部主要道路的整体宽度大体等于乡村公路，但是，道路整体宽度的分割不同，即减少铺装路面的宽度，增加路肩和人行道的设置。

理想的村庄内部主要道路具有如下规划和设计特征：

1）主要道路在村中环状绕行，而非贯穿性的直路，这样可以避免村庄的带状布局，形成组团式紧凑型的布局形式。同时，环状主要道路可以避免过境车辆的穿行，避免往返迂回，并适于消防车、救护车、商店货车和垃圾车等的通行。

2）主要道路红线宽度，即住宅高度与道路宽度加上退红之比，约为1：3，不仅给人以乡村开放性的感觉，也提高沿街住宅的安全性，减少噪声干扰。

3）主要道路平坦，方便行车，同时通过弯道设计，控制车速。

4）有人行道和各式各样的道路安全设施。

5）主要道路路标清晰，不致迷路；下雨不用担心，路牙边就有排水暗沟；天黑了，路灯就亮了，直到天亮时才会熄灭。

6）主要道路人行道旁建筑物和树木花草把私人地产与公共地产划分开来，又留下了邻里间相互关照的可能。

村庄内部次要道路的宽度和设置：

村庄内部次要道路实际上是一种街坊道路。它上接村庄主要道路，下连宅间道路。村庄消火栓最大服务半径是按照 150m 设计的，所以，街坊最大宽度和长度都不宜超出 75m，或者说，一个街坊大约只能有 5600m²。按照人均 100m² 的宅基地使用标准，一个街坊大约有 18 ~ 20 户住户。围绕这个街坊形成一条村庄内部次要道路。

村庄内部主要道路和次要道路的差别主要在行车速度，而降低村庄内部次要道路行车速度的理由是，村庄内部次要道路的功能是交通集散，满足步行、服务和村民人际交流的需要。

较宽的铺装路面可能鼓励较高的车速。实际上，除较宽的铺装路面外，采用乡村公路建设标准还可能产生另外一个危险状况，那就是在村庄居民区内部缺少提供给步行者使用的道路部分。如果把一条宽阔的道路减少 1.5m，而把用来铺装道路的材料用于建设 2 ~ 3m 宽的行道林荫道外侧的人行道，将给儿童和老人创造一个安全地带。他们可以在那里游戏和散步，骑三轮车，玩游戏，与他们的朋友一起回家。对于那些使用婴儿车的家长来讲，那里也是安全的步行场所，他们可以在黄昏的时候，推着孩子漫步街头，人们也可以在街头进行闲聊。

把村庄内部次要道路，包括铺装路面以及路肩和分离的人行道，建设在 5m 以内比较合理。村庄内部次要道路的合理宽度是以这样的假定为基础，该道路提供一条行驶速度接近人行速度的进入和出行集散车道，并使行人具有充分的安全感。

这里的 5m 宽度同样不是指 5m 的路面宽度，而是包括铺装路面以及路肩和分离的人行道在内的宽度：路面宽度约 3m（1 车道），路肩和植树宽度约 1m，单边人行道宽度约 1m。

换句话说，村庄内部次要道路的整体宽度大体等于村庄内部主要道路的路面宽度，但是，铺装路面的宽度减少到 3m，增加路肩和人行道的设置。由于车速极低，一般不需要道路退红。

从道路功能出发，村庄内部次要道路具有如下规划和设计特征：

1）村庄内部次要道路在担当交通集散功能的同时，承担步行、服务和村民人际交流的功能；

2）村庄内部次要道路是村庄居民会面的场所，是一个非正式的公共场所；

3）村庄内部次要道路的宽度大约在人们可以隔街交谈的尺度内；

4）村庄内部次要道路的适当地方设置一些椅子之类的公用设施；

5）为了避免把村庄内部次要道路变成村庄内部主要道路，村庄内部次要道路可以采取"T"字形道路（允许适当的"断头路"），保证大部分车辆在主路上行驶，减少车辆在住户之间穿行。

我们可以通过对次要道路的设计，在一定程度上实现村民对村庄内部次要道路功能的多种期望：

1）降低车辆在次要道路上的行驶速度：路面宽窄不一，路径稍有扭曲，在路面上分配出行人和自行车部分，路面的粗糙度和平整度，交通标志。

2）营造独特的乡村风格：路面材料和色彩效果，铺装图案，街头小品。

村庄内部宅间道路的长度和宽度：

村庄内部宅间道路与村庄内部次要道路相接，以步行、服务和村民人际交流功能为主，车辆只有蠕动的速度而已，这样，村庄内部宅间道路类似一条人行道。当然，村庄内部宅间道路担当着避免包括火灾在内的各类灾难的重要功能，也是上下水设施支管线布置场所。所以，村庄内部宅间道路的整治至关重要。

为满足村庄内部宅间道路的避免火灾的功能要求，必须因地制宜地考虑村民最快逃生速度和火灾救助最大半径。为了保证宅间道路长度不超过 75m，一条宅间道路不宜超出 10 户人，两边各 5 户，这样，他们的逃生时间约在 30s 之内。当然，做到这一点并不困难，因为有许多住户实际上可以使用村庄主要和次要道路逃生。需要注意的是那些居住在街坊中间的住户，要保证他们有 30s 的逃生时间。

同样，为满足村庄内部宅间道路的避免地质灾害的功能要求，必须因地制宜地考虑村民在地震房屋倒塌时，依然可以使用宅间道路逃生。一幢 4 ~ 5m 高度的房屋倒塌后，可能完全覆盖 1m 宽的道路，但是，一般不太可能完全覆盖 3m 宽的宅间道路。所以，3m 应当是村庄内部宅间道路的基本宽度。

在这样一个狭小的通道里，当然不再允许建设和堆放私人杂物。清除宅间道路上的所有堆放物，是村庄整治中的一项重要工作。

当然，宅间道路的 3m 宽度并非宅间道路路面的总宽度，而是路面加上边沟和房基保护区的总体宽度：路面宽度约 2m，边沟和房基保护区宽度共计 0.5m，道路长度 75m 以内。

从道路的功能出发，村庄内部宅间道路具有如下规划和设计特征：

（1）村庄内部宅间道路几乎不承担车辆交通功能；

（2）村庄内部宅间道路的宽度可以门对门聊天的尺度为准。

（3）村庄内部宅间道路的长度不宜超出 75m。

（4）宅间道路砂石化，1 ~ 2m 宽。

7. 垃圾分类和垃圾填埋场建设

按每人 1kg 无机垃圾计算，建设 20 年期的垃圾场一座；

8. 生活节能

1）秸秆气化设施或集中沼气池及管道输送系统：

秸秆气化站由气化站、燃气输配管网和用户室内设施三部分组成。秸秆气化站的投资随着供气规模、居民居住的密集程度和建站所用材料的不同有较大的差异。一般可按每户投资 2500 ~ 3000 元进行估算。如建一个 300 户村的秸秆气化集中供气站约需 75 万元，其中：

（1）一套机组及其安装 10 万元左右；

（2）配备一个 500m³ 贮气柜 25 万元左右；

（3）输气管网及附件（埋地部分采用高密度聚乙烯管，地上部分采用无缝钢管）20 万元左右；

（4）土建 15 万元左右；

（5）水电设备及消防设施 2 万元左右；

（6）其他 3 万元。

（7）建一个气化站需 3 亩左右土地。

可分别建设两套，先在南李和葛家各建一套。

2）住宅建筑节能：

改造吊炕，改造门窗。

9. 消防设施

配备消火栓和消防柜。

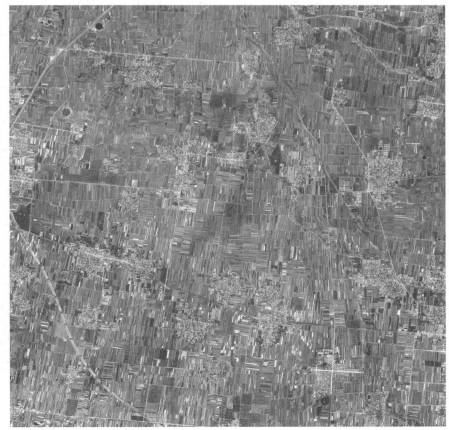

图0-2　案例村卫星影像

图0-3　处理后的案例村卫星影像

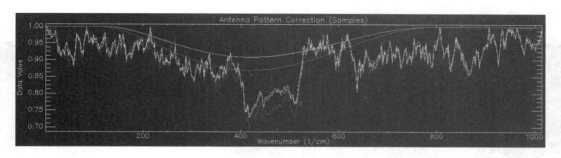

图0-4 案例村地物光波反射率

图0-5 案例村3D效果图

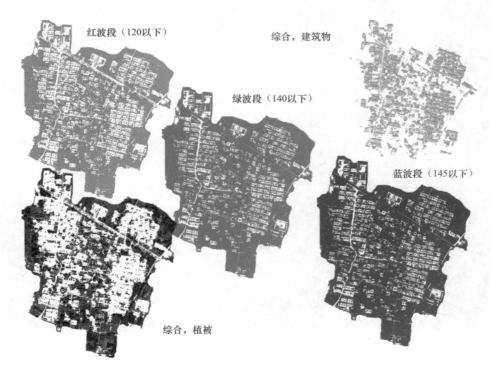

图0-6 卫星影像波长分析

图0-7　案例村坡度分析

图0-8　案例村生态分析

图0-15 村庄居民点卫星影像（RS）

图0-16 卫星影像与实景

图1-1 50km²覆盖面

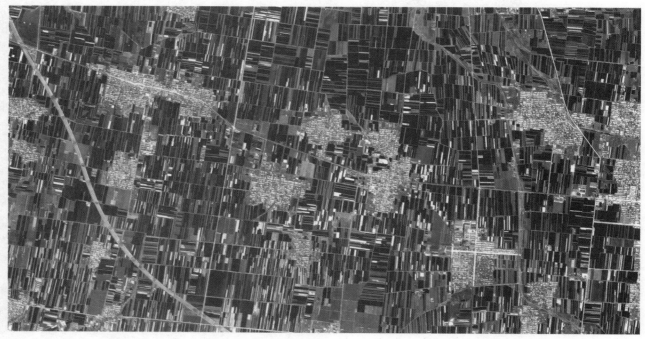

图1-2 25 km²覆盖面

图1-3　1×1像素=1 m²

图1-4　总览（500m）

图1-5　总览（200m莱阳团旺镇西屯村）

（a）东马泊村卫星影像

（b）处理后的卫星影像

（c）地物纹理分析

（d）废弃用地集中地块与新近开发地块纹理比较

（e）1m 精度下的废弃场地卫星影像

（f）废弃场地（一）

图1-25　莱阳汪家道路体系与废弃的宅基地

(g) 废弃场地（二）　　　　　　　　　　　　　　（h) 废弃场地（三）

图1-25　莱阳汪家道路体系与废弃的宅基地

卫星影像　　　　　　　　　　　　　　　现场勘察

提取出来的废弃场地

三维场景分析

图2-3　废弃住宅的卫星影像

（a）招远罗峰街道西吕家村废弃场地卫星影像

（b）废弃场地卫星影像几何形状分析

（c）剔除废弃场地上杂草树木后的影像纹理状态

图2-4　废弃场地卫星影像几何形状和纹理分析

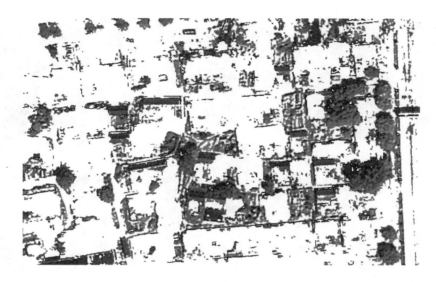

(d) 剔除所有建筑物后的影像纹理状态

图2-4　废弃场地卫星影像几何形状和纹理分析（续）

栖霞市寺口镇大榆庄村

图2-14　村庄闲置场地的卫星影像和分类

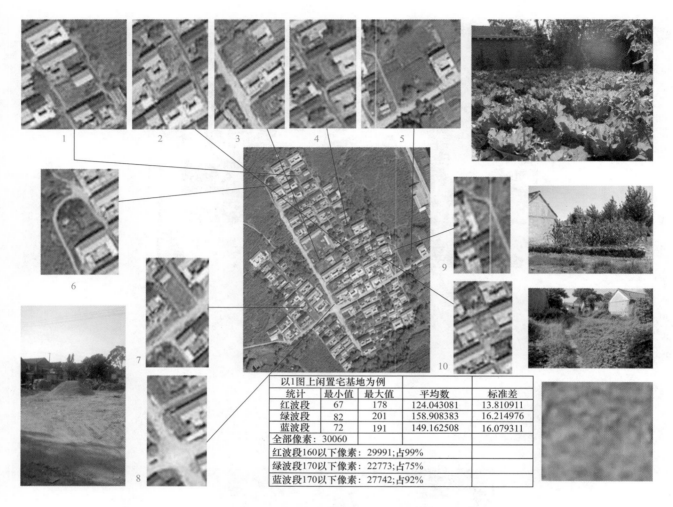

以1图上闲置宅基地为例				
统计	最小值	最大值	平均数	标准差
红波段	67	178	124.043081	13.810911
绿波段	82	201	158.908383	16.214976
蓝波段	72	191	149.162508	16.079311
全部像素：30060				
红波段160以下像素：29991;占99%				
绿波段170以下像素：22773;占75%				
蓝波段170以下像素：27742;占92%				

图2-15 闲置宅基地

37°05′52.8″N

120°38′22.56″E   120°38′48.48″E

莱阳市谭格庄镇上孙家村

图3-1 村庄居民点卫星影像，空间坐标和3D效果

莱阳市谭格庄镇上孙家村

图3-2 案例村中标注的40个插花式分布的废弃或闲置宅基地

5个村受到工业污染影响

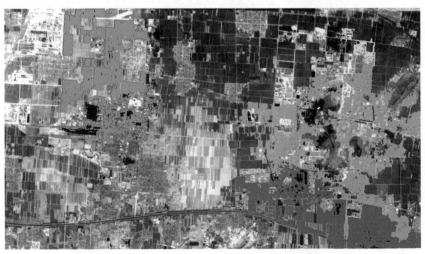

工业影响范围

图3-23 案例村卫星影像分析

受到影响的召口乡村

图3-23　案例村卫星影像分析（续）

图4-4　1m精度卫星影像下的村庄居民点

图4-5　1m精度原始卫星影像

(a) 波长分层140～170下的地物

(b) 波长分层195～210下的地物

(c) 波长分层200～254下的地物

图4-10　波长分析

37°20′34.08″N

120°31′27.84″E   120°31′55.76″E

(a) 原始卫星影像

(b) 处理后的卫星影像

(c) 红波段波长0～120层下的地物

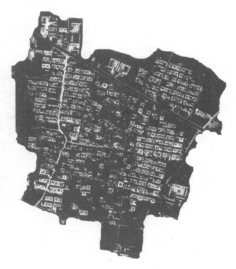

(d) 绿波段波长0～140层下的地物

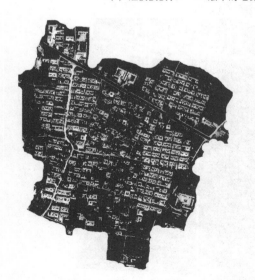

(e) 蓝波段波长0～145层下的地物

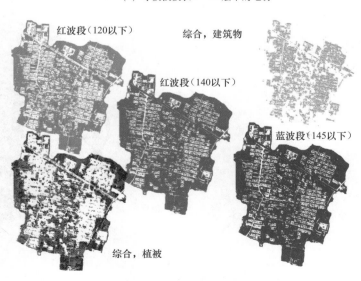

红波段（120以下）　　综合，建筑物

红波段（140以下）

蓝波段（145以下）

综合，植被

(f) 三个波段分解图

图4-11　分波段和分层村庄建设用地面积估算

图5-3 案例村卫星影像（二）

图5-4 案例村卫星影像（三）

图5-5 案例村卫星影像（四）

图5-27　坡地坡度2%

图5-28　坡地坡度3%

图5-29　坡地坡度 4%

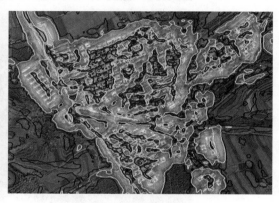

图5-30　坡地坡度5%

图5-31　坡地坡度7%

图5-32　坡地坡度8%

图5-33　坡地坡度9%

图5-34　坡地坡度12%

图5-46　山涧里和坡脚下的废弃或闲
置场地案例卫星影像（南孙家村）

图5-47　山涧里和坡脚下的废弃或闲
置场地案例卫星影像（孙家夼村）

图5-48　山涧里和坡脚下的废弃或闲
置场地案例卫星影像（西罗家村）

图5-49　山涧里和坡脚下的废弃或闲
置场地案例卫星影像（曹家村）

图5-50　山涧里和坡脚下的废弃或闲
置场地案例卫星影像（南横沟村）

图5-51　山涧里和坡脚下的废弃或闲
置场地案例卫星影像（汪家沟村）

图5-75　绿波段波长分析

图5-76　蓝波段波长分析

图5-77　三个波段影像合并

图5-78　村庄发展倾向

图5-86　东城子和西城子村卫星影像

图5-87　红波段波长分析

图5-88　绿波段波长分析

图5-89　蓝波段波长分析

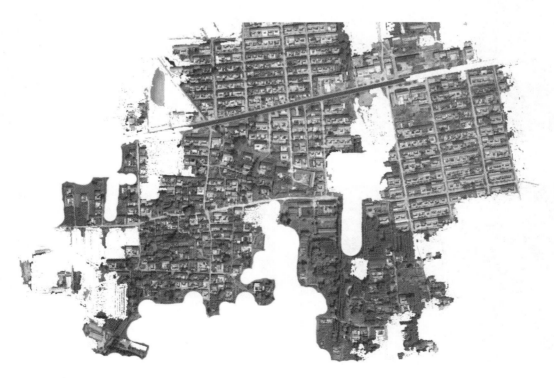

图5-90　剔除村庄周边农田

图6-19　3D模拟

图6-20　场地3D模拟

图6-21　场地3D模拟

图6-22　后李村卫星影像

图6-23　影响分析

图6-35　工业区内的村庄居民点卫星影像

图6-36　工业污染源

图6-37　工业污染源与村庄的空间关系

图6-38　影响分析

图6-76　剔除周边农田的居民点建设用地

图7-4　道口村卫星影像

图7-5　毗邻的工厂

（a）原始卫星影像

图7-6　受到污染的村庄居民点

(b) 污染源

(c) 污染区域分析

图7-6 受到污染的村庄居民点（续）

(a) 向农田中迁徙的居民点

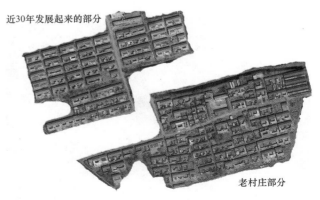

近30年发展起来的部分

老村庄部分

(b) 老村和新村

图7-7 迁徙中的居民点

（a）整村迁移留下的废弃场地（一）

（b）整村迁移留下的废弃场地（一）分析结果

（c）整村迁移留下的废弃场地（二）

（d）整村迁移留下的废弃场地（二）分析结果

（e）莱州北部工业区内外的村庄

（f）招远市工业区内外的村庄

（g）海阳市工业区内外的村庄

（h）蓬莱市工业区内外的村庄

图7-8　因工业发展而迁徙的居民点

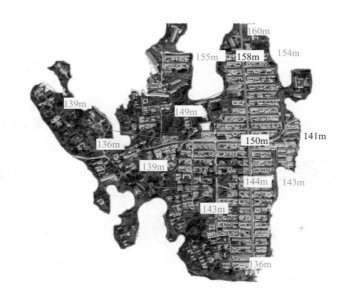

图8-1　边界分析

图8-2　坡度分析

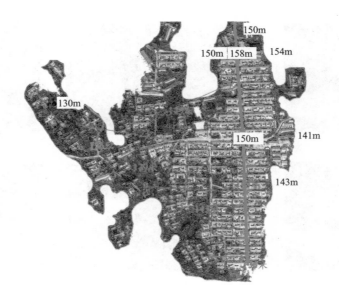

图8-3　密度分析

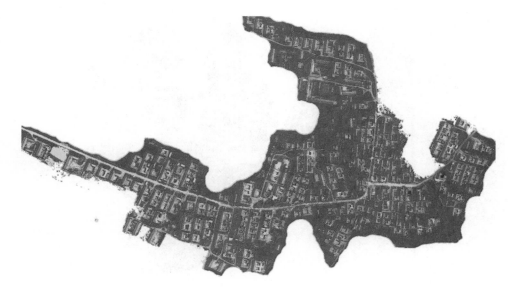

图8-4 簇团分析

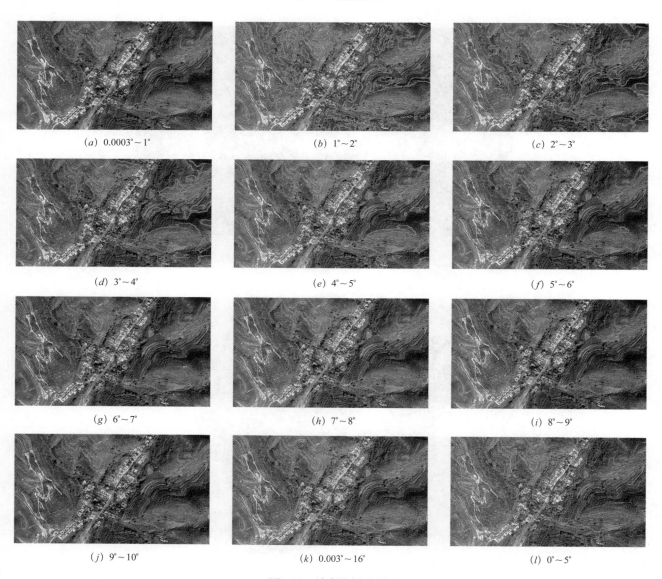

(a) 0.0003°~1°   (b) 1°~2°   (c) 2°~3°

(d) 3°~4°   (e) 4°~5°   (f) 5°~6°

(g) 6°~7°   (h) 7°~8°   (i) 8°~9°

(j) 9°~10°   (k) 0.003°~16°   (l) 0°~5°

图8-10 坡度分析系列图

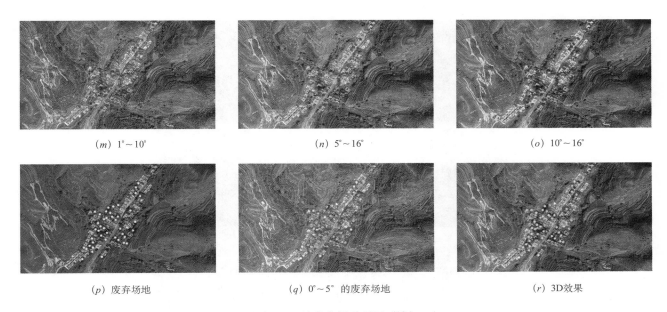

（m）1°~10°　　　　　　　　（n）5°~16°　　　　　　　　（o）10°~16°

（p）废弃场地　　　　　（q）0°~5°的废弃场地　　　　（r）3D效果

图8-10　坡度分析系列图（续）

（a）

（b）

图8-16　3D分析

(c) 植被恢复

(d) 曲面分析

图8-16　3D分析（续）

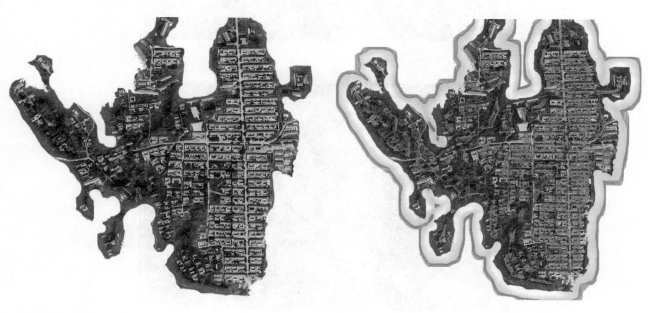

(a) 坡度分析

(b) 坡度0°～5°

图8-37　坡度分析

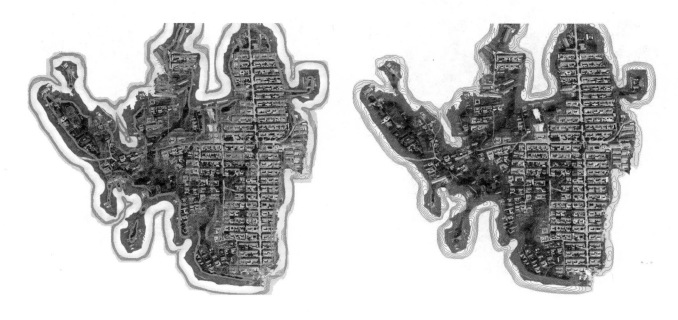

(c) 坡度5°～10°　　　　　　　　　　　　(d) 坡度10°～26°

图8-37　坡度分析（续）

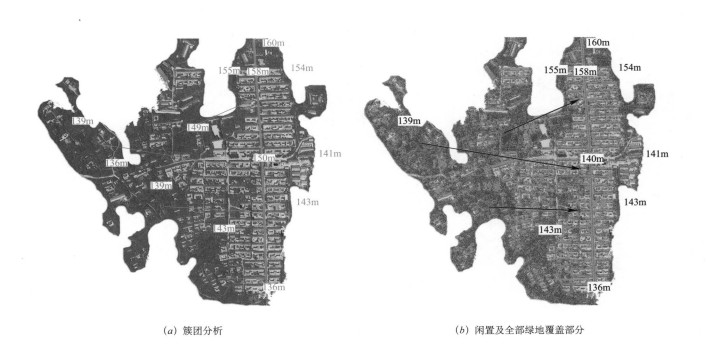

(a) 簇团分析　　　　　　　　　　　　(b) 闲置及全部绿地覆盖部分

图8-38　簇团分析

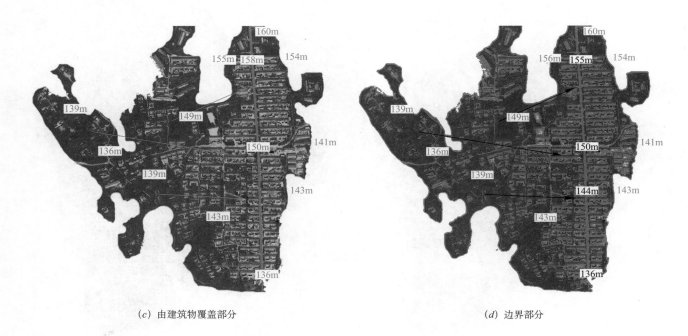

(c) 由建筑物覆盖部分   (d) 边界部分

图8-38 簇团分析（续）